土压力和挡土墙计算简明手册

顾慰慈 等 著

中国水利水电出版社
www.waterpub.com.cn
·北京·

内 容 提 要

本书讲述土压力和挡土墙的计算原理和计算方法，内容充实、详尽。全书共分十二章，包括：概述，按朗肯理论计算土压力，按库仑理论计算土压力，按凝聚力等效原理计算土压力，按微分滑动块体极限平衡原理计算土压力，水平层分析法，按力多边形图计算土压力，按能量理论计算挡土墙的土压力，地震土压力的计算，考虑挡土墙墙体变形影响时的土压力计算，静止土压力和弹性阶段土压力的计算，根据弹性阶段土压力设计计算挡土墙。

本书内容系统，案例丰富，可供建筑工程、水利水电工程、铁道工程、公路工程、港口和码头工程以及矿山工程的工程设计人员和科研人员，以及上述各专业的本科专科师生参考使用。

图书在版编目（CIP）数据

土压力和挡土墙计算简明手册 / 顾慰慈等著. -- 北京 : 中国水利水电出版社, 2018.8
ISBN 978-7-5170-6761-0

Ⅰ. ①土… Ⅱ. ①顾… Ⅲ. ①土压力－稳定性－计算－手册②挡土墙－稳定性－计算－手册 Ⅳ. ①TU432-62

中国版本图书馆CIP数据核字(2018)第202030号

书 名	土压力和挡土墙计算简明手册 TUYALI HE DANGTUQIANG JISUAN JIANMING SHOUCE
作 者	顾慰慈 等著
出版发行	中国水利水电出版社 （北京市海淀区玉渊潭南路1号D座 100038） 网址：www.waterpub.com.cn E-mail：sales@waterpub.com.cn 电话：（010）68367658（营销中心）
经 售	北京科水图书销售中心（零售） 电话：（010）88383994、63202643、68545874 全国各地新华书店和相关出版物销售网点
排 版	中国水利水电出版社微机排版中心
印 刷	北京合众伟业印刷有限公司
规 格	184mm×260mm 16开本 28印张 678千字
版 次	2018年8月第1版 2018年8月第1次印刷
印 数	0001—2000册
定 价	**68.00**元

前　言

挡土墙在工程建设中应用很广，在土木工程、房屋建筑、铁路、公路、桥梁、航运、矿山、水利水电等工程建设中都广泛应用挡土墙作为护坡墙、护岸墙、建筑物的边墙和翼墙、桥梁的桥台等。

挡土墙的形式很多，其中刚性挡土墙在工程建筑中使用更广。所谓刚性挡土墙，主要是指墙体刚度较大，变形很小的挡土墙，如用砖、石、混凝土建造的重力式挡土墙和墙体变形较小的少筋混凝土挡土墙（如悬臂式挡土墙、扶壁式挡土墙）。

挡土墙的荷载，主要是土压力。土压力的理论计算始于1773年，库仑（C. A. Coulomb）发表了以挡土墙墙背填土滑裂体整体极限平衡为条件的库仑土压力理论；随后在1857年朗肯（W. J. M. Rankine）又发表了以散粒体极限平衡为条件的朗肯土压力理论，这两个土压力理论最初只能适用于无黏性填土，但由于后人的不断研究和改进，目前已可应用于黏性填土，并仍然成为当前土压力计算的重要方法。随着许多学者的研究，又提出了许多新的计算理论和方法，如能量理论、凝聚力等效原理、水平层计算法、考虑挡土墙变形的计算方法等，使土压力的计算有很大发展。

过去一般将土压力分为三类，即静止土压力、主动土压力和被动土压力，认为作用在挡土墙上的土压力就只可能是这三类土压力。但实际上将土压力分为五类更科学和更合理，即分为静止土压力、主动弹性阶段土压力、主动土压力、被动弹性阶段土压力和被动土压力。目前在工程建设中挡土墙的设计方法常常是按经验先拟定挡土墙的尺寸，根据主动土压力进行计算，核算挡土墙墙体的抗滑稳定性和抗倾覆稳定性，检验其安全度是否满足规定的要求。由于挡土墙的设计具有一定的安全度（即安全系数），所以挡土墙并非处于主动极限平衡状态，而是处于静止状态和主动极限平衡状态之间，即处于主动弹性状态，所以挡土墙上实际作用的土压力，并非主动土压力，而是主动弹性状态土压力（或简称主动弹性土压力）。主动弹性阶段土压力目前尚无计算方法，笔者提出了一个近似方法，计算十分简便，可供读者参考。

按库仑理论和其他一些方法计算得的被动土压力一般都偏大，而按朗肯理论计算结果则较小和较安全，而且计算也十分方便。为了使朗肯理论可用于计算填土表面倾斜和挡土墙墙面倾斜情况下的土压力，笔者提出了一个近似方法，可以方便地计算黏性土和无黏性土的主动土压力和被动土压力。

本书讲述了库仑土压理论、朗肯土压理论、考虑挡土墙变形的计算方法、能量理论、水平层计算方法、凝聚力等效原理、按微分滑动块体极限平衡原理计算土压力、按图解解析法计算土压力、静止土压力和弹性土压力计算等土压力的计算方法，书中附有大量计算图表和计算实例，可供读者参考。

参加本书撰稿的有顾慰慈、蒋幼新、高红、蒋栩。

本书可供土木、建筑、铁路、公路、桥梁、航运、矿山、水利水电等专业的工程技术人员、设计人员和科研人员阅读，也可供上述专业的大专院校师生阅读及参考。

编者

2017年8月30日

目　录

第一章　概　　述

第一节　挡土墙的形式及土压力

一、挡土墙的基本形式

挡土墙是土木建筑、水利水电、铁路、公路、航运、矿山等工程建设中广泛应用的一种结构物。例如，房基侧面的挡墙，路基两旁的护墙，地下建筑物的边墙，边坡的挡墙，水工建筑物进出口处的翼墙和两侧的边墙，铁路、公路两侧的护墙和挡墙，桥梁的桥台，河道两岸的护岸墙，港池的护墙、码头，矿井的边墙、侧墙和护墙等均为挡土墙。

但刚性挡土墙是应用最广的挡土墙形式，所谓刚性挡土墙，就是在荷载作用下墙体变形很小或基本不变形的挡土墙。如用砖、石、混凝土、少筋混凝土建筑的重力式挡土墙、悬臂式挡土墙和扶壁式挡土墙等，如图 1－1 所示。

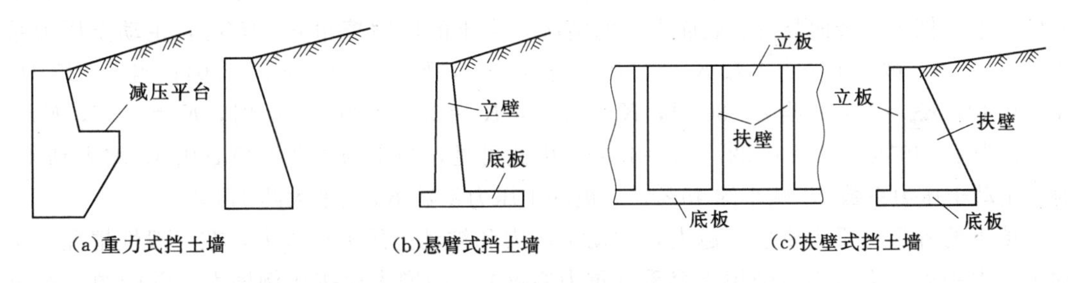

图 1－1　刚性挡土墙的类型

挡土墙的类型很多，根据其结构特点可分为重力式挡土墙［图 1－1（a)］、悬臂式挡土墙［图 1－1（b)］、扶壁式挡土墙［图 1－1（c)］。

二、作用在挡土墙上的土压力

作用在挡土墙上的主要荷载是土压力，土压力的大小和分布与许多因素有关，例如：

挡土墙的形式和墙体的刚度；挡土墙表面的倾斜度及其粗糙程度；填土的性质（如土的均匀性，土的物理力学性质等)；填土表面荷载的情况；地下水的情况；挡土墙的变形和位移。

挡土墙形式不同，作用在其上的土压力的大小和分布也不相同，刚性挡土墙由于墙体本身的刚度较大，墙体在荷载作用下基本不变形或变形很小，故可用库仑土压力理论和朗肯土压力理论等来计算作用在其上的土压力。而柔性挡土墙由于受到墙体本身变形的影响，土压力及其分布与刚性挡土墙有很大区别。

挡土墙表面的粗糙度和倾斜度将直接影响到作用在墙面上的土压力的大小和作用方

向，作用在光滑墙面上的土压力要比作用在粗糙墙面上的土压力小，前者土压力的作用方向与墙面的法线一致，而后者则与墙面法线成某一角度（等于墙面与填土的摩擦角）。此外，墙面的俯仰角越大，则作用在墙面上的土压力也越大。对于填土为砂土，填土表面水平，墙面竖直的挡土墙，分析结果表明，填土与墙面的摩擦角δ对主动土压力系数K_a的影响比较小，但对被动土压力系数K_p的影响就比较大。当填土与墙面的摩擦角δ逐渐增大时，主动土压力系数K_a逐渐减小。例如，当土的内摩擦角$\varphi=20°$时，若$\delta=0°$，$K_a=0.49$；若$\delta=7°$，$K_a=0.46$；若$\delta=14°$，$K_a=0.44$。当土的内摩擦角$\varphi=25°$时，若$\delta=0$，$K_a=0.41$；若$\delta=8°$，$K_a=0.38$；若$\delta=16°$，$K_a=0.36$。而当填土与墙面的摩擦角δ逐渐增大时，被动土压力系数K_p则逐渐增大。例如，当土的内摩擦角$\varphi=20°$时，若$\delta=0$，$K_p=2.0$；若$\delta=7°$，$K_p=2.41$；若$\delta=14°$，$K_p=2.89$。当土的内摩擦角$\varphi=25°$时，若$\delta=0°$，$K_p=2.46$；若$\delta=8°$，$K_p=3.12$；若$\delta=16°$，则$K_p=4.08$，与$\delta=0°$时相比，增大了65%。

填土的不均匀性不仅影响到墙面上土压力的大小，而且也影响到土压力沿墙面的分布。填土的物理力学性质对土压力的大小有很大影响，而且也影响到土压力沿墙高的分布。土的凝聚力c越大，主动土压力越小，而被动土压力则越大，故黏性土的主动土压力一般较砂土的主动土压力要小，而黏性土的被动土压力则较砂土的被动土压力大。土的内摩擦角φ越大，则主动土压力系数越小，而被动土压力系数越大。对于填土为砂土，填土表面水平，挡土墙墙面竖直、表面光滑的情况，当土的内摩擦角$\varphi=15°$时，主动土压力系数$K_a=0.59$，被动土压力系数$K_p=1.70$；当$\varphi=20°$，$K_a=0.49$，$K_p=2.04$；当$\varphi=25°$时，$K_a=0.40$，$K_p=2.46$；当$\varphi=30°$时，$K_a=0.33$，$K_p=3.00$；当$\varphi=35°$时，$K_a=0.27$，$K_p=3.69$；当$\varphi=40°$时，$K_a=0.22$，$K_p=4.60$。由此可见，当土的内摩擦角φ由15°增大到40°时，主动土压力系数K_a减小约45%，而被动土压力系数K_p则增大约171%。

填土的容重（重力密度）越大，主动土压力和被动土压力也越大，在一般性情况，主动土压力和被动土压力将随填土容重（重力容度）γ的增大而按比例增大，并随填土容重（重力密度）γ的减小而按比例减小。

填土表面作用荷载时，将在挡土墙墙面上产生一个附加的土压力。附加土压力的大小及其沿墙面的分布，与荷载的大小及其在填土表面的分布有直接关系。荷载大，附加土压力也大，荷载在填土表面分布不同，附加土压力在墙面上的分布也不同。

地下水将改变填土的物理力学性质，因而也影响到土压力的大小。通常，地下水位以下土的容重（重力密度）γ、内摩擦角φ和凝聚力c将比地下水位以上的土小，因而对于同一种土，无地下水时的土压力将比有地下水时的土压力大。但有地下水时挡土墙墙面上将增加一个孔隙水压力，这种孔隙水压力，对于砂性填土，大致等于静水压力。

挡土墙的位移和变形与土压力的大小有直接关系。挡土墙的位移方式与墙的类型和用途有关，通常有以下四种方式：

（1）墙体下端固定，上端向外（内）侧转动，如图1-2（c）、（d）所示。

（2）墙体上端固定，下端向外（内）侧转动，如图1-2（e）、（f）所示。

（3）墙体向外侧平移，如图1-2（a）、（b）所示。

（4）墙体上端向内（外）侧移动，下端向外（内）侧移动，如图1-2（g）所示。

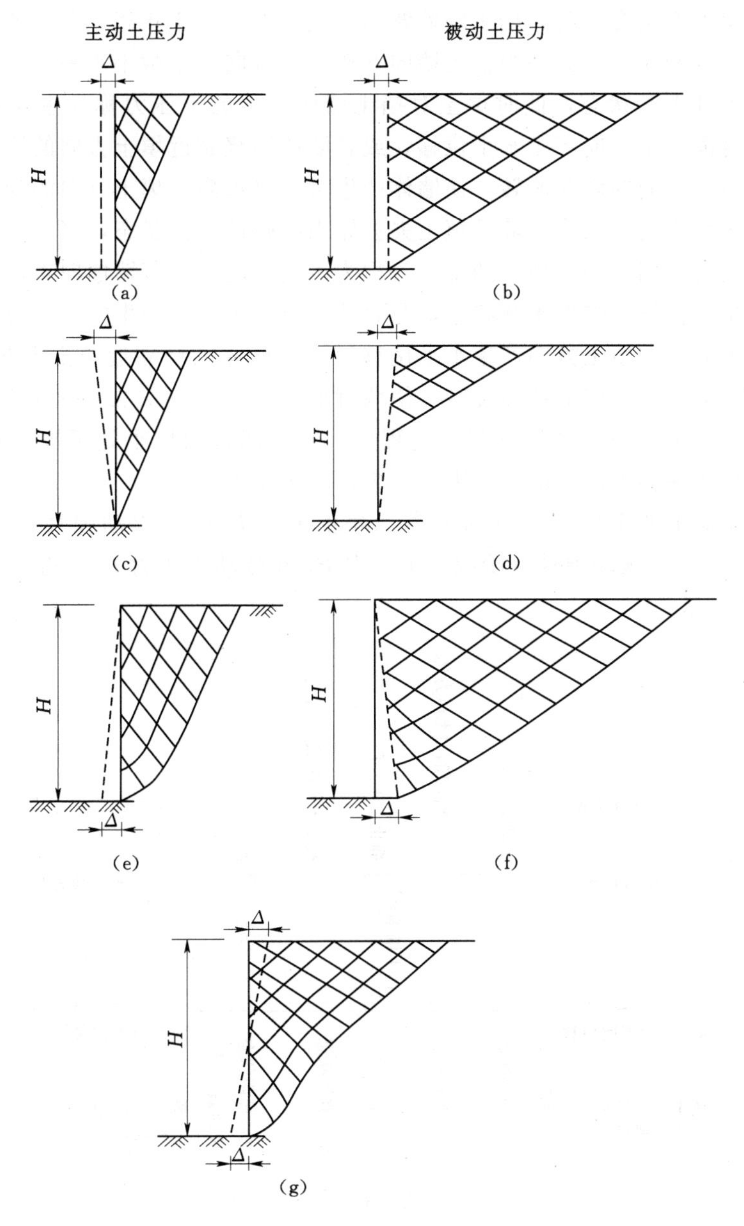

图 1-2　挡土墙的位移方式

挡土墙的位移和变形方式与土压力沿墙高的分布图形有密切关系，杜勃洛娃（Дуброва）曾对高度为 68cm 的模型墙和墙背面填土为砂土和碎石土的情况进行了试验，实测得墙体在不同位移时作用在墙面上的土压力，其结果是当墙的上端向外侧移动，下端固定时，土压力的分布为三角形；而当墙体向外平移或墙的上端固定、下端向外侧位移时，作用在墙上的土压力均呈凸曲线形分布。

三、土压力的种类

如前所述，作用在挡土墙上的土压力与墙体的位移和变形有关，当墙体静止不动，既不产生位移，也不产生变形时，挡土墙墙背面的填土处于静止状态，此时填土对挡土墙所产生的土压力称为静止土压力。当挡土墙向背离填土方向产生微小水平位移或变形，但墙后填土仍处于弹性平衡状态，此时填土对挡土墙所产生的土压力称为主动弹性阶段土压力。若墙体向背离填土方向产生水平位移，或者墙体围绕靠近填土方向的墙顶旋转，或者墙体围绕靠近填土方向的墙踵旋转，使墙体产生背离（远离）填土方向的变形时，土压力由原来的静止土压力逐渐减小，墙后填土失去原来的弹性平衡状态，当填土达到主动极限平衡状态时，此时作用在挡土墙上的土压力称为主动土压力。若墙体向着填土方向平移和转动，但墙后填土仍处于弹性平衡状态，此时填土对挡土墙所产生的土压力称为被动弹性阶段土压力。若墙体向填土方向产生水平位移，或者墙体围绕靠近填土方向的墙顶旋转，或者墙体围绕靠近填土方向的墙踵旋转，使墙背面填土压密而失去原来的弹性平衡状态，当位移达到一定数量，即土体压密到一定程度，而使墙背面填土处于被动极限平衡状态时，此时填土作用在挡土墙上的土压力，称为被动土压力。

因此，挡土墙上的土压力可分为五类：静止土压力 P_0、主动弹性（阶段）土压力 P_{ae}、主动土压力 P_a、被动弹性（阶段）土压力 P_{pe} 和被动土压力 P_p。五者与墙体位移的关系如图 1-3 所示。

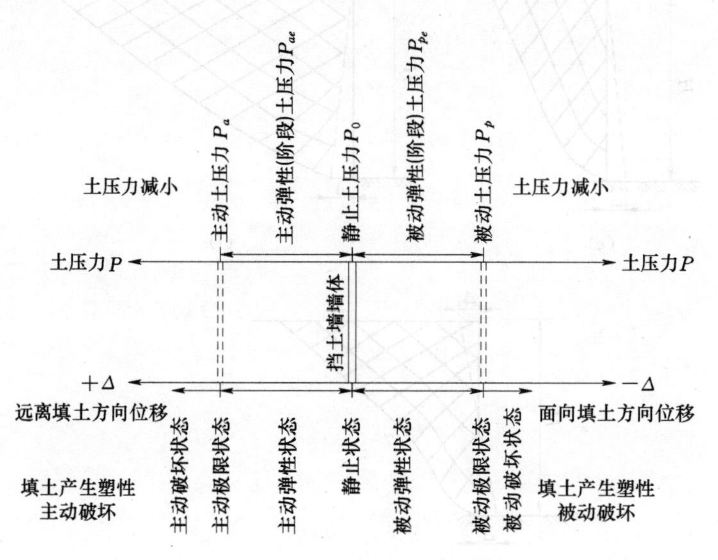

图 1-3　土压力与挡土墙位移的关系

在上述五类土压力中，主动土压力最小，其次是主动弹性阶段土压力，静止土压力居中，然后是被动弹性阶段土压力，而被动土压力为最大，即

$$P_a < P_{ae} < P_0 < P_{pe} < P_p \tag{1-1}$$

土中侧向压力 P_x 与竖向压力 P_z 的比值，即 $K=\dfrac{P_x}{P_z}$，称为土的侧向压力系数，也简称为土压力系数。

太沙基（K. Terzaghi）等通过试验研究了墙体位移与土压力的关系，如图 1-4 所示。图中纵坐标以侧向压力与竖向压力的比值，即土的侧压力系数 K 表示；横坐标以墙顶位

移 Δ 与墙高 H 的比值，即相对位移$\frac{\Delta}{H}$表示；图中实线表示密实砂土的试验结果，虚线表示松砂的试验结果。试验时墙体的下端固定，上端位移，当墙顶向远离填土的方向位移时，此时的位移为正值（$+\Delta$），当墙顶向填土方向位移时，此时的位移为负值（$-\Delta$）。由图1-4可知，当墙的相对位移$\frac{\Delta}{H}=0$时，土压力为静止土压力，土压力系数 K 大致在0.2～0.6之间。当墙产生正向位移（$+\Delta$）时，土压力系数迅速减小，当相对位移$\frac{\Delta}{H}$达到0.001～0.005时，墙背面填土即处于主动极限平衡状态，此时填土对挡土墙的压力即为主动土压力。随着相对位移$\frac{\Delta}{H}$的继续增大，土压力系数也继续减小，当相对位移$\frac{\Delta}{H}$达到约0.01，此时土压力系数最小，随后当相对位移$\frac{\Delta}{H}$继续增大，土压力系数又开始缓慢地增大，而对于松砂，则土压力系数仅略有下降，但变化不大。当墙体产生负向位移（$-\Delta$）时，土压力系数迅速增大，当相对位移$\frac{\Delta}{H}$达到$-0.01\sim-0.05$时，墙背面的填土即进入被动极限平衡状态，此时填土作用在墙上的土压力为被动土压力。随着相对位移$-\frac{\Delta}{H}$继续增大，土压力系数还将继续增大。

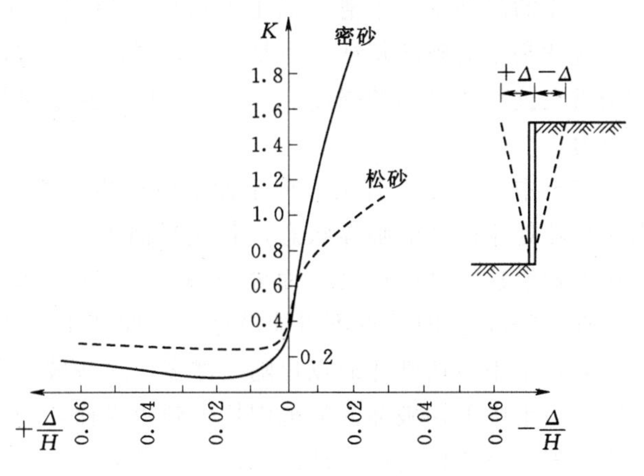

图1-4 挡土墙的位移值与土压力的关系

根据一些试验资料的分析，产生主动土压力和被动土压力所需的相对位移$\frac{\Delta}{H}$值如表1-1所示。

表1-1 产生主动土压力和被动土压力所需的相对位移$\frac{\Delta}{H}$值

土的类别	土压力类别	墙体位移（变形）的方式	所需要的相对位移$\frac{\Delta}{H}$
砂土	主动土压力	墙体平行位移	0.001
	主动土压力	绕墙踵转动	0.001
	主动土压力	绕墙顶转动	0.02
	被动土压力	墙体平行位移	−0.05
	被动土压力	绕墙踵转动	>−0.1
	被动土压力	绕墙顶转动	−0.05
黏土	主动土压力	墙体平行移动	0.004
	主动土压力	绕墙踵转动	0.004

第二节 土的强度和土中一点的应力

一、土的强度

土是由矿物颗粒所组成的，并由孔隙中的水和胶结物质连结在一起。土颗粒之间的连结强度远远小于颗粒本身的强度，因此土在力的作用下，土颗粒与土颗粒之间将会产生错动，引起一部分土体相对于另一部分土体的滑动。

土体的滑动是由于滑动面上的剪应力超过土的抗剪强度，因而产生剪切破坏所造成的，这就是土的破坏特征，也是土的强度特征。这也就是说土的破坏是剪切破坏，土的强度是指土抗剪切破坏的强度。所以土的抗剪强度是指土在抵抗剪切破坏时所能承受的极限剪应力。

在土中一点处，若某方向平面上所产生的剪应力 τ 等于土的抗剪强度 τ_f，即 $\tau=\tau_f$，则该点就处于破坏的临界状态；若该平面上的剪应力 τ 大于土的抗剪强度 τ_f，即 $\tau>\tau_f$，则该点就沿这一平面剪裂，而处于破坏状态；若该平面上的剪应力 τ 小于土的抗剪强度 τ_f，即 $\tau<\tau_f$，此时该点不可能沿这一平面产生剪切破坏，而处于稳定状态。随着作用力的增大，土中剪切破坏的点也随之增多，这些破坏点组成一个剪切破坏区，也称为塑性变形区。当土中剪切破坏区的范围扩大到边界面，而破坏区边界面上形成连续的滑动面时，土体就丧失整体稳定性，即破坏区将沿滑动面产生整体滑动。

土的抗剪强度可通过土的剪切试验来求得（图 1－5）。图 1－5（a）所示为直接剪切仪，它是由剪切盒（分上、下两部分）和底座所组成。试验时，将土样放置在剪切盒内，

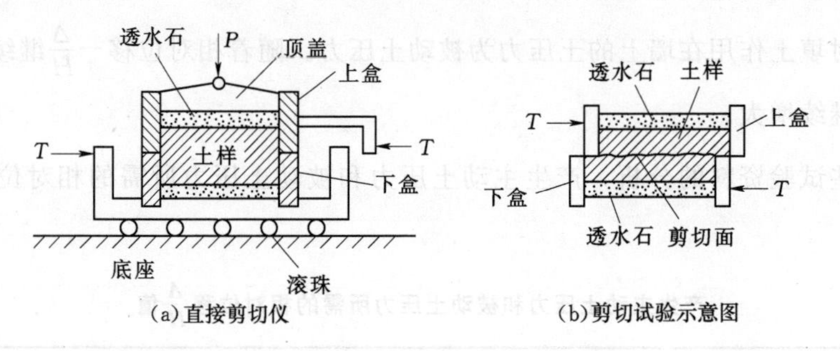

图 1－5 剪切试验

土样的顶面和底面各加一块透水石，在顶面透水石上设加压板，并在加压板上分级施加压力 P，使土样受到垂直压应力 $\sigma=\dfrac{P}{A}$，其中 A 为土样的截面面积。然后在剪切盒的下盒上施加水平推力 T，由于剪切盒的上盒固定，而下盒底面设有滚珠，可沿底座水平滑动，使土样沿上、下盒接触面处受剪，当水平推力 T 逐渐增大，使土样沿剪切面刚好发生剪切破坏时，此时土样所受的剪应力 $\tau=\dfrac{T}{A}$ 即为极限剪应力，也就是土样在垂直压应力 $\sigma=\dfrac{P}{A}$ 作用下的抗剪强度 τ_f。

按上述方法分级施加垂直压力 P_1、P_2、P_3、P_4 等 4 个不同垂直压力，即使土样分别

受到垂直压应力 σ_1、σ_2、σ_3、σ_4 作用，并求得不同垂直压力作用下土样的极限剪应力 τ（即相应的抗剪强度 τ_{f1}、τ_{f2}、τ_{f3}、τ_{f4}），然后以土的抗剪强度为纵坐标，以垂直压应力 σ 为横坐标，将试验点标绘于图上，即可绘制成 τ_f-σ 关系线，如图 1-6 所示。在一般压力范围内，土的抗剪强度 τ_f 与垂直应力 σ 之间成线性关系，即 τ_f-σ 关系线为一条直线。对于砂土，该直线通过坐标原点，并与水平轴成 φ 角（φ 为土的内摩擦角）；对于黏性土，该直线与水平轴成 φ 角，但不通过原点，而与纵坐标轴相交，交点距坐标原点的纵坐标高度为 c，c 为土样的凝聚力。因此，由图 1-6 可得土的抗剪强度 τ_f 与垂直应力 σ 的方程如下：

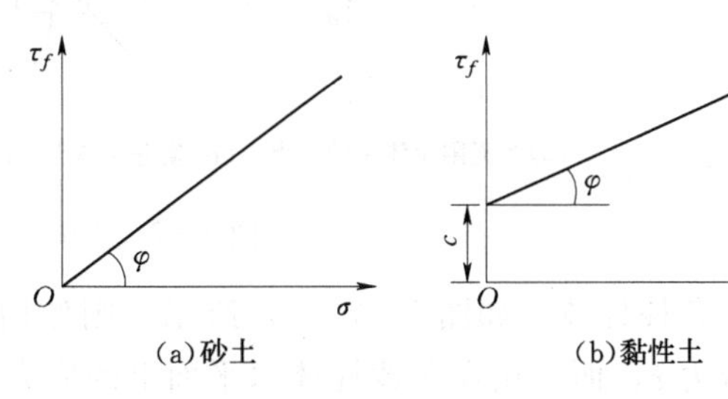

图 1-6　土的抗剪强度 τ_f 与垂直压应力 σ 的关系

对于砂土

$$\tau_f = \sigma \tan\varphi \tag{1-2}$$

对于黏性土

$$\tau_f = \sigma \tan\varphi + c \tag{1-3}$$

式中　σ——破坏面上的法向应力，kPa；

φ——土的内摩擦角，(°)；

c——土的凝聚力，kPa。

公式（1-2）和公式（1-3）即为著名的库仑强度定律，这是库仑于 1773 年提出的，它表明土的抗剪强度由两部分组成：一部分是土的内摩擦力（即土颗粒之间的摩阻力）；另一部分是土的凝聚力。φ 和 c 统称为土的抗剪强度指标。由于砂土不存在凝聚力，故砂土的抗剪强度仅为内摩擦力。但是砂土的内摩擦角较大，对于砾砂、粗砂、中砂，内摩擦角约为 32°～40°；对于细砂和粉砂约为 28°～36°。松砂的内摩擦角接近其自然休止角，饱和砂的内摩擦角则较同样密度的干砂小 1°～2°。黏土的内摩擦角 φ 和凝聚力 c 的变化较大，φ 值由软黏土的 0°变化到一般黏土的 25°，c 值则由 0.5kPa 变化到 70kPa。

由于砂土和黏土的 φ 值和 c 值的不同，所以当法向应力 σ 较小时，黏土的抗剪强度较砂土大；而当 σ 较大时，则砂土的抗剪强度较黏土大，如图 1-6 所示。

二、土中一点处的应力状态

天然地基相对于建筑在其上的建筑物来说，可以认为是无限的，所以天然地基可以看作是以地基表面为分界面将无限空间一分为二的一个半无限体。如若半无限平面的表面无剪应力作用，则根据剪应力互等定律，该半无限体内任一水平面上也无剪应力。而半无限体内的任意两个垂直平面都是对称的，并与水平面成正交，所以也无剪应力，而且两个垂直面上的应力是相同的。所以在半无限体中任意一点处，作用在 x 和 y 坐标轴方向的应力仅为正应力 σ_1 和 σ_3，如图 1-7（a）所示。

如果从半无限体中取出一个单位宽度的微分土体，如图 1-7（b）所示，作用在微分土体上、下水平面上的正应力均为 σ_1，作用在左右两个竖直面上的正应力均为 σ_3，在这 4 个面上均无剪应力作用。若再用一个与水平面成 α 角的 $m-n$ 平面从上述微分土体中切取

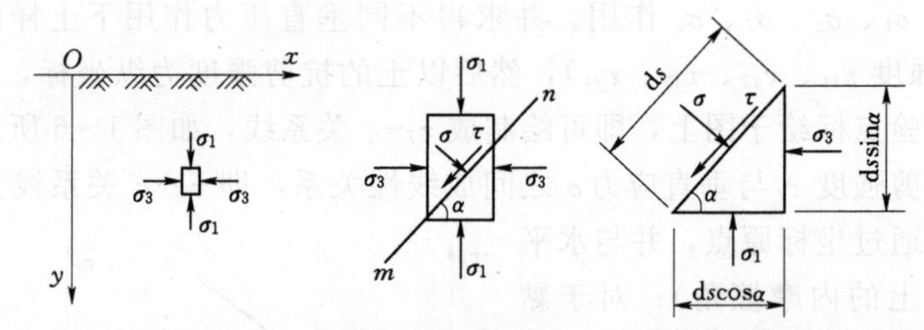

(a)半无限土体中的一点　(b)微分土体上的作用力　(c)微分直角棱柱体上的应力

图 1-7　土中一点处的应力

一个直角棱柱体，如图 1-7（c）所示，则作用在该直角棱柱体斜面上的应力有正应力 σ 和剪应力 τ，而作用在该棱柱体水平面上的应力仅有正应力 σ_1，作用在棱柱体竖直面上的应力仅有正应力 σ_3，该棱柱体在上述力的作用下处于平衡状态。若棱柱体的斜面（边）长度为 ds，则该棱柱体水平面的边长为 dscosα，竖直面的边长为 dssinα。

由图 1-7（b），根据静力平衡条件 $\sum x=0$ 可得

$$\sigma \mathrm{d}s\times 1\times \sin\alpha-\tau \mathrm{d}s\times 1\times \cos\alpha-\sigma_3 \mathrm{d}s\times \sin\alpha\times 1=0$$

即

$$\sigma\sin\alpha-\tau\cos\alpha-\sigma_3\sin\alpha=0 \tag{1-4}$$

根据静力平衡条件 $\sum y=0$ 可得

$$\sigma_1 \mathrm{d}s\times\cos\alpha\times 1-\sigma \mathrm{d}s\times 1\times\cos\alpha-\tau \mathrm{d}s\times 1\times\sin\alpha=0$$

即

$$\sigma_1\cos\alpha-\sigma\cos\alpha-\tau\sin\alpha=0 \tag{1-5}$$

将公式（1-4）和公式（1-5）联立求解，可得棱柱体斜面上作用的应力为

$$\left.\begin{aligned}\sigma&=\frac{1}{2}(\sigma_1+\sigma_3)+\frac{1}{2}(\sigma_1-\sigma_3)\cos2\alpha\\ \tau&=\frac{1}{2}(\sigma_1-\sigma_3)\sin2\alpha\end{aligned}\right\} \tag{1-6}$$

公式（1-6）表示，在半无限体中任意一点上，若该点的水平面方向上作用正应力 σ_1，竖直面方向上作用正应力 σ_3，则在该点上与水平面成 α 角的 $m-n$ 平面方向上作用的正应力 σ 和剪应力 τ 与正应力 σ_1 和 σ_3 的关系。

三、应力圆

如果以正应力 σ 为横坐标，以剪应力 τ 为纵坐标，绘制直角坐标图，如图 1-8 所示。在横坐标轴上，以坐标为 $\frac{1}{2}(\sigma_1+\sigma_3)$ 的点为圆心（即 B 点），以 $r=\frac{1}{2}(\sigma_1-\sigma_3)$ 为半径，可绘制成一个圆（图 1-8），该圆与横坐标相交的两个点分别为 A 点和 C 点，A 点的横坐标值为 σ_3，C 点的横坐标值为 σ_1。

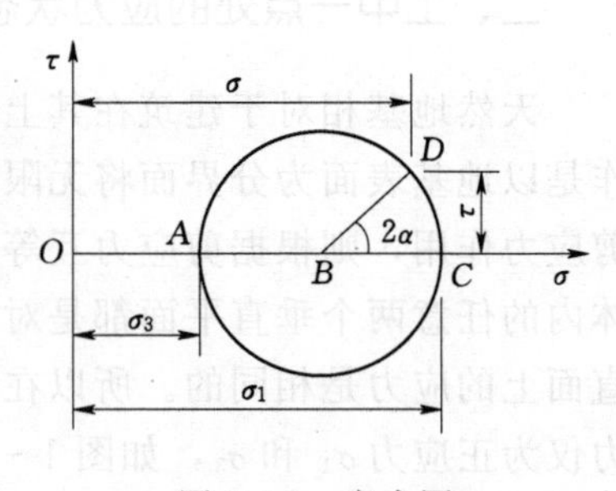

图 1-8　应力圆

在这个圆上，若以水平半径 BC 为准，按逆时针方向旋转 2α 角，则可在该圆的圆周上得到一个 D 点。由图1-8 中的几何关系可得 D 点的横坐标值为

$$\sigma_D = \overline{OA} + \overline{AB} + \overline{BD}\cos2\alpha$$
$$= \sigma_3 + \frac{1}{2}(\sigma_1 - \sigma_3) + \frac{1}{2}(\sigma_1 - \sigma_3)\cos2\alpha$$

将上式整理后可得

$$\sigma_D = \frac{1}{2}(\sigma_1 + \sigma_3) + \frac{1}{2}(\sigma_1 - \sigma_3)\cos2\alpha \tag{1-7}$$

D 点的纵坐标值为

$$\tau_D = \overline{BD}\sin2\alpha = \frac{1}{2}(\sigma_1 - \sigma_3)\sin2\alpha \tag{1-8}$$

将公式（1－7）和公式（1－8）分别与公式（1－6）中的两个式子相比较，可见

$$\sigma_D = \sigma$$
$$\tau_D = \tau$$

这一结果表示，土中一点处与水平面成 α 角的任意方向平面上的应力 σ 和 τ，均相应于图 1－8 中圆上与水平坐标轴成 2α 角的一个点处的横坐标值和纵坐标值。也就是说，土中一点处任意方向平面上的应力，均可由图 1－8 所示的圆中相应点上求得；或者说图 1－8 中圆上的任意一点，表示土中一点处相应方向平面上的应力。因此，图 1－8 所表示的圆，称为应力圆，又称为莫尔（More）圆或莫尔应力圆。因为用应力圆来表示一点处任意方向平面上的应力是由莫尔首先提出的。

第三节　土中应力的极限平衡条件

土中一点的应力状态通常可以用应力圆与库仑强度线之间的关系（位置）来说明：当应力圆位于库仑强度线的下方时，如图 1－9（a）所示，说明该点任何方向平面上的剪应力 τ 均小于土的抗剪强度 τ_f（即 $\tau < \tau_f$），该点的应力处于弹性状态，即该点处于稳定状态；当应力圆与库仑强度线（$\tau_f - \sigma$ 关系线）相切时，如图 1－9（b）中的 D 点，说明该点在与水平面成 α 夹角的平面（图 1－9 中的 AD 面）上的剪应力 τ 刚好达到土的抗剪强度 τ_f（即 $\tau = \tau_f$），该点的应力处于极限平衡状态，该平面达到破坏状态，称为破裂面或滑动面，此时的应力圆称为极限应力圆；当库仑强度线成为应力圆的割线时，如图 1－9（c），说明该点在与水平面成夹角 α_1 到 α_2 的一系列平面［即图 1－9（c）中从 AD_1 到 AD_2 平面之间的一系列平面］上，剪应力 τ 均达到了土的抗剪强度 τ_f，该点已处于破坏状态。当然这只是一种理论上的情况，因为实际上只要该点某一平面上的应力达到极限平衡状态，该点即已处于破坏状态。

根据图 1－9（b）所表示的极限应力圆与库仑强度线所构成的几何条件，可以建立土中一点处应力的极限平衡条件。

如将图 1－9（b）中的库仑强度线延伸，并与水平轴相交于 E 点，则三角形 EBD 为一直角三角形，ED 线与 EB 线之间的夹角为 φ（土的内摩擦角），故由三角形 EBD 的几何关系可得

$$\sin\varphi = \frac{\overline{BD}}{\overline{EB}}$$

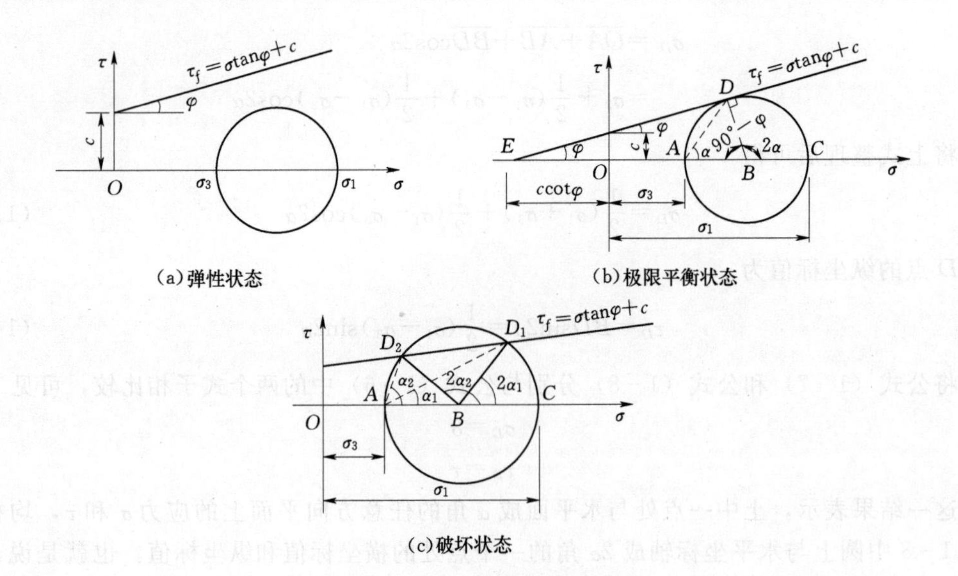

(a)弹性状态

(b)极限平衡状态

(c)破坏状态

图 1-9 土中一点处的应力状态

由于 $\overline{BD}=\overline{BC}=\dfrac{1}{2}(\sigma_1-\sigma_3)$，$\overline{EB}=\overline{EO}+\overline{OB}=c\cot\varphi+\dfrac{1}{2}(\sigma_1+\sigma_3)$

故
$$\sin\varphi=\frac{\frac{1}{2}(\sigma_1-\sigma_3)}{\frac{1}{2}(\sigma_1+\sigma_3)+c\cot\varphi} \tag{1-9}$$

或
$$\sin\varphi=\frac{\sigma_1-\sigma_3}{\sigma_1+\sigma_3+2c\cot\varphi} \tag{1-10}$$

公式（1-10）也可写成：
$$(\sigma_1+\sigma_3)\sin\varphi+2c\cot\varphi\sin\varphi=\sigma_1-\sigma_3 \tag{1-11}$$

公式（1-11）经整理后可得
$$\sigma_1(1-\sin\varphi)=\sigma_3(1+\sin\varphi)+2c\cos\varphi$$

即
$$\sigma_1=\sigma_3\frac{1+\sin\varphi}{1-\sin\varphi}+2c\frac{\cos\varphi}{1-\sin\varphi} \tag{1-12}$$

公式（1-12）即为土中一点处应力的极限平衡条件。将公式（1-12）经三角函数的变换后，可得土中一点处应力的极限平衡条件的简化表达式：
$$\sigma_1=\sigma_3\tan^2\left(45°+\frac{\varphi}{2}\right)+2c\tan\left(45°+\frac{\varphi}{2}\right) \tag{1-13}$$

或
$$\sigma_3=\sigma_1\tan^2\left(45°-\frac{\varphi}{2}\right)-2c\tan\left(45°-\frac{\varphi}{2}\right) \tag{1-14}$$

公式（1-13）和公式（1-14）所表示的是黏性土中一点处应力的极限平衡条件，对于砂土，由于凝聚力 $c=0$，故砂土中应力的极限平衡条件变为
$$\sigma_1=\sigma_3\tan^2\left(45°+\frac{\varphi}{2}\right) \tag{1-15}$$

或
$$\sigma_3=\sigma_1\tan^2\left(45°-\frac{\varphi}{2}\right) \tag{1-16}$$

应力达到极限平衡的平面称为破裂面或滑动面，它的方向由它与最大主应力 σ_1 作用面的夹角 α 来决定（图 1-9）。由于图 1-9（b）中的三角形 EBD 为一直角三角形，其中 $\angle DEB=\varphi$，$\angle EDB=90°$，故 $\angle DBE=90°-\varphi$，因此外角 $\angle DBC=2\alpha=180°-\angle DBE=180°-(90°-\varphi)=90°+\varphi$，所以破裂面与最大主应力作用面之间的夹角为

$$\alpha=\frac{1}{2}(90°+\varphi)=45°+\frac{\varphi}{2} \tag{1-17}$$

在图 1-9（b）中，应力圆上的 A 点为小主应力 σ_3 的点，C 点为大主应力 σ_1 的点，BC 为大主应力作用面，BA 为小主应力作用面，D 点为与水平面成 α 角的平面上的应力点，该点的正应力为 α，剪应力为 $\tau=\tau_f$，BD 面为剪应力达到抗剪强度的平面，故 BD 线与 BC 线之间的夹角为破裂面与最大主应力作用面之间的夹角，但由于在应力圆中该角度较实际的夹角 α 放大了一倍，因此角度 $\angle DBC=2\alpha$。BD 线与 BA 线之间的夹角为破裂面与小主应力作用面之间的夹角，该角度也较实际的夹角 α_1 放大了一倍，故角度 $\angle DBA=2\alpha_1$。

由图 1-9（b）中的几何关系可知，破裂面与小主应力作用面之间的夹角为

$$\alpha_1=\frac{1}{2}(90°-\varphi)=45°-\frac{\varphi}{2} \tag{1-18}$$

在应力圆的上下方可绘出对称的两条库仑强度线，分别与应力圆圆周的上、下一点相切，这两个切线是对称的，也就是说有两个对称的 D 点。因此从 B 点分别对这两个 D 点作连线，可得对称的两个破裂面，这两个破裂面与大主应力 σ_1 的作用面 BC 之间的夹角均等于 2α，而这两个破裂面与小主应力 σ_3 的作用面 BA 之间的夹角均等于 $2\alpha_1$。所以，当土体处于极限平衡状态时，土体中存在两条连续而对称的破裂面（滑动面或滑裂面），它与大主应力作用面的夹角 $\alpha=45°+\frac{\varphi}{2}$，与小主应力作用面的夹角$\alpha_1=45°-\frac{\varphi}{2}$。

第二章 按朗肯理论计算土压力

第一节 朗 肯 土 压 理 论

朗肯土压理论是1857年法国人朗肯（W. J. M. Rankine）提出的，这一理论建立在土的极限平衡理论基础上，它有以下三个基本假定：①挡土墙墙面是竖直、光滑的；②挡土墙墙背面的填土是均质各向同性的无黏性土，填土表面是水平的；③墙体在压力作用下将产生足够的位移和变形，使填土处于极限平衡状态。

朗肯理论最初只适用于挡土墙墙面竖直、填土表面水平的无黏性土情况，但经后人的研究补充，现已可近似地用于墙面倾斜、填土表面倾斜和填土为黏性土的情况。

挡土墙墙背面填土中任意一点处的应力如图2-1（a）所示，作用在水平面上的竖直应力为σ_z，其值等于该点以上土柱的重量，即$\sigma_z=\gamma z$（其中γ为填土的容重，z为该点距填土表面的深度）；作用在竖直面上的水平正应力为σ_x。由于在该点的水平面上和竖直面上仅作用正应力σ_z和σ_x，均无剪应力作用，故该两平面为主平面，σ_z和σ_x分别为作用在这两个平面上的主应力。

当挡土墙墙体在外力和填土压力作用下产生背离（远离）填土方向的位移或变形，使填土处于主动极限平衡状态时，填土中任意一点处作用在水平面上的正应力$\sigma_z=\gamma z=\sigma_1$为大主应力，作用在竖直面上的正应力$\sigma_x=\sigma_3$为小主应力，因此可得如图2-1（d）所示的应力圆，此时作用在挡土墙上的土压力为水平向作用的小主应力σ_3，即为主动土压力。当填土处于主动极限平衡状态时，土中任意一点处存在两个滑动面，这两个滑动面与大主应力σ_1的作用面之间的夹角α_1均等于$45°+\frac{\varphi}{2}$，与小主应力σ_3的作用面之间的夹角α_2均等于$45°-\frac{\varphi}{2}$，如图2-1（d）所示。因此，当墙背面填土处于主动极限平衡状态时，填土中形成两组连续而又对称的滑动面，如图2-1（b）所示；滑动面与水平面（大主应力作用面）之间的夹角为$45°+\frac{\varphi}{2}$，滑动面与竖直面之间的夹角为$45°-\frac{\varphi}{2}$。

当挡土墙墙体在外力和填土压力作用下产生面向填土方向的位移或变形，使墙背面填土处于被动极限平衡状态时，填土中任意一点处作用在水平面上的正应力$\sigma_z=\gamma z=\sigma_3$为小主应力，作用在竖直面上的正应力$\sigma_x=\sigma_1$为大主应力，因此可以得到如图2-1（e）所示的应力圆，此时作用在挡土墙上的土压力为水平向作用的大主应力σ_1，即为被动土压力。填土中任意一点处同样存在两个滑动面，这两个滑动面与大主应力σ_1作用面之间的夹角$\alpha_1=45°+\frac{\varphi}{2}$，与小主应力$\sigma_3$作用面之间的夹角$\alpha_2=45°-\frac{\varphi}{2}$，如图2-1（e）所示。因此，当挡土墙墙后填土处于被动极限平衡状态时，填土中形成两组连续而又对称的滑动

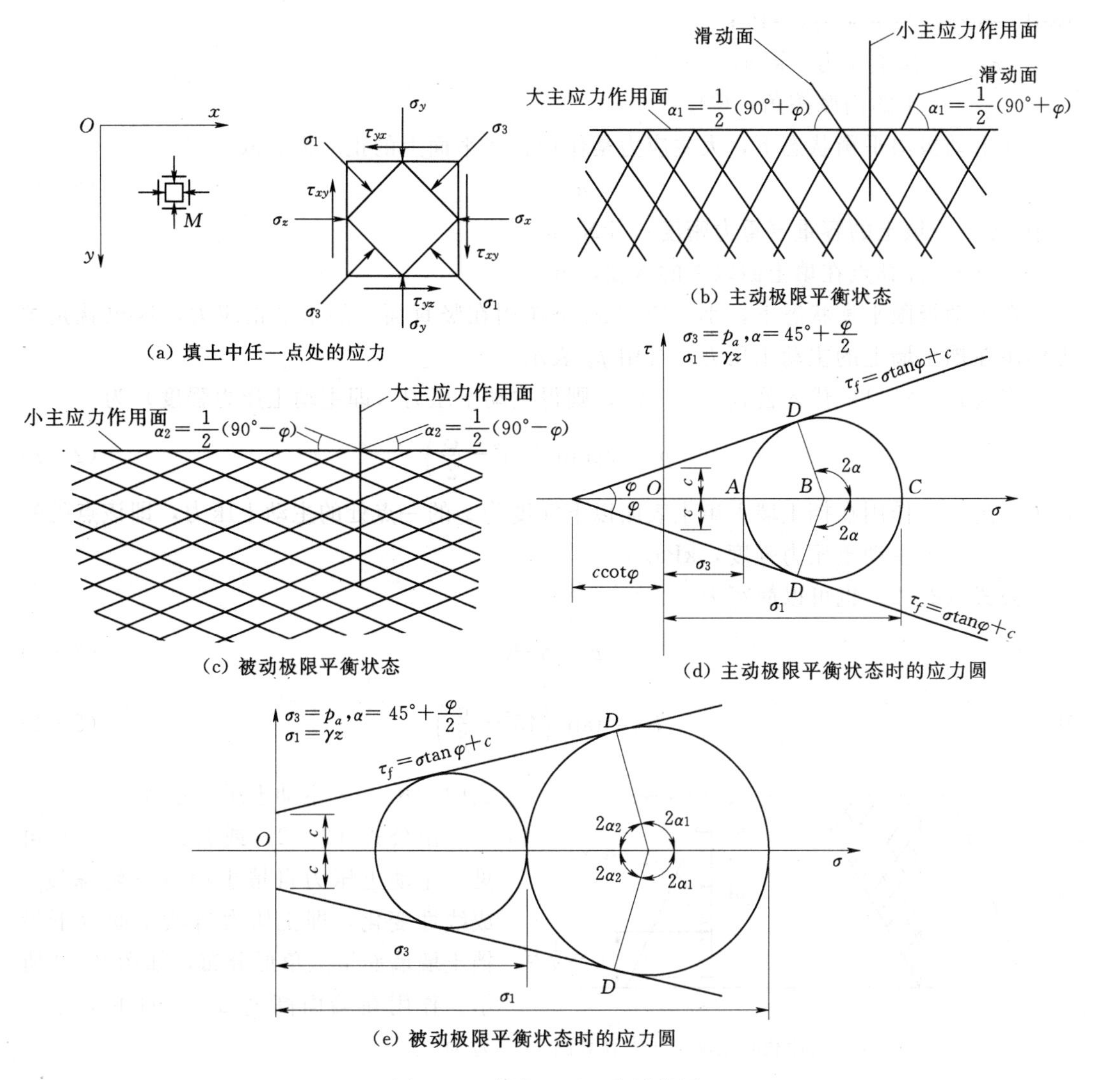

图 2-1　朗肯土压理论计算图

面，如图 2-1（c）所示。滑动面与水平面（小主应力 σ_3 的作用面）之间的夹角等于 $45°-\frac{\varphi}{2}$，与竖直平面（大主应力 σ_1 的作用面）之间的夹角等于 $45°+\frac{\varphi}{2}$。

第二节　无黏性土的主动土压力

一、填土表面无荷载作用的情况

如前所述，当挡土墙墙后填土处于主动极限平衡状态时，填土对挡土墙的土压力为主动土压力，用 P_a 表示。由公式（1-16）可知，此时土中应力的极限平衡条件为

$$\sigma_3=\sigma_1\tan^2\left(45°-\frac{\varphi}{2}\right)$$

式中 σ_3——小主应力，kPa；

σ_1——大主应力，kPa；

φ——土的内摩擦角，(°)。

在主动极限平衡状态下，大主应力是作用在水平面上的正应力，故

$$\sigma_1=\gamma z \tag{2-1}$$

式中 γ——填土的容重（重力密度），kN/m^3；

z——计算点在填土面以下的深度，m。

在主动极限平衡状态下，小主应力 σ_3 是作用在竖直面上的水平正应力，这也就是填土作用在挡土墙上的主动土压力，可用 p_a 表示。

将公式（2-1）代入公式（1-16），则得主动土压力（即主动土压力强度）为

$$p_a=\gamma z\tan^2\left(45°-\frac{\varphi}{2}\right) \tag{2-2}$$

式中 p_a——作用在挡土墙上填土表面以下深度为 z 的一点处的主动土压力，即该点处的主动土压力强度，kPa。

公式（2-2）也可以简写为

$$p_a=\gamma z K_a \tag{2-3}$$

其中

$$K_a=\tan^2\left(45°-\frac{\varphi}{2}\right) \tag{2-4}$$

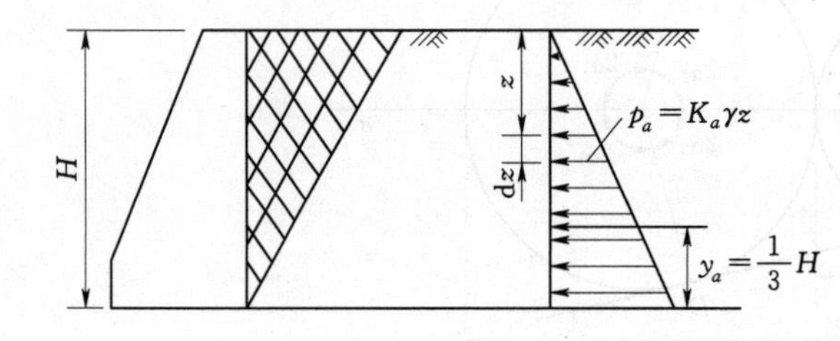

图 2-2 填土表面无荷载时主动土压力计算图

式中 K_a——主动土压力系数。

由公式（2-2）或公式（2-3）可见，主动土压力自填土面以下随深度 z 成线性变化，即土压力自填土面以下沿挡土墙墙面呈三角形分布，如图 2-2 所示。作用在墙面高度 dz 上的主动土压力为

$$dp_a=\gamma z K_a dz$$

因此，作用在挡土墙每米长度上的总主动土压力为

$$P_a=\int_0^H dp_a=\int_0^H \gamma z K_a dz=\frac{1}{2}\gamma H^2 K_a \tag{2-5}$$

或

$$P_a=\frac{1}{2}\gamma H^2\tan^2\left(45°-\frac{\varphi}{2}\right) \tag{2-6}$$

式中 P_a——作用在挡土墙每米长度上的总主动土压力，kN/m；

H——当填土表面与墙顶齐平时为挡土墙的高度，m。

由于主动土压力沿墙高的分布是三角形分布，故总土压力 P_a 的作用点距墙踵高程处的高度 y_a 等于墙高的 1/3，即

$$y_a=\frac{1}{3}H \tag{2-7}$$

二、填土表面以下深度 H_1 处有地下水

当挡土墙墙面光滑、竖直，填土表面水平，填土表面以下深度 H_1 处有地下水，如图 2-3 所示。填土表面以下 H_1 深度范围内填土容重为自然容重 γ，内摩擦角为 φ；地下水位以下 H_2 深度范围内填土容重为浮容重（浸水容重）γ'，内摩擦角仍为 φ。

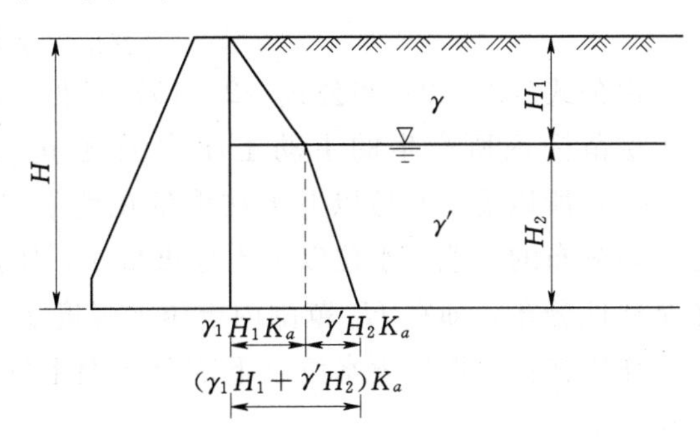

图 2-3　填土表面以下深度 H_1 处有地下水时主动土压力的计算图

此时，在填土表面以下，地下水位以上任意深度 z 处的主动土压力强度仍按公式（2-3）或公式（2-2）计算，即

$$p_{az}=\gamma z K_a$$

或
$$p_{az}=\gamma z\tan^2\left(45°-\frac{\varphi}{2}\right)$$

在地下水面高程处填土的主动土压力强度 p_{aH_1} 可根据公式（2-3）求得，即

$$p_{aH_1}=\gamma H_1 K_a \tag{2-8}$$

式中　H_1——填土表面以下至地下水面的深度。

作用在地下水面以上这一部分墙面上的总主动土压力 P_{aH_1}，可根据公式（2-5）求得，此时将公式中的 H 用 H_1 代入即可，即

$$P_{aH_1}=\frac{1}{2}\gamma H_1^2 K_a \tag{2-9}$$

此土压力沿地下水位以上部分墙面的分布图形仍为一个三角形，填土表面处为零，地下水面高程处为 p_{aH_1}。

在地下水位以下深度为 z' 的任意点处的主动土压力强度 $p_{az'}$，仍可根据极限平衡条件［公式（1-16）］求得，即

$$\sigma_3=\sigma_1\tan^2\left(45°-\frac{\varphi}{2}\right)$$

此时大主应力 σ_1 仍为作用在水平面上的正应力，即 $\sigma_1=\sigma_z$。

在地下水位以下深度为 z' 处，作用在水平面上的正应力：

$$\sigma_z=\gamma H_1+\gamma' z' \tag{2-10}$$

即 σ_z 由两部分组成，第一部分 γH_1 为地下水面以上部分土柱的重量，第二部分 $\gamma' z'$ 为地下水面以下部分土柱的重量。

此时小主应力 σ_3 即为作用在挡土墙上的主动土压力强度 $p_{az'}$，故将 $\sigma_3=p_{az'}$ 和公式（2-10）代入公式（1-16），则得

$$p_{az'}=(\gamma H_1+\gamma' z')K_a \tag{2-11}$$

上式也可写成：

$$p_{az'}=\gamma H_1 K_a+\gamma' z' K_a=p_{aH_1 z'}+p'_{az'} \tag{2-12}$$

其中
$$p_{aH_1 z'}=\gamma H_1 K_a \tag{2-13}$$
$$p'_{az'}=\gamma' z' K_a \tag{2-14}$$

当 $z'=H_2$ 时，则得作用在墙踵高程处的主动土压力强度为

$$p_{aH}=(\gamma H_1+\gamma' H_2)K_a=\gamma H_1 K_a+\gamma' H_2 K_a=p_{aH_1}+p_{aH_2} \tag{2-15}$$

其中

$$p_{aH_1}=\gamma H_1 K_a \tag{2-16}$$

$$p_{aH_2}=\gamma' H_2 K_a \tag{2-17}$$

由公式（2-12）和公式（2-15）可见，地下水位以上土柱重量 γH_1 在地下水位以下土层范围内所产生的主动土压力强度 $p_{aH_1z'}$，在该土层内各点处是相等的，都等于 $\gamma H_1 K_a$，所以地下水位以上土柱重量在地下水位以下土层范围内产生的主动土压力强度是均匀分布的。地下水位以下土柱重量 $\gamma' z'$ 所产生的主动土压力强度 $p'_{az'}$ 沿土层 H_2 的分布是线性分布，即在 H_2 范围内土压力强度 $p'_{az'}$ 的分布图形是一个三角形。

作用在挡土墙地下水位以下部分墙面上的总土压力 P_{aH}，可根据公式（2-12）积分求得，即

$$P_{aH}=\int_0^{H_2} p_{az'}\mathrm{d}z'=\int_0^{H_2}(\gamma H_1+\gamma' z')K_a\mathrm{d}z'=\left(\gamma H_1 H_2+\frac{1}{2}\gamma' H_2^2\right)K_a=P_{aH_1H_2}+P_{aH_2} \tag{2-18}$$

其中

$$P_{aH_1H_2}=\gamma H_1 H_2 K_a \tag{2-19}$$

$$P_{aH_2}=\frac{1}{2}\gamma' H_2^2 K_a \tag{2-20}$$

$P_{aH_1H_2}$ 是地下水位以上土层自重在地下水位以下 H_2 深度范围内产生的总主动土压力；P_{aH_2} 是地下水位以下土层自重在 H_2 深度范围内产生的总主动土压力。前者的压力分布图形为矩形，后者的压力分布图形为三角形。压力作用方向与挡土墙墙面的法线一致。

所以作用在挡土墙每米墙长上的总土压力 P_a，等于作用在挡土墙地下水位以上部分的总压力 P_{aH_1} 和作用在地下水位以下部分的总压力 P_{aH} 之和，由公式（2-9）和公式(2-18)得

$$\begin{aligned}P_a&=P_{aH_1}+P_{aH}\\&=P_{aH_1}+P_{aH_1H_2}+P_{aH_2}\\&=\frac{1}{2}\gamma H_1^2 K_a+\gamma H_1 H_2 K_a+\frac{1}{2}\gamma' H_2^2 K_a\end{aligned} \tag{2-21}$$

或

$$P_a=\left(\frac{1}{2}\gamma H_1^2+\gamma H_1 H_2+\frac{1}{2}\gamma' H_2^2\right)K_a \tag{2-22}$$

由公式（2-21）可见，当填土面以下有地下水时，作用在挡土墙上的主动土压力可分为三部分：地下水面以上为一个三角形，其面积为 $\frac{1}{2}\gamma H_1^2 K_a$；地下水位以下则由一个矩形（面积等于 $\gamma H_1 H_2 K_a$）和一个三角形（面积等于 $\frac{1}{2}\gamma' H_2^2 K_a$）所组成，如图 2-3 所示。

总主动土压力 P_a 在挡土墙上的作用点距离墙踵高程处的竖直距离（高度）y_a，可根据力矩平衡的原理求得，即作用在挡土墙上的三部分土压力 P_{aH_1}、$P_{aH_1H_2}$ 和 P_{aH_2} 对墙踵点的力矩之和，应等于作用在墙上的总土压力 P_a 对墙踵点的力矩，即

$$M_1+M_2+M_3=M \tag{2-23}$$

式中　M——由总主动土压力 P_a 对墙踵点的力矩，kN·m；

M_1——由主动土压力 P_{aH_1} 对墙踵点的力矩，kN·m；

M_2——由主动土压力 $P_{aH_1H_2}$ 对墙踵点的力矩，kN·m；

M_3——由主动土压力 P_{aH_2} 对墙踵点的力矩，kN·m。

设 P_a 作用点到墙踵的垂直距离为 y_a，P_{aH_1}、$P_{aH_1H_2}$ 和 P_{aH_2} 的作用点到墙踵的垂直距离分别为 y_1、y_2、y_3，则由公式（2-23）可得

$$P_{aH_1}y_1+P_{aH_1H_2}y_2+P_{aH_2}y_3=P_ay_a$$

由此可得总主动土压力 P_a 的作用点距墙踵高程处的高程（竖直距离）为

$$y_a=\frac{P_{aH_1}y_1+P_{aH_1H_2}y_2+P_{aH_2}y_3}{P_a} \tag{2-24}$$

由图 2-3 可知：

$$\left.\begin{aligned} y_1&=\left(\frac{1}{3}H_1+H_2\right)\\ y_2&=\frac{1}{2}H_2\\ y_3&=\frac{1}{3}H_2 \end{aligned}\right\} \tag{2-25}$$

如将公式（2-9）、公式（2-19）、公式（2-20）、公式（2-22）和公式（2-25）代入公式（2-24），则得

$$\begin{aligned} y_a&=\frac{\frac{1}{2}\gamma H_1^2K_a\left(\frac{1}{3}H_1+H_2\right)+\gamma H_1H_2K_a\frac{1}{2}H_2+\frac{1}{2}\gamma' H_2^2K_a\frac{1}{3}H_2}{\left(\frac{1}{2}\gamma H_1^2+\gamma H_1H_2+\frac{1}{2}\gamma' H_2^2\right)K_a}\\ &=\frac{\gamma H_1^2\left(\frac{1}{3}H_1+H_2\right)+\gamma H_1H_2^2+\frac{1}{3}\gamma' H_2^3}{\gamma H_1^2+2\gamma H_1H_2+\gamma' H_2^2} \end{aligned} \tag{2-26}$$

公式（2-22）所表示的总主动土压力 P_a，仅为填土颗粒对挡土墙所产生的土压力，并未包括地下水位以下饱和土体孔隙水所产生的水压力。

饱和土体的孔隙水压力通常按静水压力计算，即地下水位以下 z' 深度处的孔隙水压力强度为

$$p_w=\gamma_w z' \tag{2-27}$$

式中　γ_w——水的容重，通常按 10kN/m^3 计算。

静水压力沿深度按直线变化，也就是说水压力沿深度的分布图形为一个三角形，作用在 H_2 墙高上的总孔隙水压力为

$$P_w=\frac{1}{2}\gamma_wH_2^2 \tag{2-28}$$

孔隙水压力 P_w 作用点距墙踵高程的高度 $y_w=\frac{1}{3}H_2$。

三、填土表面作用均布荷载的情况

当挡土墙墙背填土表面作用均布荷载 q 时，墙背填土表面以下深度为 z 的任意一点

处，作用在墙面上的主动土压力强度 p_{az} 仍可按极限平衡条件来计算，此时 $\sigma_3=p_{az}$，$\sigma_1=q+\gamma z$，由公式（1-16）可得

$$p_{az}=(q+\gamma z)K_a \tag{2-29}$$

式中 p_{az}——填土表面以下深度为 z 处作用在挡土墙墙表面上的主动土压力强度，kPa；

q——作用在填土表面的均布荷载，kPa；

γ——填土的容重，kN/m³；

z——计算点在填土表面以下的深度，m；

K_a——主动土压力系数，按公式（2-4）计算。

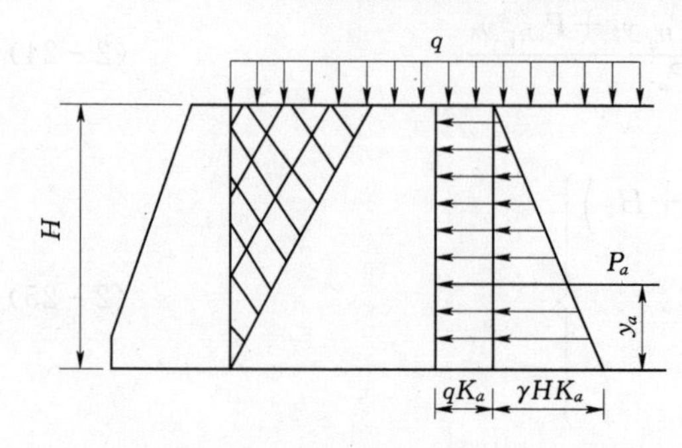

图 2-4 填土表面作用均布荷载时主动土压力的计算图

由公式（2-29）可见，土压力强度由两部分组成，一部分是由均布荷载 q 所产生，等于 qK_a，它与计算点的深度 z 无关。因此这一部分土压力强度沿墙面的分布是矩形，如图 2-4 所示，从填土表面到墙底面高程处大小都是一样的；另一部分是由填土自重产生的，等于 γzK_a，它与计算点的深度 z 成一次方的关系，因此它沿墙面的分布是线性分布，压力分布图形是一个三角形，如图 2-4 所示。

作用在墙踵高程处的主动土压力强度 p_{aH} 可根据公式（2-29）计算，令式中的 $z=H$ 即可，故

$$p_{aH}=qK_a+\gamma HK_a \tag{2-30}$$

式中 p_{aH}——填土表面以下深度 H 处的土压力强度，kPa；

H——挡土墙的高度，m。

作用在每米长度挡土墙上的总主动压力 P_a，可根据公式（2-29）积分求得，即

$$P_a=\int_0^H p_{az}\,\mathrm{d}z=\int_0^H (q+\gamma z)K_a\,\mathrm{d}z=\left(qH+\frac{1}{2}\gamma H^2\right)K_a \tag{2-31}$$

由公式（2-31）可见，作用在挡土墙上的总主动土压力 P_a 由两部分组成：一部分是由均布荷载 q 所产生的主动土压力 P_{aq}，它沿挡土墙高度是均匀分布的，分布图形是一个矩形（图 2-5），其面积等于 qHK_a，即

$$P_{aq}=qHK_a \tag{2-32}$$

另一部分是由填土自重所产生的主动土压力 P_{aH}，它沿挡土墙高度成线性分布，分布图形是一个三角形，其面积等于$\frac{1}{2}\gamma H^2K_a$，即

$$P_{aH}=\frac{1}{2}\gamma H^2K_a \tag{2-33}$$

总主动土压力 P_a 的作用点距挡土墙墙踵点的高度 y_a，可根据以墙踵点为力矩中心点的力矩平衡方程求得，即主动土压力的各分力对墙踵点的力矩 $\sum M_i$，等于总主动土压力对墙踵点的力矩 M，即

$$P_ay_a=P_{aq}y_1+P_{aH}y_2$$

由此可得

$$y_a=\frac{P_{aq}y_1+P_{aH}y_2}{P_a} \tag{2-34}$$

式中　y_1、y_2——P_{aq}、P_{aH}对墙踵点的力臂，m。

由图 2-5 可知：

$$\left.\begin{aligned}y_1=\frac{1}{2}H\\ y_2=\frac{1}{3}H\end{aligned}\right\} \tag{2-35}$$

将公式（2-35）代入公式（2-34）可得

$$y_a=\frac{P_{aq}\frac{1}{2}H+P_{aH}\frac{1}{3}H}{P_a} \tag{2-36}$$

如将公式（2-32）、公式（2-33）和公式（2-31）代入公式（2-36），则得

$$y_a=\frac{qHK_a\frac{1}{2}H+\frac{1}{2}\gamma H^2K_a\frac{1}{3}H}{\left(qH+\frac{1}{2}\gamma H^2\right)K_a}=\frac{qH+\frac{1}{3}\gamma H^2}{2q+\gamma H} \tag{2-37}$$

四、填土表面有均布荷载、填土表面以下深度 H_1 处有地下水的情况

如图 2-5 所示的挡土墙，墙面竖直光滑，填土表面水平。作用有均布荷载 q，填土面 H_1 深度以下有地下水，地下水面以上填土层厚度为 H_1，填土的容重为 γ，内摩擦角为 φ；地下水位以下填土层的厚度为 H_2，填土的容重为浮容重 γ'，内摩擦角仍为 φ。

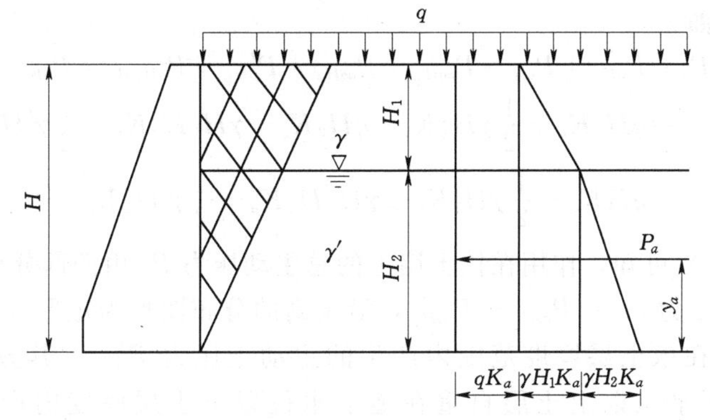

图 2-5　填土表面有均布荷载、填土面以下深度 H_1 处有地下水时挡土墙上的土压力

此时在地下水位以上，距填土表面以下深度为 z 处，作用在挡土墙上的主动土压力强度 p_{az} 由两部分组成，即由均布荷载 q 产生的土压强 p_{aq} 和由填土自重所产生的土压强 p'_{az}：

$$p_{az}=p_{aq}+p'_{az}=qK_a+\gamma zK_a \tag{2-38}$$

在地下水面高程处，作用在挡土墙上的主动土压力强度为

$$p_{aH_1}=p_{aq}+p'_{aH_1}=qK_a+\gamma H_1K_a \tag{2-39}$$

地下水面以下深度 z' 处，作用在挡土墙上的主动土压力强度为

$$p_{az'}=(q+\gamma H_1)K_a+\gamma'z'K_a \tag{2-40}$$

在挡土墙墙踵高程处，作用在挡土墙上的主动土压力强度为

$$p_{aH}=(q+\gamma H_1)K_a+\gamma' H_2 K_a \tag{2-41}$$

在地下水位以上，作用在挡土墙上的总主动土压力 P_{aH_1} 由两部分组成，即由均布荷载 q 产生的主动土压力 P_{aqH_1} 和由填土自重产生的主动土压力 P'_{aH_1}，可以由公式（2－38）积分求得，即

$$P_{aH_1}=P_{aqH_1}+P'_{aH_1}=\int_0^{H_1}p_{az}\mathrm{d}z=\int_0^{H_1}(qK_a+\gamma zK_a)\mathrm{d}z=qH_1K_a+\frac{1}{2}\gamma H_1^2K_a \tag{2-42}$$

在地下水位以下，作用在挡土墙的总主动土压力 P_{aH} 由三部分组成，即由均布荷载 q 产生的部分 P_{aqH_2}、由地下水位以上填土自重产生的部分 $P_{aH_1H_2}$ 和由地下水位以下部分填土自重产生的部分 P_{aH_2}，可通过公式（2－40）积分求得，即

$$\begin{aligned}P_{aH}&=\int_0^{H_2}p_{az'}\mathrm{d}z'\\&=\int_0^{H}(qK_a+\gamma H_1K_a+\gamma' z' K_a)\mathrm{d}z'\\&=qH_2K_a+\gamma H_1H_2K_a+\frac{1}{2}\gamma' H_2^2K_a\\&=P_{aqH_2}+P_{aH_1H_2}+P_{aH_2}\end{aligned} \tag{2-43}$$

其中

$$P_{aqH_2}=qH_2K_a \tag{2-44}$$

$$P_{aH_1H_2}=\gamma H_1H_2K_a \tag{2-45}$$

$$P_{aH_2}=\frac{1}{2}\gamma' H_2^2K_a \tag{2-46}$$

因此作用在全部挡土墙上的总主动压力 P_a 等于地下水位以上和地下水位以下两部分主动土压力之和，即

$$\begin{aligned}P_a&=P_{aH_1}+P_{aH}=P_{aqH_1}+P_{aqH_2}+P'_{aH_1}+P_{aH_1H_2}+P_{aH_2}\\&=qH_1K_a+\frac{1}{2}\gamma H_1^2K_a+qH_2K_a+\gamma H_1H_2K_a+\frac{1}{2}\gamma' H_2^2K_a\\&=qHK_a+\frac{1}{2}\gamma H_1^2K_a+\gamma H_1H_2K_a+\frac{1}{2}\gamma' H_2^2K_a\end{aligned} \tag{2-47}$$

由公式（2－47）可知，作用在挡土墙上的总主动压力 P_a 由四部分组成，即由均布荷载 q 产生的主动土压力 $P_{aq}=P_{aqH_1}+P_{aqH_2}$，沿墙高的分布图形为矩形（图 2－5）；由地下水位以上土层自重在该土层厚度范围内产生的主动土压力 P'_{aH_1}，其分布图形为三角形（图 2－5）；由地下水位以上土层自重在地下水位以下土层厚度内产生的主动土压力 $P_{aH_1H_2}$，其分布图形为矩形；由地下水位以下土层自重产生的主动土压力 P_{aH_2}，其分布图形为三角形（图 2－5）。

作用在挡土墙上的总主动土压力 P_a 的作用点距墙踵高程的高度 y_a，可根据力矩平衡原理求得如下：

$$y_a=\frac{P_{aq}y_1+P'_{aH_1}y_2+P_{aH_1H_2}y_3+P_{aH_2}y_4}{P_a} \tag{2-48}$$

式中　y_1、y_2、y_3、y_4——主动土压力 P_{aq}、P'_{aH_1}、$P_{aH_1H_2}$、P_{aH_2} 对挡土墙墙踵点的力臂。

y_1、y_2、y_3、y_4 可根据图 2－5 中的几何关系求得为

$$\left.\begin{aligned} y_1 &= \frac{1}{2}H \\ y_2 &= \left(\frac{1}{3}H_1 + H_2\right) \\ y_3 &= \frac{1}{2}H_2 \\ y_4 &= \frac{1}{3}H_2 \end{aligned}\right\} \tag{2-49}$$

式中　H——挡土墙的高度；

H_1、H_2——挡土墙在水上部分、水下部分的高度。

将公式（2-47）、公式（2-49）以及公式（2-47）中的 P_{aq}、P'_{aH_1}、$P_{aH_1H_2}$ 和 P_{aH_2} 值代入公式（2-48），则得

$$y_a = \frac{qHK_a\,\frac{1}{2}H + \frac{1}{2}\gamma H_1^2 K_a\left(\frac{1}{3}H_1 + H_2\right) + \gamma H_1 H_2 K_a\,\frac{1}{2}H_2 + \frac{1}{2}\gamma' H_2^2 K_a\,\frac{1}{3}H_2}{qHK_a + \frac{1}{2}\gamma H_1^2 K_a + \gamma H_1 H_2 K_a + \frac{1}{2}\gamma' H_2^2 K_a}$$

$$= \frac{qH^2 + \frac{1}{3}(\gamma H_1^2 + \gamma' H_2^3) + \gamma H_1 H_2 H}{2qH + \gamma H_1^2 + 2\gamma H_1 H_2 + \gamma' H_2^2} \tag{2-50}$$

五、层状土的主动土压力

（一）双层土

若挡土墙墙背面填土为两层，上层填土的厚度为 H_1，其容重为 γ_1，内摩擦角为 φ_1；下层填土的厚度为 H_2，其容重为 γ_2，内摩擦角为 φ_2。此时，作用在上层填土表面以下深度为 z 处的主动土压力强度为

$$p_{az} = \gamma_1 z K_{a_1} \tag{2-51}$$

其中

$$K_{a_1} = \tan^2\left(45° - \frac{\varphi_1}{2}\right) \tag{2-52}$$

作用在上层填土底面高程处的主动土压力强度 p_{aH_1}，可根据公式（2-51）求得，仅令其中 $z=H_1$ 即可

$$p_{aH_1} = \gamma_1 H_1 K_{a_1} \tag{2-53}$$

上层填土作用在挡土墙墙面上的主动土压力为

$$p_{aH_1} = \int_0^{H_1} p_{az}\,\mathrm{d}z = \int_0^{H_1} \gamma z K_{a_1}\,\mathrm{d}z = \frac{1}{2}\gamma_1 H_1^2 K_{a_1} \tag{2-54}$$

在下层填土表面处，主动土压力强度仍可按公式（2-53）计算，但其中的主动土压力系数 K_a，应采用下层填土的主动土压力系数 K_{a_2}，即

$$K_{a_2} = \tan^2\left(45° - \frac{\varphi_2}{2}\right) \tag{2-55}$$

因此，作用在下层填土表面高程处的主动土压力强度为

$$p'_{aH_1} = \gamma_1 H_1 K_{a_2} \tag{2-56}$$

下层填土表面以下深度 z' 处的主动土压力强度为

$$p_{az'}=(\gamma_1 H_1+\gamma_{2z'})K_{a_2} \tag{2-57}$$

下层填土底面高程处的主动土压力强度为

$$p_{aH}=(\gamma_1 H_1+\gamma_2 H_2)K_{a_2} \tag{2-58}$$

下层填土作用在挡土墙上的主动土压力为

$$P_{aH}=\int_0^{H_2} p_{az'}\,\mathrm{d}z'=\int_0^{H_2}(\gamma_1 H_1+\gamma_2 z')K_{a_2}\,\mathrm{d}z'=\left(\gamma_1 H_1 H_2+\frac{1}{2}\gamma_2 H_2^2\right)K_{a_2} \tag{2-59}$$

因此，作用在挡土墙上的总土压力 P_a 等于上层填土产生的主动土压力 P_{aH_1} 和下层填土产生的主动土压力 P_{aH} 之和，即

$$P_a=P_{aH_1}+P_{aH}=\frac{1}{2}\gamma_1 H_1^2 K_{a_1}+\left(\gamma_1 H_1 H_2+\frac{1}{2}\gamma_2 H_2^2\right)K_{a_2} \tag{2-60}$$

总主动土压力 P_a 的作用点距离墙踵点处的高度 y_a，可根据力矩平衡原理求得，即

$$y_a=\frac{P_{aH_1}y_1+P_{aH_1H_2}y_2+P_{aH_2}y_3}{P_a} \tag{2-61}$$

式中 y_1、y_2、y_3——P_{aH_1}、$P_{aH_1H_2}$、P_{aH_2} 对墙踵点的力臂，m。

y_1、y_2、y_3 的值分别为

$$\left.\begin{aligned} y_1&=\left(\frac{1}{3}H_1+H_2\right)\\ y_2&=\frac{1}{2}H_2\\ y_3&=\frac{1}{3}H_2 \end{aligned}\right\} \tag{2-62}$$

将公式（2-60）和公式（2-62）代入公式（2-61）则得

$$y_a=\frac{\frac{1}{2}\gamma_1 H_1^2 K_{a_1}\left(\frac{1}{3}H_1+H_2\right)+\gamma_1 H_1 H_2 K_{a_2}\frac{1}{2}H_2+\frac{1}{2}\gamma_2 H_2^2 K_{a_2}\frac{1}{3}H_2}{\frac{1}{2}\gamma_1 H_1^2 K_{a_1}+\gamma_1 H_1 H_2 K_{a_2}+\frac{1}{2}\gamma_2 H_2^2 K_{a_2}}$$

$$=\frac{\gamma_1 H_1^2\left(\frac{1}{3}H_1+H_2\right)K_{a_1}+\gamma_1 H_1 H_2^2 K_{a_2}+\frac{1}{3}\gamma_2 H_2^2 K_{a_2}}{\gamma_1 H_1^2 K_{a_1}+2\gamma_1 H_1 H_2 K_{a_2}+\gamma_2 H_2^2 K_{a_2}} \tag{2-63}$$

作用在挡土墙上的主动压力的分布图形如图 2-6 所示，在上层填土范围内土压力分布图形为三角形，在下层填土范围内土压力分布图由两部分组成，即由上层填土自重产生的矩形和由下层填土自重产生的三角形。这一压力分布图形又可分为下列四种情况：

(1) 当 $\gamma_1>\gamma_2$，$\varphi_1=\varphi_2$ 时，作用在挡土墙上的主动土压力分布图形如图 2-6 (b) 所示。

(2) 当 $\gamma_1<\gamma_2$，$\varphi_1=\varphi_2$ 时，作用在挡土墙上的主动土压力分布图形如图 2-6 (c) 所示。

(3) 当 $\gamma_1=\gamma_2$，$\varphi_1<\varphi_2$ 时，作用在挡土墙上的主动土压力分布图形如图 2-6 (d) 所示。

(4) 当 $\gamma_1=\gamma_2$，$\varphi_1>\varphi_2$ 时，作用在挡土墙上的主动土压力分布图形如图 2-6 (e) 所示。

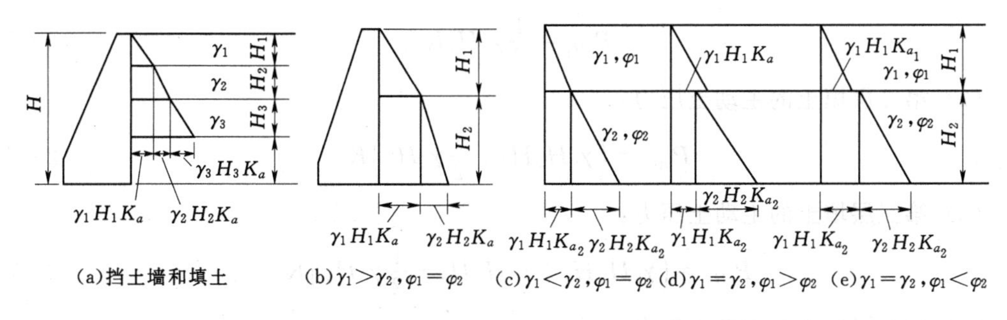

图 2-6　双层填土情况下的主动土压力分布图

(二) 多层填土

如果挡土墙墙背面的填土为多层填土，自上而下各层填土的厚度分别为 H_1，H_2，H_3，…各层填土的容重分别为 γ_1，γ_2，γ_3，…各层填土的内摩擦角分别为 φ_1，φ_2，φ_3，…如图 2-7 所示，各层填土相应的主动土压力系数分别为 $K_{a_1}=\tan^2\left(45°-\dfrac{\varphi_1}{2}\right)$，$K_{a_2}=\tan^2\left(45°-\dfrac{\varphi_2}{2}\right)$，$K_{a_3}=\tan^2\left(45°-\dfrac{\varphi_3}{2}\right)$，…

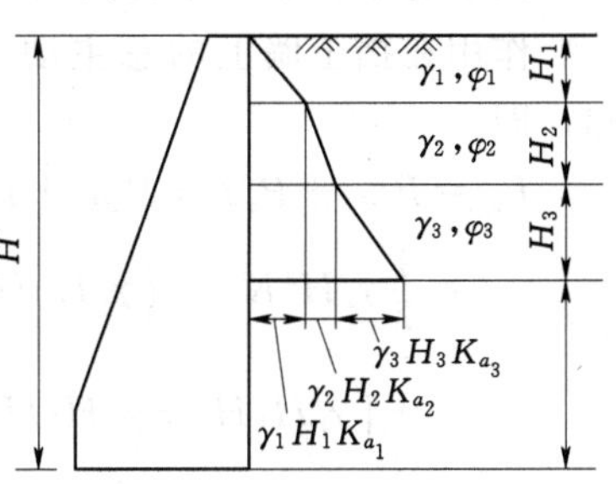

图 2-7　多层填土情况下的主动土压力分布图

对于多层填土，由于各层填土的内摩擦角 φ 各不相同，故在土层交界面处主动土压力强度分别有两个，一个是上层填土产生的，另一个是下层填土产生的。

1. 在第一层填土与第二层填土交界面处

(1) 在第一层填土的底面处，土压强：

$$p_{aH_1}=\gamma_1 H_1 K_{a_1} \tag{2-64}$$

(2) 在第二层填土的顶面处，土压强：

$$p'_{aH_1}=\gamma_1 H_1 K_{a_2} \tag{2-65}$$

2. 在第二层填土与第三层填土交界面处

(1) 在第二层填土的底面处，土压强：

$$p_{aH_2}=(\gamma_1 H_1+\gamma_2 H_2)K_{a_2} \tag{2-66}$$

(2) 在第三层填土的顶面处，土压强：

$$p'_{aH_2}=(\gamma_1 H_1+\gamma_2 H_2)K_{a_3} \tag{2-67}$$

3. 在第三层填土与第四层填土交界面处

(1) 在第三层填土的底面处，土压强：

$$p_{aH_3}=(\gamma_1 H_1+\gamma_2 H_2+\gamma_3 H_3)K_{a_3} \tag{2-68}$$

(2) 在第四层填土的顶面处，土压强：

$$p'_{aH_3}=(\gamma_1 H_1+\gamma_2 H_2+\gamma_3 H_3)K_{a_4} \tag{2-69}$$

其余各层交界面处的主动土压力强度以此类推。

4. 各土层作用在挡土墙上的主动土压力

(1) 第一层填土的主动土压力：

$$P_{aH_1}=\frac{1}{2}\gamma_1 H_1^2 K_{a_1} \tag{2-70}$$

（2）第二层填土的主动土压力：

$$P_{aH_2}=\left(\gamma_1 H_1 H_2+\frac{1}{2}\gamma_2 H_2^2\right)K_{a_2} \tag{2-71}$$

（3）第三层填土的主动土压力：

$$P_{aH_3}=\left(\gamma_1 H_1 H_3+\gamma_2 H_2 H_3+\frac{1}{2}\gamma_3 H_3^2\right)K_{a_3} \tag{2-72}$$

（4）第四层填土的主动土压力：

$$P_{aH_4}=\left(\gamma_1 H_1 H_4+\gamma_2 H_2 H_4+\gamma_3 H_3 H_4+\frac{1}{2}\gamma_4 H_4^2\right)K_{a_4} \tag{2-73}$$

其余各层填土作用在挡土墙上的主动土压力，可以此类推。

作用在挡土墙上的总主动土压力 P_a，等于各土层作用在挡土墙上的主动土压力之和，即

$$\begin{aligned}P_a&=P_{aH_1}+P_{aH_2}+P_{aH_3}+P_{aH_4}+\cdots\\&=\frac{1}{2}\gamma_1 H_1^2 K_{a_1}+\left(\gamma_1 H_1 H_2+\frac{1}{2}\gamma_2 H_2^2\right)K_{a_2}+\left(\gamma_1 H_1 H_3+\gamma_2 H_2 H_3+\frac{1}{2}\gamma_3 H_3^2\right)K_{a_3}\\&\quad+\left(\gamma_1 H_1 H_4+\gamma_2 H_2 H_4+\gamma_3 H_3 H_4+\frac{1}{2}\gamma_4 H_4^2\right)K_{a_4}+\cdots\end{aligned} \tag{2-74}$$

总主动土压力作用点距墙踵的高度 y_a，可根据上述各土层的主动土压力对墙踵点的力矩之和等于总主动土压力对墙踵点的力矩相等的原则求得。

第三节　黏性土的主动土压力

一、单层黏性土的情况

当挡土墙墙背填土为黏性土，墙体在外力或填土作用下产生足够的位移或变形，使墙背面填土从弹性状态变为主动极限平衡状态时，填土中将出现两组连续而对称的滑动面（滑裂面、破裂面、破坏面），滑动面与大主应力作用面之间的夹角为 $\alpha=45°+\frac{\varphi}{2}$，$\varphi$ 为填土的内摩擦角，如图 2-8（a）所示。

此时填土中的大主应力为竖向正应力 σ_z，其值等于计算点以上土柱的重力，即

$$\sigma_z=\gamma z$$

式中　γ——填土的容重（重力密度），kN/m^3；

z——计算点距填土表面的深度，m。

此时填土中的小主应力 σ_3 为水平正应力 σ_x，也就是填土的主动土压力 P_a。

根据土的极限平衡条件，对于黏性土，极限平衡条件为

$$\sigma_3=\sigma_1\tan^2\left(45°-\frac{\varphi}{2}\right)-2c\tan\left(45°-\frac{\varphi}{2}\right)=\sigma_1 K_a-2c\sqrt{K_a} \tag{2-75}$$

其中
$$K_a=\tan^2\left(45°-\frac{\varphi}{2}\right) \tag{2-76}$$

式中　σ_1、σ_3——填土中的最大主应力、最小主应力，kPa；

c——填土的凝聚力；

φ——填土的内摩擦角，(°)；

K_a——朗肯主动土压力系数。

将 $\sigma_1=\gamma z$ 和 $\sigma_3=p_{az}$ 代入公式（2-75），则得

$$p_{az}=\gamma z K_a-2c\sqrt{K_a} \tag{2-77}$$

由公式（2-77）可见，对于黏性土，主动土压力由两部分组成：第一部分是由填土自重产生的主动土压力（压强）$\gamma z K_a$，它沿墙高的分布是一个三角形，如图 2-8（b）所示；第二部分是由填土的凝聚力 c 所产生的土压力（强度）$2c\sqrt{K_a}$，它沿墙高的分布是一个矩形，即沿墙高各点的大小均相等，如图 2-8（b）所示。但是第一部分的土压力为压应力，作用方向指向墙面，令其为正；第二部分土压力为拉应力，其符号为负，其作用是减小作用在墙面上的压应力，这也就是说，由于土的凝聚力 c 的作用，作用在挡土墙上的主动土压力将减小。

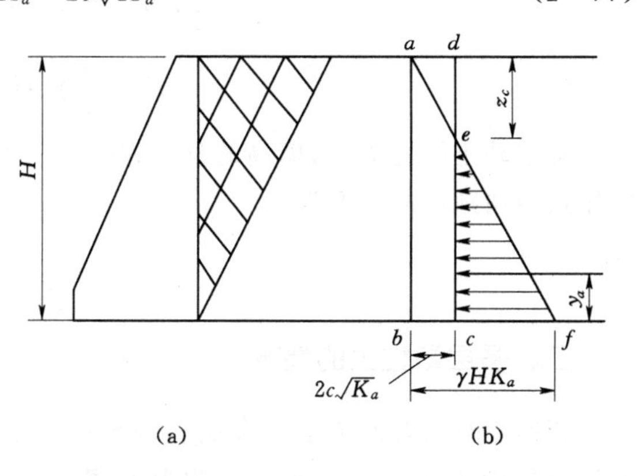

图 2-8　黏性土的滑动面和主动土压力

在墙顶处，$z=0$，第一部分土压力 $\gamma z K_a$ 等于零，而第二部分土压力为$2c\sqrt{K_a}$，故该点处的土压力将为负值，即为拉应力。自墙顶往下，z 值逐渐增大，故第一部分土压力也随着增大，在深度 $z=z_c$ 处，第一部分土压力 $\gamma z_c K_a$ 恰好等于第二部分土压力 $2c\sqrt{K_a}$，该点处的实际土压力等于零。而在深度 z_c 以上，由于第二部分土压力均大于第一部分土压力，故深度 z_c 以上各点处，土压力将均为拉应力。但是由于填土与挡土墙之间不可能承受拉应力，即此时墙面与填土之间将因受拉而脱开，所以实际上在填土表面以下深度为 z_c 的范围内，挡土墙墙面上并不受力，即既不受压力，也不存在拉力，即实际的土压力为零，也就是图 2-8（b）中三角形面积 aed（拉力）将等于零。所以第一部分压力与第二部分土压力相互抵消的部分，实际上师图 2-8（b）中的梯形面积 $abce$。因此，对于黏性填土，作用在挡土墙上的实际土压力，为三角形面积 ecf，如图 2-8（b）所示。

如前面所述，在填土表面以下深度为 z_c 处，第一部分土压力（强度）与第二部分土压力（强度）相等，故该点处的土压力（强度）p_{az_c} 等于零，所以由公式（2-77）可得

$$0=\gamma z_c K_a-2c\sqrt{K_a}$$

由此可得土压力强度 $p_a=0$ 的这一点，距离填土表面的深度为

$$z_c=\frac{2c\sqrt{K_a}}{\gamma K_a}=\frac{2c}{\gamma\sqrt{K_a}} \tag{2-78}$$

式中　z_c——填土的开裂深度。

作用在墙底面高程处的主动土压力强度 p_{aH} 可根据公式（2-77）求得，即

$$p_{aH}=\gamma HK_a-2c\sqrt{K_a} \tag{2-79}$$

或

$$p_{aH}=\gamma(H-z_c)K_a \tag{2-80}$$

作用在挡土墙上的总主动土压力可通过对公式（2-77）的积分来求得，即

$$\begin{aligned}P_a&=\int_{z_c}^{H}p_{az}\mathrm{d}z=\int_{z_c}^{H}(\gamma zK_a-2c\sqrt{K_a})\mathrm{d}z\\&=\frac{1}{2}\gamma(H^2-z_c^2)K_a-2c(H-z_c)\sqrt{K_a}\end{aligned} \tag{2-81}$$

$$P_a=\frac{1}{2}\gamma(H-z_c)^2K_a \tag{2-82}$$

总主动土压力 P_a 沿墙高的分布为一个三角形［图2-8（b）］，故总主动土压力 P_a 的作用点距墙踵点的高度为

$$y_a=\frac{1}{3}(H-z_c) \tag{2-83}$$

二、多层黏性土的情况

若挡土墙墙背面填土为多层黏性土，各土层的厚度分别为 H_1，H_2，H_3，…各土层的容重分别为 γ_1，γ_2，γ_3，…内摩擦角分别为 φ_1，φ_2，φ_3，…凝聚力分别为 c_1，c_2，c_3，…如图2-9所示。

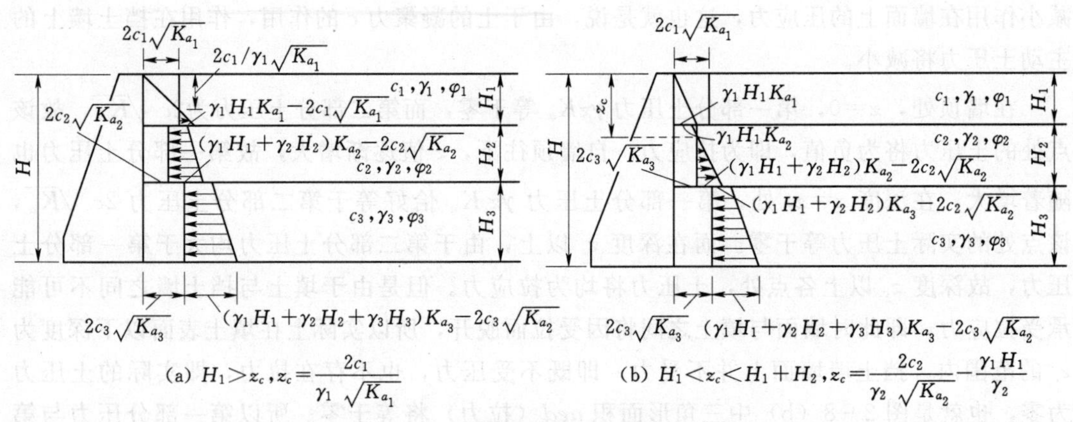

图2-9　多层黏性土的主动土压力

此时土压力的计算可分为两种情况：$H_1>z_c$ 的情况和 $H_1<z_c<H_1+H_2$ 的情况。

1. $H_1>z_c$ 的情况

此时各土层交界面高程处的主动土压力强度计算公式如下。

（1）在第一土层与第二土层交界面处：

在第一土层的底面高程处的主动土压力强度为

$$p_{aH_1}=\gamma_1H_1K_{a_1}-2c_1\sqrt{K_{a_1}} \tag{2-84}$$

在第二土层顶面高程处的主动土压力强度为

$$p_{aH_1}=\gamma_1 H_1 K_{a_2}-2c_2\sqrt{K_{a_2}} \tag{2-85}$$

(2) 在第二土层与第三土层交界面处：

在第二土层的底面高程处的主动土压力强度为

$$p_{aH_2}=(\gamma_1 H_1+\gamma_2 H_2)K_{a_2}-2c_2\sqrt{K_{a_2}} \tag{2-86}$$

在第三土层的顶面高程处的主动土压力强度为

$$p_{aH_2}=(\gamma_1 H_1+\gamma_2 H_2)K_{a_3}-2c_3\sqrt{K_{a_3}} \tag{2-87}$$

(3) 在第三土层与第四土层交界面处：

在第三土层的底面高程处的主动土压力强度为

$$p_{aH_3}=(\gamma_1 H_1+\gamma_2 H_2+\gamma_3 H_3)K_{a_3}-2c_3\sqrt{K_{a_3}} \tag{2-88}$$

在第四土层的顶面高程处的主动土压力强度为

$$p_{aH_3}=(\gamma_1 H_1+\gamma_2 H_2+\gamma_3 H_3)K_{a_4}-2c_4\sqrt{K_{a_4}} \tag{2-89}$$

其余各层土交界面处的土压力强度的计算方法可以此类推。

在上列各式中，K_{a_1}，K_{a_2}，K_{a_3}，K_{a_4}，…分别为第一层土、第二层土、第三层土、第四层土、……的主动土压力系数，其值为

$$\left.\begin{aligned}K_{a_1}&=\tan^2\left(45°-\frac{\varphi}{2}\right)\\K_{a_2}&=\tan^2\left(45°-\frac{\varphi}{2}\right)\\K_{a_3}&=\tan^2\left(45°-\frac{\varphi}{2}\right)\\&\cdots\end{aligned}\right\} \tag{2-90}$$

此时填土的开裂深度为

$$z_c=\frac{2c_1}{\gamma_1\sqrt{K_{a_1}}} \tag{2-91}$$

各土层产生的主动土压力计算公式如下：

第一层土的主动土压力为

$$P_{aH_1}=\frac{1}{2}\gamma_1(H_1^2-z_c^2)K_{a_1}-2c_1(H_1-z_c)\sqrt{K_{a_1}} \tag{2-92}$$

或

$$P_{aH_1}=\frac{1}{2}\gamma_1(H_1-z_c)^2K_{a_1} \tag{2-93}$$

第二土层的主动土压力为

$$P_{aH_2}=(\gamma_1 H_1 H_2+\frac{1}{2}\gamma_2 H_2^2)K_{a_2}-2c_2 H_2\sqrt{K_{a_2}} \tag{2-94}$$

第三土层的主动土压力为

$$P_{aH_3}=(\gamma_1 H_1 H_3+\gamma_2 H_2 H_3+\frac{1}{2}\gamma_3 H_3^2)K_{a_3}-2c_3 H_3\sqrt{K_{a_3}} \tag{2-95}$$

其余各土层产生的主动土压力可以此类推。

作用在挡土墙上的总主动土压力 P_a 等于各土层的主动土压力之和，即

$$P_a = P_{aH_1} + P_{aH_2} + P_{aH_3} + \cdots \tag{2-96}$$

总主动土压力作用点距墙踵点的高度 y_a，可按照图 2-9 所表示的主动土压力分布图，根据力矩平衡原理求得。

2. $H_1 < z_c < H_1 + H_2$ 的情况

此时各土层交界面高程处的主动土压力强度如下。

(1) 在第一土层与第二土层交界面处：

土压力强度 $p_{aH_1} = 0$。

(2) 在第二土层与第三土层交界面处：

在第二土层的底面高程处的主动土压力强度为

$$p_{aH_2} = (\gamma_1 H_1 + \gamma_2 H_2) K_{a_2} - 2c_2 \sqrt{K_{a_2}} \tag{2-97}$$

在第三土层的顶面高程处的主动土压力强度为

$$p_{aH_2} = (\gamma_1 H_1 + \gamma_2 H_2) K_{a_3} - 2c_3 \sqrt{K_{a_3}} \tag{2-98}$$

(3) 在第三土层与第四土层交界面处：

在第三土层的底面高程处的主动土压力强度为

$$p_{aH_3} = (\gamma_1 H_1 + \gamma_2 H_2 + \gamma_3 H_3) K_{a_3} - 2c_3 \sqrt{K_{a_3}} \tag{2-99}$$

在第四土层的顶面高程处的主动土压力强度为

$$p_{aH_3} = (\gamma_1 H_1 + \gamma_2 H_2 + \gamma_3 H_3) K_{a_4} - 2c_4 \sqrt{K_{a_4}} \tag{2-100}$$

其余各土层交界面处的主动土压力强度可以此类推。

此时由于填土的开裂深度 z_c 超过第一土层的厚度 H_1，即

$$z_c = \frac{2c_1}{\gamma_1 \sqrt{K_{a_1}}} > H_1$$

裂缝伸入第二土层内，若设 z_0 为裂缝伸入第二土层的深度，则可列出该深度处主动土压力强度的计算公式如下：

$$p_0 = (\gamma_1 H_1 + \gamma_2 z_0) K_{a_2} - 2c_2 \sqrt{K_{a_2}}$$

由于该点处的主动土压力强度 $p_0 = 0$，故

$$(\gamma_1 H_1 + \gamma_2 z_0) K_{a_2} - 2c_2 \sqrt{K_{a_2}} = 0$$

解上述方程可得

$$z_0 = \frac{2c_2}{\gamma_2 \sqrt{K_{a_2}}} - \frac{\gamma_1}{\gamma_2} H_1 \tag{2-101}$$

因此当 $H_1 < z_c < H_1 + H_2$ 时，填土的开裂深度为

$$z_c = z_0 + H_1 = \frac{2c_2}{\gamma_2 \sqrt{K_{a_2}}} + \left(1 - \frac{\gamma_1}{\gamma_2}\right) H_1 \tag{2-102}$$

各土层产生的主动土压力计算公式如下：

第一土层的主动土压力为

$$P_{aH_1} = 0$$

第二土层的主动土压力为

$$P_{aH_2}=\gamma_1 H_1(H_2-z_0)K_{a_2}+\frac{1}{2}\gamma_2(H_2^2-z_0^2)K_{a_2}-2c_2(H_2-z_0)\sqrt{K_{a_2}} \tag{2-103}$$

或

$$P_{aH_2}=\frac{1}{2}\gamma_2(H_2-z_0)^2K_{a_2} \tag{2-104}$$

第三土层的主动土压力为

$$P_{aH_3}=\left(\gamma_1 H_1 H_3+\gamma_2 H_2 H_3+\frac{1}{2}\gamma_3 H_3^2\right)K_{a_3}-2c_3 H_3\sqrt{K_{a_3}} \tag{2-105}$$

第四土层的主动土压力为

$$P_{aH_4}=\left(\gamma_1 H_1 H_4+\gamma_2 H_2 H_4+\gamma_3 H_3 H_4+\frac{1}{2}\gamma_4 H_4^2\right)K_{a_4}-2c_4 H_4\sqrt{K_{a_4}} \tag{2-106}$$

其余各土层产生的主动土压力可以此类推。

作用在挡土墙上的总主动土压力 P_a 等于各土层主动土压力之和，即

$$P_a=P_{aH_1}+P_{aH_2}+P_{aH_3}+P_{aH_4}+\cdots \tag{2-107}$$

总主动土压力 P_a 的作用点距墙踵点的高度为

$$y_a=\frac{P_{aH_1}y_1+P_{aH_2}y_2+P_{aH_3}y_3+\cdots}{P_a} \tag{2-108}$$

式中　y_1，y_2，y_3，…——主动土压力 P_{aH_1}，P_{aH_2}，P_{aH_3}，…对墙踵点的力臂，可根据图 2-9 所示的主动土压力分布图来确定。

三、填土中有地下水的情况

当挡土墙墙背面填土中有地下水（图 2-10），地下水面以上填土的厚度为 H_1，土的容重为 γ_1，内摩擦角为 φ_1，凝聚力为 c_1；地下水面以下填土的厚度为 H_2，土的容重为 γ_2，内摩擦角为 φ_2，凝聚力为 c_2。

此时地下水位以上填土凝聚力产生的主动土压力强度为 $2c_1\sqrt{K_{a_1}}$，沿高度 H_1 为均匀分布；地下水位以上填土自重产生的土压力强度为 $\gamma_1 zK_{a_1}$，z 为计算点距填土表面的深度，$K_{a_1}=\tan^2\left(45°-\frac{\varphi_1}{2}\right)$ 为地下水位以上填土的主动土压力系数，这一部分土压力沿深度 H_1 为三角形分布，如图 2-10 所示。

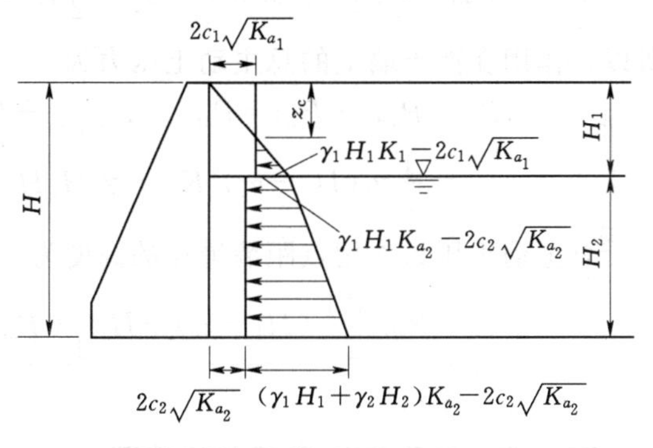

图 2-10　黏性填土有地下水时的主动土压力计算图

此时在地下水面高程处，主动土压力强度有两个，即在上层 H_1 的底面高程处，主动土压力强度为

$$p_{aH_1}=\gamma_1 H_1 K_{a_1}-2c_1\sqrt{K_{a_1}} \tag{2-109}$$

在土层 H_2 的顶面高程处，主动土压力强度为

$$P_{aH'}=\gamma_1 H_1 K_{a_2}-2c_2\sqrt{K_{a_2}} \tag{2-110}$$

其中
$$K_{a_2}=\tan^2\left(45°-\frac{\varphi_2}{2}\right)$$
式中　K_{a_2}——地下水位以下填土的主动土压力系数。

填土的开裂深度仍按公式（2-91）计算（$z_c<H_1$ 时）：
$$z_c=\frac{2c_1}{\gamma_1\sqrt{K_{a_1}}}$$

作用在挡土墙墙踵高程处的主动土压力强度 p_{aH} 由三部分组成，即上层填土自重产生的土压力强度 $\gamma_1 H_1 K_{a_2}$，下层填土自重产生的土压力强度 $\gamma_2 H_2 K_{a_2}$ 和下层填土凝聚力产生的土压力强度 $2c_2\sqrt{K_{a_2}}$，所以
$$p_{aH}=\gamma_1 H_1 K_{a_2}+\gamma_2 H_2 K_{a_2}-2c_2\sqrt{K_{a_2}} \tag{2-111}$$
上层填土（地下水面以上部分）产生的主动土压力为
$$P_{aH_1}=\frac{1}{2}\gamma_1(H_1-z_c)^2 K_{a_1} \tag{2-112}$$
下层填土（地下水面以下部分）产生的主动土压力 P_{aH_1} 由三部分组成。

（1）上层填土自重产生的主动土压力：
$$P_{aH_1H_2}=\gamma_1 H_1 H_2 K_{a_2} \tag{2-113}$$
（2）下层填土自重产生的主动土压力：
$$P_{aH_2}=\frac{1}{2}\gamma_2 H_2^3 K_{a_2} \tag{2-114}$$
（3）下层填土凝聚力产生的主动土压力（拉力）：
$$P_{ac_2}=2c_2 H_2\sqrt{K_{a_2}} \tag{2-115}$$
因此
$$P_{aH}=P_{aH_2}+P_{aH_1H_2}-P_{ac_2}=\frac{1}{2}\gamma_2 H_2^2 K_{a_2}+\gamma_1 H_1 H_2 K_{a_2}-2c_2 H_2\sqrt{K_{a_2}} \tag{2-116}$$
所以，作用在挡土墙上的总主动土压力为
$$\begin{aligned}P_a&=P_{aH_1}+P_{aH}=P_{aH_1}+P_{aH_1H_2}+P_{aH_2}-P_{ac_2}\\&=\frac{1}{2}\gamma_1(H_1-z_c)^2K_{a_1}+\gamma_1 H_1 H_2 K_{a_2}+\frac{1}{2}\gamma_2 H_2^2 K_{a_2}-2c_2 H_2\sqrt{K_{a_2}}\end{aligned} \tag{2-117}$$

总主动土压力作用点距墙踵点的高度为
$$y_a=\frac{P_{aH_1}\left[\frac{1}{3}(H_1-z_c)+H_2\right]+P_{aH_1H_2}\frac{1}{2}H_2+P_{aH_2}\frac{1}{3}H_2-P_{ac_2}\frac{1}{2}H_2}{P_a} \tag{2-118}$$

四、填土表面有均布荷载的情况

当填土表面作用有均布荷载 q 时（图 2-11），主动土压力的计算可分为下列两种情况来进行。

1. 当 $qK_a>2c\sqrt{K_a}$ 时

由于均布荷载 q 所产生的土压力强度 qK_a 大于由于填土的凝聚力 c 所产生的土压力强度（拉应力）$2c\sqrt{K_a}$，所以填土并未出现开裂现象。因此在填土表面，主动土压力强度为

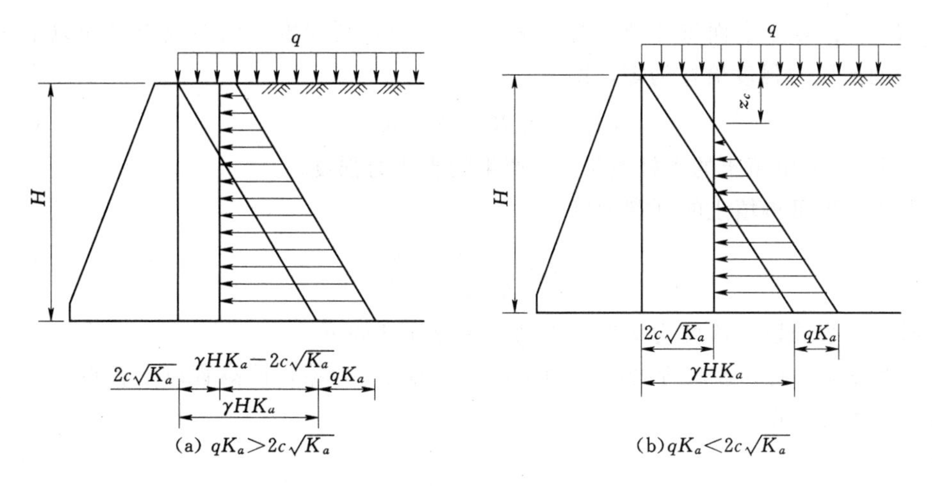

图 2-11　黏性土有均布荷载作用时的主动土压力图

$$p_{a0}=qK_a-2c\sqrt{K_a} \tag{2-119}$$

在填土表面以下深度为 z 处，主动土压力强度为

$$p_{az}=qK_a+\gamma zK_a-2c\sqrt{K_a} \tag{2-120}$$

式中　γ——填土的容重，kN/m³。

由上式可见均布荷载 q 所产生的土压力强度 qK_a 和由填土凝聚力 c 所产生的土压力强度 $2c\sqrt{K_a}$，均与计算点的深度 z 无关，故这两种土压力强度沿填土深度（沿墙高）为均匀分布（图 2-11）。

墙踵高程处的主动土压力强度为

$$p_{aH}=qK_a+\gamma HK_a-2c\sqrt{K_a} \tag{2-121}$$

式中　H——挡土墙的高度，m。

由图 2-11 可见，由均布荷载 q 产生的土压力和由填土凝聚力 c 产生的土压力沿墙高为矩形分布，由填土自重产生的土压力沿墙高为三角形分布。

作用在挡土墙上的总主动土压力 P_a 等于土压力沿墙高的分布图形的面积，即

$$P_a=qHK_a+\frac{1}{2}\gamma H^2K_a-2cH\sqrt{K_a} \tag{2-122}$$

总主动土压力 P_a 作用点距墙踵的高度为

$$y_a=\frac{qHK_a\ \frac{1}{2}H+\frac{1}{2}\gamma H^2K_a\ \frac{1}{3}H-2cH\sqrt{K_a}\frac{1}{2}H}{qHK_a+\frac{1}{2}\gamma H^2K_a-2cH\sqrt{K_a}}$$

$$=\frac{qH+\frac{1}{3}\gamma H^2-\frac{2cH}{\sqrt{K_a}}}{2q+\gamma H-\frac{4c}{\sqrt{K_a}}} \tag{2-123}$$

2. 当 $qK_a<2c\sqrt{K_a}$ 时

由于均布荷载产生的土压力强度 qK_a 小于由填土的凝聚力 c 产生的土压力强度（拉应

力）$2c\sqrt{K_a}$，故填土表面将开裂。若设 z_c 为填土的开裂深度，则在填土表面以下深度为 z_c 处，主动土压力强度恰好为零，即

$$qK_a+\gamma z_c K_a-2c\sqrt{K_a}=0 \tag{2-124}$$

式中　$\gamma z_c K_a$——由填土的土柱重量 γz_c 产生的土压力强度。

解上式，则可得填土的开裂深度为

$$z_c=\frac{2c}{\gamma\sqrt{K_a}}-\frac{q}{\gamma} \tag{2-125}$$

此时填土表面以下深度为 z 处的主动土压力强度如下。

（1）当 $z<z_c$ 时，该高程处的主动土压力强度 p_{az} 为零，该高程以上各点处的主动土压力强度均为零，即

$$p_{az}=0 \tag{2-126}$$

（2）当 $z>z_c$ 时，计算点处的主动土压力强度为

$$p_{az}=qK_a+\gamma zK_a-2c\sqrt{K_a} \tag{2-127}$$

在挡土墙墙踵高程处的主动土压力强度为

$$p_{aH}=qK_a+\gamma HK_a-2c\sqrt{K_a} \tag{2-128}$$

此时作用在挡土墙上的总主动土压力为

$$P_a=qHK_a+\frac{1}{2}\gamma H^2K_a-2cH\sqrt{K_a}+\frac{1}{2\gamma}(2c-q\sqrt{K_a})^2 \tag{2-129}$$

或

$$P_a=q(H-z_c)K_a+\frac{1}{2}\gamma(H^2-z_c^2)K_a-2c(H-z_c)\sqrt{K_a} \tag{2-130}$$

或

$$P_a=\frac{1}{2}\gamma(H^2-z_c)^2K_a \tag{2-131}$$

总主动土压力 P_a 作用点距墙踵的高度为

$$y_a=\frac{\frac{1}{2}\gamma(H-z_c)^2K_a\frac{1}{3}(H-z_c)}{\frac{1}{2}\gamma(H-z_c)^2K_a}=\frac{1}{3}(H-z_c) \tag{2-132}$$

五、填土表面有均布荷载、填土面以下有地下水的情况

当挡土墙墙高为 H，填土表面水平，填土面上作用有均布荷载 q，填土面以下深度为 H_1 处有地下水，地下水面以下填土的高度为 H_2，如图 2-12 所示。地下水面以上填土的容重为 γ_1，内摩擦角为 φ_1，凝聚力为 c_1；地下水位以下填土的容重为 γ_2，内摩擦角为 φ_2，凝聚力为 c_2。

此时主动土压力的计算可分为下列两种情况来进行。

1. 当 $qK_{a_1}>2c_1\sqrt{K_{a_1}}$ 时

在地下水面以上土层中，由于均布荷载 q 产生的主动土压力强度 qK_{a_1} 大于由填土凝聚力 c_1 产生的主动土压力强度（拉应力）$2c_1\sqrt{K_{a_1}}$，故填土表面不会开裂。

此时作用在填土表面以下深度为 z 处的主动土压力强度为

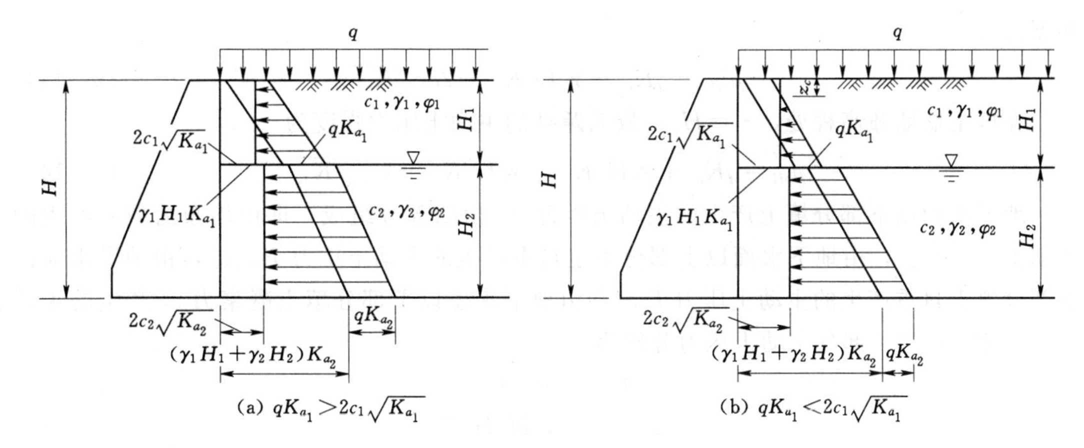

图 2-12　填土为黏性土、填土表面有均布荷载，填土面以下有地下水时的主动土压力图

$$p_{az} = qK_{a_1} + \gamma_1 z K_{a_1} - 2c_1\sqrt{K_{a_1}} \tag{2-133}$$

式中　K_{a_1}——地下水位以上土层的主动土压力系数，即 $K_{a_1} = \tan^2\left(45° - \frac{\varphi_1}{2}\right)$。

因此，在地下水面以上土层中，填土表面处的主动土压力强度为

$$p_{az} = qK_{a_1} - 2c_1\sqrt{K_{a_1}} \tag{2-134}$$

而在地下水面高程处为

$$p_{aH_1} = qK_{a_1} + \gamma_1 H_1 K_{a_1} - 2c_1\sqrt{K_{a_1}} \tag{2-135}$$

在地下水面以下的土层中，在地下水面以下深度为 z' 处，主动土压力强度为

$$p_{az'} = qK_{a_2} + \gamma_1 H_1 K_{a_2} + \gamma_2 z' K_{a_2} - 2c_2\sqrt{K_{a_2}} \tag{2-136}$$

在地下水面高程处 $z'=0$，故该处的主动土压力强度为

$$p'_{aH_1} = qK_{a_2} + \gamma_1 H_1 K_{a_2} - 2c_2\sqrt{K_{a_2}} \tag{2-137}$$

在挡土墙墙踵处 $z'=H_2$，故该处的主动土压力强度为

$$p_{aH} = qK_{a_2} + \gamma_1 H_1 K_{a_2} + \gamma_2 H_2 K_{a_2} - 2c_2\sqrt{K_{a_2}} \tag{2-138}$$

地下水面以上部分填土产生的主动土压力由三部分组成，即由均布荷载 q 产生的主动土压力 P_{aq_1}，由填土自重产生的主动土压力 P_{aH_1} 和由填土凝聚力 c_1 产生的主动土压力 P_{ac_1}，这三部分主动土压力分别为

$$P_{aq_1} = qH_1 K_{a_1} \tag{2-139}$$

$$P_{aH_1} = \frac{1}{2}\gamma_1 H_1^2 K_{a_1} \tag{2-140}$$

$$P_{ac_1} = 2c_1 H_1 \sqrt{K_{a_1}} \tag{2-141}$$

因此，地下水面以上部分填土的主动土压力为

$$P_{a_1} = P_{aq_1} + P_{aH_1} - P_{ac_1} = qH_1 K_{a_1} + \frac{1}{2}\gamma_1 H_1^2 K_{a_1} - 2c_1 H_1 \sqrt{K_{a_1}} \tag{2-142}$$

地下水面以下深度 z' 处的主动土压力强度为

$$p_{az'} = qK_{a_2} + \gamma_1 H_1 K_{a_2} + \gamma_2 z' K_{a_2} - 2c_2\sqrt{K_{a_2}} \tag{2-143}$$

在地下水面处，$z'=0$，故地下水面处（对于地下水面以下部分填土）的主动土压力

强度为

$$p'_{aH_1}=qK_{a_2}+\gamma_1 H_1 K_{a_2}-2c_2\sqrt{K_{a_2}} \tag{2-144}$$

在挡土墙墙踵高程处，$z'=H_1$，故墙踵处的主动土压力强度为

$$p_{aH}=qK_{a_2}+\gamma_1 H_1 K_{a_2}+\gamma_2 H_2 K_{a_2}-2c_2\sqrt{K_{a_2}} \tag{2-145}$$

地下水面以下部分填土产生的主动土压力 p_{aH} 由四部分组成，即由均布荷载 q 产生的主动土压力 P_{aq_2}，由地下水面以上部分填土自重产生的主动土压力 $P_{aH_1H_2}$，由地下水面以下部分填土自重产生的主动土压力 P_{aH_2} 和由地下水位以下部分填土凝聚力 c_2 产生的主动土压力 P_{ac_2}，这 4 部分主动土压力分别为

$$P_{aq_2}=qH_2K_{a_2} \tag{2-146}$$

$$P_{aH_1H_2}=\gamma_1 H_1 H_2 K_{a_2} \tag{2-147}$$

$$P_{aH_2}=\frac{1}{2}\gamma_2 H_2^2 K_{a_2} \tag{2-148}$$

$$P_{ac_2}=2c_2 H_2\sqrt{K_{a_2}} \tag{2-149}$$

因此，地下水面以下部分填土产生的主动土压力为

$$\begin{aligned}P_{aH}&=P_{aq_2}+P_{aH_1H_2}+P_{aH_2}-P_{ac_2}\\&=qH_2K_{a_2}+\gamma_1 H_1 H_2 K_{a_2}+\frac{1}{2}\gamma_2 H_2^2 K_{a_2}-2c_2 H_2\sqrt{K_{a_2}}\end{aligned} \tag{2-150}$$

作用在挡土墙上的总主动土压力 P_a 等于水上部分填土的主动土压力 P_{a_1} 和水下部分填土的主动土压力之和，即

$$\begin{aligned}P_a&=P_{a_1}+P_{aH}\\&=qH_1K_{a_1}+\frac{1}{2}\gamma_1 H_1^2 K_{a_1}-2c_1 H_1\sqrt{K_{a_1}}+qH_2K_{a_2}\\&\quad+\gamma_1 H_1 H_2 K_{a_2}+\frac{1}{2}\gamma_2 H_2^2 K_{a_2}-2c_2 H_2\sqrt{K_{a_2}}\end{aligned} \tag{2-151}$$

总主动土压力 P_a 的作用点距墙踵点的高度为

$$y_a=\frac{P_{aq_1}y_1+P_{aH_1}y_2-P_{ac_1}y_3+P_{aq_2}y_4+P_{aH_1H_2}y_5+P_{aH_2}y_6-P_{ac_2}y_7}{P_a} \tag{2-152}$$

式中　y_1、y_2、y_3、y_4、y_5、y_6、y_7——主动土压力 P_{aq_1}、P_{aH_2}、P_{ac_1}、P_{aq_2}、$P_{aH_1H_2}$、P_{aH_2}、P_{ac_2} 对墙踵点的力臂。

由图 2-12 可知：

$$\left.\begin{aligned}&y_1=\frac{1}{2}H_1+H_2;y_2=\frac{1}{3}H_1+H_2;y_3=\frac{1}{2}H_1+H_2;\\&y_4=\frac{1}{2}H_2;y_5=\frac{1}{2}H_2;y_6=\frac{1}{3}H_2;y_7=\frac{1}{2}H_2\end{aligned}\right\} \tag{2-153}$$

2. 当 $qK_{a_1}<2c_1\sqrt{K_{a_1}}$ 时

当均布荷载 q 产生的土压力强度 qK_{a_1} 小于填土的凝聚力 c_1 产生的土压力强度 $2c_1\sqrt{K_{a_1}}$ 时，填土表面将开裂，开裂的深度 z_c 可按公式（2-125）计算，即

$$z_c=\frac{2c_1}{\gamma_1\sqrt{K_{a_1}}}-\frac{q}{\gamma_1} \quad (2-154)$$

此时填土表面以下深度 z 处的主动土压力强度 p_{az} 可分为两种情况。

(1) 当 $z<z_c$ 时，该高程以上各点处的主动土压力强度均为零，即

$$p_{az}=0 \quad (2-155)$$

(2) 当 $z>z_c$ 时，计算点处的主动土压力强度为

$$p_{az}=qK_{a_1}+\gamma_1 zK_{a_1}-2c_1\sqrt{K_{a_1}} \quad (2-156)$$

在地下水面处，$z=H_1$，故该处的土压力强度为

$$p_{aH_1}=qK_{a_1}+\gamma_1 H_1 K_{a_1}-2c_1\sqrt{K_{a_1}} \quad (2-157)$$

在地下水面以下部分的土层中，地下水面以下深度 z' 处的主动土压力强度为

$$p_{az'}=qK_{a_2}+\gamma_1 H_1 K_{a_2}+\gamma_2 z'K_{a_2}-2c_2\sqrt{K_{a_2}} \quad (2-158)$$

在地下水面高程处，$z'=0$，故该处的主动土压力强度为

$$p'_{aH_1}=qK_{a_2}+\gamma_1 H_1 K_{a_2}-2c_2\sqrt{K_{a_2}} \quad (2-159)$$

在挡土墙墙踵高程处，$z'=H_2$，该处的主动土压力强度为

$$p_{aH}=qK_{a_2}+\gamma_1 H_1 K_{a_2}+\gamma_2 H_2 K_{a_2}-2c_2\sqrt{K_{a_2}} \quad (2-160)$$

由公式 (2-157) 和公式 (2-158) 可见，在地下水面高程处，主动土压力强度有两个，即 p_{aH_1} 和 p'_{aH_1}，其中 p_{aH_1} 为地下水面以上填土层在地下水面高程处的主动土压力强度，p'_{aH_1} 则为地下水面以下填土层在地下水面高程处的主动土压力强度。

此时对于地下水面以上填土层，由均布荷载 q 产生的主动土压力 P_{aq_1} 完全抵消，只剩下由填土自重及凝聚力 c_1 产生的主动土压力的合力 P_{aH_1}，这部分的主动土压力为

$$P_{aH_1}=q(H_1-z_c)K_{a_1}+\frac{1}{2}\gamma_1(H_1^2-z_c^2)K_{a_1}-2c_1(H_1-z_c)\sqrt{K_{a_1}} \quad (2-161)$$

$$P_{aH_1}=\frac{1}{2}\gamma_1(H_1-z_c)^2K_{a_1} \quad (2-162)$$

$$P_{aH_1}=qH_1K_{a_1}+\frac{1}{2}\gamma_1 H_1^2K_{a_1}-2c_1H_1\sqrt{K_{a_1}}+\frac{1}{2\gamma}(2c_1-q\sqrt{K_{a_1}})^2 \quad (2-163)$$

其中，P_{aH_1} 沿高度 (H_1-z_c) 呈三角形分布。

地下水位以下部分填土层产生的主动土压力还是由四部分组成，仍可按公式 (2-150) 计算，即

$$\begin{aligned}P_{aH}&=P_{aq_2}+P_{aH_1H_2}+P_{aH_2}-P_{ac_2}\\&=qH_2K_{a_2}+\gamma_1H_1H_2K_{a_2}+\frac{1}{2}\gamma_2H_2^2K_{a_2}-2c_2H_2\sqrt{K_{a_2}}\end{aligned}$$

因此，作用在挡土墙上的总主动土压力为

$$\begin{aligned}P_a&=P_{a_1}+P_{aH}\\&=\frac{1}{2}\gamma_1(H_1-z_c)^2K_{a_1}+qH_2K_{a_2}+\gamma_1H_1H_2K_{a_2}\\&\quad+\frac{1}{2}\gamma_2H_2^2K_{a_2}-2c_2H_2\sqrt{K_{a_2}}\end{aligned} \quad (2-164)$$

总主动土压力 P_a 的作用点距墙踵点的高度为

$$y_a=\frac{P_{aH_1}y_2+P_{aq_2}y_3+P_{aH_1H_2}y_4+P_{aH_2}y_5-P_{ac_2}y_6}{P_a} \tag{2-165}$$

式中　y_2、y_3、y_4、y_5、y_6——主动土压力 P_{aH_1}、P_{aq_2}、$P_{aH_1H_2}$、P_{aH_2}、P_{ac_2} 对墙踵点的力臂。

y_2、y_3、y_4、y_5、y_6 的值分别为

$$\left.\begin{aligned}y_2&=\frac{1}{3}(H_1-z_c)+H_z\\y_3&=\frac{1}{2}H_2\\y_4&=\frac{1}{2}H_2\\y_5&=\frac{1}{3}H_2\\y_6&=\frac{1}{2}H_2\end{aligned}\right\} \tag{2-166}$$

第四节　无黏性土的被动土压力

一、填土表面无荷载的情况

当挡土墙在外力或填土的作用下产生向着填土方向的位移或变形，使墙背面填土失去弹性状态而逐渐进入被动极限平衡状态，此时填土中形成两组连续而对称的滑动面，滑动面与大主应力作用面的夹角 $\alpha=45°+\frac{\varphi}{2}$，滑动面与小主应力作用面的夹角 $\alpha_1=45°-\frac{\varphi}{2}$，如图 2-13 (a) 所示。

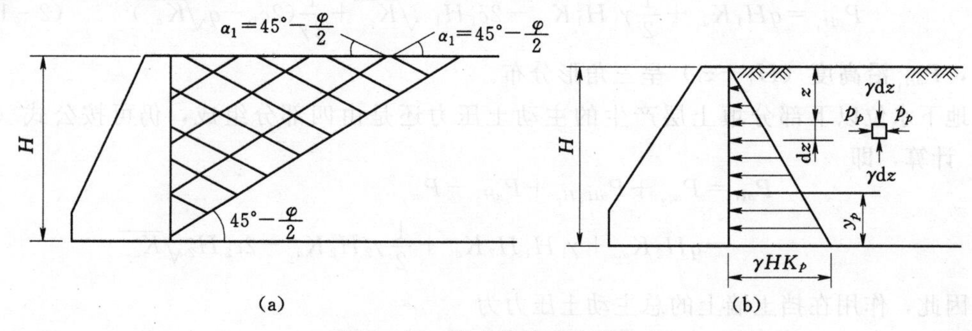

图 2-13　砂土的被动土压力

当填土处于被动极限平衡状态时，水平方向的正应力 σ_x 为大主应力 σ_1，竖直方向的正应力 $\sigma_x=\gamma z$（其中 γ 为填土的容重，z 为计算点距填土表面的深度）为小主应力 σ_3，因此，根据土中应力的极限平衡条件［公式 (1-15)］，可得填土表面以下深度为 z 处的被动土压力为

$$p_p=\sigma_1=\sigma_3\tan^2\left(45°+\frac{\varphi}{2}\right) \tag{2-167}$$

其中
$$\sigma_3=\gamma z \tag{2-168}$$

式中　p_p——填土表面以下深度为 z 处的被动土压力强度，kPa；

σ_1、σ_3——填土在被动极限平衡状态下的大主应力、小主应力，kPa；

φ——填土的内摩擦角，(°)；

γ——填土的容重（重力密度）；

z——填土表面以下计算点的深度。

所以填土表面以下深度 z 处，作用在墙面上的被动土压力强度为

$$p_{pz}=\gamma z\tan^2\left(45°+\frac{\varphi}{2}\right)=\gamma zK_p \tag{2-169}$$

其中
$$K_p=\tan^2\left(45°+\frac{\varphi}{2}\right)$$

式中　K_p——朗肯被动土压力系数。

在挡土墙墙踵高程处，$z=H$，故该处的被动土压力强度为

$$p_{pH}=\gamma HK_p \tag{2-170}$$

式中　H——挡土墙的高度。

作用在1m长度挡土墙上的总被动土压力，可通过对公式（2-169）的积分求得

$$P_p=\int_0^H p_{pz}\mathrm{d}z=\int_0^H \gamma zK_p\mathrm{d}z=\frac{1}{2}\gamma H^2K_p \tag{2-171}$$

式中　P_p——作用在1m长度挡土墙上的被动土压力，kN。

由公式（2-169）可见，被动土压力 p_p 与计算点在填土表面以下的深度 z 的一次方成正比，因此被动土压力强度沿挡土墙高度为线性分布（即直线分布），所以被动土压力的分布图形为三角形，如图2-13（b）所示。

总被动土压力 P_p 的作用点距墙踵点的高度为

$$y_p=\frac{1}{3}H \tag{2-172}$$

二、填土表面有均布荷载的情况

当填土表面作用均布荷载 q 时（图2-14），填土表面以下深度为 z 处的竖直应力为

$$\sigma_z=q+\gamma z$$

在被动极限平衡状态下，竖直应力 σ_z 等于小主应力 σ_3，因此将上式代入公式（2-168），则得填土表面以下深度为 z 处的被动土压力强度为

$$p_p=\sigma_3\tan^2\left(45°+\frac{\varphi}{2}\right)=(q+\gamma z)\tan^2\left(45°+\frac{\varphi}{2}\right)=(q+\gamma z)K_p \tag{2-173}$$

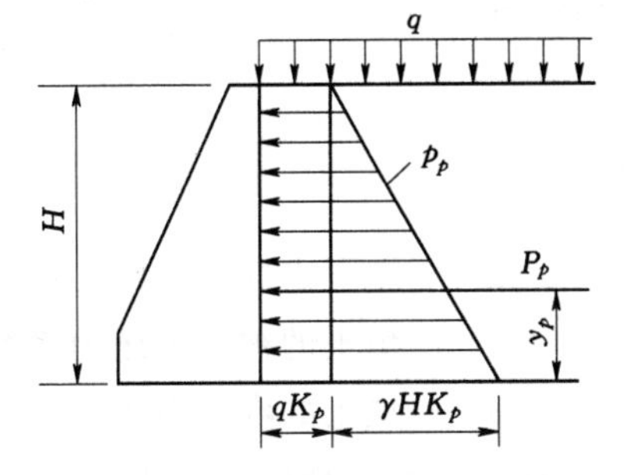

图2-14　填土表面有均布荷载作用时的被动土压力

此时在挡土墙墙踵高程处的被动土压力强度为

$$p_{pH}=(q+\gamma H)K_p \tag{2-174}$$

由公式（2-173）和公式（2-174）可见，此时被动土压力由两部分组成，即由均布荷载 q 产生的被动土压力强度 qK_p（沿墙高为均匀分布）和由填土自重产生的被动土压力强度（沿墙高为三角形分布），如图2-14所示。

此时作用在挡土墙上的总被动土压力为

$$P_p=\int_0^H p_{pz}\mathrm{d}z=\int_0^H(q+\gamma z)K_p\mathrm{d}z=\left(qH+\frac{1}{2}\gamma H^2\right)K_p \tag{2-175}$$

总被动土压力 P_p 的作用点距墙踵点的高度为

$$y_p=\frac{qHK_p\dfrac{1}{2}H+\dfrac{1}{2}\gamma H^2K_p\dfrac{1}{3}H}{\left(qH+\dfrac{1}{2}\gamma H^2\right)K_p}=\frac{qH+\dfrac{1}{3}\gamma H^2}{2q+\gamma H} \tag{2-176}$$

三、填土表面以下有地下水的情况

当填土表面以下有地下水，地下水面以上填土层的厚度为 H_1，填土的容重为 γ（填土的自然容重），内摩擦角为 φ_1；地下水面以下填土层的厚度为 H_2，填土的容重为 γ'（填土的浮容重），内摩擦角为 φ_2，如图 2-15 所示。

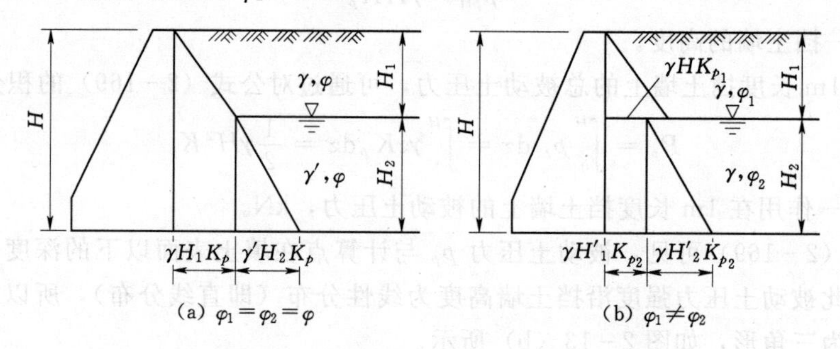

图 2-15 填土面以下有地下水时的被动土压力

此时挡土墙上的被动土压力可分为 $\varphi_1=\varphi_2=\varphi$ 和 $\varphi_1\neq\varphi_2$ 两种情况来计算。

1. $\varphi_1=\varphi_2=\varphi$ 时

当地下水面以上填土层和地下水面以下填土层的内摩擦角相等，即 $\varphi_1=\varphi_2=\varphi$ 时，在地下水面以上填土层中，距填土层表面以下深度 z 处的被动土压力强度 p_{pz} 根据公式（2-169）为

$$p_{pz}=\gamma zK_p \tag{2-177}$$

其中

$$K_p=\tan^2\left(45°+\frac{\varphi}{2}\right) \tag{2-178}$$

式中 γ——地下水面以上填土层的容重，kN/m³；

K_p——填土的被动土压力系数；

φ——填土的内摩擦角，(°)。

在地下水面高程处，被动土压力强度为

$$p_{pH_1}=\gamma H_1K_p \tag{2-179}$$

式中 H_1——地下水面以上填土层的厚度，m。

在地下水面以下深度为 z'处，被动土压力强度为

$$p_{pz'}=\gamma H_1K_p+\gamma'z'K_p \tag{2-180}$$

由公式（2-180）可见，在地下水面以下，被动土压力强度由两部分组成，其中 γH_1K_p 是由地下水面以上填土层的自重产生的被动土压力强度，沿高度 H_2（地下水面以下填土层的厚度）为均匀分布；而 $\gamma'z'K_p$ 是由地下水面以下土层在计算点以上的土柱自重（即 $\gamma'z'$）产生的被动土压力强度，它与 z'的一次方成正比，所以这一部分的土压力强度沿高度 H_2 为三角形分布（即线性分布）。

在挡土墙墙踵处，$z'=H_2$，故该处的被动土压力强度为

$$p_{pH}=\gamma H_1K_p+\gamma'H_2K_p \tag{2-181}$$

此时作用在挡土墙上的总被动土压力 P_p 由三部分组成，即由地下水面以上填土层产生的被动土压力 P_{pH_1}，由地下水面以上填土层自重在地下水面以下填土层内产生的被动土压力 $P_{pH_1H_2}$ 和由地下水面以下填土自重产生的被动土压力 P_{pH_2}，这三部分被动土压力分别为

$$\left.\begin{aligned}P_{pH_1}&=\frac{1}{2}\gamma H_1^2K_p\\P_{pH_1H_2}&=\gamma H_1H_2K_p\\P_{pH_2}&=\frac{1}{2}\gamma'H_2{}^2K_p\end{aligned}\right\} \tag{2-182}$$

所以总被动土压力为

$$P_p=P_{pH_1}+P_{pH_1H_2}+P_{pH_2}=\frac{1}{2}\gamma H_1^2K_p+\gamma H_1H_2K_p+\frac{1}{2}\gamma'H_2^2K_p \tag{2-183}$$

总被动土压力作用点距墙踵点的高度为

$$\begin{aligned}y_p&=\frac{P_{pH_1}\left(\frac{1}{3}H_1+H_2\right)+P_{pH_1H_2}\frac{1}{2}H_2+P_{pH_2}\frac{1}{3}H_2}{P_p}\\&=\frac{\gamma H_1^2\left(\frac{1}{3}H_1+H_2\right)+\gamma H_1H_2^2+\frac{1}{3}\gamma'H_2{}^3}{\gamma H_1^2+2\gamma H_1H_2+\gamma'H_2^2}\end{aligned} \tag{2-184}$$

2. $\varphi_1\neq\varphi_2$ 时

当地下水面以上填土层的内摩擦角 φ_1 和地下水面以下填土层的内摩擦角 φ_2 不相同时，被动土压力的计算方法与 $\varphi_1=\varphi_2$ 的情况相同，但被动土压力系数略有不同。

此时在地下水面以上填土层高度范围内，填土表面以下深度 z 处的被动土压力强度为

$$p_{pz}=\gamma zK_{p_1} \tag{2-185}$$

$$K_{p_1}=\tan^2\left(45°+\frac{\varphi_1}{2}\right) \tag{2-186}$$

式中 K_{p_1}——地下水位以上填土层的被动土压力系数。

在地下水面以下深度 z'处的被动土压力强度为

$$p_{pz'}=\gamma H_1K_{p_2}+\gamma'z'K_{p_2} \tag{2-187}$$

$$K_{p_2}=\tan^2\left(45°+\frac{\varphi_2}{2}\right) \tag{2-188}$$

式中　K_{p_2}——地下水面以下填土层的被动土压力系数。

在地下水面高程处，被动土压力强度由两个不同的值，即在地下水面以上填土层底面高程处 $z=H_1$，根据公式（2-185）可得该处的被动土压力强度为

$$p_{pH_1}=\gamma H_1 K_{p_1} \tag{2-189}$$

在地下水面以下填土层的顶面高程处 $z'=0$，根据公式（2-187）可得该处的被动土压力强度为

$$p'_{pH_1}=\gamma H_1 K_{p_2} \tag{2-190}$$

在挡土墙墙踵高程处 $z'=H_2$，因此根据公式（2-187）可得该处的被动土压力强度为

$$p_{pH}=\gamma H_1 K_{p_2}+\gamma' H_2 K_{p_2} \tag{2-191}$$

作用在挡土墙上的总被动土压力 P_p，仍由三部分所组成，其值为

$$P_p=P_{pH_1}+P_{pH_1H_2}+P_{pH_2}=\frac{1}{2}\gamma H_1^2 K_{p_1}+\gamma H_1 H_2 K_{p_2}+\frac{1}{2}\gamma' H_2^2 K_{p_2} \tag{2-192}$$

总被动土压力 P_p 的作用点距墙踵点的高度扔可按公式（2-184）计算：

$$y_p=\frac{P_{pH_1}\left(\frac{1}{3}H_1+H_2\right)+P_{pH_1H_2}\frac{1}{2}H_2+P_{pH_2}\frac{1}{3}H_2}{P_p}$$

$$=\frac{\gamma H_1^2 K_{p_1}\left(\frac{1}{3}H_1+H_2\right)+\gamma H_1 H_2^2 K_{p_2}+\frac{1}{3}\gamma' H_2{}^3 K_{p_2}}{\gamma H_1^2 K_{p_1}+2\gamma H_1 H_2 K_{p_2}+\gamma' H_2^2 K_{p_2}} \tag{2-193}$$

四、填土表面有均布荷载和填土内有地下水的情况

当挡土墙墙面光滑竖直，墙背面填土为无黏性土，填土表面水平，填土面作用均布荷载 q，填土内有地下水，地下水面以上填土层的厚度为 H_1，填土的容重（自然容重）γ，内摩擦角为 φ_1；地下水面以下填土层的厚度为 H_2，填土容重（浮容重）为 γ'，内摩擦角为 φ_2，如图 2-16 所示。

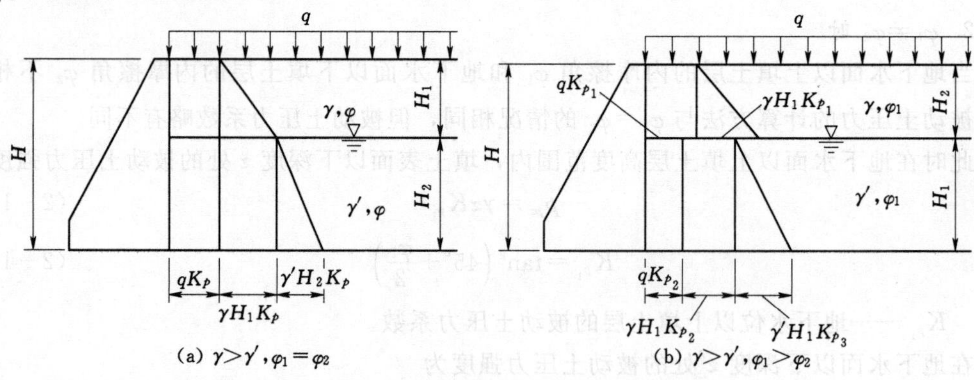

图 2-16　填土表面有均布荷载和填土内有地下水时的被动土压力

此时的被动土压力可分为以下两种情况来计算。

1. 当 $\gamma>\gamma'$ 和 $\varphi_1=\varphi_2$ 时

当填土的容重 $\gamma>\gamma'$，内摩擦角 $\varphi_1=\varphi_2=\varphi$ 时，填土表面以下深度为 z 处（$z\leqslant H_1$）的被动土压力为

$$p_{pz}=qK_p+\gamma zK_p \tag{2-194}$$

作用在地下水面高程处的被动土压力强度为

$$p_{pH_1}=qK_p+\gamma H_1K_p \tag{2-195}$$

地下水面以下深度 z' 处的被动土压力强度为

$$p_{pz'}=qK_p+\gamma H_1K_p+\gamma'z'K_p \tag{2-196}$$

挡土墙墙踵高程处的被动土压力强度为

$$p_{pH_2}=qK_p+\gamma H_1K_p+\gamma'H_2K_p \tag{2-197}$$

此时被动土压力沿墙高的分布图形如图 2-16（a）所示。

作用在挡土墙上的总被动土压力为

$$\begin{aligned}P_p&=\int_0^{H_1}p_{pz}\,\mathrm{d}z+\int_0^{H_2}p_{pz'}\,\mathrm{d}z'\\&=\int_0^{H_1}(qK_p+\gamma zK_p)\,\mathrm{d}z+\int_0^{H_2}(qK_p+\gamma H_1K_p+\gamma'z'K_p)\,\mathrm{d}z'\\&=qHK_p+\frac{1}{2}\gamma H_1^2K_p+\gamma H_1H_2K_p+\frac{1}{2}\gamma'H_2^2K_p\end{aligned} \tag{2-198}$$

总被动土压力 P_p 的作用点距墙踵点的高度为

$$\begin{aligned}y_p&=\frac{qHK_p\,\dfrac{1}{2}H+\dfrac{1}{2}\gamma H_1^2K_p\left(\dfrac{1}{3}H_1+H_2\right)+\gamma H_1H_2K_p\,\dfrac{1}{2}H_2+\dfrac{1}{2}\gamma'H_2^2K_p\,\dfrac{1}{3}H_2}{qHK_p+\dfrac{1}{2}\gamma H_1^2K_p+\gamma H_1H_2K_p+\dfrac{1}{2}\gamma'H_2^2K_p}\\&=\frac{qH^2+\gamma H_1^2\left(\dfrac{1}{3}H_1+H_2\right)+\gamma H_1H_2^2+\dfrac{1}{3}\gamma'H_2^3}{2qH+\gamma H_1^2+2\gamma H_1H_2+\gamma'H_2^2}\end{aligned} \tag{2-199}$$

2. 当 $\gamma>\gamma'$ 和 $\varphi_1>\varphi_2$ 时

当挡土墙背面填土的容重和内摩擦角存在 $\gamma>\gamma'$ 和 $\varphi_1>\varphi_2$ 关系时，被动土压力按下列公式计算。

填土表面以下深度 z 处的被动土压力强度为

$$p_{pz}=qK_{p_1}+\gamma zK_{p_1} \tag{2-200}$$

其中
$$K_{p_1}=\tan^2\left(45°+\frac{\varphi_1}{2}\right)$$

式中　K_{p_1}——地下水面以上填土的被动土压力系数。

在地下水面高程处，被动土压力强度有下列两个值。

(1) 地下水面以上填土层底面的高程处：

$$p_{pH_1}=qK_{p_1}+\gamma H_1K_{p_1} \tag{2-201}$$

(2) 地下水面以下填土层顶面高程处：

$$p'_{pH_1}=qK_{p_2}+\gamma H_1K_{p_2} \tag{2-202}$$

其中

$$K_{p_2}=\tan^2\left(45°+\frac{\varphi_2}{2}\right)$$

式中　K_{p_2}——地下水面以下填土的被动土压力系数。

地下水面以下深度 z' 处的被动土压力强度为

$$p_{pz'}=qK_{p_2}+\gamma H_1K_{p_2}+\gamma'z'K_{p_2} \tag{2-203}$$

在挡土墙墙踵高程处，被动土压力强度为

$$p_{pH_2}=qK_{p_2}+\gamma H_1K_{p_2}+\gamma'H_2K_{p_2} \tag{2-204}$$

此时挡土墙上被动土压力的分布图形如图 2-16 (b) 所示。

作用在挡土墙上的总被动土压力为

$$P_p=q(H_1K_{p_1}+H_2K_{p_2})+\frac{1}{2}\gamma H_1^2K_{p_1}+\gamma H_1H_2K_{p_2}+\frac{1}{2}\gamma'H_2^2K_{p_2} \tag{2-205}$$

总被动土压力作用点距墙踵点的高度为

$$y_p=\frac{qH_1K_{p_1}\left(\frac{1}{2}H_1+H_2\right)+qH_2K_{p_2}\frac{H_2}{2}+\frac{1}{2}\gamma H_1^2K_{p_2}\left(\frac{H_1}{3}+H_2\right)+\gamma H_1H_2K_{p_2}\frac{H_2}{2}+\frac{1}{2}\gamma'H_2^2K_{p_2}\frac{H_2}{3}}{P_p}$$

$$=\frac{q[H_1(H_1+2H_2)K_{p_1}+H_2^2K_{p_2}]+\gamma H_1^2\left(\frac{1}{3}H_1+H_2\right)K_{p_1}+\gamma H_1H_2^2K_{p_2}+\frac{1}{3}\gamma'H_2^3K_{p_2}}{2q(H_1K_{p_1}+H_2K_{p_2})+\gamma H_1^2K_{p_1}+2\gamma H_1H_2K_{p_2}+\gamma'H_2^2K_{p2}} \tag{2-206}$$

五、双层填土的情况

当挡土墙墙背面填土为两层，上层填土厚度为 H_1，容重为 γ，内摩擦角为 φ_1；下层填土的厚度为 H_2，容重为 γ_2，内摩擦角为 φ_2，如图 2-17 所示。

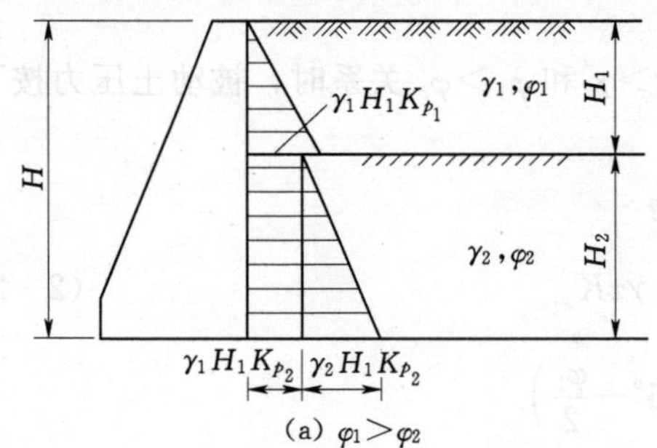

(a) $\varphi_1>\varphi_2$

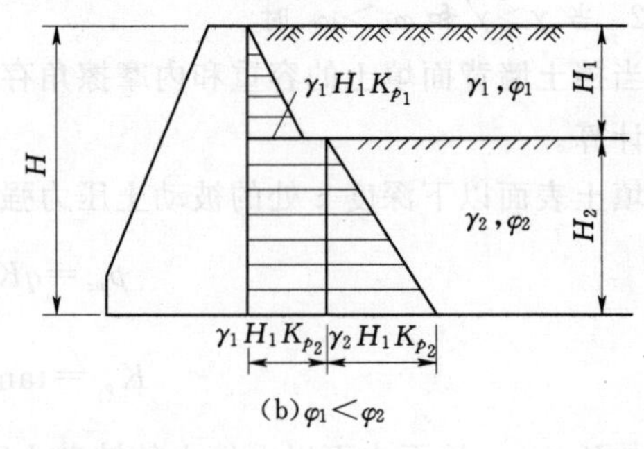

(b) $\varphi_1<\varphi_2$

图 2-17　双层填土时的被动土压力

此时被动土压力可按填土内有地下水的情况来进行计算。

第五节　黏性土的被动土压力

一、填土表面无荷载的情况

如前所述，当填土处于被动极限平衡状态时，水平方向的正应力为大主应力 σ_1，竖直方向的正应力 σ_3 为小主应力，同时填土中形成两组连续而对称的滑动面，滑动面与大主应力作用面之间的夹角为 $\alpha=45°+\frac{\varphi}{2}$，滑动面与小主应力作用面之间的夹角 $\alpha_1=45°-\frac{\varphi}{2}$，如图 2-18 所示。

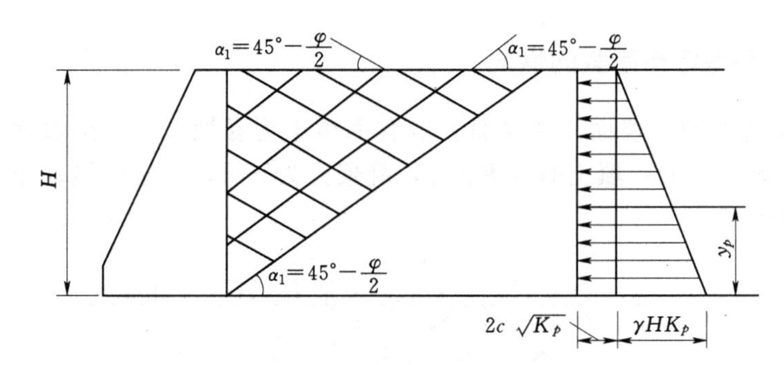

图 2-18　黏性土的被动土压力

此时根据土中应力的极限平衡条件［公式（1-13）］可得

$$\sigma_1=\sigma_3\tan^2\left(45°+\frac{\varphi}{2}\right)+2c\tan\left(45°+\frac{\varphi}{2}\right)=\sigma_3K_p+2c\sqrt{K_p} \tag{2-207}$$

其中
$$K_p=\tan^2\left(45°+\frac{\varphi}{2}\right)$$

式中　σ_1——土中的大主应力，kPa；

σ_3——土中的小主应力，kPa；

c——土的凝聚力，(°)；

φ——土的内摩擦角，(°)；

K_p——土的被动土压力系数。

由于此时小主应力 σ_3 等于竖直应力 $\sigma_z=\gamma z$，大主应力 σ_1 等于水平应力 σ_x，即被动土压力 p_p，故公式（2-207）又可写成：

$$p_p=\gamma zK_p+2c\sqrt{K_p} \tag{2-208}$$

式中　γ——土的容重（土的重力密度），kN/m³；

z——计算点在土表面以下的深度，m。

由公式（2-208）可见，此时被动土压力强度由两部分组成，第一部分 γzK_p 是由土的自重所产生的被动土压力强度，它与计算点距土表面的深度 z 的一次方成正比，所以它沿深度成线性分布（即三角形分布）；第二部分 $2c\sqrt{K_p}$ 是由土的凝聚力 c 所产生的被动土压力强度，它是一个与 z 无关的常量，故它沿深度成均匀分布（分布图形为矩形），如图 2－18 所示。

由公式（2－208）可得挡土墙墙踵高程处的被动土压力强度为

$$p_{pH}=\gamma HK_p+2c\sqrt{K_p} \tag{2-209}$$

作用在挡土墙上的总被动土压力 P_p 可根据公式（2－210）的积分来求得，即

$$P_p=\int_0^H p_{pH}\,dz=\int_0^H(\gamma zK_p+2c\sqrt{K_p})\,dz=\frac{1}{2}\gamma H^2K_p+2cH\sqrt{K_p} \tag{2-210}$$

总土压力作用点距墙踵点的高度为

$$y_p=\frac{\frac{1}{2}\gamma H^2K_p\frac{1}{3}H+2cH\sqrt{K_p}\frac{1}{3}H}{\frac{1}{2}\gamma H^2K_p+2cH\sqrt{K_p}}=\frac{\frac{1}{3}\gamma H^2+\frac{2cH}{\sqrt{K_p}}}{\gamma H+\frac{4c}{\sqrt{K_p}}} \tag{2-211}$$

二、填土表面有均布荷载的情况

当挡土墙墙高为 H，墙面光滑竖直，墙背面填土为黏性土，填土表面水平，其上作用均布荷载 q（图 2－19），填土的容重为 γ，凝聚力为 c 时，填土的被动土压力仍可按前面所述的方法来计算。

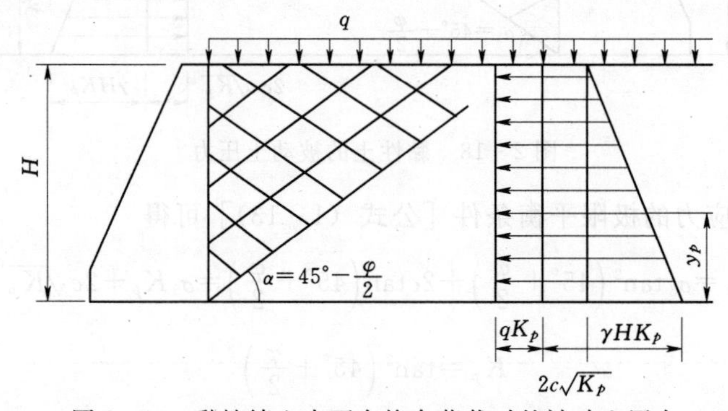

图 2－19　黏性填土表面有均布荷载时的被动土压力

对于填土表面以下深度为 z 的一点，此时该点处的竖向应力 $\sigma_z=(q+\gamma z)=\sigma_3$，而水平应力 $\sigma_x=\sigma_1=p_p$，故由公式（2－207）可得该点处的被动土压力强度为

$$p_{pz}=(q+\gamma z)K_p+2c\sqrt{K_p} \tag{2-212}$$

由公式（2－212）可见，此时被动土压力由三部分组成，即均布荷载 q 产生的被动土压力强度 qK_p，填土自重产生的被动土压力强度 γzK_p 和凝聚力 c 产生的被动土压力强度 $2c\sqrt{K_p}$，其中 qK_p 和 $2c\sqrt{K_p}$ 为常量，与计算点深度 z 无关，故这两部分被动土压力强度沿填土深度为均匀分布（分布图形为矩形），而 γzK_p 与计算点的深度 z 的一次方成正比，故这一部分被动土压力强度沿填土深度为线性分布（分布图形为三角形）。

根据公式（2－212），当 $z=H$ 时，可得挡土墙墙踵点高程处的被动土压力强度为

$$p_{pH}=qK_p+\gamma HK_p+2c\sqrt{K_p} \tag{2-213}$$

作用在挡土墙上的总被动土压力为

$$P_p=\int_0^H p_{pz}\mathrm{d}z=\int_0^H(qK_p+\gamma zK_p+2c\sqrt{K_p})\mathrm{d}z$$

$$=qHK_p+\frac{1}{2}\gamma H^2K_p+2cH\sqrt{K_p} \tag{2-214}$$

总被动土压力作用点距挡土墙墙踵点的高度 y_p 可根据力矩平衡原理求得，即

$$y_p=\frac{qHK_p\frac{1}{2}H+\frac{1}{2}\gamma H^2K_p\frac{1}{3}H+2cH\sqrt{K_p}\frac{1}{2}H}{qHK_p+\frac{1}{2}\gamma H^2K_p+2cH\sqrt{K_p}}$$

$$=\frac{qH+\frac{1}{3}\gamma H^2+\frac{2cH}{\sqrt{K_p}}}{2q+\gamma H+\frac{4c}{\sqrt{K_p}}} \tag{2-215}$$

三、填土表面以下有地下水的情况

当挡土墙背面填土内有地下水，地下水面以上填土层的厚度为 H_1，填土的容重为 γ，凝聚力为 c_1，内摩擦角为 φ_1；地下水面以下填土层的厚度为 H_2，填土的容重（浮容重）为 γ'，凝聚力为 c_2，内摩擦角为 φ_2，挡土墙的高度为 H。此时被动土压力可分为下列两种情况来计算：第 1 种情况是 $\gamma>\gamma'$，$c_1=c_2=c$，$\varphi_1=\varphi_2=\varphi$；第 2 种情况是 $\gamma>\gamma'$，$c_1>c_2$，$\varphi_1>\varphi_2$。

1. 当 $\gamma>\gamma'$，$c_1=c_2=c$，$\varphi_1=\varphi_2=\varphi$ 时

此时作用在填土表面以下深度 z 处的被动土压力强度为

$$p_{pz}=\gamma zK_p+2c\sqrt{K_p} \tag{2-216}$$

式中　K_p——被动土压力系数。

在地下水面高程处，被动土压力强度为

$$p_{pH_1}=\gamma H_1K_p+2c\sqrt{K_p} \tag{2-217}$$

在挡土墙墙踵点高程处的被动土压力强度为

$$p_{pH}=\gamma H_1K_p+\gamma' H_2K_p+2c\sqrt{K_p} \tag{2-218}$$

作用在挡土墙上的总被动土压力为

$$P_p=\int_0^{H_1}(\gamma z+2c\sqrt{K_p})\mathrm{d}z+\int_0^{H_2}(\gamma H_1K_p+\gamma' z'K_p+2c\sqrt{K_p})\mathrm{d}z'$$

$$=\frac{1}{2}\gamma H_1^2K_p+2cH_1\sqrt{K_p}+\gamma H_1H_2K_p+\frac{1}{2}\gamma' H_2^2K_p+2cH_2\sqrt{K_p}$$

$$=\frac{1}{2}\gamma H_1^2K_p+\gamma H_1H_2K_p+\frac{1}{2}\gamma' H_2^2K_p+2cH\sqrt{K_p} \tag{2-219}$$

总被动土压力作用点距挡土墙墙踵点的高度为

$$y_p=\frac{\frac{1}{2}\gamma H_1^2\left(\frac{1}{3}H_1+H_2\right)+\gamma H_1H_2\,\frac{1}{2}H_2+\frac{1}{2}\gamma' H_2^2\,\frac{1}{3}H_2+2cH\,\frac{\frac{1}{2}H}{\sqrt{K_p}}}{\frac{P_p}{K_p}}$$

$$=\frac{\gamma H_1^2\left(\frac{1}{3}H_1+H_2\right)+\gamma H_1H_2^2+\frac{1}{3}\gamma' H_2^3+\frac{2cH}{\sqrt{K_p}}}{\gamma H_1^2+2\gamma H_1H_2+\gamma' H_2^2+\frac{4cH}{\sqrt{K_p}}} \tag{2-220}$$

2. 当 $\gamma>\gamma'$，$c_1>c_2$，$\varphi_1>\varphi_2$ 时

此时填土表面以下深度 z 处的被动土压力强度为

$$p_{pz}=\gamma zK_{p_1}+2c_1\sqrt{K_{p_1}} \tag{2-221}$$

其中

$$K_{p_1}=\tan^2\left(45°+\frac{\varphi_1}{2}\right)$$

式中　K_{p_1}——地下水面以上填土的被动土压力系数。

由于地下水面以上和地下水面以下填土的内摩擦角 φ 和凝聚力 c 各不相同，故此时地下水面高程处的被动土压力强度有两个。

(1) 在地下水面以上微小距离处：

$$p_{pH_1}=\gamma H_1K_{p_1}+2c_1\sqrt{K_{p_1}} \tag{2-222}$$

(2) 在地下水面以下微小距离处：

$$p'_{pH_1}=\gamma H_1K_{p_2}+2c_2\sqrt{K_{p_2}} \tag{2-223}$$

其中

$$K_{p_2}=\tan^2\left(45°+\frac{\varphi_2}{2}\right)$$

式中　K_{p_2}——地下水面以下填土的被动土压力系数。

在挡土墙墙踵高程处的被动土压力强度为

$$p_{pH}=\gamma H_1K_{p_2}+\gamma' H_2K_{p_2}+2c_2\sqrt{K_{p_2}} \tag{2-224}$$

挡土墙上被动土压力的分布如图 2-20 所示。

作用在挡土墙上的总被动土压力为

$$P_p=\int_0^{H_1}p_{pz}\,dz+\int_0^{H_2}p_{pz'}\,dz'$$

$$=\int_0^{H_1}(\gamma zK_{p_1}+2c_1\sqrt{K_{p_1}})dz+\int_0^{H_2}(\gamma H_1K_{p_2}+\gamma' z'K_{p_2}+2c_2\sqrt{K_{p_2}})dz'$$

$$=\frac{1}{2}\gamma H_1^2K_p+2c_1H_1\sqrt{K_{p_1}}+\gamma H_1H_2K_{p_2}+\frac{1}{2}\gamma' H_2^2K_{p_2}+2c_2H_2\sqrt{K_{p_2}} \tag{2-225}$$

总被动土压力 P_p 的作用点距挡土墙墙踵点的高度为

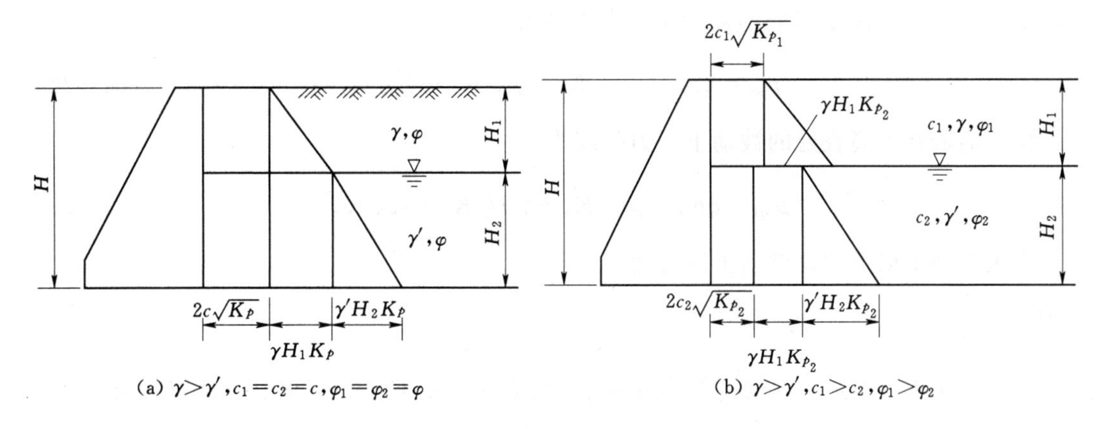

图 2-20　挡土墙背面填土内有地下水时的被动土压力

$$y_p=\frac{\frac{1}{2}\gamma H_1^2 K_{p_1}\left(\frac{1}{3}H_1+H_2\right)+2c_1 H_1\sqrt{K_{p_1}}\left(\frac{1}{2}H_1+H_2\right)+\gamma H_1 H_2 K_{p_2}\frac{H_2}{2}}{P_p}+\frac{\frac{1}{2}\gamma' H_2^2 K_{p_2}\frac{H_2}{3}+2c_2 H_2\sqrt{K_{p_2}}\frac{H_2}{2}}{P_p} \tag{2-226}$$

四、填土表面有均布荷载和填土内有地下水的情况

当填土表面作用均布荷载 q，填土内有地下水，地下水面以上填土层的厚度为 H_1，填土容重为 γ；地下水面以下填土层的厚度为 H_2，填土容重（浮容重）为 γ'。地下水面以上和地下水面以下填土的内摩擦角均为 φ，凝聚力均为 c，如图 2-21 所示。

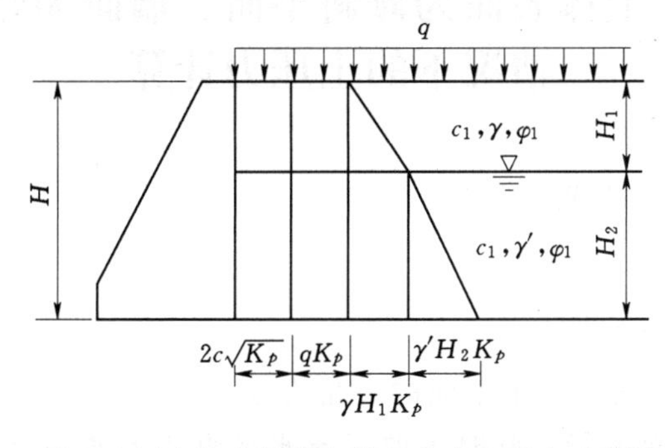

图 2-21　填土表面有均布荷载和填土内有地下水时的被动土压力

此时填土表面以下深度 z 处的被动土压力强度为

$$p_{pz}=qK_p+\gamma z K_p+2c\sqrt{K_p} \tag{2-227}$$

式中　c、φ——填土的凝聚力、内摩擦角，(°)；

K_p——填土的被动土压力系数。

地下水面高程处的被动土压力强度为

$$p_{pH_1}=qK_p+\gamma H_1 K_p+2c\sqrt{K_p} \tag{2-228}$$

地下水面以下深度 z' 处的被动土压力强度为

$$p_{pz'}=qK_p+\gamma H_1K_p+\gamma' z' K_p+2c\sqrt{K_p} \tag{2-229}$$

挡土墙墙踵点高程处的被动土压力强度为

$$p_{pH}=qK_p+\gamma H_1K_p+\gamma' H_2K_p+2c\sqrt{K_p} \tag{2-230}$$

作用在挡土墙上的总被动土压力为

$$\begin{aligned}P_p &= \int_0^{H_1} p_{pz}\,\mathrm{d}z+\int_0^{H_2} p_{pz'}\,\mathrm{d}z' \\ &= \int_0^{H_1}(qK_p+\gamma zK_p+2c\sqrt{K_p})\,\mathrm{d}z+\int_0^{H_2}(qK_p+\gamma H_1K_p+\gamma' z'K_p+2c\sqrt{K_p})\,\mathrm{d}z' \\ &= qH_1K_p+\frac{1}{2}\gamma H_1^2K_p+2cH_1\sqrt{K_p}+qH_2K_p+\gamma H_1H_2K_p+\frac{1}{2}\gamma' H_2^2K_p+2cH_2\sqrt{K_p} \\ &= qHK_p+\frac{1}{2}\gamma H_1^2K_p+\gamma H_1H_2K_p+\frac{1}{2}\gamma' H_2^2K_p+2cH\sqrt{K_p}\end{aligned} \tag{2-231}$$

总被动土压力作用点距挡土墙墙踵点的高度为

$$\begin{aligned}y_p &= \frac{qHK_p\dfrac{1}{2}H+\dfrac{1}{2}\gamma H_1^2K_p\left(\dfrac{1}{3}H_1+H_2\right)+\gamma H_1H_2K_p\dfrac{H_2}{2}+\dfrac{1}{2}\gamma' H_2^2\dfrac{H_2}{3}+2cH\sqrt{K_p}\dfrac{H}{2}}{P_p} \\ &= \frac{qH^2+\gamma H_1^2\left(\dfrac{1}{3}H_1+H_2\right)+\gamma H_1H_2^2+\dfrac{1}{3}\gamma' H_2^3+\dfrac{2cH}{\sqrt{K_p}}}{2qH+\gamma H_1^2+2\gamma H_1H_2+\gamma' H_2^2+\dfrac{4cH}{\sqrt{K_p}}}\end{aligned} \tag{2-232}$$

第六节　土体表面为倾斜平面、墙面为竖直平面情况下的土压力计算

一、土体为无黏性土的情况

（一）主动土压力

1. 填土表面无荷载作用

当土体表面为倾斜平面，与水平面的夹角为 β［图 2-22 (a)］时，通常假定主动土压力的作用线与土体表面平行。此时可取任意水平直线上的一点 C 为圆心，画一个圆，并在该直线的上、下分别作一条直线 OF 和 OG 与该圆相切于 F 点和 G 点，并分别与水平线 OH 成夹角 φ，然后从 O 点作一条与水平线 OH 成夹角 β 的直线（即与土体表面平行的直线），与该圆相交于 B 点和 A 点［图 2-22 (b)］，从 B 点分别作 F 点和 G 点的连线 BF 和 BG，则 BF 和 BG 直线的方向即为土体处于主动极限平衡状态时，土体中两组滑动线的方向［图 2-22 (a)］。

如果从该半无限土体中深度为 z 处取出一个菱形单元体［图 2-22 (a)］，此单元体的顶边和底边与土体表面平行（即与水平面的夹角为 β），左右两侧边则为竖直面（与挡土

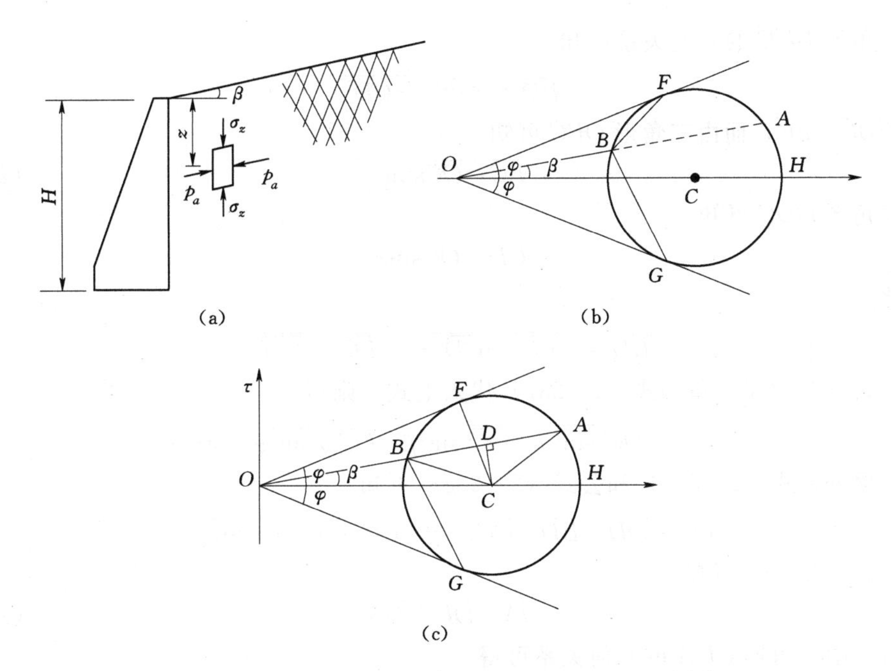

图 2-22　土体表面倾斜墙面竖直时主动土压力的计算图

墙墙面平行）。在菱形单元体的顶面和底面分别作用有竖直应力 σ_z，在左右两侧边则分别作用有侧向压应力 p_a，如图 2-22（a）所示。

在土体处于主动极限平衡状态的情况下，土体表面以下深度 z 处，作用在与水平线倾斜成 β 角的平面上的竖直应力为

$$\sigma_z = \gamma z\cos\beta \tag{2-233}$$

式中　σ_z——土体表面以下深度 z 处的竖直应力，kPa；

γ——土体的容重（重力密度），kN/m^3；

z——土体表面以下计算点的深度，m；

β——土体表面与水平面的夹角，(°)。

在土体处于主动极限平衡状态下，土体表面以下深度 z 处，作用在单元体上的应力可用图 2-22（c）所示的应力圆来表示。在该应力圆中，直线长度$\overline{OA}$表示竖直应力 σ_z，直线长度$\overline{OB}$表示侧向应力 p_a。

根据土压力系数的含义可知

$$K_a = \frac{p_a}{\sigma_z} = \frac{\overline{OB}}{\overline{OA}} \tag{2-234}$$

式中　K_a——主动土压力系数。

在图 2-22（c）中，从圆心 C 点作 OA 线的垂直线 CD，同时从点 C 作 C、A 两点的连线 AC 和 C、B 两点的连线 BC。由图中的几何关系可知

$$\overline{OB} = \overline{OD} - \overline{BD}$$

由图中三角形 ODC 可知

$$\overline{OD} = \overline{OC}\cos\beta \tag{2-235}$$

由三角形 BDC 的几何关系可知

$$\overline{BD}=\sqrt{\overline{BC}^2-\overline{CD}^2}$$

由于$\overline{BC}=\overline{FC}$，而由三角形 OFC 可知

$$\overline{FC}=\overline{OC}\sin\varphi \tag{2-236}$$

由三角形 ODC 可知

$$\overline{CD}=\overline{OC}\sin\beta \tag{2-237}$$

因此

$$\overline{BD}=\sqrt{\overline{BC}^2-\overline{CD}^2}-\sqrt{\overline{FC}^2-\overline{CD}^2}$$

将公式（2-236）和公式（2-237）代入上式，则得

$$\overline{BD}=\sqrt{\overline{OC}^2\sin^2\varphi-\overline{OC}^2\sin^2\beta}=\overline{OC}\sqrt{\sin^2\varphi-\sin^2\beta} \tag{2-238}$$

所以根据公式（2-235）和公式（2-238）可知

$$\overline{OB}=\overline{OD}-\overline{BD}=\overline{OC}\cos\beta-\overline{OC}\sqrt{\sin^2\varphi-\sin^2\beta} \tag{2-239}$$

由图 2-22（c）可知

$$\overline{OA}=\overline{OD}+\overline{DA} \tag{2-240}$$

而由图中三角形 CDA 的几何关系可得

$$\overline{DA}=\sqrt{\overline{AC}^2-\overline{DC}^2}$$

由于$\overline{AC}=\overline{FC}$，故将公式（2-236）和公式（2-237）代入上式，得

$$\overline{DA}=\sqrt{\overline{OC}^2\sin^2\varphi-\overline{OC}^2\sin^2\beta}=\overline{OC}\sqrt{\sin^2\varphi-\sin^2\beta} \tag{2-241}$$

将公式（2-235）和公式（2-241）代入公式（2-240）得

$$\overline{OA}=\overline{OC}\cos\beta+\overline{OC}\sqrt{\sin^2\varphi-\sin^2\beta} \tag{2-242}$$

将公式（2-239）和公式（2-242）代入公式（2-234），得主动土压力系数为

$$K_a=\frac{\cos\beta-\sqrt{\sin^2\varphi-\sin^2\beta}}{\cos\beta+\sqrt{\sin^2\varphi-\sin^2\beta}} \tag{2-243}$$

上式经变换后也可以写成下列形式：

$$K_a=\frac{\cos\beta-\sqrt{\cos^2\beta-\cos^2\varphi}}{\cos\beta+\sqrt{\cos^2\beta-\cos^2\varphi}} \tag{2-244}$$

故作用在土体表面以下深度 z 处的主动土压强为

$$p_a=\sigma_z K_a$$

将公式（2-233）代入上式，得

$$p_a=\gamma z\cos\beta K_a \tag{2-245}$$

作用在墙面竖直和光滑的挡土墙上的总主动土压力为

$$P_a=\int_0^H p_a\,\mathrm{d}z=\int_0^H \gamma z\cos\beta K_a\,\mathrm{d}z=\frac{1}{2}\gamma H^2K_a\cos\beta \tag{2-246}$$

式中　P_a——作用在挡土墙全部高度上的总主动土压力，kN；

H——挡土墙的高度，m。

2. 填土表面作用均布荷载

当填土表面作用均布荷载 q 时，在土体表面以下深度 z 处，作用在与水平面倾斜成 β

角的平面上的竖直应力变为

$$\sigma_z=(\gamma z\cos\beta+q) \tag{2-247}$$

此时作用在土体表面以下深度 z 处的主动土压强为

$$p_a=\sigma_z K_a \tag{2-248}$$

式中　K_a——主动土压力系数，按公式（2-243）或公式（2-244）计算。

将公式（2-247）代入公式（2-248），则得填土表面以下深度 z 处的土压强为

$$p_a=(\gamma z\cos\beta+q)K_a \tag{2-249}$$

故作用在挡土墙上的总主动土压力为

$$P_a=\int_0^H p_a \mathrm{d}z=\int_0^H(\gamma z\cos\beta+q)K_a \mathrm{d}z=\left(\frac{1}{2}\gamma H^2\cos\beta+qH\right)K_a \tag{2-250}$$

（二）被动土压力

1. 填土表面无荷载作用

当土体表面为倾斜平面，与水平面的夹角为 β 时［图 2-23（a）］，通常也假定被动土压力的作用线与土体表面平行（即与水平线的夹角为 β）。此时也可以绘制如图 2-23（b）所示的极点圆。在图中从 O 点作直线 OA 与水平线 OH 的夹角为 β，并与圆弧相交于 A 点，从 A 点作圆的两切点 F 和 G 的连线 AF 及 AG，则直线 AF 和 AG 的方向，即为土体处于被动极限平衡状态时，土体中两组滑动线的方向如图 2-23（a）所示。

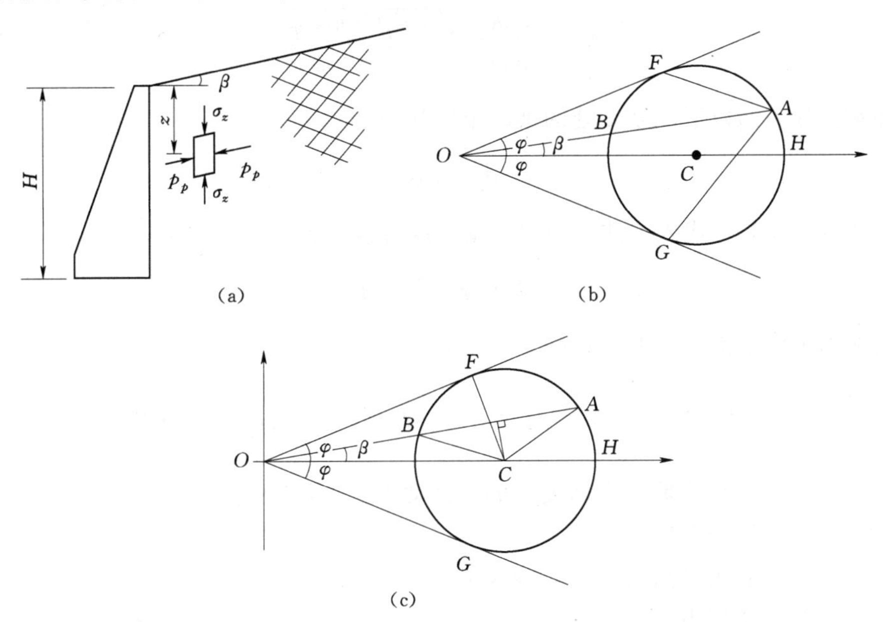

图 2-23　土体表面倾斜墙面竖直时被动土压力的计算图

如果从该半无限土体中深度为 z 处取出了一个菱形单元体，单元体的顶边和底边与土体表面平行，左右两侧为竖直面，此时在菱形单元体的顶面和底面分别作用有竖直向应力 σ_z，左右两侧面则分别作用有侧向压应力 p_p，如图 2-23（a）所示。

在土体处于被动极限状态的情况下，土体表面以下深度 z 处，作用在与水平面倾斜成 β 角的平面上的竖直应力为

$$\sigma_z=\gamma z\cos\beta$$

由于假定被动土压力的作用方向仍与土体表面平行，所以在土体处于被动极限平衡状态下，土体表面以下深度 z 处，作用在单元土体上的应力可用图 2-23（c）所示的应力圆来表示，在此应力圆中，直线 OA 的长度表示侧向应力 p_p（被动土压强），直线 OB 的长度表示竖直向应力 σ_z，所以根据土压力系数的含义可知

$$K_p=\frac{p_p}{\sigma_z} \tag{2-251}$$

式中 K_p——被动土压力系数。

由于 $p_p=\overline{OA}$ 和 $\sigma_z=\overline{OB}$，故公式（2-251）又可表示为

$$K_p=\frac{\overline{OA}}{\overline{OB}}$$

将公式（2-242）和公式（2-239）代入上式，则可得土体表面倾斜、墙面竖直时的被动土压力系数为

$$K_p=\frac{\cos\beta+\sqrt{\sin^2\varphi-\sin^2\beta}}{\cos\beta-\sqrt{\sin^2\varphi-\sin^2\beta}} \tag{2-252}$$

或

$$K_p=\frac{\cos\beta+\sqrt{\cos^2\beta-\cos^2\varphi}}{\cos\beta-\sqrt{\cos^2\beta-\cos^2\varphi}} \tag{2-253}$$

作用在土体表面以下深度 z 处的被动土压强为

$$p_p=\sigma_z K_p$$

将公式（2-233）代入上式，则得被动土压力强度为

$$p_p=\gamma z K_p'\cos\beta$$

作用在挡土墙全部高度上的总被动土压力为

$$P_p=\int_0^H p_p\,\mathrm{d}z=\int_0^H \gamma z K_p\cos\beta\cdot\mathrm{d}z=\frac{1}{2}\gamma H^2K_p\cos\beta \tag{2-254}$$

式中 P_p——作用在挡土墙全部高度上的总被动土压力，kN；

H——挡土墙的高度，m；

γ——土的容重（重力密度），kN/m^3；

K_p——被动土压力系数；

β——填土表面与水平面的夹角，(°)。

2. 填土表面作用均布荷载

当填土表面作用均布荷载 q 时，填土表面以下深度 z 处的被动土压力强度为

$$p_p=(\gamma z+q)K_p\cos\beta \tag{2-255}$$

式中 K_p——被动土压力系数，按公式（2-252）或公式（2-253）计算。

此时作用在挡土墙上的总被动土压力为

$$P_p=\left(\frac{1}{2}\gamma H^2+qH\right)K_p\cos\beta \tag{2-256}$$

二、土体为黏性土的情况

（一）主动土压力

1. 填土表面无荷载作用

当土体表面为倾斜平面，与水平面的夹角为 β，土体为黏性土时，仍假定土压力作用线的方向与土体表面平行，此时土压力由两部分组成，一部分是由土体重力产生的，另一部分是由土的凝聚力产生的，因此作用在土体表面以下深度 z 处的主动土压力强度可近似地按下式计算：

$$p_a=\gamma zK_a\cos\beta-\frac{c}{\tan\varphi}(1-K_a) \tag{2-257}$$

式中　K_a——填土表面为倾斜平面、墙面竖直时的主动土压力系数，按公式（2-243）或公式（2-244）计算。

当考虑土体表面裂缝时，裂缝深度 z_c 可根据公式（2-257）求得，即令式中 $p_a=0$，由此可得

$$z_c=\frac{c}{\gamma\tan\varphi\cos\beta}\left(\frac{1-K_a}{K_a}\right) \tag{2-258}$$

作用在挡土墙全部高度上的总主动土压力的计算公式如下。

（1）不考虑土体表面裂缝时：

$$P_a=\frac{1}{2}\gamma H^2K_a\cos\beta-\frac{cH}{\tan\varphi}(1-K_a) \tag{2-259}$$

（2）考虑土体表面裂缝时：

$$P_a=\frac{1}{2}\gamma(H-z_c)^2K_a\cos\beta \tag{2-260}$$

2. 填土表面作用均布荷载

（1）不考虑土体表面裂缝时。当填土表面作用均布荷载 q 时，在填土表面以下深度 z 处的主动土压强为

$$p_a=(\gamma z\cos\beta+q)K_a-\frac{c}{\tan\varphi}(1-K_a) \tag{2-261}$$

此时作用在挡土墙上的全部主动土压力（即总主动土压力）为

$$P_a=\left(\frac{1}{2}\gamma H^2\cos\beta+qH\right)K_a-\frac{cH}{\tan\varphi}(1-K_a) \tag{2-262}$$

（2）考虑土体表面裂缝时。在考虑土体表面裂缝时，作用在填土表面以下深度 z 处的主动土压强仍可按公式(2-261）计算，即

$$p_a=(\gamma z\cos\beta+q)K_a-\frac{c}{\tan\varphi}(1-K_a)$$

此时填土表面的裂缝深度 z_c 可根据公式（2-261）求得，即令式中 $p_a=0$，由此可得

$$z_c=\frac{c}{\gamma\tan\varphi\cos\beta}\left(\frac{1-K_a}{K_a}\right)-\frac{q}{\gamma\cos\beta} \tag{2-263}$$

作用在挡土墙上的总主动土压力为

$$P_a=\frac{1}{2}\gamma(H-z_c)^2K_a\cos\beta \tag{2-264}$$

（二）被动土压力

1. 填土表面无荷载作用

（1）被动土压力强度。

$$p_p=\gamma zK_p\cos\beta+\frac{c}{\tan\varphi}(1+K_p) \tag{2-265}$$

式中 K_p——被动土压力系数，按公式（2-252）或公式（2-253）计算。

（2）总被动土压力。

$$P_p=\frac{1}{2}\gamma H^2K_p\cos\beta+\frac{cH}{\tan\varphi}(1+K_p) \tag{2-266}$$

2. 填土表面作用均布荷载

当填土表面作用均布荷载 q 时，填土表面以下深度 z 处的被动土压力强度为

$$p_p=(\gamma z+q)K'_p\cos\beta+\frac{c}{\tan\varphi}(1+K_p) \tag{2-267}$$

此时作用在挡土墙上的总被动土压力为

$$P_p=\left(\frac{1}{2}\gamma H^2+qH\right)K'_p\cos\beta+\frac{cH}{\tan\varphi}(1+K'_p) \tag{2-268}$$

第七节 土体表面水平且墙面倾斜时土压力的计算

一、土体为无黏性土的情况

（一）主动土压力

1. 土体表面无荷载

当土体表面水平，挡土墙墙面倾斜，与竖直平面的夹角为 α 时［图 2-24（a）］，可取任意水平线上的一点 C 为圆心，画一个圆［图 2-24（b）］，并在该水平直线的上、下两侧分别作一条直线 OF 和 OG，与该圆分别相切于 F 点和 G 点，并分别与水平线 OH 成夹角 φ，然后从 O 点作一条与水平线成夹角 α 的直线（与挡土墙墙面法线平行的直线），与该圆相交于 B 点和 A 点［图 2-24（b）］，从 B 点分别作 F 点和 G 点的连线 BF 和 BG，则 BF 和 BG 直线的方向即为土体处于主动极限平衡状态时，土体中两组滑动线的方向［图 2-24（a）］。

在土体处于主动极限状态下，土体表面以下深度 z 处，作用在单元土体［图 2-24（a）］上的应力可用图 2-24（c）所示的应力圆来表示。在该应力圆中，直线长度 $\overline{OA}$ 表示竖直应力 σ_z，直线长度 $\overline{OB}$ 表示侧向应力 p_a。

根据图 2-24（c）中的几何关系可得

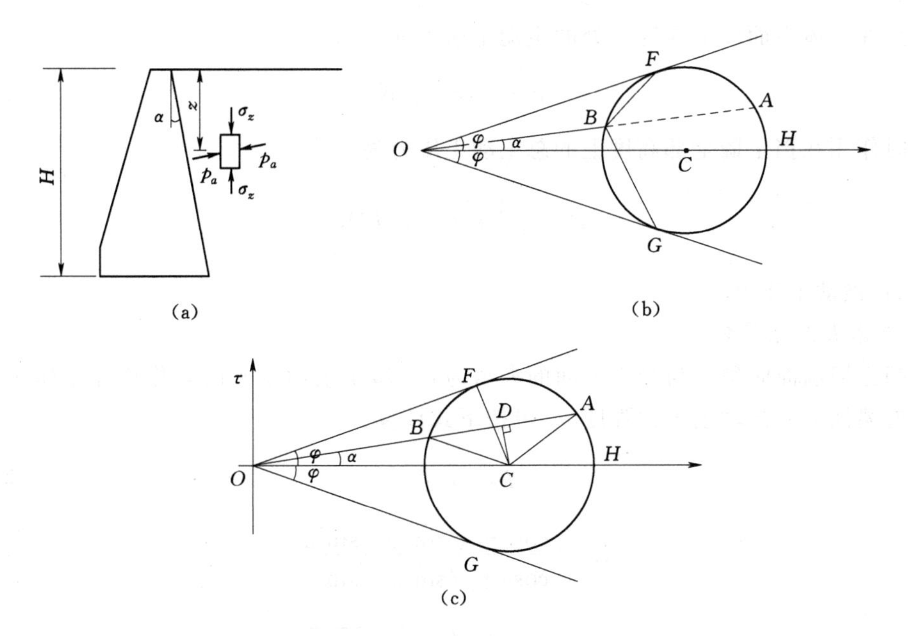

图 2-24　土体表面水平墙面倾斜时主动土压力计算图

$$K_a'=\frac{p_a}{\sigma_z}=\frac{\overline{OB}}{\overline{OA}} \tag{2-269}$$

式中　K_a'——土体表面水平墙面倾斜时的主动土压力系数。

根据图 2-24（c）中的几何关系可得

$$\overline{OB}=\overline{OD}-\overline{BD}=\overline{OC}\cos\alpha-\overline{OC}\sqrt{\sin^2\varphi-\sin^2\alpha} \tag{2-270}$$

$$\overline{OA}=\overline{OD}+\overline{DA}=\overline{OC}\cos\alpha+\overline{OC}\sqrt{\sin^2\varphi-\sin^2\alpha} \tag{2-271}$$

将公式（2-272）和公式（2-273）代入公式（2-271），则得主动土压力系数为

$$K_a'=\frac{\cos\alpha-\sqrt{\sin^2\varphi-\sin^2\alpha}}{\cos\alpha+\sqrt{\sin^2\varphi-\sin^2\alpha}} \tag{2-272}$$

上式经变换后也可写成下列形式

$$K_a'=\frac{\cos\alpha-\sqrt{\cos^2\alpha-\cos^2\varphi}}{\cos\alpha+\sqrt{\cos^2\alpha+\cos^2\varphi}} \tag{2-273}$$

因此作用在土体表面以下深度 z 处的主动土压力强度为

$$p_a=\sigma_z K_a'$$

其中

$$\sigma_z=\gamma z \tag{2-274}$$

因此作用在土体表面以下深度 z 处的主动土压力强度为

$$p_a=\gamma z K_a' \tag{2-275}$$

作用在全部挡土墙上的总主动土压力为

$$P_a=\int_0^H p_a\mathrm{d}z=\int_0^H \gamma z K_a\mathrm{d}z=\frac{1}{2}\gamma H^2 K'_a \tag{2-276}$$

2. 土体表面作用均布荷载

当挡土墙墙面倾斜，与竖直平面的夹角为 α；土体表面水平，其上作用均布荷载 q

时，作用在土体表面以下深度 z 处的主动土压力强度为

$$p_a=(\gamma z+q)K_a' \tag{2-277}$$

此时作用在挡土墙全部高度上的总主动土压力为

$$P_a=\left(\frac{1}{2}\gamma H^2+qH\right)K_a' \tag{2-278}$$

（二）被动土压力

1. 土体表面无荷载

当挡土墙墙面倾斜，与竖直平面的夹角为 α；填土表面水平时，作用在土体表面以下深度 z 处墙面上的被动土压力强度 p_p 可按下式计算：

$$p_p=\gamma z K_p' \tag{2-279}$$

$$K_p'=\frac{\cos\alpha+\sqrt{\sin^2\varphi-\sin^2\alpha}}{\cos\alpha+\sqrt{\sin^2\varphi-\sin^2\alpha}} \tag{2-280}$$

或

$$K_p'=\frac{\cos\alpha+\sqrt{\cos^2\alpha-\cos^2\varphi}}{\cos\alpha-\sqrt{\cos^2\alpha-\cos^2\varphi}} \tag{2-281}$$

式中 p_p——挡土墙墙面倾斜，与竖直平面的夹角为 α，填土表面水平时，作用在土体表面以下深度 z 处墙面上的被动土压力强度，kPa；

γ——土的容重（重力密度），kN/m^3；

z——被动土压力强度计算点距土体表面的深度，m；

K_p'——挡土墙墙面倾斜，与竖直平面的夹角为 α，土体表面水平时的被动土压力系数；

α——挡土墙面与竖直平面之间的夹角，(°)；

φ——土的内摩擦角，(°)。

此时作用在挡土墙全部高度上的总被动土压力：

$$P_p=\int_0^H p_p\,\mathrm{d}z=\int_0^H \gamma z K_p\,\mathrm{d}z=\frac{1}{2}\gamma H^2 K'_p \tag{2-282}$$

式中 P_p——作用在挡土墙上的总被动土压力，kN；

H——挡土墙的高度，m。

2. 土体表面作用均布荷载

当填土表面均布荷载 q 时，土体表面以下深度 z 处挡土墙墙面上的被动土压力强度为

$$p_p=(\gamma z+q)K_p' \tag{2-283}$$

式中 q——作用在土体表面上的均布荷载，kPa。

此时作用在挡土墙全部高度上的总被动土压力为

$$P_p=\left(\frac{1}{2}\gamma H^2+qH\right)K_p' \tag{2-284}$$

式中 P_p——作用在挡土墙上的总被动土压力，kN；

K_p'——被动土压力系数，按公式（2-281）或公式（2-283）计算。

二、土体为黏性土的情况

（一）主动土压力

1．土体表面无荷载

（1）不考虑土体表面出现裂缝的情况。当土体表面水平，挡土墙面倾斜，与竖直平面为α时，作用土体表面以下深度z处的主动土压力强度为

$$p_a=\gamma z K_a-\frac{c}{\tan\varphi}(1-K_a) \tag{2-285}$$

$$K_a=\frac{\cos\alpha-\sqrt{\sin^2\varphi-\sin^2\alpha}}{\cos\alpha+\sqrt{\sin^2\varphi-\sin^2\alpha}}$$

或
$$K_a=\frac{\cos\alpha-\sqrt{\cos^2\alpha-\cos^2\varphi}}{\cos\alpha+\sqrt{\cos^2\alpha-\cos^2\varphi}}$$

式中　p_a——黏性土体表面水平，挡土墙墙面倾斜，与竖直平面的夹角为α时，作用在土体表面以下深度z处的主动土压力强度，kPa；

K_a——土体表面水平，挡土墙墙面倾斜时的主动土压力系数，按公式（2－272）或公式（2－273）计算。

此时作用在挡土墙上的主动土压力为

$$P_a=\frac{1}{2}\gamma H^2 K_a-\frac{cH}{\tan\varphi}(1-K_a) \tag{2-286}$$

式中　P_a——作用在挡土墙上的总主动土压力，kN；

γ——土的容重（重力密度），kN/m^3；

c——土的凝聚力，kPa。

（2）考虑土体表面出现裂缝的情况。此时作用在填土表面以下深度z处的主动土压力强度p_a仍可按公式（2－285）计算，即填土表面的裂缝深度z_c可由公式（2－285）等于零求得

$$\gamma z_c K_a-\frac{c}{\tan\varphi}(1-K_a)=0$$

故裂缝深度为

$$z_c=\frac{c}{\gamma\tan\varphi}\left(\frac{1-K_a}{K_a}\right) \tag{2-287}$$

式中　z_c——土体表面产生的裂缝深度，m。

相应把作用在挡土墙上的主动土压力为

$$P_a=\frac{1}{2}\gamma(H-z_c)^2K_a \tag{2-288}$$

式中　P_a——作用在挡土墙上的总主动土压力，kN。

此时主动土压力作用点距挡土墙墙的高度为

$$y_a=\frac{1}{3}(H-z_c) \tag{2-289}$$

2. 土体表面作用均布荷载

当土体表面作用均布荷载时，作用在土体表面以下深度 z 处的土压力强度为

$$p_a=(\gamma z+q)K_a-\frac{c}{\tan\varphi}(1-K_a) \tag{2-290}$$

式中 q——均布荷载，kPa；

K_a——主动土压力系数，按公式（2-272）或公式（2-273）计算。

（1）不考虑土体表面裂缝时。当不考虑土体表面裂缝时，作用在挡土墙上的主动土压力可按下列公式计算：

$$P_a=\left(\frac{1}{2}\gamma H^2+qH\right)K_a-\frac{cH}{\tan\varphi}(1-K_a) \tag{2-291}$$

（2）考虑土体表面裂缝时。当考虑土体表面裂缝时，裂缝的深度 z_c 可以按下式计算：

$$z_c=\frac{c}{\gamma\tan\varphi}\left(\frac{1-K_a}{K_a}\right)-\frac{q}{\gamma} \tag{2-292}$$

此时作用在挡土墙上的主动土压力为

$$P_a=\frac{1}{2}\gamma(H-z_c)^2K_a \tag{2-293}$$

主动土压力 P_a 的作用点距挡土墙墙踵的高度为

$$y_a=\frac{1}{3}(H-z_c) \tag{2-294}$$

（二）被动土压力

1. 土体表面无荷载

当土体表面水平，其上无荷载作用，挡土墙墙面倾斜，与竖直平面的夹角为 α 时，作用在土体表面以下深度 z 处的被动土压力强度为

$$p_p=\gamma zK_p'+\frac{c}{\tan\varphi}(1+K_p) \tag{2-295}$$

$$K_p'=\frac{\cos\alpha+\sqrt{\sin^2\varphi-\sin^2\alpha}}{\cos\alpha-\sqrt{\sin^2\varphi-\sin^2\alpha}} \tag{2-296}$$

或

$$K_p'=\frac{\cos\alpha+\sqrt{\cos^2\alpha-\cos^2\varphi}}{\cos\alpha-\sqrt{\cos^2\alpha-\cos^2\varphi}} \tag{2-297}$$

式中 p_p——土体表面以下深度 z 处的被动土压力强度，kPa；

γ——土体的容重（重力密度），kN/m³；

c——土的凝聚力，kPa；

z——土压强计算点距土体表面的深度，m；

φ——土的摩擦角，(°)；

K_p'——土体表面水平，挡土墙墙面倾斜、与竖直平面的夹角为 α 时的被动土压力系数。

此时作用在挡土墙上的总被动土压力：

$$P_p=\int_0^H p_p\mathrm{d}z=\int_0^H\left[\gamma zK'_p+\frac{c}{\tan\varphi}(1+K_p)\right]\mathrm{d}z$$
$$=\frac{1}{2}\gamma H^2K'_p+\frac{cH}{\tan\varphi}(1+K_p) \tag{2-298}$$

2. 土体表面作用均布荷载

当填土表面作用均布荷载 q 时，作用在土体表面以下深度 z 处的被动土压力强度为

$$p_p=(\gamma z+q)K'_p+\frac{c}{\tan\varphi}(1+K'_p) \tag{2-299}$$

式中　p_p——土体表面以下深度 z 处的被动土压力强度，kPa；

q——土体表面的均布荷载，kPa；

c——土的凝聚力，kPa；

K'_p——被动土压力系数，按公式（2-296）或公式（2-297）计算；

γ——土的容重（重力密度），kN/m^3；

φ——土的摩擦角，（°）。

此时作用在挡土墙上的被动土压力为

$$P_p=\left(\frac{1}{2}\gamma H^2+qH\right)K'_p+\frac{cH}{\tan\varphi}(1+K_p) \tag{2-300}$$

式中　P_p——作用在挡土墙上的被动土压力，kN；

K_p——被动土压力系数，按公式（2-296）或公式（2-297）计算。

第八节　墙面倾斜和填土表面为倾斜平面时土压力的计算

一、土体为无黏性土的情况

（一）主动土压力的计算

1. 土体表面无荷载

当挡土墙墙面竖直、填土表面倾斜时，作用在填土表面以下深度 z 处墙面上的土压力强度 p_a 如公式（2-245）所示，即

$$p_a=\gamma z\cos\beta K_a$$

$$K_a=\frac{\cos\beta-\sqrt{\cos^2\beta-\cos^2\varphi}}{\cos\beta+\sqrt{\cos^2\beta-\cos^2\varphi}}$$

或

$$K_a=\frac{\cos\beta-\sqrt{\sin^2\varphi-\sin^2\beta}}{\cos\beta+\sqrt{\sin^2\varphi-\sin^2\beta}}$$

式中　p_a——作用在填土表面以下深度 z 处的墙面上的土压力强度，kPa；

γ——土体的容重，kN/m^3；

β——填土表面与水平面的夹角，（°）；

K_a——墙面竖直、填土表面倾斜时的主动土压力系数，按公式（2-243）或公式（2-244）计算；

φ——填土的内摩擦角，（°）。

在计算土压力时，对于墙面竖直、填土表面倾斜的情况，如果设想通过改变填土的容重，即容重由 γ 改变为 γ_0，而使土压力可以按墙面竖直、填土表面水平的情况进行计算，即此时作用在填土表面以下深度 z 处墙面上的主动土压力强度 p_a 可以按下式计算，即

$$p_a = \gamma_0 z \tan^2\left(45° - \frac{\varphi}{2}\right) \tag{2-301}$$

式中 γ_0——将墙面竖直、填土表面倾斜的情况置换成墙面竖直、填土表面水平的情况计算主动土压力时，填土的折算容重，kN/m^3。

此时公式（2-301）与公式（2-245）应该相等，即

$$\gamma_0 z \tan^2\left(45° - \frac{\varphi}{2}\right) = \gamma z \cos\beta K_a$$

由此可得折算容重为

$$\delta_0 = \frac{\gamma \cos\beta K_a}{\tan^2\left(45° - \frac{\varphi}{2}\right)} = \gamma \cos\beta \cot^2\left(45° - \frac{\varphi}{2}\right) K_a$$

将公式（2-243）和公式（2-244）分别代入上式，得

$$\gamma_0 = \gamma \cos\beta \cot^2\left(45° - \frac{\varphi}{2}\right) \frac{\cos\beta - \sqrt{\sin^2\varphi - \sin^2\beta}}{\cos\beta + \sqrt{\sin^2\varphi - \sin^2\beta}} \tag{2-302}$$

或

$$\gamma_0 = \gamma \cos\beta \cot^2\left(45° - \frac{\varphi}{2}\right) \frac{\cos\beta - \sqrt{\cos^2\beta - \cos^2\varphi}}{\cos\beta + \sqrt{\cos^2\beta - \cos^2\varphi}} \tag{2-303}$$

当土体表面水平，而挡土墙墙面倾斜，与竖直平面的夹角为 α 时，若此时土体处于主动极限平衡状态，则主动土压力系数为

$$K'_a = \frac{\cos\alpha - \sqrt{\sin^2\varphi - \sin^2\alpha}}{\cos\alpha + \sqrt{\sin^2\varphi - \sin^2\alpha}}$$

或

$$K'_a = \frac{\cos\alpha - \sqrt{\cos^2\alpha - \cos^2\varphi}}{\cos\alpha + \sqrt{\cos^2\alpha - \cos^2\varphi}}$$

故作用在土体表面以下深度 z 处的主动土压力强度为

$$p_a = \sigma_z K'_a$$

其中

$$\sigma_z = \gamma_0 z$$

所以

$$p_a = \gamma_0 z K'_a \tag{2-304}$$

将公式（2-272）或公式（2-273）和公式（2-302）或公式（2-303）代入公式（2-304），则得

$$p_a = \gamma z \cos\beta \cot^2\left(45° - \frac{\varphi}{2}\right) \frac{\cos\beta - \sqrt{\sin^2\varphi - \sin^2\beta}}{\cos\beta + \sqrt{\sin^2\varphi - \sin^2\beta}} \times \frac{\cos\alpha - \sqrt{\sin^2\varphi - \sin^2\alpha}}{\cos\alpha + \sqrt{\sin^2\varphi - \sin^2\alpha}} \tag{2-305}$$

或

$$p_a = \gamma z \cos\beta \cot^2\left(45° - \frac{\varphi}{2}\right) \frac{\cos\beta - \sqrt{\cos^2\beta - \cos^2\varphi}}{\cos\beta + \sqrt{\cos^2\beta - \cos^2\varphi}} \times \frac{\cos\alpha - \sqrt{\cos^2\alpha - \cos^2\varphi}}{\cos\beta + \sqrt{\cos^2\alpha - \cos^2\varphi}} \tag{2-306}$$

令

$$K_a = \cos\beta \cot^2\left(45° - \frac{\varphi}{2}\right) \frac{\cos\beta - \sqrt{\sin^2\varphi - \sin^2\beta}}{\cos\beta + \sqrt{\sin^2\varphi - \sin^2\beta}} \times \frac{\cos\alpha - \sqrt{\sin^2\varphi - \sin^2\alpha}}{\cos\alpha + \sqrt{\sin^2\varphi - \sin^2\alpha}} \tag{2-307}$$

或

$$K_a = \cos\beta \cot^2\left(45° - \frac{\varphi}{2}\right) \frac{\cos\beta - \sqrt{\cos^2\beta - \cos^2\varphi}}{\cos\beta + \sqrt{\cos^2\beta - \cos^2\varphi}} \times \frac{\cos\alpha - \sqrt{\cos^2\alpha - \cos^2\varphi}}{\cos\alpha + \sqrt{\cos^2\alpha - \cos^2\varphi}} \tag{2-308}$$

式中 K_a——挡土墙墙面倾斜、填土表面倾斜时的主动土压力系数。

当挡土墙墙面倾斜、填土表面倾斜（图 2-25）时，作用在填土表面以下深度 z 处墙

面上的主动土压力强度为

$$p_a=\gamma zK_a \tag{2-309}$$

此主动土压力强度的作用方向与墙面正交。

此时作用在挡土墙面上的总主动土压力为

$$P_a=\int_0^H p_a\mathrm{d}z=\int_0^H \gamma zK_a=\frac{1}{2}\gamma H^2K_a \tag{2-310}$$

式中　P_a——挡土墙墙面倾斜、填土表面倾斜时作用在挡土墙墙面上的总主动土压力，kN/m；

γ——填土的容重，kN/m^3；

H——挡土墙的高度，m；

K_a——挡土墙墙面倾斜、填土表面倾斜时的主动土压力系数，按公式（2-307）或公式（2-308）计算。

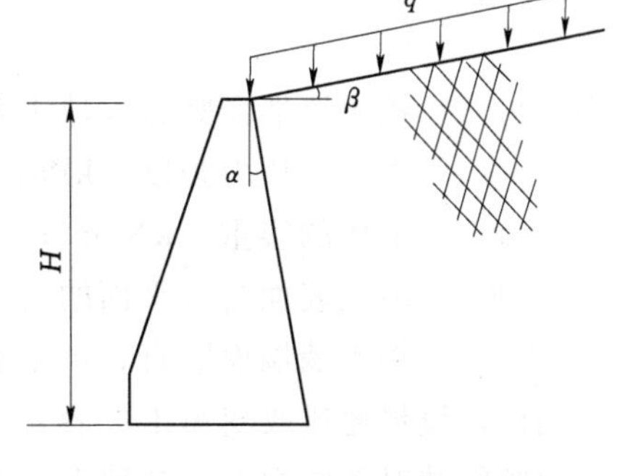

图 2-25　挡土墙墙面倾斜和土体表面倾斜的情况

总主动土压力 P_a 的作用方向与墙面正交，作用点距墙踵$\frac{1}{3}H$高度处。

2. 土体表面作用均布荷载

当挡土墙墙面倾斜，与竖直平面的夹角为 α，土体表面倾斜，与水平面的夹角为 β，其上作用均布荷载 q 时，均布荷载 q 可转化为相应的土层厚度 h，并将其加在土体表面，该土层的厚度 h 可按下式计算：

$$h=\frac{q}{\gamma} \tag{2-311}$$

式中　γ——土体的容重（重力密度），kN/m^3。

此时在土体表面以下深度 z 处的主动土压力强度为

$$p_a=\gamma(z+h)K_a \tag{2-312}$$

式中　K_a——主动土压力系数，按公式（2-308）计算。

作用在挡土墙上的总主动土压力为

$$P_a=\gamma\left(\frac{1}{2}H^2+hH\right)K_a \tag{2-313}$$

或

$$P_a=\left(\frac{1}{2}\gamma H^2+qH\right)K_a \tag{2-314}$$

$$P_a=\frac{1}{2}\gamma H^2K_a+qHK_a \tag{2-315}$$

主动土压力 P_a 的作用点距墙踵的高度为

$$y_a=\frac{1}{3}(H+h) \tag{2-316}$$

（二）被动土压力的计算

1. 土体表面无荷载

当挡土墙墙面竖直、填土表面倾斜时，作用在填土表面以下深度 z 处墙面上的被动土

压力强度 p_p 按下式计算，即

$$p_p=\gamma z\cos\beta K_p \tag{2-317}$$

式中 p_p——挡土墙墙面竖直、填土表面倾斜时，作用在填土表面以下深度 z 处墙面上的被动土压力强度，kPa；

γ——土体的容重，kN/m^3；

β——填土表面与水平面的夹角，(°)；

K_p——挡土墙墙面竖直、填土表面倾斜时的被动土压力系数。

同样，设想通过改变填土的容重，即容重由 γ 改变为 γ_0，而使作用在墙面竖直、填土表面倾斜情况下墙面上的被动土压力可以按墙面竖直、填土表面水平情况下墙面上的被动土压力来计算，即此时作用在填土表面以下深度 z 处的墙面上的被动土压力强度按下式计算：

$$p_p=\gamma_0 z\tan^2\left(45°+\frac{\varphi}{2}\right) \tag{2-318}$$

式中 γ_0——将填面竖直、填土表面倾斜的情况置换成墙面竖直、填土表面水平的情况计算被动土压力时，填土的折算容重，kN/m^3。

此时公式（2-311）与公式（2-251）应该相等，即

$$\gamma_0 z\tan^2\left(45°+\frac{\varphi}{2}\right)=\gamma z\cos\beta K_p$$

由此得折算容重（折算重力密度）为

$$\gamma_0=\frac{\gamma\cos\beta K_p}{\tan^2\left(45°+\frac{\varphi}{2}\right)}=\gamma\cos\beta\cot^2\left(45°+\frac{\varphi}{2}\right)K_p \tag{2-319}$$

将公式（2-252）和公式（2-253）分别代入公式（2-315），得

$$\gamma_0=\gamma\cos\beta\cot^2\left(45°+\frac{\varphi}{2}\right)\frac{\cos\beta+\sqrt{\sin^2\varphi-\sin^2\beta}}{\cos\beta-\sqrt{\sin^2\varphi-\sin^2\beta}} \tag{2-320}$$

或

$$\gamma_0=\gamma\cos\beta\cot^2\left(45°+\frac{\varphi}{2}\right)\frac{\cos\beta+\sqrt{\cos^2\beta-\cos^2\varphi}}{\cos\beta-\sqrt{\cos^2\beta-\cos^2\varphi}} \tag{2-321}$$

当土体表面水平，挡土墙墙面倾斜，与竖直平面的夹角为 α 时，被动土压力系数为

$$K_p'=\frac{\cos\alpha+\sqrt{\sin^2\varphi-\sin^2\alpha}}{\cos\alpha-\sqrt{\sin^2\varphi-\sin^2\alpha}}$$

上式经变换后也可写成下列形式：

$$K_p'=\frac{\cos\alpha+\sqrt{\cos^2\alpha-\cos^2\varphi}}{\cos\alpha-\sqrt{\cos^2\alpha-\cos^2\varphi}}$$

故作用在土体表面以下深度 z 处的被动土压力强度为

$$p_p=\sigma_z K_p'$$

式中

$$\sigma_z=\gamma_0 z$$

所以

$$p_p=\gamma_0 z K_p' \tag{2-322}$$

将公式（2-320）和公式（2-282）或公式（2-322）和公式（2-283）代入公式

(2－318)，得

$$p_p=\gamma z\cos\beta\cot^2\left(45°+\frac{\varphi}{2}\right)\frac{\cos\beta+\sqrt{\sin^2\varphi-\sin^2\beta}}{\cos\beta-\sqrt{\sin^2\varphi-\sin^2\beta}}\times\frac{\cos\alpha+\sqrt{\sin^2\varphi-\sin^2\alpha}}{\cos\alpha-\sqrt{\sin^2\varphi-\sin^2\alpha}} \tag{2-323}$$

或

$$p_p=\gamma z\cos\beta\cot^2\left(45°+\frac{\varphi}{2}\right)\frac{\cos\beta+\sqrt{\cos^2\beta-\cos^2\varphi}}{\cos\beta-\sqrt{\cos^2\beta-\cos^2\varphi}}\times\frac{\cos\alpha+\sqrt{\cos^2\alpha-\cos^2\varphi}}{\cos\alpha-\sqrt{\cos^2\alpha-\cos^2\varphi}} \tag{2-324}$$

令

$$K_p=\cos\beta\cot^2\left(45°+\frac{\varphi}{2}\right)\frac{\cos\beta+\sqrt{\sin^2\varphi-\sin^2\beta}}{\cos\beta-\sqrt{\sin^2\varphi-\sin^2\beta}}\times\frac{\cos\alpha+\sqrt{\sin^2\varphi-\sin^2\alpha}}{\cos\alpha-\sqrt{\sin^2\varphi-\sin^2\alpha}} \tag{2-325}$$

或

$$K_p=\cos\beta\cot^2\left(45°+\frac{\varphi}{2}\right)\frac{\cos\beta+\sqrt{\cos^2\beta-\cos^2\varphi}}{\cos\beta-\sqrt{\cos^2\beta-\cos^2\varphi}}\times\frac{\cos\alpha+\sqrt{\cos^2\alpha-\cos^2\varphi}}{\cos\alpha-\sqrt{\cos^2\alpha-\cos^2\varphi}} \tag{2-326}$$

式中　K_p——挡土墙墙面倾斜、填土表面倾斜时被动土压力系数。

则挡土墙墙面倾斜、填土表面倾斜时，作用在填土表面以下深度 z 处墙面上的被动土压力强度为

$$p_p=\gamma z K_p \tag{2-327}$$

此土压力的作用方向与墙面正交。此时作用在挡土墙墙面上的总被动土压力为

$$P_p=\int_0^H p_p\mathrm{d}z=\int_0^H \gamma z K_p=\frac{1}{2}\gamma H^2K_p \tag{2-328}$$

式中　P_p——挡土墙墙面倾斜、填土表面倾斜时作用在挡土墙墙面上的总主动土压力，kN/m；

γ——填土的容重，kN/m^3；

H——挡土墙的高度，m；

K_p——挡土墙墙面倾斜、填土表面倾斜时的被动土压力系数，按公式（2－325）或公式（2－326）计算。

总被动土压力 P_p 的作用方向与墙面正交，作用点距墙踵 $\frac{1}{3}H$ 高度处。

2. 土体表面作用均布荷载

当挡土墙墙面倾斜，与竖直平面的夹角为 α，土体表面倾斜，与水平面的夹角 β，其上作用均布荷载 q 时，荷载 q 可以转化为土层厚度 h 后加在土体表面，此时土体表面以下深度 z 处的被动土压力强度为

$$p_p=\gamma(z+h)K_p \tag{2-329}$$

$$h=\frac{q}{\gamma} \tag{2-330}$$

式中　K_p——被动土压力系数，按公式（2－325）或公式（2－326）计算；

γ——土体的容重（重力密度），kN/m^3；

h——均布荷载 q 折算成的土层厚度。

作用在挡土墙上的总被动土压力为

$$P_p=\gamma H\left(\frac{1}{2}H+h\right)K_p \tag{2-331}$$

或

$$P_p=\left(\frac{1}{2}\gamma H^2+qH\right)K_p \tag{2-332}$$

此时，被动土压力 P_p 的作用点距墙踵的高度为 y_p，可按下式计算：

$$y_p=\frac{1}{3}(H+h) \tag{2-333}$$

或

$$y_p=\frac{1}{3}\left(H+\frac{q}{\gamma}\right) \tag{2-334}$$

二、土体为黏性土的情况

（一）主动土压力的计算

1. 土体表面无荷载作用

（1）不考虑土体表面裂缝。当挡土墙墙面竖直、填土表面倾斜时，填土表面以下深度 z 处作用在挡土墙墙面上的土压力强度可按公式（2-257）计算，即

$$p_a=\gamma z\cos\beta K_a-\frac{c}{\tan\varphi}(1-K_a) \tag{2-335}$$

式中 K_a——挡土墙墙面竖直、填土表面倾斜时的主动土压力系数，按公式（2-243）或公式（2-244）计算。

在计算土压力时，对于墙面竖直、填土表面倾斜的情况，如果设想通过改变填土的容重和凝聚力，即容重由 γ 改变为 γ_0，凝聚力由 c 改变为 c_0，而使土压力可以按墙面竖直、填土表面水平的情况进行计算，则此时作用在填土表面以下深度 z 处墙面上的主动土压力强度 p_a 可以按下式计算，即

$$p_a=\gamma_0 z\tan^2\left(45°-\frac{\varphi}{2}\right)-2c_0\tan\left(45°-\frac{\varphi}{2}\right) \tag{2-336}$$

此时 p_a 的作用方向与墙面正交。

式中 γ_0——将墙面竖直、填土表面倾斜的情况置换成墙面竖直、填土表面水平的情况计算主动土压力时，填土的折算容重，kN/m^3；

c_0——将墙面竖直、填土表面倾斜的情况置换成墙面竖直、填土表面水平的情况计算主动土压力时，填土的折算凝聚力，kPa。

如令公式（2-336）与公式（2-335）相等，得

$$\gamma_0 z\tan^2\left(45°-\frac{\varphi}{2}\right)-2c_0\tan\left(45°-\frac{\varphi}{2}\right)=\gamma z\cos\beta K_a-\frac{c}{\tan\varphi}(1-K_a)$$

由此可得

$$\gamma_0=\gamma\cos\beta\cot^2\left(45°-\frac{\varphi}{2}\right)K_a \tag{2-337}$$

$$c_0=c\,\frac{1}{2}\cot\varphi\cot\left(45°-\frac{\varphi}{2}\right)(1-K_a) \tag{2-338}$$

如将公式（2-243）和公式（2-244）分别代入上列两式，得

$$\delta_0=\gamma\cos\beta\cot^2\left(45°-\frac{\varphi}{2}\right)\times\frac{\cos\beta-\sqrt{\sin^2\varphi-\sin^2\beta}}{\cos\beta+\sqrt{\sin^2\varphi-\sin^2\beta}} \tag{2-339}$$

$$c_0=\frac{1}{2}c\cot\varphi\cot\left(45°-\frac{\varphi}{2}\right)\times\left[1-\frac{\cos\beta-\sqrt{\sin^2\varphi-\sin^2\beta}}{\cos\beta+\sqrt{\sin^2\varphi-\sin^2\beta}}\right] \tag{2-340}$$

而在土体表面水平，挡土墙墙面倾斜，与竖直面的夹角为 α 时，土体表面以下深度 z 处的土压力强度为

$$p_a=\gamma_0 zK'_a-c_0(1-K'_a) \tag{2-341}$$

式中　K'_a——填土表面水平墙面倾斜，与竖直平面的夹角为 α 时的主动土压力系数，按公式（2-272）或公式（2-273）计算；

γ_0——填土表面水平墙面倾斜时土体的计算容重（计算重力密度）；

c_0——填土表面水平墙面倾斜时土体的计算凝聚力，kPa。

因此，将公式（2-338）和公式（2-339）代入公式（2-342），可得土体表面倾斜（与水平面的夹角为 β）和挡土墙墙面倾斜的情况下，土体表面以下深度为 z 的一点处的主动土压力强度为

$$p_a=\gamma z\cos\beta\cot^2\left(45°-\frac{\varphi}{2}\right)K_aK'_a-\frac{c}{2\tan\varphi}\cot\left(45°-\frac{\varphi}{2}\right)(1-K_a)(1-K'_a) \tag{2-342}$$

上式可以简写为

$$P_a=\gamma zK_{a\gamma}-cK_{ac} \tag{2-343}$$

$$K_{a\gamma}=\cos\beta\cot^2\left(45°-\frac{\varphi}{2}\right)K_aK'_a \tag{2-344}$$

$$K_a=\frac{\cos\beta-\sqrt{\sin^2\varphi-\sin^2\beta}}{\cos\beta+\sqrt{\sin^2\varphi-\sin^2\beta}} \tag{2-345}$$

或

$$K_a=\frac{\cos\beta-\sqrt{\cos^2\beta-\cos^2\varphi}}{\cos\beta+\sqrt{\cos^2\beta-\cos^2\varphi}} \tag{2-346}$$

$$K'_a=\frac{\cos\alpha-\sqrt{\sin^2\varphi-\sin^2\alpha}}{\cos\alpha+\sqrt{\sin^2\varphi-\sin^2\alpha}} \tag{2-347}$$

或

$$K'_a=\frac{\cos\alpha-\sqrt{\cos^2\alpha-\cos^2\varphi}}{\cos\alpha+\sqrt{\cos^2\alpha-\cos^2\varphi}} \tag{2-348}$$

$$K_{ac}=\frac{1}{2}\cot\varphi\cot^2\left(45°-\frac{\varphi}{2}\right)(1-K_a)(1-K'_a) \tag{2-349}$$

式中　γ——土的容重（重力密度），kN/m^3；

z——主动土压力强度计算点距土体表面的深度，m；

c——土的凝聚力，kPa；

$K_{a\gamma}$——填土体表面倾斜和挡土墙面倾斜时的重力主动土压力系数；

K_a——土体表面倾斜（与水平面成夹角 β）和挡土墙墙面竖直时的主动土压力系数；

K'_a——土体表面水平和挡土墙墙面倾斜（与竖直平面的夹角为 α）时的主动土压力系数；

K_{ac}——土体表面倾斜（与水平面成夹角 β）和挡土墙墙面倾斜（与竖直面成夹角 α）时的凝聚力主动土压力系数。

此时作用在挡土墙上的总主动土压力为

$$P_a=\frac{1}{2}\gamma H^2K_{a\gamma}-cHK_{ac} \tag{2-350}$$

(2) 考虑土体表面裂缝。此时土体表面以下深度 z 处的主动土压力强度仍按公式(2－343)计算，即

$$p_a=\gamma z K_{a\gamma}-cK_{ac}$$

土体表面的裂缝深度为

$$z_c=\frac{cK_{ac}}{\gamma K_{a\gamma}} \tag{2-351}$$

在考虑土体表面产生裂缝时，作用在挡土墙上的主动土压力为

$$P_a=\frac{1}{2}\gamma(H-z_c)^2K_{a\gamma} \tag{2-352}$$

此时主动土压力 P_a 的作用点距挡土墙墙踵的高度为

$$y_a=\frac{1}{3}(H-z_c) \tag{2-353}$$

2. 土体表面作用均布荷载

(1) 不考虑土体表面裂缝。当土体表面倾斜（与水平面的夹角为 β）和挡土墙墙面倾斜（与竖直平面的夹角为 α），以及土体表面作用均布荷载 q 时，在土体表面以下深度为 z 的一点处的主动土压力强度为

$$p_a=(\gamma z+q)K_{a\gamma}-cK_{ac} \tag{2-354}$$

式中 p_a——土体表面以下深度为 z 处的主动土压强，kPa；

q——作用在土体表面的均布荷载，kPa；

$K_{a\gamma}$——土体表面倾斜和挡土墙墙面倾斜时，重力的主动土压力系数，按公式（2－344）计算；

K_{ac}——土体表面倾斜和挡土墙墙面倾斜时凝聚力的主动土压力系数，按公式(2－349）计算。

作用在挡土墙上的总主动土压力 P_a 可按下式计算：

$$P_a=\left(\frac{1}{2}\gamma H^2+qH\right)K_{a\gamma}-cHK_{ac} \tag{2-355}$$

式中 P_a——作用在挡土墙上的主动土压力，kN；

c——土的凝聚力，kPa。

公式（2－355）也可以写成下列形式：

$$P_a=P_{a\gamma}+P_{aq}-P_{ac} \tag{2-356}$$

$$P_{a\gamma}=\frac{1}{2}\gamma H^2K_{ac} \tag{2-357}$$

$$P_{aq}=qHK_{a\gamma} \tag{2-358}$$

$$P_{ac}=cHK_{ac} \tag{2-359}$$

式中 $P_{a\gamma}$——由重力产生的主动土压力，kN；

P_{aq}——由土体表面均布荷载 q 产生的主动土压力，kN；

P_{ac}——由土的凝聚力产生的主动土压力，kN。

此时土压力 P_a 的作用点距挡土墙墙踵的高度为

$$y_a=\frac{P_{a\gamma}\frac{1}{3}H+P_{aq}\frac{1}{2}H-P_{ac}\frac{1}{2}H}{P_a} \tag{2-360}$$

式中　y_a——主动土压力 P_a 的作用点距挡土墙墙踵的高度，m；

P_a——作用在挡土墙上的主动土压力，kN。

(2) 考虑土体表面裂缝。在考虑土体表面出现裂缝时，土体表面以下深度 z 处的主动土压力强度仍可按公式（2-354）计算，即

$$p_a=(\gamma z+q)K_{a\gamma}-cK_{ac} \tag{2-361}$$

式中，主动土压力系数 $K_{a\gamma}$ 和 K_{ac} 仍按公式（2-344）和公式（2-349）计算。

此时土体表面的裂缝深度 z_c 按下式计算：

$$z_c=\frac{cK_{ac}}{\gamma K_{a\gamma}}-\frac{q}{\gamma} \tag{2-362}$$

作用在挡土墙上的总主动土压力 P_a 可按下式计算：

$$P_a=\frac{1}{2}\gamma(H-z_c)^2K_{a\gamma} \tag{2-363}$$

此时主动土压力 P_a 的作用点距挡土墙墙踵的高度按下式计算：

$$y_a=\frac{1}{3}(H-z_c) \tag{2-364}$$

（二）被动土压力

1. 土体表面无荷载

当土体表面倾斜（与水平面的夹角为 β），无荷载作用，挡土墙墙面倾斜（与竖直面的夹角为 α）时，在土体表面以下深度为 z 的一点处，被动土压力强度为

$$p_p=\gamma zK_{p\gamma}+cK_{pc} \tag{2-365}$$

$$K_{p\gamma}=\cos\beta\cot^2\left(45^\circ+\frac{\varphi}{2}\right)K_pK_p' \tag{2-366}$$

$$K_p=\frac{\cos\beta+\sqrt{\sin^2\varphi-\sin^2\beta}}{\cos\beta-\sqrt{\sin^2\varphi-\sin^2\beta}}$$

或

$$K_p=\frac{\cos\beta+\sqrt{\cos^2\beta-\cos^2\varphi}}{\cos\beta-\sqrt{\cos^2\beta-\cos^2\varphi}}$$

$$K_p'=\frac{\cos\alpha+\sqrt{\sin^2\varphi-\sin^2\alpha}}{\cos\alpha-\sqrt{\sin^2\varphi-\sin^2\alpha}}$$

或

$$K_p'=\frac{\cos\alpha+\sqrt{\cos^2\alpha-\cos^2\varphi}}{\cos\alpha-\sqrt{\cos^2\alpha-\cos^2\varphi}}$$

$$K_{pc}=\frac{1}{2}\cot\varphi\cot^2\left(45^\circ+\frac{\varphi}{2}\right)(1+K_p)(1+K_p') \tag{2-367}$$

式中　p_p——当土体表面倾斜，无荷载作用，挡土墙墙面倾斜时，土体表面以下深度为 z 的一点处的被动土压力强度，kPa；

γ——土的容重（重力密度），kN/m³；

c——土的凝聚力，kPa；

z——被动土压力强度计算点距土体表面的深度，m；

$K_{p\gamma}$——土体表面倾斜和挡土墙墙面倾斜时的重力被动土压力系数；

β——土体表面与水平面的夹角，(°)；

φ——土的内摩擦角，(°)；

K_p——土体表面倾斜和挡土墙墙面竖直时的被动土压力系数；

K_p'——土体表面水平和挡土墙墙面倾斜时的被动土压力系数；

α——挡土墙墙面与竖直面的夹角，(°)；

K_{pc}——土体表面倾斜和挡土墙墙面倾斜时的凝聚力被动土压力系数。

此时作用在挡土墙上的总被动土压力为

$$P_p=\frac{1}{2}\gamma H^2K_{p\gamma}+cHK_{pc} \tag{2-368}$$

或

$$P_p=P_{p\gamma}+P_{pc} \tag{2-369}$$

$$P_{p\gamma}=\frac{1}{2}\gamma H^2K_{p\gamma} \tag{2-370}$$

$$P_{pc}=cHK_{pc} \tag{2-371}$$

式中　$P_{p\gamma}$——由土体重力产生的被动土压力，kN；

P_{pc}——由土体凝聚力产生的被动土压力，kN。

此时被动土压力 P_p 的作用点距挡土墙墙踵的高度为

$$y_p=\frac{P_{p\gamma}\frac{1}{3}H+P_{pc}\frac{1}{2}H}{P_p} \tag{2-372}$$

式中　y_p——被动土压力 P_p 的作用点距挡土墙墙踵的高度，m；

H——挡土墙的高度，m；

P_p——作用在挡土墙上的被动土压力，kN。

2. 土体表面作用均布荷载

当土体表面倾斜（与水平面的夹角为 β），其上作用均布荷载 q，挡土墙墙面倾斜（与竖直面的夹角为 α）时，在土体表面以下深度为 z 的一点处，被动土压力的强度为

$$p_p=(\gamma z+q)K_{p\gamma}+cK_{pc} \tag{2-373}$$

式中　p_p——当土体表面倾斜，其上作用均布荷载 q 时，挡土墙墙面倾斜时，土体表面以下深度为 z 的一点处的被动土压力强度，kPa；

γ——土的容重（重力密度），kN/m³；

c——土的凝聚力，kPa；

q——作用在土体表面的均布荷载，kPa；

z——被动土压力强度计算点距土体表面的深度，m；

$K_{p\gamma}$——土体表面倾斜和挡土墙墙面倾斜时的重力被动土压力系数，按公式（2-366）计算；

K_{pc}——土体表面倾斜和挡土墙墙面倾斜时的凝聚力被动土压力系数，按公式（2-367）计算。

此时作用在挡土墙上的总被动土压力为

$$P_p=(\frac{1}{2}\gamma H^2+qH)K_{p\gamma}+cHK_{pc} \tag{2-374}$$

或

$$P_p=P_{p\gamma}+P_{pq}+P_{pc} \tag{2-375}$$

$$P_{p\gamma}=\frac{1}{2}\gamma H^2K_{p\gamma} \tag{2-376}$$

$$P_{pq}=qHK_{p\gamma} \tag{2-377}$$

$$P_{pc}=cHK_{pc} \tag{2-378}$$

式中　$P_{p\gamma}$——由土体重力产生的被动土压力，kN；

P_{pq}——由均布荷载 q 产生的被动土压力，kN；

P_{pc}——由凝聚力 c 产生的被动土压力，kN。

此时被动土压力 P_p 的作用点距挡土墙墙踵的高度为

$$y_p=\frac{P_{p\gamma}\frac{1}{3}H+P_{pq}\frac{1}{2}H+P_{pc}\frac{1}{2}H}{P_p} \tag{2-379}$$

第三章　按库仑理论计算土压力

第一节　库 仑 土 压 理 论

1776 年库仑（C. A. Coulomb）提出，当挡土墙在外力或填土的作用下产生位移或变形，墙背面填土形成楔形滑裂土体，滑裂体内的土体处于整体极限平衡状态，滑裂体以外的土体仍处于弹性状态，此时根据滑裂土体上作用力的平衡条件，即可求得土压力。当挡土墙向背离填土的方向位移或变形，滑裂土体将向挡土墙方向滑动，此时滑裂土体对挡土墙的压力，称为主动土压力；当挡土墙向填土方向位移或变形，滑裂土体将沿滑动面向上被挤出，此时滑裂土体对挡土墙的压力，称为被动土压力。这就是著名的库仑土压理论。

库仑土压理论的基本假定是：

（1）墙背面填土为均质的无黏性散粒体。

（2）当墙体产生位移或变形后，墙背面填土中形成滑裂土体，滑裂土体被视为刚体。

（3）滑动面为一个通过墙踵的平面，滑动面上的摩擦力是均匀分布的。

（4）填土表面为水平面或倾斜面。

（5）挡土墙墙面为一平面，也是一个滑动面，填土与墙面之间存在摩擦力，摩擦力沿墙面的分布是均匀的。

（6）土压力问题是一个二维问题（平面问题），可以取单位墙长来进行计算。

库仑土压理论最初只适用于无黏性土，但因后人的研究补充，现已可用于黏性填土的土压力计算。

第二节　主 动 土 压 力

若有如图 3-1 所示的挡土墙，墙面与竖直线之间的夹角为 α，墙背面填土为一向上倾斜的平面，填土面与水平面之间的夹角为 β。当墙体产生背离填土方向的位移或变形，形成滑裂土体 ABD，滑裂土体的滑动面为 BD 平面，与水平面之间的夹角为 θ。此时滑动面以上的土体（即滑裂土体）处于极限平衡状态，滑动面以下的土体处于弹性状态，作用在滑裂土体 ABD 上的作用力有：楔形滑裂土体的自重 G，作用方向竖直向下；滑动面上的反力 R，作用在滑动面法线的下方，与该法线的夹角为 φ（填土的内摩擦角），如图 3-1 (b) 所示；挡土墙墙面的反力 P_a（即填土对挡土墙的主动土压力），作用在墙面法线的下方，与墙面法线成 δ 角（填土与墙面之间的摩擦角）。

由于滑裂土体在上述力的作用下处于平衡状态，故作用在滑裂土体上的力将形成一个闭合三角形 abc，如图 3-1 (c) 所示。

若从挡土墙墙踵 B 点作直线 BC 与水平线成 φ 角，并与填土面 AK 线相交于 C 点，

则 BD 线与 BC 线的夹角 $\angle DBC=\theta-\varphi$。然后再从 D 点作直线 DE 与直线 BC 线相交于 E 点，并使 $\angle BED=90°-\alpha-\delta$，如图 3-1（d）所示，因而在三角形 BDE 中，$\angle BDE=\gamma=90°-\theta+\alpha+\delta+\varphi$。

将图 3-1（d）中三角形 EDB 和图 3-1（c）中三角形 abc 相比较可知，三角形 EDB 和三角形 abc 是相似的。由这两个三角形相似的几何关系，可得

$$\frac{P_a}{G}=\frac{\overline{DE}}{\overline{BE}}$$

即

$$P_a=G\frac{\overline{DE}}{\overline{BE}} \tag{3-1}$$

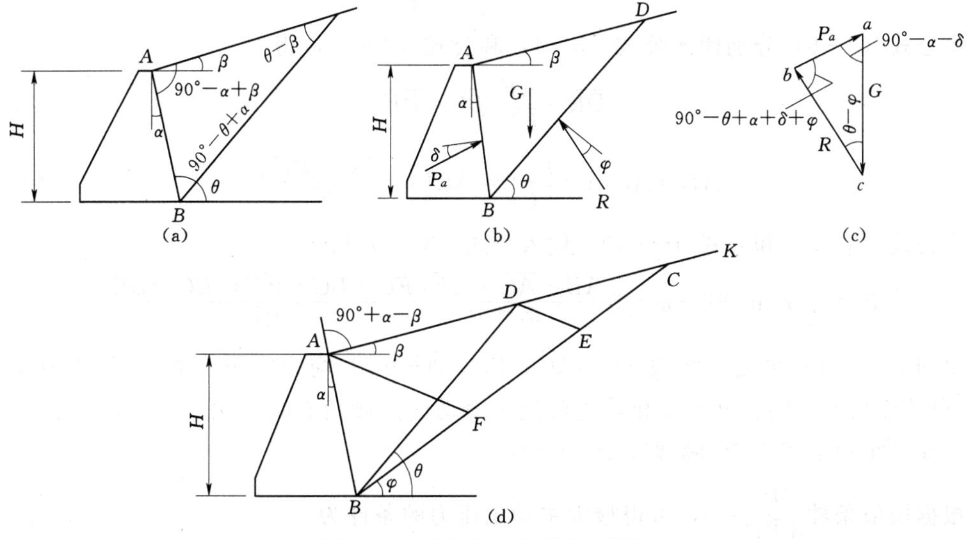

图 3-1　库仑主动土压力计算图

由图 3-1（d）中可见，滑动楔体的重量 G 等于三角形 ABD 的面积（计算时取挡土墙的计算长度为一个单位长度）乘以填土的容重 γ，即

$$G=\gamma A$$

式中　A——三角形 ABD 的面积，m^2。

由图 3-1（d）中的几何关系可知，滑裂体 ABD 的面积为

$$A=\frac{1}{2}\overline{AB}\cdot\overline{AD}\sin(90°+\alpha-\beta)$$

所以滑动楔体的重量为

$$G=\gamma A=\frac{1}{2}\gamma\overline{AB}\cdot\overline{AD}\sin(90°+\alpha-\beta) \tag{3-2}$$

将公式（3-2）代入公式（3-1），则得滑裂体为 ABD 时的主动土压力为

$$P_a=\frac{1}{2}\gamma\frac{\overline{AB}\cdot\overline{AD}\cdot\overline{DE}\sin(90°+\alpha-\beta)}{\overline{BE}} \tag{3-3}$$

在图 3-1（d）中，从 A 点作直线 AF 与 DE 线平行，则由三角形 AFC 与三角形 DEC 相似的几何条件可得

$$\frac{\overline{DE}}{\overline{AF}}=\frac{\overline{EC}}{\overline{FC}},\text{即}\overline{DE}=\overline{AF}\frac{\overline{EC}}{\overline{FC}} \tag{3-4}$$

和

$$\frac{\overline{DE}}{\overline{AC}}=\frac{\overline{EC}}{\overline{FC}},\text{即}\overline{DC}=\overline{AC}\frac{\overline{EC}}{\overline{FC}} \tag{3-5}$$

由图 3-1（d）可知：

$$\overline{EC}=\overline{BC}-\overline{BE} \tag{3-6}$$

$$\overline{AD}=\overline{AC}-\overline{DC} \tag{3-7}$$

将公式（3-5）代入公式（3-7）得

$$\overline{AD}=\overline{AC}-\overline{AC}\frac{\overline{EC}}{\overline{FC}} \tag{3-8}$$

将公式（3-6）分别代入公式（3-4）和公式（3-8），得

$$\overline{DE}=\frac{\overline{AF}}{\overline{FC}}(\overline{BC}-\overline{BE}) \tag{3-9}$$

$$\overline{AD}=\overline{AC}\left(1-\frac{\overline{EC}}{\overline{FC}}\right)=\overline{AC}\left(1-\frac{\overline{BC}-\overline{BE}}{\overline{FC}}\right) \tag{3-10}$$

将公式（3-9）和公式（3-10）代入公式（3-3）得

$$P_a=\frac{1}{2}\gamma\sin(90°+\alpha-\beta)\frac{\overline{AB}\cdot\overline{AC}\cdot\overline{AF}}{\overline{FC}^2}\frac{(\overline{FC}-\overline{BC}+\overline{BE})(\overline{BC}-\overline{BE})}{\overline{BE}} \tag{3-11}$$

由图 3-1（a）可见，线段$\overline{AB}$、$\overline{AC}$、$\overline{BC}$、$\overline{AF}$和$\overline{FC}$均为常量，而线段$\overline{BE}$则随线段$\overline{BD}$（滑动面长度）的长度而变化，也就是随滑动面的倾角 θ 而变化。所以，由公式（3-11）可知，主动土压力 P_a 随线段$\overline{BE}$而变化。

根据极值条件$\frac{dP_a}{d\,\overline{BE}}=0$，可得最大主动土压力的条件为

$$\overline{BE}^2=\overline{BC}\cdot\overline{BF} \tag{3-12}$$

由图 3-1（d）可得下列关系：

$$\overline{BC}=\overline{AB}\frac{\sin(90°-\alpha+\beta)}{\sin(\varphi-\beta)}$$

$$\overline{AC}=\overline{AB}\frac{\sin(90°+\alpha-\varphi)}{\sin(\varphi-\beta)}$$

$$\overline{AF}=\overline{AB}\frac{\sin(90°+\alpha-\varphi)}{\sin(90°-\alpha-\delta)}$$

$$\overline{BF}=\overline{AB}\frac{\sin(\varphi+\delta)}{\sin(90°-\alpha-\delta)}$$

$$\overline{AB}=\frac{H}{\cos\alpha}$$

$$\overline{FC}=\overline{BC}-\overline{BF}$$

将以上关系和公式（3-12）代入公式（3-11），经整理后，可得主动土压力为

$$P_a=\frac{1}{2}\gamma H^2\frac{\cos^2(\varphi-\alpha)}{\cos^2\alpha\cos(\alpha+\delta)\left[1+\sqrt{\frac{\sin(\varphi+\delta)\sin(\varphi-\beta)}{\cos(\alpha+\delta)\cos(\alpha-\beta)}}\right]^2} \tag{3-13}$$

令
$$K_a=\frac{\cos^2(\varphi-\alpha)}{\cos^2\alpha\cos(\alpha+\delta)\left[1+\sqrt{\frac{\sin(\varphi+\delta)\sin(\varphi-\beta)}{\cos(\alpha+\delta)\cos(\alpha-\beta)}}\right]^2} \tag{3-14}$$

则公式（3-13）可以简写为

$$P_a=\frac{1}{2}\gamma H^2K_a \tag{3-15}$$

式中 K_a——库仑主动土压力系数，其值按公式（3-14）计算。

为了计算主动土压力方便起见，表 3-1 中列出了不同 α、φ、δ 值时的土压力系数 K_a 值。

表 3-1　　库仑主动土压力系数 K_a 值

δ	α	β	土的内摩擦角 φ							
			15°	20°	25°	30°	35°	40°	45°	50°
0°	0°	0°	0.589	0.490	0.406	0.333	0.271	0.217	0.172	0.132
		5°	0.635	0.524	0.431	0.352	0.284	0.227	0.178	0.137
		10°	0.704	0.569	0.462	0.374	0.300	0.238	0.186	0.142
		15°	0.933	0.639	0.505	0.402	0.319	0.251	0.194	0.147
		20°		0.883	0.573	0.441	0.344	0.267	0.204	0.154
		25°			0.821	0.505	0.379	0.288	0.217	0.162
		30°				0.750	0.436	0.318	0.235	0.172
		35°					0.671	0.369	0.260	0.186
		40°						0.587	0.303	0.206
		45°							0.500	0.242
		50°								0.413
	10°	0°	0.652	0.560	0.478	0.407	0.434	0.288	0.238	0.194
		5°	0.705	0.600	0.510	0.431	0.362	0.302	0.249	0.202
		10°	0.784	0.655	0.550	0.461	0.384	0.318	0.261	0.211
		15°	1.039	0.737	0.603	0.498	0.411	0.337	0.274	0.221
		20°		1.015	0.685	0.548	0.444	0.360	0.291	0.231
		25°			0.977	0.628	0.491	0.391	0.311	0.245
		30°				0.925	0.566	0.433	0.337	0.262
		35°					0.860	0.502	0.374	0.284
		40°						0.785	0.437	0.316
		45°							0.703	0.371
		50°								0.614
	20°	0°	0.736	0.648	0.569	0.498	0.434	0.375	0.322	0.274
		5°	0.801	0.700	0.611	0.532	0.461	0.397	0.340	0.288
		10°	0.896	0.768	0.663	0.572	0.492	0.421	0.358	0.302
		15°	1.196	0.868	0.730	0.621	0.529	0.450	0.380	0.318
		20°		1.205	0.834	0.688	0.576	0.484	0.405	0.337
		25°			1.196	0.791	0.639	0.527	0.435	0.358
		30°				1.169	0.740	0.586	0.474	0.385
		35°					1.124	0.683	0.529	0.420
		40°						1.064	0.620	0.469
		45°							0.990	0.552
		50°								0.904

续表

δ	α	β	土的内摩擦角 φ							
			15°	20°	25°	30°	35°	40°	45°	50°
0°	−10°	0°	0.540	0.433	0.344	0.270	0.209	0.158	0.117	0.083
		5°	0.581	0.461	0.364	0.284	0.218	0.164	0.120	0.085
		10°	0.644	0.500	0.389	0.301	0.229	0.171	0.125	0.088
		15°	0.860	0.562	0.425	0.322	0.243	0.180	0.130	0.090
		20°		0.785	0.482	0.353	0.261	0.190	0.136	0.094
		25°			0.703	0.405	0.287	0.205	0.144	0.098
		30°				0.614	0.331	0.226	0.155	0.104
		35°					0.523	0.263	0.171	0.111
		40°						0.433	0.200	0.123
		45°							0.344	0.145
		50°								0.262
	−20°	0°	0.497	0.380	0.287	0.212	0.153	0.106	0.070	0.043
		5°	0.535	0.405	0.302	0.222	0.159	0.110	0.072	0.044
		10°	0.595	0.439	0.323	0.234	0.166	0.114	0.074	0.045
		15°	0.809	0.494	0.352	0.250	0.175	0.119	0.076	0.046
		20°		0.707	0.401	0.274	0.188	0.125	0.080	0.047
		25°			0.603	0.316	0.206	0.134	0.084	0.049
		30°				0.498	0.239	0.147	0.090	0.051
		35°					0.396	0.172	0.099	0.055
		40°						0.301	0.116	0.060
		45°							0.215	0.071
		50°								0.141
5°	0°	0°	0.556	0.465	0.387	0.319	0.260	0.210	0.166	0.129
		5°	0.605	0.500	0.412	0.337	0.274	0.219	0.173	0.133
		10°	0.680	0.547	0.444	0.360	0.289	0.230	0.180	0.138
		15°	0.937	0.620	0.488	0.388	0.308	0.243	0.189	0.144
		20°		0.886	0.558	0.428	0.333	0.259	0.199	0.150
		25°			0.825	0.493	0.369	0.280	0.212	0.158
		30°				0.753	0.428	0.311	0.229	0.168
		35°					0.674	0.363	0.255	0.182
		40°						0.589	0.299	0.202
		45°							0.502	0.388
		50°								0.415
	10°	0°	0.622	0.536	0.460	0.393	0.333	0.280	0.233	0.191
		5°	0.680	0.579	0.493	0.418	0.352	0.294	0.243	0.199
		10°	0.767	0.636	0.534	0.448	0.374	0.311	0.255	0.207
		15°	1.060	0.725	0.589	0.486	0.401	0.330	0.269	0.217
		20°		1.035	0.676	0.538	0.436	0.354	0.286	0.228
		25°			0.996	0.622	0.484	0.385	0.306	0.242
		30°				0.943	0.563	0.428	0.333	0.259
		35°					0.877	0.500	0.371	0.281
		40°						0.801	0.436	0.314
		45°							0.716	0.371
		50°								0.626

续表

δ	α	β	土的内摩擦角 φ							
			15°	20°	25°	30°	35°	40°	45°	50°
5°	20°	0°	0.709	0.627	0.553	0.485	0.424	0.368	0.318	0.271
		5°	0.781	0.682	0.597	0.520	0.452	0.391	0.335	0.285
		10°	0.887	0.755	0.650	0.562	0.484	0.416	0.355	0.300
		15°	1.240	0.866	0.723	0.614	0.523	0.445	0.376	0.316
		20°		1.250	0.835	0.684	0.571	0.480	0.402	0.335
		25°			1.240	0.794	0.639	0.525	0.434	0.357
		30°				1.212	0.746	0.587	0.474	0.385
		35°					1.166	0.689	0.532	0.421
		40°						1.103	0.627	0.472
		45°							1.026	0.559
		50°								0.937
	−10°	0°	0.503	0.406	0.324	0.256	0.199	0.151	0.112	0.080
		5°	0.546	0.434	0.344	0.269	0.208	0.157	0.116	0.082
		10°	0.612	0.474	0.369	0.286	0.219	0.164	0.120	0.085
		15°	0.850	0.537	0.405	0.308	0.232	0.172	0.125	0.087
		20°		0.776	0.463	0.339	0.250	0.183	0.131	0.091
		25°			0.695	0.390	0.276	0.197	0.139	0.095
		30°				0.607	0.321	0.218	0.149	0.100
		35°					0.518	0.255	0.166	0.108
		40°						0.428	0.195	0.120
		45°							0.341	0.141
		50°								0.259
	−20°	0°	0.457	0.352	0.267	0.199	0.144	0.101	0.067	0.041
		5°	0.496	0.376	0.282	0.208	0.150	0.104	0.068	0.042
		10°	0.557	0.410	0.302	0.220	0.157	0.108	0.070	0.043
		15°	0.787	0.466	0.331	0.236	0.165	0.112	0.073	0.044
		20°		0.688	0.380	0.259	0.178	0.119	0.076	0.045
		25°			0.586	0.300	0.196	0.127	0.080	0.047
		30°				0.484	0.228	0.140	0.085	0.049
		35°					0.386	0.165	0.094	0.052
		40°						0.293	0.111	0.058
		45°							0.209	0.068
		50°								0.137
10°	0°	0°	0.533	0.447	0.373	0.309	0.253	0.204	0.163	0.127
		5°	0.585	0.483	0.398	0.327	0.266	0.214	0.169	0.131
		10°	0.664	0.531	0.431	0.350	0.282	0.225	0.177	0.136
		15°	0.947	0.609	0.476	0.379	0.301	0.238	0.185	0.141
		20°		0.897	0.549	0.420	0.326	0.254	0.195	0.148
		25°			0.834	0.487	0.363	0.275	0.209	0.156
		30°				0.762	0.423	0.306	0.226	0.166
		35°					0.681	0.359	0.252	0.180
		40°						0.596	0.297	0.201
		45°							0.508	0.238
		50°								0.420

续表

δ	α	β	土的内摩擦角 φ							
			15°	20°	25°	30°	35°	40°	45°	50°
10°	10°	0°	0.603	0.520	0.448	0.384	0.326	0.275	0.230	0.189
		5°	0.665	0.566	0.482	0.409	0.346	0.290	0.240	0.197
		10°	0.759	0.626	0.524	0.440	0.369	0.307	0.253	0.206
		15°	1.089	0.721	0.582	0.480	0.396	0.326	0.267	0.215
		20°		1.064	0.674	0.534	0.432	0.351	0.284	0.227
		25°			1.024	0.622	0.482	0.382	0.304	0.241
		30°				0.969	0.564	0.427	0.332	0.258
		35°					0.901	0.503	0.371	0.281
		40°						0.823	0.438	0.315
		45°							0.736	0.374
		50°								0.644
	20°	0°	0.695	0.615	0.543	0.478	0.419	0.365	0.316	0.271
		5°	0.773	0.674	0.589	0.515	0.448	0.388	0.334	0.285
		10°	0.890	0.752	0.646	0.558	0.482	0.414	0.354	0.300
		15°	1.298	0.872	0.723	0.613	0.522	0.444	0.377	0.317
		20°		1.308	0.844	0.687	0.573	0.481	0.403	0.337
		25°			1.298	0.806	0.643	0.528	0.436	0.360
		30°				1.268	0.758	0.594	0.478	0.383
		35°					1.220	0.702	0.539	0.426
		40°						1.155	0.640	0.480
		45°							1.074	0.572
		50°								0.981
	−10°	0°	0.477	0.385	0.309	0.245	0.191	0.146	0.109	0.078
		5°	0.521	0.414	0.329	0.258	0.200	0.152	0.112	0.080
		10°	0.590	0.455	0.354	0.275	0.211	0.159	0.116	0.082
		15°	0.847	0.520	0.390	0.297	0.224	0.167	0.121	0.085
		20°		0.773	0.450	0.328	0.242	0.177	0.127	0.088
		25°			0.692	0.380	0.268	0.191	0.135	0.093
		30°				0.605	0.313	0.212	0.146	0.098
		35°					0.516	0.249	0.162	0.106
		40°						0.426	0.191	0.117
		45°							0.339	0.139
		50°								0.258
	−20°	0°	0.427	0.330	0.252	0.188	0.137	0.096	0.064	0.039
		5°	0.466	0.354	0.267	0.197	0.143	0.099	0.066	0.040
		10°	0.529	0.388	0.286	0.209	0.149	0.103	0.068	0.041
		15°	0.772	0.445	0.315	0.225	0.158	0.108	0.070	0.042
		20°		0.675	0.364	0.248	0.170	0.114	0.073	0.044
		25°			0.575	0.288	0.188	0.122	0.077	0.045
		30°				0.475	0.220	0.135	0.082	0.047
		35°					0.378	0.159	0.091	0.051
		40°						0.288	0.108	0.056
		45°							0.205	0.066
		50°								0.135

续表

δ	α	β	土的内摩擦角 φ							
			15°	20°	25°	30°	35°	40°	45°	50°
15°	0°	0°	0.518	0.434	0.363	0.301	0.248	0.201	0.160	0.125
		5°	0.571	0.471	0.389	0.320	0.261	0.211	0.167	0.130
		10°	0.656	0.522	0.423	0.343	0.277	0.222	0.174	0.135
		15°	0.966	0.603	0.470	0.373	0.297	0.235	0.183	0.140
		20°		0.914	0.546	0.415	0.323	0.251	0.194	0.147
		25°			0.850	0.485	0.360	0.273	0.207	0.155
		30°				0.777	0.422	0.305	0.225	0.165
		35°					0.695	0.359	0.251	0.179
		40°						0.608	0.298	0.200
		45°							0.518	0.238
		50°								0.428
	10°	0°	0.592	0.511	0.441	0.378	0.323	0.273	0.228	0.189
		5°	0.658	0.559	0.476	0.405	0.343	0.288	0.240	0.197
		10°	0.760	0.623	0.520	0.437	0.366	0.305	0.252	0.206
		15°	1.129	0.723	0.581	0.478	0.395	0.325	0.267	0.216
		20°		1.103	0.679	0.535	0.432	0.351	0.284	0.228
		25°			1.062	0.628	0.484	0.383	0.305	0.242
		30°				1.005	0.571	0.430	0.334	0.260
		35°					0.935	0.509	0.375	0.284
		40°						0.853	0.445	0.319
		45°							0.763	0.380
		50°								0.668
	20°	0°	0.690	0.611	0.540	0.476	0.419	0.366	0.317	0.273
		5°	0.774	0.673	0.588	0.514	0.449	0.389	0.336	0.287
		10°	0.904	0.757	0.649	0.560	0.484	0.416	0.357	0.303
		15°	1.372	0.889	0.731	0.618	0.526	0.448	0.380	0.321
		20°		1.383	0.862	0.697	0.579	0.486	0.408	0.341
		25°			1.372	0.825	0.655	0.536	0.442	0.365
		30°				1.341	0.778	0.606	0.487	0.395
		35°					1.290	0.722	0.551	0.435
		40°						1.221	0.659	0.492
		45°							1.136	0.590
		50°								1.037
	−10°	0°	0.458	0.371	0.298	0.237	0.186	0.142	0.106	0.076
		5°	0.503	0.400	0.318	0.251	0.195	0.148	0.110	0.078
		10°	0.576	0.442	0.344	0.267	0.205	0.155	0.114	0.081
		15°	0.850	0.509	0.380	0.289	0.219	0.163	0.119	0.084
		20°		0.776	0.441	0.320	0.237	0.174	0.125	0.087
		25°			0.695	0.374	0.263	0.188	0.133	0.091
		30°				0.607	0.308	0.209	0.143	0.097
		35°					0.518	0.246	0.159	0.104
		40°						0.428	0.189	0.116
		45°							0.341	0.137
		50°								0.259

续表

δ	α	β	土的内摩擦角 φ							
			15°	20°	25°	30°	35°	40°	45°	50°
15°	−20°	0°	0.405	0.314	0.240	0.180	0.132	0.093	0.062	0.038
		5°	0.445	0.338	0.255	0.189	0.137	0.096	0.064	0.039
		10°	0.509	0.372	0.275	0.201	0.144	0.100	0.066	0.040
		15°	0.763	0.429	0.303	0.216	0.152	0.104	0.068	0.041
		20°		0.667	0.352	0.239	0.164	0.110	0.071	0.042
		25°			0.568	0.280	0.182	0.119	0.075	0.044
		30°				0.470	0.214	0.131	0.080	0.046
		35°					0.374	0.155	0.089	0.049
		40°						0.284	0.105	0.055
		45°							0.203	0.065
		50°								0.133
20°	0°	0°			0.357	0.297	0.245	0.199	0.160	0.125
		5°			0.384	0.317	0.259	0.209	0.166	0.130
		10°			0.419	0.340	0.275	0.220	0.174	0.135
		15°			0.467	0.371	0.295	0.234	0.183	0.140
		20°			0.547	0.414	0.322	0.251	0.193	0.147
		25°			0.874	0.478	0.360	0.273	0.207	0.155
		30°				0.798	0.425	0.306	0.225	0.166
		35°					0.714	0.362	0.252	0.180
		40°						0.625	0.300	0.202
		45°							0.532	0.241
		50°								0.440
	10°	0°			0.438	0.377	0.322	0.273	0.229	0.190
		5°			0.475	0.404	0.343	0.289	0.241	0.198
		10°			0.521	0.438	0.367	0.306	0.254	0.208
		15°			0.586	0.480	0.397	0.328	0.269	0.218
		20°			0.690	0.540	0.436	0.354	0.286	0.230
		25°			1.111	0.639	0.490	0.388	0.309	0.245
		30°				1.051	0.582	0.437	0.338	0.264
		35°					0.978	0.520	0.381	0.288
		40°						0.893	0.456	0.325
		45°							0.799	0.389
		50°								0.699
	20°	0°			0.543	0.479	0.422	0.370	0.321	0.277
		5°			0.594	0.520	0.454	0.395	0.341	0.292
		10°			0.659	0.568	0.490	0.423	0.363	0.309
		15°			0.747	0.629	0.535	0.456	0.387	0.327
		20°			0.891	0.715	0.592	0.496	0.417	0.349
		25°			1.467	0.854	0.673	0.549	0.453	0.374
		30°				1.434	0.807	0.624	0.501	0.406
		35°					1.379	0.750	0.569	0.448
		40°						1.305	0.685	0.509
		45°							1.214	0.615
		50°								1.109

续表

δ	α	β	土的内摩擦角 φ							
			15°	20°	25°	30°	35°	40°	45°	50°
20°	−10°	0°			0.291	0.232	0.182	0.140	0.105	0.076
		5°			0.311	0.245	0.191	0.146	0.108	0.078
		10°			0.337	0.262	0.202	0.153	0.113	0.080
		15°			0.374	0.284	0.215	0.161	0.117	0.083
		20°			0.437	0.316	0.233	0.171	0.124	0.086
		25°			0.703	0.371	0.260	0.186	0.131	0.090
		30°				0.614	0.306	0.207	0.142	0.096
		35°					0.524	0.245	0.158	0.103
		40°						0.433	0.188	0.115
		45°							0.344	0.137
		50°								0.262
	−20°	0°			0.231	0.174	0.128	0.090	0.061	0.038
		5°			0.246	0.183	0.133	0.094	0.062	0.038
		10°			0.266	0.195	0.140	0.097	0.064	0.039
		15°			0.294	0.210	0.148	0.102	0.067	0.040
		20°			0.344	0.233	0.160	0.108	0.069	0.042
		25°			0.566	0.274	0.178	0.116	0.073	0.043
		30°				0.468	0.210	0.129	0.079	0.045
		35°					0.373	0.153	0.087	0.049
		40°						0.283	0.104	0.054
		45°							0.202	0.064
		50°								0.133
25°	0°	0°				0.296	0.245	0.199	0.160	0.126
		5°				0.316	0.259	0.209	0.167	0.130
		10°				0.340	0.275	0.221	0.175	0.136
		15°				0.372	0.296	0.235	0.184	0.141
		20°				0.417	0.324	0.252	0.195	0.148
		25°				0.494	0.363	0.275	0.209	0.157
		30°				0.828	0.432	0.309	0.228	0.168
		35°					0.741	0.368	0.256	0.183
		40°						0.647	0.306	0.205
		45°							0.552	0.246
		50°								0.456
	10°	0°				0.379	0.325	0.276	0.232	0.193
		5°				0.408	0.346	0.292	0.244	0.201
		10°				0.443	0.371	0.311	0.258	0.211
		15°				0.488	0.403	0.333	0.273	0.222
		20°				0.551	0.443	0.360	0.292	0.235
		25°				0.658	0.502	0.396	0.315	0.250
		30°				1.112	0.600	0.448	0.346	0.270
		35°					1.034	0.537	0.392	0.295
		40°						0.944	0.471	0.335
		45°							0.845	0.403
		50°								0.739

续表

δ	α	β	土的内摩擦角 φ 15°	20°	25°	30°	35°	40°	45°	50°
		0°				0.488	0.430	0.377	0.329	0.284
		5°				0.530	0.463	0.403	0.349	0.300
		10°				0.582	0.502	0.433	0.372	0.318
		15°				0.648	0.550	0.469	0.399	0.337
		20°				0.740	0.612	0.512	0.430	0.360
	20°	25°				0.894	0.699	0.569	0.469	0.387
		30°				1.553	0.846	0.650	0.520	0.421
		35°					1.494	0.788	0.594	0.466
		40°						1.414	0.721	0.532
		45°							1.316	0.647
		50°								1.201
		0°				0.228	0.180	0.139	0.104	0.075
		5°				0.242	0.189	0.145	0.108	0.078
		10°				0.259	0.200	0.151	0.112	0.080
		15°				0.281	0.213	0.160	0.117	0.083
		20°				0.314	0.232	0.170	0.123	0.086
25°	−10°	25°				0.371	0.259	0.185	0.131	0.090
		30°				0.620	0.307	0.207	0.142	0.096
		35°					0.534	0.246	0.159	0.104
		40°						0.441	0.189	0.116
		45°							0.351	0.138
		50°								0.267
		0°				0.170	0.125	0.089	0.060	0.037
		5°				0.179	0.131	0.092	0.061	0.038
		10°				0.191	0.137	0.096	0.063	0.039
		15°				0.206	0.146	0.100	0.066	0.040
		20°				0.229	0.157	0.106	0.069	0.041
	−20°	25°				0.270	0.175	0.114	0.072	0.043
		30°				0.470	0.207	0.127	0.078	0.045
		35°					0.374	0.151	0.086	0.048
		40°						0.284	0.103	0.053
		45°							0.203	0.064
		50°								0.133

主动土压力的水平分量为

$$P_{ah}=P_a\cos(\alpha+\delta)=\frac{1}{2}\gamma H^2 K_{ah} \tag{3-16}$$

$$K_{ah}=K_a\cos(\alpha+\delta) \tag{3-17}$$

式中 K_{ah}——水平主动土压力系数。

表 3-2 中列出了不同 α、β、φ 和 δ 值时的 K_{ah} 值。

表 3-2　　　　水平主动土压力系数 K_{ah} 值

β/(°)		0				$\varphi/2$				φ
$\sin\alpha$	φ	δ/(°)								
		0	$\varphi/2$	$2\varphi/3$	φ	0	$\varphi/2$	$2\varphi/3$	φ	任意值
	15°	0.523	0.480	0.469	0.449	0.589	0.552	0.542	0.524	0.835
	20°	0.417	0.378	0.367	0.348	0.482	0.446	0.435	0.418	0.763
	25°	0.330	0.295	0.286	0.270	0.388	0.354	0.345	0.329	0.675
0.2	30°	0.257	0.229	0.221	0.207	0.306	0.278	0.270	0.256	0.587
	35°	0.198	0.175	0.169	0.158	0.237	0.214	0.208	0.195	0.496
	40°	0.148	0.132	0.126	0.118	0.178	0.160	0.155	0.146	0.406
	45°	0.108	0.096	0.093	0.086	0.129	0.116	0.102	0.095	0.320
	15°	0.556	0.510	0.499	0.475	0.627	0.587	0.576	0.556	0.883
	20°	0.454	0.409	0.397	0.376	0.526	0.485	0.473	0.453	0.822
	25°	0.368	0.327	0.316	0.296	0.434	0.396	0.384	0.365	0.747
0.1	30°	0.295	0.260	0.250	0.233	0.353	0.319	0.309	0.291	0.666
	35°	0.234	0.205	0.149	0.181	0.282	0.253	0.245	0.228	0.580
	40°	0.182	0.159	0.152	0.140	0.220	0.197	0.190	0.176	0.492
	45°	0.139	0.121	0.116	0.106	0.168	0.149	0.140	0.133	0.405
	15°	0.588	0.538	0.524	0.500	0.665	0.621	0.609	0.587	0.933
	20°	0.490	0.440	0.426	0.401	0.569	0.523	0.510	0.486	0.883
	25°	0.406	0.359	0.345	0.322	0.482	0.436	0.423	0.400	0.824
0	30°	0.333	0.291	0.279	0.257	0.402	0.360	0.334	0.326	0.750
	35°	0.271	0.235	0.224	0.205	0.330	0.293	0.283	0.262	0.672
	40°	0.218	0.187	0.183	0.161	0.267	0.235	0.226	0.207	0.587
	45°	0.172	0.148	0.145	0.125	0.210	0.185	0.177	0.160	0.500
	15°	0.619	0.564	0.549	0.521	0.701	0.654	0.640	0.615	0.983
	20°	0.525	0.469	0.453	0.424	0.612	0.561	0.545	0.518	0.948
	25°	0.443	0.389	0.373	0.345	0.529	0.477	0.461	0.434	0.900
−0.1	30°	0.372	0.321	0.306	0.280	0.452	0.402	0.387	0.359	0.839
	35°	0.309	0.264	0.251	0.226	0.381	0.335	0.318	0.294	0.768
	40°	0.254	0.216	0.204	0.180	0.316	0.275	0.263	0.237	0.689
	45°	0.207	0.174	0.164	0.143	0.257	0.223	0.212	0.188	0.605
	15°	0.648	0.588	0.571	0.541	0.737	0.684	0.669	0.642	1.036
	20°	0.559	0.495	0.477	0.444	0.654	0.596	0.579	0.548	1.016
	25°	0.479	0.416	0.398	0.365	0.576	0.516	0.498	0.465	0.982
−0.2	30°	0.409	0.349	0.332	0.299	0.502	0.442	0.424	0.390	0.933
	35°	0.347	0.292	0.275	0.244	0.432	0.376	0.360	0.323	0.872
	40°	0.292	0.243	0.229	0.197	0.367	0.316	0.300	0.265	0.800
	45°	0.243	0.200	0.186	0.157	0.307	0.262	0.247	0.213	0.720

在按库仑土压理论计算作用在挡土墙上的土压力时，填土与墙面的摩擦角 δ 的选用，不仅应考虑到墙面的粗糙程度，而且应考虑到墙面的倾斜情况，下列数据可作参考：

当墙面平滑、排水不良时　　　　$\delta=0\sim\frac{1}{3}\varphi$

当墙面粗糙、排水良好时　　　　$\delta=\frac{\varphi}{3}\sim\frac{\varphi}{2}$

当墙面十分粗糙、排水良好时　　$\delta=\frac{\varphi}{3}\sim\frac{2}{3}\varphi$

当竖直的混凝土墙面或砌体墙面时 $\delta=\frac{\varphi}{3}\sim\frac{\varphi}{2}$

当俯斜的混凝土墙面或砌体墙面时 $\delta=\frac{\varphi}{3}$

当仰斜的混凝土墙面或砌体墙面时 $\delta=\frac{\varphi}{2}\sim\frac{2}{3}\varphi$

当阶梯形墙面时 $\delta=\frac{2}{3}\varphi$

一、当墙面倾斜和填土表面向上倾斜（$\alpha\neq0°$、$\beta\neq0°$）时

当挡土墙墙面与竖直线之间夹角为α、填土表面与水平面成β（+）角时，作用在挡土墙上的总主动土压力P_a可按公式（3-15）计算，即

$$P_a=\frac{1}{2}\gamma H^2K_a$$

公式中的主动土压力系数K_a按公式（3-14）计算。

总主动土压力P_a作用于墙面法线的上方，与法线成δ角，如图3-2所示。主动土压力沿墙高呈三角形分布，填土表面处主动土压力强度为零，填土面以下（墙顶以下）深度为z处的主动土压力强度为

$$p_a=\gamma zK_a \tag{3-18}$$

式中 γ——填土的容重（重力密度），kN/m³；

z——计算点在填土表面以下的深度，m。

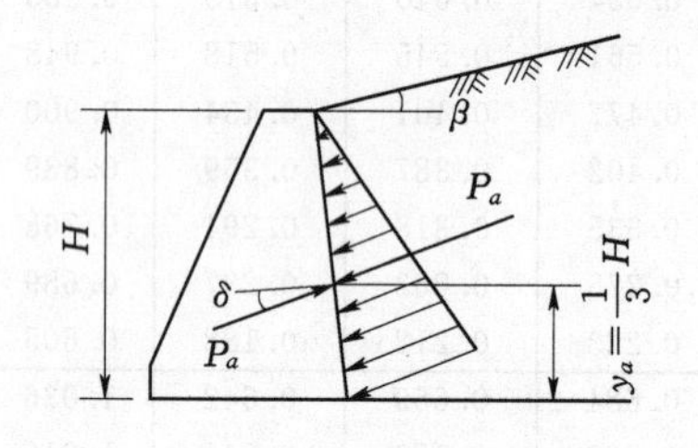

图3-2 主动土压力沿墙高的分布

公式中的主动土压力系数K_a按公式（3-14）计算。

各点处主动土压力强度的作用方向与该点处的法线成δ角（δ为填土与墙面的摩擦角），并且作用在法线的上方，如图3-2所示。

由于主动土压力沿墙高呈三角形分布，故总主动土压力的作用点距墙踵点的高度为

$$y_a=\frac{1}{3}H \tag{3-19}$$

式中 H——挡土墙的高度（当墙顶与填土表面齐平时），m。

二、当$\alpha=0°$、$\beta\neq0°$、$\delta\neq0°$时

墙面竖直（$\alpha=0°$），墙背面填土表面为向上倾斜的斜坡面，与水平面的夹角为β，填土与墙面的摩擦角为δ，填土的内摩擦角为φ时，此时填土表面（墙顶）以下深度z处的主动土压力强度仍按公式（3-18）计算。

此时公式（3-14）中的主动土压力系数按下式计算：

$$K_a=\frac{\cos^2\varphi}{\cos\delta\left[1+\sqrt{\frac{\sin(\varphi+\delta)\sin(\varphi-\beta)}{\cos\delta\cos\beta}}\right]^2} \tag{3-20}$$

作用在挡土墙上的总主动土压力仍按公式（3－15）计算，即

$$P_a=\frac{1}{2}\gamma H^2 K_a$$

公式中的主动土压力系数 K_a 按公式（3－20）计算。

主动土压力沿墙高为三角形分布，故总主动土压力作用点距墙踵点的高度为

$$y_a=\frac{1}{3}H$$

主动土压力作用线与墙面法线成 δ 角，并作用在法线的上方。

三、当 $\alpha\neq0°$、$\beta=0°$、$\delta\neq0°$时

挡土墙墙面与竖直线之间的夹角为 α，墙背面填土水平（$\beta=0°$），内摩擦角为 φ，填土与墙面的摩擦角为 δ，如图 3－3 所示。

此时墙顶以下深度 z 处的主动土压力强度仍为

$$p_{az}=\gamma z K_a$$

此时公式中的主动土压力系数 K_a 按下式计算：

$$K_a=\frac{\cos^2(\varphi-\alpha)}{\cos^2\alpha\cos(\alpha+\delta)\left[1+\sqrt{\frac{\sin(\varphi+\delta)\sin\varphi}{\cos(\alpha+\delta)\cos\alpha}}\right]^2} \tag{3-21}$$

作用在挡土墙上的总主动土压力仍按公式（3－15）计算，即

$$P_a=\frac{1}{2}\gamma H^2 K_a$$

公式中的主动土压力系数 K_a 按公式（3－21）计算。

主动土压力沿墙高呈三角形分布，压力作用线与墙面法线成 δ 角，并作用在法线的上方。总主动土压力作用点距墙踵点的高度为

$$y_a=\frac{1}{3}H$$

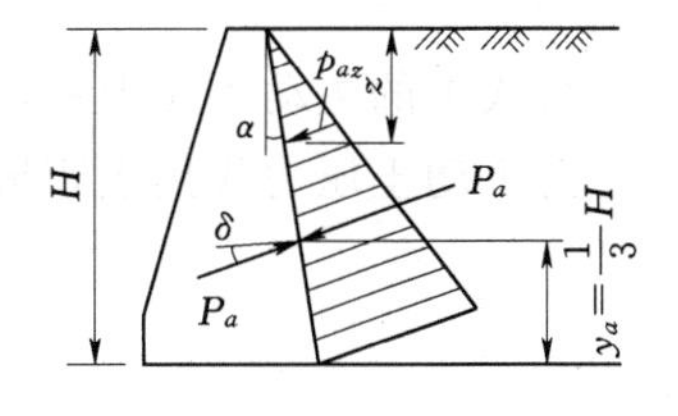

图 3－3　填土表面水平时的主动土压力计算图

四、当 $\alpha\neq0°$、$\beta\neq0°$、$\delta=0°$时

挡土墙墙面与竖直线之间的夹角为 α，填土表面倾斜，与水平面之间的夹角为 β，填土的内摩擦角为 φ，墙面光滑，填土与墙面的摩擦角 $\delta=0°$，此时，墙顶以下深度 z 处的土压力强度为

$$p_{az}=\gamma z K_a$$

公式中的主动土压力系数 K_a 按下式计算。

$$K_a=\frac{\cos^2(\varphi-\alpha)}{\cos^3\alpha\left[1+\sqrt{\frac{\sin\varphi\sin(\varphi-\beta)}{\cos\alpha\cos(\alpha-\beta)}}\right]^2} \tag{3-22}$$

填土对挡土墙产生的总主动土压力为

$$P_a=\frac{1}{2}\gamma H^2 K_a$$

公式中的主动土压力系数 K_a 按公式（3-22）计算。

土压力沿墙高呈三角形分布，作用线与墙面正交，总主动土压力作用点距墙踵点的高度为

$$y_a=\frac{1}{3}H$$

五、当 $\alpha=\beta=0°$、$\delta\neq 0°$时

挡土墙墙面竖直（$\alpha=0°$），填土表面水平（$\beta=0°$），填土的内摩擦角为 φ，填土与墙面的摩擦角为 δ，此时墙顶以下深度 z 处的土压力强度仍为

$$p_{az}=\gamma z K_a$$

公式中的主动土压力系数 K_a 按下式计算：

$$K_a=\frac{\cos^2\varphi}{\cos\delta\left[1+\sqrt{\frac{\sin(\varphi+\delta)\sin\varphi}{\cos\delta}}\right]^2} \tag{3-23}$$

作用在挡土墙上的总主动土压力为

$$P_a=\frac{1}{2}\gamma H^2 K_a$$

公式中的主动土压力系数 K_a 按公式（3-23）计算。

总主动土压力作用点距墙踵点的高度为

$$y_a=\frac{1}{3}H$$

六、当 $\alpha=\delta=0°$、$\beta\neq 0°$时

挡土墙面竖直（$\alpha=0°$），填土表面与水平面的夹角为 β，填土的内摩擦角为 φ，填土与墙面的摩擦角 $\delta=0°$，此时墙顶以下深度 z 处的主动土压力强度仍按公式（3-18）计算，但式中的主动土压力系数按下式计算：

$$K_a=\frac{\cos^2\varphi}{\left[1+\sqrt{\frac{\sin\varphi\sin(\varphi-\beta)}{\cos\beta}}\right]^2} \tag{3-24}$$

此时总主动土压力为

$$P_a=\frac{1}{2}\gamma H^2 K_a$$

公式中的主动土压力系数 K_a 按公式（3-24）计算。

土压力沿墙高呈三角形分布。

七、当 $\alpha\neq 0°$、$\beta=\delta=0°$时

挡土墙墙高为 H，墙面光滑（$\delta=0°$），墙面与竖直面之间的夹角为 α，墙背面填土为

无黏性土，填土表面水平（$\beta=0°$），内摩擦角为 φ，此时墙顶以下深度 z 处的主动土压力强度 p_{az} 可按公式（3-18）计算，总主动土压力可按公式（3-15）计算，但此时两式中的主动土压力系数 K_a 应按下式计算：

$$K_a=\frac{\cos^2(\varphi-\alpha)}{\cos^2\alpha\left(1+\frac{\sin\varphi}{\cos\alpha}\right)^2} \tag{3-25}$$

八、当 $\alpha=\beta=\delta=0°$ 时

挡土墙墙高为 H，墙面光滑竖直（$\alpha=0°$、$\delta=0°$），填土表面与水平面的夹角 $\beta=0°$（即填土表面水平），填土的内摩擦角为 φ，此时土压力强度 p_{az} 和总主动土压力 P_a 仍可分别按公式（3-18）和公式（3-15）计算，此时主动土压力沿墙高呈三角形分布，压力作用线水平。

但在计算主动土压力时，主动土压力系数 K_a 按下式计算：

$$K_a=\frac{\cos^2\varphi}{(1+\sin\varphi)^2} \tag{3-26}$$

第三节　被 动 土 压 力

若有如图 3-4（a）所示的挡土墙，墙面与竖直线之间的夹角为 α，墙背面填土为一向上倾斜的斜平面，填土表面与水平面之间的夹角为 β，填土的容重为 γ，内摩擦角为 φ。当墙体产生向着填土方向的位移或变形，形成向上挤出的滑裂体 ABD，滑裂体的滑动面为 BD 平面，与水平面之间的夹角为 θ。此时滑动面以上土体（即滑裂土体）处于被动极限平衡状态，滑动面以下的土体，仍处于弹性状态。

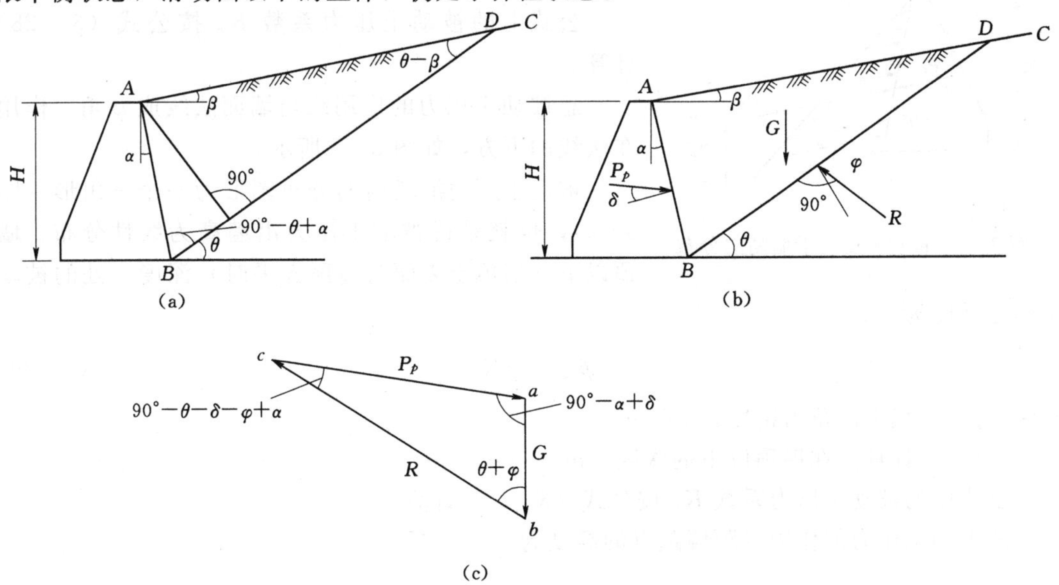

图 3-4　库仑被动土压力计算图

如图 3-4（b）所示，此时作用在滑裂体 ABD 上的力有：滑裂土体 ABD 的重量 G，作用在滑裂楔体 ABD 的重心，作用方向垂直向下；滑动面上的反力 R，与滑动面的法线成 φ 角，作用在法线的上方；挡土墙墙面对滑裂体的反力 P_p（等于填土对挡土墙的被动土压力，但作用方向相反），与墙面法线成 δ 角（填土与墙面的摩擦角），作用在法线的上方。

由于滑裂土体在上述力的作用下处于平衡状态，故作用在滑裂土体上的力将形成一个闭合三角形 abc，如图 3-4（c）所示。

按照本章第二节中所述推导主动土压力计算公式的类似方法，可得作用在挡土墙上的被动土压力为

$$P_p=\frac{1}{2}\gamma H^2 K_p \tag{3-27}$$

$$K_p=\frac{\cos^2(\varphi+\alpha)}{\cos^2\alpha\cos(\alpha-\delta)\left[1-\sqrt{\dfrac{\sin(\varphi+\delta)\sin(\varphi+\beta)}{\cos(\alpha-\delta)\cos(\alpha-\beta)}}\right]^2} \tag{3-28}$$

式中　K_p——库仑被动土压力系数。

K_p 值也可按表 3-3 查得。

一、当 $\alpha\neq0°$、$\beta\neq0°$和 $\delta\neq0°$时

挡土墙墙面倾斜，与竖直线成 α 角，填土表面向上倾斜，与水平面成 β（+）角，填土与墙面的摩擦角为 δ，填土的内摩擦角为 φ，此时作用在挡土墙上的总被动土压力 P_p 可按公式（3-27）计算，即

$$P_p=\frac{1}{2}\gamma H^2 K_p$$

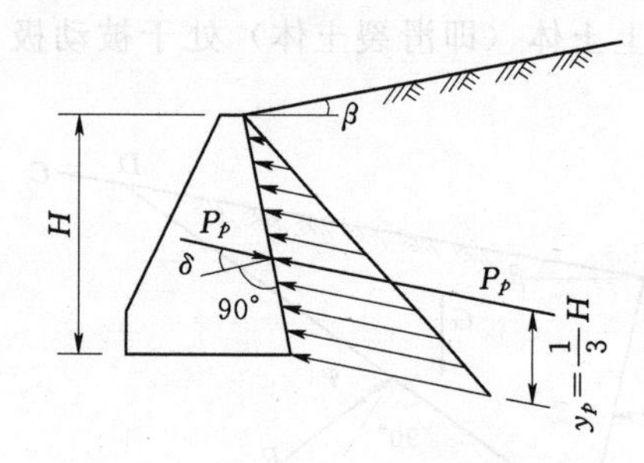

图 3-5　被动土压力沿墙高的分布

公式中的被动土压力系数 K_p 按公式（3-28）计算。

总被动土压力的作用线与墙面法线成 φ 角，作用在法线的下方，如图 3-5 所示。

被动土压力沿墙高的分布图形为一个三角形（图 3-5），也就是说被动土压力沿墙高为线性分布，墙顶以下（当填土表面与墙顶齐平时）深度 z 处的被动土压力强度为

$$p_{pz}=\gamma z K_p \tag{3-29}$$

式中　γ——填土的重力密度，kN/m^3；

　　z——计算点在墙顶以下的深度，m。

公式中的被动土压力系数 K_p 按公式（3-28）计算。

总被动土压力的作用点距墙踵点的高度为

$$y_p=\frac{1}{3}H \tag{3-30}$$

表 3-3 库仑被动土压力系数 K_p 值

α	β	φ=10°, δ=0	10°, $\frac{1}{3}\varphi$	10°, $\frac{2}{3}\varphi$	15°, 0	15°, $\frac{1}{3}\varphi$	15°, $\frac{2}{3}\varphi$	20°, 0	20°, $\frac{1}{3}\varphi$	20°, $\frac{2}{3}\varphi$	25°, 0	25°, $\frac{1}{3}\varphi$	25°, $\frac{2}{3}\varphi$	30°, 0	30°, $\frac{1}{3}\varphi$	30°, $\frac{2}{3}\varphi$	35°, 0	35°, $\frac{1}{3}\varphi$	35°, $\frac{2}{3}\varphi$	40°, 0	40°, $\frac{1}{3}\varphi$	40°, $\frac{2}{3}\varphi$	45°, 0	45°, $\frac{1}{3}\varphi$	45°, $\frac{2}{3}\varphi$
0°	0°	1.4203	1.5190	1.6212	1.6984	1.9010	2.1313	2.0396	2.4139	2.8885	2.4639	3.1236	4.0795	3.0000	4.1433	6.1054	3.6902	5.6802	9.9616	4.5989	8.1471	18.7173	5.8384	12.4660	46.0867
	10°	1.7040	1.8910	2.0912	2.0989	2.4669	2.9072	2.5954	3.2749	4.2053	3.2353	4.4635	6.4622	4.0804	6.3141	10.9034	5.2281	9.4170	21.5402	6.8405	15.1931	58.4588	9.2035	27.8123	426.1544
	20°	—	—	—	—	—	—	3.3125	4.5088	6.3354	4.3195	6.6418	11.1444	5.7372	10.4039	23.2726	7.8219	17.9523	71.4962	11.0616	36.5907	908.6855	16.4814	105.3529	417.7983
	30°	—	—	—	—	—	—	—	—	—	—	—	—	8.7426	20.6376	84.6318	13.2265	48.8971	3207.4250	21.5923	205.0038	210.1894	39.9123	1.1472×10^{16}	43.3876
10°	0°	1.3627	1.4407	1.5187	1.5825	1.7369	1.9052	1.8432	2.1173	2.4458	2.1558	2.6169	3.2346	2.5352	3.2919	4.4503	3.0022	4.2348	6.4663	3.5866	5.6094	10.1760	4.3319	7.7258	18.1843
	10°	1.6244	1.7772	1.9050	1.9346	2.2182	2.5405	2.3080	2.8009	3.4277	2.7672	3.6003	4.8139	3.3426	4.7419	7.1620	4.0788	6.4545	11.6180	5.0427	9.1925	21.7100	6.3403	13.9689	58.1880
	20°	—	—	—	—	—	—	2.8611	3.6879	4.8268	3.5492	5.0090	7.4025	4.4503	7.0532	12.4511	5.6656	10.4647	24.5094	7.3631	16.7907	66.2700	9.8381	30.5637	481.3692
	30°	—	—	—	—	—	—	—	—	—	—	—	—	6.1545	11.4055	26.1399	8.3418	19.5927	79.7410	11.7227	39.7386	1010.4340	17.3513	113.8277	463.1939
20°	0°	1.3601	1.4239	1.4852	1.5403	1.6634	1.7920	1.7482	1.9602	2.2018	1.9901	2.3346	2.7672	2.2743	2.8171	8.5793	2.6119	3.4549	4.8076	3.0180	4.3241	6.7973	3.5135	5.5542	10.3461
	10°	1.6213	1.7546	1.8874	1.8780	2.1129	2.3678	2.1758	2.5643	3.0288	2.5282	3.1513	3.9860	2.9523	3.9392	5.4544	3.4709	5.0348	7.8819	4.1159	6.6256	12.3379	4.9346	90667	21.9368
	20°	—	—	—	—	—	—	2.6529	3.2917	4.1063	3.1688	4.2208	5.7603	3.8090	5.5385	8.5486	4.6218	7.5051	13.8233	5.6793	10.6362	25.7412	7.0952	16.0792	62.8431
	30°	—	—	—	—	—	—	—	—	—	—	—	—	4.9879	8.0871	14.5646	6.3178	11.9541	28.6048	8.1645	19.0983	77.1358	10.8428	34.6028	558.7065
30°	0°	1.4135	1.4671	1.5159	1.5659	1.6675	1.7684	1.7375	1.9088	2.0941	1.9322	2.2034	2.5244	2.1547	2.5694	3.1109	2.4114	3.0329	3.9412	2.7104	3.6338	5.1749	3.0628	4.4346	7.1296
	10°	1.6961	1.8204	1.9400	1.9189	2.1274	2.3431	2.1687	2.4985	2.8711	2.4550	2.9613	3.5928	2.7879	3.5533	4.6240	3.1805	4.3318	6.1782	3.6498	5.3886	8.6897	4.2194	6.8792	13.1599
	20°	—	—	—	—	—	—	2.6249	3.1681	3.8175	3.0418	3.8880	5.0222	3.5376	4.8460	6.8593	4.1384	6.1700	9.8846	4.8805	8.0838	15.4230	5.8164	11.0095	27.3285
	30°	—	—	—	—	—	—	—	—	—	—	—	—	4.4867	6.6866	10.5356	5.4203	9.0334	17.0064	6.6268	12.7548	31.5943	8.2361	19.2012	76.9273

二、当 $\alpha\neq0°$、$\beta=0°$、$\delta\neq0°$时

挡土墙墙面倾斜，与竖直线成 α 角，填土为无黏性土，填土表面水平（$\beta=0°$），内摩擦角为 φ，填土与墙面的摩擦角为 δ，此时作用在墙顶以下深度 z 处的被动土压力强度 p_{pz} 仍可按公式（3-29）计算，即

$$p_{pz}=\gamma zK_p$$

公式中的被动土压力系数 K_p 按下列公式计算：

$$K_p=\frac{\cos^2(\varphi+\alpha)}{\cos^2\alpha\cos(\alpha-\delta)\left[1-\sqrt{\dfrac{\sin(\varphi+\delta)\sin\varphi}{\cos(\alpha-\delta)\cos\alpha}}\right]^2} \tag{3-31}$$

此时作用在挡土墙上的总被动土压力仍可按公式（3-27）计算，即

$$P_p=\frac{1}{2}\gamma H^2K_p$$

式中的被动土压力系数 K_p 按公式（3-31）计算。

被动土压力沿墙高成线性分布，分布图形为三角形，压力作用线与墙面法线成 δ 角，作用在法线的下方。

总被动土压力的作用点距墙踵点的高度为

$$y_p=\frac{1}{3}H$$

三、当 $\alpha=0°$、$\beta\neq0°$、$\delta\neq0°$时

挡土墙墙高为 H，墙面竖直（$\alpha=0°$），填土为无黏性土，填土表面为一向上倾斜的斜坡面，与水平面的夹角为 β，填土内摩擦角为 φ，填土与墙面的摩擦角为 δ，此时墙顶以下深度 z 处的被动土压力强度 p_{pz} 仍按公式（3-29）计算，即

$$p_{pz}=\gamma zK_p$$

此时公式中的被动土压力系数 K_p 按下式计算：

$$K_p=\frac{\cos^2\varphi}{\cos\delta\left[1-\sqrt{\dfrac{\sin(\varphi+\delta)\sin(\varphi+\beta)}{\cos\delta\cos\beta}}\right]^2} \tag{3-32}$$

填土对挡土墙的总被动土压力 P_p 仍按公式（3-27）计算：

$$P_p=\frac{1}{2}\gamma H^2K_p$$

公式中的被动土压力系数应按公式（3-32）计算。

被动土压力沿墙高为线性分布，分布图形为三角形，总主动土压力作用点距墙踵点的高度为

$$y_p=\frac{1}{3}H$$

压力作用线与墙面法线成 δ 角，作用在法线的下方。

四、当 $\alpha\neq0°$、$\beta\neq0°$、$\delta=0°$时

挡土墙墙面光滑时（$\delta=0°$），被动土压力强度 p_{pz} 和总被动土压力 P_p 仍分别按公式（3－29）和公式（3－27）计算，但此时这两个公式中的被动土压力系数按下式计算：

$$K_p=\frac{\cos^2(\varphi+\alpha)}{\cos^3\alpha\left[1-\sqrt{\dfrac{\sin\varphi\sin(\varphi+\beta)}{\cos\alpha\cos(\alpha-\beta)}}\right]^2} \tag{3-33}$$

五、当 $\alpha=\beta=0°$、$\delta\neq0°$时

挡土墙面竖直（$\alpha=0°$）、填土表面水平（$\beta=0°$）时，距墙顶以下深度为 z 处的被动土压力强度 p_{pz} 和总被动土压力 P_p 仍分别按公式（3－29）和公式（3－27）计算，但式中的被动土压力系数 K_p 按下式计算：

$$K_p=\frac{\cos^2\varphi}{\cos\delta\left(1-\sqrt{\dfrac{\sin(\varphi+\delta)\sin\varphi}{\cos\delta}}\right)^2} \tag{3-34}$$

六、当 $\alpha\neq0°$、$\beta=0°$、$\delta=0°$时

挡土墙墙高为 H，墙面倾斜，与竖直线之间的夹角为 α，但墙面光滑（$\delta=0°$），填土表面水平（$\beta=0°$），填土的重力密度为 γ，内摩擦角为 φ，此时墙顶以下深度 z 处的被动土压力强度 p_{pz} 和总被动土压力 P_p 可分别按公式（3－29）和（3－27）计算，但式中的被动土压力系数 K_p 按下式计算：

$$K_p=\frac{\cos^2(\varphi+\alpha)}{\cos^3\alpha\left(1-\sqrt{\dfrac{\sin^2\varphi}{\cos^2\alpha}}\right)^2}=\frac{\cos^2(\varphi+\alpha)}{\cos^3\alpha\left(1-\dfrac{\sin\varphi}{\cos\alpha}\right)^2} \tag{3-35}$$

七、当 $\alpha=\beta=\delta=0°$时

挡土墙墙高为 H，墙面光滑竖直（$\alpha=0°$、$\delta=0°$），填土为无黏性土，表面水平（$\beta=0°$），填土的重力密度为 γ，内摩擦角为 φ，此时墙顶以下深度 z 处的被动土压力强度 p_{pz} 和总被动土压力 P_p 仍可分别按公式（3－29）和公式（3－27）计算，但式中的被动土压力系数 K_p，应按下式计算：

$$K_p=\frac{\cos^2\varphi}{(1-\sin\varphi)^2} \tag{3-36}$$

第四节　特殊情况下土压力的计算

库仑土压理论仅适用于刚性挡土墙，墙面为单一的直线，填土为均匀无黏性土，填土表面为单一的斜坡面，其上无荷载作用的情况，对于其他情况，可采用下列近似方法来进行处理。

一、墙面为折线的情况

如果挡土墙的情面为如图 3-6 所示的 ABC 折线，墙面 AB 与竖直线之间夹角为 α_1，填土与墙面的摩擦角为 δ_1；BC 墙面与竖直线之间的夹角为 α_2，填土与墙面的摩擦角为 δ_2，此时墙面 ABC 上的土压力可按下列方法确定。

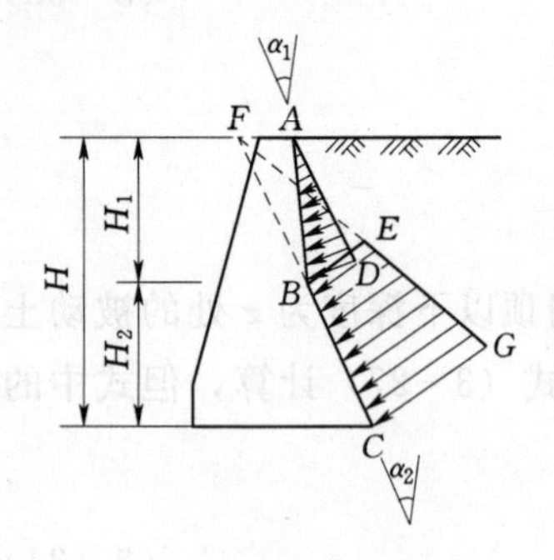

图 3-6　挡土墙墙面为折线形时的土压力计算图

1. 作用在 AB 墙面上的土压力

首先按墙面仅为 AB 的挡土墙，按公式（3-15）计算作用在墙面 AB 上的土压力，计算时墙高按墙面 AB 的高度 H_1 计算，墙面与竖直线之间的夹角 α 按 α_1 计算。计算所得的土压力 P_{a_1} 为作用在墙面 AB 上的总主动土压力，此土压力沿墙面成线性分布，分布图形为三角形，即图 3-6 中的三角形 ABD。此时填土面以下深度 z 处的土压力强度为

$$p_{pz}=\frac{\mathrm{d}P_{a_1}}{\mathrm{d}z}=\gamma z K_{a_1} \tag{3-37}$$

式中　γ——填土的容重（重力密度），$\mathrm{kN/m^3}$；

K_{a_1}——墙高为 H_1 的挡土墙的土压力系数。

此时土压力作用线与墙面 AB 的法线的夹角为 δ_1，作用在法线的上方。

2. 作用在 BC 墙面上的土压力

将墙面 BC 向上延伸至填土面高程 F 点，设想挡土墙的墙面为 FC，与竖直线的夹角为 α_2，填土与墙面的摩擦角为 δ_2，墙高为 H，按公式（3-15）计算作用在 FC 墙面上的总主动土压力 P_{a_2}，此压力沿墙面 FC 成线性分布，分布图形为三角形，即图 3-6 中的三角形 FCG。F 点以下深度 z 处的土压力强度为

$$p_{pz}=\frac{\mathrm{d}P_{a_2}}{\mathrm{d}z}=\gamma z K_{a_2} \tag{3-38}$$

式中　K_{a_2}——墙面为 FC 的挡土墙的主动土压力系数，按公式（3-14）计算。

此时土压力作用线与墙面法线成夹角 δ_2。

由于实际墙面仅为 BC，故从 B 点作一直线，该直线与 B 点处的墙面法线的夹角为 δ_2，并与土压力三角形 FCG 的 FG 边相交于 E 点，BE 线将三角形 FCG 分为两部分，即三角形 FBE 和梯形 $BCGE$，则作用在 BC 墙面上的实际主动土压力为梯形 $BCGE$。

因此，折线形墙面 ABC 上的土压力由两部分组成，上部 AB 墙面上的土压力为三角形 ABD，下部墙面 BC 上的土压力为梯形面积 $BCGE$，如图 3-6 所示。

二、填土表面为折线形的情况

当挡土墙墙面为 AB，填土表面为折线 ADK，如图 3-7（a）所示。此时可将墙面 BA 向上延伸，同时将填土面向前延伸，使两条线相交于 Q 点。

按墙面为 QB，填土面为水平面 QK，根据公式（3-15）计算得主动土压力为 P_{a_1}，该土压力沿墙面 QB 成线性分布，分布图形为三角形，压力作用线与墙面 QB 的法线的夹角为 δ，如图 3-7（b）中的三角形 BQG。

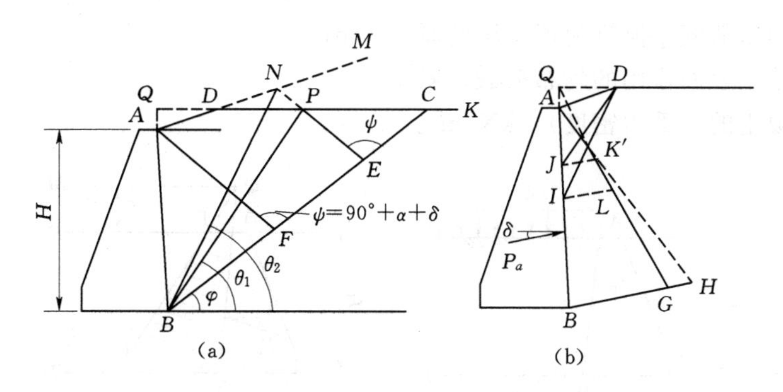

图 3-7　填土表面为折线形时的土压力计算图

在图 3-7（a）中，从 B 点作 BC 线，与水平线的夹角为 φ，再从 A 点作直线 AF 与 BC 线相交于 F 点，并使其与 BC 线的夹角 $\angle AFC=\varphi=90°+\alpha+\delta$。从图 3-7（a）中量出线段 $\overline{BC}$ 和 $\overline{BF}$ 的长度，然后根据极值条件公式（3-12）计算线段 $\overline{BE}$ 的长度，即

$$\overline{BE}=\sqrt{\overline{BC}\cdot\overline{BF}}$$

在图 3-7（a）上，按一定比例尺从 B 点沿 BC 线量取长度 $\overline{BE}$，在 BC 线上得 E 点，从 E 点向上作 AF 线的平行线 EP，与水平填土面 QK 相交于 P 点。从 B 点作 B、P 两点的连线 BP，则 BP 线即为墙面是 QB 和填土面是 QK 时的滑裂面。量取 BP 线与水平线之间的夹角 θ_1，θ_1 即为滑裂面的倾角。

同时按墙面为 AB，填土面为斜坡线 AM［图 3-7（a）］，根据公式（3-15）计算出主动土压力 P_{a_2}，此压力沿墙面 AB 成线性分布，分布图形为三角形，压力作用线与墙面 AB 的法线成 δ 角，如图 3-7（b）中的三角形 ABH。由于此时两种墙面 QB 和 AB 的倾角 α 和墙面与填土的摩擦角 δ 均相同，故这两种情况下的 $\psi=90°+\alpha+\delta$ 也均相同，所以图 3-7（a）中 F 点的位置也相同，故由公式（3-12）可知，两种情况下的 $\overline{BE}$ 线长度也相同。作 EP 线的延长线与填土表面线 AM 相交于 N 点，作 B、N 两点的连线 BN，则 BN 线即为墙面是 AB 和填土面是 AM 时的滑裂面。由图 3-7（a）中量取 BN 线与水平线的夹角 θ_2，则 θ_2 即为滑裂面的倾角。

在图 3-7（b）中，从水平填土面 QK 和斜坡填土面 AM 的交点 D 作 BN 的平行线 DJ，与墙面 AB 相交于 J 点；从 D 点作 BP 线的平行线 DI，与墙面 AB 相交于 I 点。从 J 点作土压力的作用线（即与墙面法线成 δ 角的线）的平行线 JK'，与压力三角形 ABH 的斜边线 AH 相交于 K' 点；从 I 点作土压力作用线的平行线 IL，与压力三角形 QBG 的斜边线 QG 相交于 L 点。作 K'、L 两点的连线 $K'L$，则压力多边形 $ABGLK'A$ 即为墙面为 AB 和填土表面为折线 ADK 时，作用在墙面 AB 上的土压力图形。

三、填土表面有均布荷载的情况

如若填土表面 AK 上作用有均布荷载 q，如图 3-8（a）或图 3-8（c）所示，此时首先将均布荷载 q 按下式将其转化为填土层厚度 z_0，即

$$z_0=\frac{q}{\gamma} \tag{3-39}$$

式中 z_0——均布荷载 q 换算为填土层的厚度，m；

q——填土表面作用的均布荷载，kPa；

γ——填土的（重力密度），kN/m^3。

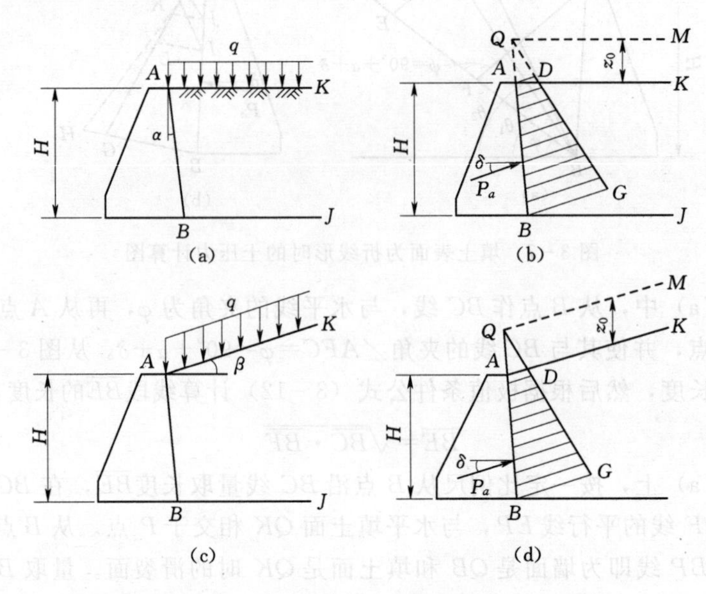

图 3-8 填土表面有均布荷载时的土压力计算图

在原来的填土面上加上高度 z_0，即将原来的填土表面 AK 移至 QM，Q 点为墙面 BA 的延长线与换算后填土面 QM 的交点。

将挡土墙视作墙面 QB，填土面为 QM，根据公式（3-15）计算得主动土压力 P_a，此土压力沿墙面 QB 成线性分布，分布图形为三角形，如图 3-8（b）或图 3-8（d）中的 QBG，压力作用线与墙面的法线成夹角 δ。从墙顶 A 点作压力作用线的平行线，与压力三角形 QBG 的斜边 QG 相交于 D 点，则作用在实际墙面 AB 上的土压力，即为图 3-8（b）或图 3-8（c）中的四边形面积 $ABGD$。

四、层状填土的情况

若有如图 3-9（a）所示的挡土墙 AB，墙背面填土为两层，上层填土厚度为 H_1，容重重力密度为 γ_1，内摩擦角为 φ_1；下层填土厚度为 H_2，重力密度为 γ_2，内摩擦角为 φ_2，两土层与墙面的摩擦角分别为 δ_1 和 δ_2。

首先计算第一层填土对挡土墙的土压力 P_{a_1}，此时将挡土墙看成高度为 H_1，墙面为 AD，填土表面为 AK，如图 3-9（b）所示。按公式（3-15）计算作用在墙面 AD 上的土压力 P_{a_1}，此土压力沿墙面成线形分布，分布图形为三角形，如图 3-9（b）中的三角形 ADH，压力作用线与墙面法线成夹角 δ_1。

然后将上层填土按下式换算为下层填土的厚度：

$$z_0=\frac{\gamma_1 H_1}{\gamma_2} \tag{3-40}$$

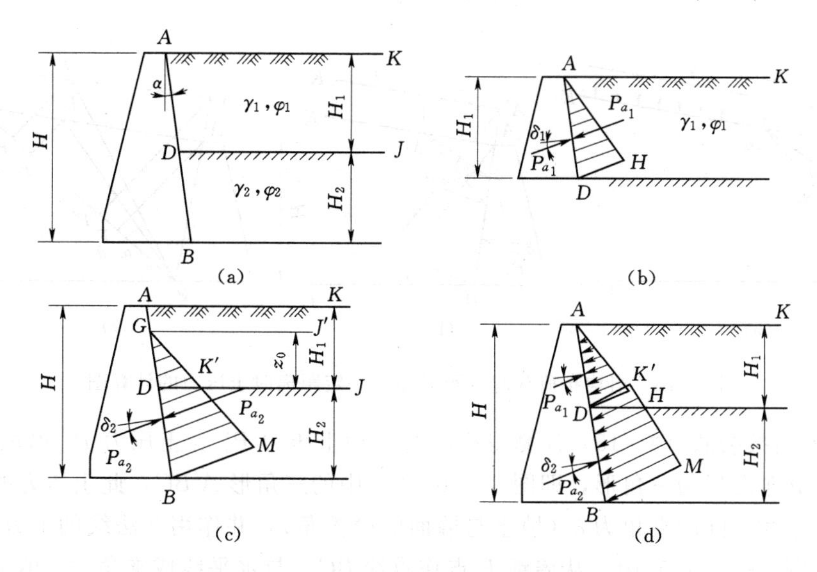

图 3-9 层状土情况的土压力计算图

式中 z_0——将第一层填土换算为第二层填土后的厚度，m；

H_1——第一层填土的厚度，m；

γ_1、γ_2——第一层、第二层填土的容重（重力密度），kN/m^3。

在第二层填土面 DJ 上加上第一层填土的折算高度 z_0，得折算的填土面 GJ'，与挡土墙墙面相交于 G 点，然后按填土面为 GJ'，墙面为 GB。根据公式（3-15）计算得作用在墙面 GB 上的土压力 P_{a_2}，此土压力 P_{a_2} 沿墙面 GB 成线性分布，分布图形为三角形，即图 3-9（c）中的三角形 GBM，压力作用线与墙面法线成夹角 δ_2。

从 D 点作直线 DK'，与墙面法线成夹角 δ_2，并且与压力三角形 GBM 的斜边 GM 线相交于 K'点，将土压力三角形 GBM 分为两部分，即三角形 GDK'和四边形 $DBMK'$。

因此，作用在挡土墙墙面 AB 上的土压力，由两部分组成，即作用在墙面 AD 上的土压力为三角形 ADH；作用在墙面 DB 上的土压力为四边形 $DBMK'$，如图 3-9（d）所示。

五、均布荷载起点距墙顶有一定距离的情况

当挡土墙背面填土表面上作用的均布荷载的起点 M 距墙顶 A 有一段距离 l 时，如图 3-10 所示，此时可分别按填土表面有均布荷载和无均布荷载两种情况分别计算出主动土压力 P_{a_1} 和 P_{a_2} 及其相应的滑裂面倾角 θ_1 和 θ_2，然后分段计算出作用在挡土墙上的实际土压力。

首先，设想均布荷载 q 全部布满填土表面，然后将均布荷载 q 按下式换算为填土的高度：

$$z_0=\frac{q}{\gamma}$$

在填土表面加上高度为 z_0 的土层，并设想挡土墙也加高 z_0，此时填土的计算表面变

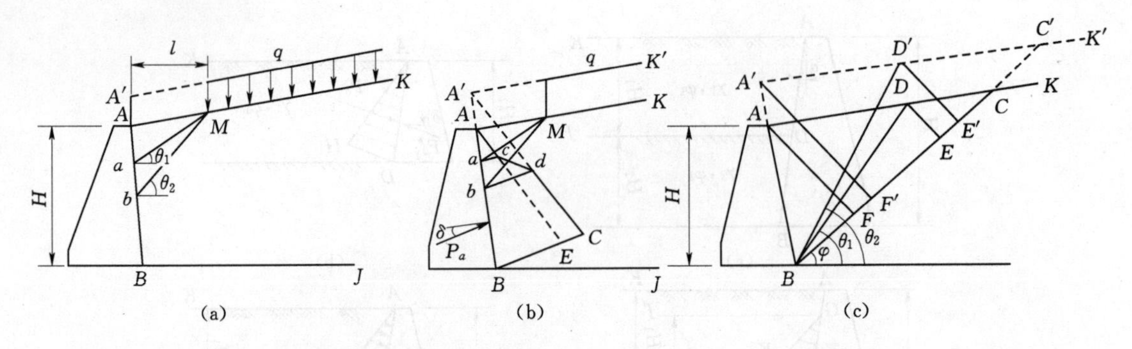

图 3-10　当均布荷载起点距墙顶有一定距离时土压力的计算图

为 $A'K'$，然后按公式（3-15）计算得相应的主动土压力 P_{a_2}。土压力 P_{a_2} 沿墙面 $A'B$ 成线性分布，分布图形为三角形，即图 3-10（b）中的三角形 $A'BC$，此土压力的压力作用线与墙面的法线之间的夹角为 δ（填土与墙面的摩擦角），并作用在法线的上方，如图 3-10（b）。在图 3-10（c）中，从墙踵 B 点作直线 BC，与水平线成夹角 φ（填土的内摩擦角），并与填土表面线 $A'K'$ 相交于 C' 点；再从墙顶 A' 点作直线 $A'F'$，与 BC 线相交于 F' 点，并与 BC' 线成夹角（$90°-\alpha-\delta$）。F' 点将 BC 线分为两部分，即线段 BF' 和线段 $F'C'$。根据极值条件公式（3-12）计算线段 BE 的长度：

$$\overline{BE}=\sqrt{\overline{BC}\cdot\overline{BF'}}$$

在 BC 线上［图 3-10（c）］，从 B 点向 C' 点方向量取线段 BE，得 E' 点。从 E' 点作直线 $A'F'$ 的平行线 DE 与填土表面 $A'K'$ 相交于 D' 点，作 B、D' 两点的连线 BD'，量取 BD' 线与水平线的夹角 θ_2，θ_2 即为填土表面为 $A'K'$ 时，填土中滑裂面的倾角。

其次，再假定填土面为 AK（即填土表面无荷载作用），仍按上述方法计算得作用在 AB 墙面上的主动 土压力 P_{a_1} 和滑裂面与水平面的夹角 θ_1。土压力 P_{a_1} 在墙面 AB 上成线性分布，分布图形为三角形，即图 3-10（b）中的三角形 ABE，土压力的压力作用线与墙面法线成 δ 角，并作用在法线的上方。

在图 3-10（b）中，从均布荷载起点 M 作直线 Ma 与水平线成 θ_1 角，并与墙面 AB 相交于 a 点；再从 M 点作直线 Mb 与水平线成 θ_2 角，与墙面相交于 b 点。然后从 a 点作直线 ac 与压力作用线平行，与三角形 ABE 的 AE 边相交于 c 点；从 b 点作直线 bd 与土压力的压力作用线平行，并与三角形 $A'BC$ 的 $A'C$ 边相交于 d 点。将 c、d 两点用直线相连，则得多边形 $A'BCdcA$，该压力图形即为填土表面均布荷载起点距墙顶有一定距离时，作用在墙面 AB 上的主动土压力分布图形。

六、有局部均布荷载的情况

挡土墙墙背面填土表面作用有局部均布荷载，荷载强度为 q，作用宽度为 l，如图3-11（a）所示。此时可分别按无均布荷载和有均布荷载两种情况计算出主动土压力 P_{a_1} 和 P_{a_2}，及其相应的滑裂面倾角 θ_1 和 θ_2，然后分段确定出作用在墙面 AB 上的土压力及其分布。

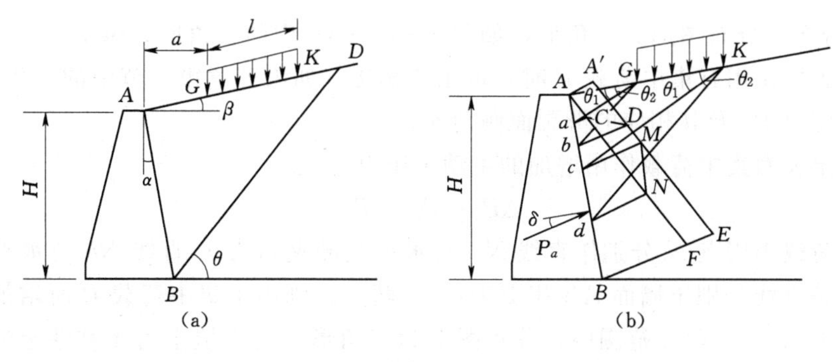

图 3-11　有局部均布荷载时的土压力计算图

P_{a_1}、P_{a_2}、θ_1 和 θ_2 的计算方法与前面所讲的均布荷载起点距墙顶 A 有一定距离时的计算方法相同。

主动土压力 P_{a_1} 沿墙面 AB 的分布图形为三角形，即图 3-11（b）中的三角形 ABF，压力作用线与墙面法线成 δ 角（填土与墙面的摩擦角），并作用在法线的上方；主动土压力 P_{a_2} 沿墙面 AB 的分布图形为梯形，即图 3-11（b）中的梯形 $ABEA'$，压力作用线与墙面法线成 δ 角，并作用在法线的上方。

由局部均布荷载的起点 G 分别作直线 Ga 与水平线成 θ_1 角，与墙面 AB 相交于 a 点；作直线 Gb 与水平线成 θ_2 角，与墙面 AB 相交于 b 点。由 a、b 两点分别作土压力压力作用线的平行线，与 AF 线相交于 C 点，与 $A'E$ 线相交于 D 点，将 C、D 两点连线。然后再由局部均布荷载的终点 K 分别作直线 Kc 和直线 Kd，并分别与水平线成 θ_1 角和 θ_2 角，同时与墙面 AB 相交于 c、d 两点。由 c、d 两点分别作压力作用线的平行线，交 $A'E$ 线于 M 点和交 AF 线于 N 点，将 M、N 两点连线。

则在局部均布荷载作用下，填土对挡土墙墙面 AB 作用的主动土压力的压力分布图形为 $ABFNMDCA$，如图 3-11（b）所示。

七、有集中荷载 *P* 的情况

如图 3-12（a）所示，挡土墙的墙面为 AB，填土表面为 AK，在距墙顶 A 点，水平距离为 l 的 N 点处，作用有集中荷载 P，此时的主动土压力可按下列方法来计算。

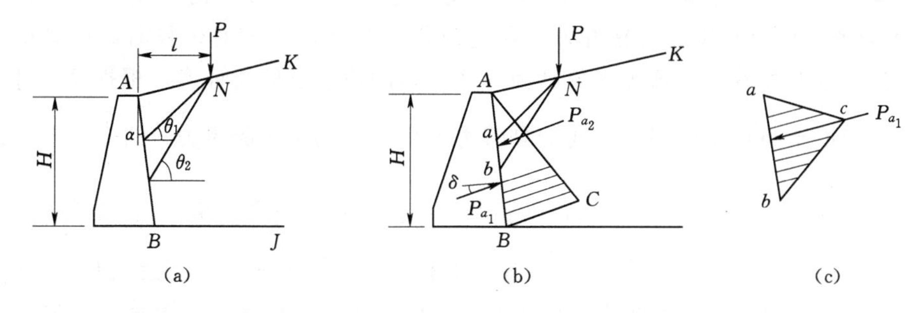

图 3-12　有集中荷载时的土压力计算图

首先按填土表面无荷载作用的情况，根据公式（3-15）计算主动土压力 P_{a_1}，并按前面（有均布荷载作用时）所述的方法，求得相应的滑裂面倾角 θ_1。土压力 P_{a_1} 沿墙面

AB 成线性分布，分布图形为三角形，如图 3-12（b）中的三角形 ABC。

当填土表面作用有集中荷载 P 时，可用图解法（如第五章第一节中的库尔曼图解法）计算主动土压力 P_{a_2} 及其相应的滑裂面倾角 θ_2。

由于填土表面集中荷载作用增加的主动土压力为

$$\Delta P_a = P_{a_2} - P_{a_1} \tag{3-41}$$

从集中荷载作用点 N 分别作直线 Na 与水平线的夹角为 θ_1 直线 Nb 与水平线的夹角为 θ_2，这两条直线分别于墙面 AB 相交于 a、b 两点。则由于集中荷载 P 所增加的土压力 ΔP_a 作用在墙面 a、b 两点范围内，分布图形为三角形，对于填土为无黏性土的情况，该三角形的顶点 c 位于 a 点以下 $\frac{1}{3}\overline{ab}$ 处；对于填土为黏性土的情况，该三角形的顶点 c 位于 a 点以下 $\frac{1}{2}\overline{ab}$ 处。土压力作用线与墙面法线成 δ 角（δ 为填土与墙面的摩擦角），并作用在法线的上方。

三角形 abc 顶点 c 处的土压力强度为

$$p_c = \frac{2\Delta P_a}{\overline{ab}\cos\delta} \tag{3-42}$$

其中

$$\Delta P_a = P_{a_2} - P_{a_1}$$

式中　p_c——集中荷载 P 产生的土压力分布图形 abc 中顶点 c 处的压力强度，kPa；

ΔP_a——由于集中荷载 P 产生的附加土压力，kN；

$\overline{ab}$——挡土墙墙面 a、b 两点的距离，m；

δ——填土与墙面之间的摩擦角，(°)。

第五节　黏性土的主动土压力

在计算黏性土对挡土墙的土压力时，是以墙背面填土为均匀的各向同性介质，墙体和填土均属平面变形问题，滑裂面为平面，这一假定的基础上。

在计算黏性土的土压力时，应考虑两个问题，即黏结力问题和填土表面开裂的问题。

在计算黏性土对挡土墙的土压力时，不仅应考虑到滑裂面（滑动面）上存在凝聚力 c，而且还应考虑填土对墙面的黏着力。在建筑物与黏土产生相对位移时，两者的接触面之间将存在一定的黏着力，这种现象已为一些工程的拔桩试验所证实。根据莫热菲季诺夫的研究，认为填土与挡土墙墙面之间的黏着力 k 可以采用填土凝聚力 c 的 $\frac{1}{4} \sim \frac{1}{2}$，或者采用 $\frac{k}{c} = \frac{\tan\delta}{\tan\varphi}$（其中，$\delta$ 为填土与墙面的摩擦角，φ 为填土的内摩擦角）。黏着力 k 对土压力的影响，可由图 3-13（b）或图 3-13（c）中看出，当挡土墙墙面与竖直面之间的夹角 $\alpha < \theta - \varphi$ 时（θ 为滑裂面与水平面之间的夹角），考虑墙面上黏着力的影响，将使土压力减小；反之，当 $\alpha > \theta - \varphi$ 时，考虑墙面上黏着力的影响，将使土压力增大。

在计算黏土对挡土墙的土压力时，墙后填土中出现裂缝的可能性，与填土的性质，特别是墙体的变形有很大关系。根据普罗科菲耶夫（И. П. Прокофьев）的试验，当墙体绕墙

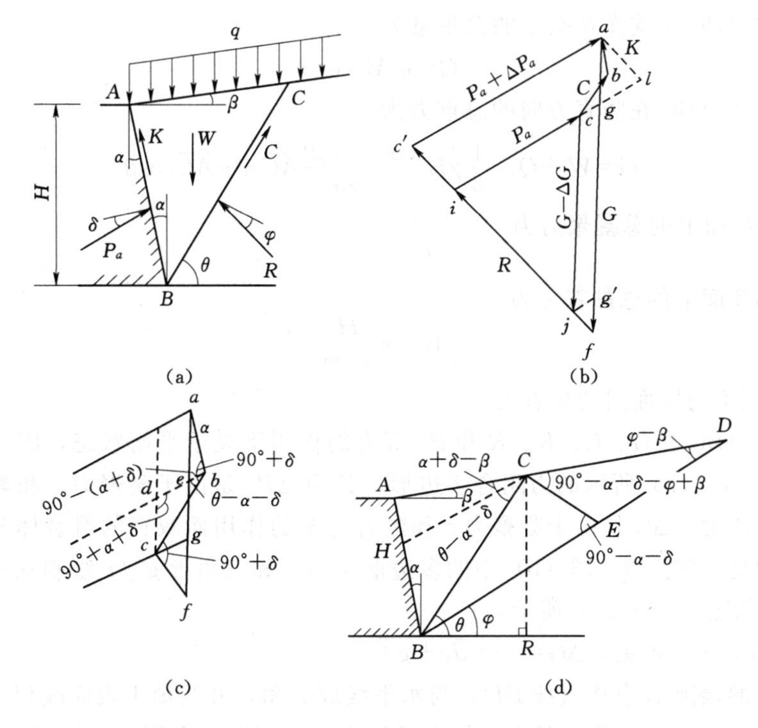

图 3-13 不考虑填土表面开裂时的土压力计算图

顶转动时，墙后表层填土不会产生水平位移，填土的变形主动表现为下沉，所以填土的上部不可能产生拉裂，而主要是剪切破坏。因此在计算黏性土的土压力时，应考虑墙体实际变形的可能。对于墙体可能产生水平位移和绕墙底转动时，可按填土表面出现裂缝的情况计算；当墙体绕墙顶转动时，则可按墙后填土表面不开裂的情况计算。

一、不考虑填土表面出现裂缝的情况

挡土墙如图 3-13（a）所示，其中：墙高为 H，墙面倾斜，与竖直面之间的夹角为 α；墙背面为黏性土，填土表面向上倾斜，与水平面的夹角为 β；填土表面作用均布荷载 q，填土的容重为 γ，内摩擦角为 φ，凝聚力为 c；填土与挡土墙面的摩擦角为 δ，黏着力为 k。

当挡土墙在填土的压力作用下产生位移，使墙背面填土产生滑裂体，并处于极限平衡状态。此时的滑裂面为 BC，滑裂土体为 ABC，在滑裂土体上，作用有滑裂土体的重量 W；滑裂体表面上的均布荷载 q；滑裂面 BC 上的反力 R 和凝聚力 c，反力 R 与滑裂面的法线成 φ 角，并作用在法线的下方；AB 面上的反力 P_a（即主动土压力）和总黏着力 K，反力 P_a 与 AB 面的法线成 δ 角，并作用在法线的下方，黏着力则作用在 AB 面上，如图 3-13（a)所示。

由图 3-13（a）中的几何关系可得滑裂体的重量为

$$W=\frac{1}{2}\gamma H\ \frac{\cos(\alpha-\beta)}{\cos\alpha}\overline{AC}$$

式中 $\overline{AC}$——滑裂体 ABC 的 AC 边长度，m。

滑裂土体 ABC 上均布荷载 q 的总重量为

$$Q=q\overline{AC}\cos\beta$$

所以滑裂体 ABC 在竖直方向的总重力为

$$G=W+Q=\frac{1}{2}\gamma H\frac{\cos(\alpha-\beta)}{\cos\alpha}\overline{AC}+q\overline{AC}\cos\beta \tag{3-43}$$

作用在 BC 面上的总凝聚力为

$$C=c\overline{BC} \tag{3-44}$$

作用在 AB 面上的总黏着力为

$$K=k\frac{H}{\cos\alpha} \tag{3-45}$$

式中　k——填土与墙面间的黏着力。

滑裂土体 ABC 在 G、C、K、R 和 P_a 等力的作用下处于平衡状态，因此这些作用力可形成如图 3-13（b）所示的力闭合多边形，其中 ΔP_a 是由于凝聚力 c 和黏着力 k 的作用而减小的土压力，ΔG 是由于凝聚力 c 和黏着力 k 的作用而减轻的滑裂体竖直重量。为了计算方便起见，将图 3-13（b）中的多边形 $abcga$ 和三角形 $g'fj$ 绘制在一起，形成多边形 $abcfa$，如图 3-13（c）所示。

由图 3-13（c）可见，$\Delta G=\overline{ae}+\overline{dc}+\overline{gf}$。

从挡土墙的墙踵 B 点作直线 BD，与水平线成 φ 角，并与填土表面线相交于 D，如图 3-13（d）所示。从 B 点作直线 BC 与水平线成 θ 角（即滑裂面），并与填土表面线相交于 C 点；从 C 点作直线 CE 与 BD 线相交于 E 点，并与 BD 线的夹角为 $90°-\alpha-\delta$。然后再从 C 点作辅助直线 CH 和 CR，使 CH 线与 CB 线的夹角为 $\theta-\alpha-\delta$，使 CR 线与水平线正交，如图 3-13（d）所示。

由图 3-13（c）中三角 abe 的几何关系可得

$$\overline{ae}=\frac{kH\sin(90°+\delta)}{\cos\alpha\cos(\alpha+\delta)} \tag{3-46}$$

由图 3-13（c）和图 3-13（d）中的几何关系可得

$$\overline{dc}=\frac{c}{\cos(\alpha+\delta)}\left[H\frac{\cos\delta}{\cos\alpha}-\overline{AC}\sin(\alpha+\delta-\beta)\right] \tag{3-47}$$

$$\overline{gf}=\left[\frac{c}{\cos(\alpha+\delta)}(\overline{AC}\cos\beta-H\tan\alpha)-\frac{kH\sin\alpha}{\cos\alpha\cos(\alpha+\delta)}\right]\frac{\overline{BE}}{\overline{CE}} \tag{3-48}$$

式中　$\overline{AC}$——AC 面的长度；

$\overline{CE}$——CE 面的长度；

$\overline{BE}$——BE 面的长度。

如令 $L_1=\overline{AC}$，$L_2=\overline{CE}$，$B=\overline{BE}$，则 ΔG 可以写成：

$$\begin{aligned}\Delta G&=\overline{ae}+\overline{dc}+\overline{gf}\\&=\frac{kH\cos\delta}{\cos\alpha\cos(\alpha+\delta)}+\frac{c}{\cos(\alpha+\delta)}\left[H\frac{\cos\delta}{\cos\alpha}-L_1\sin(\alpha+\delta-\beta)\right]\\&\quad+\left[\frac{c}{\cos(\alpha+\delta)}(L_1\cos\beta-H\tan\alpha)-\frac{kH\sin\alpha}{\cos\alpha\cos(\alpha+\delta)}\right]\frac{B}{L_2}\end{aligned} \tag{3-49}$$

根据图 3 - 13（d）中的几何关系可得

$$L_1=A_1+A_2B \tag{3-50}$$

$$L_2=D-FB \tag{3-51}$$

其中

$$A_1=-\frac{H\sin(\varphi+\delta)}{\cos\alpha\cos(\alpha+\delta+\varphi-\beta)} \tag{3-52}$$

$$A_2=-\frac{\cos(\alpha+\delta)}{\cos(\alpha+\delta+\varphi-\beta)} \tag{3-53}$$

$$D=-\frac{H\cos(\alpha-\beta)}{\cos\alpha\cos(\alpha+\delta+\varphi-\beta)} \tag{3-54}$$

$$F=-\frac{\sin(\varphi-\beta)}{\cos(\alpha+\delta+\varphi-\beta)} \tag{3-55}$$

式中　H——挡土墙的高度；

α——挡土墙墙面与竖直线的夹角，(°)；

β——填土表面与水平线的夹角，(°)；

φ——填土的内摩擦角，(°)；

δ——填土与挡土墙墙面的摩擦角，(°)。

由图 3 - 13（b）中三角形 icj 与图 3 - 13（d）中三角形 BCE 相似的条件，可得

$$E=(G-\Delta G)\frac{L_2}{B} \tag{3-56}$$

将公式（3 - 43）和公式（3 - 49）代入公式（3 - 56），可得土压力得表达式为

$$\begin{aligned}P_a=&\left\{\left[\frac{1}{2}\gamma H\frac{\cos(\alpha-\beta)}{\cos\alpha}L_1+qL_1\cos\beta\right]-\frac{kH\cos\delta}{\cos\alpha\cos(\alpha+\delta)}-\frac{c}{\cos(\alpha+\delta)}\right.\\&\times\left[H\frac{\cos\delta}{\cos\alpha}-L_1\sin(\alpha+\delta-\beta)\right]-\left[\frac{c}{\cos(\alpha+\delta)}(L_1\cos\beta-H\tan\alpha)\right.\\&\left.\left.-\frac{kH\sin\delta}{\cos\alpha\cos(\alpha+\delta)}\right]\frac{B}{L_2}\right\}\frac{L_2}{B}\\=&\left\{\left[\frac{1}{2}\gamma H\frac{\cos(\alpha-\beta)}{\cos\alpha}+q\cos\beta\right]L_1-\frac{H\cos\delta}{\cos\alpha\cos(\alpha+\delta)}(c+k)+\frac{c\sin(\alpha+\delta-\beta)}{\cos(\alpha+\delta)}L_1\right\}\frac{L_2}{B}\\&-\frac{c\cos\beta}{\cos(\alpha+\delta)}L_1+\frac{H\tan\alpha}{\cos(\alpha+\delta)}(c+k)\end{aligned} \tag{3-57}$$

上述主动土压力也可以写成下列形式：

$$P_a=\gamma\left(\frac{1}{2}H+h\right)H\lambda \tag{3-58}$$

$$h=\frac{q\cos\alpha\cos\beta}{\gamma\cos(\alpha-\beta)} \tag{3-59}$$

$$\begin{aligned}\lambda=&\frac{\cos(\alpha-\beta)}{\cos\alpha}\frac{L_1}{H}\frac{L_2}{B}+\frac{1}{\lambda\left(\frac{1}{2}H+h\right)H}\left\{\frac{c\sin(\alpha+\delta-\beta)}{\cos(\alpha+\delta)}\frac{L_1L_2}{B}\right.\\&\left.-\frac{H\cos\delta}{\cos\alpha\cos(\alpha+\delta)}(c+k)\frac{L_2}{B}-\frac{c\cos\beta}{\cos(\alpha+\delta)}L_1+\frac{H\tan\alpha}{\cos(\alpha+\delta)}(c+k)\right\}\end{aligned} \tag{3-60}$$

式中 h——填土表面均布荷载 q 换算为填土层高度后的折算高度，m；

λ——主动土压力系数。

根据公式（3-58），按极值条件 $\frac{\mathrm{d}P_a}{\mathrm{d}B}=0$，可得 B 值为

$$B=H\sqrt{\frac{\cos(\alpha-\beta)}{\cos\alpha\cos(\alpha+\delta)}\left\{\frac{\frac{2(c+k)}{\gamma H}\times\frac{\cos\delta}{\cos\alpha\cos(\alpha+\delta)}-\left[\left(1+\frac{2h}{H}\right)\frac{\cos(\alpha-\beta)}{\cos\alpha}+\frac{2c}{\gamma H}\times\frac{\sin(\alpha+\delta-\beta)}{\cos(\alpha+\delta)}\right]\frac{A_1}{H}}{\frac{2c}{\gamma H}\times\frac{\cos\beta}{\cos(\alpha+\delta)}+\left[\left(1+\frac{2h}{H}\right)\frac{\cos(\alpha-\beta)}{\cos\alpha}+\frac{2c}{\gamma H}\times\frac{\sin(\alpha+\delta-\beta)}{\cos(\alpha+\delta)}\right]F}\right\}} \tag{3-61}$$

公式（3-61）也可以简写成下列形式：

$$\frac{B}{H}=\sqrt{M\left\{\frac{\frac{2(c+k)}{\gamma H}N-\left[\left(1+\frac{2h}{H}\right)J+\frac{2c}{\gamma H}K\right]\frac{A_1}{H}}{\frac{2c}{\gamma H}S+\left[\left(1+\frac{2h}{H}\right)J+\frac{2c}{\gamma H}K\right]F}\right\}} \tag{3-62}$$

$$\left.\begin{aligned}M&=\frac{\cos(\alpha-\beta)}{\cos\alpha\cos(\alpha+\delta)}\\N&=\frac{\cos\delta}{\cos\alpha\cos(\alpha+\delta)}\\S&=\frac{\cos\beta}{\cos(\alpha+\delta)}\\J&=\frac{\cos(\alpha-\beta)}{\cos\alpha}\\\alpha&=\frac{\sin(\alpha+\delta-\beta)}{\cos(\alpha+\delta)}\end{aligned}\right\} \tag{3-63}$$

根据公式（3-61）计算得 B 以后，即可按公式（3-57）或公式（3-58）计算主动土压力。由公式（3-57）和公式（3-58）可见，土压力沿墙高为线性分布，压力作用线与墙面法线成 δ 角。

填土面以下深度 y 处的主动土压力强度为

$$p_{ay}=\gamma(H+h)\lambda$$

根据图 3-13（d）中的几何关系可得填土的滑裂角为

$$\theta=\arctan\left(\frac{H+L_1\sin\beta}{L_1\cos\beta-H\tan\alpha}\right) \tag{3-64}$$

二、考虑填土表面出现裂缝的情况

在考虑填土表面出现开裂时，实际作用在墙面上的土压力，是从墙面上的法向接触应力为零的点开始的。因此，根据填土表面上均布荷载的大小，黏性土的土压力可分为两种情况来计算：均布荷载 q 的折算高度 h 大于从荷载折算高度表面到法向接触应力为零的点的深度 h_c（即 $h>h_c$）和均布荷载 q 的折算高度 h 小于从荷载折算高度表面到法向接触应力为零的点的深度 h_c（即 $h<h_c$）。

1. 当 $h>h_c$ 时

若挡土墙的墙高为 H，墙面与竖直面之间的夹角为 α，填土表面倾斜，与水平面的夹角为 β，填土表面作用均布荷载 q，其折算高度为 h，设填土表面的开裂深度为 h_c，此时

墙背面填土中的滑裂体为 ABC，如图 3-14（a）所示。此时作用在滑裂土体上的力有：滑裂土体自重 W，填土面上的均布荷载合力 Q，滑裂面上的反力 R 和总凝聚力 c，挡土墙墙面的反力 P_a 和 AB 面上的总黏着力 K，如图 3-14（a）所示。

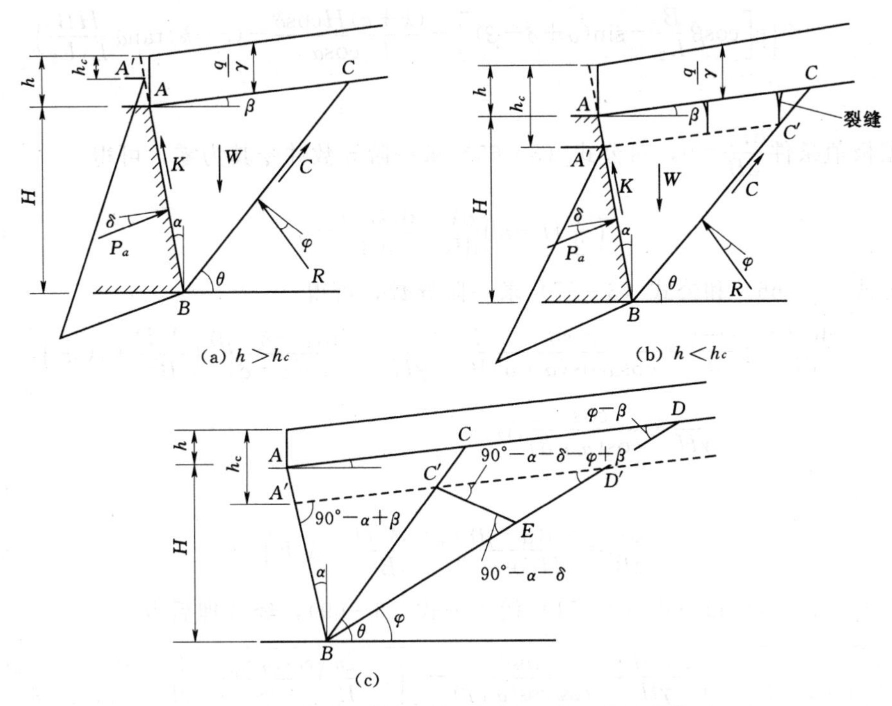

图 3-14　考虑填土表面开裂时主动土压力计算图

根据图 3-14（a）上所表示的作用力图，土压力 P_a 也可以用下式表示：

$$P_a=\gamma\left(\frac{1}{2}H+h-h_c\right)H\lambda \tag{3-65}$$

式中　γ——填土的容重（重力密度），kN/m³；

H——挡土墙的高度，m；

h——均布荷载 q 的折算高度，m，按公式（3-59）计算；

h_c——填土表面的开裂深度（从折算面算起），m；

λ——土压力系数。

此时由于 $h>h_c$，故实际的填土表面并未开裂，因此作用在挡土墙上的土压力仍可用公式（3-57）表示。

比较公式（3-57）和公式（3-65）可得

$$-\lambda h_c=\left[\frac{c\sin(\alpha+\delta-\beta)}{\gamma H\cos(\alpha+\delta)}L_1-\frac{(k+c)\cos\delta}{\gamma\cos\alpha\cos(\alpha+\delta)}\right]\frac{L_2}{B}-\frac{c\cos\beta}{\gamma H\cos(\alpha+\beta)}L_1+\frac{\tan\alpha}{\gamma\cos(\alpha+\delta)}(c+k) \tag{3-66}$$

$$\lambda=\frac{\cos(\alpha-\beta)}{H\cos\alpha}\frac{L_1L_2}{B} \tag{3-67}$$

由此可得

$$h_c=\frac{\cos\alpha}{\gamma\cos(\alpha+\delta)\cos(\alpha-\beta)}$$

$$\times\left\{c\left[\cos\beta\frac{B}{L_2}-\sin(\alpha+\delta-\beta)\right]+\frac{(k+c)H\cos\delta}{L_1\cos\alpha}-(c+k)\tan\alpha\frac{HB}{L_1L_2}\right\}$$

(3-68)

根据极值条件$\frac{\mathrm{d}P_a}{\mathrm{d}B}=0$，对公式（3-65）求一阶导数并令其为零，可得

$$\left(\frac{1}{2}H+h\right)\frac{\mathrm{d}\lambda}{\mathrm{d}B}-\frac{\mathrm{d}(\lambda h_c)}{\mathrm{d}B}=0 \tag{3-69}$$

将公式（3-66）和公式（3-67）求一阶导数，可得

$$-\frac{\mathrm{d}(\lambda h)}{\mathrm{d}B}=\frac{c+k}{\delta}\times\frac{\cos\delta}{\cos\alpha\cos(\alpha+\delta)}\frac{D}{B^2}-\frac{c}{\gamma H}\times\frac{\sin(\alpha+\delta-\beta)}{\cos(\alpha+\delta)}\left(\frac{A_1D}{B^2}+A_2F\right)$$

$$-\frac{c}{\gamma H}\times\frac{\cos\beta}{\cos(\alpha+\delta)}A_2$$

(3-70)

$$\frac{\mathrm{d}\lambda}{\mathrm{d}B}=\frac{\cos(\alpha-\beta)}{H\cos\alpha}\left(1-\frac{A_1D}{B^2}-A_2F\right) \tag{3-71}$$

将公式（3-70）和公式（3-71）代入公式（3-69），经整理后得

$$B=H\sqrt{\frac{\cos(\alpha-\beta)}{\cos\alpha\cos(\alpha+\delta)}-\left\{\frac{\frac{2(c+k)}{\gamma H}\times\frac{\cos\delta}{\cos\alpha\cos(\alpha+\delta)}-\left[\left(1+\frac{2h}{H}\right)\frac{\cos(\alpha-\beta)}{\cos\alpha}+\frac{2c}{\gamma H}\times\frac{\sin(\alpha+\delta-\beta)}{\cos(\alpha+\delta)}\right]\frac{A_1}{H}}{\frac{2c}{\gamma H}\times\frac{\cos\beta}{\cos(\alpha+\delta)}+\left[\left(1+\frac{2h}{H}\right)\frac{\cos(\alpha-\beta)}{\cos\alpha}+\frac{2c}{\gamma H}\times\frac{\sin(\alpha+\delta-\beta)}{\cos(\alpha+\delta)}\right]F}\right\}}$$

(3-72)

上式与不考虑填土表面出现裂缝时 B 的计算式完全相同。

根据公式（3-61）计算得 B 以后，再按公式（3-67）和公式（3-68）计算得 λ 和 h_c 值，即可根据公式（3-63）计算主动土压力 P_a。

主动土压力沿墙高成线性分布，压力作用线与墙面法线成 δ 角。滑裂角 θ 仍可按公式（3-64）计算。

2. 当 $h<h_c$ 时

此时由于 $h<h_c$，填土表面将开裂，开裂的深度为 h_c-h。由于填土表面开裂，开裂处的填土将不再具有凝聚力，也不存在切力和法向接触应力，所以填土与墙面接触处，在开裂深度范围内也同样不存在黏着力和接触压力。此时，填土表面相当于由 AC 面移至 $A'C'$ 面，而滑裂楔体变成了 $A'BC'$，而 $A'C'$ 面上的填土，则相当于作用在新的填土表面上的荷载，如图 3-14（b）所示。

此时作用在滑裂土体上的力，如图 3-14（b）所示，有填土自重 W 及其上的均布荷载，滑裂面上的反力 R 和总凝聚力 C，AB 面上的总黏着力 K 和反力 P_a（即土压力），P_a 与墙面法线成 δ 角。

由图 3-14（b）中的几何关系可知，$A'C'$ 面的长度 $\overline{A'C'}$ 为

$$\overline{A'C'}=\overline{AC}\frac{H+h-h_c}{H}=L_1\ \frac{H+h-h_c}{H}\tag{3-73}$$

此时滑裂楔体的重量为

$$W=\frac{1}{2}\gamma(H+h-h_c)^2\ \frac{\cos(\alpha-\beta)}{H\cos\alpha}L_1\tag{3-74}$$

$A'C'$面以上荷载为

$$Q=\gamma h_c L_1\ \frac{H+h-h_c}{H}\times\frac{\cos(\alpha-\beta)}{\cos\alpha}\tag{3-75}$$

根据滑裂楔体上作用力的平衡条件，仍可绘制出图 3-13（b）所示的力闭合多边形。根据图 3-13（b）、图 3-13（c）和图 3-14（c）中的几何关系，可得主动土压力 P_a 的表达式为

$$\begin{aligned}P_a=&\frac{1}{2}\gamma(H+h-h_c)\frac{\cos(\alpha-\beta)}{\cos\alpha}\left(\frac{H+h-h_c}{H}\right)\frac{L_1L_2}{B}+\gamma h_c(H+h-h_c)\frac{\cos(\alpha-\beta)}{\cos\alpha}\times\frac{L_1L_2}{HB}\\&+\left[\frac{c\sin(\alpha+\delta-\beta)}{\cos(\alpha+\delta)}\times\frac{L_1(H+h-h_c)}{H}-\frac{(k+c)\cos\delta}{\cos\alpha\cos(\alpha+\delta)}(H+h-h_c)\right]\frac{L_2}{B}\\&-\frac{c\cos\beta}{\cos(\alpha+\delta)}\times\frac{L_1(H+h-h_c)}{H}+\frac{\tan\alpha(H+h-h_c)}{\cos(\alpha+\delta)}(c+k)\end{aligned}\tag{3-76}$$

由图 3-14（b）可知，此时作用在挡土墙上的土压力 P_a 也可以用下式表示：

$$P_a=\frac{1}{2}\gamma(H+h-h_c)^2\lambda\tag{3-77}$$

比较公式（3-76）和公式（3-75）可知：

$$\lambda h_c=\frac{c\cos\beta}{\gamma H\cos(\alpha+\delta)}L_1-\left[\frac{c\sin(\alpha+\delta-\beta)}{\gamma H\cos(\alpha+\delta)}-\frac{(k+c)\cos\delta}{\gamma\cos\alpha\cos(\alpha+\delta)}\right]\frac{L_2}{B}-\frac{\tan\alpha}{\gamma\cos(\alpha+\beta)}(c+k)\tag{3-78}$$

$$\begin{aligned}h_c=&\frac{c\cos\alpha\cos\beta}{\gamma\cos(\alpha-\beta)\cos(\alpha+\delta)}\times\frac{B}{L_2}-\frac{1}{\gamma\cos(\alpha-\beta)}\left[\frac{c\sin(\alpha+\delta-\beta)}{\cos(\alpha+\delta)}-\frac{(c+k)H\cos\delta}{L_1\cos\alpha\cos(\alpha+\delta)}\right]\\&-\frac{H\cos\alpha\tan\alpha}{\gamma\cos(\alpha-\beta)\cos(\alpha+\delta)}(c+k)\frac{B}{L_1L_2}\end{aligned}\tag{3-79}$$

$$\lambda=\frac{\cos(\alpha-\beta)}{H\cos\alpha}\times\frac{L_1L_2}{B}\tag{3-80}$$

根据极值条件$\frac{\mathrm{d}P_a}{\mathrm{d}B}=0$，对公式（3-77）取一阶导数，并令其为零，则得

$$(H+h)\frac{\mathrm{d}\lambda}{\mathrm{d}B}-\frac{\mathrm{d}(\lambda h_c)}{\mathrm{d}B}=0\tag{3-81}$$

由公式（3-81）和公式（3-80）可得

$$\frac{\mathrm{d}(\lambda h_c)}{\mathrm{d}B}=\frac{c\cos\beta}{\gamma H\cos(\alpha+\delta)}A_2+\left[\frac{c\sin(\alpha+\delta-\beta)}{\gamma H\cos(\alpha+\delta)}\left(\frac{A_1D}{B^2}+A_2\right)-\frac{(k+c)\cos\delta}{\gamma\cos\alpha\cos(\alpha+\delta)}\times\frac{D}{B^2}\right]\tag{3-82}$$

$$\frac{\mathrm{d}\lambda}{\mathrm{d}B}=\frac{\cos(\alpha-\beta)}{H\cos\alpha}\left(-\frac{A_1D}{B^2}+A_2F\right) \tag{3-83}$$

将公式（3-79）、公式（3-82）和公式（3-83）代入公式（3-81），经整理后可得

$$B=H\sqrt{\frac{\cos(\alpha-\beta)}{\cos\alpha\cos(\alpha+\delta)}\left\{\frac{\frac{c+k}{\gamma H}\times\frac{\cos\delta}{\cos\alpha\cos\beta}-\left[\left(1+\frac{2h}{H}\right)\cos(\alpha+\delta)+\frac{c}{\gamma H}\times\frac{\sin(\alpha+\delta-\beta)}{\cos\beta}\right]\frac{A_1}{H}}{\frac{c}{\gamma H}+\left[\left(1+\frac{h}{H}\right)\cos\delta(\alpha+\delta)+\frac{c}{\gamma H}\times\frac{\sin(\alpha+\delta-\beta)}{\cos\beta}\right]F}\right\}} \tag{3-84}$$

上式可以简写成下列形式：

$$B=H\sqrt{M\left\{\frac{\frac{c+k}{\gamma H}N_1-\left[\left(1+\frac{h}{H}\right)J_1+\frac{c}{\gamma H}K_1\right]\frac{A_1}{H}}{\frac{c}{\gamma H}+\left[\left(1+\frac{h}{H}\right)J_1+\frac{c}{\gamma H}K_1\right]F}\right\}} \tag{3-85}$$

其中

$$\left.\begin{aligned}M&=\frac{\cos(\alpha-\beta)}{\cos\alpha\cos(\alpha+\delta)}\\N_1&=\frac{\cos\delta}{\cos\alpha\cos\beta}\\J_1&=\cos(\alpha+\delta)\\K_1&=\frac{\sin(\alpha+\delta-\beta)}{\cos\beta}\end{aligned}\right\} \tag{3-86}$$

根据公式（3-84）或公式（3-85），即可求得 B 值，然后根据公式（3-82）和公式（3-80）计算 h_c 和 λ 值，再按公式（3-77）计算主动土压力 P_a。

土压力沿墙高成线性分布，压力作用线与墙面法线成 δ 角。

此时，在填土面以下 y 高程处，主动土压力强度为

$$p_{ay}=\gamma(y+h-h_c)\lambda \tag{3-87}$$

根据挡土墙墙面上接触应力不应为负值的条件，在深度 $y<(h_c-h)$ 的一段墙高范围内，主动土压力强度应为零。此时填土的滑裂角 θ 仍按公式（3-64）计算。

三、各种情况下主动土压力的计算公式

1. 当 $\alpha\neq0°$、$\beta\neq0°$、$\delta\neq0°$、$k\neq0$ 时

（1）不考虑填土表面出现裂缝。

此时 B 值按公式（3-61）计算，土压力系数 λ 按公式（3-60）计算，主动土压力 P_a 按公式（3-58）计算。

（2）考虑填土表面裂缝。

a. 当 $h>h_c$ 时。B 值按公式（3-61）计算，土压力系数 λ 按公式（3-67）计算，开裂深度 h_c 按公式（3-68）计算，主动土压力按公式（3-65）计算。

b. 当 $h<h_c$ 时。B 值按公式（3-84）计算，土压力系数 λ 按公式（3-80）计算，开裂深度 h_c 按公式（3-79）计算，主动土压力按公式（3-77）计算。

2. 当 $\alpha\neq0°$、$\beta\neq0°$、$\delta\neq0°$、$k=0$ 时

（1）不考虑填土表面裂缝。此时 B 值按下式计算：

$$B=H\sqrt{\frac{\cos(\alpha-\beta)}{\cos\alpha\cos(\alpha+\delta)}\left\{\frac{\frac{2c}{\gamma H}\times\frac{\cos\delta}{\cos\alpha\cos(\alpha+\delta)}-\left[\left(1+\frac{2h}{H}\right)\frac{\cos(\alpha-\beta)}{\cos\alpha}+\frac{2c}{\gamma H}\times\frac{\sin(\alpha+\delta-\beta)}{\cos(\alpha+\delta)}\right]\frac{A_1}{H}}{\frac{2c}{\gamma H}\times\frac{\cos\beta}{\cos(\alpha+\delta)}+\left[\left(1+\frac{2h}{H}\right)\frac{\cos(\alpha-\beta)}{\cos\alpha}+\frac{2c}{\gamma H}\times\frac{\sin(\alpha+\delta-\beta)}{\cos(\alpha+\delta)}\right]F}\right\}} \tag{3-88}$$

土压力系数 λ 按下式计算：

$$\lambda=\frac{\cos(\alpha-\beta)}{\cos\alpha}\times\frac{L_1}{H}\times\frac{L_2}{B}+\frac{1}{\gamma\left(\frac{1}{2}H+h\right)H}\times\left\{\frac{c\sin(\alpha+\delta-\beta)}{\cos(\alpha+\delta)}\times\frac{L_1L_2}{B}-\frac{CH\cos\delta}{\cos\alpha\cos(\alpha+\delta)}\times\frac{L_2}{B}-\frac{c\cos\beta}{\cos(\alpha+\delta)}L_1+\frac{cH\tan\alpha}{\cos(\alpha+\delta)}\right\} \tag{3-89}$$

主动土压力 P_a 仍按公式（3－58）计算，即

$$P_a=\gamma\left(\frac{1}{2}H+h\right)H\lambda$$

（2）考虑填土表面裂缝。

1）当 $h>h_c$ 时。此时 B 值按公式（3－88）计算，土压力系数 λ 按公式（3－67）计算，即

$$\lambda=\frac{\cos(\alpha-\beta)}{H\cos\alpha}\times\frac{L_1L_2}{B}$$

填土开裂深度 h_c 按下式计算：

$$h_c=\frac{\cos\alpha}{\gamma\cos(\alpha+\delta)\cos(\alpha-\beta)}\left\{c\left[\cos\beta\frac{B}{L_2}-\sin(\alpha+\delta-\beta)\right]\frac{B}{L_2}+\frac{cH\cos\delta}{L_1\cos\alpha}-\frac{\tan\alpha HB}{L_1L_2}\right\} \tag{3-90}$$

主动土压力 P_a 仍按公式（3－65）计算，即

$$P_a=\gamma\left(\frac{1}{2}H+h-h_c\right)H\lambda$$

填土面以下深度 y 处的土压力强度为

$$p_{ay}=\gamma(y+h-h_c)\lambda \tag{3-91}$$

2）当 $h<h_c$ 时。此时 B 值仍按公式（3－84）计算，但应令式中的 $k=0$。

土压力系数仍按公式（3－80）计算，即

$$\lambda=\frac{\cos(\alpha-\beta)}{H\cos\alpha}\times\frac{L_1L_2}{B}$$

填土开裂深度 h_c 按下式计算：

$$h_c=\frac{c\cos\alpha\cos\beta}{\gamma\cos(\alpha-\beta)\cos(\alpha+\delta)}\times\frac{B}{L_2}-\frac{\cos\alpha}{\gamma\cos(\alpha-\beta)}\left[\frac{\sin(\alpha+\delta-\beta)}{\cos(\alpha+\delta)}-\frac{H\cos\delta}{L_1\cos\alpha\cos(\alpha+\delta)}\right]-\frac{cH\cos\alpha\tan\alpha}{\gamma\cos(\alpha-\beta)\cos(\alpha+\delta)}\times\frac{B}{L_1L_2} \tag{3-92}$$

主动土压力仍按公式（3－77）计算，即

$$P_a=\frac{1}{2}\gamma(H+h-h_c)^2\lambda$$

填土表面以下，深度 y 处的主动土压力强度为

$$p_{ay}=\gamma(y+h-h_c)\lambda \tag{3-93}$$

3. 当 $\alpha\neq0°$、$\beta=0°$、$\delta\neq0°$、$k\neq0$ 时

（1）不考虑填土裂缝。此时 B 值按下式计算：

$$B=H\sqrt{\frac{1}{\cos(\alpha+\delta)}\left\{\frac{\frac{2(c+k)}{\gamma H}\times\frac{\cos\delta}{\cos\alpha\cos(\alpha+\delta)}-\left[\left(1+\frac{2h}{H}\right)+\frac{2c}{\gamma H}\tan(\alpha+\delta)\right]\frac{A_1}{H}}{\frac{2c}{\gamma H}\times\frac{1}{\cos(\alpha+\delta)}+\left[\left(1+\frac{2h}{H}\right)+\frac{2c}{\gamma H}\tan(\alpha+\delta)\right]F}\right\}} \tag{3-94}$$

土压力系数 λ 按下式计算：

$$\lambda=\frac{L_1}{H}\times\frac{L_2}{B}+\frac{1}{\gamma\left(\frac{1}{2}H+h\right)H}\times\left\{c\tan(\alpha+\delta)\frac{L_1L_2}{B}-\frac{cL_1}{\cos(\alpha+\delta)}-\frac{(c+k)H\cos\delta}{\cos\alpha\cos(\alpha+\delta)}\times\frac{L_2}{B}+\frac{H\tan\alpha}{\cos(\alpha+\delta)}(c+k)\right\} \tag{3-95}$$

主动土压力仍按公式（3－59）计算。

（2）考虑填土裂缝。

1）当 $h>h_c$ 时。此时 B 值仍按公式（3－94）计算，土压力系数仍按公式（3－67）计算。填土开裂深度 h_c 按下式计算：

$$h_c=\frac{1}{\gamma\cos(\alpha+\delta)}\left\{c\left[\frac{B}{L_2}-\sin(\alpha+\delta)\right]+\frac{(k+c)H\cos\delta}{L_1\cos\alpha}-(c+k)\tan\alpha\frac{HB}{L_1L_2}\right\} \tag{3-96}$$

主动土压力仍按公式（3－63）计算。

2）当 $h<h_c$ 时。此时 B 值仍按公式（3－84）计算，但式中的 $\beta=0°$。

填土的开裂深度 h_c 按下式计算：

$$h_c=\frac{c}{\gamma\cos(\alpha+\delta)}\times\frac{B}{L_2}-\frac{1}{\gamma}\left[c\tan(\alpha+\delta)-\frac{(c+k)H\cos\delta}{L_1\cos\alpha\cos(\alpha+\delta)}\right]-\frac{H\tan\alpha}{\gamma\cos(\alpha+\delta)}(c+k)\frac{B}{L_1L_2} \tag{3-97}$$

土压力系数 λ 和主动土压力 P_a 仍分别按公式（3－80）和公式（3－77）计算。

4. 当 $\alpha=0°$、$\beta\neq0°$、$\delta\neq0°$、$k\neq0$ 时

（1）不考虑填土裂缝。此时 B 值按下式计算：

$$B=H\sqrt{\frac{\cos\beta}{\cos\delta}\left\{\frac{\frac{2(c+k)}{\gamma H}-\left[\left(1+\frac{2h}{H}\right)\cos\beta+\frac{2c}{\gamma H}\times\frac{\sin(\delta-\beta)}{\cos\delta}\right]\frac{A_1}{H}}{\frac{2c}{\gamma H}\times\frac{\cos\beta}{\cos\delta}+\left[\left(1+\frac{2h}{H}\right)\cos\beta+\frac{2c}{\gamma H}\times\frac{\sin(\delta-\beta)}{\cos\delta}\right]F}\right\}} \tag{3-98}$$

土压力系数 λ 按下式计算：

$$\lambda=\cos\beta\frac{L_1}{H}\times\frac{L_2}{B}+\frac{1}{\gamma\left(\frac{1}{2}H+h\right)H}\left[\frac{c\sin(\delta-\beta)}{\cos\delta}\times\frac{L_1L_2}{B}-(c+k)\frac{L_2}{B}H-\frac{c\cos\beta}{\cos\delta}L_1\right] \tag{3-99}$$

此时主动土压力 P_a 仍按公式（3-58）计算。

（2）考虑填土裂缝。

1）当 $h>h_c$ 时。此时 B 值仍按公式（3-98）计算。

填土的开裂深度 h_c 按下式计算：

$$h_c=\frac{1}{\gamma\cos\delta\cos\beta}\left\{c\left[\cos\beta\frac{B}{L_2}-\sin(\delta-\beta)\right]+\frac{(k+c)H\cos\delta}{L_1}\right\} \tag{3-100}$$

土压力系数按下式计算：

$$\lambda=\frac{\cos\beta}{H}\times\frac{L_1L_2}{B} \tag{3-101}$$

主动土压力仍按公式（3-63）计算。

2）当 $h<h_c$ 时。此时 B 值仍按公式（3-84）计算，式中的 $\gamma=0°$。但式中的 $\alpha=0°$。

填土的开裂深度按下式计算：

$$h_c=\frac{c}{\gamma\cos\delta}\times\frac{B}{L_2}-\frac{1}{\gamma\cos\beta}\left[\frac{c\sin(\delta-\beta)}{\cos\delta}-\frac{(c+k)H}{L_1}\right] \tag{3-102}$$

土压力系数 λ 按下式计算：

$$\lambda=\frac{\cos\beta}{H}\times\frac{L_1L_2}{B} \tag{3-103}$$

此时主动土压力仍按公式（3-77）计算。

5. 当 $\alpha=\beta=0°$、$\delta\neq0°$、$k\neq0$ 时

（1）不考虑填土裂缝。此时 B 值按下式计算：

$$B=H\sqrt{\frac{1}{\cos\delta}\times\frac{\frac{2(c+k)}{\gamma H}-\left[\left(1+\frac{2h}{H}\right)+\frac{2c}{\gamma H}\tan\alpha\right]\frac{A_1}{H}}{\frac{2c}{\gamma H}\times\frac{1}{\cos\delta}+\left[\left(1+\frac{2h}{H}\right)+\frac{2c}{\gamma H}\tan\alpha\right]F}} \tag{3-104}$$

土压力系数按下式计算：

$$\lambda=\frac{L_1}{H}\times\frac{L_2}{B}+\frac{1}{\gamma\left(\frac{1}{2}H+h\right)H}\left[c\tan\delta\frac{L_1L_2}{B}-\frac{cL_1}{\cos\delta}-(c+k)H\frac{L_2}{B}\right] \tag{3-105}$$

主动土压力按公式（3-58）计算。

（2）考虑填土裂缝。

1）当 $h>h_c$ 时。此时 B 值仍按式（3-104）计算，土压力系数 λ 按下式计算：

$$\lambda=\frac{L_1L_2}{HB} \tag{3-106}$$

填土开裂深度按下式计算：

$$h_c=\frac{1}{\gamma\cos\delta}\left[c\left(\frac{B}{L_2}-\sin\delta\right)\frac{B}{L_2}+\frac{(k+c)H\cos\delta}{L_1}\right] \tag{3-107}$$

主动土压力仍按公式（3-65）计算。

2）当 $h<h_c$ 时。此时 B 值仍按公式（3-84）计算，但式中的 $\alpha=0°$ 和 $\beta=0°$。

填土开裂深度为

$$h_c=\frac{c}{\gamma\cos\delta}\times\frac{B}{L_2}-\frac{1}{\gamma}\left[c\tan\delta-\frac{(c+k)H}{L_1}\right] \tag{3-108}$$

土压力系数 λ 为

$$\lambda=\frac{L_1L_2}{HB} \tag{3-109}$$

主动土压力仍按公式（3-77）计算。

6. 当 $\alpha=\beta=\delta=0°$、$k=q=0$ 时

填土的开裂深度为

$$h_c=\frac{2c}{\gamma}\tan\left(45°+\frac{\varphi}{2}\right) \tag{3-110}$$

土压力系数为

$$\lambda=\tan^2\left(45°-\frac{\varphi}{2}\right) \tag{3-111}$$

由公式（3-111）和公式（2-4）可见，当填土表面水平，挡土墙墙面竖直光滑，且不考虑填土与墙面间的黏着力，按库仑理论求得的 h_c 和 λ 的计算公式，与按朗肯理论求得的计算公式完全相同。

四、其他情况下主动土压力的计算

1. 当均布荷载的起点距墙顶有一定距离时

如图 3-15 所示，如若均布荷载的起点 O 距墙顶 A 点有一定距离 $\overline{AO}$，而并未布满全部填土表面时，则主动土压力的精确解为

$$\begin{aligned}P_a=&\frac{\overline{AM}(\overline{BD}-\overline{BE})}{\overline{DM}\cdot\overline{BE}}\left\{q\left[\frac{\overline{AD}}{\overline{DM}}(\overline{BE}-\overline{BM})-\overline{AO}\right]+\frac{1}{2}\gamma\overline{AB}\cos(\alpha+\beta)\frac{\overline{AD}}{\overline{DM}}(\overline{BE}-\overline{BM})\right.\\&-\frac{c\sin(90°+\varphi)}{\cos(\alpha-\delta)}\left[\frac{\overline{BE}^2\cdot\overline{DM}}{\overline{AM}(\overline{BD}-\overline{BE})}+\frac{\overline{AM}(\overline{BD}-\overline{BE})}{\overline{DM}}+2\overline{BE}\sin(\alpha-\delta)\right]\\&\left.-k\overline{AB}\left[\frac{\overline{BD}\cdot\overline{DM}\cdot\sin\alpha}{\overline{AD}(\overline{BD}-\overline{BE})\sin(\varphi-\beta)}-\frac{\sin(\alpha+\beta-\varphi)}{\sin(\varphi-\beta)}\right]\right\}\end{aligned} \tag{3-112}$$

其中

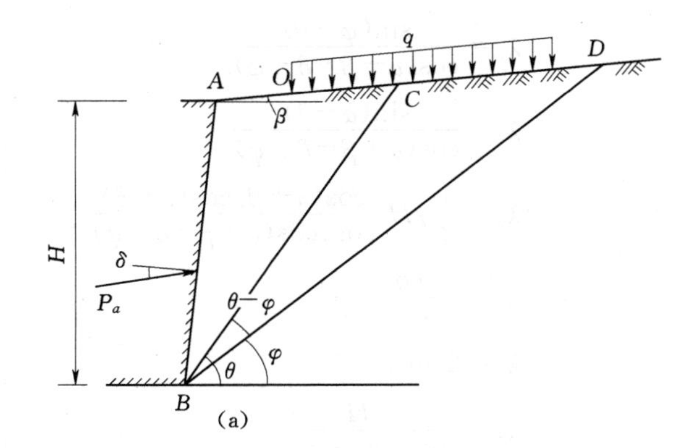

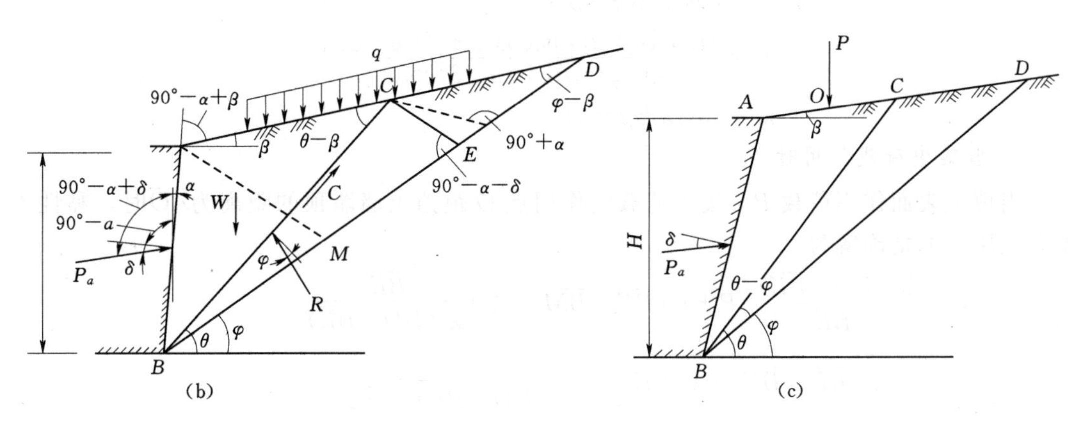

图 3-15　均布荷载的起点距墙顶有一定距离时主动土压力计算图

$$\left.\begin{aligned}
&\overline{AB}=\frac{H}{\cos\alpha}\\
&\overline{AM}=\frac{\cos(\alpha+\varphi)}{\cos(\alpha-\delta)}\overline{AB}\\
&\overline{AD}=\frac{\cos(\alpha+\varphi)}{\cos(\varphi-\beta)}\overline{AB}\\
&\overline{BD}=\frac{\cos(\alpha+\beta)}{\cos(\varphi-\beta)}\overline{AB}\\
&\overline{DM}=\frac{\cos(\alpha+\beta-\delta-\varphi)}{\cos(\varphi-\beta)}\overline{AM}=\frac{\cos(\alpha+\beta-\delta-\varphi)\cos(\alpha+\varphi)}{\cos(\varphi-\beta)\cos(\alpha-\delta)}\overline{AB}\\
&\overline{BM}=\frac{\sin(\delta+\varphi)}{\cos(\alpha-\delta)}\overline{AB}\\
&\overline{BE}=\sqrt{\frac{\eta_2}{\eta_1}}
\end{aligned}\right\}\tag{3-113}$$

$$\eta_1=\left(q\lambda_2+\lambda_2+\lambda_1\lambda_4+\frac{\lambda_4}{\lambda_1}-\lambda_4\lambda_5\right)$$

$$\eta_2=\left(q\lambda_2\ \overline{BM}+q\,\overline{AO}+\lambda_3\ \overline{BM}+\lambda_1\lambda_4\ \overline{BD}+\frac{\lambda_6\lambda_7}{\overline{BD}}-\lambda_6\lambda_8\right)\overline{BD}$$

$$\left.\begin{aligned}
\lambda_1&=\frac{\sin(\varphi-\beta)}{\cos(\alpha+\beta-\delta-\varphi)}\\
\lambda_2&=\frac{\sin(\alpha-\delta)}{\cos(\alpha+\beta-\delta-\varphi)}\\
\lambda_3&=\frac{1}{2}\gamma H\frac{\cos(\alpha+\beta)\cos(\alpha-\delta)}{\cos\alpha\cos(\alpha+\beta-\delta-\varphi)}\\
\lambda_4&=\frac{\cos\varphi}{\cos(\alpha-\delta)}\\
\lambda_5&=2\sin(\alpha-\delta)\\
\lambda_6&=\frac{kH}{\cos\alpha\sin(\varphi-\beta)}\\
\lambda_7&=\frac{H\cos(\alpha+\beta)\sin\alpha\cos(\alpha+\beta-\delta-\varphi)}{\sin(\varphi-\beta)\cos(\alpha-\delta)\cos\alpha}\\
\lambda_8&=\cos(\alpha+\beta-\varphi)
\end{aligned}\right\}\tag{3-114}$$

2. 当集中荷载作用时

当填土表面作用荷载 P，集中荷载的作用点 O 距挡土墙墙顶的距离为$\overline{AO}$时，黏性土主动土压力的精确解为

$$\begin{aligned}
P_a=&\frac{\lambda_1(\overline{BD}-\overline{BE})}{\overline{BE}}\left\{P+\lambda_3(\overline{BE}-\overline{BM})-\lambda_4\left[\frac{\overline{BE}^2}{\lambda_1(\overline{BD}-\overline{BE})}\right.\right.\\
&\left.\left.+\lambda_1(\overline{BD}-\overline{BE})+\lambda_5\overline{BE}\right]-\lambda_6\left[\frac{\lambda_7}{(\overline{BD}-\overline{BE})}-\lambda_8\right]\right\}
\end{aligned}\tag{3-115}$$

$$\overline{BE}=\sqrt{\frac{\eta_2}{\eta_1}}$$

$$\left.\begin{aligned}
\eta_1&=\left(\lambda_3+\lambda_1\lambda_4+\frac{\lambda_4}{\lambda_1}-\lambda_4\lambda_5\right)\\
\eta_2&=\left(\lambda_3\overline{BM}-P+\lambda_1\lambda_4\overline{BD}+\frac{\lambda_6\lambda_7}{\overline{BD}}-\lambda_6\lambda_8\right)\overline{BD}
\end{aligned}\right\}\tag{3-116}$$

公式（3-115）和公式（3-116）中的其他符号仍按公式（3-113）和公式（3-114）计算。

第四章　按凝聚力等效原理计算土压力

第一节　黏性土凝聚力的等效原理

土的抗剪强度 τ 通常采用库仑公式来表示。

1. 对于无黏性土

$$\tau=\sigma\tan\varphi \tag{4-1}$$

式中　τ——土的抗剪强度，kPa；

σ——计算面（破坏面）上的法向应力，kPa；

φ——土的内摩擦角，(°)。

2. 对于黏性土

$$\tau=\sigma\tan\varphi+c \tag{4-2}$$

式中　c——计算面（破坏面）上土的凝聚力，kPa。

公式（4－2）也可以写成下列形式：

$$\tau=\left(\sigma+\frac{c}{\tan\varphi}\right)\tan\varphi \tag{4-3}$$

式中　$\frac{c}{\tan\varphi}$——土的内结构压力，kPa。

如将公式（4－3）和公式（4－1）相比较，则可见两个公式的结构形式是一样的，这就是说可以将凝力看作是土颗粒之间的相互挤压力，也就是将土的凝聚力看作是土的一种内结构压力，那么黏性土就可以作为无黏性土来对待。

这一等效原理在挡土墙的土压力计算中同样适用。例如若有如图 4－1 所示的挡土墙，墙面竖直而光滑，填土为黏性土，填土表面水平，按照上述凝聚力的等效原理，将填土的凝聚力看作是土的内结结压力$\frac{c}{\tan\varphi}$，则此时填土即可看作是无黏性土，而按无黏性土计算土压力的方法来进行土压力的计算。

此时，在填土表面以下深度为 z 处的土压力强度 p_a 由三部分组成：第一部分是填土自重产生的土压强度 γzK_a；第二部分是由填土表面均布压力$\frac{c}{\tan\varphi}$产生的土压强$\frac{c}{\tan\varphi}K_a$；第三部分是作用在填土面 AB 上的均布压力$\frac{c}{\tan\varphi}$。因此，作用在填土表面以下深度为 z 处挡土墙墙面上的土压强 p_a 也将由这三部分叠加而成。如土压强以指向墙面者为正，以指向填土面者为负，则

$$p_a=\gamma zK_a+\frac{c}{\tan\varphi}K_a-\frac{c}{\tan\varphi} \tag{4-4}$$

式中　p_a——作用在填土表面以下深度为 z 处挡土墙墙面上的土压力强度，kPa；

γ——填土的容重（重力密度），kN/m^3；

z——计算点距离填土表面以下的深度，m；

c——填土的凝聚力，kPa；

φ——填土的内摩擦角，(°)；

K_a——主动土压力系数。

上述的叠加关系也可以用图4-1来表示。

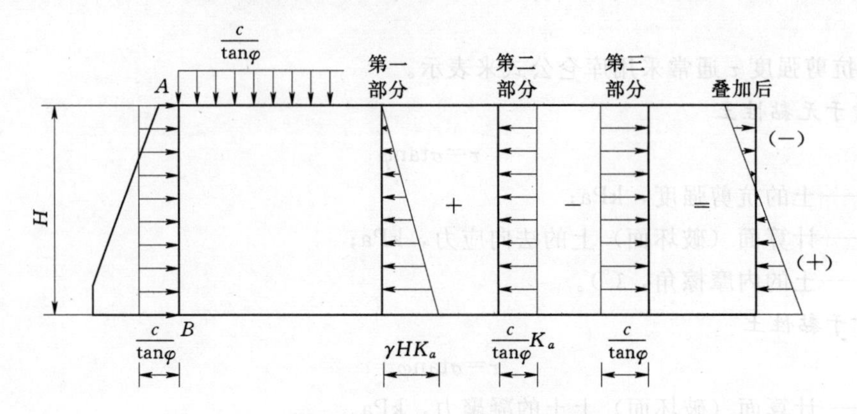

图4-1　主动土压力计算的叠加示意图

作用在挡土墙墙面 AB 上的总主动土压力可根据公式（4-4）积分求得

$$P_a=\int_0^H P_a \mathrm{d}z=\int_0^H\left(\gamma z K_a+\frac{c}{\tan\varphi}K_a-\frac{c}{\tan\varphi}\right)\mathrm{d}z=\frac{1}{2}\gamma H^2K_a+\frac{cH}{\tan\varphi}K_a-\frac{cH}{\tan\varphi} \tag{4-5}$$

式中　P_a——作用在挡土墙墙面 AB 上的总主动土压力，kN；

H——挡土墙的高度，m。

根据库仑土压理论可知，对于无黏性土，主动土压力系数 K_a 可以按公式（3-14）计算，即

$$K_a=\frac{\cos^2(\varphi-\alpha)}{\cos^2\alpha\cos(\alpha+\delta)\left[1+\sqrt{\dfrac{\sin(\varphi+\delta)\sin(\varphi-\beta)}{\cos(\alpha+\delta)\cos(\alpha-\beta)}}\right]^2}$$

式中　α——挡土墙墙面与竖直面的夹角，(°)；

β——填土表面与水平面的夹角，(°)；

φ——填土的内摩擦角，(°)；

δ——填土与挡土墙墙面的摩擦角，(°)。

当挡土墙墙面竖直（$\alpha=0°$）和光滑（$\delta=0°$），填土表面水平（$\beta=0°$）时，公式（3-14）变为

$$K_a=\frac{\cos^2\varphi}{(1+\sin\varphi)^2} \tag{4-6}$$

将公式（4-6）代入公式（4-5）得

$$
\begin{aligned}
P_a &= \frac{1}{2}\gamma H^2 K_a - \frac{cH}{\tan\varphi}(1-K_a) \\
&= \frac{1}{2}\gamma H^2 \frac{\cos^2\varphi}{(1+\sin\varphi)^2} - \frac{cH}{\tan\varphi}\left[1-\frac{\cos^2\varphi}{(1+\sin\varphi)^2}\right] \\
&= \frac{1}{2}\gamma H^2 \frac{1-\sin^2\varphi}{(1+\sin\varphi)^2} - \frac{cH}{\tan\varphi}\times\frac{(1+\sin\varphi)^2-\cos^2\varphi}{(1+\sin\varphi)^2} \\
&= \frac{1}{2}\gamma H^2 \frac{1-\sin\varphi}{1+\sin\varphi} - \frac{cH}{\tan\varphi}\times\frac{2\sin\varphi(1+\sin\varphi)}{(1+\sin\varphi)^2} \\
&= \frac{1}{2}\gamma H^2 \frac{1-\sin\varphi}{1+\sin\varphi} - \frac{cH}{\tan\varphi}\times\frac{2\sin\varphi}{1+\sin\varphi} \\
&= \frac{1}{2}\gamma H^2 \frac{1-\sin\varphi}{1+\sin\varphi} - 2cH\frac{\cos\varphi}{1+\sin\varphi} \\
&= \frac{1}{2}\gamma H^2 \frac{1-\sin\varphi}{1+\sin\varphi} - 2cH\frac{\sqrt{1-\sin^2\varphi}}{1+\sin\varphi} \\
&= \frac{1}{2}\gamma H^2 \frac{1-\sin\varphi}{1+\sin\varphi} - 2cH\frac{\sqrt{1-\sin^2\varphi}}{1+\sin\varphi}
\end{aligned}
\tag{4-7}
$$

公式（4－7）中的$\frac{1-\sin\varphi}{1+\sin\varphi}$可以用$\tan^2\left(45°-\frac{\varphi}{2}\right)$代替，因此公式（4－7）又可写成

$$
P_a=\frac{1}{2}\gamma H^2\tan^2\left(45-\frac{\varphi}{2}\right)-2cH\tan\left(45°-\frac{\varphi}{2}\right) \tag{4-8}
$$

公式（4－8）即为挡土墙墙面竖直、光滑、填土表面水平时的朗肯主动土压力计算公式。

同样，在被动土压力的情况也可以采用凝聚力的等效原理进行计算，但由于在形成被动极限平衡状态的过程中，挡土墙和填土的位移和变形方向与形成主动极限平衡状态的过程中挡土墙和填土的位移和变形方向相反，故填土 AB 面上内结构压力$\frac{c}{\tan\varphi}$的作用方向也与主动土压力情况相反，应指向挡土墙，如图 4－2 所示。

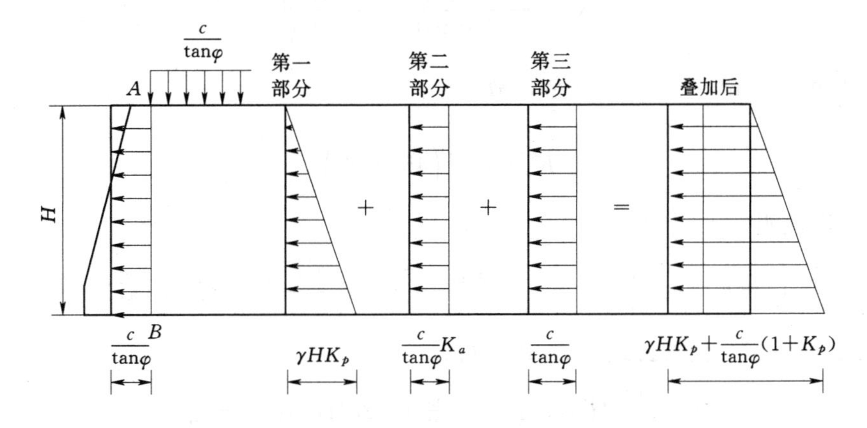

图 4－2　被动土压力计算的叠加示意图

此时被动土压力仍然由三部分组成，对于填土表面以下深度为 z 处的被动土压力强度

p_p，第一部分是填土自重产生的土压强 $\gamma z K_p$，第二部分是由填土表面均布压力 $\frac{c}{\tan\varphi}$ 产生的土压强 $\frac{c}{\tan\varphi}K_p$。第三部分是作用在填土面 AB 上的均布压力 $\frac{c}{\tan\varphi}$。这三部分土压强的作用方向均指向挡土墙，故被动土压强 p_p 是上述三部分土压强叠加之和（被动土压力的叠加如图 4-2 所示），即

$$p_p=\gamma z K_p+\frac{c}{\tan\varphi}K_p+\frac{c}{\tan\varphi} \tag{4-9}$$

式中　p_p——作用在填土表面以下深度 z 处的挡土墙墙面上的土压力强度，kPa；

K_p——被动土压力系数。

作用在挡土墙墙面 AB 上的总被动土压力为

$$P_p=\int_0^H p_p\mathrm{d}z=\int_0^H\left(\gamma z K_p+\frac{c}{\tan\varphi}K_p+\frac{c}{\tan\varphi}\right)\mathrm{d}z=\frac{1}{2}\gamma H^2K_p+\frac{cH}{\tan\varphi}K_p+\frac{c}{\tan\varphi} \tag{4-10}$$

式中　P_p——作用在挡土墙墙面 AB 上的总被动土压力，kN。

根据库仑理论可知，对于无黏性土，被动土压力系数 K_p 可按公式（3-28）计算，即

$$K_p=\frac{\cos^2(\varphi+\alpha)}{\cos^2\alpha\cos(\alpha-\delta)\left[1-\sqrt{\frac{\sin(\varphi+\delta)\sin(\varphi+\delta)}{\cos(\alpha-\delta)\cos(\alpha-\beta)}}\right]^2}$$

当挡土墙墙面竖直（$\alpha=0°$）和光滑（$\delta=0°$），填土表面水平（$\beta=0°$）时，公式（3-28）变为

$$K_p=\frac{\cos^2\varphi}{(1-\sin\varphi)^2} \tag{4-11}$$

将 $\cos^2\varphi=1-\sin^2\varphi$ 代入上式得

$$K_p=\frac{1-\sin^2\varphi}{(1-\sin\varphi)^2}=\frac{1+\sin\varphi}{1-\sin\varphi}$$

式中 $\frac{1+\sin\varphi}{1-\sin\varphi}$ 可用 $\tan^2\left(45°+\frac{\varphi}{2}\right)$ 代替，故

$$K_p=\tan^2\left(45°+\frac{\varphi}{2}\right) \tag{4-12}$$

同样可以证明

$$\frac{1}{\tan\varphi}(1+K_p)=\frac{1}{\tan\varphi}\left[1+\frac{\cos^2\varphi}{(1-\sin\varphi)^2}\right]=2\sqrt{\frac{1+\sin\varphi}{1-\sin\varphi}}=2\tan\left(45°+\frac{\varphi}{2}\right) \tag{4-13}$$

将公式（4-13）代入公式（4-10）得

$$P_p=\frac{1}{2}\gamma H^2\tan^2\left(45°+\frac{\varphi}{2}\right)+2cH\tan\left(45°+\frac{\varphi}{2}\right) \tag{4-14}$$

公式（4-14）即为挡土墙墙面竖直、光滑，填土表面水平时的朗肯被动土压力计算公式。

第二节　黏性土主动土压力的计算

在填土为黏性土的情况下，土的凝聚力 c 也可以采用等效原理来处理，即将其看作是一种内结构压力$\frac{c}{\tan\varphi}$，这种内结构压力是一种均匀的法向应力，作用在计算土体的表面，土体在这一压力作用下是平衡的。

如若滑裂土体 ABC（图 4－3）的 AB 面为靠墙的一面，AC 为填土表面，BC 为滑裂面，土的内摩擦角为 φ，凝聚力为 c，填土表面与水平面的夹角为 β，此时作用在 AB 面和 AC 面上的内结构压力$\frac{c}{\tan\varphi}$可以看作是一种荷载，而 BC 面上则作用反力 R，如图 4－3 所示。同时作用在 AC 面上的内结构压力$\frac{c}{\tan\varphi}$可以将其转化（分解）为竖向应力$\frac{c}{\tan\varphi\cos\beta}$和切向应力$\frac{c}{\tan\varphi}\tan\beta$，如图 4－3（b）所示。

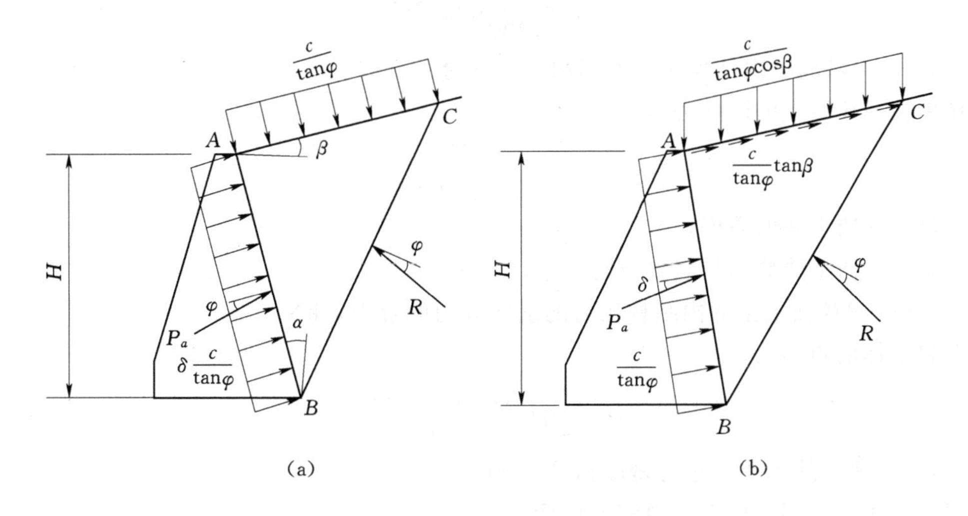

图 4－3　内结构压力对滑动土体的作用

因为在计算黏性土的土压力时，如若挡土墙墙面 AB 与竖直面的夹角为 α，AC 面与水平面的夹角为 β，填土与墙面的摩擦角为 δ，BC 面为滑动面，则此时滑裂土体 ABC 上的作用力有：AB 面上作用有法向均布荷载$\frac{c}{\tan\varphi}$和土压力 P_a，P_a 的作用方向为指向填土，压力作用线与 AB 面法线的夹角为 δ，作用在法线的下方；AC 面上作用有竖直向下的均布荷载 q 和内结构压力的竖直分力$\frac{c}{\tan\varphi\cos\beta}$及均布切应力$\frac{c}{\tan\beta}\tan\beta$，均布切应力的作用方向是沿 AC 面向上；BC 面上则作用反力 R，R 的作用方向是指向填土，压力作用线与 BC 面法线的夹角为 φ；此外，在滑裂土体 ABC 的形心处尚作用有滑裂土体的重力 G，如图 4－4（a）所示。

一、不考虑填土表面出现裂缝的情况

（一）填土表面作用均布荷载 q

在不考虑填土表面出现裂缝的情况下，滑裂土体上的作用力如图 4-4（a）所示。此时作用在填土表面上竖直方向的作用力的合力为

$$Q=\left(q+\frac{c}{\tan\varphi\cos\beta}\right)\overline{AC}\cos\beta \tag{4-15}$$

式中　Q——填土表面上竖直方向作用力的合力，kN；

q——作用在填土表面上的竖直向均布荷载，kPa；

c——填土的凝聚力，kPa；

φ——填土的内摩擦角，(°)；

β——填土表面与水平面的夹角，(°)；

$\overline{AC}$——滑裂土体 AC 面的长度，m。

作用在填土表面的切力为

$$T=\frac{c}{\tan\varphi}\tan\beta\overline{AC} \tag{4-16}$$

式中　T——AC 面上内结构压力的切向应力的合力，kN。

作用在 AB 面上的法向力为

$$F=\frac{cH}{\tan\varphi\cos\alpha} \tag{4-17}$$

式中　H——挡土墙的高度，m；

α——挡土墙墙面与竖直面的夹角，(°)；

F——AB 面上土的内结构压力的法向分力的合力，kN。

滑裂土体的重力为

$$G=\frac{1}{2}\gamma H\frac{\cos(\alpha-\beta)}{\cos\alpha}\overline{AC} \tag{4-18}$$

式中　γ——填土的容重（重力密度），kN/m^3。

因此作用在滑裂土体上的总竖向作用力为

$$W=G+Q=\left[\frac{1}{2}\gamma H\frac{\cos(\alpha-\beta)}{\cos\alpha}+q\cos\beta+\frac{c}{\tan\varphi}\right]\overline{AC} \tag{4-19}$$

滑裂土体 ABC 在 W、T、F、P_a 和 R 作用下处于平衡状态，因此可得闭合力多边形 $abcdea$，如图 4-4（b）所示。

在力多边形 $abcdea$ 中，从 e 点作 cd 的平行线 ef，与 ab 线相交于 f 点；从 e 点作 ab 线的平行线 eh，与 cd 线相交于 h 点，如图 4-4（c）所示。在图 4-4（c）中，$ab=W$ 被分成了 $\overline{af}$、$\overline{fg}$ 和 $\overline{gb}$ 三段，令 $\overline{af}=W_1$、$\overline{fg}=W_2$ 和 $\overline{gb}=W_3$，即

$$W=W_1+W_2+W_3 \tag{4-20}$$

由图 4-4（c）中三角形 aef 的几何关系可得

$$W_1=F\frac{\cos(\theta-\varphi-\alpha)}{\sin(\theta-\varphi)}$$

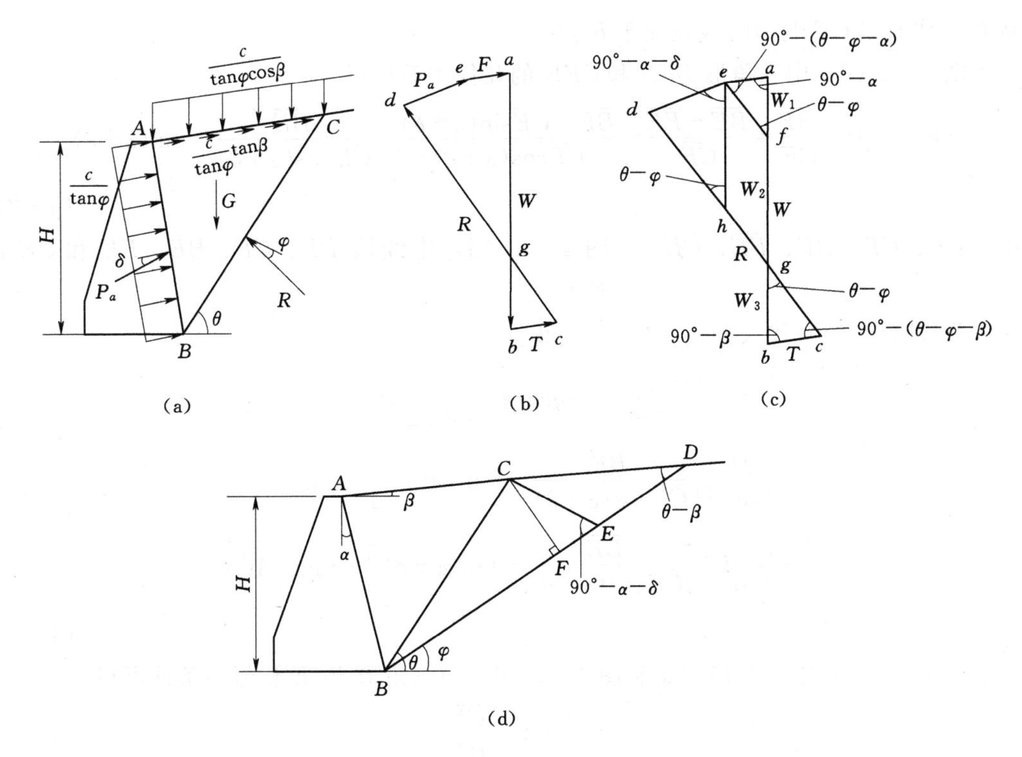

图 4-4　土压力计算图（不考虑填土表面裂缝）

将公式（4-17）代入上式，则得

$$W_1=\frac{cH}{\tan\varphi\cos\alpha}\times\frac{\cos(\theta-\varphi-\alpha)}{\sin(\theta-\varphi)}=\frac{cH}{\tan\varphi}[\cot(\theta-\varphi)+\tan\alpha] \tag{4-21}$$

式中　θ——滑动面 BC 与水平面的夹角［见图 4-4（a）］，(°)。

由图 4-4（c）中三角形 gbc 的几何关系可得

$$W_3=T\frac{\cos(\theta-\varphi-\beta)}{\sin(\theta-\varphi)}$$

将公式（4-16）代入上式得

$$W_3=\frac{c}{\tan\varphi}\tan\beta\frac{\cos(\theta-\varphi-\beta)}{\sin(\theta-\varphi)}\overline{AC}=\frac{c\sin\beta}{\tan\varphi}[\cos(\theta-\varphi)+\tan\beta]\overline{AC} \tag{4-22}$$

由公式（4-20）可得

$$W_2=W-W_1-W_3$$

将公式（4-19）、公式（4-21）和公式（4-22）代入上式，则得

$$W_2=\left[\frac{1}{2}\gamma H\frac{\cos(\alpha-\beta)}{\cos\alpha}+q\cos\beta+\frac{c}{\tan\varphi}\right]\overline{AC}-\frac{c\sin\beta}{\tan\varphi}[\cot(\theta-\varphi)+\tan\beta]\overline{AC}$$
$$-\frac{cH}{\tan\varphi}[\cot(\theta-\varphi)+\tan\alpha] \tag{4-23}$$

在图 4-4（d）中，从 B 点作直线 BD 与水平面成 φ 角，与填土表面线相交于 D 点。从 C 点作直线 CE 与 BD 线相交于 E 点，并使 CE 线与 BD 线的夹角为 $90°-\alpha-\delta$，然后

再从 C 点作直线 CF 与 BD 线正交于 F 点。

由图 4－4（d）中三角形 BCF 和 CFE 的几何关系可得

$$\cot(\theta-\varphi)=\frac{\overline{BF}}{\overline{CF}}=\frac{\overline{BE}-\overline{FE}}{\overline{CF}}=\frac{\overline{BE}-\overline{CE}\sin(\alpha+\delta)}{\overline{CE}\cos(\alpha+\delta)}=\frac{\overline{BE}}{\overline{CE}\cos(\alpha+\delta)}-\tan(\alpha+\delta) \tag{4-24}$$

式中　$\overline{BF}$、$\overline{CF}$、$\overline{BE}$、$\overline{FE}$、$\overline{CE}$——图 4－4（d）中线段 BF、CF、BE、FE 和 CE 的长度。

将公式（4－24）代入公式（4－23）得

$$\begin{aligned}w_z=&\left[\frac{1}{2}\gamma H\frac{\cos(\alpha-\beta)}{\cos\alpha}+q\cos\beta+\frac{c}{\tan\varphi}\right]\overline{AC}\\&-\frac{cH}{\tan\varphi}\left\{\left[\frac{\overline{BE}}{\overline{CE}\cos(\alpha+\delta)}-\tan(\alpha+\delta)\right]+\tan\alpha\right\}\\&-\frac{c\sin\beta}{\tan\varphi}\left\{\left[\frac{\overline{BE}}{\overline{CE}\cos(\alpha+\delta)}-\tan(\alpha+\delta)\right]+\tan\beta\right\}\overline{AC}\end{aligned} \tag{4-25}$$

由图 4－4（c）中三角形 ehd 和图 4－4（d）中三角形 BCE 相似的条件可得

$$P_a=W_2\frac{\overline{CE}}{\overline{BE}} \tag{4-26}$$

将公式（4－25）代入公式（4－26），各得主动土压力 P_a 为

$$\begin{aligned}P_a=&\left[\frac{1}{2}\gamma H\frac{\cos(\alpha-\beta)}{\cos\alpha}+q\cos\beta+\frac{c}{\tan\varphi}\right]\frac{\overline{AC}\cdot\overline{CE}}{\overline{BE}}\\&-\frac{cH}{\tan\varphi}\left[\left(\frac{\overline{BE}}{\overline{CE}\cos(\alpha+\delta)}-\tan(\alpha+\delta)\right)+\tan\alpha\right]\frac{\overline{CE}}{\overline{BE}}\\&-\frac{c\sin\beta}{\tan\varphi}\left[\left(\frac{\overline{BE}}{\overline{CE}\cos(\alpha+\delta)}-\tan(\alpha+\delta)\right)+\tan\beta\right]\frac{\overline{AC}\cdot\overline{CE}}{\overline{BE}}\\=&\left\{\frac{1}{2}\gamma H\frac{\cos(\alpha-\beta)}{\cos\alpha}+q\cos\beta+\frac{c}{\tan\varphi}\{1+\sin\beta[\tan(\alpha+\delta)-\tan\beta]\}\right\}\\&\times\frac{\overline{AC}\cdot\overline{CE}}{\overline{BE}}-\frac{c\sin\beta}{\tan\varphi\cos(\alpha+\delta)}\overline{AC}+\frac{cH}{\tan\varphi}[\tan(\alpha+\delta)-\tan\alpha]\frac{\overline{CE}}{\overline{BE}}\\&-\frac{cH}{\tan\varphi\cos(\alpha+\delta)}\end{aligned} \tag{4-27}$$

现令

$$\left.\begin{aligned}M&=\frac{1}{2}\gamma H\frac{\cos(\alpha-\beta)}{\cos\alpha}+q\cos\beta+\frac{c}{\tan\varphi}\{1+\sin\beta[\tan(\alpha+\delta)-\tan\beta]\}\\N&=\frac{c\sin\beta}{\tan\varphi\cos(\alpha+\delta)}\\S&=\frac{cH}{\tan\varphi}[\tan(\alpha+\delta)-\tan\alpha]\end{aligned}\right\} \tag{4-28}$$

$$\left.\begin{aligned}\overline{AC}&=L_1=A_1+A_2B\\ \overline{CE}&=L_2=D-FB\\ \overline{BE}&=B\end{aligned}\right\}\tag{4-29}$$

$$\left.\begin{aligned}A_1&=\frac{-H\sin(\varphi+\delta)}{\cos\alpha\cos(\alpha+\delta+\varphi-\beta)}\\ A_2&=\frac{\cos(\alpha+\delta)}{\cos(\alpha+\delta+\varphi-\beta)}\\ D&=\frac{H\cos(\alpha-\beta)}{\cos\alpha\cos(\alpha+\delta+\varphi-\beta)}\\ F&=\frac{\sin(\varphi-\beta)}{\cos(\alpha+\delta+\varphi-\beta)}\end{aligned}\right\}\tag{4-30}$$

将公式（4-28）和公式（4-29）代入公式（4-27），则主动土压力 P_a 的计算公式可以简写为

$$P_a=M\frac{L_1L_2}{B}-NL_1+S\frac{L_2}{B}-\frac{cH}{\tan\varphi\cos(\alpha+\delta)}\tag{4-31}$$

主动土压力的计算公式也可以写成下列形式：

$$P_a=P_\gamma+P_q+P_c\tag{4-32}$$

$$\left.\begin{aligned}P_\gamma&=\frac{1}{2}\gamma H\frac{\cos(\alpha-\beta)}{\cos\alpha}\frac{L_1L_2}{B}\\ P_q&=q\frac{L_1L_2}{B}\cos\beta\\ P_c&=\frac{c}{\tan\varphi}\{1+\sin\beta[\tan(\alpha+\delta)-\tan\beta]\}\frac{L_1L_2}{B}-NL_1+S\frac{L_2}{B}-\frac{cH}{\tan\varphi\cos(\alpha+\delta)}\end{aligned}\right\}\tag{4-33}$$

式中 P_a——主动土压力，kN；

P_γ——由滑裂土体 ABC 的重力 G 产生的主动土压力（压力作用点距墙踵的高度为 $\frac{1}{3}H$），kN；

P_q——由填土表面竖直均布荷载 q 产生的主动土压力（压力作用点距墙踵的高度为 $\frac{1}{2}H$），kN；

P_c——由填土凝聚力 c 所产生的主动土压力（压力作用点距墙踵的高度为 $\frac{1}{2}H$），kN。

主动土压力 P_a 的作用点距挡土墙墙踵的高度为

$$y=\frac{P_\gamma\frac{1}{3}H+P_q\frac{1}{2}H+P_c\frac{1}{2}H}{P_a}=\frac{\left(\frac{1}{3}P_\gamma+\frac{1}{2}P_q+\frac{1}{2}P_c\right)H}{P_a}\tag{4-34}$$

根据极值条件 $\frac{\mathrm{d}P_a}{\mathrm{d}B}=0$，将公式（4-31）对 B 取一次导数并令其为零，可得

$$(MA_1+S)D+A_2(MF+N)B^2=0$$

解上式，可得 B 值为

$$B=\sqrt{\frac{-D(MA_1+S)}{A_2(MF+N)}} \tag{4-35}$$

根据公式（4-35）求得 B 值后，即可根据公式（4-29）求得 L_1 和 L_2，然后按公式（4-31）或公式（4-32）计算主动土压力 P_a 值，并按公式（4-34）计算土压力 P_a 的作用点距挡土墙墙踵的高度 y 值。

（二）填土表面无荷载作用（$q=0$）

当填土表面无荷载作用，即 $q=0$ 时，主动土压力仍可按公式（4-31）计算：

$$P_a=M\frac{L_1L_2}{B}-NL_1+S\frac{L_2}{B}-\frac{cH}{\tan\varphi\cos(\alpha+\delta)}$$

$$\left.\begin{aligned}&M=\frac{1}{2}\gamma H\frac{\cos(\alpha-\beta)}{\cos\alpha}+\frac{c}{\tan\varphi}\{1+\sin\beta[\tan(\alpha+\delta)-\tan\beta]\}\\&N=\frac{c\sin\beta}{\tan\varphi\cos(\alpha+\delta)}\\&S=\frac{cH}{\tan\varphi}[\tan(\alpha+\delta)-\tan\alpha]\end{aligned}\right\} \tag{4-36}$$

$$\left.\begin{aligned}&L_1=A_1+A_2B\\&L_2=D-FB\end{aligned}\right\} \tag{4-37}$$

$$\left.\begin{aligned}&A_1=\frac{-H\sin(\varphi+\delta)}{\cos\alpha\cos(\alpha+\delta+\varphi-\beta)}\\&A_2=\frac{\cos(\alpha+\delta)}{\cos(\alpha+\delta+\varphi-\beta)}\\&D=\frac{H\cos(\alpha-\beta)}{\cos\alpha\cos(\alpha+\delta+\varphi-\beta)}\\&F=\frac{\sin(\varphi-\beta)}{\cos(\alpha+\delta+\varphi-\beta)}\end{aligned}\right\} \tag{4-38}$$

$$B=\sqrt{\frac{-D(MA_1+S)}{A_2(MF+N)}} \tag{4-39}$$

式中 P_a——当填土表面无荷载作用时，填土对挡土墙所产生的主动土压力，kN；

γ——填土的容重（重力密度），kN/m^3；

c——填土的凝聚力，kPa；

H——挡土墙的高度，m；

φ——填土的内摩擦角，(°)；

δ——填土与挡土墙墙面的摩擦角，(°)；

β——填土表面线与水平线的夹角，(°)；

α——挡土墙墙面与竖直线之间的夹角，(°)。

主动土压力的计算公式也可以写成下列形式：

$$P_a=P_\gamma+P_c \tag{4-40}$$

$$\left.\begin{aligned}P_\gamma&=\frac{1}{2}\gamma H\frac{\cos(\alpha-\beta)}{\cos\alpha}\frac{L_1L_2}{B}\\P_c&=\frac{c}{\tan\varphi}\{1+\sin\beta[\tan(\alpha+\delta)-\tan\beta]\}\frac{L_1L_2}{B}\\&\quad-NL_1+S\frac{L_2}{B}-\frac{cH}{\tan\varphi\cos(\alpha+\delta)}\end{aligned}\right\}\tag{4-41}$$

式中　P_a——填土对挡土墙所产生的主动土压力，kN；

P_γ——由滑裂土体 ABC（图 4-4）的重力 G 所产生的主动土压力（压力作用点距挡土墙墙踵的高度为$\frac{1}{3}H$），kN；

P_c——由填土的凝聚力 c 所产生的主动土压力（压力作用点距挡土墙墙踵的高度为$\frac{1}{2}H$），kN。

主动土压力 P_a 的作用点距挡土墙墙踵的高度为

$$y=\frac{P_\gamma\frac{1}{3}H+P_c\frac{1}{2}H}{P_a}=\frac{\left(\frac{1}{3}P_\gamma+\frac{1}{2}P_c\right)\mathrm{H}}{P_a}\tag{4-42}$$

二、考虑填土表面出现裂缝的情况

（一）填土表面作用均布荷载 q

当考虑填土表面出现裂缝时，首先需要确定裂缝的深度，裂缝的深度 h_c 可近似地按下式计算：

$$h_c=\frac{c}{\gamma\tan\varphi}\left[\frac{\cos^2(\alpha+\varphi)\cos\alpha}{(\sin\varphi-\cos\alpha)^2}-1\right]\tag{4-43}$$

式中　h_c——填土表面裂缝深度，m；

c——土的凝聚力，kPa；

γ——土的容重（重力密度），kN/m³。

此时土压力的计算可分为两种情况：

1. 当 $h>h_c$ 时

如果填土表面作用竖直均布荷载 q，将均布荷载转化为土层厚度 $h=\frac{q}{\gamma}$（其中 γ 为土的容重）后，若 $h>h_c$，则表示由于均布荷载 q 的作用填土表面不可能出现裂缝，故此时主动土压力可按不考虑填土表面出现裂缝的情况进行计算。

2. 当 $h<h_c$ 时

如果填土表面作用竖直均布荷载 q，将均布荷载转化为土层厚度 $h=\frac{q}{\gamma}$后，若 $h<h_c$，则表示虽然有均布荷载 q 的作用，填土表面仍将出现裂缝，但裂缝的实际深度为 $h_0=h_c-h$。

如果填土表面无荷载作用，则填土表面的裂缝深度即等于 h_c。

此时滑裂土体为 $A'BC'$，填土表面的竖直均布荷载$\left(q+\frac{c}{\tan\varphi\cos\beta}\right)$仅作用在 $A'C'$的水

平投影长度上，开裂土层的重量 γh_c 按均布竖直荷载作用在 $A'C'$ 面的水平投影长度上，同时土的内结构压力 $\frac{c}{\tan\varphi}$ 也仅作用在 $A'B$ 墙面上，如图 4-5 所示。

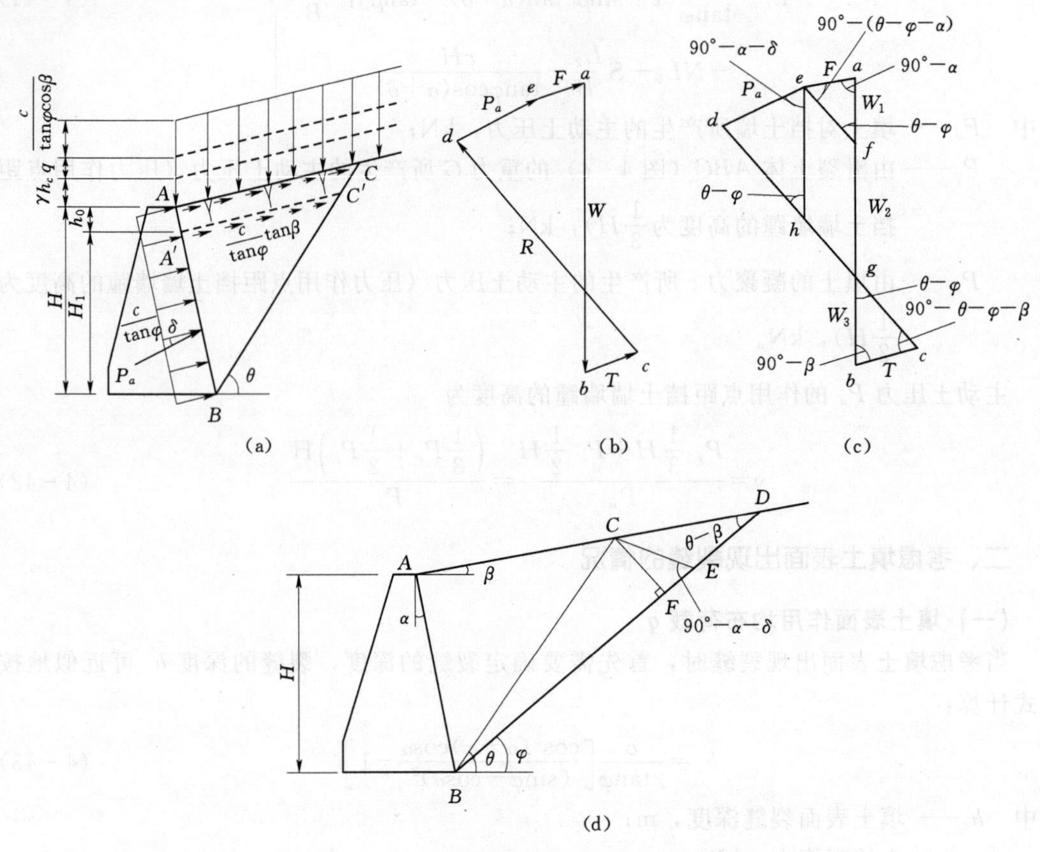

图 4-5　土压力计算图（考虑填土表面裂缝）

此时作用在填土表面上的竖直方向作用力的合力为

$$Q=\left(q+\frac{c}{\tan\varphi\cos\beta}\right)\overline{A'C'}\cos\beta \tag{4-44}$$

式中　$\overline{A'C'}$——$A'C'$ 的长度。

作用在填土表面的切力为

$$T=\frac{c}{\tan\varphi}\tan\beta\,\overline{A'C'} \tag{4-45}$$

作用在 $A'B$ 面上的法向力为

$$F=\frac{cH_1}{\tan\varphi\cos\alpha} \tag{4-46}$$

$$H_1=H+h-h_c \tag{4-47}$$

式中　H_1——考虑填土表面出现裂缝后的挡土墙计算高度，m。

滑裂土体的重力为

$$G=\frac{1}{2}\gamma H\frac{\cos(\alpha-\beta)}{\cos\alpha}\overline{A'C'} \tag{4-48}$$

裂缝土层的重量为

$$G_1=\gamma(h_c-h)\overline{A'C'}\cos\beta \tag{4-49}$$

因此作用在滑裂土体 $A'BC'$ 上的总竖向作用力为

$$\begin{aligned}W&=G+Q+G_1\\&=\left[\frac{1}{2}\gamma H\frac{\cos(\alpha-\beta)}{\cos\alpha}\overline{A'C'}+q\cos\beta+\gamma(h_c-h)\cos\beta+\frac{c}{\tan\varphi}\right]\overline{A'C'}\end{aligned} \tag{4-50}$$

同样，作用在滑裂土体 $A'BC'$ 上的作用力 W、T、F、P_a 和 R 处于平衡状态，因此可得闭合力多边形 $abcdea$，如图 4-5（b）所示。

根据闭合力多边形中的几何关系可得

$$W_1=\frac{cH_1}{\tan\varphi}[\cot(\theta-\varphi)+\tan\alpha] \tag{4-51}$$

$$W_3=\frac{c\sin\beta}{\tan\varphi}[\cot(\theta-\varphi)+\tan\beta]\overline{A'C'} \tag{4-52}$$

故

$$\begin{aligned}W_2&=W-W_1-W_3\\&=\left\{\frac{1}{2}\gamma H\frac{\cos(\alpha-\beta)}{\cos\alpha}+q\cos\beta+\gamma(h_c-h)\cos\beta+\frac{c}{\tan\varphi}\right]\overline{A'C'}\\&\quad-\frac{cH_1}{\tan\varphi}[\cot(\theta-\varphi)+\tan\alpha]-\frac{c\sin\beta}{\tan\varphi}[\cot(\theta-\varphi)+\tan\beta]\overline{A'C'}\end{aligned} \tag{4-53}$$

同样，根据图 4-5（d）中的几何关系可得

$$\cot(\theta-\varphi)=\frac{\overline{BE}}{\overline{CE}\cos(\alpha+\delta)}-\tan(\alpha+\delta)$$

将上式代入公式（4-53）得

$$\begin{aligned}W_2=&\left[\frac{1}{2}\gamma H_1\frac{\cos(\alpha-\beta)}{\cos\alpha}+q\cos\beta+\gamma(h_c-h)\cos\beta+\frac{c}{\tan\varphi}\right]\overline{A'C'}\\&-\frac{cH_1}{\tan\varphi}\left[\left(\frac{\overline{BE}}{\overline{CE}\cos(\alpha+\delta)}-\tan(\alpha+\delta)\right)+\tan\alpha\right]\\&-\frac{c\sin\beta}{\tan\varphi}\left[\left(\frac{\overline{BE}}{\overline{CE}\cos(\alpha+\delta)}-\tan(\alpha+\delta)\right)+\tan\beta\right]A'C'\end{aligned} \tag{4-54}$$

根据图 4-5（c）和图 4-5（d）中的几何关系可得

$$P_a=W_2\frac{\overline{CE}}{\overline{BE}}$$

将公式（4-47）代入上式中，可得主动土压力为

$$\begin{aligned}P_a=&\left\{\frac{1}{2}\gamma H_1\frac{\cos(\alpha-\beta)}{\cos\alpha}+q\cos\beta+\gamma(h_c-h)\cos\beta\right.\\&+\frac{c}{\tan\varphi}\{1+\sin\beta[\tan(\alpha+\delta)-\tan\beta]\}\frac{\overline{A'C'}\cdot\overline{C'E'}}{\overline{BE'}}-\frac{c\sin\beta}{\tan\varphi\cos(\alpha+\delta)}\overline{A'C'}\\&+\frac{cH_1}{\tan\varphi}[\tan(\alpha+\delta)-\tan\alpha]\frac{\overline{C'E'}}{\overline{BE'}}-\frac{cH_1}{\tan\varphi\cos(\alpha+\delta)}\end{aligned} \tag{4-55}$$

现令

$$\left.\begin{aligned}M_1&=\frac{1}{2}\gamma H_1\frac{\cos(\alpha-\beta)}{\cos\alpha}+q\cos\beta+\gamma(h_c-h)\cos\beta\\&\quad+\frac{c}{\tan\varphi}\{1+\sin\beta[\tan(\alpha+\delta)-\tan\beta]\}\\N_1&=\frac{c\sin\beta}{\tan\varphi\cos(\alpha+\delta)}\\S_1&=\frac{cH_1}{\tan\varphi}[\tan(\alpha+\delta)-\tan\alpha]\end{aligned}\right\}\tag{4-56}$$

$$H_1=H-h_0$$

$$\left.\begin{aligned}\overline{A'C'}&=L_1'=A_1+A_2B\\\overline{C'E'}&=L_2'=D-FB\\\overline{BE'}&=B\end{aligned}\right\}\tag{4-57}$$

$$\left.\begin{aligned}A_1&=\frac{-H_1\sin(\varphi+\delta)}{\cos\alpha\cos(\alpha+\delta+\varphi-\beta)}\\A_2&=\frac{\cos(\alpha+\delta)}{\cos(\alpha+\delta+\varphi-\beta)}\\D&=\frac{H_1\cos(\alpha-\beta)}{\cos\alpha\cos(\alpha+\delta+\varphi-\beta)}\\F&=\frac{\sin(\varphi-\beta)}{\cos(\alpha+\delta+\varphi-\beta)}\end{aligned}\right\}\tag{4-58}$$

式中 H_1——挡土墙的计算高度。

将公式（4-49）和公式（4-50）代入公式（4-48），则主动土压力的计算公式可以简写为

$$P_a=M_1\frac{L_1'L_2'}{B}-N_1L_1'+S_1\frac{L_2'}{B}-\frac{cH_1}{\tan\varphi\cos(\alpha+\delta)}\tag{4-59}$$

主动土压力的计算公式也可以写成下列形式：

$$P_a=P_\gamma+P_q+P_c\tag{4-60}$$

$$\left.\begin{aligned}P_\gamma&=\frac{1}{2}\gamma H_1\frac{\cos(\alpha-\beta)}{\cos\alpha}\frac{L_1'L_2'}{B}\\P_q&=[q+\gamma(h_c-h)]\cos\beta\frac{L_1'L_2'}{B}\\P_c&=\frac{c}{\tan\varphi}\{1+\sin\beta[\tan(\alpha+\delta)-\tan\beta]\}\frac{L_1'L_2'}{B}\\&\quad-N_1L_1'+S_1\frac{L_2'}{B}-\frac{cH_1}{\tan\varphi\cos(\alpha+\delta)}\end{aligned}\right\}\tag{4-61}$$

式中 P_r——由滑裂土体 $A'BC'$ 的重力 G 产生的主动土压力（作用点距挡土墙墙踵的高度为 $\frac{1}{3}H_1$），kN；

P_q——由填土表面竖直均布荷载 q 和开裂土层重力 G_1 产生的主动土压力（作用点距挡土墙墙踵的高度为 $\frac{1}{2}H_1$），kN；

P_c——由填土凝聚力 c 产生的主动土压力（作用点距挡土墙墙踵的高度为$\frac{1}{2}H_1$），kN。

主动土压力 P_a 的作用点距挡土墙踵的高度为

$$y=\frac{P_\gamma \frac{1}{3}H_1+P_q \frac{1}{2}H_1+P_c \frac{1}{2}H_1}{P_a}=\frac{\left(\frac{1}{3}P_\gamma+\frac{1}{2}P_q+\frac{1}{2}P_c\right)H_1}{P_a} \tag{4-62}$$

根据极值条件$\frac{dP_a}{dB}=0$，将公式（4－52）对 B 取一次导数并令其为零，可得

$$(M_1A_1+S_1)D+A_2(M_1F+N_1)B^2=0$$

解上式可得 B 值为

$$B=\sqrt{\frac{-D(M_1A_1+S_1)}{A_2(M_1F+N_1)}} \tag{4-63}$$

根据公式（4－63）求得 B 值后，即可根据公式（4－57）求得 L_1'和 L_2'，然后就可以按公式（4－59）或公式（4－60）计算主动土压力 P_a 值，并按公式（4－62）计算土压力 P_a 的作用点距挡土墙墙踵的高度 y 值。

（二）填土表面无荷载作用（$q=0$）

当填土表面无荷载作用，即 $q=0$ 时，作用在挡土墙上的主动土压力仍可按公式（4－59）计算：

$$P_a=M_1\frac{L_1'L_2'}{B}-N_1L_1'+S_1\frac{L_2'}{B}-\frac{cH_1}{\tan\varphi\cos(\alpha+\delta)}$$

其中

$$\left.\begin{aligned}M_1&=\frac{1}{2}\gamma H_1\frac{\cos(\alpha-\beta)}{\cos\alpha}+\gamma h_c\cos\beta+\frac{c}{\tan\varphi}\{1+\sin\beta[\tan(\alpha+\delta)-\tan\beta]\}\\N_1&=\frac{c\sin\beta}{\tan\varphi\cos(\alpha+\delta)}\\S_1&=\frac{cH_1}{\tan\varphi}[\tan(\alpha+\delta)-\tan\alpha]\end{aligned}\right\} \tag{4-64}$$

$$\left.\begin{aligned}L_1'&=A_1+A_2B\\L_2'&=D-FB\end{aligned}\right\} \tag{4-65}$$

$$\left.\begin{aligned}A_1&=\frac{-H_1\sin(\varphi-\delta)}{\cos\alpha\cos(\alpha+\delta+\varphi-\beta)}\\A_2&=\frac{\cos(\alpha+\delta)}{\cos(\alpha+\delta+\varphi-\beta)}\\D&=\frac{H_1\cos(\alpha-\beta)}{\cos\alpha\cos(\alpha+\delta+\varphi-\beta)}\\F&=\frac{\sin(\varphi-\beta)}{\cos(\alpha+\delta+\varphi-\beta)}\end{aligned}\right\} \tag{4-66}$$

$$B=\sqrt{\frac{-D(M_1A_1+S_1)}{A_2(M_1F+N_1)}} \tag{4-67}$$

$$H_1=H-h_c \tag{4-68}$$

式中 P_a——填土作用在挡土墙上的主动土压力，kN；

γ——填土的容重（重力密度），kN/m³；

φ——填土的内摩擦角，(°)；

c——填土的凝聚力，kPa；

δ——填土与挡土墙墙面的摩擦角，(°)；

β——填土表面线与水平线的夹角，(°)；

α——挡土墙墙面与竖直面之间的夹角（°）；

H_1——挡土墙的高度 H 减去填土表面裂缝深度 h_c 以后的高度，m。

主动土压力的计算公式也可以写成下列形式

$$P_a = P_\gamma + P_c + P_q \tag{4-69}$$

$$\left.\begin{aligned}
P_\gamma &= \frac{1}{2}\gamma H_1 \frac{\cos(\alpha-\beta)}{\cos\alpha}\frac{L_1' L_2'}{B} \\
P_q &= \gamma h_c \cos\beta \frac{L_1' L_2'}{B} \\
P_c &= \frac{c}{\tan\varphi}\{1+\sin\beta[\tan(\alpha+\delta)-\tan\beta]\}\frac{L_1' L_2'}{B} \\
&\quad -N_1 L_1' + S_1 \frac{L_2'}{B} - \frac{cH_1}{\tan\varphi\cos(\alpha+\delta)}
\end{aligned}\right\} \tag{4-70}$$

式中 P_a——作用在挡土墙上的主动土压力，kN；

P_γ——由滑裂土体 $A'BC'$ 的重力 G（图 4-6）所产生的主动土压力（作用点距挡土墙墙踵的高度为 $\frac{1}{3}H_1$），kN；

P_c——由填土凝聚力 c 所产生的主动土压力（作用点距挡土墙墙踵的高度为 $\frac{1}{2}H_1$），kN；

H_1——挡土墙的高度 H 减去填土表面裂缝深度 h_c 以后的高度，m；

P_q——由填土表面裂缝深度土层所产生的主动土压力（作用点距挡土墙墙踵的高度为 $\frac{1}{2}H_1$），kN。

主动土压力 P_a 的作用点距挡土墙墙踵的高度为

$$y = \frac{P_\gamma \frac{1}{3}H_1 + P_q \frac{1}{2}H_1 + P_c \frac{1}{2}H_1}{P_a} = \frac{\left(\frac{1}{3}P_\gamma + \frac{1}{2}P_q + \frac{1}{2}P_c\right)H_1}{P_a} \tag{4-71}$$

填土表面的裂缝深度仍可按公式（4-43）计算：

$$h_c = \frac{c}{\gamma\tan\varphi}\left[\frac{\cos^2(\alpha+\varphi)\cos\alpha}{(\sin\varphi-\cos\alpha)^2}-1\right]$$

式中 h_c——填土表面的裂缝深度，m；

c——填土的凝聚力，kPa；

γ——填土的容重（重力密度），kN/m³；

φ——填土的内摩擦角，(°)；

α——挡土墙墙面与竖直线之间的夹角，(°)。

第三节　无黏性土主动土压力的计算

一、填土表面作用均布荷载 q

(一) 当填土表面倾斜、墙面倾斜 ($\alpha\neq0°$、$\beta\neq0°$) 时

当填土为无黏性土时，土的凝聚力 $c=0$，填土对挡土墙所产生的主动土压力 P_a 可按下式计算：

$$P_a=M\frac{L_1L_2}{B} \tag{4-72}$$

$$\left.\begin{aligned}L_1&=A_1+A_2B\\L_2&=D-FB\end{aligned}\right\} \tag{4-73}$$

$$\left.\begin{aligned}A_1&=\frac{-H\sin(\varphi+\delta)}{\cos\alpha\cos(\alpha+\delta+\varphi-\beta)}\\A_2&=\frac{\cos(\alpha+\delta)}{\cos(\alpha+\delta+\varphi-\beta)}\\D&=\frac{H\cos(\alpha-\beta)}{\cos\alpha\cos(\alpha+\delta+\varphi-\beta)}\\F&=\frac{\sin(\varphi-\beta)}{\cos(\alpha+\delta+\varphi-\beta)}\end{aligned}\right\} \tag{4-74}$$

$$B=\sqrt{\frac{-DA_1}{A_2F}} \tag{4-75}$$

$$M=\frac{1}{2}\gamma H\frac{\cos(\alpha-\beta)}{\cos\alpha}+q\cos\beta \tag{4-76}$$

式中　P_a——填土对挡土墙的主动土压力，kN；

H——挡土墙的高度，m；

γ——填土的容重（重力密度），kN/m^3；

q——作用在填土表面的均布荷载，kPa；

α——挡土墙墙面与竖直面之间的夹角，(°)；

β——填土表面与水平面之间的夹角，(°)；

φ——填土的内摩擦角，(°)；

δ——填土与挡土墙墙面的摩擦角，(°)。

公式 (4-76) 也可以写成下列形式：

$$M=\frac{1}{2}\gamma H\frac{\cos(\alpha-\beta)}{\cos\alpha}\left[1+\frac{2q}{\gamma H}\times\frac{\cos\alpha\cos\beta}{\cos(\alpha-\beta)}\right] \tag{4-77}$$

将公式 (4-74) 代入公式 (4-75) 得

$$B=\sqrt{\frac{\dfrac{-H\cos(\alpha-\beta)}{\cos\alpha\cos(\alpha+\delta+\varphi-\beta)}\times\dfrac{-H\sin(\varphi+\delta)}{\cos\alpha\cos(\alpha+\delta+\varphi-\beta)}}{\dfrac{\cos(\alpha+\delta)}{\cos(\alpha+\delta+\varphi-\beta)}\times\dfrac{\sin(\varphi-\beta)}{\cos(\alpha+\delta+\varphi-\beta)}}}$$

$$=\frac{H}{\cos\alpha}\sqrt{\frac{\cos(\alpha-\beta)\sin(\varphi+\delta)}{\cos(\alpha+\delta)\sin(\varphi-\beta)}} \tag{4-78}$$

将公式（4-74）和公式（4-78）代入公式（4-73）得

$$L_1=\frac{-H\sin(\varphi+\delta)}{\cos\alpha\cos(\alpha+\delta+\varphi-\beta)}+\frac{\cos(\alpha+\delta)}{\cos(\alpha+\delta+\varphi-\beta)}\times\frac{H}{\cos\alpha}\sqrt{\frac{\cos(\alpha-\beta)\sin(\varphi+\delta)}{\cos(\alpha+\delta)\sin(\varphi-\beta)}}$$

$$=\frac{H}{\cos\alpha\cos(\alpha+\delta+\varphi-\beta)}\left[\sqrt{\frac{\cos(\alpha+\delta)\cos(\alpha-\beta)\sin(\varphi+\delta)}{\sin(\varphi-\beta)}}-\sin(\varphi+\delta)\right] \tag{4-79}$$

$$L_2=\frac{H\cos(\alpha-\beta)}{\cos\alpha\cos(\alpha+\delta+\varphi-\beta)}-\frac{\sin(\varphi-\beta)}{\cos(\alpha+\delta+\varphi-\beta)}\times\frac{H}{\cos\alpha}\sqrt{\frac{\cos(\alpha-\beta)\sin(\varphi+\delta)}{\cos(\alpha+\delta)\sin(\varphi-\beta)}}$$

$$=\frac{H}{\cos\alpha\cos(\alpha+\delta+\varphi-\beta)}\left[\cos(\alpha-\beta)-\sqrt{\frac{\cos(\alpha-\beta)\sin(\varphi+\delta)\sin(\varphi-\beta)}{\cos(\alpha+\delta)}}\right] \tag{4-80}$$

公式（4-79）和公式（4-80）也可以写成下列形式：

$$L_1=\frac{H\sin(\varphi+\delta)}{\cos\alpha\cos(\alpha+\delta+\varphi-\beta)}\left[\sqrt{\frac{\cos(\alpha+\delta)\cos(\alpha-\beta)}{\sin(\varphi+\delta)\sin(\varphi-\beta)}}-1\right] \tag{4-81}$$

$$L_2=\frac{H\cos(\alpha-\beta)}{\cos\alpha\cos(\alpha+\delta+\varphi-\beta)}\left[1-\sqrt{\frac{\sin(\varphi+\delta)\sin(\varphi-\beta)}{\cos(\alpha+\delta)\cos(\alpha-\beta)}}\right] \tag{4-82}$$

将公式（4-81）乘以公式（4-82）除以公式（4-78）得

$$\frac{L_1L_2}{B}=\frac{H\sin(\varphi+\delta)}{\cos\alpha\cos(\alpha+\delta+\varphi-\beta)}\left[\sqrt{\frac{\cos(\alpha+\delta)\cos(\alpha-\beta)}{\sin(\varphi+\delta)\sin(\varphi-\beta)}}-1\right]$$

$$\times\frac{H\cos(\alpha-\beta)}{\cos\alpha\cos(\alpha+\delta+\varphi-\beta)}\left[1-\sqrt{\frac{\sin(\varphi+\delta)\sin(\varphi-\beta)}{\cos(\alpha+\delta)\cos(\alpha-\beta)}}\right]$$

$$\div\frac{H}{\cos\alpha}\sqrt{\frac{\cos(\alpha-\beta)\sin(\varphi+\delta)}{\cos(\alpha+\delta)\sin(\varphi-\beta)}}$$

$$=\frac{H\cos(\alpha-\beta)\sin(\varphi+\delta)}{\cos\alpha\cos^2(\alpha+\delta+\varphi-\beta)}\left[\sqrt{\frac{\cos(\alpha+\delta)}{\sin(\varphi+\delta)}}-\sqrt{\frac{\sin(\varphi-\beta)}{\cos(\alpha-\beta)}}\right]^2 \tag{4-83}$$

上式也可以写成下列形式：

$$\frac{L_1L_2}{B}=\frac{H\cos(\alpha+\delta)\cos(\alpha-\beta)}{\cos\alpha\cos^2(\alpha+\delta+\varphi-\beta)}\left[1-\sqrt{\frac{\sin(\varphi+\delta)\sin(\varphi-\beta)}{\cos(\alpha+\delta)\cos(\alpha-\beta)}}\right]^2 \tag{4-84}$$

将公式（4-84）和公式（4-77）代入公式（4-72），则得无黏性土的主动土压力的计算公式为

$$P_a=M\frac{L_1L_2}{B}$$

$$=\frac{1}{2}\gamma H\frac{\cos(\alpha-\beta)}{\cos\alpha}\left[1+\frac{2q}{\gamma H}\times\frac{\cos\alpha\cos\beta}{\cos(\alpha-\beta)}\right]$$

$$\times\frac{H\cos(\alpha+\delta)\cos(\alpha-\beta)}{\cos\alpha\cos^2(\alpha+\delta+\varphi-\beta)}\left[1-\sqrt{\frac{\sin(\varphi+\delta)\sin(\varphi-\beta)}{\cos(\alpha+\delta)\cos(\alpha-\beta)}}\right]^2$$

$$=\frac{1}{2}\gamma H^2\left[1+\frac{2q}{\gamma H}\times\frac{\cos\alpha\cos\beta}{\cos(\alpha-\beta)}\right]\frac{\cos(\alpha+\delta)\cos^2(\alpha-\beta)}{\cos^2\alpha\cos^2(\alpha+\delta+\varphi-\beta)}$$

$$\times\left[1-\sqrt{\frac{\sin(\varphi+\delta)\sin(\varphi-\beta)}{\cos(\alpha+\delta)\cos(\alpha-\beta)}}\right]^2 \tag{4-85}$$

如令
$$K_a=\frac{\cos(\alpha+\delta)\cos^2(\alpha-\beta)}{\cos^2\alpha\cos^2(\alpha+\delta+\varphi-\beta)}\left[1-\sqrt{\frac{\sin(\varphi+\delta)\sin(\varphi-\beta)}{\cos(\alpha+\delta)\cos(\alpha-\beta)}}\right]^2 \tag{4-86}$$

则无黏性土的主动土压力计算公式可简写为

$$P_a=\frac{1}{2}\gamma H^2\left[1+\frac{2q}{\gamma H}\times\frac{\cos\alpha\cos\beta}{\cos(\alpha-\beta)}\right]K_a \tag{4-87}$$

式中　P_a——无黏性土的主动土压力，kN；

K_a——无黏性土的主动土压力系数；

γ——填土的容重（重力密度），kN/m³；

q——作用在填土表面的均布荷载，kPa；

H——挡土墙的高度，m；

α——挡土墙墙面与竖直面的夹角，(°)；

β——填土表面线与水平线的夹角，(°)。

公式（4-87）也可以写成下列形式：

$$P_a=P_\gamma+P_q \tag{4-88}$$

式中　P_a——无黏性填土的主动土压力，kN；

P_γ——由填土的重力所产生的主动土压力（压力分布图形为三角形，作用点距挡土墙墙踵的高度为$\frac{1}{3}H$），kN；

P_q——由填土表面均布荷载所产生的主动土压力（压力强度沿挡土墙墙高为均布分布，作用点距挡土墙墙踵的高度为$\frac{1}{2}H$），kN。

由公式（4-87）可知：

$$P_\gamma=\frac{1}{2}\gamma H^2K_a \tag{4-89}$$

$$P_q=qH\frac{\cos\alpha\cos\beta}{\cos(\alpha-\beta)}K_a \tag{4-90}$$

主动土压力 P_a 的作用点距挡土墙墙踵的高度为

$$y=\frac{P_\gamma\frac{1}{3}H+P_q\frac{1}{2}H}{P_a}=\frac{\left(\frac{1}{3}P_\gamma+\frac{1}{2}P_q\right)H}{P_a} \tag{4-91}$$

式中　y——主动土压力 P_a 的作用点距挡土墙墙踵的高度，m。

（二）当填土表面水平（$\beta=0°$）、墙面倾斜（$\alpha\neq0°$）时

当填土表面水平（$\beta=0°$）、挡土墙墙面倾斜（$\alpha\neq0°$）时，填土作用在挡土墙上的主动土压力 P_a 可按下式计算：

$$P_a=\frac{1}{2}\gamma H^2\left(1+\frac{2q}{\gamma H}\right)K_a \tag{4-92}$$

或
$$P_a=P_\gamma+P_q \tag{4-93}$$

$$P_\gamma=\frac{1}{2}\gamma H^2K_a \tag{4-94}$$

$$P_q=qHK_a \tag{4-95}$$

式中 P_a——填土作用在挡土墙上的主动土压力，kN；

P_γ——由填土的重力所产生的主动土压力，kN；

P_q——由填土表面的均布荷载 q 所产生的主动土压力，kN；

H——挡土墙的高度，m；

q——填土表面作用的均布荷载，kPa；

γ——填土的容重（重力密度），kN/m³；

K_a——主动土压力系数。

此时的主动土压力系数 K_a 按下式计算：

$$K_a=\frac{\cos(\alpha+\delta)}{\cos^2(\alpha+\delta+\varphi)}\left[1-\sqrt{\frac{\sin(\varphi+\delta)\sin\varphi}{\cos(\alpha+\delta)\cos\alpha}}\right]^2 \tag{4-96}$$

式中 α——挡土墙墙面与竖直平面之间的夹角，(°)；

φ——填土的内摩擦角，(°)；

δ——填土与挡土墙墙面的摩擦角，(°)。

主动土压力 P_a 的作用点距挡土墙墙踵的高度 y 按下式计算：

$$y=\frac{\left(\frac{1}{3}P_\gamma+\frac{1}{2}P_q\right)H}{P_a} \tag{4-97}$$

式中 y——主动土压力 P_a 的作用点距挡土墙墙踵的高度，m。

（三）当填土表面倾斜（$\beta\neq0°$）、墙面竖直（$\alpha=0°$）时

当填土表面倾斜，与水平面的夹角为 β，挡土墙墙面竖直（$\alpha=0°$）时，填土作用在挡土墙上的主动土压力 P_a 可按下式计算：

$$P_a=\frac{1}{2}\gamma H^2\left(1+\frac{2q}{\gamma H}\right)K_a \tag{4-98}$$

或

$$P_a=P_\gamma+P_q \tag{4-99}$$

而

$$P_\gamma=\frac{1}{2}\gamma H^2K_a \tag{4-100}$$

$$P_q=qHK_a \tag{4-101}$$

式中 P_a——填土作用在挡土墙上的主动土压力，kN；

P_γ——由填土的重力所产生的主动土压力，kN；

P_q——由填土表面的均布荷载 q 所产生的主动土压力，kN；

H——挡土墙的高度，m；

q——填土表面作用的均布荷载，kPa；

γ——填土的容重（重力密度），kN/m³；

K_a——主动土压力系数。

此时的主动土压力系数 K_a 按下式计算：

$$K_a=\frac{\cos\delta\cos^2\beta}{\cos^2(\delta+\varphi-\beta)}\left[1-\sqrt{\frac{\sin(\varphi+\delta)\sin(\varphi-\beta)}{\cos\delta\cos\beta}}\right]^2 \tag{4-102}$$

式中 β——填土表面线与水平线的夹角，(°)；

δ——填土与挡土墙墙面的摩擦角，(°)；

φ——填土的内摩擦角，(°)。

主动土压力 P_a 的作用点距挡土墙墙踵点高度 y 按下式计算：

$$y=\frac{\left(\frac{1}{3}P_\gamma+\frac{1}{2}P_q\right)H}{P_a} \tag{4-103}$$

式中　y——主动土压力 P_a 的作用点距挡土墙墙踵的高度，m。

(四) 当填土表面水平 ($\beta=0°$)、墙面竖直 ($\alpha=0°$) 时

当填土表面水平（$\beta=0°$）和挡土墙墙面竖直（$\alpha=0°$）时，填土作用在挡土墙上的主动土压力 P_a 可按下式计算：

$$P_a=\frac{1}{2}\gamma H^2\left(1+\frac{2q}{\gamma H}\right)K_a \tag{4-104}$$

或

$$P_a=P_\gamma+P_q \tag{4-105}$$

其中

$$P_\gamma=\frac{1}{2}\gamma H^2K_a \tag{4-106}$$

$$P_q=qHK_a \tag{4-107}$$

此时的主动土压力系数 K_a 按下式计算：

$$K_a=\frac{\cos\delta}{\cos^2(\delta+\varphi)}\left[1-\sqrt{\frac{\sin(\varphi+\delta)\sin\varphi}{\cos\delta}}\right]^2 \tag{4-108}$$

主动土压力 P_a 的作用点距挡土墙墙踵的高度 y 按下式计算：

$$y=\frac{\left(\frac{1}{3}P_\gamma+\frac{1}{2}P_q\right)H}{P_a} \tag{4-109}$$

二、填土表面无荷载作用 ($q=0$)

(一) 填土表面倾斜 ($\beta\neq0°$)、墙面倾斜 ($\alpha\neq0°$) 时

当填土表面倾斜，与水平面的夹角为 β，挡土墙墙面倾斜，与竖直平面的夹角为 α，填土为无黏性土（$c=0$）时，填土对挡土墙所产生的主动土压力 P_a 可按下式计算：

$$P_a=\frac{1}{2}\gamma H^2K_a \tag{4-110}$$

式中　P_a——无黏性填土的主动土压力，kN；

γ——填土的容重（重力密度），kN/m^3；

H——挡土墙的高度，m；

K_a——无黏性土的主动土压力系数。

此时的主动土压力系数 K_a 按下式计算：

$$K_a=\frac{\cos(\alpha+\delta)\cos^2(\alpha-\beta)}{\cos^2\alpha\cos^2(\alpha+\delta+\varphi-\beta)}\left[1-\sqrt{\frac{\sin(\varphi+\delta)\sin(\varphi-\beta)}{\cos(\alpha+\delta)\cos(\alpha-\beta)}}\right]^2 \tag{4-111}$$

式中　α——挡土墙墙面与竖直平面之间的夹角，(°)；

β——填土表面与水平面之间的夹角，(°)；

δ——填土与挡土墙墙面的摩擦角，(°)；

φ——填土的内摩擦角，(°)。

此时主动土压力 P_a 的作用点距挡土墙墙踵的高度为

$$y=\frac{1}{3}H \tag{4-112}$$

(二) 填土表面水平 ($\beta=0°$)、墙面倾斜 ($\alpha\neq0°$) 时

当填土表面水平（$\beta=0°$）、挡土墙墙面倾斜（$\alpha\neq0°$）时，填土作用在挡土墙上的主动土压力 P_a 可按下式计算：

$$P_a=\frac{1}{2}\gamma H^2 K_a \tag{4-113}$$

此时的主动土压力系数 K_a 按下式计算：

$$K_a=\frac{\cos(\alpha+\delta)}{\cos^2(\alpha+\delta+\varphi)}\left[1-\sqrt{\frac{\sin(\varphi+\delta)\sin\varphi}{\cos(\alpha+\delta)\cos\alpha}}\right]^2 \tag{4-114}$$

主动土压力作用点距挡土墙墙踵的高度为

$$y=\frac{1}{3}H \tag{4-115}$$

(三) 填土表面倾斜 ($\beta\neq0°$)、墙面竖直 ($\alpha=0°$) 时

当填土表面倾斜（$\beta\neq0°$），挡土墙墙面竖直（$\alpha=0°$）时，填土作用在挡土墙上的主动土压力 P_a 可按下式计算：

$$P_a=\frac{1}{2}\gamma H^2 K_a \tag{4-116}$$

此时的主动土压力系数 K_a 按下式计算：

$$K_a=\frac{\cos\delta\cos^2\beta}{\cos^2(\delta+\varphi-\beta)}\left[1-\sqrt{\frac{\sin(\varphi+\delta)\sin(\varphi-\beta)}{\cos\delta\cos\beta}}\right]^2 \tag{4-117}$$

主动土压力作用点距墙踵的高度为

$$y=\frac{1}{3}H \tag{4-118}$$

(四) 填土表面水平 ($\beta=0°$)、墙面竖直 ($\alpha=0°$) 时

当填土表面水平（$\beta=0°$）和挡土墙墙面竖直（$\alpha=0°$）时，填土作用在挡土墙上的主动土压力 P_a 可按下式计算：

$$P_a=\frac{1}{2}\gamma H^2 K_a \tag{4-119}$$

此时的主动土压力系数 K_a 按下式计算：

$$K_a=\frac{\cos\delta}{\cos^2(\delta+\varphi)}\left[1-\sqrt{\frac{\sin(\varphi+\delta)\sin\varphi}{\cos\delta}}\right]^2 \tag{4-120}$$

主动土压力 P_a 的作用点距挡土墙墙踵的高度为

$$y=\frac{1}{3}H \tag{4-121}$$

第五章　按微分滑动块体极限平衡原理计算土压力

第一节　滑动面之间的角度关系

若有如图 5-1 所示的挡土墙，墙后的滑动土体为 $ABDECA$，由三部分组成，即滑动块体 ABC、BCD 和 CDE，AB、BC、BD、CD、DE 均为滑动面，其中 AB、BC、CD 和 DE 滑动面均为平面，BD 滑动面为曲面，通常用下列对数螺旋曲线表示：

$$r=r_0\mathrm{e}^{\theta\tan\varphi} \tag{5-1}$$

或

$$r=r_0\exp(\theta\tan\varphi) \tag{5-2}$$

式中　r——滑动面上的计算点到原点 c 的矢量半径，m；

r_0——对数螺旋曲线的起始矢量半径，即 BC 的长度，m；

θ——计算点的矢量半径与起始矢量半径的夹角，rad；

φ——滑动土体的内摩擦角，(°)。

在图 5-1 中，滑动面 AB 与挡土墙墙面 AC 之间的夹角为 α_0，滑动面 BC 与挡土墙墙面之间的夹角为 β_0；滑动面 AB 与 BC 之间的夹角为 $\frac{\pi}{2}+\varphi$（$\pi=180°$，全书下同）；滑动面 BC 与 CD 之间的夹角为 θ，即为对数螺旋曲线 BD 的中心角；滑动面 CD 与填土表面 CE 之间的夹角为 η_0，滑动面 DE 与填土表面 CE 之间的夹角为 γ_0；滑动面 CD 与 DE 之间的夹角为 $\frac{\pi}{2}-\varphi$。

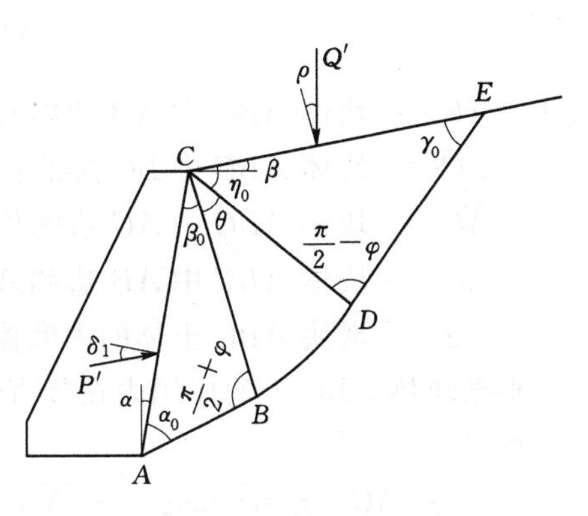

图 5-1　滑动土体示例

一、滑动块体 *ABC* 中的角度关系和滑动面上的应力关系

如果在滑动块体 ABC 的 AB 面上作用有倾斜力 P'（或强度为 p' 的倾斜作用力），其作用线与竖直线之间的夹角为 δ。力 P' 在 AC 面上产生的法向应力为 σ_0，产生的剪应力（水平应力）为 τ_0，如图 5-2 所示。

此时在滑动块体 ABC 的 AB 面上作用有等强度的法向应力 σ_1 和剪应力 τ_1，BC 面上作用有等强度的法向应力 σ_2 和剪应力 τ_2，块体 ABC 处于无体力的应力场中，如图 5-2 (a) 所示。

当块体 ABC 在上述作用力作用下处于极限平衡状态时，块体 ABC 的应力状态可用图 5-2 (a) 所示的应力圆来表示。

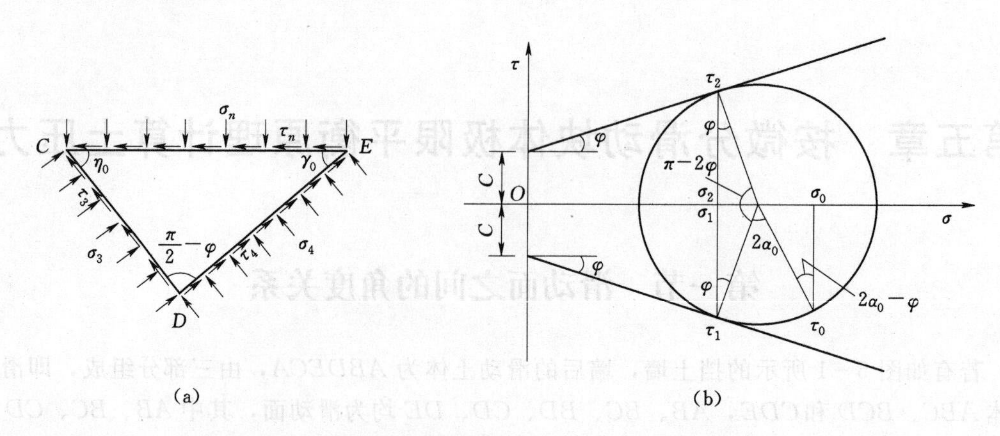

图 5-2　滑动块体 ABC 上的作用力及相互关系

由图 5-2（a）中块体 ABC 的几何关系可得

$$\frac{\overline{AC}}{\sin\left(\dfrac{\pi}{2}+\varphi\right)}=\frac{\overline{BC}}{\sin\alpha_0}=\frac{\overline{AB}}{\sin\left(\dfrac{\pi}{2}-\varphi-\alpha_0\right)} \tag{5-3}$$

令$\overline{AC}=L$，代入公式（5-3）后则可得

$$\overline{BC}=\frac{L\sin\alpha_0}{\cos\varphi} \tag{5-4}$$

$$\overline{AB}=\frac{L\cos(\alpha_0+\varphi)}{\cos\varphi} \tag{5-5}$$

式中　$\overline{AB}$——块体 ABC 中 AB 边的长度，m；

$\overline{BC}$——块体 ABC 中 BC 边的长度，m；

$\overline{AC}$——块体 ABC 中 AC 边的长度，m；

α_0——块体 ABC 中 AB 边和 AC 边的夹角，(°)；

φ——滑块 ABC 土体的内摩擦角，(°)。

根据块体 ABC 上的作用力在竖直轴 y 方向投影之和为零的条件，即根据 $\sum y=0$ 的条件，可得

$$\sigma_0\,\overline{AC}=\sigma_1\,\overline{AB}\cos\alpha_0-\tau_1\,\overline{AB}\sin\alpha_0+\sigma_2\,\overline{BC}\sin(\varphi+\alpha_0)-\tau_2\,\overline{BC}\cos(\varphi+\alpha_0)$$

将公式（5-4）和公式（5-5）代入上式，消去 L 后则得

$$\sigma_0=\sigma_1\frac{\cos(\varphi+\alpha_0)\cos\alpha_0}{\cos\varphi}-\tau_1\frac{\cos(\alpha_0+\varphi)\sin\alpha_0}{\cos\varphi}+\sigma_2\frac{\sin\alpha_0\sin(\varphi+\alpha_0)}{\cos\varphi}-\tau_2\frac{\sin\alpha_0\cos(\varphi+\alpha_0)}{\cos\varphi} \tag{5-6}$$

根据块体 ABC 上作用力在水平轴 x 方向投影之和为零的条件，即根据 $\sum x=0$ 的条件，可得

$$\tau_0=-\sigma_1\frac{\cos(\varphi+\alpha_0)\sin\alpha_0}{\cos\varphi}-\tau_1\frac{\cos(\alpha_0+\varphi)\cos\alpha_0}{\cos\varphi}+\sigma_2\frac{\sin\alpha_0\cos(\varphi+\alpha_0)}{\cos\varphi}+\tau_2\frac{\sin\alpha_0\sin(\varphi+\alpha_0)}{\cos\varphi} \tag{5-7}$$

当微分土体处于极限平衡状态时，剪应力 τ_1 和 τ_2 可表示为

$$\tau_1=\sigma_1\tan\varphi \tag{5-8}$$

$$\tau_2=\sigma_2\tan\varphi \tag{5-9}$$

将公式（5－8）和公式（5－9）分别代入公式（5－6）和公式（5－7），则得

$$\sigma_0=\sigma_1\frac{\cos(\alpha_0+\varphi)}{\cos\varphi}(\cos\alpha_0-\sin\alpha_0\tan\varphi)+\sigma_2\frac{\sin\alpha_0}{\cos\varphi}[\sin(\varphi+\alpha_0)-\cos(\varphi+\alpha_0)\tan\varphi] \tag{5-10}$$

$$\tau_0=\sigma_1\frac{\cos(\alpha_0+\varphi)}{\cos\varphi}[-\sin\alpha_0-\cos\alpha_0\tan\varphi]+\sigma_2\frac{\sin\alpha_0}{\cos\varphi}[\cos(\varphi+\alpha_0)+\sin(\varphi+\alpha_0)\tan\varphi] \tag{5-11}$$

由图 5－2（b）可知，当 AC 面上的抗剪强度指标 φ 与 BC 面上的抗剪强度指标 φ 相等时，应力 $\sigma_1=\sigma_2$ 和 $\tau_1=\tau_2$。

由于 p' 与竖直线的夹角为 δ，故应力

$$\left.\begin{aligned}\sigma_0&=p'\cos\delta\\ \tau_0&=p'\sin\delta\end{aligned}\right\} \tag{5-12}$$

将公式（5－12）代入公式（5－10）和公式（5－11），并考虑到 $\sigma_1=\sigma_2$，即 $\sigma_1=\sigma_2$，则得

$$\begin{aligned}p'&=\frac{1}{\cos\delta}\left\{\sigma_1\frac{\cos(\alpha_0+\varphi)}{\cos\varphi}(\cos\alpha_0-\sin\alpha_0\tan\varphi)+\sigma_2\frac{\sin\alpha_0}{\cos\varphi}[\sin(\varphi+\alpha_0)-\cos(\varphi+\alpha_0)\tan\varphi]\right\}\\ &=\frac{1}{\cos\delta}\left\{\sigma_1\left[\frac{\cos\varphi}{\cos\varphi}-\frac{2\sin\alpha_0\cos(\alpha_0+\varphi)}{\cos\varphi}\tan\varphi\right]\right\}\end{aligned} \tag{5-13}$$

$$\begin{aligned}p'&=\frac{1}{\sin\delta}\left\{\sigma_1\frac{\cos(\alpha_0+\varphi)}{\cos\varphi}[-\sin\alpha_0-\cos\alpha_0\tan\varphi]+\sigma_2\frac{\sin\alpha_0}{\cos\varphi}[\cos(\varphi+\alpha_0)+\sin(\varphi+\alpha_0)\tan\varphi]\right\}\\ &=\frac{1}{\sin\delta}\left\{\sigma_1\left[-\frac{\cos(2\alpha_0+\varphi)}{\cos\varphi}\tan\varphi\right]\right\}\end{aligned} \tag{5-14}$$

令公式（5－13）和公式（5－14）相等，消去 σ_1，并将等式左右乘以 $\cos\varphi$，则得

$$\sin\delta_1[\cos\varphi-\sin(2\alpha_0+\varphi)\tan\varphi+\sin\varphi\tan\varphi]=\cos\delta_1[-\cos(2\alpha_0+\varphi)\tan\varphi]$$

即
$$\sin\delta_1[\cos^2\varphi-\sin(2\alpha_0+\varphi)\sin\varphi+\sin^2\varphi]=-\cos\delta_1\cos(2\alpha_0+\varphi)\sin\varphi$$

上式也可以写成下列形式

$$\sin\delta_1+\cos(2\alpha_0+\varphi+\delta)\sin\varphi=0$$

解上式可得

$$\alpha_0=\frac{1}{2}\left[\pi-\arccos\left(\frac{\sin\delta_1}{\sin\varphi}\right)-\varphi-\delta\right] \tag{5-15}$$

或
$$\alpha_0=\frac{1}{2}(\pi-\Delta-\varphi-\delta) \tag{5-16}$$

其中
$$\Delta=\arccos\left(\frac{\sin\delta}{\sin\varphi}\right) \tag{5-17}$$

由图 5－2（a）中的几何关系可得

$$\beta_0=\frac{\pi}{2}-\varphi-\alpha_0 \tag{5-18}$$

或
$$\beta_0=\frac{1}{2}\left[\arccos\left(\frac{\sin\delta_1}{\sin\varphi}\right)-\varphi+\delta\right] \tag{5-19}$$

或
$$\beta_0 = \frac{1}{2}(\Delta - \varphi + \delta) \tag{5-20}$$

二、滑动块体 *CDE* 中的角度关系和滑动面上的应力关系

在图 5-3（a）中的滑动块体 CDE 上，CE 面上作用有法向应力 σ_n 和剪应力 τ_n，CD 面上作用有法向应力 σ_3 和剪应力 τ_3，DE 面上作用有法向应力 σ_4 和剪应力 τ_4，各应力的作用方向如图 5-3（a）所示。法向应力 σ_n 和剪应力 τ_n 的合力为应力 q'，其作用线与 CE 面的法线成 ρ 角。q' 的合力为 Q'，即

$$Q' = q'\overline{CE}$$

式中 q'——作用在 CE 面上的倾斜向应力（应力作用线与 CE 面法线的夹角为 β），kPa；

$\overline{CE}$——CE 边的长度，m；

Q'——应力 q 的合力，kN。

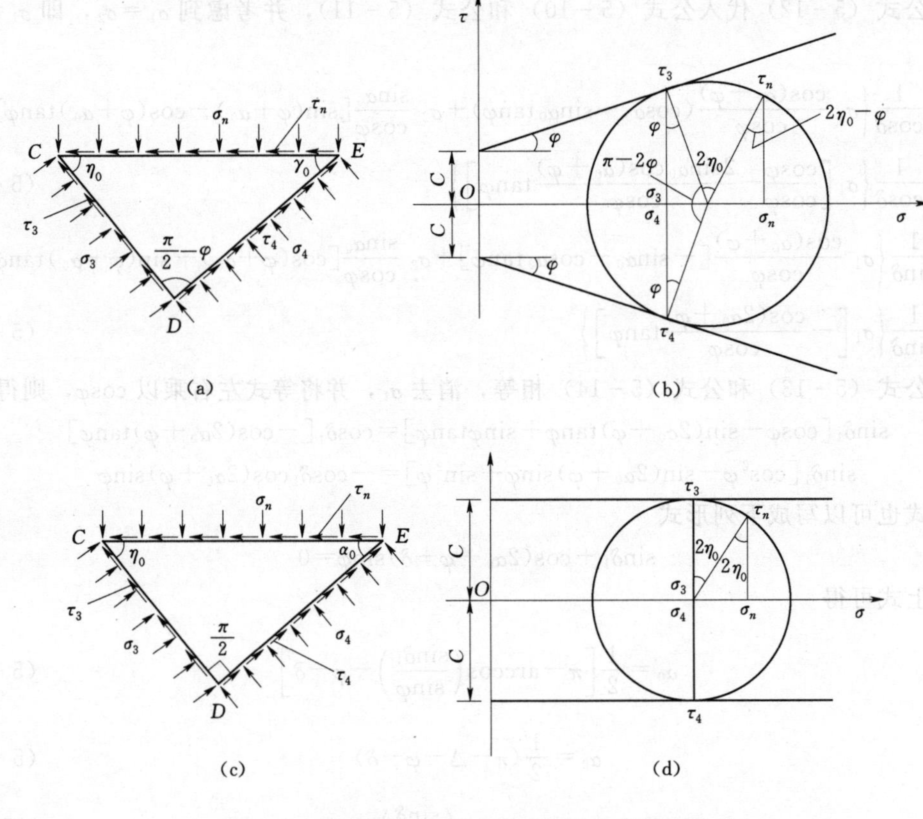

图 5-3 滑动块体 CDE 上的作用力及其相互关系

而
$$q = \sqrt{\sigma_n^2 + \tau_n^2}$$

或
$$\left.\begin{aligned} \sigma_n &= q'\cos\beta \\ \tau_n &= q'\cos\beta \end{aligned}\right\} \tag{5-21}$$

在滑动块体 CDE 中，CD 面与 CE 面的夹角为 η_0，CE 面与 DE 面的夹角为 γ_0，CD

面与 ED 面的夹角为$\frac{\pi}{2}-\varphi$，如图 5-3（a）所示。

由图 5-3 中的几何关系可得

$$\frac{\overline{DE}}{\sin\left(\frac{\pi}{2}+\varphi-\gamma_0\right)}=\frac{\overline{CD}}{\sin\gamma_0}=\frac{\overline{CE}}{\sin\left(\frac{\pi}{2}-\varphi\right)} \tag{5-22}$$

式中　$\overline{DE}$——DE 边的长度，m；

$\overline{CD}$——CD 边的长度，m。

如若令$\overline{CE}=B$，则由公式（5-22）可得

$$\overline{DE}=\frac{B\cos(\gamma_0-\varphi)}{\cos\varphi} \tag{5-23}$$

$$\overline{CD}=\frac{B\sin\gamma_0}{\cos\varphi} \tag{5-24}$$

根据块体 CDE 上作用力在 y 轴方向投影之和为零的条件，即根据$\sum y=0$ 的条件，可得

$$\sigma_n\overline{CE}=\sigma_3\overline{CD}\cos\left(\frac{\pi}{2}+\varphi-\gamma_0\right)+\tau_3\overline{CD}\sin\left(\frac{\pi}{2}+\varphi-\gamma_0\right)$$
$$+\sigma_4\overline{DE}\cos\gamma_0+\tau_4\overline{DE}\sin\gamma_0$$

将$\overline{CE}=B$ 和公式（5-23）、公式（5-24）代入上式，则得

$$\sigma_nB=-\sigma_3\frac{B\sin\gamma_0}{\cos\varphi}\sin(\varphi-\gamma_0)+\tau_3\frac{B\cos(\varphi-\gamma_0)}{\cos\varphi}\sin\gamma_0$$
$$+\sigma_4\frac{B\cos(\varphi-\gamma_0)}{\cos\varphi}\times\cos\gamma_0+\tau_4\frac{B\cos(\varphi-\gamma_0)}{\cos\varphi}\sin\gamma_0$$

上式消去 B 以后得

$$\sigma_n=-\sigma_3\frac{\sin\gamma_0}{\cos\varphi}\sin(\varphi-\gamma_0)+\tau_3\frac{\sin\gamma_0}{\cos\varphi}\cos(\varphi-\gamma_0)+\sigma_4\frac{\cos(\varphi-\gamma_0)}{\cos\varphi}\times\cos\gamma_0$$
$$+\tau_4\frac{\cos(\varphi-\gamma_0)}{\cos\varphi}\sin\gamma_0 \tag{5-25}$$

根据块体 CDE 上作用力在 x 轴方向投影之和为零的条件，即根据$\sum x=0$ 的条件，可得

$$\tau_n\overline{CE}=\sigma_3\overline{CD}\sin(\frac{\pi}{2}+\varphi-\gamma_0)-\tau_3\overline{CD}\cos(\frac{\pi}{2}+\varphi-\gamma_0)$$
$$-\sigma_4\overline{DE}\sin\gamma_0+\tau_4\overline{DE}\cos\gamma_0$$

将$\overline{CE}=B$ 和公式（5-23）、公式（5-24）代入上式，则得

$$\tau_nB=\sigma_3\frac{B\sin\gamma_0}{\cos\varphi}\cos(\varphi-\gamma_0)+\tau_3\frac{B\sin\gamma_0}{\cos\varphi}\sin(\varphi-\gamma_0)$$
$$-\sigma_4\frac{B\cos(\varphi-\gamma_0)}{\cos\varphi}\sin\gamma_0+\tau_4\frac{B\cos(\varphi-\gamma_0)}{\cos\varphi}\cos\gamma_0$$

将上式中的 B 消去后得

$$\tau_n=\sigma_3\frac{\sin\gamma_0\cos(\varphi-\gamma_0)}{\cos\varphi}+\tau_3\frac{\sin\gamma_0\sin(\varphi-\gamma_0)}{\cos\varphi}-\sigma_4\frac{\sin\gamma_0\cos(\varphi-\gamma_0)}{\cos\varphi}+\tau_4\frac{\cos\gamma_0\cos(\varphi-\gamma_0)}{\cos\varphi} \tag{5-26}$$

由图 5-3，可知，当 CD 面上的抗剪强度指标 φ 与 DE 面上的抗剪强度指标 φ 相等时，应力 $\sigma_3=\sigma_4$ 和 $\tau_3=\tau_4$。

故

$$\tau_3=\sigma_3\tan\varphi \tag{5-27}$$

$$\tau_4=\sigma_4\tan\varphi=\sigma_3\tan\varphi \tag{5-28}$$

将公式（5-27）和公式（5-28）分别代入公式（5-25）和公式（5-26），则得

$$\sigma_n=\sigma_3\frac{\sin\gamma_0}{\cos\varphi}[-\sin(\varphi-\gamma_0)+\cos(\varphi-\gamma_0)\tan\varphi]+\sigma_4\frac{\cos(\varphi-\gamma_0)}{\cos\varphi}[\cos\gamma_0+\sin\gamma_0\tan\varphi] \tag{5-29}$$

$$\tau_n=\sigma_3\frac{\sin\gamma_0}{\cos\varphi}[\cos(\varphi-\gamma_0)+\sin(\varphi-\gamma_0)\tan\varphi]+\sigma_4\frac{\cos(\varphi-\gamma_0)}{\cos\varphi}[-\sin\gamma_0+\cos\gamma_0\tan\varphi] \tag{5-30}$$

由于 $\sigma_n=q'\cos\beta$，$\tau_n=q'\sin\beta$ 和 $\sigma_3=\sigma_4$，故

$$q'\cos\beta=\frac{\sigma_3}{\cos\varphi}\{[-\sin\gamma_0\sin(\varphi-\gamma_0)+\cos\gamma_0\cos(\varphi-\gamma_0)]+[\sin\gamma_0\cos(\varphi-\gamma_0)+\sin\gamma_0\cos(\varphi-\gamma_0)]\tan\varphi\} \tag{5-31}$$

$$q'\sin\beta=\frac{\sigma_3}{\cos\varphi}\{[\sin\gamma_0\cos(\varphi-\gamma_0)-\sin\gamma_0\cos(\varphi-\gamma_0)]+[\cos\gamma_0\cos(\varphi-\gamma_0)+\sin\gamma_0\sin(\varphi-\gamma_0)]\tan\varphi\} \tag{5-32}$$

公式（5-31）和公式（5-32）经整理后得

$$q'=\frac{\sigma_3}{\cos\beta\cos\varphi}[\cos\varphi+2\sin\gamma_0\cos(\varphi-\gamma_0)\tan\varphi] \tag{5-33}$$

$$q'=\frac{\sigma_3}{\sin\beta\cos\varphi}[\cos(\varphi-2\gamma_0)\tan\varphi] \tag{5-34}$$

令上两式相等，则得

$$\sin\beta[\cos\varphi+2\sin\gamma_0\cos(\varphi-\gamma_0)\tan\varphi]=\cos\beta[\cos(\varphi-2\gamma_0)\tan\varphi]$$

$$\sin\beta\{[\cos\varphi+\sin(\varphi-2\gamma_0)+\sin\varphi]\tan\varphi\}=\cos\beta[\cos(\varphi-2\gamma_0)\tan\varphi]$$

$$\sin\beta[\cos^2\varphi+\sin^2\varphi-\sin\varphi\sin(\varphi-2\gamma_0)]=\cos\beta\sin\varphi\cos(\varphi-2\gamma_0)$$

上式经整理后可得

$$\sin\beta-\sin\varphi\cos(\varphi-2\gamma_0-\beta)=0$$

解上式可得

$$\gamma_0=\frac{1}{2}\left[\arccos\left(\frac{\sin\beta}{\sin\varphi}\right)+\varphi-\beta\right] \tag{5-35}$$

如令

$$\Delta_1=\arccos\left(\frac{\sin\beta}{\sin\varphi}\right) \tag{5-36}$$

则得
$$\gamma_0=\frac{1}{2}(\Delta_1+\varphi-\beta) \tag{5-37}$$

由图 5-3 中几何关系可得

$$\eta_0=\frac{\pi}{2}+\varphi-\gamma_0$$

将公式（5-37）代入上式后得

$$\eta_0=\frac{1}{2}(\pi-\Delta_1+\varphi+\beta) \tag{5-38}$$

由图 5-1 中的几何关系可得

$$\beta_0+\theta+\eta_0=\frac{\pi}{2}+\beta+\alpha$$

故
$$\theta=\frac{\pi}{2}+\beta+\alpha-(\beta_0+\eta_0) \tag{5-39}$$

式中　α——挡土墙墙面与竖直线之间的夹角，(°)；

β——填土表面与水平线之间的夹角，(°)。

将 β_0 和 η_0 值代入上式得

$$\begin{aligned}\theta&=\frac{\pi}{2}+\beta+\alpha-\frac{1}{2}(\Delta-\varphi+\delta)-\frac{1}{2}(\pi-\Delta_1+\varphi+\beta)\\&=\beta+\alpha-\frac{1}{2}(\Delta-\Delta_1+\delta+\beta)\end{aligned} \tag{5-40}$$

如果按公式（5-39）或公式（5-40）计算得的 $\theta\leqslant 0$，则表示滑动土体将由两个滑动块组成，即此时滑动土体将由滑动块 ABC 和 BCD 组成或由滑动块 BCD 和 CDE 组成。如图 5-4 所示，或者仅由一个滑动块 ABC 组成。

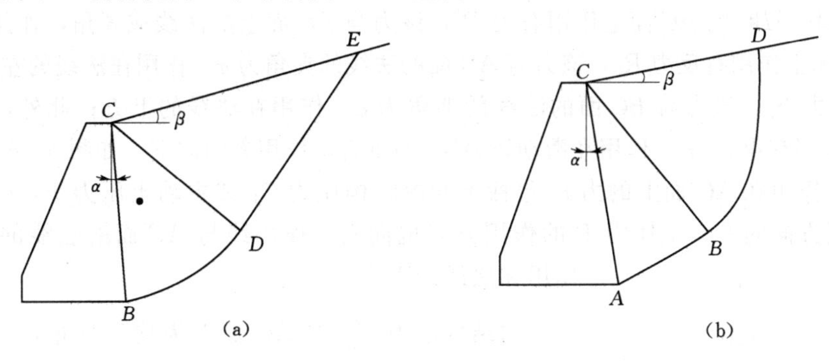

图 5-4　由两个滑动块组成的滑动土体

（一）各滑动块体之间的角度关系

当滑动土体由 ABC、BCD 和 CDE 三部分组成，即滑动面由 AB、BD 和 DE 三部分组成时，若滑动土体处于主动极限平衡状态，则滑动土体中各部分的角度（图 5-5）关系，由本章第一节可知：

$$\alpha_0=\frac{1}{2}(\pi-\Delta-\varphi-\delta) \tag{5-41}$$

$$\beta_0=\frac{1}{2}(\Delta-\varphi+\delta) \tag{5-42}$$

$$\eta_0=\frac{1}{2}(\pi-\Delta_1+\varphi+\beta) \qquad (5-43)$$

$$\gamma_0=\frac{1}{2}(\Delta_1+\varphi-\beta) \qquad (5-44)$$

$$\theta=\frac{\pi}{2}+\beta+\alpha-(\beta_0+\eta_0) \qquad (5-45)$$

或

$$\theta=\beta+\alpha-\frac{1}{2}(\Delta-\Delta_1+\delta+\beta) \qquad (5-46)$$

$$\Delta=\arccos\left(\frac{\sin\delta}{\sin\varphi}\right),\Delta_1=\arccos\left(\frac{\sin\beta}{\sin\varphi}\right) \qquad (5-47)$$

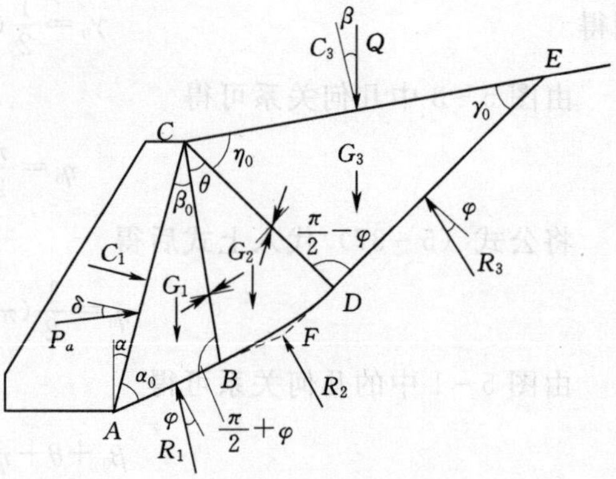

图 5-5 主动极限平衡状态下的滑动土体

式中 α_0——滑动块体 ABC 中 AC 边与 AB 边的夹角，(°)；

β_0——滑动块体 ABC 中 AC 边与 BC 边的夹角，(°)；

η_0——滑动块体 CDE 中 CE 边与 CD 边的夹角，(°)；

γ_0——滑动块体 CDE 中 CE 边与 DE 边的夹角，(°)；

θ——滑动块体 BCD 中 BC 边与 CD 边的夹角，(°)；

α——挡土墙墙面与竖直面之间的夹角，(°)；

β——填土表面与水平线的夹角，(°)；

φ——填土的内摩擦角，(°)；

δ——挡土墙墙面 AC 面上作用力 P_a 与 AC 面法线的夹角，(°)。

（二）滑动块 *ABC* 上的作用力及其平衡条件

在滑动块 ABC 的 AC 面上作用有力 P'，该力与 AC 面上的法线成 δ' 角，作用在法线的下方；AB 面上作用有反力 R_1，该力与 AB 面的法线的夹角为 φ，作用在法线的左侧；BC 面上作用有反力 S_1，该力与 BC 面的法线的夹角为 φ，作用在法线的上方；此外，在滑动块 ABC 上还作用有重力 G_1，作用在滑动块 ABC 的重心，作用方向向下，如图 5-6 所示。

实际上作用在 AC 面上的力 P' 包括土的内结构压力 C_1 和主动土压力 P，C_1 与 AC 面正交，作用方向向右；土压力 P 的作用方向也向右，作用线与 AC 面的法线的夹角为 δ，作用在法线的下方。

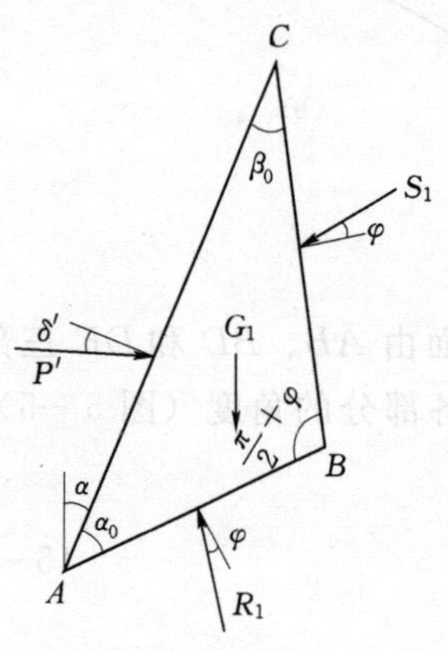

图 5-6 滑动块 ABC 上的作用力

内结构压力 $\frac{\tau}{\tan\varphi}$ 在 AC 面上为均匀分布，故 AC 面上总的内结构压力 C_1 为

$$C_1'=\frac{c}{\tan\varphi}\overline{AC}=CH\frac{1}{\cos\alpha\tan\varphi} \qquad (5-48)$$

滑动块 ABC 的重力为

$$\begin{aligned}G_1&=\frac{1}{2}\gamma\overline{AC}\cdot\overline{AB}\sin\alpha\\&=\frac{1}{2}\gamma\frac{H}{\cos\alpha}\times\frac{H\sin\beta_0}{\cos\alpha\cos\varphi}\sin\alpha_0\\&=\frac{1}{2}\gamma H^2\frac{\sin\alpha_0\sin\beta_0}{\cos^2\alpha\cos\varphi}\end{aligned} \qquad (5-49)$$

式中　γ——土的重力密度，kN/m^3；

H——挡土墙的高度，m。

根据滑动块 ABC 上作用力在竖直轴 y 方向投影的平衡条件，即根据 $\sum y=0$ 的条件可得

$$P\cos\left(\frac{\pi}{2}-\delta+\alpha\right)-C_1\cos\left(\frac{\pi}{2}-\alpha\right)-G_1+R_1\sin\left(\frac{\pi}{2}+\alpha-\beta_0\right)-S_1\sin\left(\frac{\pi}{2}-\alpha-\alpha_0\right)=0$$

即
$$R_1\cos(\beta_0-\alpha)=G_1-P\sin(\delta-\alpha)+C_1\sin\alpha+S_1\cos(\alpha_0+\alpha)$$

所以
$$R_1=\frac{1}{\cos(\beta_0-\alpha)}[G_1-P\sin(\delta-\alpha)+C_1\sin\alpha+S_1\cos(\alpha_0+\alpha)] \tag{5-50}$$

根据滑动块 ABC 上作用力在水平轴方向投影的平衡条件，即根据 $\sum x=0$ 的条件可得

$$P\sin\left(\frac{\pi}{2}-\delta+\alpha\right)+C_1\sin\left(\frac{\pi}{2}-\alpha\right)-R_1\cos\left(\frac{\pi}{2}+\alpha-\beta_0\right)-S_1\cos\left(\frac{\pi}{2}-\alpha-\alpha_0\right)=0$$

即
$$R_1\sin(\beta_0-\alpha)=P\cos(\delta-\alpha)+C_1\cos\alpha-S_1\sin(\alpha_0+\alpha)$$

所以
$$R_1=\frac{1}{\sin(\beta_0-\alpha)}[P\cos(\delta-\alpha)+C_1\cos\alpha-S_1\sin(\alpha_0+\alpha)] \tag{5-51}$$

令公式（5－50）与公式（5－51）相等，则得

$$\frac{1}{\cos(\beta_0-\alpha)}[G_1-P\sin(\delta-\alpha)+C_1\sin\alpha+S_1\cos(\alpha_0+\alpha)]$$
$$=\frac{1}{\sin(\beta_0-\alpha)}[P\cos(\delta-\alpha)+C_1\cos\alpha-S_1\sin(\alpha_0+\alpha)]$$
$$\sin(\beta_0-\alpha)[G_1-P\sin(\delta-\alpha)+C_1\sin\alpha+S_1\cos(\alpha_0+\alpha)]$$
$$=\cos(\beta_0-\alpha)[P\cos(\delta-\alpha)+C_1\cos\alpha-S_1\sin(\alpha_0+\alpha)]$$

即　$G_1'\sin(\beta_0-\alpha)-P\sin(\beta_0-\alpha)\sin(\delta-\alpha)+C_1\sin(\beta_0-\alpha)\sin\alpha+S_1\sin(\beta_0-\alpha)\cos(\alpha_0+\alpha)$
$=P\cos(\beta_0-\alpha)\cos(\delta-\alpha)+C_1\cos(\beta_0-\alpha)\cos\alpha-S_1\cos(\beta_0-\alpha)\sin(\alpha_0+\alpha)$

上式经整理后得

$$G_1'\sin(\beta_0-\alpha)-P\cos(\beta_0-\delta)-C_1\cos\beta_0+S_1\sin(\alpha_0+\beta_0)=0$$

由此可得反力

$$S_1=\frac{P\cos(\beta_0-\delta)+C_1\cos\beta_0-G_1\sin(\beta_0-\alpha)}{\sin(\alpha_0+\beta_0)} \tag{5-52}$$

（三）滑动块 *CDE* 上的作用力及其平衡条件

如图 5－7 所示，在滑动块 CDE 的 CE 面上作用有外荷 Q，作用方向竖直向下，同时在 CE 面上还作用有土的内结构压力 C_3，作用方向与 CE 面正交；在 CD 面上作用有反力 S_2，作用线与 CD 面的法线成 φ 角，作用在法线的下方；在 DE 面上作用有反力 R_3，其作用线与 DE 面的法线成 φ 角，作用在法线的下方；此外，在滑动块的重心处尚作用有滑动块的重力 G_3，作用方向竖直向下。

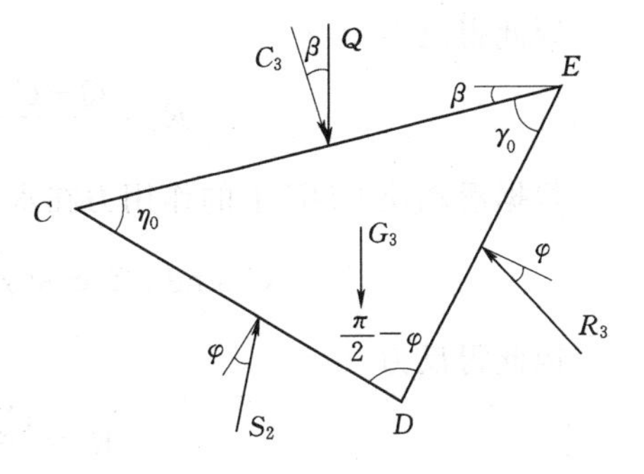

图 5－7　滑动块 CDE 上的作用力

由图 5-7 中的几何关系可知：

$$\overline{CE}=\frac{\overline{CD}\cos\varphi}{\sin\gamma_0}$$

而其中

$$\overline{CD}=\overline{BC}e^{-\theta\tan\varphi}$$

由图 5-6 中的几何关系可知：

$$\overline{BC}=\frac{H\sin\alpha_0}{\cos\alpha\cos\varphi}$$

故

$$\overline{CD}=\frac{H\sin\alpha_0}{\cos\alpha\cos\varphi}e^{-\theta\tan\varphi} \tag{5-53}$$

所以

$$\overline{CE}=\frac{H\sin\alpha_0}{\cos\alpha\sin\gamma_0}e^{-\theta\tan\varphi} \tag{5-54}$$

作用在滑动块 CDE 上 CE 面的外荷 Q 和内结构压力 C_3 分别为

$$Q=q\overline{CE}$$

$$C_3=\frac{c}{\tan\varphi}\overline{CE}$$

将公式（5-54）代入上述两式，则得

$$Q=qH=\frac{\sin\alpha_0}{\cos\alpha\sin\gamma_0}e^{-\theta\tan\varphi} \tag{5-55}$$

$$C_3=CH\frac{\sin\alpha_0}{\cos\alpha\sin\gamma_0\tan\varphi}e^{-\theta\tan\varphi} \tag{5-56}$$

由图 5-7 中的几何关系可知：

$$G_3=\frac{1}{2}\gamma\overline{CD}\sin\eta_0\overline{CE}$$

将公式（5-53）和公式（5-54）代入上式，则得滑动块 CDE 的重力为

$$G_3=\frac{1}{2}\gamma\sin\eta_0\frac{H\sin\alpha_0}{\cos\alpha\cos\varphi}\times\frac{H\sin\alpha_0}{\cos\alpha\sin\gamma_0}e^{-2\theta\tan\varphi}$$

$$=\frac{1}{2}\gamma H^2\frac{\sin^2\alpha_0\sin\eta_0}{\cos^2\alpha\cos\varphi\sin\gamma_0}e^{-2\theta\tan\varphi} \tag{5-57}$$

根据滑动块 CDE 上的作用力在竖直轴方向投影的平衡条件，即根据 $\sum y=0$ 的条件得

$$Q+C_3\cos\beta+G_3-S_2\sin(\gamma_0+\beta)-R_3\cos\left(\frac{\pi}{2}-\eta_0+\beta\right)=0$$

因此得反力

$$R_3=\frac{Q+C_3\cos\beta+G_3-S_2\sin(\gamma_0+\beta)}{\sin(\eta_0-\beta)} \tag{5-58}$$

根据滑动块 CDE 上的作用力在水平轴方向投影的平衡条件，即根据 $\sum x=0$ 的条件得

$$C_3\sin\beta+S_2\cos(\gamma_0+\beta)-R_3\sin\left(\frac{\pi}{2}-\eta_0+\beta\right)=0$$

因此得反力

$$R_3=\frac{C_3\sin\beta+S_2\cos(\gamma_0+\beta)}{\cos(\eta_0-\beta)} \tag{5-59}$$

由于公式（5-58）与公式（5-59）相等，故得

$$\frac{Q+C_3\cos\beta+G_3-S_2\sin(\gamma_0+\beta)}{\sin(\eta_0-\beta)}=\frac{C_3\sin\beta+S_2\cos(\gamma_0+\beta)}{\cos(\eta_0-\beta)}$$

$$\cos(\eta_0-\beta)[Q+C_3\cos\beta+G_3-S_2\sin(\gamma_0+\beta)]=\sin(\eta_0-\beta)[C_3\sin\beta+S_2\cos(\gamma_0+\beta)]$$

$$Q\cos(\eta_0-\beta)+C_3\cos\beta\cos(\eta_0-\beta)+G_3\cos(\eta_0-\beta)-S_2\sin(\gamma_0+\beta)\cos(\eta_0-\beta)$$
$$=C_3\sin\beta\sin(\eta_0-\beta)+S_2\cos(\gamma_0+\beta)\sin(\eta_0-\beta)$$

上式经变换后可写成：

$$Q\cos(\eta_0-\beta)+G_3\cos(\eta_0-\beta)+C_3\cos\eta_0-S_2\sin(\eta_0+\gamma_0)=0$$

由此得反力

$$S_2=\frac{(Q+G_3)\cos(\eta_0-\beta)+C_3\cos\eta_0}{\sin(\eta_0+\gamma_0)} \tag{5-60}$$

（四）滑动块 *BCD* 上的作用力及其平衡条件

如图 5-8 所示，滑动块 BCD 的 BC 面上作用有反力 S_1，其作用线与 BC 面的法线之间的夹角为 φ，作用在法线的下方；在滑动块 BCD 的 CD 面上作用有反力 S_2，其作用线与 CD 面的法线之间的夹角为 φ，作用在法线的上方；在 BD 面上作用有反力 R_2，其作用方向指向 C 点，此外，在滑动块 BCD 的重心处尚作用有重力 G_2，其作用方向为竖直向下。

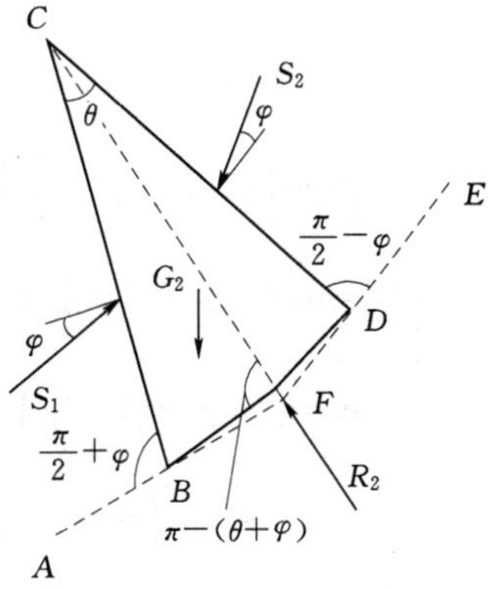

图 5-8　滑动块 BCD 上的作用力

滑动块 BCD 的重力 G_2 可按下式积分求得

$$G_2=\gamma\int_0^\theta d\theta\int_0^{\overline{BC}e^{-\theta\tan\varphi}}\tau d\tau$$
$$=\gamma\frac{\overline{BC}^2}{4\tan\varphi}(1-e^{-2\theta\tan\varphi})$$

$$\overline{BC}=\frac{H\sin\alpha_0}{\cos\alpha\cos\varphi}$$

式中　$\overline{BC}$——BC 边的长度。

因此

$$G_2=\gamma H^2\frac{\sin^2\alpha_0}{4\cos^2\alpha\cos^2\varphi\tan\varphi}(1-e^{-2\theta\tan\varphi}) \tag{5-61}$$

根据滑动块体 BCD 上作用力在竖直轴方向投影的平衡条件，即根据 $\sum y=0$ 的条件可得

$$G_2-S_1\sin\left(\frac{\pi}{2}-\alpha_0-\alpha\right)+S_2\sin(\gamma_0+\beta)-R_2\cos\left(\xi+\gamma_0+\beta-\frac{\pi}{2}\right)=0$$

由此可得反力

$$R_2=\frac{G_2-S_1\sin\left(\frac{\pi}{2}-\alpha_0-\alpha\right)+S_2\sin(\gamma_0+\beta)}{\cos\left(\xi+\gamma_0+\beta-\frac{\pi}{2}\right)} \tag{5-62}$$

根据滑动块体 BCD 上作用力在水平轴方向投影的平衡条件，即根据 $\sum x=0$ 的条件可得

$$S_1\cos\left(\frac{\pi}{2}-\alpha_0-\alpha\right)-S_2\cos(\gamma_0+\beta)-R_2\sin\left(\xi+\gamma_0+\beta-\frac{\pi}{2}\right)=0$$

由此可得反力

$$R_2=\frac{S_1\cos\left(\frac{\pi}{2}-\alpha_0-\alpha\right)-S_2\cos(\gamma_0+\beta)}{\sin\left(\xi+\gamma_0+\beta-\frac{\pi}{2}\right)} \tag{5-63}$$

由于公式（5-62）与公式（5-63）相等，故得

$$\frac{G_2-S_1\sin\left(\frac{\pi}{2}-\alpha_0-\alpha\right)+S_2\sin(\gamma_0+\beta)}{\cos\left(\xi+\gamma_0+\beta-\frac{\pi}{2}\right)}=\frac{S_1\cos\left(\frac{\pi}{2}-\alpha_0-\alpha\right)-S_2\cos(\gamma_0+\beta)}{\sin\left(\xi+\gamma_0+\beta-\frac{\pi}{2}\right)}$$

即得

$$\sin\left(\xi+\gamma_0+\beta-\frac{\pi}{2}\right)\left[G_2-S_1\sin\left(\frac{\pi}{2}-\alpha_0-\alpha\right)+S_2\sin(\gamma_0+\beta)\right]$$

$$=\cos\left(\xi+\gamma_0+\beta-\frac{\pi}{2}\right)\left[S_1\cos\left(\frac{\pi}{2}-\alpha_0-\alpha\right)-S_2\cos(\gamma_0+\beta)\right]$$

$$S_1\left[\cos\left(\xi+\gamma_0+\beta-\frac{\pi}{2}\right)\cos\left(\frac{\pi}{2}-\alpha_0-\alpha\right)+\sin\left(\xi+\gamma_0+\beta-\frac{\pi}{2}\right)\sin\left(\frac{\pi}{2}-\alpha_0-\alpha\right)\right]$$

$$=G_2\sin\left(\xi+\gamma_0+\beta-\frac{\pi}{2}\right)+S_2\left[\sin\left(\xi+\gamma_0+\beta-\frac{\pi}{2}\right)\sin(\gamma_0+\beta)\right.$$

$$\left.+\cos\left(\xi+\gamma_0+\beta-\frac{\pi}{2}\right)\cos(\gamma_0+\beta)\right]$$

$$S_1\sin\left(\xi+\gamma_0+\beta+\alpha_0+\alpha-\frac{\pi}{2}\right)=G_2\sin\left(\xi+\gamma_0+\beta-\frac{\pi}{2}\right)+S_2\sin\xi$$

由此可得

$$S_1=\frac{G_2\sin\left(\xi+\gamma_0+\beta-\frac{\pi}{2}\right)+S_2\sin\xi}{\sin(\theta+\xi)} \tag{5-64}$$

$$\xi=\pi+\operatorname{arccot}\left(\frac{e^{\theta\tan\varphi}-\cos\theta}{\sin\theta}\right) \tag{5-65}$$

式中　ξ——CD 线与 CF 线的夹角，(°)。

（五）主动土压力

将公式（5-52）和公式（5-60）代入公式（5-64）得

$$\frac{P\cos(\beta_0-\delta)+C_1\cos\beta_0-G_1\sin(\beta_0-\alpha)}{\sin(\alpha_0+\beta_0)}$$

$$=G_2\frac{\sin\left(\xi+\gamma_0+\beta-\frac{\pi}{2}\right)}{\sin(\theta+\xi)}+\frac{\sin\xi}{\sin(\theta+\xi)\sin(\eta_0+\gamma_0)}\left[(Q+G_3)\cos(\eta_0-\beta)+C_3\cos\eta_0\right]$$

$$\frac{P\cos(\beta_0-\delta)}{\sin(\alpha_0+\beta_0)}=G_1\frac{\sin(\beta_0-\alpha)}{\sin(\alpha_0+\beta_0)}+G_2\frac{\sin\left(\xi+\gamma_0+\beta-\frac{\pi}{2}\right)}{\sin(\theta+\xi)}+G_3\frac{\sin\xi\cos(\eta_0-\beta)}{\sin(\theta+\xi)\sin(\eta_0+\gamma_0)}$$

$$+Q\frac{\sin\xi\cos(\eta_0-\beta)}{\sin(\theta+\xi)\sin(\eta_0+\gamma_0)}-C_1\frac{\cos\beta_0}{\sin(\alpha_0+\beta_0)}+C_3\frac{\sin\xi\cos\eta_0}{\sin(\theta+\xi)\sin(\eta_0+\gamma_0)}$$

故土压力为

$$P=G_1\frac{\sin(\beta_0-\alpha)}{\cos(\beta_0-\delta)}+G_2\frac{\sin\left(\xi+\gamma_0+\beta-\frac{\pi}{2}\right)\sin(\alpha_0+\beta_0)}{\sin(\theta+\xi)\cos(\beta_0-\delta)}+G_3\frac{\sin\xi\cos(\eta_0-\beta)\sin(\alpha_0+\beta_0)}{\sin(\theta+\xi)\sin(\eta_0+\gamma_0)\cos(\beta_0-\delta)}$$

$$+Q\frac{\sin\xi\cos(\eta_0-\beta)\sin(\alpha_0+\beta_0)}{\sin(\theta+\xi)\sin(\eta_0+\gamma_0)\cos(\beta_0-\delta)}-C_1\frac{\cos\beta_0}{\cos(\beta_0-\delta)}+C_3\frac{\sin\xi\cos\eta_0\sin(\beta_0+\alpha_0)}{\sin(\theta+\xi)\sin(\eta_0+\gamma_0)\cos(\beta_0-\delta)} \tag{5-66}$$

（六）主动土压力压强

由公式（5-72）可知，作用在挡土墙墙面上的主动土压力强度为

$$p_a=\gamma zN_\gamma+qN_q-cN_c$$

式中 z——填土表面以下计算点的深度，m；

N_γ——土压力系数，按公式（5-69）计算；

N_q——土压力系数，按公式（5-70）计算；

N_c——土压力系数，按公式（5-71）计算；

p_a——土压力强度，kPa。

将公式（5-48）、公式（5-49）、公式（5-55）～公式（5-57）和公式（5-61）代入上式，经整理后可得作用在挡土墙上的主动土压力为

$$P_a=\frac{1}{2}\gamma H^2\frac{\sin\alpha_0\sin\beta_0\sin(\beta_0-\alpha)}{\cos\alpha\cos\varphi\cos(\beta_0-\delta)}+\frac{1}{2}\gamma H^2\frac{\sin^2\alpha_0\sin(\xi+\varphi+\beta-\eta_0)\sin(\alpha_0+\beta_0)}{2\cos^2\alpha\cos^2\varphi\tan\varphi\sin(\theta+\xi)\cos(\beta_0-\delta)}$$

$$\times(1-e^{-2\theta\tan\varphi})+\frac{1}{2}\gamma H^2\frac{\sin^2\alpha_0\sin\xi\cos(\eta_0-\beta)\sin(\alpha_0+\beta_0)\sin\eta_0}{\cos^2\alpha\cos\varphi\sin\gamma_0\sin(\theta+\xi)\sin(\eta_0+\gamma_0)\cos(\beta_0-\delta)}$$

$$\times e^{-2\theta\tan\varphi}+qH\frac{\sin\alpha_0\sin\xi\cos(\eta_0-\beta)\sin(\alpha_0+\beta_0)}{\cos\alpha\sin\gamma_0\sin(\theta+\xi)\sin(\eta_0+\gamma_0)\cos(\beta_0-\delta)}e^{-\theta\tan\varphi}$$

$$-CH\frac{\cos\beta_0}{\cos\alpha\tan\varphi\cos(\beta_0-\delta)}+CH\frac{\sin\alpha_0\sin\xi\cos\eta_0\sin(\alpha_0+\beta_0)}{\cos\alpha\sin\gamma_0\sin(\theta+\xi)\sin(\eta_0+\gamma_0)\cos(\beta_0-\delta)\tan\varphi}$$

$$\times e^{-\theta\tan\varphi} \tag{5-67}$$

令

$$\left.\begin{aligned}A&=\frac{\sin\alpha_0}{\cos\alpha\cos\varphi}\\B&=\frac{A}{\cos(\beta_0-\delta)}\\D&=\frac{\sin\xi\cos(\eta_0-\beta)\cos\varphi}{\sin\gamma_0\sin(\theta+\xi)}\end{aligned}\right\} \tag{5-68}$$

则主动土压力 P_a 可简写为

$$P_a=\frac{1}{2}\gamma H^2\left[B\sin\beta_0\sin(\beta_0-\alpha)+AB\frac{\sin(\xi+\varphi+\beta-\eta_0)\cos\varphi}{2\tan\varphi\sin(\theta+\xi)}(1-e^{-2\theta\tan\varphi})\right.$$

$$\left.+ABD\sin\eta_0 e^{-2\theta\tan\varphi}\right]+qHBDe^{-\theta\tan\varphi}$$

$$-CH\left[\frac{\cos\beta_0}{\cos\alpha\tan\varphi\cos(\beta_0-\delta)}-BD\frac{\cos\eta_0}{\cos(\eta_0-\beta)\tan\varphi}e^{-\theta\tan\varphi}\right]$$

再令 $N_\gamma=\frac{B\sin\beta_0\sin(\beta_0-\alpha)}{\cos\alpha}+AB\frac{\sin(\xi+\varphi+\beta-\eta_0)\cos\varphi}{2\tan\varphi\sin(\theta+\xi)}(1-e^{-2\theta\tan\varphi})+ABD\sin\eta_0 e^{-2\theta\tan\varphi}$

(5-69)

$$Nq=BDe^{-\theta\tan\varphi} \tag{5-70}$$

$$N_c=\frac{\cos\beta_0}{\cos\alpha\tan\varphi\cos(\beta_0-\delta)}-BD\frac{\cos\eta_0}{\cos(\eta_0-\beta)\tan\varphi}e^{-\theta\tan\varphi} \tag{5-71}$$

则主动土压力可以写成：

$$P_a=\frac{1}{2}\gamma H^2N_\gamma+qHN_q+cHN_c \tag{5-72}$$

或

$$P_a=P_{a\gamma}+P_{aq}+P_{ac} \tag{5-73}$$

$$P_{a\gamma}=\frac{1}{2}\gamma H^2N_\gamma \tag{5-74}$$

$$P_{aq}=qHN_q \tag{5-75}$$

$$P_{ac}=CHN_c \tag{5-76}$$

式中　$P_{a\gamma}$——由土的重力产生的土压力，kN；

P_{aq}——由填土表面均布荷载 q 产生的土压力，kN；

P_{ac}——由土的凝聚力 c 产生的土压力，kN。

由公式（5-72）可知，土的重力产生的主动土压力沿墙高的分布为三角形，其合力作用点距墙踵的高度为$\frac{1}{3}H$；填土表面均布荷载 q 产生的土压力沿墙高为均匀分布，其合力的作用点距墙踵的高度为$\frac{1}{2}H$；土的凝聚力 c 产生的主动土压力沿墙高也为均匀分布，故其合力作用点距墙踵的高度为$\frac{1}{2}H$。所以总主动土压力 P_a 的作用点距墙踵的高度为

$$y_a=\frac{P_{a\gamma}\frac{1}{3}H+P_{aq}\frac{1}{2}H-P_{ac}\frac{1}{2}H}{P_a} \tag{5-77}$$

或

$$y_a=\frac{\frac{1}{6}\gamma H^3N_\gamma+\frac{1}{2}qH^2N_q-\frac{1}{2}cH^2N_c}{P_a} \tag{5-78}$$

式中　y_a——主动土压力 P_a 的作用点距挡土墙墙踵的高度，m。

按上述方法计算主动土压力的步骤如下：

（1）根据公式（5-47）计算角度 Δ 和 Δ_1 值。

（2）根据公式（5-41）～公式（5-45）计算角度 α_0、β_0、η_0、γ_0 和 θ 值。

（3）计算 $e^{\theta\tan\varphi}$、$e^{-\theta\tan\varphi}$、$e^{-2\theta\tan\varphi}$、$(1-e^{-2\theta\tan\varphi})$ 的值。

（4）根据公式（5-65）计算角度 ξ 值。

（5）计算角度 $\theta+\xi$ 和 $\xi+\varphi+\beta-\eta_0$ 的值。

（6）根据公式（5-68）计算 A、B、D 值。

（7）根据公式（5-69）～公式（5-71）计算 N_γ、N_q 和 N_c 值。

(8) 根据公式（5-74）～公式（5-76）计算 P_{ar}、P_{aq} 和 P_{ac} 值。

(9) 根据公式（5-73）计算作用在挡土墙上的总主动土压力 P_a 值。

(10) 根据公式（5-77）计算总主动土压力 P_a 的作用点距挡土墙墙踵的高度 y_0 值。

第二节　滑动土体的滑动面由三部分组成

一、填土为黏性土

滑动土体的滑动面由直线 AB、对数螺旋曲线 BD 和直线 DE 三段组成，即滑动土体由 ABC、BCD 和 CDE 三部分组成，如图 5-1 所示。

若挡土墙背面的滑动土体为 $ABDEC$，即由 ABC、BCD 和 CDE 三部分所组成，如图 5-9 所示，滑动面由直线段 AB，对数螺旋曲线段 BD 和直线段 DE 组成，此时滑动土体在重力、荷载和外力作用下处于被动极限平衡状态。

1. 滑动土体各部分的角度关系

当滑动土体 $ABDEC$ 处于被动极限平衡状态时，滑动土体各部分的角度关系如图 5-9 所示，在滑动块 ABC 中，角度 $\angle BAC=\alpha_0$，$\angle ACB=\beta_0$，$\angle ABC=\frac{\pi}{2}-\varphi$；在滑动块 BCD 中，角度 $\angle BCD=\theta$；在滑动块 CDE 中，角度 $\angle DCE=\eta_0$，$\angle DEC=\gamma_0$，$\angle CDE=\frac{\pi}{2}+\varphi$。

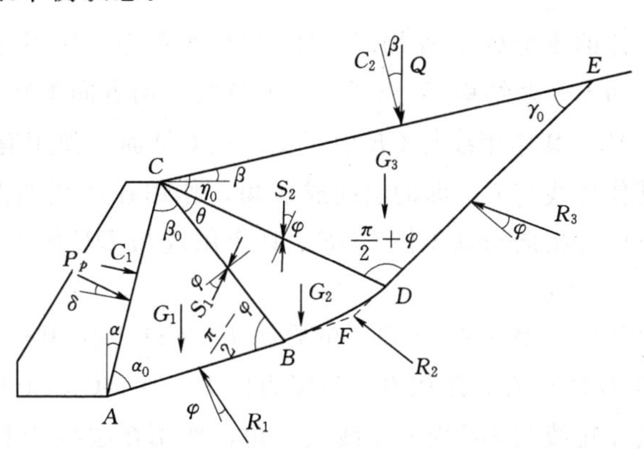

图 5-9　被动极限平衡状态下的滑动土体形状

本章第一节运用微分滑块极限平衡原理已导得土体 $ABDEC$ 处于被动极限平衡状态时，各部分的角度的计算公式如下：

$$\alpha_0=\frac{1}{2}(\pi-\Delta-\delta) \tag{5-79}$$

$$\beta_0=\frac{1}{2}(\Delta+\delta) \tag{5-80}$$

$$\gamma_0=\frac{1}{2}(\pi-\Delta_1-\varphi-\beta) \tag{5-81}$$

$$\eta_0=\frac{1}{2}(\Delta_1-\varphi+\beta) \tag{5-82}$$

$$\theta=\frac{\pi}{2}-\beta_0-\eta_0+\alpha+\beta \tag{5-83}$$

或

$$\theta=\frac{\pi}{2}+\alpha+\beta-\frac{1}{2}(\Delta+\Delta_1+\delta+\beta) \tag{5-84}$$

$$\Delta=\arccos(\sin\beta\cot\varphi) \tag{5-85}$$

$$\Delta_1=\arccos\left(\frac{\sin\beta}{\sin\varphi}\right) \tag{5-86}$$

2. 滑动土体上的作用力

（1）滑动块 ABC。在滑动土体 ABC 上作用有土体的重力 G_1，作用于 ABC 土体的重心，作用方向为竖直向下；在 AC 面上作用有土压力的反力 P_p 和土的内结构压力 C_1，P_p 的作用线与 AC 面的法线成 δ 角，作用在法线的上方，作用方向为指向滑动土体；C_1 的作用方向为背离滑动土体的方向，其作用线与 AC 面正交；在 BC 面上作用有反力 S_1，S_1 的作用方向为指向滑动土体 ABC，其作用线与 BC 面的法线成 φ 角，作用在法线的下方；在 AB 面上作用有反力 R_1，其作用方向指向滑动土体 ABC，R_1 的作用线与 AB 面的法线成 φ 角，作用在法线的右侧，如图 5-10 所示。

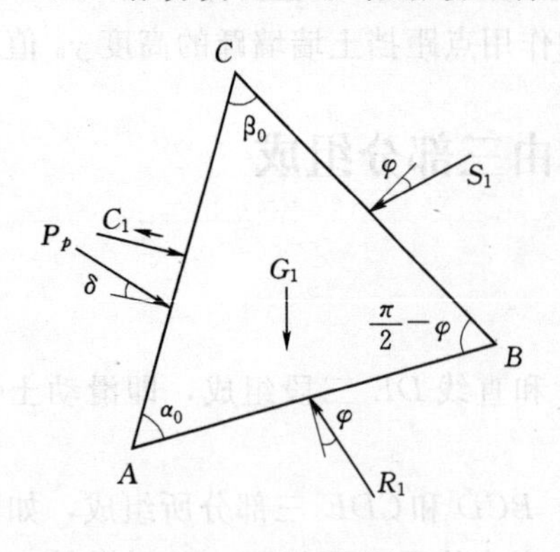

图 5-10　滑动土体 ABC 上的作用力

（2）滑动块 CDE。在滑动土体 CDE 上作用有土体的重力 G_3，作用于土体 CDE 的重心，作用方向为竖直向下；在 CE 面上作用有荷载 Q 和土的内结构压力 C_3，荷载 Q 的作用方向为竖直向下，C_3 的作用方向为指向滑动土体 CDE，其作用线与 CE 面正交；在 CD 面上作用有反力 S_2，作用方向指向滑动土体 CDE，其作用线与 CD 面的法线成 φ 角，作用在法线的左侧；在 DE 面上作用有反力 R_3，作用方向为指向滑动土体 CDE，其作用线与 DE 面的法线成 φ 角，作用在法线的上方，如图 5-11所示。

（3）滑动块 BCD。在滑动块 BCD 上作用有滑动土体 BCD 的重力 G_2，作用于土体 BCD 的重心，作用方向为竖直向下；在 BC 面上作用有反力 S_1，作用方向指向滑动土体，其作用线与 BC 面的法线成 φ 角，作用在法线的上方；在 CD 面上作用有反力 S_2，作用方向为指向滑动土体 BCD，其作用线与 CD 面的法线成 φ 角，作用在法线的下方；在 BD 面上作用有反力 R_2，作用方向为指向滑动土体 BCD，其作用线通过 F 点和 C 点，F 点是 AB 线与 ED 线的延长线的交点，如图 5-12 所示。

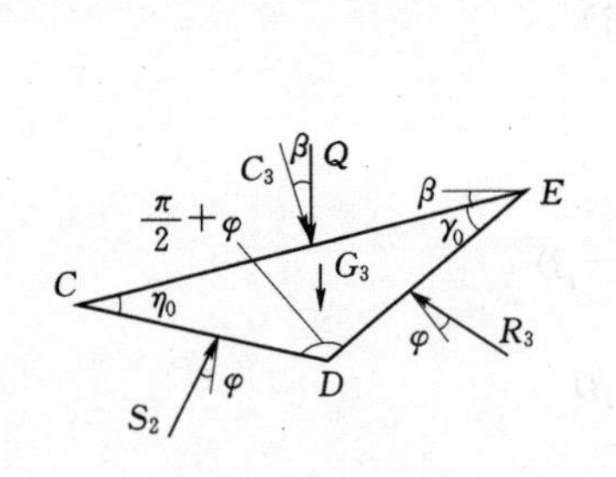

图 5-11　滑动土体 CDE 上的作用力

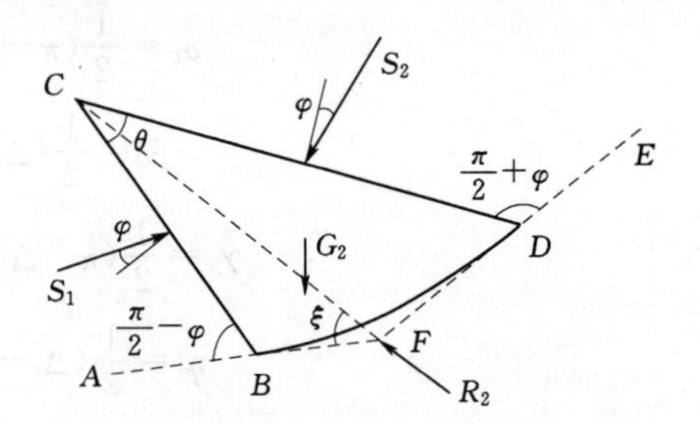

图 5-12　滑动土体 BCD 上的作用力

根据图 5-10 中所示滑动土体 ABC 的几何关系，可得重力 G_1 和内结构压力 C_1 的计算公式如下：

$$G_1=\frac{1}{2}\gamma H^2\ \frac{\sin\alpha_0\sin\beta_0}{\cos\alpha} \tag{5-87}$$

$$C_1 = cH \frac{1}{\cos\alpha\tan\varphi} \tag{5-88}$$

式中 γ——土的容重（重力密度），kN/m³

c——土的凝聚力，kPa；

H——挡土墙的高度，m；

α——挡土墙墙面与竖直线之间的夹角，(°)；

φ——土的内摩擦角，(°)。

根据图 5-11 所示的滑动土体 CDE 的几何关系，可得重力 G_3 和内结构压力 C_3 的计算公式如下：

$$G_3 = \frac{1}{2}\gamma H^2 \frac{\sin^2\alpha_0 \sin\eta_0}{\cos^2\alpha \sin\gamma_0} e^{2\theta\tan\varphi} \tag{5-89}$$

$$C_3 = cH \frac{\sin\alpha_0}{\cos\alpha\tan\varphi} e^{\theta\tan\varphi} \tag{5-90}$$

$$Q = qH \frac{\sin\alpha_0}{\cos\alpha\sin\gamma_0} e^{\theta\tan\varphi} \tag{5-91}$$

式中 q——作用在 CE 面上的均布荷载，kPa。

根据图 5-12 所示的滑动土体 BCD 的几何关系和对数螺旋曲线的特性，可得重力 G_2 的计算公式如下：

$$G_2 = \frac{1}{2}\gamma H^2 \frac{\sin^2\alpha_0}{2\cos^2\alpha\tan\varphi}\left(e^{2\theta\tan\varphi} - 1\right) \tag{5-92}$$

3. 根据滑动块 ABC 上作用力的平衡条件

根据滑动块 ABC 上作用力在竖直轴 y 方向投影的平衡条件，即根据 $\sum y=0$ 的条件，可得

$$G_1 - C_1\cos\left(\frac{\pi}{2}-\alpha\right) + P_p\cos\left(\frac{\pi}{2}-\alpha-\delta\right) - S_1\cos(\pi-\alpha_0-\alpha-\varphi) - R_1\cos(\beta_0+\varphi-\alpha) = 0$$

故

$$R_1 = \frac{P_p\cos\left(\frac{\pi}{2}-\alpha-\delta\right) + G_1 - C_1\cos\left(\frac{\pi}{2}-\alpha\right) - S_1\cos(\pi-\alpha_0-\alpha-\varphi)}{\cos(\beta_0+\varphi-\alpha)} \tag{5-93}$$

根据滑动块 ABC 上作用力在水平轴 x 方向投影的平衡条件，即根据 $\sum x=0$ 的条件，可得

$$P_p\sin\left(\frac{\pi}{2}-\alpha-\delta\right) - C_1\sin\left(\frac{\pi}{2}-\alpha\right) - S_1\sin(\pi-\alpha_0-\alpha-\varphi) - R_1\sin(\beta_0+\varphi-\alpha) = 0$$

故

$$R_1 = \frac{P_p\sin\left(\frac{\pi}{2}-\alpha-\delta\right) - C_1\sin\left(\frac{\pi}{2}-\alpha\right) - S_1\sin(\pi-\alpha_0-\alpha-\varphi)}{\sin(\beta_0+\varphi-\alpha)} \tag{5-94}$$

由于公式（5-93）与公式（5-94）相等，故得

$$\frac{P_p\cos\left(\frac{\pi}{2}-\alpha-\delta\right)+G_1-C_1\cos\left(\frac{\pi}{2}-\alpha\right)-S_1\cos(\pi-\alpha_0-\alpha-\varphi)}{\cos(\beta_0+\varphi-\alpha)}$$

$$=\frac{P_p\sin\left(\frac{\pi}{2}-\alpha-\delta\right)-C_1\sin\left(\frac{\pi}{2}-\alpha\right)-S_1\sin(\pi-\alpha_0-\alpha-\varphi)}{\sin(\beta_0+\varphi-\alpha)}$$

即 $$\frac{P_p\sin(\alpha+\delta)+G_1-C_1\sin\alpha+S_1\cos(\alpha_0+\alpha+\varphi)}{\cos(\beta_0+\varphi-\alpha)}=\frac{P_p\cos(\alpha+\delta)-C_1\cos\alpha-S_1\sin(\alpha_0+\alpha+\varphi)}{\sin(\beta_0+\varphi-\alpha)}$$

$$\begin{aligned}&S_1[\sin(\beta_0+\varphi-\alpha)\cos(\alpha_0+\alpha+\varphi)+\cos(\beta_0+\varphi-\alpha)\sin(\alpha_0+\alpha+\varphi)]\\&=P_p[\cos(\alpha+\delta)\cos(\beta_0+\varphi-\alpha)-\sin(\alpha+\delta)\sin(\beta_0+\varphi-\alpha)]\\&\quad-C_1[\cos\alpha\cos(\beta_0+\varphi-\alpha)-\sin\alpha\sin(\beta_0+\varphi-\alpha)]-G_1\sin(\beta_0+\varphi-\alpha)\end{aligned}$$

故 $$S_1\sin(\alpha_0+\beta_0+2\varphi)=P_p\cos(\beta_0+\delta+\varphi)-C_1\cos(\beta_0+\varphi)-G_1\sin(\beta_0+\varphi-\alpha)$$

故 $$S_1=\frac{1}{\sin(\alpha_0+\beta_0+2\varphi)}[P_p\cos(\beta_0+\delta+\varphi)-C_1\cos(\beta_0+\varphi)-G_1\sin(\beta_0+\varphi-\alpha)] \tag{5-95}$$

4. 根据滑动块 CDE 上作用力的平衡条件

根据滑动块 CDE 上作用力在竖直轴 y 方向投影的平衡条件，即根据 $\sum y=0$ 的条件，可得

$$G_3+Q+C_3\cos\beta-S_2\cos\left(\frac{\pi}{2}-\gamma_0-\beta\right)-R_3\sin(\eta_0-\beta)=0$$

故 $$R_3=\frac{G_3+Q+C_3\cos\beta-S_2\cos\left(\frac{\pi}{2}-\gamma_0-\beta\right)}{\sin(\eta_0-\beta)} \tag{5-96}$$

根据滑动块 CDE 上作用力在水平轴 x 方向投影的平衡条件，根据 $\sum x=0$ 的条件，可得

$$C_3\sin\beta+S_2\sin\left(\frac{\pi}{2}-\gamma_0-\beta\right)-R_3\cos(\eta_0-\beta)=0$$

故 $$R_3=\frac{C_3\sin\beta+S_2\sin\left(\frac{\pi}{2}-\gamma_0-\beta\right)}{\cos(\eta_0-\beta)} \tag{5-97}$$

由于公式（5-96）与公式（5-97）相等，故得

$$\frac{G_3+Q+C_3\cos\beta-S_2\cos\left(\frac{\pi}{2}-\gamma_0-\beta\right)}{\sin(\eta_0-\beta)}=\frac{C_3\sin\beta+S_2\sin\left(\frac{\pi}{2}-\gamma_0-\beta\right)}{\cos(\eta_0-\beta)}$$

所以 $$\begin{aligned}&S_2[\sin(\eta_0-\beta)\cos(\gamma_0+\beta)+\cos(\eta_0-\beta)\sin(\gamma_0+\beta)]\\&=(G_3+Q)\cos(\eta_0-\beta)+C_3[\cos\beta\cos(\eta_0-\beta)-\sin\beta\sin(\eta_0-\beta)]\end{aligned}$$

即 $$S_2\sin(\gamma_0+\eta_0)=(G_3+Q)\cos(\eta_0-\beta)+C_3\cos\eta_0$$

由此可得反力为

$$S_2=\frac{1}{\sin(\gamma_0+\eta_0)}[(G_3+Q)\cos(\eta_0-\beta)+C_3\cos\eta_0] \tag{5-98}$$

5. 根据滑动块 BCD 上作用力的平衡条件

根据滑动块 BCD 上作用力在竖直轴 y 方向投影的平衡条件，即根据 $\sum y=0$ 的条件，可得

$$S_2\cos\left(\frac{\pi}{2}-\gamma_0-\beta\right)+S_1\cos(\pi-\alpha_0-\alpha-\varphi)-R_2\cos[\pi-(\xi+\alpha_0+\varphi+\alpha)]+G_2=0$$

故

$$R_2=\frac{S_2\cos\left(\frac{\pi}{2}-\gamma_0-\beta\right)+S_1\cos(\pi-\alpha_0-\alpha-\varphi)+G_2}{\cos(\pi-\xi-\alpha_0-\alpha-\varphi)} \tag{5-99}$$

$$\xi=\text{arccot}\left(\frac{e^{\theta\tan\varphi}-\cos\theta}{\sin\theta}\right) \tag{5-100}$$

根据滑动块 BCD 上作用力在水平轴 x 方向投影的平衡条件，即根据 $\sum x=0$ 的条件，可得

$$S_1\cos\left(\frac{\pi}{2}-\alpha_0-\alpha-\varphi\right)-S_2\sin\left(\frac{\pi}{2}-\gamma_0-\beta\right)-R_2\cos\left(\xi+\alpha_0+\alpha-\frac{\pi}{2}\right)=0$$

故

$$R_2=\frac{S_1\sin(\pi-\alpha_0-\alpha-\varphi)-S_2\sin\left(\frac{\pi}{2}-\gamma_0-\beta\right)}{\sin(\pi-\xi-\alpha_0-\alpha-\varphi)} \tag{5-101}$$

由于公式（5－99）与公式（5－101）相等，故得

$$\frac{S_2\cos\left(\frac{\pi}{2}-\gamma_0-\beta\right)+S_1\cos(\pi-\alpha_0-\alpha-\varphi)+G_2}{\cos(\pi-\xi-\alpha_0-\alpha-\varphi)}=\frac{S_1\sin(\pi-\alpha_0-\alpha-\varphi)-S_2\sin\left(\frac{\pi}{2}-\gamma_0-\beta\right)}{\sin(\pi-\xi-\alpha_0-\alpha-\varphi)}$$

即

$$\frac{S_2\sin(\gamma_0+\beta)-S_1\cos(\alpha_0+\alpha+\varphi)+G_2}{-\cos(\xi+\alpha_0+\alpha+\varphi)}=\frac{S_1\sin(\alpha_0+\alpha+\varphi)-S_2\cos(\gamma_0+\beta)}{\sin(\xi+\alpha_0+\alpha+\varphi)}$$

所以

$$\begin{aligned}&S_1[-\cos(\alpha_0+\alpha+\varphi)\sin(\xi+\alpha_0+\alpha+\varphi)+\sin(\alpha_0+\alpha+\varphi)\cos(\xi+\alpha_0+\alpha+\varphi)]\\&=S_2[\cos(\xi+\alpha_0+\alpha+\varphi)]\cos(\gamma_0+\beta)-\sin[(\xi+\alpha_0+\alpha+\varphi)\sin(\gamma_0+\beta)]\\&\quad-G_2\sin(\xi+\alpha_0+\alpha+\varphi)\end{aligned}$$

故

$$S_1\sin\xi=S_2\cos(\xi+\alpha_0+\alpha+\gamma_0+\beta+\varphi)-G_2\sin(\xi+\alpha_0+\alpha+\varphi)$$

即

$$S_1=\frac{1}{\sin\xi}[S_2\sin(\theta+\xi)-G_2\sin(\xi+\alpha_0+\alpha+\varphi)] \tag{5-102}$$

6. 被动土压力

将公式（5－95）和公式（5－98）代入公式（5－102）得

$$\begin{aligned}&\frac{P_p\cos(\beta_0+\delta+\varphi)-C_1\cos(\beta_0+\varphi)-G_1\sin(\beta_0+\varphi-\alpha)}{\sin(\alpha_0+\beta_0+2\varphi)}\\&=G_2\frac{\sin(\xi+\alpha_0+\alpha+\varphi)}{\sin\xi}+\frac{\sin(\theta+\xi)}{\sin\xi}\left[\frac{(G_3+Q)\cos(\eta_0-\beta)+C_3\cos\eta_0}{\sin(\eta_0+\gamma_0)}\right]\end{aligned}$$

或

$$\begin{aligned}P_p\frac{\cos(\beta_0+\delta+\varphi)}{\sin(\alpha_0+\beta_0+2\varphi)}=&G_1\frac{\sin(\beta_0+\varphi-\alpha)}{\sin(\alpha_0+\beta_0+2\varphi)}+G_2\frac{\sin(\xi+\alpha_0+\alpha+\varphi)}{\sin\xi}\\&+G_3\frac{\cos(\eta_0-\beta)\sin(\theta+\xi)}{\sin\xi\sin(\gamma_0+\eta_0)}+Q\frac{\cos(\eta_0-\beta)\sin(\theta+\xi)}{\sin\xi\sin(\gamma_0+\eta_0)}\end{aligned}$$

$$+C_1\frac{\cos(\beta_0+\varphi)}{\sin(\alpha_0+\beta_0+2\varphi)}+C_3\frac{\cos\eta_0\sin(\theta+\xi)}{\sin\xi\sin(\gamma_0+\eta_0)}$$

由此得被动土压力为

$$P_p=G_1\cos\frac{\beta_0+\varphi-\alpha}{\beta_0+\delta+\varphi}+G_2\frac{\sin(\xi+\alpha_0+\alpha+\varphi)\sin(\alpha_0+\beta_0+2\varphi)}{\sin\xi\cos(\beta_0+\delta+\varphi)}$$

$$+G_3\frac{\cos(\eta_0-\beta)\sin(\theta+\xi)\sin(\alpha_0+\beta_0+2\varphi)}{\sin\xi\sin(\gamma_0+\eta_0)\cos(\beta_0+\delta+\varphi)}+Q\frac{\cos(\eta_0-\beta)\sin(\theta+\xi)\sin(\alpha_0+\beta_0+2\varphi)}{\sin\xi\sin(\gamma_0+\eta_0)\cos(\beta_0+\delta+\varphi)}$$

$$+C_1\frac{\cos(\beta_0+\varphi)\sin(\alpha_0+\beta_0+2\varphi)}{\sin(\alpha_0+\beta_0+2\varphi)\cos(\beta_0+\delta+\varphi)}+C_3\frac{\cos\eta_0\sin(\theta+\xi)\sin(\alpha_0+\beta_0+2\varphi)}{\sin\xi\sin(\gamma_0+\eta_0)\cos(\beta_0+\delta+\varphi)}$$

或 $$P_p=G_1\frac{\sin(\beta_0+\varphi-\alpha)}{\cos(\beta_0+\delta+\varphi)}+G_2\frac{\sin(\xi+\alpha_0+\alpha+\varphi)\cos2\varphi}{\sin\xi\cos(\beta_0+\delta+\varphi)}+G_3\frac{\cos(\eta_0-\beta)\sin(\theta+\xi)\cos2\varphi}{\sin\xi\cos(\beta_0+\delta+\varphi)\cos\varphi}$$

$$+Q\frac{\cos(\eta_0-\beta)\sin(\theta+\xi)\cos2\varphi}{\sin\xi\cos(\beta_0+\delta+\varphi)\cos\varphi}+C_1\frac{\cos(\beta_0+\varphi)}{\cos(\beta_0+\delta+\varphi)}+C_3\frac{\cos\eta_0\sin(\theta+\xi)\cos2\varphi}{\sin\xi\cos\varphi\cos(\beta_0+\delta+\varphi)}$$

(5-103)

将公式（5-87）～公式（5-92）代入公式（5-103），则得

$$P_p=\frac{1}{2}\gamma H^2\frac{\sin\alpha_0\sin\beta_0}{\cos^2\alpha\cos\varphi}\frac{\sin(\beta_0+\varphi-\alpha)}{\cos(\beta_0+\delta+\varphi)}+\frac{1}{2}\gamma H^2\frac{\sin^2\alpha}{2\cos^2\alpha\cos^2\varphi\tan\varphi}\frac{\sin(\xi+\alpha_0+\alpha+\varphi)\cos2\varphi}{\sin\xi\cos\varphi\cos(\beta_0+\delta+\varphi)}$$

$$\times(e^{2\theta\tan\varphi}-1)+\frac{1}{2}\gamma H^2\frac{\sin^2\alpha_0\sin\eta_0}{\cos^2\alpha\cos\varphi\sin\gamma_0}\frac{\cos(\eta_0-\beta)\sin(\theta+\xi)\cos2\varphi}{\sin\xi\cos(\beta_0+\delta+\varphi)\cos\varphi}e^{2\theta\tan\varphi}$$

$$+qH\frac{\cos(\eta_0-\beta)\sin(\theta+\xi)\cos2\varphi}{\sin\xi\cos(\beta_0+\delta+\varphi)\cos\varphi}\frac{\sin\alpha_0}{\cos\alpha\sin\gamma_0}e^{\theta\tan\varphi}+cH\frac{1}{\cos\alpha\tan\varphi}\frac{\cos(\beta_0+\varphi)}{\cos(\beta_0+\delta+\varphi)}$$

$$+cH\frac{\cos\eta_0\sin(\theta+\xi)}{\sin\xi\cos\varphi\cos(\beta_0+\delta+\varphi)}\frac{\sin\alpha_0}{\cos\alpha\sin\gamma_0\tan\varphi}e^{\theta\tan\varphi}$$

(5-104)

如令

$$A=\frac{\sin\alpha_0}{\cos\alpha\cos\varphi}\tag{5-105}$$

$$B=\frac{A}{\cos(\beta_0+\delta+\varphi)}\tag{5-106}$$

$$D=\frac{\sin(\theta+\xi)\cos(\eta_0-\beta)\cos2\varphi}{\sin\xi\sin\gamma_0}\tag{5-107}$$

则被动土压力 P_p 可以简写为

$$P_p=\frac{1}{2}\gamma H^2\left[B\frac{\sin\beta_0\sin(\beta_0-\alpha+\varphi)}{\cos\alpha}+AB\frac{\cos(\xi+\alpha+\varphi-\beta_0)\cos2\varphi}{2\sin\xi\tan\varphi\cos\varphi}\right.$$

$$\left.\times(e^{2\theta\tan\varphi}-1)+ABD\sin\eta_0 e^{2\theta\tan\varphi}\right]+qHBDe^{\theta\tan\varphi}$$

$$+cH\left[\frac{\cos(\beta_0+\varphi)}{\cos\alpha\tan\varphi\cos(\beta_0+\delta+\varphi)}+BD\frac{\cos\eta_0}{\cos(\eta_0-\beta)\tan\varphi}e^{\theta\tan\varphi}\right]$$

(5-108)

若令 $N_\gamma=B\frac{\sin\beta_0\sin(\beta_0+\varphi-\alpha)}{\cos\alpha}+AB\frac{\sin(\xi+\alpha+\varphi+\alpha_0)\cos2\varphi}{2\sin\xi\tan\varphi}(e^{\theta\tan\varphi}-1)+ABD\sin\eta_0 e^{2\theta\tan\varphi}$

(5-109)

$$N_q=BDe^{\theta\tan\varphi} \tag{5-110}$$

$$N_c=\frac{\cos(\beta_0+\varphi)}{\cos\alpha\tan\varphi\cos(\beta_0+\delta+\varphi)}+BD\frac{\cos\eta_0}{\cos(\eta_0-\beta)\tan\varphi}e^{\theta\tan\varphi} \tag{5-111}$$

则被动土压力可以进一步简写为

$$P_p=\frac{1}{2}\gamma H^2N_\gamma+qHN_q+cHN_c \tag{5-112}$$

或

$$P_p=P_{p\gamma}+P_{pq}+P_{pc} \tag{5-113}$$

$$P_{p\gamma}=\frac{1}{2}\gamma H^2N_\gamma \tag{5-114}$$

$$P_{pq}=qHN_q \tag{5-115}$$

$$P_{pc}=cHN_c \tag{5-116}$$

式中 $P_{p\gamma}$——由土的重力产生的被动土压力，kN；

P_{pq}——由填土表面均布荷载 q 产生的被动土压力，kN；

P_{pc}——由填土凝聚力 c 产生的被动土压力，kN。

被动土压力 P_p 的作用点距挡土墙墙踵的高度 y_p 可按下式计算：

$$y_p=\frac{P_{p\gamma}\frac{1}{3}H+P_{pq}\frac{1}{2}H+P_{pc}\frac{1}{2}H}{P_p} \tag{5-117}$$

或

$$y_p=\frac{\frac{1}{2}\gamma H^2N_\gamma\frac{1}{3}H+qHN_q\frac{1}{2}H+cHN_c\frac{1}{2}H}{P_p} \tag{5-118}$$

沿挡土墙高度方向，被动土压力强度 p_p 可以按下式计算：

$$p_p=\gamma zN_\gamma+qN_q+cN_c \tag{5-119}$$

式中 z——计算点距填土表面的高度，m。

按上述方法计算被动土压力 P_p 的步骤如下：

(1) 根据公式（5-85）和公式（5-86）计算角度 Δ 和 Δ_1 值。

(2) 根据公式（5-79）～公式（5-83）计算 α_0、β_0、η_0、γ_0 和 θ 角值。

(3) 计算 $e^{\theta\tan\varphi}$、$e^{2\theta\tan\varphi}$、$e^{2\theta\tan\varphi}-1$ 的值。

(4) 根据公式（5-100）计算角度 ξ 值。

(5) 计算角度 $\theta+\xi$ 和 $\xi+\alpha+\varphi+\beta_0$ 的值。

(6) 根据公式（5-105）～公式（5-107）计算 A、B 和 D 值。

(7) 根据公式（5-109）～公式（5-111）计算 N_γ、N_q 和 N_c 值。

(8) 根据公式 (5-112) 计算被动土压力。

(9) 根据公式 (5-117) 计算被动土压力 P_p 的作用点距挡土墙墙踵的高度 y_p 值。

二、填土为无黏性土

(一) 主动土压力

1. 滑动土体由 ABC、BCD 和 CDE 三部分组成

滑动面由 AB、BD 和 DE 三段组成，若此时滑动土体处于主动极限平衡状态，则滑动土体中各部分的角度（图 5-13）关系如下：

$$\alpha_0=\frac{1}{2}(\pi-\Delta-\varphi-\delta) \tag{5-120}$$

$$\beta_0=\frac{1}{2}(\Delta-\varphi+\delta) \tag{5-121}$$

$$\eta_0=\frac{1}{2}(\pi-\Delta_1+\varphi+\beta) \tag{5-122}$$

$$\gamma_0=\frac{1}{2}(\Delta_1+\varphi-\beta) \tag{5-123}$$

$$\theta=\frac{\pi}{2}+\alpha+\beta-(\beta_0+\eta_0) \tag{5-124}$$

或

$$\theta=\alpha+\beta-\frac{1}{2}(\Delta-\Delta_1+\delta+\beta) \tag{5-125}$$

$$\Delta=\arccos\left(\frac{\sin\delta}{\sin\varphi}\right) \tag{5-126}$$

$$\Delta_1=\arccos\left(\frac{\sin\beta}{\sin\varphi}\right) \tag{5-127}$$

式中　α_0——滑动块体 ABC 中 AC 边与 AB 边的夹角，(°)；

β_0——滑动块体 ABC 中 AC 边与 BC 边的夹角，(°)；

η_0——滑动块体 CDE 中 CE 边与 CD 边的夹角，(°)；

γ_0——滑动块体 CDE 中 CE 边与 DE 边的夹角，(°)；

θ——滑动块体 BCD 中 BC 边与 CD 边的夹角，(°)；

α——挡土墙墙面与竖直面之间的夹角，(°)；

β——填土表面与水平面之间的夹角，(°)；

φ——填土的内摩擦角，(°)；

δ——填土与挡土墙墙面之间的摩擦角，(°)。

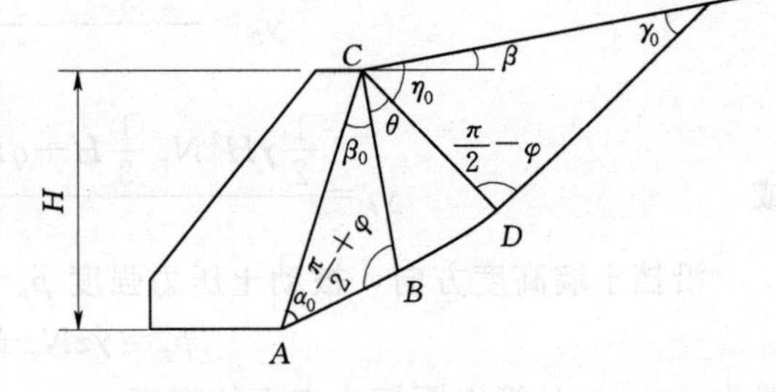

图 5-13　主动极限平衡状态下的滑动土体

2. 滑动块 ABC 上的作用力及其平衡条件

在滑动块 ABC 的 AC 面上作用有主动土压力 P_a 的反力，该力的作用线与 AC 面的法

线成δ角，作用在法线的下方；在AB面上作用有反力R_1，该力与AB面的法线的夹角为φ，作用在法线的左侧；在BC面上作用有反力S_1，该力与BC面的法线的夹角为φ，作用在法线的上方，此外，在滑动块体ABC的重心处，还作用有重力G_1，作用方向为竖直向下，如图5-14所示。

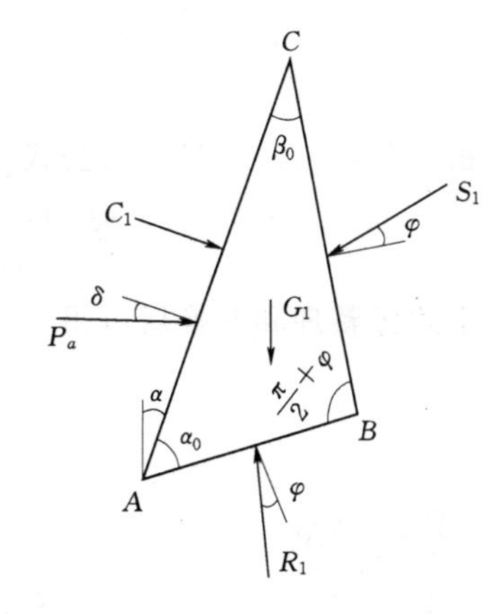

图5-14　滑动块体ABC上的作用力

根据滑动块体ABC上作用力在竖直轴y方向投影之和为零的条件（$\sum y=0$），可得

$$R_1\cos(\beta_0-\alpha)=G_1-P_a\sin(\delta-\alpha)+S_1\cos(\alpha_0+\alpha)$$

故$$R_1=\frac{1}{\cos(\beta_0-\alpha)}[G_1-P_a\sin(\delta-\alpha)+S_1\cos(\alpha_0+\alpha)] \tag{5-128}$$

根据滑动块体ABC上作用力在水平轴x方向投影之和为零的条件（$\sum x=0$），可得

$$R_1\sin(\beta_0-\alpha)=P_a\cos(\delta-\alpha)-S_1\sin(\alpha_0+\alpha)$$

故
$$R_1=\frac{1}{\sin(\beta_0-\alpha)}[P_a\cos(\delta-\alpha)-S_1\sin(\alpha_0+\alpha)] \tag{5-129}$$

由于公式（5-128）与公式（5-129）相等，故得

$$\frac{1}{\cos(\beta_0-\alpha)}[G_1-P_a\sin(\delta-\alpha)+S_1\cos(\alpha_0+\alpha)]=\frac{1}{\sin(\beta_0-\alpha)}[P_a\cos(\delta-\alpha)-S_1\sin(\alpha_0+\alpha)]$$

上式经整理后变为

$$G_1\sin(\beta_0-\alpha)-P_a\cos(\beta_0-\delta)+S_1\sin(\alpha_0+\beta_0)=0$$

故
$$S_1=\frac{P_a\cos(\beta_0-\delta)-G_1\sin(\beta_0-\alpha)}{\sin(\alpha_0+\beta_0)} \tag{5-130}$$

3. 滑动块体CDE上的作用力及其平衡条件

在滑动块体CDE（图5-15）的CE面上的作用有外荷Q，作用方向竖直向下；在CD面上作用反力S_2，该力的作用线与CD面的法线成φ角，作用在法线的下方；在DE面上作用有反力R_3，其作用线与DE面的法线成φ角，作用在法线的下方；此外，在滑动块CDE的重心处尚作用有滑动块CDE的重力G_3，作用方向竖直向下。

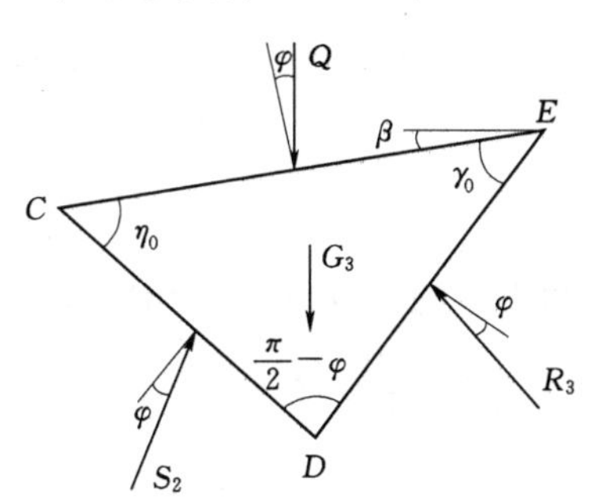

图5-15　滑动块体CDE上的作用力

根据滑动块体CDE上的作用力在竖直轴y方向投影之和为零的条件（$\sum y=0$），可得

$$Q+G_3-S_2\sin(\gamma_0+\beta)-R_3\sin(\eta_0-\beta)=0$$

由此得反力

$$R_3=\frac{Q+G_3-S_2\sin(\gamma_0+\beta)}{\sin(\eta_0-\beta)} \tag{5-131}$$

根据滑动块体CDE上的作用力在水平轴x方向投影之和为零的条件（$\sum x=0$），可得

$$S_2\cos(\gamma_0+\beta)-R_3\cos(\eta_0-\beta)=0$$

故
$$R_3=\frac{S_2\cos(\gamma_0+\beta)}{\cos(\eta_0-\beta)} \quad (5-132)$$

由于公式（5－131）与公式（5－132）相等，故得

$$\frac{Q+G_3-S_2\sin(\gamma_0+\beta)}{\cos(\eta_0-\beta)}=\frac{S_2\cos(\gamma_0+\beta)}{\cos(\eta_0-\beta)}$$

上式经整理和变换后可得

$$S_2=\frac{(Q+G_3)\cos(\eta_0-\beta)}{\sin(\eta_0+\gamma_0)} \quad (5-133)$$

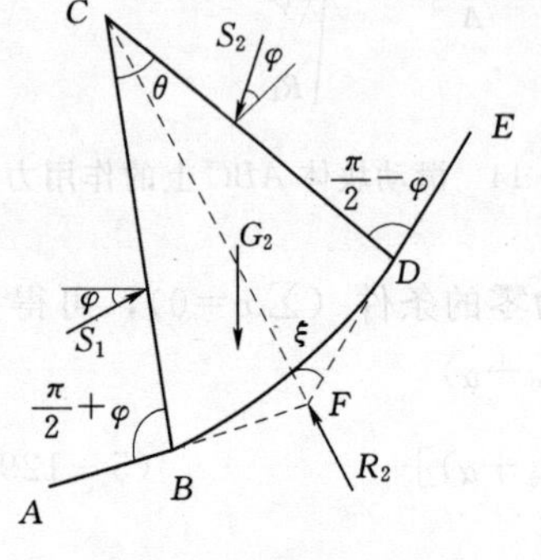

图 5－16　滑动块体 BCD 上的作用力

4. 滑动块体 BCD 上的作用力及其平衡条件

在滑动块体 BCD（图 5－16）的 BC 面上作用有反力 S_1，该力的作用线与 BC 面的法线之间的夹角为 φ，作用在法线的下方；在滑动块体 BCD 的 CD 面上作用有反力 S_2，该力的作用线与 CD 面的法线之间的夹角为 φ，作用在法线的上方；在 BD 面上作用有反力 R_2，该力的作用线通过 C 点和 F 点，F 点是滑动块体 ABC 中 AB 边的延长线与滑动块体 CDE 中的 ED 边的延长线的交点；此外，在滑动块体 BCD 的重心处，尚作用有滑动块体 BCD 的重力 G_2，其作用方向为竖直向下。

根据滑动块体 BCD 上作用力在竖直轴 y 方向投影之和为零的条件（$\sum y=0$），可得

$$G_2-S_1\cos(\alpha_0+\alpha)+S_2\sin(\gamma_0+\beta)-R_2\cos\left(\xi+\gamma_0+\beta-\frac{\pi}{2}\right)=0$$

故
$$R_2=\frac{G_2-S_1\cos(\alpha_0+\alpha)+S_2\sin(\gamma_0+\beta)}{\cos\left(\xi+\gamma_0+\beta-\frac{\pi}{2}\right)} \quad (5-134)$$

$$\xi=\operatorname{arccot}\left(\frac{e^{\theta\tan\varphi}-\cos\theta}{\sin\theta}\right) \quad (5-135)$$

式中　ξ——EF 线与 CF 线的夹角，(°)；

e——自然对数的底。

根据滑动块体 BCD 上作用力在水平轴 x 方向投影之和为零的条件（$\sum x=0$），可得

$$S_1\sin(\alpha_0+\alpha)-S_2\cos(\gamma_0+\beta)-R_2\sin\left(\xi+\gamma_0+\beta-\frac{\pi}{2}\right)=0$$

故
$$R_2=\frac{S_1\sin(\alpha_0+\alpha)-S_2\cos(\gamma_0+\beta)}{\sin\left(\xi+\gamma_0+\beta-\frac{\pi}{2}\right)} \quad (5-136)$$

由于公式（5－134）与公式（5－136）相等，故得

$$\frac{G_2-S_1\cos(\alpha_0+\alpha)+S_2\sin(\gamma_0+\beta)}{\cos\left(\xi+\gamma_0+\beta-\frac{\pi}{2}\right)}=\frac{S_1\sin(\alpha_0+\alpha)-S_2\cos(\gamma_0+\beta)}{\sin\left(\xi+\gamma_0+\beta-\frac{\pi}{2}\right)}$$

上式经整理移项后得

$$S_1=\frac{G_2\sin\left(\xi+\gamma_0+\beta-\frac{\pi}{2}\right)+S_2\sin\xi}{\sin(\theta+\xi)} \tag{5-137}$$

5. 主动土压力 P_a

将公式（5-130）和公式（5-133）代入公式（5-137）得

$$\frac{P_a\cos(\beta_0-\delta)-G_1\sin(\beta_0-\alpha)}{\sin(\alpha_0+\beta_0)}=G_2\frac{\sin\left(\xi+\gamma_0+\beta-\frac{\pi}{2}\right)}{\sin(\theta+\xi)}+(Q+G_3)\frac{\sin\xi\cos(\eta_0-\beta)}{\sin(\theta+\xi)\sin(\eta_0+\gamma_0)}$$

故主动土压力 P_a 为

$$P_a=G_1\frac{\sin(\beta_0-\alpha)}{\cos(\beta_0-\delta)}+G_2\frac{\sin\left(\xi+\gamma_0+\beta-\frac{\pi}{2}\right)\sin(\alpha_0+\beta_0)}{\sin(\theta+\xi)\cos(\beta_0-\delta)}+G_3\frac{\sin\xi\cos(\eta_0-\beta)\sin(\alpha_0+\beta_0)}{\sin(\theta+\xi)\sin(\eta_0+\gamma_0)\cos(\beta_0-\delta)}+Q\frac{\sin\xi\cos(\eta_0-\beta)\sin(\alpha_0+\beta_0)}{\sin(\theta+\xi)\sin(\eta_0+\gamma_0)\cos(\beta_0-\delta)} \tag{5-138}$$

其中

$$G_1=\frac{1}{2}\gamma H^2\frac{\sin\alpha_0\sin\beta_0}{\cos^2\alpha\cos\varphi} \tag{5-139}$$

$$G_2=\frac{1}{2}\gamma H^2\frac{\sin^2\alpha_0}{2\cos^2\alpha\cos^2\varphi\tan\varphi}(1-e^{-2\theta\tan\varphi}) \tag{5-140}$$

$$G_3=\frac{1}{2}\gamma H^2\frac{\sin^2\alpha_0\sin\eta_0}{\cos^2\alpha\cos\varphi\sin\gamma_0}e^{-2\theta\tan\varphi} \tag{5-141}$$

$$Q=qH\frac{\sin\alpha_0}{\cos\alpha\sin\gamma_0}e^{-\theta\tan\varphi} \tag{5-142}$$

$$Q=q\overline{CE}$$

式中 γ——填土的容重（重力密度），kN/m^3；

q——填土表面作用的均布荷载，kPa；

H——挡土墙的高度，m；

e——自然对数的底；

G_1——滑动块体 ABC 的重力，kN；

G_2——滑动块体 BCD 的重力，kN；

G_3——滑动块体 CDE 的重力，kN；

Q——作用在滑动块体 CDE 的 CE 边（填土表面）上的均布荷载 q 的合力，kN。

将公式（5-139）～公式（5-142）代入公式（5-138），则得主动土压力为

$$P_a=\frac{1}{2}\gamma H^2\frac{\sin\alpha_0\sin\beta_0\sin(\beta_0-\alpha)}{\cos^2\alpha\cos\varphi\cos(\beta_0-\delta)}+\frac{1}{2}\gamma H^2\frac{\sin^2\alpha_0\sin(\xi+\varphi+\beta-\eta_0)\sin(\alpha_0+\beta_0)}{2\cos^2\alpha\cos^2\varphi\tan\varphi\sin(\theta+\xi)\cos(\beta_0-\delta)}\times(1-e^{-2\theta\tan\varphi})+\frac{1}{2}\gamma H^2\frac{\sin^2\alpha_0\sin\xi\cos(\eta_0-\beta)\sin(\alpha_0+\beta_0)\sin\eta_0}{\cos^2\alpha\cos\varphi\sin\gamma_0\sin(\theta+\xi)\sin(\eta_0+\gamma_0)\cos(\beta_0-\delta)}\times e^{-2\theta\tan\varphi}+qH\frac{\sin\alpha_0\sin\xi\cos(\eta_0-\beta)\sin(\alpha_0+\beta_0)}{\cos\alpha\sin\gamma_0\sin(\theta+\xi)\sin(\eta_0+\gamma_0)\cos(\beta_0-\delta)}e^{-\theta\tan\varphi} \tag{5-143}$$

如令
$$A=\frac{\sin\alpha_0}{\cos\alpha\cos\varphi} \tag{5-144}$$
$$B=\frac{A}{\cos(\beta_0-\delta)} \tag{5-145}$$
$$D=\frac{\sin\xi\cos(\eta_0-\beta)\cos\varphi}{\sin\gamma_0\sin(\theta+\xi)} \tag{5-146}$$

则主动土压力可以简写为

$$P_a=\frac{1}{2}\gamma H^2\left[\frac{B\sin\beta_0\sin(\beta_0-\alpha)}{\cos\alpha}+AB\frac{\sin(\xi+\varphi+\beta-\eta_0)\cos\varphi}{2\tan\varphi\sin(\theta+\xi)}(1-e^{-2\theta\tan\varphi})+ABD\sin\eta_0 e^{-2\theta\tan\varphi}\right]+qHBDe^{-\theta\tan\varphi} \tag{5-147}$$

再令 $$N_\gamma=B\sin\beta_0\sin(\beta_0-\alpha)+AB\frac{\sin(\xi+\varphi+\beta-\eta_0)\cos\varphi}{2\tan\varphi\sin(\theta+\xi)}(1-e^{-2\theta\tan\varphi})+ABD\sin\eta_0 e^{-2\theta\tan\varphi} \tag{5-148}$$
$$N_q=BDe^{-\theta\tan\varphi} \tag{5-149}$$

则主动土压力 P_a 可以进一步简写为

$$P_a=\frac{1}{2}\gamma H^2 N_\gamma+qHN_q \tag{5-150}$$

或
$$P_a=P_{a\gamma}+P_{aq} \tag{5-151}$$
$$P_{a\gamma}=\frac{1}{2}\gamma H^2 N_\gamma \tag{5-152}$$
$$P_{aq}=qHN_q \tag{5-153}$$

主动土压力 P_a 的作用点距挡土墙墙踵的高度 y_a 可按下式计算：

$$y_a=\frac{P_{a\gamma}\frac{1}{3}H+P_{aq}\frac{1}{2}H}{P_a} \tag{5-154}$$

作用在挡土墙上任意点处的主动土压力强度为

$$p_a=\gamma zN_\gamma+qN_q \tag{5-155}$$

式中　p_a——作用在挡土墙上的土压力强度，kPa；

z——土压力强度 p_a 的计算点距填土表面以下的深度，m；

γ——填土的容重（重力密度），kN/m³；

q——作用在填土表面的均布荷载，kPa。

根据上述方法计算主动土压力 P_a 的步骤如下：

(1) 根据公式（5-126）和公式（5-127）计算角度 Δ 和 Δ_1 值。

(2) 根据公式（5-120）～公式（5-124）计算角度 α_0、β_0、η_0、γ_0 和 θ 值。

(3) 计算 $e^{\theta\tan\varphi}$、$e^{-\theta\tan\varphi}$、$e^{-2\theta\tan\varphi}$、$1-e^{-2\theta\tan\varphi}$ 的值。

(4) 根据公式（5-135）计算角度 ξ 值。

(5) 计算角度 $\theta+\xi$ 和 $\zeta+\varphi+\beta-\eta_0$ 的值。

(6) 根据公式（5-144）～公式（5-146）计算 A、B、D 值。

(7) 根据公式 (5-148) 和公式 (5-149) 计算 N_γ 和 N_q 值。

(8) 根据公式 (5-152) 和公式 (5-153) 计算土压力 $P_{a\gamma}$ 和 P_{aq} 值。

(9) 根据公式 (5-151) 计算作用在挡土墙上的总主动土压力。

(10) 根据公式 (5-154) 计算总主动土压力 P_a 的作用点距挡土墙墙踵的高度。

(二) 被动土压力

当挡土墙背面的滑动土体为 $ABDEC$，即由 ABC、BCD 和 CDE 三部分所组成，如图 5-17 所示，滑动面由直线段 AB，对数螺旋曲线段 BD 和直线段 DE 三段组成，此时滑动土体在重力、荷载作用下处于被动极限平衡状态。

1. 滑动土体各部分的角度关系

当滑动土体 $ABDEC$ 处于被动极限平衡状态时，滑动体各部分的角度关系如图 5-17 所示，可按下列公式计算：

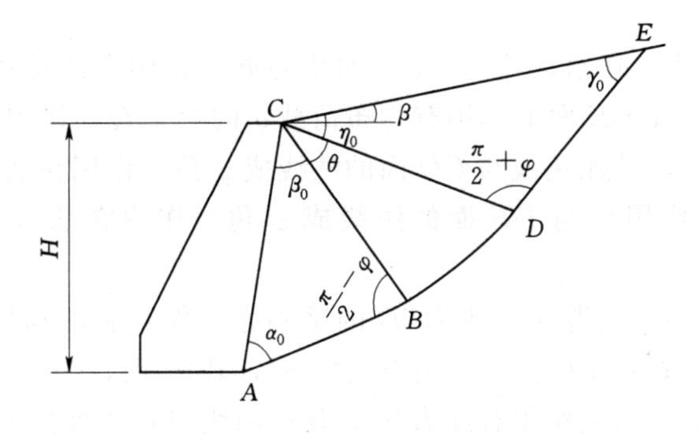

图 5-17　滑动土体 $ABDEC$

$$\alpha_0=\frac{1}{2}(\pi-\Delta+\varphi+\delta) \tag{5-156}$$

$$\beta_0=\frac{1}{2}(\Delta+\varphi-\delta) \tag{5-157}$$

$$\gamma_0=\frac{1}{2}(\pi-\Delta_1-\varphi-\beta) \tag{5-158}$$

$$\eta_0=\frac{1}{2}(\Delta_1-\varphi+\beta) \tag{5-159}$$

$$\theta=\frac{\pi}{2}-\beta_0-\eta_0+\alpha+\beta \tag{5-160}$$

或

$$\theta=\frac{\pi}{2}+\alpha+\beta-\frac{1}{2}(\Delta+\Delta_1-\delta+\beta) \tag{5-161}$$

$$\Delta=\arccos\left(\frac{\sin\delta}{\sin\varphi}\right) \tag{5-162}$$

$$\Delta_1=\arccos\left(\frac{\sin\beta}{\sin\varphi}\right) \tag{5-163}$$

式中　α_0——滑动块体 ABC 中 AC 面与 AB 面的夹角，(°)；

β_0——滑动块体 ABC 中 AC 面与 BC 面的夹角，(°)；

γ_0——滑动块体 CDE 中 CE 面与 DE 面的夹角，(°)；

η_0——滑动块体 CDE 中 DC 面与 EC 面的夹角，(°)；

θ——滑动块体 BCD 中 BC 面与 CD 面的夹角，(°)；

φ——挡土墙背面土的内摩擦角，(°)；

δ——挡土墙墙面与土之间的摩擦角，(°)；

β——挡土墙背面填土表面与水平面的夹角，(°)；

α——挡土墙墙面与竖直面之间的夹角，(°)。

2. 滑动土体上的作用力

（1）滑动块体 ABC。在滑动块体 ABC 的重心处，作用有重力 G，作用方向为竖直向下；在 AC 面上作用有被动土压力 P_p 的反力，其作用线与 AC 面的法线成 φ 角，作用在法线的上方；在 BC 面上作用有反力 S_1，其作用线与 BC 面的法线成 φ 角，作用在法线的下方；在 AB 面上作用有反力 R_1，其作用线与 AB 面的法线成 φ 角，作用在法线的右侧，如图 5-18 所示。

（2）滑动块体 CDE。在滑动块体 CDE 的重心处，作用有滑动块体 CDE 的重力 G_3，作用方向为竖直向下；在 CE 面上作用有均布荷载 q 的合力 Q，作用方向为竖直向下；在 CD 面上作用有反力 S_2，其作用线与 CD 面的法线成 φ 角，作用在法线的上方；在 DE 面上作用有反力 R_3，其作用线与 DE 面的法线成 φ 角，作用在法线的上方，如图 5-19 所示。

（3）滑动块体 BCD。在滑动块体 BCD 的重心处，作用有滑动块体 BCD 的重力 G_2，其作用方向为竖直向下；在 BC 面上作用有反力 S_1，其作用线与 BC 面的法线成 φ 角，作用在法线的上方；在 CD 面上作用有反力 S_2，其作用线与 CD 面的法线成 φ 角，作用在法线的下方；在 BD 面上作用有反力 R_2，其作用线通过 F 和 C 两点，F 点是 AB 线与 ED 线的延长线的交点，如图 5-20 所示。

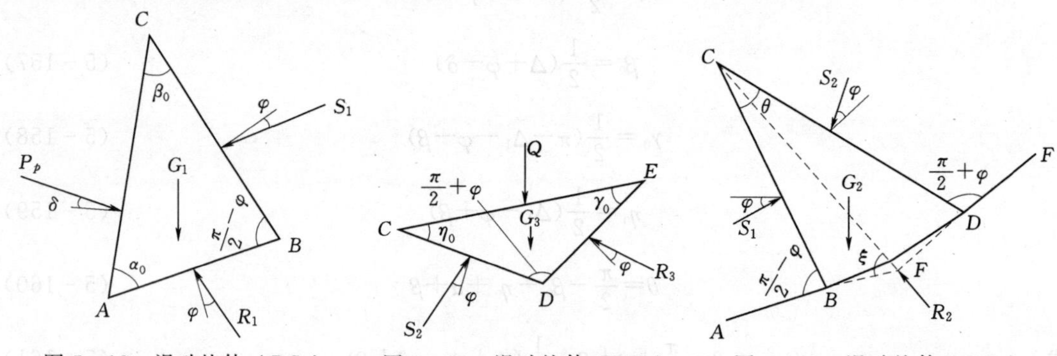

图 5-18　滑动块体 ABC 上的作用力　　图 5-19　滑动块体 CDE 上的作用力　　图 5-20　滑动块体 BCD 上的作用力

根据图 5-18、图 5-19 和图 5-20 中的几何关系，可得重力 G_1、G_2、G_3 和荷载 Q 的计算公式如下：

$$G_1=\frac{1}{2}\gamma H^2\ \frac{\sin\alpha_0\sin\beta_0}{\cos\alpha\cos\varphi} \tag{5-164}$$

$$G_2=\frac{1}{2}\gamma H^2\ \frac{\sin^2\alpha_0}{2\cos^2\alpha\cos^2\varphi\tan\varphi}(e^{2\theta\tan\varphi}-1) \tag{5-165}$$

$$G_3=\frac{1}{2}\gamma H^2\ \frac{\sin^2\alpha_0\sin\eta_0}{\cos^2\alpha\cos\varphi\sin\gamma_0}e^{2\theta\tan\varphi} \tag{5-166}$$

$$Q=qH\ \frac{\sin\alpha_0}{\cos\alpha\sin\gamma_0}e^{\theta\tan\varphi} \tag{5-167}$$

式中　G_1——滑动块体 ABC 的重力，kN；

G_2——滑动块体 BCD 的重力，kN；

G_3——滑动块体 CDE 的重力，kN；

Q——作用在填土表面 CE 面上的均布荷载 q 的合力，kN；

γ——土的容重（重力密度），kN/m^3；

φ——土的内摩擦角，(°)；

H——挡土墙的墙高，m；

α——挡土墙墙面与竖直面的夹角，(°)；

β_0——填土表面与水平面的夹角；

e——自然对数的底。

3. 滑动块体 ABC 上作用力的相互关系

根据滑动块体 ABC 上作用力在竖直轴 y 方向投影之和为零的平衡条件（$\sum y=0$），可得

$$G_1+P_p\cos\left(\frac{\pi}{2}-\alpha-\delta\right)+S_1\sin\left(\frac{\pi}{2}-\alpha_0-\alpha\right)-R_1\cos(\beta_0-\alpha)=0$$

故

$$R_1=\frac{P_p\sin(\alpha+\delta)+G_1+S_1\cos(\alpha_0+\alpha)}{\cos(\beta_0-\alpha)} \tag{5-168}$$

根据滑动块体 ABC 上作用力在水平轴 x 方向投影之和为零的平衡条件（$\sum x=0$），可得

$$P_p\sin\left(\frac{\pi}{2}-\alpha-\delta\right)-S_1\cos\left(\frac{\pi}{2}-\alpha_0-\alpha\right)-R_1\sin(\beta_0-\alpha)=0$$

故

$$R_1=\frac{P_p\cos(\alpha+\delta)-S_1\sin(\alpha_0+\alpha)}{\sin(\beta_0-\alpha)} \tag{5-169}$$

由于公式（5-168）与公式（5-169）相等，故得

$$\frac{P_p\sin(\alpha+\delta)+G_1+S_1\cos(\alpha_0+\alpha)}{\cos(\beta_0-\alpha)}=\frac{P_p\cos(\alpha+\delta)-S_1\sin(\alpha_0+\alpha)}{\sin(\beta_0-\alpha)}$$

上式经移项整理后得

$$S_1=\frac{P_p\cos(\beta_0+\delta)-G_1\sin(\beta_0-\alpha)}{\sin(\alpha_0+\beta_0)} \tag{5-170}$$

4. 滑动块体 CDE 上作用力的相互关系

根据滑动块体 CDE 上作用力在竖直轴 y 方向投影之和为零的平衡条件（$\sum y=0$），可得

$$G_3+Q-S_2\cos\left(\frac{\pi}{2}-\gamma_0-\beta\right)-R_3\sin(\eta_0-\beta)=0$$

故
$$R_3=\frac{G_3+Q-S_2\sin(\gamma_0+\beta)}{\sin(\eta_0-\beta)} \tag{5-171}$$

根据滑动块体 CDE 上作用力在水平轴 x 方向投影之和为零的平衡条件（$\sum x=0$），可得

$$S_2\sin\left(\frac{\pi}{2}-\gamma_0-\beta\right)-R_3\cos(\eta_0-\beta)=0$$

故
$$R_3=\frac{S_2\cos(\gamma_0+\beta)}{\cos(\eta_0-\beta)} \tag{5-172}$$

由于公式（5-171）和公式（5-172）相等，故得

$$\frac{G_3+Q-S_2\sin(\gamma_0+\beta)}{\sin(\eta_0-\beta)}=\frac{S_2\cos(\gamma_0+\beta)}{\cos(\eta_0-\beta)}$$

故
$$S_2=\frac{(G_3+Q)\cos(\eta_0-\beta)}{\sin(\gamma_0+\eta_0)} \tag{5-173}$$

5. 滑动块体 BCD 上作用力的相互关系

根据滑动块体 BCD 上作用力在竖直轴 y 方向投影之和为零的平衡条件（$\sum y=0$），可得

$$S_2\cos\left(\frac{\pi}{2}-\gamma_0-\beta\right)-S_1\sin\left(\frac{\pi}{2}-\alpha_0-\alpha\right)+G_2-R_2\sin\left(\xi+\alpha_0+\alpha-\frac{\pi}{2}\right)=0$$

故
$$R_2=\frac{S_2\sin(\gamma_0+\beta)-S_1\cos(\alpha_0+\alpha)+G_2}{\sin\left(\xi+\alpha_0+\alpha-\frac{\pi}{2}\right)} \tag{5-174}$$

$$\xi=\operatorname{arccot}\left(\frac{e^{\theta\tan\varphi}-\cos\theta}{\sin\theta}\right) \tag{5-175}$$

根据滑动块体 BCD 上作用力在水平轴 x 方向投影之和为零的平衡条件（$\sum x=0$），可得

$$S_1\cos\left(\frac{\pi}{2}-\alpha_0-\alpha\right)-S_2\sin\left(\frac{\pi}{2}-\gamma_0-\beta\right)-R_2\cos\left(\xi+\alpha_0+\alpha-\frac{\pi}{2}\right)=0$$

故
$$R_2=\frac{S_1\sin(\alpha_0+\alpha)-S_2\cos(\gamma_0+\beta)}{\cos\left(\xi+\alpha_0+\alpha-\frac{\pi}{2}\right)} \tag{5-176}$$

由于公式（5-174）和公式（5-176）相等，故得

$$\frac{S_2\sin(\gamma_0+\beta)-S_1\cos(\alpha_0+\alpha)+G_2}{\sin\left(\xi+\alpha_0+\alpha-\frac{\pi}{2}\right)}=\frac{S_1\sin(\alpha_0+\alpha)-S_2\cos(\gamma_0+\beta)}{\cos\left(\xi+\alpha_0+\alpha-\frac{\pi}{2}\right)}$$

上式经移项整理后可得

$$S_1=\frac{S_2\sin(\theta+\xi)+G_2\cos\left(\xi+\alpha_0+\alpha-\frac{\pi}{2}\right)}{\sin\xi} \tag{5-177}$$

6. 被动土压力

将公式（5-170）、公式（5-174）代入公式（5-177）得

$$\frac{P_p\cos(\beta_0+\delta)-G_1\sin(\beta_0-\alpha)}{\sin(\alpha_0+\beta_0)}=G_2\frac{\cos\left(\xi+\alpha_0+\alpha-\frac{\pi}{2}\right)}{\sin\xi}+(G_3+Q)\frac{\sin(\theta+\xi)\cos(\eta_0-\beta)}{\sin\xi\sin(\gamma_0+\eta_0)}$$

故得被动土压力为

$$P_p=G_1\frac{\sin(\beta_0-\alpha)}{\cos(\beta_0+\delta)}+G_2\frac{\cos\left(\xi+\alpha_0+\alpha-\frac{\pi}{2}\right)\cos\varphi}{\sin\xi\cos(\beta_0+\delta)}+G_3\frac{\sin(\theta+\xi)\cos(\eta_0-\beta)}{\sin\xi\cos(\beta_0+\delta)}+Q\frac{\sin(\theta+\xi)\cos(\eta_0-\beta)}{\sin\xi\cos(\beta_0+\delta)} \tag{5-178}$$

将公式（5-164）～公式（5-167）代入上式，则得

$$P_p=\frac{1}{2}\gamma H^2\frac{\sin\alpha_0\sin\beta_0}{\cos^2\alpha\cos\varphi}\frac{\sin(\beta_0-\alpha)}{\cos(\beta_0+\delta)}+\frac{1}{2}\gamma H^2\frac{\sin^2\alpha_0}{2\cos^2\alpha\cos^2\varphi\tan\varphi}\frac{\cos(\xi+\alpha+\varphi-\beta_0)\cos\varphi}{\sin\xi\cos(\beta_0+\delta)}\times(e^{2\theta\tan\varphi}-1)+\frac{1}{2}\gamma H^2\frac{\sin^2\alpha_0\sin\eta_0}{\cos^2\alpha\cos\varphi\sin\gamma_0}\frac{\sin(\theta+\xi)\cos(\eta_0-\beta)}{\sin\xi\cos(\beta_0+\delta)}e^{2\theta\tan\varphi}+qH\frac{\sin\alpha_0}{\cos\alpha\sin\gamma_0}\frac{\sin(\theta+\xi)\cos(\eta_0-\beta)}{\sin\xi\cos(\beta_0+\delta)} \tag{5-179}$$

如令

$$A=\frac{\sin\alpha_0}{\cos\alpha\cos\varphi} \tag{5-180}$$

$$B=\frac{A}{\cos(\beta_0+\delta)} \tag{5-181}$$

$$D=\frac{\sin(\theta+\xi)\cos(\eta_0-\beta)\cos\varphi}{\sin\xi\sin\gamma_0} \tag{5-182}$$

则被动土压力 P_p 可以简写为

$$P_p=\frac{1}{2}\gamma H^2\left[B\frac{\sin\beta_0\sin(\beta_0-\alpha)}{\cos\alpha}+AB\frac{\cos(\xi+\varphi+\alpha-\beta_0)\cos\varphi}{2\sin\xi\tan\varphi}(e^{2\theta\tan\varphi}-1)+ABD\sin\eta_0 e^{2\theta\tan\varphi}\right]+qHBDe^{\theta\tan\varphi} \tag{5-183}$$

若再令
$$N_\gamma=B\frac{\sin\beta_0\sin(\beta_0-\alpha)}{\cos\alpha}+AB\frac{\cos(\xi+\alpha+\varphi-\beta_0)\cos\varphi}{2\sin\xi\tan\varphi}(e^{2\theta\tan\varphi}-1)+ABD\sin\eta_0 e^{2\theta\tan\varphi} \tag{5-184}$$

$$N_q=BDe^{\theta\tan\varphi} \tag{5-185}$$

则被动土压力 P_p 可以进一步简写为
$$P_p=\frac{1}{2}\gamma H^2N_\gamma+qHN_q \tag{5-186}$$

或
$$P_p=P_{p\gamma}+P_{pq} \tag{5-187}$$

其中
$$P_{p\gamma}=\frac{1}{2}\gamma H^2N_\gamma \tag{5-188}$$

$$P_{pq}=qHN_q \tag{5-189}$$

式中　$P_{p\gamma}$——由土的重力产生的被动土压力，kN；

P_{pq}——由填土表面均布荷载 q 产生的被动土压力，kN。

被动土压力 P_p 的作用点距挡土墙墙踵的高度 y_p 可按下式计算：
$$y_p=\frac{P_{p\gamma}\frac{1}{3}H+P_{pq}\frac{1}{2}H}{P_p} \tag{5-190}$$

或
$$y_p=\frac{\frac{1}{2}\gamma H^2N_\gamma\frac{1}{3}H+qHN_q\frac{1}{2}H}{P_p} \tag{5-191}$$

沿挡土墙高度方向的被动土压力强度 p_p 可以按下式计算：
$$p_p=\gamma zN_\gamma+qN_q \tag{5-192}$$

式中　γ——土的容重（重力密度），kN/m³；

z——被动土压力 P_p 的计算点距填土表面的深度，m；

q——填土表面作用的均布荷载，kPa；

p_p——计算点处的被动土压力强度，kPa。

根据上述方法计算被动土压力 P_p 的步骤如下：

（1）根据公式（5-162）和公式（5-163）计算角度 Δ 和 Δ_1 值。

（2）根据公式（5-156）～公式（5-159）和公式（5-160）计算角度 α_0、β_0、η_0、γ_0 和 θ 值。

（3）计算 $e^{\theta\tan\varphi}$、$e^{2\theta\tan\varphi}$、$e^{2\theta\tan\varphi}-1$ 的值。

（4）根据公式（5-175）计算角度 ξ 值。

（5）计算角度 $\theta+\xi$ 和 $\xi+\alpha+\varphi-\beta_0$ 的值。

（6）根据公式（5-180）～公式（5-182）计算 A、B 和 D 值。

（7）根据公式（5-184）和公式（5-185）计算 N_γ 和 N_q 值。

（8）根据公式（5-188）和公式（5-189）计算 $P_{p\gamma}$ 和 P_{pq} 值。

（9）作用在挡土墙上的总被动土压力为 $P_p=P_{p\gamma}+P_{pq}$。

（10）根据公式（5-190）计算被动土压力作用点距挡土墙墙踵的高度 y_p 值。

第三节　滑动土体的滑动面由两部分组成

若滑动土体由滑动块体 BCD 和 CDE 组成，而滑动面由对数螺旋曲线面 BD 和平面 DE 两段组成，如图 5-21 所示。

一、主动土压力

(一) 滑动土体各部分的角度

滑动土体 $BCED$ 中各部分的角度如图 5-21 所示，其中

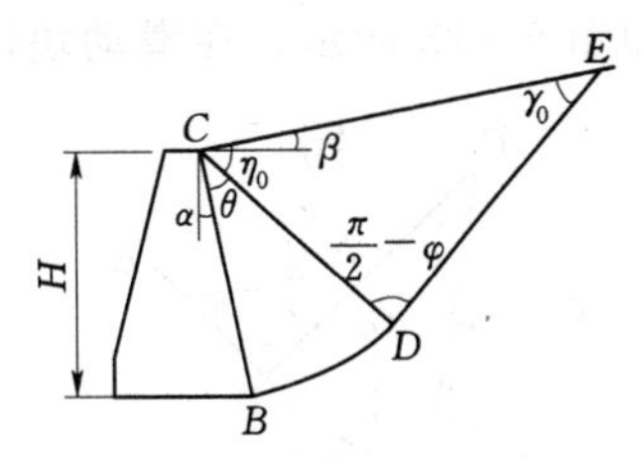

图 5-21　滑动面由 BD 和 DE 两段组成

$$\eta_0=\frac{1}{2}(\pi-\Delta_1+\varphi+\beta) \tag{5-193}$$

$$\gamma_0=\frac{1}{2}(\Delta_1+\varphi-\beta) \tag{5-194}$$

$$\theta=\frac{\pi}{2}-\eta_0-\alpha+\beta \tag{5-195}$$

$$\xi=\text{arccot}\left(\frac{e^{\theta\tan\varphi}-\cos\theta}{\sin\theta}\right) \tag{5-196}$$

$$\Delta_1=\arccos\left(\frac{\sin\beta}{\sin\varphi}\right) \tag{5-197}$$

式中　η_0——滑动块体 CDE 中 CD 边与 CE 边的夹角，(°)；

γ_0——滑动块体 CDE 中 CE 边与 DE 边的夹角，(°)；

θ——滑动块体 BCD 中 BC 边与 DC 边的夹角，(°)；

φ——土的内摩擦角，(°)；

α——挡土墙墙面 BC 与竖直面之间的夹角，(°)；

β——挡土墙背面填土的表面 CE 与水平面之间的夹角，(°)；

Δ_1——角度，(°)。

(二) 滑动块体上的作用力

1. 滑动块体 CDE 上的作用力

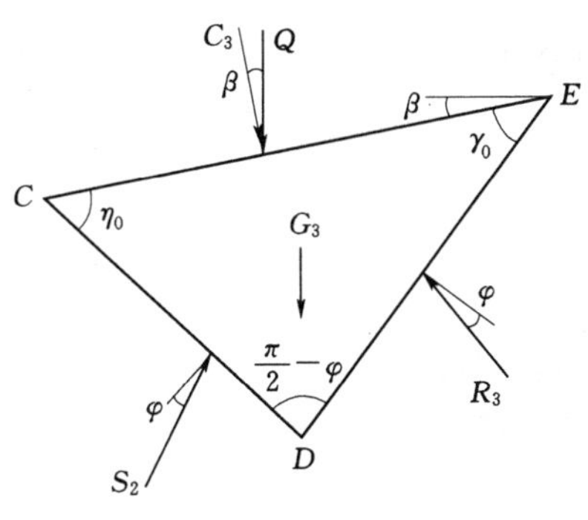

图 5-22　滑动块体 CDE 上的作用力

如图 5-22 所示，在滑动块体 CDE 中的 CE 面上，作用有均布荷载 q 和土的内结构压力 $\frac{c}{\tan\varphi}$，均布荷载 q 的合力为 $Q=q\cdot\overline{CE}$，作用方向为竖直向下，土的内结构压力 $\frac{c}{\tan\varphi}$ 的合力为 $C_3=\frac{c}{\tan\varphi}\overline{CE}$，其中 c 为土的凝聚力 (kPa)，C_3 的作用方向指向滑动块体 CDE，并与 CE 面正交；在滑动块体

CDE 的 CD 面上，作用有反力 S_2，作用方向指向滑动块体 CDE，其作用线与 CD 面的法线成 φ 角，作用在法线的下方；在滑动块体 CDE 的 DE 面上，作用有反力 R_3，作用方向指向滑动块体 CDE，其作用线与 DE 面的法线成 φ 角，作用在法线的下方；此外，在滑动块体 CDE 的重心处，尚作用有重力 G_3，作用方向为竖直向下。

2. 滑动块体 BCD 上的作用力

如图 5－23 所示，在滑动块体 BCD 中，BC 面上作用有土压力的反力 P_a 和土的内结构压力 $\frac{c}{\tan\varphi}$ 的合力 $C_1=\frac{c}{\tan\varphi}\overline{BC}$，$P_a$ 的作用方向指向滑动块体 BCD，其作用线与 BC 面的法线成 φ 角，作用在法线的下方，C_1 的作用方向指向滑动块体 BCD，其作用线与 BC 面正交；CD 面上作用有反力 S_2，其作用方向指向滑动块体 BCD，其作用线与 CD 面的法线成 φ 角，作用在法线的上方；在 BD 面上作用有反力 R_2，其作用方向指向滑动块体 BCD，其作用线通过 F 点和 C 点，F 点是 ED 线的延长线与 BF 线的交点，BF 线与 BC 线的夹角为 $\frac{\pi}{2}+\varphi$；此外，在滑动块体 BCD 的重心处尚作用有重力 G_2，其作用方向为竖直向下。

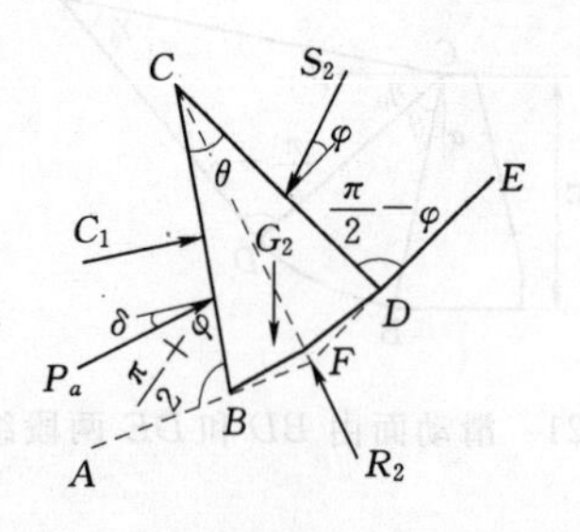

图 5－23 滑动块体 BCD 上的作用力

3. 作用力 G_2、G_3、Q、C_1 和 C_3 的计算

重力 G_2、G_3、荷载 Q 和土的内结构压力 C_1、C_2 的计算公式如下：

$$G_2=\frac{1}{2}\gamma H^2\frac{1}{2\cos^2\alpha\tan\varphi}(1-e^{-2\theta\tan\varphi}) \tag{5-198}$$

$$G_3=\frac{1}{2}\gamma H^2\frac{\sin\eta_0\cos\varphi}{\cos^2\alpha\sin\gamma_0}e^{-2\theta\tan\varphi} \tag{5-199}$$

$$Q=qH\frac{\cos\varphi}{\cos\alpha\sin\gamma_0}e^{-\theta\tan\varphi} \tag{5-200}$$

$$C_1=CH\frac{1}{\cos\alpha\tan\varphi} \tag{5-201}$$

$$C_3=CH\frac{\cos\varphi}{\cos\alpha\sin\gamma_0\tan\varphi}e^{-\theta\tan\varphi} \tag{5-202}$$

式中 γ——挡土墙背面填土的容重（重力密度），kN/m³；
φ——挡土墙背面填土的内摩擦角，(°)；
C——挡土墙背面填土的凝聚力，kPa；
q——作用在填土表面上的均布荷载，kPa；
η_0——滑动块体 CDE 中 CD 边与 CE 边的夹角，(°)；
γ_0——滑动块体 CDE 中 CE 边与 DE 边的夹角，(°)；
θ——滑动块体 BCD 中 BC 边与 DC 边的夹角，(°)；
H——挡土墙的高度，m；
G_2——滑动块体 BCD 的重力，kN；

G_3——滑动块体 CDE 的重力，kN；

Q——作用在滑动块体 CDE 中 CE 面上均布荷载 q 的合力，kN；

C_1——作用在滑动块体 BCD 中 BC 面上土的内结构压力 $\frac{c}{\tan\varphi}$ 的合力，kN；

C_3——作用在滑动块体 CDE 中 CE 面上土的内结构压力 $\frac{c}{\tan\varphi}$ 的合力，kN；

e——自然对数的底。

（三）滑动块体 CDE 上作用力的相互关系

1. 根据作用力沿竖直轴方向投影之和的平衡条件（$\sum y=0$）

根据滑动块体 CDE 上作用力在竖直轴 y 方向投影之和的平衡条件 $\sum y=0$，可得

$$Q+C_3\cos\beta+G_3-S_2\sin(\gamma_0+\beta)-R_3\cos\left(\frac{\pi}{2}-\eta_0+\beta\right)=0$$

故

$$R_3=\frac{Q+C_3\cos\beta+G_3-S_2\sin(\gamma_0+\beta)}{\sin(\eta_0-\beta)} \tag{5-203}$$

2. 根据作用力沿水平轴方向投影之和的平衡条件（$\sum x=0$）

根据滑动块体 CDE 上作用力在水平轴 x 方向投影之和的平衡条件（$\sum x=0$），可得

$$C_3\sin\beta+S_2\cos(\gamma_0+\beta)-R_3\sin\left(\frac{\pi}{2}-\eta_0+\beta\right)=0$$

故

$$R_3=\frac{C_3\sin\beta+S_2\cos(\gamma_0+\beta)}{\cos(\eta_0-\beta)} \tag{5-204}$$

由于公式（5-203）与公式（5-204）相等，故得

$$\frac{Q+C_3\cos\beta+G_3-S_2\sin(\gamma_0+\beta)}{\sin(\eta_0-\beta)}=\frac{C_3\sin\beta+S_2\cos(\gamma_0+\beta)}{\cos(\eta_0-\beta)}$$

上式经整理和变换后变为

$$Q\cos(\eta_0-\beta)+G_3\cos(\eta_0-\beta)+C_3\cos\eta_0-S_2\sin(\eta_0+\gamma_0)=0$$

故反力为

$$S_2=\frac{(G_3+Q)\cos(\eta_0-\beta)+C_3\cos\eta_0}{\sin(\eta_0+\gamma_0)} \tag{5-205}$$

（四）滑动块体 BCD 上作用力的相互关系

1. 根据滑动块体 BCD 上作用力沿竖直轴方向投影之和的平衡条件（$\sum y=0$）

根据滑动块体 BCD 上作用力在竖直轴 y 方向投影之和的平衡条件 $\sum y=0$，可得

$$G_2+S_2\sin(\gamma_0+\beta)-C_1\cos\left(\frac{\pi}{2}-\alpha\right)-P_a\cos\left(\frac{\pi}{2}-\alpha-\delta\right)-R_2\cos\left(\xi+\gamma_0+\beta-\frac{\pi}{2}\right)=0$$

故

$$R_2=\frac{G_2+S_2\sin(\gamma_0+\beta)-C_1\cos\left(\frac{\pi}{2}-\alpha\right)-P_a\cos\left(\frac{\pi}{2}-\alpha-\delta\right)}{\cos\left(\xi+\gamma_0+\beta-\frac{\pi}{2}\right)}$$

$$=\frac{G_2+S_2\sin(\gamma_0+\beta)-C_1\sin\alpha-P_a\sin(\alpha+\delta)}{\cos\left(\xi+\gamma_0+\beta-\frac{\pi}{2}\right)} \tag{5-206}$$

2. 根据滑动块体 BCD 上作用力沿水平轴方向投影之和的平衡条件（$\sum x=0$）

根据滑动块体 BCD 上作用力在水平轴 x 方向投影之和的平衡条件 $\sum x=0$，可得

$$P_a\sin\left(\frac{\pi}{2}-\alpha-\delta\right)+C_1\sin\left(\frac{\pi}{2}-\alpha\right)-S_2\cos(\gamma_0+\beta)-R_2\sin\left(\xi+\gamma_0+\beta-\frac{\pi}{2}\right)=0$$

故
$$R_2=\frac{P_a\sin\left(\frac{\pi}{2}-\alpha-\delta\right)+C_1\sin\left(\frac{\pi}{2}-\alpha\right)-S_2\cos(\gamma_0+\beta)}{\sin\left(\xi+\gamma_0+\beta-\frac{\pi}{2}\right)}$$

$$=\frac{P_a\cos(\alpha+\delta)+C_1\cos\alpha-S_2\cos(\gamma_0+\beta)}{\sin\left(\xi+\gamma_0+\beta-\frac{\pi}{2}\right)} \tag{5-207}$$

由于公式（5-206）与公式（5-207）相等，故得

$$\frac{G_2+S_2\sin(\gamma_0+\beta)-C_1\sin\alpha-P_a\sin(\alpha+\delta)}{\cos\left(\xi+\gamma_0+\beta-\frac{\pi}{2}\right)}=\frac{P_a\cos(\alpha+\delta)+C_1\cos\alpha-S_2\cos(\gamma_0+\beta)}{\sin\left(\xi+\gamma_0+\beta-\frac{\pi}{2}\right)}$$

上式经移项整理后可得

$$P_a\left[\cos(\alpha+\delta)\cos\left(\xi+\gamma_0+\beta-\frac{\pi}{2}\right)+\sin(\gamma_0+\beta)\sin\left(\xi+\gamma_0+\beta-\frac{\pi}{2}\right)\right]$$
$$=G_2\sin\left(\xi+\gamma_0+\beta-\frac{\pi}{2}\right)-C_1\left[\cos\alpha\cos\left(\xi+\gamma_0+\beta-\frac{\pi}{2}\right)+\sin\alpha\sin\left(\xi+\gamma_0+\beta-\frac{\pi}{2}\right)\right]$$
$$+S_2\left[\cos(\gamma_0+\beta)\cos\left(\xi+\gamma_0+\beta-\frac{\pi}{2}\right)+\sin(\gamma_0+\beta)\sin\left(\xi+\gamma_0+\beta-\frac{\pi}{2}\right)\right]$$

即

$$P_a\cos\left(\xi+\gamma_0+\beta-\alpha-\delta-\frac{\pi}{2}\right)=G_2\sin\left(\xi+\gamma_0+\beta-\frac{\pi}{2}\right)-C_1\cos\left(\xi+\gamma_0+\beta-\alpha-\frac{\pi}{2}\right)+S_2\sin\xi$$

亦即

$$P_a=\frac{1}{\cos\left(\theta+\xi+\varphi-\delta-\frac{\pi}{2}\right)}\left[G_2\sin\left(\xi+\gamma_0+\beta-\frac{\pi}{2}\right)-C_1\cos\left(\theta+\xi+\varphi-\frac{\pi}{2}\right)+S_2\sin\xi\right] \tag{5-208}$$

（五）主动土压力

将公式（5-205）代入公式（5-208），则得

$$P_a=\frac{1}{\sin(\theta+\xi+\varphi-\delta)}\left\{G_2\sin\left(\xi+\gamma_0+\beta-\frac{\pi}{2}\right)-C_1\sin(\theta+\xi+\varphi)\right.$$
$$\left.+\left[(G_3+Q)\cos(\eta_0-\beta)+C_3\cos\eta_0\right]\frac{\sin\xi}{\sin(\gamma_0+\eta_0)}\right\}$$

$$=G_2\frac{\sin\left(\xi+\gamma_0+\beta-\frac{\pi}{2}\right)}{\sin(\theta+\xi+\varphi-\delta)}+(G_3+Q)\frac{\cos(\eta_0-\beta)\sin\xi}{\sin(\gamma_0+\eta_0)\sin(\theta+\xi+\varphi-\delta)}$$
$$-C_1\frac{\sin(\theta+\xi+\varphi)}{\sin(\theta+\xi+\varphi-\delta)}+C_3\frac{\sin\xi\cos\eta_0}{\sin(\gamma_0+\eta_0)\sin(\theta+\xi+\varphi-\delta)} \tag{5-209}$$

将公式（5-198）～公式（5-204）代入上式，可得主动土压力为

$$
\begin{aligned}
P_a =& \frac{1}{2}\gamma H^2 \frac{\sin\left(\xi+\gamma_0+\beta-\frac{\pi}{2}\right)}{2\sin(\theta+\xi+\varphi-\delta)\cos^2\alpha\tan\varphi}(1-e^{-2\theta\tan\varphi}) \\
&+\frac{1}{2}\gamma H^2 \frac{\cos(\eta_0-\beta)\sin\xi\sin\eta_0\cos\varphi}{\sin(\gamma_0+\eta_0)\sin(\theta+\xi+\varphi-\delta)\cos^2\alpha\sin\gamma_0}e^{-2\theta\tan\varphi} \\
&+qH\frac{\cos(\eta_0-\beta)\sin\xi\cos\varphi}{\sin(\gamma_0+\eta_0)\sin(\theta+\xi+\varphi-\delta)\cos\alpha\sin\gamma_0}e^{-\theta\tan\varphi} \\
&-cH\frac{\sin(\theta+\xi+\varphi)}{\sin(\theta+\xi+\varphi-\delta)\cos\alpha\tan\varphi} \\
&+cH\frac{\sin\xi\cos\eta_0\cos\varphi}{\cos\alpha\sin\gamma_0\tan\varphi\sin(\gamma_0+\eta_0)\sin(\theta+\xi+\varphi-\delta)}e^{-\theta\tan\varphi}
\end{aligned}
\tag{5-210}
$$

令

$$A=\frac{1}{\cos\alpha\sin(\theta+\xi+\varphi-\delta)} \tag{5-211}$$

$$B=\frac{A}{\cos\alpha\tan\varphi} \tag{5-212}$$

$$D=A\frac{\sin\xi}{\sin\gamma_0} \tag{5-213}$$

则主动土压力 P_a 可表示为

$$
\begin{aligned}
P_a =& \frac{1}{2}\gamma H^2\left[B\frac{1}{2}\sin\left(\xi+\gamma_0+\beta-\frac{\pi}{2}\right)(1-e^{-2\theta\tan\varphi})+D\frac{\cos(\eta_0-\beta)\sin\eta_0}{\cos\alpha}e^{-2\theta\tan\varphi}\right] \\
&+qHD\cos(\eta_0-\beta)e^{-\theta\tan\varphi}-cH\left[B\sin(\theta+\xi+\varphi)\cos\alpha-D\frac{\sin\eta_0}{\tan\varphi}e^{-\theta\tan\varphi}\right]
\end{aligned}
\tag{5-214}
$$

如再令

$$N_\gamma=\frac{1}{2}B\sin\left(\xi+\gamma_0+\beta-\frac{\pi}{2}\right)(1-e^{-2\theta\tan\varphi})+D\frac{\cos(\eta_0-\beta)\sin\eta_0}{\cos\alpha}e^{-2\theta\tan\varphi} \tag{5-215}$$

$$N_q=D\cos(\eta_0-\beta)e^{-\theta\tan\varphi} \tag{5-216}$$

$$N_c=B\sin(\theta+\xi+\varphi)\cos\alpha-D\frac{\cos\eta_0}{\tan\varphi}e^{-\theta\tan\varphi} \tag{5-217}$$

则主动土压力可以进一步简单表示为

$$P_a=\frac{1}{2}\gamma H^2N_\gamma+qHN_q-CHN_c \tag{5-218}$$

或

$$P_a=P_{a\gamma}+P_{aq}-P_{ac} \tag{5-219}$$

其中

$$P_{a\gamma}=\frac{1}{2}\gamma H^2N_\gamma \tag{5-220}$$

$$P_{aq}=qHN_q \tag{5-221}$$

$$P_{ac}=cHN_c \tag{5-222}$$

式中 $P_{a\gamma}$——填土重力产生的主动土压力，kN；

P_{aq}——作用在填土表面上的均布荷载 q 产生的主动土压力，kN；

P_{ac}——填土凝聚力 c 产生的主动土压力，kN。

主动土压力 P_a 的作用点距挡土墙墙踵的高度为

$$y_a=\frac{P_{a\gamma}\frac{1}{3}H+P_{aq}\frac{1}{2}H-P_{ac}\frac{1}{2}H}{P_a} \tag{5-223}$$

式中　y_a——主动土压力的合力 P_a 的作用点距挡土墙墙踵的高度，m；

H——挡土墙的高度，m。

沿挡土墙高度方向的主动土压力强度 p_a 可按下式计算：

$$p_{az}=\gamma zN_\gamma+qN_q-cN_c \tag{5-224}$$

式中　p_{az}——填土表面以下深度 z 处作用在挡土墙上的主动土压强，kPa；

z——主动土压强度计算点距填土表面的深度，m。

根据上述方法计算主动土压力的步骤如下：

(1) 根据公式 (5-197) 计算角度 Δ_1 值。

(2) 根据公式 (5-193)～公式 (5-195) 计算角度 η_0、γ_0 和 θ 值。

(3) 根据公式 (5-196) 计算角度 ξ 值。

(4) 计算 $e^{-\theta\tan\varphi}$、$e^{-2\theta\tan\varphi}$ 和 $1-e^{-2\theta\tan\varphi}$ 的值。

(5) 计算角度 $\xi+\gamma_0+\beta-\frac{\pi}{2}$ 和 $\theta+\xi+\varphi$ 的值。

(6) 根据公式 (5-211)～公式 (5-213) 计算 A、B 和 D 值。

(7) 根据公式 (5-215)～公式 (5-217) 计算 N_γ、N_q 和 N_c 值。

(8) 根据公式 (5-218) 计算主动土压力。

二、被动土压力

若挡土墙背面的滑动土体为 $BDEC$ 即由滑动块体 BCD 和 CDE 两部分组成，如图 5-24 所示，滑动面由对数螺旋曲线段 BD 和直线段 DE 所组成，此时滑动土体在重力和荷载作用下处于被动极限平衡状态。

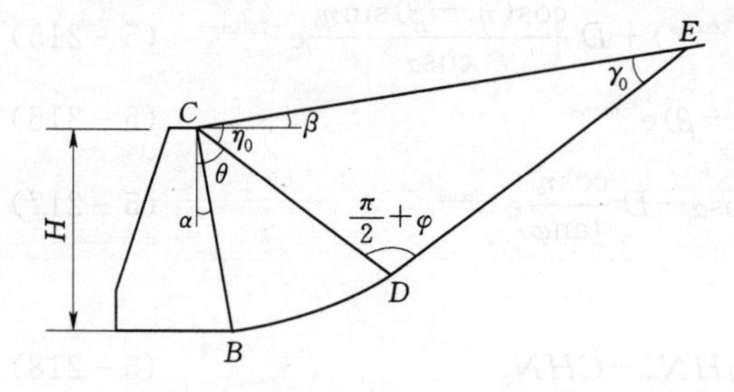

图 5-24　滑动土体 $BDEC$ 的形状

(一) 滑动土体各部分的角度关系

当滑动土体 $BDEC$ 处于被动极限平衡状态时，由本章第一节可知，滑动土体各部分的角度关系如图 5-24 所示，在滑动块体 BCD 中，角度 $\angle BCD=\theta$；在滑动块体 CDE 中，角度 $\angle DCE=\eta_0$，$\angle DEC=\gamma_0$，$\angle CDE=\frac{\pi}{2}+\varphi$。

此时，角度 η_0、γ_0、θ 可按下列公式计算：

$$\eta_0=\frac{1}{2}(\Delta_1-\varphi+\beta) \tag{5-225}$$

$$\gamma_0=\frac{1}{2}(\pi-\Delta_1-\varphi-\beta) \tag{5-226}$$

$$\theta=\frac{\pi}{2}-\alpha-\eta_0+\beta \tag{5-227}$$

或
$$\theta=\frac{1}{2}(\pi-\Delta_1+\varphi+\beta-2\alpha) \tag{5-228}$$

其中
$$\Delta_1=\arccos\left(\frac{\sin\beta}{\sin\varphi}\right) \tag{5-229}$$

式中　η_0——滑动块体 CDE 中 DC 面与 EC 面的夹角，(°)；

γ_0——滑动块体 CDE 中 CE 面与 DE 面的夹角，(°)；

θ——滑动块体 BCD 中 BC 面与 DC 面的夹角，(°)；

φ——挡土墙背面土的内摩擦角，(°)；

α——挡土墙墙面与竖直面的夹角，(°)；

β——挡土墙背面填土表面与水平面的夹角，(°)。

(二) 滑动土体上的作用力

1. 滑动块体 CDE

在滑动块体 CDE 的重心处，作用有滑动块体 CDE 的重力 G_3，作用方向为竖直向下；在 CE 面上作用有均布荷载 q 的合力 Q，其作用方向为竖直向下；另外，在 CE 面上还作用有土的内结构压力 $\frac{c}{\tan\varphi}$ 的合力 $C_3=\frac{c}{\tan\varphi}\overline{CE}$，其作用线与 CE 面正交；在 CD 面上作用有反力 S_2，作用方向指向滑动块体 CDE，其作用线与 CD 面的法线成 φ 角，作用在法线的上方；在 DE 面上作用有反力 R_3，作用方向指向滑动块体 CDE，其作用线与 DE 面的法线成 φ 角，作用在法线的上方，如图 5-25 所示。

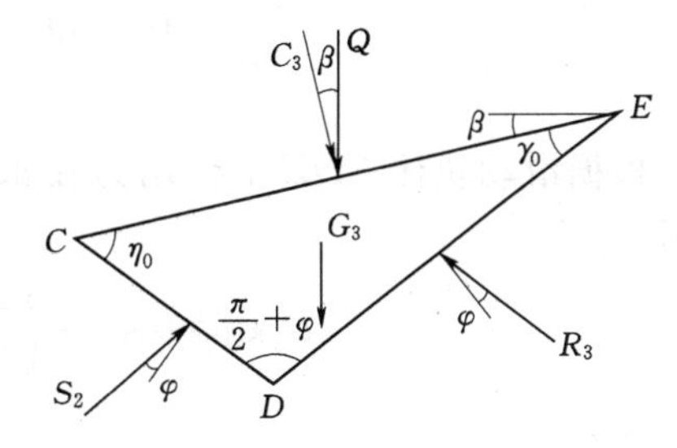

图 5-25　滑动块体 CDE 上的作用力

2. 滑动块体 BCD

在滑动块体 BCD 的重心处，作用有滑动块体 BCD 的重力 G_2，作用方向为竖直向下；在 BC 面上，作用有被动土压力 P_p 的反力和土的内结构压力 $\frac{c}{\tan\varphi}$ 的合力 C_1，反力 P_p 的作用方向指向滑动块体 BCD，其作用线与 BC 面的法线成 δ 角，作用在法线的上方；C_1 力的作用方向背离滑动块体 BCD，其作用线与 BC 面的法线成一致；在 CD 面上作用有反力 S_2，作用方向指向滑动块体 BCD，其作用线与 CD 面的法线成 φ 角，作用在法线的下方；在 BD 面上作用有反力 R_2，作用方向指向滑动块体 BCD，其作用线通过 F 点和 C 点，F 点是 AB 线的延长线与 ED 线的延长线的交点，如图 5-26 所示。

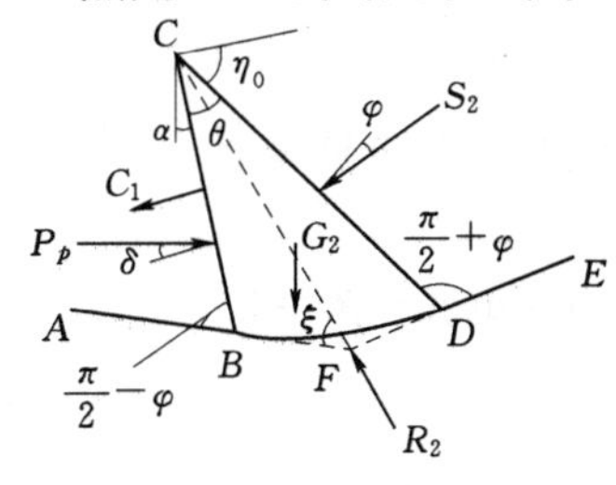

图 5-26　滑动块体 BCD 上的作用力

根据图 5-25 和图 5-26 中的几何关系可得重力 G_2、G_3、荷载 Q 和内结构压力 C_1、C_3 的计算公式如下：

$$G_2=\frac{1}{2}\gamma H^2\frac{1}{2\cos^2\alpha\tan\varphi}(e^{2\theta\tan\varphi}-1) \tag{5-230}$$

$$G_3=\frac{1}{2}\gamma H^2\frac{\sin\eta_0\cos\varphi}{\cos^2\alpha\sin\gamma_0}e^{2\theta\tan\varphi} \tag{5-231}$$

$$Q=qH\frac{\cos\varphi}{\cos\alpha\sin\gamma_0}e^{\theta\tan\varphi} \tag{5-232}$$

$$C_1=cH\frac{1}{\cos\alpha\tan\varphi} \tag{5-233}$$

$$C_3=cH\frac{\sin\varphi}{\cos\alpha\sin\gamma_0\tan\varphi}e^{\theta\tan\varphi} \tag{5-234}$$

（三）滑动块体 *CDE* 上作用力的相互关系

根据滑动块体 CDE 上作用力在竖直轴 y 方向投影之和为零的平衡条件（$\sum y=0$），可得

$$G_3+Q+C_3\cos\beta-S_2\cos\left(\frac{\pi}{2}-\gamma_0-\beta\right)-R_3\sin(\eta_0-\beta)=0$$

故得反力

$$R_3=\frac{G_3+Q+C_3\cos\beta-S_2\cos\left(\frac{\pi}{2}-\gamma_0-\beta\right)}{\sin(\eta_0-\beta)} \tag{5-235}$$

根据滑动块体 CDE 上作用力在水平轴 x 方向投影之和为零的平衡条件（$\sum x=0$），可得

$$C_3\sin\beta+S_2\sin\left(\frac{\pi}{2}-\gamma_0-\beta\right)-R_3\cos(\eta_0-\beta)=0$$

故得反力

$$R_3=\frac{C_3\sin\beta+S_2\sin\left(\frac{\pi}{2}-\gamma_0-\beta\right)}{\cos(\eta_0-\beta)} \tag{5-236}$$

由于公式（5-235）与公式（5-236）相等，可得

$$\frac{G_3+Q+C_3\cos\beta-S_2\cos\left(\frac{\pi}{2}-\gamma_0-\beta\right)}{\sin(\eta_0-\beta)}=\frac{C_3\sin\beta+S_2\sin\left(\frac{\pi}{2}-\gamma_0-\beta\right)}{\cos(\eta_0-\beta)}$$

所以

$$S_2[\sin(\eta_0-\beta)\cos(\gamma_0+\beta)+\cos(\eta_0-\beta)\sin(\gamma_0+\beta)]$$
$$=(G_3+Q)\cos(\eta_0-\beta)+C_3[\cos\beta\cos(\eta_0-\beta)-\sin\beta\sin(\eta_0-\beta)]$$

即

$$S_2\sin(\gamma_0+\eta_0)=(G_3+Q)\cos(\eta_0-\beta)+C_3\cos\eta_0$$

故得反力

$$S_2=\frac{(G_3+Q)\cos(\eta_0-\beta)+C_3\cos\eta_0}{\sin(\gamma_0+\eta_0)} \tag{5-237}$$

（四）滑动块体 *BCD* 上作用力的相互关系

根据滑动块体 BCD 上作用力在竖直轴 y 方向投影之和为零的平衡条件（$\sum y=0$），可得

$$P_p\sin(\alpha-\delta)+R_2\sin(\theta+\xi-\gamma_0-\beta)-G_2-C_1-S_2\sin(\gamma_0+\beta)=0$$

$$\xi=\arccos\left(\frac{e^{\theta\tan\varphi}-\cos\theta}{\sin\theta}\right) \tag{5-238}$$

式中　ξ——CF 线与 AB 线的延长线 BF 线的夹角，（°）。

由此得

$$R_2=\frac{G_2+C_1\sin\alpha+S_2\sin(\gamma_0+\beta)-P_p\sin(\alpha-\delta)}{\sin(\theta+\xi-\gamma_0-\beta)} \tag{5-239}$$

根据滑动块体 BCD 上作用力在水平轴 x 方向投影之和为零的平衡条件（$\sum x=0$），可得

$$P_p\cos(\alpha-\delta)-C_1\cos\alpha-S_2\cos(\gamma_0+\beta)-R_2\cos(\xi+\theta-\gamma_0-\beta)=0$$

由此得

$$R_2=\frac{P_p\cos(\alpha-\delta)-C_1\cos\alpha-S_2\cos(\gamma_0+\beta)}{\cos(\xi+\theta-\gamma_0-\beta)} \tag{5-240}$$

由于公式（5-239）和公式（5-240）相等，故得

$$\frac{G_2+C_1\sin\alpha+S_2\sin(\gamma_0+\beta)-P_p\sin(\alpha-\delta)}{\sin(\theta+\xi-\gamma_0-\beta)}=\frac{P_p\cos(\alpha-\delta)-C_1\cos\alpha-S_2\cos(\gamma_0+\beta)}{\cos(\theta+\xi-\gamma_0-\beta)}$$

$$\begin{aligned}&G_2\cos(\theta+\xi-\gamma_0-\beta)+C_1[\sin\alpha\cos(\theta+\xi-\gamma_0-\beta)+\cos\alpha\sin(\theta+\xi-\gamma_0-\beta)]\\&\quad-P_p[\sin(\alpha-\delta)\cos(\theta+\xi-\gamma_0-\beta)+\cos(\alpha-\delta)\sin(\theta+\xi-\gamma_0-\beta)]\\&\quad+S_2[\sin(\gamma_0+\beta)\cos(\theta+\xi-\gamma_0-\beta)+\cos(\gamma_0+\beta)\sin(\theta+\xi-\gamma_0-\beta)]=0\end{aligned}$$

$$\begin{aligned}&G_2\cos(\theta+\xi-\gamma_0-\beta)+C_1\sin(\theta+\xi-\gamma_0-\beta+\alpha)-P_p\sin(\theta+\xi-\gamma_0-\beta+\alpha-\delta)\\&\quad+S_2\sin(\theta+\xi)=0\end{aligned}$$

由此得

$$S_2=\frac{P_p\sin(\theta+\xi-\gamma_0-\beta+\alpha-\delta)-G_2\cos(\theta+\xi-\gamma_0-\beta)-C_1\sin(\theta+\xi-\gamma_0-\beta+\alpha)}{\sin(\theta+\xi)} \tag{5-241}$$

（五）被动土压力

将公式（5-237）代入上式得

$$\frac{P_p\sin(\theta+\xi-\gamma_0-\beta+\alpha-\delta)-G_2\cos(\theta+\xi-\gamma_0-\beta)-C_1\sin(\theta+\xi-\gamma_0-\beta+\alpha)}{\sin(\theta+\xi)}$$

$$=\frac{(G_3+Q)\cos(\eta_0-\beta)+C_3\cos\eta_0}{\sin(\gamma_0+\eta_0)}$$

由此得被动土压力为

$$\begin{aligned}P_p=&G_2\frac{\cos(\theta+\xi-\gamma_0-\beta)}{\sin(\theta+\xi-\gamma_0-\beta+\alpha-\delta)}+(G_3+Q)\frac{\cos(\eta_0-\beta)\sin(\theta+\xi)}{\sin(\gamma_0+\eta_0)\sin(\theta+\xi-\gamma_0-\beta+\alpha-\delta)}\\&+C_1\frac{\sin(\theta+\xi-\gamma_0-\beta+\alpha)}{\sin(\theta+\xi-\gamma_0-\beta+\alpha-\delta)}+C_3\frac{\cos\eta_0\sin(\theta+\xi)}{\sin(\gamma_0+\eta_0)\sin(\theta+\xi-\gamma_0-\beta+\alpha-\delta)}\end{aligned}$$

上式经变换后可得

$$P_p=G_2\frac{\cos(\xi+\varphi-\alpha)}{\sin(\xi+\varphi-\delta)}+(G_3+Q)\frac{\cos(\eta_0-\beta)\sin(\theta+\xi)}{\cos\varphi\sin(\xi+\varphi-\delta)}$$
$$+C_1\frac{\sin(\xi+\varphi)}{\sin(\xi+\varphi-\delta)}+C_3\frac{\cos\eta_0\sin(\theta+\xi)}{\cos\varphi\sin(\xi+\varphi-\delta)} \tag{5-242}$$

将公式（5-230）～公式（5-234）代入上式，得被动土压力为

$$P_p=\frac{1}{2}\gamma H^2\frac{\cos(\xi+\varphi-\alpha)}{2\cos^2\alpha\tan\varphi\sin(\xi+\varphi-\delta)}(e^{2\theta\tan\varphi}-1)$$
$$+\frac{1}{2}\gamma H^2\frac{\sin\eta_0\cos(\eta_0-\beta)\sin(\theta+\xi)}{\cos^2\alpha\sin\gamma_0\sin(\xi+\varphi-\delta)}e^{2\theta\tan\varphi}$$
$$+qH\frac{\cos(\eta_0-\beta)\sin(\theta+\xi)}{\cos\alpha\sin\gamma_0\sin(\xi+\varphi-\delta)}e^{2\theta\tan\varphi}$$
$$+CH\frac{\sin(\xi+\varphi)}{\cos\alpha\tan\varphi\sin(\xi+\varphi-\delta)}$$
$$+CH\frac{\cos\eta_0\sin(\theta+\xi)}{\cos\alpha\tan\varphi\sin\gamma_0\sin(\xi+\varphi-\delta)}e^{2\theta\tan\varphi} \tag{5-243}$$

如令
$$A=\frac{1}{\cos\alpha\sin(\xi+\varphi-\delta)} \tag{5-244}$$
$$B=\frac{A}{\tan\varphi} \tag{5-245}$$
$$D=A\frac{\sin(\theta+\xi)}{\sin\gamma_0} \tag{5-246}$$

则被动土压力可以简写为

$$P_p=\frac{1}{2}\gamma H^2\left[B\frac{\cos(\xi+\varphi-\alpha)}{2\cos\alpha}(e^{2\theta\tan\varphi}-1)+D\frac{\sin\eta_0\cos(\eta_0-\beta)}{\cos\alpha}e^{2\theta\tan\varphi}\right]$$
$$+qHD\cos(\eta_0-\beta)e^{\theta\tan\varphi}+cH\left[B\sin(\xi+\varphi)+D\frac{\cos\eta_0}{\tan\varphi}e^{\theta\tan\varphi}\right] \tag{5-247}$$

再令
$$N_\gamma=B\frac{\cos(\xi+\varphi-\alpha)}{\sin\gamma_0}(e^{\theta\tan\varphi}-1)+D\frac{\cos\eta_0}{\tan\varphi}e^{2\theta\tan\varphi} \tag{5-248}$$
$$N_q=D\cos(\eta_0-\beta)e^{\theta\tan\varphi} \tag{5-249}$$
$$N_c=B\sin(\xi+\varphi)+D\frac{\cos\eta_0}{\tan\varphi}e^{\theta\tan\varphi} \tag{5-250}$$

则被动土压力可以进一步简写为

$$P_p=\frac{1}{2}\gamma H^2N_\gamma+qHN_q+cHN_c \tag{5-251}$$

或
$$P_p=P_{p\gamma}+P_{pq}+P_{pc} \tag{5-252}$$

其中
$$P_{p\gamma}=\frac{1}{2}\gamma H^2 N_\gamma \tag{5-253}$$
$$P_{pq}=qHN_q \tag{5-254}$$
$$P_{pc}=cHN_c \tag{5-255}$$

式中　$P_{p\gamma}$——由土的重力产生的被动土压力，kN；

P_{pq}——由填土表面均布荷载产生的被动土压力，kN；

P_{pc}——由填土的凝聚力 c 产生的被动土压力，kN。

被动土压力 P_p 的作用点距挡土墙墙踵的高度 y_p 可按下式计算：

$$y_p=\frac{P_{p\gamma}\frac{1}{3}H+P_{pq}\frac{1}{2}H+P_{pc}\frac{1}{2}H}{P_p} \tag{5-256}$$

或
$$y_p=\frac{\frac{1}{6}\gamma H^3 N_\gamma+\frac{1}{2}qH^2 N_q+\frac{1}{2}cH^2 N_c}{P_p} \tag{5-257}$$

沿挡土墙高度方向被动土压力强度 p_p 可以按下式计算：

$$p_p=\gamma zN_\gamma+qN_q+cN_c \tag{5-258}$$

式中　p_p——计算点处被动土压力的强度，kPa；

z——被动土压力 P_p 的计算点距填土表面的深度，m；

γ——土的容重（重力密度），kN/m^3；

q——填土表面作用的均布荷载，kPa；

c——土的凝聚力，kPa。

根据上述方法计算被动土压力 P_p 的步骤如下：

（1）根据公式（5-229）计算角度 Δ_1 值。

（2）根据公式（5-225）～公式（5-227）计算角度 η_0、γ_0 和 θ 值。

（3）根据公式（5-238）计算角度 ξ 值。

（4）计算 $e^{\theta\tan\varphi}$、$e^{2\theta\tan\varphi}$、$e^{2\theta\tan\varphi}-1$ 的值。

（5）计算角度 $\xi+\varphi-\alpha$ 和 $\xi+\varphi-\delta$。

（6）根据公式（5-244）～公式（5-246）计算 A、B 和 D 值。

（7）根据公式（5-248）～公式（5-250）计算 N_γ、N_q 和 N_c 值。

（8）根据公式（5-251）计算被动土压力 P_p 值。

第四节　滑动土体的滑动面为平面

一、主动土压力

（一）不考虑填土表面裂缝情况

若挡土墙墙面 AB 为倾斜面，与竖直线之间的夹角为 α，填土表面倾斜，与水平线的夹角为 β；此时滑动面为 AC，是一平面，滑动土体则为 ABC，如图 5-27 所示。

当滑动土体 ABC 在重力和填土表面荷载作用下处于主动极限平衡状态下时，滑动面

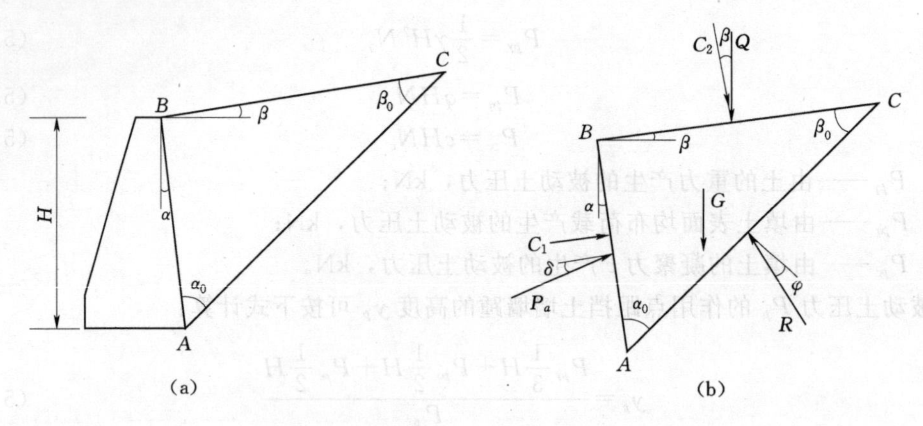

图 5-27　滑动面为平面时的滑动土体

AC 与挡土墙墙面 AB 之间的夹角 α_0，可按下式计算：

$$\alpha_0=\frac{1}{2}(\pi-\Delta-\varphi-\delta) \tag{5-259}$$

$$\Delta=\arccos\left(\frac{\sin\delta}{\sin\varphi}\right) \tag{5-260}$$

式中　α_0——滑动面 AC 与挡土墙墙面 AB 之间的夹角，(°)；

φ——填土的内摩擦角，(°)；

δ——填土与挡土墙墙面之间的摩擦角，(°)。

此时滑动面 AC 与填土表面 BC 之间的夹角 β_0 为

$$\beta_0=\frac{\pi}{2}-\alpha_0-\beta+\alpha \tag{5-261}$$

式中　α——挡土墙墙面 AB 与竖直面之间的夹角，(°)；

β——填土表面 BC 与水平面之间的夹角，(°)。

1. *滑动土体 ABC 上的作用力及其相互关系*

在滑动土体 ABC 的重心处作用有滑动土体 ABC 的重力 G，作用方向为竖直向下；在填土表面 BC 上作用有均布荷载 q 的合力 $Q=q\overline{BC}$ 和土的内结构压力 $\frac{c}{\tan\varphi}$ 的合力 $C_2=\frac{c}{\tan\varphi}\overline{BC}$，$Q$ 的作用方向为竖直向下，C_2 的作用方向则与 BC 面的法线一致，并指向滑动土体 ABC；在 AB 面上作用有主动土压力 P_a 的反力和土的内结构压力的合力 $C_1=\frac{c}{\tan\varphi}\overline{AB}$，$P_a$ 的作用方向指向滑动土体 ABC，其作用线与 AB 面的法线成 δ 角，并作用在法线的下方；C_1 的作用方向指向滑动土体 ABC，其作用线与 AB 面的法线一致；在 AC 面上作用有反力 R，其作用方向指向滑动土体 ABC，其作用线与 AC 面的法线成 φ 角，并作用在法线的下方，如图 5-27 所示。

根据滑动土体 ABC 上的作用力在竖直轴 y 方向投影之和为零的平衡条件（$\sum y=0$），可得

$$G+Q-C_1\sin\alpha+C_2\cos\beta-P_a\cos\left(\frac{\pi}{2}-\alpha-\delta\right)-R\cos\left(\frac{\pi}{2}-\alpha_0-\varphi+\alpha\right)=0$$

故
$$R=\frac{G+Q-C_1\sin\alpha+C_2\cos\beta-P_a\cos\left(\frac{\pi}{2}-\alpha-\delta\right)}{\cos\left(\frac{\pi}{2}-\alpha_0-\varphi+\alpha\right)} \tag{5-262}$$

根据滑动土体 ABC 上的作用力在水平轴 x 方向投影之和为零的平衡条件（$\sum x=0$），可得

$$C_1\cos\alpha+C_2\sin\beta+P_a\sin\left(\frac{\pi}{2}-\alpha-\delta\right)-R\sin\left(\frac{\pi}{2}-\alpha_0-\varphi+\alpha\right)=0$$

故
$$R=\frac{C_1\cos\alpha-C_2\sin\beta+P_a\sin\left(\frac{\pi}{2}-\alpha-\delta\right)}{\sin\left(\frac{\pi}{2}-\alpha_0-\varphi+\alpha\right)} \tag{5-263}$$

由于公式（5-262）与公式（5-263）相等，故得

$$\frac{G+Q-C_1\sin\alpha+C_2\cos\beta-P_a\cos\left(\frac{\pi}{2}-\alpha-\delta\right)}{\cos\left(\frac{\pi}{2}-\alpha_0-\varphi+\alpha\right)}=\frac{C_1\cos\alpha+C_2\sin\beta+P_a\sin\left(\frac{\pi}{2}-\alpha-\delta\right)}{\sin\left(\frac{\pi}{2}-\alpha_0-\varphi+\alpha\right)}$$

即
$$\sin\left(\frac{\pi}{2}-\alpha_0-\varphi+\alpha\right)\left[G+Q-C_1\sin\alpha+C_2\cos\beta-P_a\cos\left(\frac{\pi}{2}-\alpha-\delta\right)\right]$$
$$=\cos\left(\frac{\pi}{2}-\alpha_0-\varphi+\alpha\right)\left[C_1\cos\alpha-C_2\sin\beta+P_a\sin\left(\frac{\pi}{2}-\alpha-\delta\right)\right]$$

或
$$\cos(\alpha_0+\varphi-\alpha)[G+Q-C_1\sin\alpha+C_2\cos\beta-P_a\sin(\alpha+\delta)]$$
$$=\sin(\alpha_0+\varphi-\alpha)[C_1\cos\alpha+C_2\sin\beta+P_a\cos(\alpha+\delta)]$$

将上式展开后可得

$$P_a[\sin(\alpha_0+\varphi-\alpha)\cos(\alpha+\delta)+\cos(\alpha_0+\varphi-\alpha)\sin(\alpha+\delta)]+$$
$$C_1[\sin(\alpha_0+\varphi-\alpha)\cos\alpha+\cos(\alpha_0+\varphi-\alpha)\sin\alpha]+C_2[\sin(\alpha_0+\varphi-\alpha)\sin\beta-\cos(\alpha_0+\varphi-\alpha)\cos\beta]$$
$$-(G+Q)\cos(\alpha_0+\varphi-\alpha)=0$$

经三角函数变换后可得

$$P_a\sin(\alpha_0+\varphi+\delta)+C_1\sin(\alpha_0+\varphi)-C_2\cos(\alpha_0+\varphi-\alpha+\beta)-(G+Q)\cos(\alpha_0+\varphi-\alpha)=0 \tag{5-264}$$

式中的重力 G、荷载 Q 及土的内结构压力 C_1、C_2 可根据图 5-27 中的几何关系求得如下：

$$G=\frac{1}{2}\gamma H^2\frac{\sin\alpha_0\cos(\alpha-\beta)}{\cos^2\alpha\cos(\alpha_0+\beta-\alpha)} \tag{5-265}$$

$$Q=qH\frac{\cos\alpha_0}{\cos\alpha\cos(\alpha_0+\beta-\alpha)} \tag{5-266}$$

$$C_2=cH\frac{\sin\alpha_0}{\cos\alpha\tan\varphi\cos(\alpha_0+\beta-\alpha)} \tag{5-267}$$

$$C_1=cH\frac{1}{\cos\alpha\tan\varphi} \tag{5-268}$$

式中　G——滑动土体 ABC 的重力，kN；

Q——作用在填土表面 BC 上的均布荷载 q 的合力，kN；

C_1——作用在挡土墙墙面 AB 面上的土的内结构压力 $\frac{c}{\tan\varphi}$ 的合力，kN；

C_2——作用在填土表面 BC 上的土的内结构压力$\frac{c}{\tan\varphi}$的合力，kN；

α_0——滑动面 AC 与挡土墙墙面 AB 之间的夹角，(°)；

α——挡土墙墙面与竖直面之间的夹角，(°)；

β——填土表面 BC 与水平面之间的夹角，(°)；

φ——填土的内摩擦角，(°)；

δ——填土与挡土墙墙面之间的摩擦角，(°)；

γ——填土的容重（重力密度），kN/m^3；

c——填土的凝聚力，kPa；

q——作用在填土表面 BC 上的均布荷载，kPa；

H——挡土墙的高度，m。

2. 主动土压力 P_a

根据公式（5-264）可得主动土压力 P_a 为

$$P_a=\frac{(G+Q)\cos(\alpha_0+\varphi-\alpha)-C_1\sin(\alpha_0+\varphi)+C_2(\alpha_0+\varphi-\alpha+\beta)}{\sin(\alpha_0+\varphi+\delta)} \tag{5-269}$$

将公式（5-265）～公式（5-268）中的 G、Q、C_1、C_2 代入上式，得

$$P_a=\frac{1}{2}\gamma H^2\frac{\cos(\alpha_0+\varphi-\alpha)}{\sin(\alpha_0+\varphi+\delta)}\frac{\sin\alpha_0\cos(\alpha-\beta)}{\cos^2\alpha\cos(\alpha_0+\beta-\alpha)}+qH\frac{\cos(\alpha_0+\varphi-\alpha)}{\sin(\alpha_0+\varphi+\delta)}\frac{\sin\alpha_0}{\cos\alpha\cos(\alpha_0+\beta-\alpha)}$$
$$-cH\left[\frac{\sin(\alpha_0+\varphi)}{\cos\alpha\tan\varphi\sin(\alpha_0+\varphi+\delta)}-\frac{\cos(\alpha_0+\varphi-\alpha+\beta)\sin\alpha_0}{\sin(\alpha_0+\varphi+\delta)\cos\alpha\tan\varphi\cos(\alpha_0+\beta-\alpha)}\right] \tag{5-270}$$

如令
$$A=\frac{1}{\cos\alpha\sin(\alpha_0+\varphi+\delta)} \tag{5-271}$$

$$B=\frac{A}{\tan\varphi} \tag{5-272}$$

$$D_1=\frac{\sin\alpha_0\cos(\alpha_0+\beta-\alpha)}{\cos(\alpha_0+\beta-\alpha)}A \tag{5-273}$$

$$D_2=\frac{\sin\alpha_0\cos(\alpha_0+\varphi-\alpha+\beta)}{\cos(\alpha_0+\beta-\alpha)}B \tag{5-274}$$

主动土压力 P_a 可以简写为

$$P_a=\frac{1}{2}\gamma H^2\frac{\cos(\alpha-\beta)}{\cos\alpha}D_1+qHD_1-cH[B\sin(\alpha_0+\varphi)-D_2] \tag{5-275}$$

再令
$$N_\gamma=\frac{\cos(\alpha-\beta)}{\cos\alpha}D_1 \tag{5-276}$$

$$N_q=D_1 \tag{5-277}$$

$$N_c=B\sin(\alpha_0+\varphi)-D_2 \tag{5-278}$$

则主动土压力可进一步简写为

$$P_a=\frac{1}{2}\gamma H^2N_\gamma+qHN_q-cHN_c \tag{5-279}$$

或
$$P_a=P_{a\gamma}+P_{aq}-P_{ac} \tag{5-280}$$

$$P_{a\gamma}=\frac{1}{2}\gamma H^2 N_\gamma \tag{5-281}$$

$$P_{aq}=qHN_q \tag{5-282}$$

$$P_{ac}=cHN_c \tag{5-283}$$

式中　$P_{a\gamma}$——由填土的重力产生的主动土压力，kN；

P_{aq}——由作用在填土表面上的均布荷载 q 产生的主动土压力，kN；

P_{ac}——由填土的凝聚力 c 产生的主动土压力，kPa。

此时，主动土压力 P_a 的作用点距挡土墙墙踵的高度可按下式计算：

$$y_a=\frac{P_{a\gamma}\frac{1}{3}H+P_{aq}\frac{1}{2}H-P_{ac}\frac{1}{2}H}{P_a} \tag{5-284}$$

式中　y_a——主动土压力 P_a 的作用点距挡土墙墙踵的高度，m。

沿挡土墙高度方向任一点 z 处，主动土压力的压强 p_a 可按下式计算：

$$p_a=\gamma z N_\gamma+qN_q-cN_c \tag{5-285}$$

式中　p_a——计算点处的主动土压力压强，kPa；

z——主动土压力压强 p_a 的计算点距填土表面以下的深度，m；

γ——填土的容重（重力密度），kN/m^3；

q——作用在填土表面的均布荷载，kPa；

c——填土的凝聚力，kPa；

N_γ——由填土的重力产生的主动土压力的压力系数，简称为重力主动土压力系数；

N_q——由填土表面均布荷载 q 产生的主动土压力的压力系数，简称为荷载主动土压力系数；

N_c——由填土的凝聚力产生的主动土压力的压力系数，简称为凝聚力主动土压力系数。

根据上述方法计算主动土压力的步骤如下：

(1) 根据公式（5-260）计算角度 Δ 值。

(2) 根据公式（5-259）计算角度 α_0 值。

(3) 计算角度 $\alpha_0+\varphi+\delta$、$\alpha_0+\varphi-\alpha$、$\alpha_0+\beta-\alpha$、$\alpha_0+\varphi-\alpha+\beta$、$\alpha_0+\varphi$ 的值。

(4) 根据公式（5-271）～公式（5-274）计算 A、B、D_1 和 D_2 值。

(5) 根据公式（5-276）～公式（5-278）计算主动土压力系数 N_γ、N_q 和 N_c 值。

(6) 根据公式（5-281）～公式（5-283）计算 $P_{a\gamma}$、P_{aq} 和 P_{ac} 值。

(7) 根据公式（5-280）计算总主动土压力 P_a。

(8) 按公式（5-284）计算主动土压力 P_a 的作用点距挡土墙墙踵的高度 y_a 值。

（二）考虑填土表面裂缝情况（图 5-28）

由于填土的重力和荷载所产生的土压强为压应力，而填土的凝聚力所产生的土压强为拉应力，当拉应力大于压应力时，填土表面就会出现拉裂（裂缝）。由于填土与挡土墙墙面之间不可能承受拉应力，所以在裂缝深度范围内，主动土压力的压强应为零。根据这一原则，可以确定裂缝的深度。

1. 填土表面作用均布荷载 q 的情况

此时又可分为 $cN_c>qN_q$ 和 $cN_c<qN_q$ 两种情况。

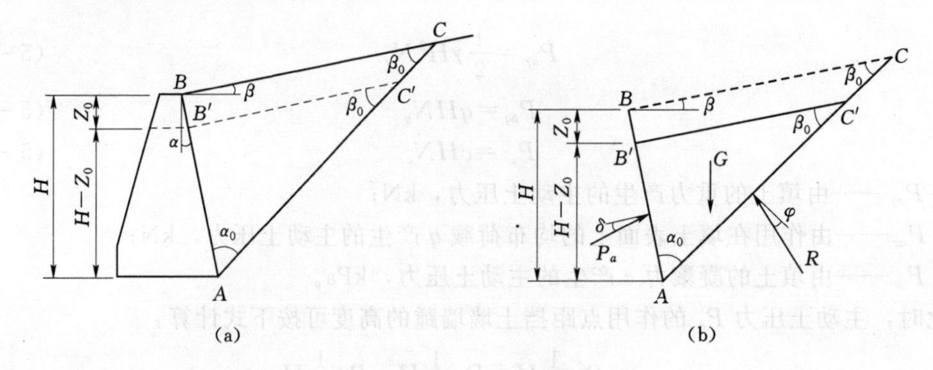

图 5-28　考虑填土表面裂缝的情况

(1) 当 $cN_c > qN_q$ 时。当由于凝聚力产生的土压强 cN_c 大于由于填土表面均布荷载 q 所产生的土压强 qN_q 时，即 $cN_c > qN_q$ 时，填土表面将会出现拉裂，在裂缝深度 z_0 范围内土压强为零，因此可得

$$P_a = \gamma z_0 N_\gamma + qN_q - cN_c = 0$$

因此可得裂缝的深度为

$$z_0 = \frac{cN_c - qN_q}{\gamma N_\gamma} \tag{5-286}$$

式中　z_0——填土表面以下的裂缝深度，m；

c——填土的凝聚力，kPa；

q——填土表面作用的均布荷载，kPa；

γ——填土的容重（重力密度），kN/m³；

N_c——由填土的凝聚力 c 产生的主动土压力系数；

N_q——由填土表面均布荷载产生的主动土压力系数；

N_γ——由填土重力产生的主动土压力系数。

此时作用在挡土墙上的主动土压力可以按下式计算：

$$P_a = \frac{1}{2}\gamma (H - z_0)^2 N_\gamma \tag{5-287}$$

式中　H——挡土墙的高度，m。

主动土压力 P_a 的作用点距挡土墙墙踵的高度 y_a 则可按下式计算：

$$y_a = \frac{1}{3}(H - z_0) \tag{5-288}$$

(2) 当 $cN_c < qN_q$ 时。由于凝聚力产生的土压强（拉应力）小于荷载 q 产生的土压强（压应力），因此填土表面以下不可能产生裂缝，故此时作用在挡土墙上的主动土压力 P_a 可按不考虑填土出现裂缝的情况进行计算，即仍可按公式（5-279）或公式（5-280）计算：

$$P_a = \frac{1}{2}\gamma H^2 N_\gamma + qHN_q - cHN_c$$

或

$$P_a = P_{a\gamma} + P_{aq} - P_{ac}$$

此时主动土压力 P_a 的作用点距挡土墙墙踵的高度 y_a 也仍然按公式（5-284）进行

计算：

$$y_a=\frac{P_{a\gamma}\frac{1}{3}H+P_{aq}\frac{1}{2}H-P_{ac}\frac{1}{2}H}{P_a}$$

2. 填土表面未作用荷载 q 的情况

当填土表面未作用荷载时，由于凝聚力 c 的作用使填土表面产生的拉裂的裂缝深度 z_0 按下式计算：

$$z_0=\frac{cN_c}{\gamma N_\gamma} \tag{5-289}$$

此时作用在挡土墙上的主动土压力 P_a 按下式计算：

$$P_a=\frac{1}{2}\gamma(H-z_0)^2N_\gamma \tag{5-290}$$

主动土压力 P_a 的作用点距挡土墙墙踵的高度，按下式计算：

$$y_a=\frac{1}{3}(H-z_0) \tag{5-291}$$

按上述方法计算被动土压力的步骤如下：

(1) 根据公式 (5-260) 计算角度 Δ 值。

(2) 根据公式 (5-259) 计算角度 α_0 值。

(3) 计算角度 $\alpha_0+\varphi+\delta$、$\alpha_0+\varphi-\alpha$、$\alpha_0+\beta-\alpha$、$\alpha_0+\varphi-\alpha+\beta$、$\alpha_0+\varphi$ 的值。

(4) 根据公式 (5-271)～公式 (5-274) 计算 A、B、D_1 和 D_2 值。

(5) 根据公式 (5-276)～公式 (5-278) 计算 N_γ、N_q 和 N_c 值。

(6) 根据 $q=10.0$kPa、$c=10.0$kPa、$N_q=0.4567$ 和 $N_c=1.2084$ 计算 qN_q 值和 cN_c 值。

(7) 确定填土表面是否会出现裂缝。将 cN_c 值和 qN_q 值进行比较来判断填土表面是否会出现裂缝。

(8) 根据公式 (5-286) 计算裂缝深度 z_0 值。

(9) 根据公式 (5-287) 计算主动土压力 P_a 值。

(10) 计算主动土压力 P_a 的作用点距挡土墙墙踵的高度 y_a。

二、被动土压力

若挡土墙墙面 AB 为倾斜面，与竖直面之间的夹角为 α；挡土墙背面填土为黏性土，表面倾斜，与水平面之间的夹角为 β；此时滑动面为平面 AC，如图 5-29 所示，滑动土体为 ABC。

当滑动土体 ABC 在重力和填土表面荷载作用下处于被动极限平衡状态时，滑动面 AC 与挡土墙墙面 AB 之间的夹角 α_0，可按下式计算：

$$\alpha_0=\frac{1}{2}(\pi-\Delta+\alpha-\beta+\delta) \tag{5-292}$$

$$\Delta=\arccos\left[\frac{\sin\delta}{\sin\varphi}\cos(\alpha-\beta+\varphi)\right] \tag{5-293}$$

式中　α_0——滑动面 AC 与挡土墙墙面 AB 之间的夹角，(°)；

φ——填土的内摩擦角，(°)；

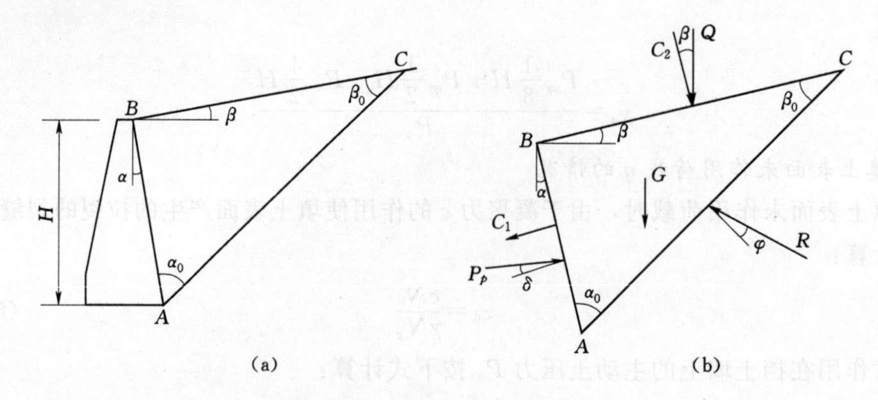

图 5-29 滑动面为平面的情况

δ——填土与挡土墙墙面之间的摩擦角，(°)；

α——挡土墙墙面与竖直面的夹角，(°)；

β——填土表面与水平面的夹角，(°)。

此时滑动面 AC 与填土表面 BC 之间的夹角为

$$\beta_0=\frac{\pi}{2}-\alpha_0-\beta+\alpha \tag{5-294}$$

（一）滑动土体 *ABC* 上的作用力及其相互关系

在滑动土体 ABC 的重心处作用有滑动土体 ABC 的重力 G，作用方向为竖直向下；在填土表面 BC 上作用有均布荷载 q 的合力 $Q=q\,\overline{BC}$，和土的内结构压力 $\frac{c}{\tan\varphi}$ 的合力 $C_2=\frac{c}{\tan\varphi}\overline{BC}$，$Q$ 的作用方向为竖直向下，C_2 的作用方向为指向滑动土体 ABC，其作用线与 BC 面的法线一致；在 AB 面上作用有被动土压力 P_p 的反力和土的内结构压力 $\frac{c}{\tan\varphi}$ 的合力 $C_1=\frac{c}{\tan\varphi}\overline{AB}$，$P_p$ 的作用方向指向滑动土体 ABC，其作用线与 AB 面的法线成 δ 角，并作用在法线的上方，C_1 的作用方向背离滑动土体 ABC，其作用线与 AB 面的法线一致，在 AC 面上作用有反力 R，其作用方向指向滑动土体 ABC，其作用线与 AC 面的法线成 φ 角，并作用在法线的上方，如图 5-29 所示。

滑动土体 ABC 在上述作用力作用下处于被动极限平衡状态。

根据滑动土体 ABC 上的作用力在竖直轴 y 方向投影之和为零的平衡条件（$\sum y=0$），可得

$$G+Q+C_1\sin\alpha+C_2\cos\beta+P_p\cos\left(\frac{\pi}{2}-\delta+\alpha\right)-R\cos\left(\frac{\pi}{2}-\alpha_0+\alpha+\varphi\right)=0$$

由此可得

$$R=\frac{G+Q+C_1\sin\alpha+C_2\cos\beta+P_p\cos\left(\frac{\pi}{2}-\delta+\alpha\right)}{\cos\left(\frac{\pi}{2}-\alpha_0+\alpha+\varphi\right)} \tag{5-295}$$

根据滑动土体 ABC 上的作用力在水平轴 x 方向的投影之和为零的平衡条件（$\sum x=0$），可得

$$P_p\sin\left(\frac{\pi}{2}-\delta+\alpha\right)-C_1\cos\alpha+C_2\sin\beta-R\sin\left(\frac{\pi}{2}-\alpha_0+\alpha+\varphi\right)=0$$

故

$$R=\frac{P_p\sin\left(\frac{\pi}{2}-\delta+\alpha\right)-C_1\cos\alpha+C_2\sin\beta}{\sin\left(\frac{\pi}{2}-\alpha_0+\alpha+\varphi\right)} \tag{5-296}$$

由于公式（5－295）与公式（5－296）相等，故得

$$\frac{G+Q+C_1\sin\alpha+C_2\cos\beta+P_p\cos\left(\frac{\pi}{2}-\delta+\alpha\right)}{\cos\left(\frac{\pi}{2}-\alpha_0+\alpha+\varphi\right)}=\frac{P_p\sin\left(\frac{\pi}{2}-\delta+\alpha\right)-C_1\cos\alpha+C_2\sin\beta}{\sin\left(\frac{\pi}{2}-\alpha_0+\alpha+\varphi\right)}$$

即

$$\frac{G+Q+C_1\sin\alpha+C_2\cos\beta+P_p\sin(\delta-\alpha)}{\sin(\alpha_0-\alpha-\varphi)}=\frac{P_p\cos(\delta-\alpha)-C_1\cos\alpha+C_2\sin\beta}{\cos(\alpha_0-\alpha-\varphi)}$$

将上式展开后得

$$\begin{aligned}&\cos(\alpha_0-\alpha-\varphi)[G+Q+C_1\sin\alpha+C_2\cos\beta+P_p\sin(\delta-\alpha)]\\&=\sin(\alpha_0-\alpha-\varphi)[P_p\cos(\delta-\alpha)-C_1\cos\alpha+C_2\sin\beta]\end{aligned}$$

$$\begin{aligned}&P_p[\sin(\alpha_0-\alpha-\varphi)\cos(\delta-\alpha)-\cos(\alpha_0-\alpha-\varphi)\sin(\delta-\alpha)]\\&=(G+Q)\cos(\alpha_0-\alpha-\varphi)+C_1[\sin(\alpha_0-\alpha-\varphi)\cos\alpha+\cos(\alpha_0-\alpha-\varphi)\sin\alpha]\\&\quad+C_2[\cos(\alpha_0-\alpha-\varphi)\cos\beta-\sin(\alpha_0-\alpha-\varphi)\sin\beta]\end{aligned}$$

经三角函数变换后可得

$$P_p\sin(\alpha_0-\varphi-\delta)=(G+Q)\cos(\alpha_0-\alpha-\varphi)+C_1\sin(\alpha_0-\varphi)+C_2\cos(\alpha_0-\alpha+\beta-\varphi) \tag{5-297}$$

式中重力 G、荷载 Q 和土的内结构压力 C_1 和 C_2 可根据图 5－29 中的几何关系求得如下：

$$G=\frac{1}{2}\gamma H^2\frac{\sin\alpha_0\cos(\alpha-\beta)}{\cos^2\alpha\cos(\alpha_0+\beta-\alpha)} \tag{5-298}$$

$$Q=qH\frac{\cos\alpha_0}{\cos\alpha\cos(\alpha_0+\beta-\alpha)} \tag{5-299}$$

$$C_1=cH\frac{1}{\cos\alpha\tan\varphi} \tag{5-300}$$

$$C_2=\frac{\sin\alpha_0}{\cos\alpha\tan\varphi\cos(\alpha_0+\beta-\alpha)} \tag{5-301}$$

式中 G——滑动土体 ABC 的重力，kN；

Q——作用在填土表面 BC 上的均布荷载 q 的合力，kN；

C_1——作用在挡土墙墙面 AB 面上的土的内结构压力 $\frac{c}{\tan\varphi}$ 的合力，kN；

C_2——作用在填土表面 BC 面上的土的内结构压力 $\frac{c}{\tan\varphi}$ 的合力，kN；

α_0——滑动面 AC 与挡土墙墙面 AB 之间的夹角，(°)；

α——挡土墙墙面 AB 与竖直平面之间的夹角，(°)；

β——填土表面 BC 与水平面之间的夹角，(°)；

φ——填土的内摩擦角，(°)；

δ——填土与挡土墙墙面之间的摩擦角，(°)；

γ——填土的容重（重力密度），kN/m^3；

c——填土的凝聚力，kPa；

q——作用在填土表面 BC 上的均布荷载，kPa；

H——挡土墙的高度，m。

（二）被动土压力 P_p

根据公式（5-297）可得作用在挡土墙上的被动土压力为

$$P_p=(G+Q)\frac{\cos(\alpha_0-\alpha-\varphi)}{\sin(\alpha_0-\varphi-\delta)}+C_1\frac{\sin(\alpha_0-\varphi)}{\sin(\alpha_0-\varphi-\delta)}+C_2\frac{\cos(\alpha_0-\alpha+\beta-\varphi)}{\sin(\alpha_0-\varphi-\delta)} \tag{5-302}$$

将公式（5-298）～公式（5-301）代入上式，则得被动土压力为

$$\begin{aligned}P_p=&\frac{1}{2}\gamma H^2\frac{\cos(\alpha_0-\alpha-\varphi)}{\sin(\alpha_0-\varphi-\delta)}\frac{\sin\alpha_0\cos(\alpha-\beta)}{\cos^2\alpha\cos(\alpha_0+\beta-\alpha)}\\&+qH\frac{\cos(\alpha_0-\alpha-\varphi)}{\sin(\alpha_0-\varphi-\delta)}\frac{\sin\alpha_0}{\cos\alpha\cos(\alpha_0+\beta-\alpha)}\\&+cH\frac{\sin(\alpha_0-\varphi)}{\sin(\alpha_0-\varphi-\delta)}\frac{1}{\cos\alpha\tan\varphi}\\&+cH\frac{\cos(\alpha_0-\alpha+\beta-\varphi)}{\sin(\alpha_0-\varphi-\delta)}\frac{\sin\alpha_0}{\cos\alpha\tan\varphi\cos(\alpha_0+\beta-\alpha)}\end{aligned} \tag{5-303}$$

如令

$$A=\frac{1}{\cos\alpha\sin(\alpha_0-\varphi-\delta)} \tag{5-304}$$

$$B=\frac{A}{\tan\varphi} \tag{5-305}$$

$$D_1=A\frac{\sin\alpha_0\cos(\alpha_0-\alpha-\varphi)}{\cos(\alpha_0+\beta-\alpha)} \tag{5-306}$$

$$D_2=B\frac{\sin\alpha_0\cos(\alpha_0-\alpha+\beta-\varphi)}{\cos(\alpha_0+\beta-\alpha)} \tag{5-307}$$

则被动土压力 P_p 可以简写为

$$P_a=\frac{1}{2}\gamma H^2\frac{\cos(\alpha-\beta)}{\cos\alpha}D_1+qHD_1+cH[B\sin(\alpha_0-\varphi)+D_2] \tag{5-308}$$

再令

$$N_\gamma=\frac{\cos(\alpha-\beta)}{\cos\alpha}D_1 \tag{5-309}$$

$$N_q=D_1 \tag{5-310}$$

$$N_c = B\sin(\alpha_0 - \varphi) + D_2 \tag{5-311}$$

则被动土压力 P_p 可以进一步简写为

$$P_p = \frac{1}{2}\gamma H^2 N_\gamma + qHN_q + cHN_c \tag{5-312}$$

或

$$P_p = P_{p\gamma} + P_{pq} + P_{pc} \tag{5-313}$$

其中

$$P_{p\gamma} = \frac{1}{2}\gamma H^2 N_\gamma \tag{5-314}$$

$$P_{pq} = qHN_q \tag{5-315}$$

$$P_{pc} = cHN_c \tag{5-316}$$

式中　$P_{p\gamma}$——由填土的重力产生的被动土压力，kN；

P_{pq}——由填土表面均布荷载 q 产生的被动土压力，kN；

P_{pc}——由填土凝聚力 c 产生的被动土压力，kN；

N_γ——由填土重力产生的被动土压力的压力系数，简称为重力被动压力系数；

N_q——由填土表面均布荷载 q 产生的被动土压力的压力系数，简称为荷载被动压力系数；

N_c——由填土凝聚力 c 产生的被动土压力的压力系数，简称为凝聚力被动压力系数；

γ——填土的容重（重力密度），kN/m^3；

c——填土的凝聚力，kPa；

q——作用在填土表面的均布荷载，kPa；

H——挡土墙的高度，m；

P_p——作用在挡土墙上的总被动土压力（即被动土压力的合力），kN。

被动土压力 P_p 的作用点距挡土墙墙踵的高度 y_p 可按下式计算：

$$y_p = \frac{P_{p\gamma}\frac{1}{3}H + P_{pq}\frac{1}{2}H + P_{pc}\frac{1}{2}H}{P_p} \tag{5-317}$$

式中　y_p——被动土压力 P_p 的作用点距挡土墙墙踵的高度，m。

沿挡土墙高度方向任一点处被动土压力的压强 p_p 可按下式计算：

$$p_p = \gamma z N_\gamma + qN_q + cN_c \tag{5-318}$$

式中　p_p——沿挡土墙高度方向任一计算点处被动土压力的压强，kPa；

γ——填土的容重（重力密度），kN/m^3；

q——作用在填土表面的均布荷载，kPa；

c——填土的凝聚力，kPa；

z——被动土压力压强 p_p 的计算点距填土表面的高度，m。

根据上述方法计算被动土压力的步骤如下：

（1）根据公式（5-293）计算角度 Δ 值。

（2）根据公式（5-292）计算角度 α_0 值。

（3）计算角度 $\alpha_0-\varphi-\delta$、$\alpha_0-\alpha-\varphi$、$\alpha_0+\beta-\alpha$、$\alpha_0-\alpha+\beta-\varphi$ 的值。

（4）根据公式（5-304）～公式（5-307）计算 A、B、D_1 和 D_2 值。

(5) 根据公式 (5-309)～公式 (5-311) 计算 N_γ、N_q 和 N_c 值。

(6) 根据公式 (5-314)～公式 (5-316) 计算 $P_{p\gamma}$、P_{pq} 和 P_{pc} 值。

(7) 根据公式 (5-313) 计算被动土压力 P_p 值。

(8) 根据公式 (5-317) 计算被动土压力 P_p 的作用点距挡土墙墙踵的高度 y_p 值。

第六章　水平层分析法

第一节　概　　述

水平层分析法又称为土压力的非线性分布解法，这是卡岗（M. E. Каган）首先提出的，卡岗在1960年发表了《论挡土墙上非线性分布土压力》一文，对墙面竖直、填土表面水平、填土为砂土的挡土墙，采用水平层分析法进行了土压力的计算，得到了土压力沿墙高的分布为非线性分布，土压力的分布图形为曲线形，而非通常认为的都是三角形。

实际上早在1943年，太沙基（K. Terzaghi）在其所著的《理论土力学》（Theoretical Soil Mechanics）一书中，就已经指出了土压力的非线性性质。其后在许多学者的土压力试验中也证实了这一特点，如在康卡良（Г. П. Канканян）、察加列利（З. В. Цагарели）、费里列谢（P. M. Фильрезе）、梅列什科（P. Г. Мелешков）等人的试验中都证实了土压力的非线性分布性质。

图6-1为察加列利通过模型试验获得的挡墙上土压力的分布，呈现出的非线性分布性质。

在一些实际工程的原型观测中，也得到了土压力的非线性分布的结果。图6-2为伏尔加水电站船闸闸墙上观测得到的土压力分布图，土压力从墙的顶部处逐渐增大，到墙高的1/3处左右土压力达到最大，随后土压力又逐渐减小，该挡土墙在不同时期三次实测的结果，土压力的图形基本相同。

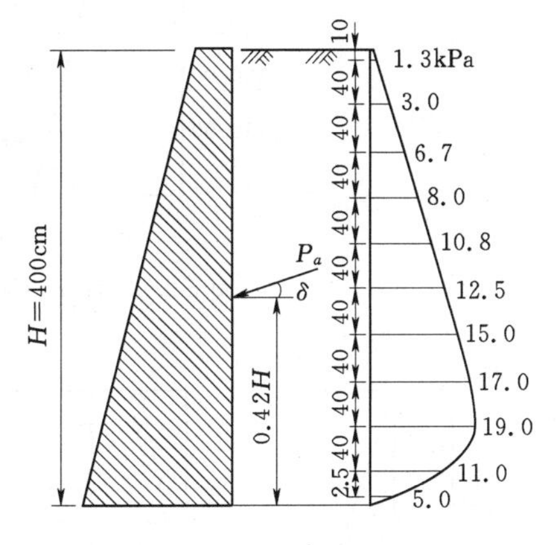

图6-1　察加列利通过模型试验得到的土压力沿墙高的分布

图6-3为丹江口水电站与黏土心墙土坝相邻的混凝土连接墙上实测得到的土压力，第一次实测为1970年9月，第二次为1971年9月，两次实测得到的土压力分布图形基本上是相同的。

实际上土压力沿墙高的分布与墙背面边坡的开挖坡度，填土的性质，挡土墙的位移方式等因素有关。

如若墙背面边坡的开挖坡度较陡（图6-3），当挡土墙产生位移时，将影响填土中滑裂楔体的形成，墙面与开挖边坡之间极易形成拱效应，因而改变了土压力的分布。同样，墙背面的填土若为摩擦角较大或密实性较好的土，当墙体产生位移后，除紧邻墙体的一部分填土外，由于填土的上述性质，将影响到极限平衡区的扩展，因而也影响到土压力的分布。

某些试验表明，土压力沿墙高的分布，与挡土墙的位移方式有关，如图6-4所示。当挡土墙的位移是以墙踵为中心，朝偏离填土的方向相对转动时，墙背面的土压力沿墙高

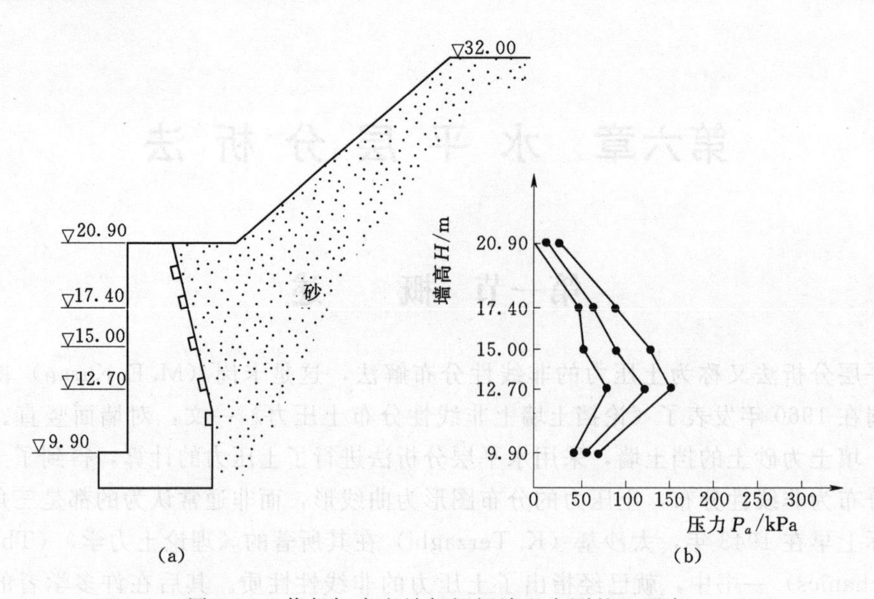

图 6-2 伏尔加水电站船闸闸墙上实测的土压力

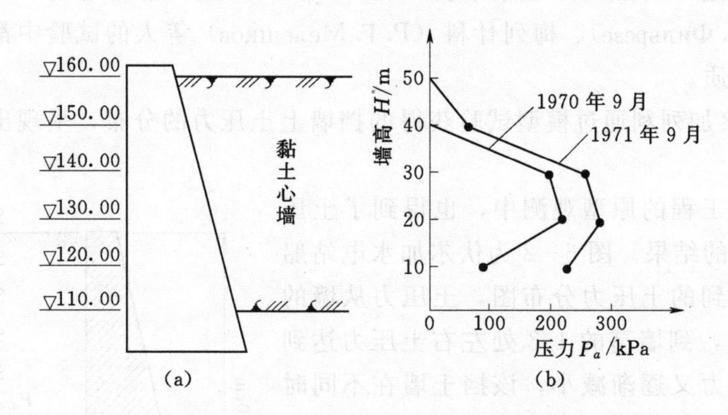

图 6-3 丹江口水电站混凝土连接墙上实测的土压力

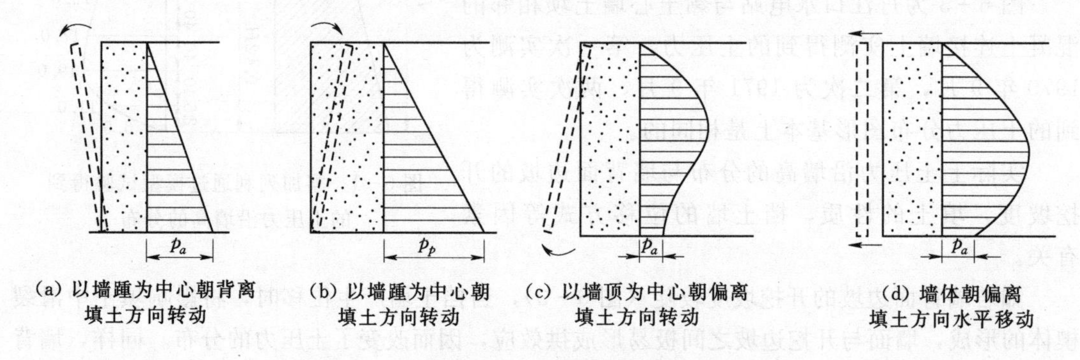

图 6-4 土压力的分布与挡土墙位移方式的关系

的分布为线性分布，土压力的分布图形为三角形，如图 6-4（a）所示；当挡土墙的位移是以墙踵为中心，朝填土方向相对转动时，墙背面土压力沿墙高的分布为线性分布，土压力的分布图形为三角形，如图 6-4（b）所示；当挡土墙的位移是以墙顶为中心，朝偏离填土方向相对转动时，墙背面土压力沿墙高的分布为非线性，土压力的分布图形为曲线形，如图 6-4（c）所示；当挡土墙的位移是朝偏离填土方向水平位移时，挡土墙背面的土压力分布是非线性的，土压力的分布图形为曲线形，如图 6-4（d）所示。

第二节　无黏性土的主动土压力

若有如图 6-5 所示的挡土墙，墙高为 H，墙面 AB 倾斜，与竖直面之间的夹角为 α；填土为无黏性土，表面水平，其上作用均布荷载 q_0，填土的容重为 γ，内摩擦角为 φ。

若设 BD 为滑动面，与竖直面之间的夹角为 θ，则 ABD 为滑裂土体。

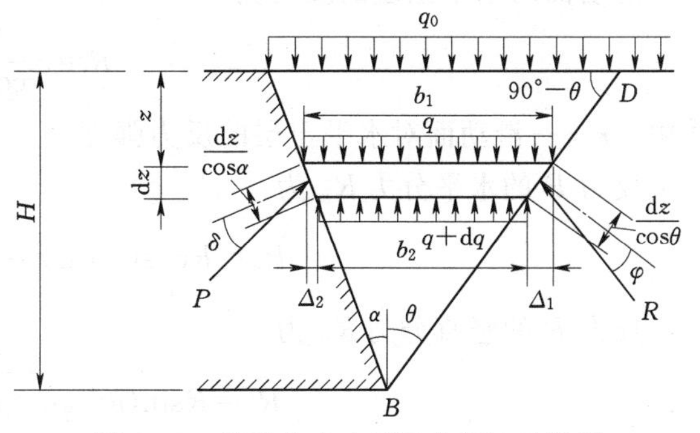

图 6-5　无黏性土水平层分析法计算图

现从填土表面以下深度 z 处，在滑裂体 ABD 内取出一个水平土层，厚度为 $\mathrm{d}z$，顶宽为 b_1，底宽为 b_2。在水平土层的顶部作用有正应力 q，底部作用有正应力 $q+\mathrm{d}q$，其中 $\mathrm{d}q$ 为水平层在 z 方向正应力 q 的增量。在水平层靠墙面 AB 的一侧，在宽度为$\dfrac{\mathrm{d}z}{\cos\alpha}$的面上，作用有反力 P，其方向与墙面法线夹角为 δ，作用在法线的下方；在水平层靠滑动面 BD 的一侧，在宽度为$\dfrac{\mathrm{d}z}{\cos\theta}$的面上，作用有反力 R，其方向与滑动面 BD 的法线成 φ 角，作用在法线的下方。此外，在水平土层上尚作用有土层的自重 $\mathrm{d}G$。

由图中的几何关系可知：

$$b_1=\frac{H-z}{\cos\alpha}\times\frac{\sin(\theta+\alpha)}{\sin(90°-\theta)}$$

$$b_2=\frac{H-z-\mathrm{d}z}{\cos\alpha}\times\frac{\sin(\theta+\alpha)}{\sin(90°-\theta)}=b_1-\frac{\mathrm{d}z}{\cos\alpha}\times\frac{\sin(\theta+\alpha)}{\sin(90°-\theta)}$$

$$\Delta_1=\frac{\sin\theta}{\cos\theta}\mathrm{d}z=\mathrm{d}z\tan\theta$$

$$\Delta_2=\frac{\sin\alpha}{\cos\alpha}\mathrm{d}z=\mathrm{d}z\tan\alpha$$

因此可得水平土层的自重为

$$\mathrm{d}G=\gamma b_1\mathrm{d}z=\gamma\mathrm{d}z\,\frac{H-z}{\cos\alpha}\times\frac{\sin(\theta+\alpha)}{\sin(90°-\theta)}\tag{6-1}$$

墙面对水平土层的反力为

$$P=p\,\frac{\mathrm{d}z}{\cos\alpha}\tag{6-2}$$

式中　p——墙面对水平土层的反力强度。

反力 P 的水平分力 P_h 为

$$P_h = p\cos(\alpha+\delta) = p\mathrm{d}z\,\frac{\cos(\alpha+\delta)}{\cos\alpha} \tag{6-3}$$

反力 P 的竖直分力 P_v 为

$$P_v = p\sin(\alpha+\delta) = p\mathrm{d}z\,\frac{\sin(\alpha+\delta)}{\cos\alpha} \tag{6-4}$$

滑动面对水平土层的反力为

$$R = r\,\frac{\mathrm{d}z}{\cos\theta} \tag{6-5}$$

式中　r——滑动面对水平土层的反力强度。

反力 R 的水平分力 R_h 为

$$R_h = R\cos(\theta+\varphi) = r\mathrm{d}z\,\frac{\cos(\theta+\varphi)}{\cos\theta} \tag{6-6}$$

反力 R 的竖直分力 R_v 为

$$R_v = R\sin(\theta+\varphi) = r\mathrm{d}z\,\frac{\sin(\theta+\varphi)}{\cos\theta} \tag{6-7}$$

水平土层在上述 $\mathrm{d}G$、P_h、P_v、R_h、R_v 的作用下处于平衡状态，因此满足静力平衡条件。

根据静力平衡条件 $\sum x=0$，可得

$$P_h - R_h = 0$$

将公式（6-3）和公式（6-6）代入上式，得

$$p\mathrm{d}z\,\frac{\cos(\alpha+\delta)}{\cos\alpha} - r\mathrm{d}z\,\frac{\cos(\theta+\varphi)}{\cos\theta} = 0$$

由上式可得反力 r 与反力 p 的关系为

$$r = p\,\frac{\cos(\alpha+\delta)\cos\theta}{\cos(\theta+\varphi)\cos\alpha} \tag{6-8}$$

根据静力平衡条件 $\sum y=0$，可得

$$\mathrm{d}G + qb_1 - (q+\mathrm{d}q)b_2 - P_v - R_v = 0$$

由于 $b_2 = b_1 - \dfrac{\mathrm{d}z}{\cos\alpha}\times\dfrac{\sin(\theta+\alpha)}{\sin(90°-\theta)}$，故上式又可写为

$$\mathrm{d}G + q\,\frac{\mathrm{d}z}{\cos\alpha}\times\frac{\sin(\theta+\alpha)}{\sin(90°-\theta)} - \mathrm{d}q\left[b_1 - \frac{\mathrm{d}z}{\cos\alpha}\times\frac{\sin(\theta+\alpha)}{\sin(90°-\theta)}\right] - P_v - R_v = 0$$

将公式（6-1）、公式（6-4）、公式（6-7）和 b_1 代入上式，得

$$\gamma\mathrm{d}z\,\frac{H-z}{\cos\alpha}\times\frac{\sin(\theta+\alpha)}{\sin(90°-\theta)} + q\,\frac{\mathrm{d}z}{\cos\alpha}\times\frac{\sin(\theta+\alpha)}{\sin(90°-\theta)}$$

$$-\mathrm{d}q\left[\frac{H-z}{\cos\alpha}\times\frac{\sin(\theta+\alpha)}{\sin(90°-\theta)} - \frac{\mathrm{d}z}{\cos\alpha}\times\frac{\sin(\theta+\alpha)}{\sin(90°-\theta)}\right]$$

$$-p\mathrm{d}z\frac{\sin(\alpha+\delta)}{\cos\alpha}-r\mathrm{d}z\frac{\sin(\theta+\varphi)}{\cos\theta}=0$$

将公式（6-8）代入上式，经整理，并略去二阶微量后可得

$$\mathrm{d}q=\gamma\mathrm{d}z+q\frac{\mathrm{d}z}{H-z}-p\frac{\mathrm{d}z}{H-z}\times\frac{\sin(90^\circ-\theta)}{\sin(\theta+\alpha)}[\sin(\alpha+\delta)+\cos(\alpha+\delta)\tan(\theta+\varphi)] \tag{6-9}$$

若以水平土层厚度的中心线与滑动面的交点 O 为力矩中心点，则根据静力平衡条件 $\sum M_0=0$，可得

$$qb_1\left(\frac{b_1}{2}-\frac{\Delta_1}{2}\right)-P_v\left(\frac{\Delta_2}{2}+b_2+\frac{\Delta_1}{2}\right)-(q+\mathrm{d}q)b_2\left(\frac{b_1}{2}+\frac{\Delta_1}{2}\right)=0$$

将 Δ_1、Δ_2、b_1、b_2、P_v 代入上式，得

$$q\frac{H-z}{\cos\alpha}\times\frac{\sin(\theta+\alpha)}{\sin(90^\circ-\theta)}\left[\frac{H-z}{\cos\alpha}\times\frac{\sin(\theta+\alpha)}{\sin(90^\circ-\theta)}-\frac{1}{2}-\frac{1}{2}\mathrm{d}z\tan\theta\right]$$

$$-p\frac{\mathrm{d}z}{\cos\alpha}\sin(\alpha+\delta)\times\left[\frac{1}{2}\mathrm{d}z\tan\alpha+\frac{H-z}{\cos\alpha}\times\frac{\sin(\theta+\alpha)}{\sin(90^\circ-\theta)}\right.$$

$$\left.-\frac{\mathrm{d}z}{\cos\alpha}\times\frac{\sin(\theta+\alpha)}{\sin(90^\circ-\theta)}+\frac{1}{2}\mathrm{d}z\tan\theta\right]-(q+\mathrm{d}q)$$

$$\times\left[\frac{H-z}{\cos\alpha}\times\frac{\sin(\theta+\alpha)}{\sin(90^\circ-\theta)}-\frac{\mathrm{d}z}{\cos\alpha}\times\frac{\sin(\theta+\alpha)}{\sin(90^\circ-\theta)}\right]$$

$$\times\left[\frac{1}{2}\times\frac{H-z}{\cos\alpha}\times\frac{\sin(\theta+\alpha)}{\sin(90^\circ-\theta)}-\frac{1}{2}\times\frac{\mathrm{d}z}{\cos\alpha}\times\frac{\sin(\theta+\alpha)}{\sin(90^\circ-\theta)}+\frac{1}{2}\mathrm{d}z\tan\theta\right]=0$$

上式经整理后，并略去二阶微量，则得

$$\mathrm{d}q=\gamma\mathrm{d}z+2q\frac{\mathrm{d}z}{H-z}\left[1-\frac{\sin(90^\circ-\theta)\cos\alpha\tan\theta}{\sin(\theta+\alpha)}\right]-2p\frac{\mathrm{d}z}{H-z}\times\frac{\sin(\alpha+\delta)\sin(90^\circ-\theta)}{\sin(\theta+\alpha)} \tag{6-10}$$

令公式（6-9）等于公式（6-10），得

$$\gamma\mathrm{d}z+q\frac{\mathrm{d}z}{H-z}-p\frac{\mathrm{d}z}{H-z}\times\frac{\sin(90^\circ-\theta)}{\sin(\theta+\alpha)}[\sin(\alpha+\delta)+\cos(\alpha+\delta)\tan(\theta+\varphi)]$$

$$=\gamma\mathrm{d}z+2q\frac{\mathrm{d}z}{H-z}-\left[1-\frac{\sin(90^\circ-\theta)\cos\alpha\tan\theta}{\sin(\theta+\alpha)}\right]-2p\frac{\mathrm{d}z}{H-z}\times\frac{\sin(\alpha+\delta)\sin(90^\circ-\theta)}{\sin(\theta+\alpha)}$$

$$q\left[1-\frac{2\sin(90^\circ-\theta)\cos\alpha\tan\theta}{\sin(\theta+\alpha)}\right]-p\frac{\sin(90^\circ-\theta)}{\sin(\theta+\alpha)}[\sin(\alpha+\delta)-\cos(\alpha+\delta)\tan(\theta+\varphi)]=0$$

令 $p=\lambda q$，并代入上式，得

$$q\left[1-\frac{2\sin(90^\circ-\theta)\cos\alpha\tan\theta}{\sin(\theta+\alpha)}\right]-\lambda q\frac{\sin(90^\circ-\theta)}{\sin(\theta+\alpha)}[\sin(\alpha+\delta)-\cos(\alpha+\delta)\tan(\theta+\varphi)]=0$$

由上式可得系数 λ 为

$$\lambda=\frac{1-\dfrac{2\cos\alpha\sin\theta}{\sin(\theta+\alpha)}}{\dfrac{\cos\theta}{\sin(\theta+\alpha)}[\sin(\alpha+\delta)-\cos(\alpha+\delta)\tan(\theta+\varphi)]} \tag{6-11}$$

将 $p=\lambda q$ 代入公式（6-9）得

$$dq=\gamma dz+q\frac{dz}{H-z}-\lambda q\frac{dz}{H-z}\times\frac{\cos\theta}{\sin(\theta+\alpha)}[\sin(\alpha+\delta)+\cos(\alpha+\delta)\tan(\theta+\varphi)]$$

如令

$$\left.\begin{aligned}B&=\frac{\cos\theta}{\sin(\theta+\alpha)}[\sin(\alpha+\delta)+\cos(\alpha+\delta)\tan(\theta+\varphi)]\\A&=1-\lambda B\end{aligned}\right\} \tag{6-12}$$

则上式可简写为

$$dq=\gamma dz+\frac{Aq}{H-z}dz=\left(\gamma+\frac{Aq}{H-z}\right)dz \tag{6-13}$$

将公式（6-13）积分，则得

$$q=\frac{C}{(A+1)(H-z)^A}-\frac{\gamma(H-z)}{A+1} \tag{6-14}$$

式中 C——积分常数，可根据边界条件求得。

表6-1中列出公式（6-11）和公式（6-12）中的 λ 和 A 值。

一、填土表面无荷载作用

此时公式（6-14）的边界条件为 $z=0$ 时 $q=0$，将此边界条件代入公式（6-14），得

$$0=\frac{C}{(A+1)H^A}-\frac{\gamma H}{A+1}$$

解上式得积分常数：

$$C=\gamma H^{A+1} \tag{6-15}$$

将公式（6-15）代入公式（6-14）得

$$q=\frac{\gamma H^{A+1}}{(A+1)(H-z)^A}-\frac{\gamma(H-z)}{A+1} \tag{6-16}$$

根据 $p=\lambda q$，则可得填土对挡土墙的主动土压力强度为

$$p=\lambda q=\frac{\lambda\gamma}{A+1}\left[\frac{H^{A+1}}{(H-z)^A}-(H-z)\right] \tag{6-17}$$

如若令 $b=\dfrac{z}{H}$，代入公式（6-17），则

$$p=\frac{\lambda\gamma H}{A+1}\left[\left(\frac{1}{1-b}\right)^A-(1-b)\right] \tag{6-18}$$

作用在挡土墙面上的总主动土压力 P，可根据公式（6-17）积分求得，即

$$P=\int_0^H \frac{p\mathrm{d}z}{\cos\alpha}=\int_0^H \frac{\lambda\gamma}{(A+1)\cos\alpha}\left[\frac{H^{A+1}}{(H-z)^A}-(H-z)\right]\mathrm{d}z$$

$$=\frac{1}{2}\gamma H^2\frac{\sin(\theta+\alpha)}{\cos\alpha\cos\theta[\sin(\alpha+\delta)+\cos(\alpha+\delta)\tan(\alpha+\delta)]} \tag{6-19}$$

如令

$$K=\frac{\sin(\theta+\alpha)}{\cos\alpha\cos\theta[\sin(\alpha+\delta)+\cos(\alpha+\delta)\tan(\theta+\varphi)]} \tag{6-20}$$

则公式（6-19）可简写为

$$P=\frac{1}{2}\gamma H^2 K \tag{6-21}$$

式中　K——土压力系数，列于表6-1中。

总主动土压力作用点距墙踵的高度为

$$y=\frac{\int_0^H pz\,\mathrm{d}z}{\int_0^H p\mathrm{d}z} \tag{6-22}$$

将公式（6-17）代入上式，积分后得

$$y=\frac{2}{3}\times\frac{1-A}{2-A}H \tag{6-23}$$

二、填土表面作用均布荷载 q

此时公式（6-14）的边界条件为 $z=0$ 时 $q=q_0$，将此边界条件代入公式（6-14)，得

$$q_0=\frac{C}{(A+1)H^A}-\frac{\gamma H}{A+1}$$

解上式得积分常数 C 为

$$C=[q_0(A+1)+\gamma H]H^A \tag{6-24}$$

将公式（6-24）代入公式（6-14)，得

$$q=\frac{[q_0(A+1)+\gamma H]H^A}{(A+1)(H-z)^A}-\frac{\gamma(H-z)}{A+1}$$

$$=\frac{q_0H^A}{(H-z)^A}-\frac{\gamma}{A+1}\left[\frac{H^{A+1}}{(H-z)^A}-(H-z)\right] \tag{6-25}$$

根据 $p=\lambda q$ 的关系，可得填土对挡土墙的主动土压力强度为

$$p=\frac{\lambda q_0H^A}{(H-z)^A}+\frac{\lambda\gamma}{A+1}\left[\frac{H^{A+1}}{(H-z)^A}-(H-z)\right] \tag{6-26}$$

表 6-1　挡土墙土压力非线性解中 λ、A、K 值

φ	δ		α=0°, θ=10°	0°, 20°	0°, 30°	0°, 40°	10°, 10°	10°, 20°	10°, 30°	10°, 40°	20°, 10°	20°, 20°	20°, 30°	20°, 40°	30°, 10°	30°, 20°	30°, 30°	30°, 40°
10°	0°	λ	0.4845	0.6304	0.6881	0.7041	0.0000	0.4679	0.6051	0.6527	0.0000	0.0000	0.4491	0.5740	1.8794	0.0000	0.0000	0.4260
		A	0.8264	0.6580	0.5000	0.3572	0.9999	0.6686	0.4679	0.3160	1.0000	1.0000	0.5321	0.3160	−0.7422	1.0000	1.0000	0.4226
		K	2.7899	1.8432	1.3761	1.0954	1.9084	1.4338	1.1547	0.9689	1.4845	1.2031	1.0214	0.8930	1.2456	1.0642	0.9413	0.8520
	$\frac{1}{3}\varphi$	λ	0.5777	0.7023	0.7406	0.7415	0.0000	0.5580	0.6741	0.7026	2.8497	0.0000	0.5356	0.6395	1.4151	2.7524	0.0000	0.5080
		A	0.7598	0.5805	0.4244	0.2899	0.9999	0.5730	0.3718	0.2310	−1.2320	1.0000	0.4107	0.2049	−0.4238	−2.1943	1.0000	0.2802
		K	2.4050	1.6743	1.2868	1.0443	1.7157	1.3269	1.0896	0.9278	1.3587	1.1227	0.9672	0.8559	1.1476	0.9949	0.8908	0.8150
	$\frac{2}{3}\varphi$	λ	0.7485	0.7958	0.8049	0.7860	0.0000	0.6939	0.7638	0.7635	1.4272	0.0000	0.6660	0.7246	1.1379	1.3785	0.0000	0.6318
		A	0.6598	0.4808	0.3337	0.2121	0.9999	0.4283	0.2469	0.1279	−0.2175	1.0000	0.2263	0.0598	−0.2421	−0.7123	1.0000	0.0629
		K	2.1117	1.5329	1.2079	0.9975	1.5544	1.2325	1.0298	0.8890	1.2475	1.0490	0.9161	0.8201	1.0578	0.9296	0.8420	0.7785
20°	0°	λ	0.3054	0.4338	0.4845	0.4845	0.0000	0.2831	0.3949	0.4260	−0.8794	0.0000	0.2578	0.3473	0.0000	−0.8152	0.0000	0.2267
		A	0.8264	0.6580	0.5000	0.3572	1.0000	0.7299	.5321	0.3772	1.8152	1.0000	0.6527	0.4424	1.0000	2.0851	1.0000	0.5990
		K	1.7588	1.2682	0.9689	0.7537	1.3681	1.0642	0.8571	0.6946	1.8410	0.9413	0.7899	0.6628	1.0154	0.8675	0.7537	0.6527
	$\frac{1}{3}\varphi$	λ	0.3855	0.5074	0.5408	0.5230	0.0000	0.3574	0.4620	0.4756	−2.6263	0.0000	0.3254	0.4062	2.5907	−2.4346	0.0000	0.2862
		A	0.7364	0.5442	0.3871	0.2592	1.0000	0.6176	0.4034	0.2599	3.7922	1.0000	0.5226	0.3047	−2.3725	4.6229	1.0000	0.4571
		K	1.4627	1.1132	0.8824	0.9060	1.7161	0.9492	0.7863	0.6525	1.0010	0.8443	0.7254	0.6218	0.8870	0.7759	0.6886	0.6087
	$\frac{2}{3}\varphi$	λ	0.5324	0.6213	0.6215	0.5768	0.0000	0.4936	0.5656	0.5465	2.6263	0.0000	0.4494	0.4974	1.3042	2.4346	0.0000	0.3952
		A	0.5730	0.3718	0.2310	0.1300	1.0000	0.4107	0.2049	0.0943	−2.1943	1.0000	0.2802	0.0894	−0.9533	−3.0781	1.0000	0.1900
		K	1.2469	0.9889	0.8082	0.6630	1.0222	0.8506	0.7224	0.6127	0.8749	0.7566	0.6644	0.5813	0.7710	0.6894	0.6245	0.5634
30°	0°	λ	0.2101	0.3054	0.3333	0.3054	0.0000	0.1848	0.2578	0.2578	−0.3949	0.0000	0.1560	0.1993	−1.5321	−0.3473	0.0000	0.1206
		A	0.8264	0.6580	0.5000	0.3572	1.0000	0.7624	0.5740	0.4226	1.4679	1.0000	0.7169	0.5249	3.1372	1.5774	1.0000	0.6928
		K	1.2101	0.8930	0.6667	0.4751	1.0154	0.7899	0.6144	0.4534	0.8982	0.7279	0.5863	0.4465	0.8278	0.6946	0.5774	0.4534

续表

φ	δ		α=0°				10°				20°				30°			
			θ=10°	20°	30°	40°	10°	20°	30°	40°	10°	20°	30°	40°	10°	20°	30°	40°
30°	$\frac{1}{3}\varphi$	λ	0.2701	0.3640	0.3768	0.3314	0.0000	0.2376	0.3072	0.2914	−0.7779	0.0000	0.2005	0.2376	0.0000	−0.6804	0.0000	0.1551
		A	0.7299	0.5321	0.3772	0.2578	1.0000	0.6527	0.4424	0.3054	2.0851	1.0000	0.5990	0.3949	1.0000	2.3054	1.0000	0.5740
		K	1.0000	0.7779	0.6051	0.4465	0.8571	0.6946	0.5594	0.4260	0.7629	0.6401	0.5321	0.4178	0.6987	0.6051	0.5186	0.4203
	$\frac{2}{3}\varphi$	λ	0.3949	0.4679	0.4491	0.3746	0.0000	0.3473	0.3949	0.3473	−0.3862	0.0000	0.2931	0.3054	1.5321	0.0000	0.0000	0.2267
		A	0.5321	0.3160	0.1848	0.1070	1.0000	0.4226	0.2101	0.1154	0.6382	1.0000	0.3473	0.1609	−2.0642	1.0000	1.0000	0.3160
		K	0.8440	0.6840	0.5509	0.4195	0.7279	0.6108	0.5077	0.3967	0.6439	0.5576	0.4779	0.3973	0.5774	0.5155	0.4562	0.3827
40°	0°	λ	0.1480	0.2101	0.2101	0.1480	0.0000	0.1206	0.1560	0.1206	−0.2267	0.0000	0.0895	0.0895	−0.6527	−0.1848	0.0000	0.0514
		A	0.8264	0.6580	0.5000	0.3572	1.0000	0.7837	0.6051	0.4597	1.3473	1.0000	0.7588	0.5861	2.1372	1.4010	1.0000	0.7504
		K	0.8520	0.6144	0.4203	0.2302	0.7537	0.5662	0.4010	0.2267	0.6946	0.5403	0.3949	0.2302	0.6628	0.5321	0.4010	0.2412
	$\frac{1}{3}\varphi$	λ	0.1898	0.2502	0.2363	0.1587	0.0000	0.1547	0.1857	0.1357	−0.3952	0.0000	0.1148	0.1066	−1.9229	−0.3222	0.0000	0.0659
		A	0.7329	0.5371	0.3891	0.2818	1.0000	0.6855	0.4888	0.3658	1.7198	1.0000	0.6613	0.4832	5.0435	1.8100	1.0000	0.6660
		K	0.7107	0.5405	0.3869	0.2209	0.6353	0.4995	0.3689	0.2172	0.5843	0.4739	0.3609	0.2195	0.5491	0.4593	0.3612	0.2279
	$\frac{2}{3}\varphi$	λ	0.2862	0.3312	0.2877	0.1817	0.0000	0.2333	0.2458	0.1652	−1.9493	0.0000	0.1731	0.1411	1.9229	−1.5891	0.0000	0.0994
		A	0.5226	0.3047	0.1902	0.1409	1.0000	0.4571	0.2566	0.1883	5.3225	1.0000	0.4291	0.2725	−4.1361	5.8567	1.0000	0.4525
		K	0.5994	0.4763	0.3553	0.2115	0.5325	0.4363	0.3358	0.2066	0.4799	0.4056	0.3227	0.2064	0.4323	0.3778	0.3124	0.2096
50°	0°	λ	0.1018	0.1325	0.1018	0.0000	0.0000	0.0730	0.0730	0.0000	−0.1372	0.0000	0.0402	0.0000	−0.3473	−0.0983	0.0000	0.0000
		A	0.8264	0.6580	0.5000	0.3572	1.0000	0.7995	0.6304	0.4923	1.2831	1.0000	0.7899	0.6360	1.7899	1.3072	1.0000	0.7995
		K	0.5863	0.3873	0.2036	0.0000	0.5403	0.3696	0.2005	0.0000	0.5155	0.3640	0.2036	0.0000	0.5077	0.3696	0.2134	0.0000
	$\frac{1}{3}\varphi$	λ	0.1285	0.1552	0.1122	0.0000	0.0000	0.0921	0.0855	0.0000	−0.2226	0.0000	0.0507	0.0000	−0.7530	−0.1596	0.0000	0.0000
		A	0.7430	0.5557	0.4199	0.3290	1.0000	0.7188	0.5429	0.4405	1.5429	1.0000	0.7181	0.5736	3.0704	1.5709	1.0000	0.7470
		K	0.4999	0.3493	0.1934	0.0000	0.4615	0.3325	0.1899	0.0000	0.4363	0.3243	0.1915	0.0000	0.4199	0.3227	0.1981	0.0000
	$\frac{2}{3}\varphi$	λ	0.1964	0.2085	0.1378	0.0000	0.0000	0.1408	0.1148	0.0000	−0.7594	0.0000	0.0776	0.0000	2.9865	−0.5444	0.0000	0.0000
		A	0.5377	0.3330	0.2445	0.2306	1.0000	0.5116	0.3421	0.3126	3.3000	1.0000	0.5287	0.4273	−9.9504	3.4142	1.0000	0.6131
		K	0.4249	0.3125	0.1824	0.0000	0.3854	0.2928	0.1773	0.0000	0.3514	0.2768	0.1752	0.0000	0.3149	0.2593	0.1740	0.0000

由公式（6-26）可见，当填土表面作用均布荷载 q_0 时，填土对挡土墙的主动土压力强度 p 由两部分组成，一部分是由均匀荷载 q_0 所产生的土压力强度 p_q，另一部分则是由填土自重所产生的土压力强度 p_γ，即

$$p=p_q+p_\gamma \tag{6-27}$$

$$p_q=\frac{\lambda q_0 H^A}{(H-z)^A} \tag{6-28}$$

$$p_\gamma=\frac{\lambda\gamma}{A+1}\left[\frac{H^{A+1}}{(H-z)^A}-(H-z)\right] \tag{6-29}$$

如果令 $b=\frac{z}{H}$，代入公式（6-28）和公式（6-29），则

$$p_q=\frac{\lambda q_0}{(1-b)^A} \tag{6-30}$$

$$p_\gamma=\frac{\lambda\gamma H}{A+1}\left[\left(\frac{1}{1-b}\right)^A-(1-b)\right] \tag{6-31}$$

比较公式（6-31）和公式（6-18）可见，两个公式是完全相同的。

作用在挡土墙面上的总主动土压力 P，可通过公式（6-27）的积分求得，即

$$P=\int_0^H(p_q+p_\gamma)\mathrm{d}z=\int_0^H\left\{\frac{\lambda q_0 H^A}{(H-z)^A}+\frac{\lambda\gamma}{A+1}\left[\frac{H^{A+1}}{(H-z)^A}-(H-z)\right]\right\}\mathrm{d}z$$

$$=\left(q_0 H+\frac{1}{2}\gamma H^2\right)\frac{\sin(\theta+\alpha)}{\cos\alpha\cos\theta[\sin(\alpha+\delta)+\cos(\alpha+\delta)\tan(\theta+\varphi)]} \tag{6-32}$$

上式也可以写成

$$P=P_q+P_\gamma \tag{6-33}$$

$$P_q=q_0 HK \tag{6-34}$$

$$P_\gamma=\frac{1}{2}\gamma H^2 K \tag{6-35}$$

式中　P_q——由均布荷载 q_0 所产生的总主动土压力，kN；

P_γ——由填土自重所产生的总主动土压力，kN；

K——土压力系数，按公式（6-20）计算。

此时总主动土压力 P 的作用点距墙踵的高度 y 可以按 P_q 和 P_γ 分别进行计算，P_γ 的作用点距墙踵的高度 y_γ 可按公式（6-23）计算，即

$$y_\gamma=\frac{2}{3}\times\frac{1-A}{2-A}H$$

式中　y_γ——由填土自重所产生的总主动土压力 P_γ 的作用点距墙踵的高度。

由均布荷载 q_0 产生的总主动土压力 P_q 的作用点距墙踵的高度 y_q，可通过下式求得

$$y_q=\frac{\int_0^H p_q z\,\mathrm{d}z}{\int_0^H p_q\,\mathrm{d}z}$$

将公式（6-28）代入上式，积分后得：

$$y_q=\frac{\int_0^H \frac{\lambda q_0 H^A}{(H-z)^A}z\,\mathrm{d}z}{\int_0^H \frac{\lambda q_0 H^A}{(H-z)^A}\mathrm{d}z}=\frac{1-A}{2-A}H \tag{6-36}$$

【例6-1】 挡土墙墙高 $H=6.0\mathrm{m}$，墙面倾斜，与竖直面的夹角 $\alpha=10°$；填土为无黏性土，表面水平，其上作用均布荷载 $q_0=10.0\mathrm{kPa}$，土的容重（重力密度）$\gamma=18.0\mathrm{kPa}$，内摩擦角 $\varphi=30°$，填土与挡土墙墙面的摩擦角 $\delta=15°$。计算作用在挡土墙上的主动土压力。

解：(1) 确定滑动面与竖直平面之间的夹角 θ 值。

1）根据公式（5-260）计算角度 Δ 值：

$$\Delta=\arccos\left(\frac{\sin\delta}{\sin\varphi}\right)=\arccos\left(\frac{\sin 15°}{\sin 30°}\right)=58.8260°$$

2）根据公式（5-259）计算角度 α_0 值：

$$\alpha_0=\frac{1}{2}(\pi-\Delta-\varphi-\delta)=\frac{1}{2}(180°-58.8260°-30°-15°)=38.0870°$$

(2) 按下式计算角度 θ 值。

$$\theta=\alpha_0-\alpha=38.0870°-10°=28.0870°$$

(3) 根据公式（6-11）计算系数 λ 值。

$$\lambda=\frac{1-\frac{2\cos\alpha\sin\theta}{\sin(\theta+\alpha)}}{\frac{\cos\theta}{\sin(\theta+\alpha)}[\sin(\alpha+\delta)-\cos(\alpha+\delta)\tan(\theta+\varphi)]}$$

$$=\frac{1-\frac{2\cos 10°\sin 28.0870°}{\sin(28.0870°+10°)}}{\frac{\cos 28.0870°}{\sin(28.0870°+10°)}[\sin(10°+15°)-\cos(10°+15°)\tan(28.0870°+30°)]}=0.34076$$

(4) 根据公式（6-12）计算 B 和 A 值。

$$B=\frac{\cos\theta}{\sin(\theta+\alpha)}[\sin(\alpha+\delta)+\cos(\alpha+\delta)\tan(\theta+\varphi)]$$

$$=\frac{\cos 28.0870°}{\sin(28.0870°+10°)}[\sin(10°+15°)+\cos(10°+15°)\times\tan(28.0870°+30°)]$$

$$=2.68582$$

$$A=1-\lambda B=1-0.34076\times 2.68582=0.08478$$

（5）计算 p_γ 值。

1）确定土压力强度计算点的位置 z。填土表面以下深度 z 值$\left(每\frac{H}{10}为一计算点\right)$为：5.70m、5.40m、4.80m、4.20m、3.60m、3.0m、2.4m、1.8m、1.2m、0.6m、0m。

2）计算 $1-b$ 和 $\left(\frac{1}{1-b}\right)^A$ 的值。计算结果见表6-2。

3）根据公式（6-31）计算由填土重力产生的土压力强度 p_γ 值。

$$p_\gamma=\frac{\lambda\gamma H}{A+1}\left[\left(\frac{1}{1-b}\right)^A-(1-b)\right]$$

$$=\frac{0.34076\times18.0\times6.0}{0.08478+1}\left[\left(\frac{1}{1-b}\right)^{0.08478}-(1-b)\right]$$

$$=33.92585\left[\left(\frac{1}{1-b}\right)^{0.08478}-(1-b)\right]$$

各计算点的 p_γ 计算结果列于表6-2的第5行中。

表6-2　【例6-1】主动土压力强度 p_γ 计算表

深度 z/m	5.7	5.4	4.8	4.2	3.6	3.0	2.4	1.8	1.2	0.6
$b=\frac{z}{H}$	0.95	0.90	0.80	0.70	0.60	0.50	0.40	0.30	0.20	0.10
$1-b$	0.05	0.10	0.20	0.30	0.40	0.50	0.60	0.70	0.80	0.90
$\left(\frac{1}{1-b}\right)^A$	1.2891	1.2156	1.1462	1.1075	1.0809	1.0605	1.0443	1.0307	1.0191	1.0089
p_γ /kPa	42.0375	37.8477	32.1006	27.3951	23.1001	19.0154	15.0733	11.2193	7.4332	3.6945
p_q /kPa	4.3931	4.1424	3.9060	3.7740	3.6831	3.6141	3.5586	3.5124	3.4729	3.4384
p_a /kPa	46.4306	41.9901	36.0066	31.1691	27.7832	22.6295	18.6319	14.7317	10.9061	7.1329
总主动土压力 P_a/kN	145.1904									
P_a 作用点距墙踵的高度 y/m	$y_\gamma=1.9115$；$y_q=2.8672$									

（6）计算由均布荷载产生的土压力强度 p_q 值。

1）确定计算点的位置 z。计算 p_q 值选点的位置与计算土压强 p_γ 相同，如表6-2第1行所示。

2）计算 $b=\frac{z}{H}$、$1-b$ 和 $\left(\frac{1}{1-b}\right)^A$ 的值。计算结果列于表6-2的第2行、第3行和第4行中。

3）根据公式（6－28）计算 p_q 的值：

$$p_q=\frac{\lambda q_0 H^A}{(H-z)^A}=\frac{\lambda q_0}{(1-b)^A}=\frac{0.34076\times 10.0}{(1-b)^{0.08478}}=\frac{3.4078}{(1-b)^{0.08478}}$$

根据上式按各计算点的（$1-b$），即可计算得相应的 p_q 值。各计算点的土压力强度 p_q 值均列于表 6－2 第 6 行中。

（7）根据公式（6－27）计算各计算点处的总土压强 p_a 值：

$$p_a=p_\gamma+p_q$$

各计算点处主动土压强 p_a 的计算结果，均列于表 6－2 第 7 行中。

（8）计算作用在挡土墙上的总主动土压力 P_a。

1）根据公式（6－20）计算土压力系数 K 值：

$$K=\frac{\sin(\theta+\alpha)}{\cos\alpha\cos\theta[\sin(\alpha+\delta)+\cos(\alpha+\delta)\tan(\theta+\varphi)]}$$

$$=\frac{\sin(28.0870°+10°)}{\cos10°\cos28.0870°[\sin(10°+15°)+\cos(10°+15°)\tan(28.0870°+30°)]}$$

$$=0.3781$$

2）根据公式（6－35）计算填土自重所产生的主动土压力：

$$P_\gamma=\frac{1}{2}\gamma H^2 K=\frac{1}{2}\times 18.0\times 6.0^2\times 0.3781=122.5044(\text{kN})$$

3）根据公式（6－34）计算均布荷载 q_0 产生的主动土压力：

$$P_q=q_0 HK=10.0\times 6.0\times 0.3781=22.6860(\text{kN})$$

4）根据公式（6－33）计算作用在挡土墙上的总主动土压力 P_a：

$$P_a=P_q+P_\gamma=22.6860+122.5044=145.1904(\text{kN})$$

（9）计算主动土压力作用点距墙踵的高度 y 值。

1）根据公式（6－23）计算填土自重产生的主动土压力 P_γ 的作用点距挡土墙墙踵的高度 y_γ 值。

$$y_\gamma=\frac{2}{3}\times\frac{1-A}{2-A}H=\frac{2}{3}\times\frac{1-0.08478}{2-0.08478}\times 6.0=1.9115(\text{m})$$

2）根据公式（6－36）计算填土表面均布荷载产生的主动土压力 P_q 的作用点距挡土墙墙踵的高度 y_q 值。

$$y_q=\frac{1-A}{2-A}H$$

$$=\frac{1-0.08478}{2-0.08478}\times 6.0=2.8672(\text{m})$$

（10）绘制主动土压力强度沿挡土墙高度的分布图。选择一定的比例尺，按表 6－2 中的计算结果绘制主动土压力强度 p 沿挡土墙高度的分布曲线，如图 6－6 所示。

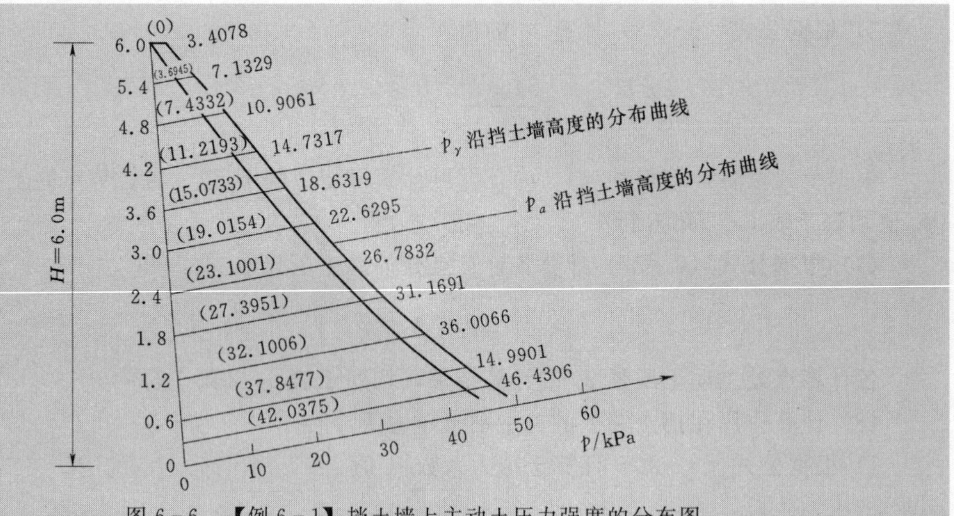

图 6-6 【例 6-1】挡土墙上主动土压力强度的分布图

【例 6-2】 挡土墙墙高 $H=6.0\text{m}$，墙面倾斜，与竖直面的夹角的夹角为 $\alpha=20°$；填土为无黏性土，表面水平，其上作用均布荷载 $q_0=10.0\text{kPa}$，土的容重（重力密度）$\gamma=18.0\text{kN/m}^3$，内摩擦角 $\varphi=30°$，填土与挡土墙面的摩擦角 $\delta=15°$。计算作用在挡土墙上的主动土压力 P_a。

解：（1）计算角度 Δ 值。

$$\Delta=\arccos\left(\frac{\sin\delta}{\sin\varphi}\right)=\arccos\left(\frac{\sin15°}{\sin30°}\right)=58.8260°$$

（2）计算滑动面与挡土墙墙面之间的滑裂角 α_0 值。

$$\alpha_0=\frac{1}{2}(\pi-\Delta-\varphi-\delta)=\frac{1}{2}(180°-58.8260°-30°-15°)=38.0870°$$

（3）计算滑动面与竖直平面之间的夹角 θ 值。

$$\theta=\alpha_0-\alpha=38.0870°-20°=18.0870°$$

（4）根据公式（6-11）计算系数 λ 值。

$$\lambda=\frac{1-\dfrac{2\cos\alpha\sin\theta}{\sin(\theta+\alpha)}}{\dfrac{\cos\theta}{\sin(\theta+\alpha)}[\sin(\alpha+\delta)-\cos(\alpha+\delta)\tan(\theta+\varphi)]}$$

$$=\frac{1-\dfrac{2\cos15°\sin23.0870°}{\sin(23.0870°+15°)}}{\dfrac{\cos18.0870°}{\sin(18.0870°+20°)}[\sin(15°+15°)-\cos(15°+15°)\tan(23.0870°+30°)]}$$

$$=0.234226$$

（5）根据公式（6-2）计算 B 和 A 值。

$$B=\frac{\cos\theta}{\sin(\theta+\alpha)}[\sin(\alpha+\delta)+\cos(\alpha+\delta)\tan(\theta+\varphi)]$$

$$=\frac{\cos23.0870°}{\sin(23.0870°+15°)}[\sin(15°+15°)+\cos(15°+15°)\tan(23.0870°+30°)]$$

$$=2.464935$$

$$A=1-\lambda B=1-0.234226\times 2.464935=0.422648$$

(6) 确定土压力强度计算点。

z 为 5.7m、5.4m、4.8m、4.2m、3.6m、3.0m、2.4m、1.8m、1.2m、0.6m。

(7) 计算 $b=\frac{z}{H}$、$\frac{1}{1-b}$和$\left(\frac{1}{1-b}\right)^A$ 的值。计算结果列于表 6-3 的第 2 行、第 3 行和第 4 行中。

表 6-3 **【例 6-2】主动土压力强度计算表**

深度 z/m	5.7	5.4	4.8	4.2	3.6	3.0	2.4	1.8	1.2	0.6
$b=\frac{z}{H}$	0.95	0.90	0.80	0.70	0.60	0.50	0.40	0.30	0.20	0.10
$1-b$	0.05	0.10	0.20	0.30	0.40	0.50	0.60	0.70	0.80	0.90
$\left(\frac{1}{1-b}\right)^A$	3.5466	2.6461	1.9742	1.6633	1.4729	1.3403	1.2409	1.1627	1.0989	1.0455
p_γ /kPa	62.1758	45.2742	31.5485	24.2419	19.0781	14.9420	11.3964	8.2276	5.3150	2.5873
p_q /kPa	8.3071	6.1978	4.6240	3.8959	3.4499	3.1394	2.9066	2.7233	2.5739	2.4489
p_a /kPa	70.4829	51.4720	36.1725	28.1378	22.5280	18.0814	14.3030	10.9509	7.8889	5.0362
总主动土压力 P_a/kN	141.0048									
P_a 作用点距墙踵的高度 y/m	$y_\gamma=1.4642$；$y_q=2.1963$									

(8) 根据公式 (6-31) 计算填土自重产生的土压强 p_γ 值。

$$p_\gamma=\frac{\lambda\gamma H}{A+1}\left[\left(\frac{1}{1-b}\right)^A-(1-b)\right]$$
$$=\frac{0.234226\times 18.0\times 6.0}{0.4226+1}\left[\left(\frac{1}{1-b}\right)^A-(1-b)\right]$$
$$=17.7818\left[\left(\frac{1}{1-b}\right)^A-(1-b)\right]$$

将表 6-3 中的 $1-b$、$\left(\frac{1}{1-b}\right)^A$ 的值代入上式，即可求得各计算点处土压强 p_γ 的值，见表 6-3。

(9) 根据公式 (6-30) 计算由填土表面 q_0 产生的土压力强度。

$$p_q=\frac{\lambda q_0}{(1-b)^A}=\frac{0.234226\times 10.0}{(1-b)^A}=\frac{2.34226}{(1-b)^{0.4226}}$$

将各计算点相应的 $1-b$ 值代入，即可计算得该计算点的主动土压强 p_q 值，计算结果列表 6-3 的第 6 行中。

(10) 根据公式 (6-27) 计算主动土压力强度 p_a 值。

$$p_a=p_q+p_\gamma$$

各计算点处的主动土压力强度 p_a 的计算结果列于表 6-3 的第 7 行中。

（11）计算总主动土压力 P_a。

1）根据公式（6-20）计算土压力系数：

$$K=\frac{\sin(\theta+\alpha)}{\cos\alpha\cos\theta[\sin(\alpha+\delta)+\cos(\alpha+\delta)\tan(\theta+\varphi)]}$$

$$=\frac{\sin(23.0870°+15°)}{\cos15°\cos23.0870°[\sin(15°+15°)+\cos(15°+15°)\tan(23.0870°+30°)]}=0.3672$$

2）根据公式（6-35）计算填土自重产生的主动土压力：

$$P_\gamma=\frac{1}{2}\gamma H^2K=\frac{1}{2}\times18.0\times6.0^2\times0.3672=118.9728(\text{kN})$$

3）根据公式（6-34）计算均布荷载 q_0 产生的主动土压力：

$$P_q=q_0HK=10.0\times6.0\times0.3672=22.0320(\text{kN})$$

4）根据公式（6-33）计算总主动土压力 P_a 值：

$$P_a=P_\gamma+P_q=118.9728+22.0320=141.0048(\text{kN})$$

（12）根据公式（6-23）和公式（6-36）计算主动土压力 P_γ 和 P_q 的作用点距挡土墙墙踵的高度 y_γ 和 y_q 值。

$$y_\gamma=\frac{2}{3}\times\frac{(1-A)}{(2-A)}H=\frac{2}{3}\times\frac{1-0.4226}{2-0.4226}\times6.0=1.4642(\text{m})$$

$$y_q=\frac{1-A}{2-A}H=\frac{1-0.4226}{2-0.4226}\times6.0=2.1963(\text{m})$$

（13）绘制土压力强度沿墙高的分布图。根据表 6-3 中第 5 行和第 7 行中所列各计算点处的 p_γ 和 p_a 值，选定一定的比例尺，即可绘制土压力强度 p_γ 和 p_a 沿挡土墙墙高的分布图，如图 6-7 所示。

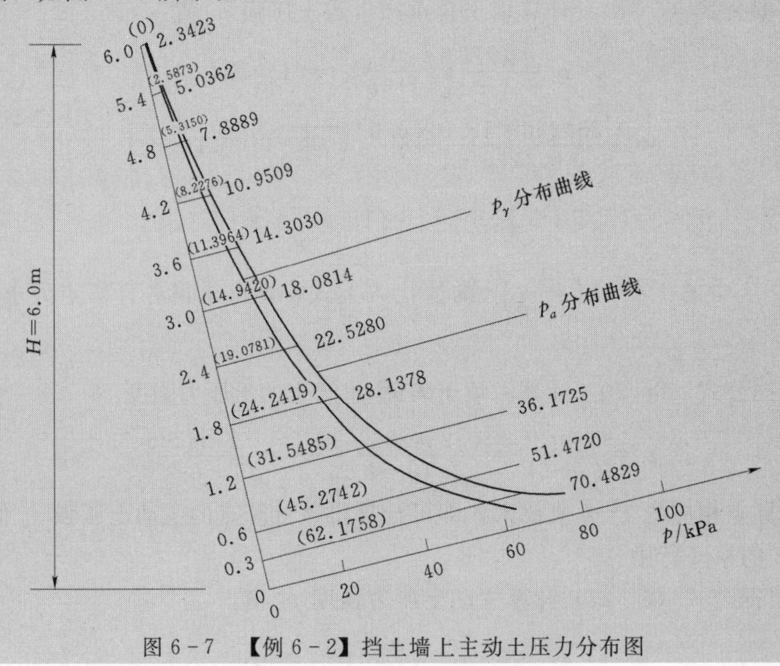

图 6-7　【例 6-2】挡土墙上主动土压力分布图

【例 6-3】 挡土墙墙高 $H=10.0\mathrm{m}$，墙面竖直（$\alpha=0°$）；填土表面水平（$\beta=0°$），填土为无黏性土，土的容重（重力密度）$\gamma=18.0\mathrm{kN/m^3}$，内摩擦角 $\varphi=30°$，填土与挡土墙墙面的摩擦角 $\delta=15°$。计算作用在挡土墙上的主动土压力 P_a。

解：(1) 计算角度 Δ 值。

$$\Delta=\arccos\left(\frac{\sin\delta}{\sin\varphi}\right)=\arccos\left(\frac{\sin15°}{\sin30°}\right)=58.8260°$$

(2) 计算滑动面与挡土墙墙面之间的夹角 α_0 值。

$$\alpha_0=\frac{1}{2}(\pi-\Delta-\varphi-\delta)=\frac{1}{2}(180°-58.8260°-30°-15°)=38.0870°$$

(3) 计算角度 θ 值。

$$\theta=\alpha_0-\alpha=38.0870°-0°=38.0870°$$

(4) 计算系数 λ 值。

$$\lambda=\frac{1-\dfrac{2\cos\alpha\sin\theta}{\sin(\theta+\alpha)}}{\dfrac{\cos\theta}{\sin(\theta+\alpha)}[\sin(\alpha+\delta)-\cos(\alpha+\delta)\tan(\theta+\varphi)]}$$

$$=\frac{1-\dfrac{2\cos0°\sin38.0870°}{\sin(38.0870°+0°)}}{\dfrac{\cos38.0870°}{\sin(38.0870°+0°)}[\sin(0°+15°)-\cos(0°+15°)\tan(38.0870°+30°)]}$$

$$=0.365817$$

(5) 计算 B 值和 A 值。

$$B=\frac{\cos\theta}{\sin(\theta+\alpha)}[\sin(\alpha+\delta)+\cos(\alpha+\delta)\tan(\theta+\varphi)]$$

$$=\frac{\cos38.0870°}{\sin(38.0870°+0°)}[\sin(0°+15°)+\cos(0°+15°)\tan(38.0870°+30°)]=3.394087$$

$$A=1-\lambda B=1-0.365817\times3.394087=-0.2416$$

(6) 确定土压力强度计算点位置。确定每个 $\frac{H}{10}$ 为一计算点，取各计算点的深度为 0m、1m、2m、3m、4m、5m、6m、7m、8m、9m、9.5m。

(7) 计算 $b=\frac{z}{H}$、$\frac{1}{1-b}$ 和 $\left(\frac{1}{1-b}\right)^A$ 值。各计算点处相应的 b、$1-b$ 和 $\left(\frac{1}{1-b}\right)^A$ 值，计算结果分别列于表 6-4 的第 2～第 4 行中。

(8) 根据公式 (6-31) 计算填土自重产生的主动土压力强度。

$$p_\gamma=\frac{\lambda\gamma H}{A+1}\left[\left(\frac{1}{1-b}\right)^A-(1-b)\right]$$

$$=\frac{0.3658\times18.0\times10.0}{-0.2416+1}\left[\left(\frac{1}{1-b}\right)^A-(1-b)\right]$$

$$=86.7722\left[\left(\frac{1}{1-b}\right)^A-(1-b)\right]$$

将各计算点相应的$\left(\frac{1}{1-b}\right)^{A}$和$1-b$值代入上式，即可求得各计算点处的$p_{\gamma}$值。计算结果列于表6-4的第5行中。

表6-4　【例6-1】主动土压力强度计算表

z/m	9.5	9.0	8.0	7.0	6.0	5.0	4.0	3.0	2.0	10	0
$b=\frac{z}{H}$	0.95	0.90	0.80	0.70	0.60	0.50	0.40	0.30	0.20	0.10	0.00
$1-b$	0.05	0.10	0.20	0.30	0.40	0.50	0.60	0.70	0.80	0.90	1.0
$\left(\frac{1}{1-b}\right)^{A}$	0.4849	0.5733	0.6778	0.7476	0.8014	0.8458	0.8839	0.9174	0.9475	0.9749	1.00
p_{γ}/kPa	37.7372	41.0693	41.4598	38.8392	34.8304	30.0058	24.6346	18.8643	12.7989	6.4992	0.00
p_{q}/kPa	1.7738	2.0972	2.4795	2.7347	2.9316	3.0940	3.2333	3.3560	3.4660	3.5661	3.6580
p_{a}/kPa	39.5110	43.1665	43.9393	41.5739	37.7620	33.0998	27.8679	22.2203	16.2649	10.0653	3.6580
总主动土压力P_a/kN	$P_a=265.1400+29.4600=294.6000$										
P_a作用点距墙踵的高度y/m	$y_{\gamma}=3.6926$；$y_q=5.5389$										

（9）根据公式（6-30）计算由均布荷载q_0产生的土压力强度。

$$p_q=\frac{\lambda q_0}{(1-b)^{A}}=\frac{0.3658\times10.0}{(1-b)^{-0.2416}}=\frac{3.658}{(1-b)^{-0.2416}}$$

将各计算点相应的$1-b$值代入上式，即可计算得各计算点处的土压力强度p_q值。计算结果列于表6-4的第6行中。

（10）根据公式（6-27）计算各计算点处的总土压力强度p_a值。

$$p_a=p_{\gamma}+p_q$$

计算结果列于表6-4的第7行中。

（11）计算总主动土压力P_a。

1）根据公式（6-20）计算土压力系数：

$$K=\frac{\sin(\theta+\alpha)}{\cos\alpha\cos\theta[\sin(\alpha+\delta)+\cos(\alpha+\delta)\tan(\theta+\varphi)]}$$
$$=\frac{\sin(38.0870°+0°)}{\cos0°\cos38.0870°[\sin(0°+15°)+\cos(0°+15°)\tan(38.0870°+30°)]}=0.2946$$

2）根据公式（6-35）计算填土自重产生的主动土压力P_{γ}：

$$P_{\gamma}=\frac{1}{2}\gamma H^2K=\frac{1}{2}\times18.0\times10.0^2\times0.2946=265.1400(\text{kN})$$

3）根据公式（6-34）计算均布荷载q_0产生的主动土压力：

$$P_q=q_0HK=10.0\times10.0\times0.2946=29.4600(\text{kN})$$

4）根据公式（6-33）计算主动土压力：

$$P_a = P_q + P_\gamma = 29.4600 + 265.1400 = 294.6000(\text{kN})$$

（12）计算土压力作用点距墙踵的高度 y 值。

1）根据公式（6-23）计算填土自重产生的主动土压力 P_γ 的作用点距墙踵的高度 y_γ 值：

$$y_\gamma = \frac{2}{3} \times \frac{1-A}{2-A} H = \frac{2}{3} \times \frac{1+0.2416}{2+0.2416} \times 10.0 = 3.6926(\text{m})$$

2）根据公式（6-36）计算均布荷载 q_0 产生的主动土压力 P_q 的作用点距墙踵的高度 y_q 值：

$$y_q = \frac{1-A}{2-A} H = \frac{1+0.2416}{2+0.2416} \times 10.0 = 5.5389(\text{m})$$

（13）绘制土压力强度沿墙高的分布图。根据表 6-4 中所列各计算点处的 p_γ、p_q 和 p_a 值，选定一定的比例尺，即可绘制土压力强度沿墙高的分布图，如图 6-8 所示。

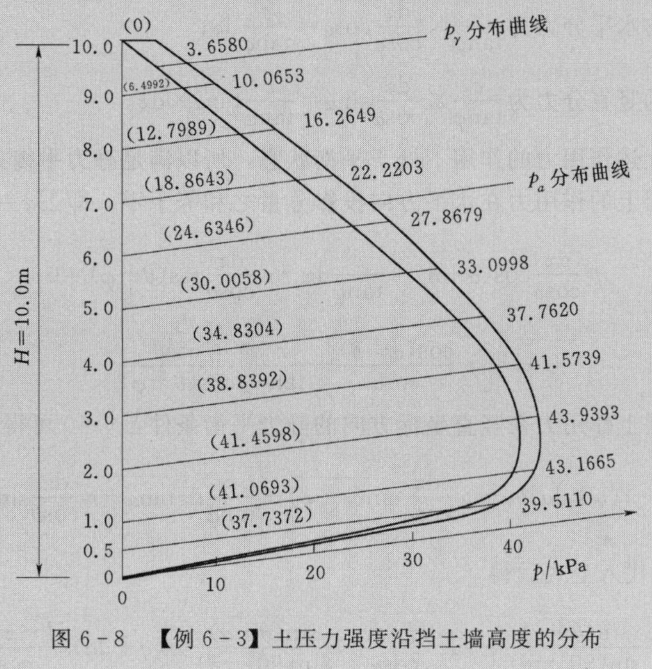

图 6-8　【例 6-3】土压力强度沿挡土墙高度的分布

第三节　黏性土的主动土压力

有如图 6-9 所示的挡土墙，墙高为 H，墙面与竖直面的夹角为 α，墙背面填土为黏性土，填土表面水平，填土的容重（重力密度）为 γ，内摩擦角为 φ，凝聚力为 c。若设 BD 为填土的滑动面，BD 面与竖直线的夹角为 θ，ABD 为滑裂土体。

由图 6-9 可知：

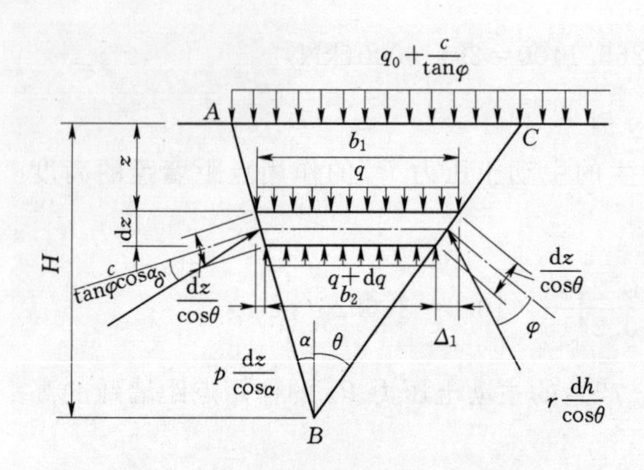

图 6-9　黏性土水平层分析法的计算图

墙面对微分土层的反力为 $P=p\dfrac{dz}{\cos\alpha}$；

微分土层滑动面上的反力为 $R=r\dfrac{dz}{\cos\theta}$；

墙面反力的水平分力为 $p\dfrac{dz}{\cos\alpha}\cos(\alpha+\delta)$；

墙面反力的竖直分力为 $p\dfrac{dz}{\cos\alpha}\sin(\alpha+\delta)$；

滑动面上反力的水平分力为 $r\dfrac{dz}{\cos\theta}\cos(\theta+\varphi)$；

滑动面上反力的竖直分力为 $r\dfrac{dz}{\cos\theta}\sin(\theta+\varphi)$；

微分土层与挡土墙接触面上的等效凝聚力为 $\dfrac{c}{\tan\varphi}\times\dfrac{dz}{\cos\alpha}$；

等效凝聚力的水平分力为 $\dfrac{c}{\tan\varphi}\times\dfrac{dz}{\cos\alpha}\cos\alpha=\dfrac{c}{\tan\varphi}dz$；

等效凝聚力的竖直分力为 $\dfrac{c}{\tan\varphi}\times\dfrac{dz}{\cos\alpha}\sin\alpha=\dfrac{c}{\tan\varphi}\tan\alpha\times dz$。

微分土层在上述作用力的作用下处于平衡状态，所以满足静力平衡条件。

根据微分土层上的作用力在水平方向投影分量之和等于零，即 $\sum x=0$ 的条件得

$$p\frac{dz}{\cos\alpha}\cos(\alpha+\delta)+\frac{c}{\tan\varphi}dz-r\frac{dz}{\cos\theta}\cos(\theta+\varphi)=0 \tag{6-37}$$

故

$$r=\left[p\frac{\cos(\alpha+\delta)}{\cos\alpha}+\frac{c}{\tan\varphi}\right]\frac{\cos\theta}{\cos(\theta+\varphi)} \tag{6-38}$$

根据微分土层上作用力在竖直坐标方向的静力平衡条件 $\sum y=0$ 可得

$$qb_1+\gamma b_1 dz-(q+dq)b_2-p\frac{dz}{\cos\alpha}\sin(\alpha+\delta)-\frac{c}{\tan\varphi}dz\tan\alpha-r\frac{dz}{\cos\theta}\sin(\theta+\varphi)=0$$

将 b_1 及 b_2 值代入上式后得

$$q\frac{H-z}{\cos\alpha}\times\frac{\sin(\theta+\alpha)}{\sin(90^\circ-\theta)}+\gamma dz\frac{H-z}{\cos\alpha}\times\frac{\sin(\theta+\alpha)}{\sin(90^\circ-\theta)}-(q+dq)\frac{H-z-dz}{\cos\alpha}$$

$$\times\frac{\sin(\theta+\alpha)}{\sin(90^\circ-\theta)}-p\frac{dz}{\cos\alpha}\sin(\alpha+\delta)-\frac{c}{\tan\varphi}\tan\alpha dz-r\frac{dz}{\cos\theta}\sin(\theta+\varphi)=0 \tag{6-39}$$

略去二阶微量后得

$$q\frac{dz}{\cos\alpha}\times\frac{\sin(\theta+\alpha)}{\sin(90^\circ-\theta)}+\gamma dz\frac{H-z}{\cos\alpha}\times\frac{\sin(\theta+\alpha)}{\sin(90^\circ-\theta)}-dq\frac{H-z}{\cos\alpha}\times\frac{\sin(\theta+\alpha)}{\sin(90^\circ-\theta)}$$

$$-p\frac{dz}{\cos\alpha}\sin(\alpha+\delta)-\frac{c}{\tan\varphi}\tan\alpha dz-r\frac{dz}{\cos\theta}\sin(\theta+\varphi)=0 \tag{6-40}$$

将公式（6-41）代入公式（6-43）得

$$q\frac{dz}{\cos\alpha}\times\frac{\sin(\theta+\alpha)}{\sin(90°-\theta)}+\gamma dz\frac{H-z}{\cos\alpha}\times\frac{\sin(\theta+\alpha)}{\sin(90°-\theta)}-dq\frac{H-z}{\cos\alpha}\times\frac{\sin(\theta+\alpha)}{\sin(90°-\theta)}$$

$$-p\frac{dz}{\cos\alpha}\sin(\alpha+\delta)-\frac{c}{\tan\varphi}\tan\alpha dz-\left[p\frac{\cos(\alpha+\delta)}{\cos\alpha}+\frac{c}{\tan\varphi}\right]\frac{\cos\theta\sin(\theta+\varphi)}{\cos(\theta+\varphi)\cos\theta}dz=0$$

上式经整理后得

$$dq=\gamma dz+q\frac{dz}{H-z}-p\frac{dz}{H-z}\times\frac{\sin(90°-\theta)}{\sin(\theta+\alpha)}[\sin(\alpha+\delta)+\cos(\alpha+\delta)\tan(\theta+\varphi)]$$

$$-\frac{c}{\tan\varphi}\times\frac{dz}{H-z}[\sin\alpha+\cos\alpha\tan(\theta+\varphi)]\frac{\sin(90°-\theta)}{\sin(\theta+\alpha)} \tag{6-41}$$

根据微分土层上作用力对土层厚度中心线上 a 点的力矩平衡条件 $\sum M_a=0$，可得

$$qb_1+\left(\frac{b_1}{2}-\frac{1}{2}\tan\theta dz\right)+\gamma dz\frac{b_1+b_2}{2}\frac{b_1}{2}-p\frac{dz}{\cos\alpha}\sin(\alpha+\delta)b_1$$

$$-(q+dq)b_2\left(\frac{b_2}{2}+\frac{1}{2}\tan\theta dz\right)-\frac{c}{\tan\varphi}dz\tan\alpha b_1=0$$

将 b_1 及 b_2 代入上式，略去二阶微量，经整理后可得

$$dq=\gamma dz+2q\frac{dz}{H-z}-2q\frac{dz}{H-z}\times\frac{\cos\alpha\sin(90°-\theta)}{\sin(\theta+\alpha)}\tan\theta-2p\frac{dz}{H-z}\times\frac{\sin(90°-\theta)}{\sin(\theta+\alpha)}\sin(\alpha+\delta)$$

$$-\frac{2c}{\tan\varphi}\times\frac{dz}{H-z}\times\frac{\sin(90°-\theta)}{\sin(\theta+\alpha)}\sin\alpha \tag{6-42}$$

令公式（6-41）与公式（6-42）相等，得

$$\gamma dz+q\frac{dz}{H-z}-p\frac{dz}{H-z}\times\frac{\sin(90°-\theta)}{\sin(\theta+\alpha)}[\sin(\alpha+\delta)+\cos(\alpha+\delta)\tan(\theta+\varphi)]$$

$$-\frac{c}{\tan\varphi}\times\frac{dz}{H-z}[\sin\alpha+\cos\alpha\tan(\theta+\varphi)]\frac{\sin(90°-\theta)}{\sin(\theta+\alpha)}=\gamma dz+2q\frac{dz}{H-z}$$

$$-2q\frac{dz}{H-z}\times\frac{\cos\alpha\sin(90°-\theta)}{\sin(\theta+\alpha)}\tan\theta-2p\frac{dz}{H-z}\times\frac{\sin(90°-\theta)}{\sin(\theta+\alpha)}\sin(\alpha+\delta)$$

$$-\frac{2c}{\tan\varphi}\times\frac{dz}{H-z}\times\frac{\sin(90°-\theta)}{\sin(\theta+\alpha)}\sin\alpha$$

上式经整理后得

$$q\left[1-\frac{2\cos\alpha\sin(90°-\theta)}{\sin(\theta+\alpha)}\tan\theta\right]=\frac{\sin(90°-\theta)}{\sin(\theta+\alpha)}[\sin(\alpha+\delta)-\cos(\alpha+\delta)\tan(\theta+\varphi)]$$

$$\times\left\{p+\frac{c}{\tan\varphi}\times\frac{\sin\alpha-\cos\alpha\tan(\theta+\varphi)}{\sin(\alpha+\delta)-\cos(\alpha+\delta)\tan(\theta+\varphi)}\right\} \tag{6-43}$$

令

$$\left.\begin{aligned}m&=\frac{\sin\alpha-\cos\alpha\tan(\theta+\varphi)}{\sin(\alpha+\delta)-\cos(\alpha+\delta)\tan(\theta+\varphi)}\\ n&=\frac{1-\dfrac{2\cos\alpha\sin(90^\circ-\theta)}{\sin(\theta+\alpha)}\tan\theta}{\dfrac{\sin(90^\circ-\theta)}{\sin(\theta+\alpha)}[\sin(\alpha+\delta)-\cos(\alpha+\delta)\tan(\theta+\varphi)]}\end{aligned}\right\}\tag{6-44}$$

则公式（6-43）可以简写为

$$p+m\frac{c}{\tan\varphi}=nq\tag{6-45}$$

将公式（6-45）代入公式（6-41）得

$$\begin{aligned}dq&=\gamma dz+q\frac{dz}{H-z}-\left(nq-m\frac{c}{\tan\varphi}\right)\frac{dz}{H-z}\times\frac{\sin(90^\circ-\theta)}{\sin(\theta+\alpha)}\\&\times[\sin(\alpha+\delta)+\cos(\alpha+\delta)\tan(\theta+\varphi)]\\&-\frac{c}{\tan\varphi}\times\frac{dz}{H-z}[\sin\alpha+\cos\alpha\tan(\theta+\varphi)]\frac{\sin(90^\circ-\theta)}{\sin(\theta+\alpha)}\end{aligned}$$

上式经整理后可得

$$\begin{aligned}dq&=\gamma dz+q\frac{dz}{H-z}\left\{1-n\frac{\sin(90^\circ-\theta)}{\sin(\theta+\alpha)}[\sin(\alpha+\delta)+\cos(\alpha+\delta)\tan(\theta+\varphi)]\right\}\\&+\frac{c}{\tan\varphi}\times\frac{dz}{H-z}\{m[\sin(\alpha+\delta)+\cos(\alpha+\delta)\tan(\theta+\varphi)]\\&-\sin\alpha-\cos\alpha\tan(\theta+\varphi)\}\frac{\sin(90^\circ-\theta)}{\sin(\theta+\alpha)}\end{aligned}\tag{6-46}$$

令

$$\left.\begin{aligned}M&=\frac{\sin(90^\circ-\theta)}{\sin(\theta+\alpha)}[\sin(\alpha+\delta)+\cos(\alpha+\delta)\tan(\theta+\varphi)]\\A&=1-nM\\B&=mM-\frac{\sin(90^\circ-\theta)}{\sin(\theta+\alpha)}[\sin\alpha+\cos\alpha\tan(\theta+\varphi)]\end{aligned}\right\}\tag{6-47}$$

则公式（6-46）可以简写为

$$dq=\gamma dz+Aq\frac{dz}{H-z}+B\frac{c}{\tan\varphi}\times\frac{dz}{H-z}=\left[\gamma+\left(Aq+B\frac{c}{\tan\varphi}\right)\frac{1}{H-z}\right]dz\tag{6-48}$$

公式积分后可得

$$q=\frac{C}{(A+1)(H-z)^A}-\frac{\gamma(H-z)}{A+1}-\frac{B}{A}\times\frac{c}{\tan\varphi}\tag{6-49}$$

式中 C——积分常数，可根据边界条件求得。

一、土压力的计算公式

（一）填土表面无荷载作用

如果填土表面无外荷载 q_0，则当 $z=0$ 时 $q=\dfrac{c}{\tan\varphi}$，故公式（6-49）得

$$\frac{c}{\tan\varphi}=\frac{c}{(A+1)H^A}-\frac{\gamma H}{A+1}-\frac{B}{A}\frac{c}{\tan\varphi}$$

由此可得积分常数

$$C=\left[\frac{\gamma H}{A+1}+\frac{c}{\tan\varphi}\left(1+\frac{B}{A}\right)\right](A+1)H^{A} \tag{6-50}$$

将公式（6－50）代入公式（6－49）得

$$q=\frac{\left[\frac{\gamma H}{A+1}+\left(1+\frac{B}{A}\right)\frac{c}{\tan\varphi}\right]H^{A}}{(H-z)^{A}}-\frac{\gamma(H-z)}{A+1}-\frac{B}{A}\times\frac{c}{\tan\varphi} \tag{6-51}$$

如令 $b=\frac{z}{H}$，则公式（6－51）可以写为

$$q=\frac{\gamma H}{A+1}\left[\left(\frac{1}{1-b}\right)^{A}-(1-b)\right]+\frac{c}{\tan\varphi}\left[\left(1+\frac{B}{A}\right)\left(\frac{1}{1-b}\right)^{A}-\frac{B}{A}\right] \tag{6-52}$$

将公式（6－52）代入公式（6－45），则得填土表面无外荷载作用时填土表面以下深度 $b=\frac{z}{H}$处挡土墙墙面上的土压力强度为

$$p=n\left\{\frac{\gamma H}{A+1}\left[\left(\frac{1}{1-b}\right)^{A}-(1-b)\right]+\frac{c}{\tan\varphi}\left[\left(1+\frac{B}{A}\right)\left(\frac{1}{1-b}\right)^{A}-\frac{B}{A}-\frac{m}{n}\right]\right\} \tag{6-53}$$

由公式（6－53）可知，此时的土压力由两部分组成，即由填土自重产生的土压力和内凝聚力产生的土压力：

（1）由填土自重产生的土压力强度。

$$p_{\gamma}=n\frac{\gamma H}{A+1}\left[\left(\frac{1}{1-b}\right)^{A}-(1-b)\right] \tag{6-54}$$

（2）由填土凝聚力产生的土压力强度。

$$p_{c}=n\frac{c}{\tan\varphi}\left[\left(1+\frac{B}{A}\right)\left(\frac{1}{1-b}\right)^{A}-\frac{B}{A}-\frac{m}{n}\right] \tag{6-55}$$

（二）填土表面作用均布荷载

如填土表面作用均布荷载 q_0，则当 $z=0$ 时，$q=q_0+\frac{c}{\tan\varphi}$，故根据公式（6－49）得

$$q_0+\frac{c}{\tan\varphi}=\frac{C}{(A+1)H^{A}}-\frac{\gamma H}{A+1}-\frac{B}{A}\times\frac{c}{\tan\varphi}$$

由此可得积分常数

$$C=\left[\frac{\gamma H}{A+1}+\left(1+\frac{B}{A}\right)\frac{c}{\tan\varphi}+q_0\right](A+1)H^{A} \tag{6-56}$$

将公式（6－56）代入公式（6－49）得

$$q=\left[\frac{\gamma H}{A+1}+\left(1+\frac{B}{A}\right)\frac{c}{\tan\varphi}+q_0\right]\frac{H^{A}}{(H-z)^{A}}-\frac{\gamma(H-z)}{A+1}-\frac{B}{A}\times\frac{c}{\tan\varphi} \tag{6-57}$$

将公式（6－57）代入公式（6－45），则得填土表面作用均布外荷载 q_0 时，填土表面以下深度 $b=\frac{z}{H}$处挡土墙墙面上的土压力强度为

$$p=n\left\{\frac{\gamma H}{A+1}\left[\left(\frac{1}{1-b}\right)^{A}-(1-b)\right]+\frac{c}{\tan\varphi}\left[\left(1+\frac{B}{A}\right)\left(\frac{1}{1-b}\right)^{A}-\frac{B}{A}-\frac{m}{n}\right]+q_0\left(\frac{1}{1-b}\right)^{A}\right\} \tag{6-58}$$

由公式（6－58）可见，此时的土压力由三部分组成，即由填土自重产生的土压力、

由凝聚力 c 产生的土压力和由填土表面均布荷载 q_0 产生的土压力：

（1）由填土自重产生的土压力强度。

$$p_\gamma = n\frac{\gamma H}{A+1}\left[\left(\frac{1}{1-b}\right)^A-(1-b)\right] \tag{6-59}$$

（2）由填土凝聚力 c 产生的土压力强度。

$$p_c = n\frac{c}{\tan\varphi}\left[\left(1+\frac{B}{A}\right)\left(\frac{1}{1-b}\right)^A-\frac{B}{A}-\frac{m}{n}\right] \tag{6-60}$$

（3）由填土表面均布荷载 q_0 产生的土压力强度。

$$p_q = nq_0\left(\frac{1}{1-b}\right)^A \tag{6-61}$$

二、土压力的分布图形

由填土自重所产生的主动土压力强度，在墙顶处为0，向下逐渐增大，在墙高的 $\frac{2}{10}$～$\frac{4}{10}$处压力强度最大，再往下又逐渐减小，土压力的分布图呈凸曲线形的分布图形。

由凝聚力 c 所产生的土压力强度，在墙顶处压力为负值，负压力强度随深度而减小，在墙底处负压力强度最小。

由填土表面均布荷载 q_0 产生的土压力强度，在墙顶处最大，向下逐渐减小，在墙底处最小，压力强度沿墙高呈曲线形分布。

在按水平层分析法进行土压力计算时，黏性填土的表面是否会出现裂缝，这不仅与填土的凝聚力有关，而且与填土和挡土墙的 α、φ、δ、θ 等角度有关，即与 A 值的大小有关，一般当 A 值较小时，填土表面不会出现裂缝；当 A 值较大时，填土表面将会出现裂缝。

填土凝聚力 c 产生的土压力沿墙高的分布（即负压力随深度逐渐减小）为曲线形。

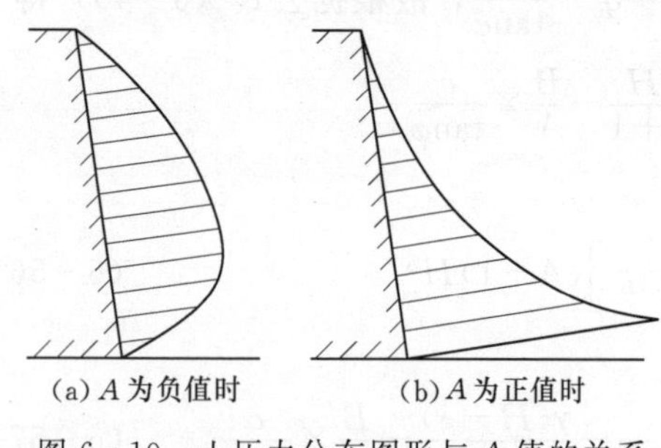

(a) A 为负值时　　(b) A 为正值时

图6-10　土压力分布图形与 A 值的关系

填土表面均布荷载产生的土压力在墙顶处最大，随深度逐渐减小，这是比较合理的。

由填土自重产生的主动土压力的分布图形，与 A 值的大小有极大关系，如图6-10所示：当 A 为负值时，压力的分布图形为凸曲线形，如图6-10（a）所示；当 A 为正值时，土压力的分布图形则为凹曲线形，如图6-10（b）所示。A 值较小时曲线比较平缓，随 A 值的增大，曲线的弯曲（内凹）也随之增大。

三、滑动面的倾角

1. 按土压力的极值原理计算

滑动面与竖直线之间的夹角 θ，可根据土压力的极值原理求得下列计算公式：

$$\theta = \arctan\left[\frac{\cos\alpha\cos(\alpha+\delta+\varphi)}{M\cos\alpha-\sin(\varphi+\delta)-\cos\alpha\cos(\alpha+\delta+\varphi)}\right] \tag{6-62}$$

$$M=\sqrt{\frac{\frac{2c}{\gamma H}\cos\delta\cos(\alpha+\delta+\varphi)+\left[\left(1+\frac{2h}{H}\right)\cos(\alpha+\delta)+\frac{2c}{\gamma H}\sin(\varphi+\delta)\right]\sin(\alpha+\delta)}{\frac{2c}{\gamma H}\cos\alpha\cos(\alpha+\delta+\varphi)+\left[\left(1+\frac{2h}{H}\right)\cos(\alpha+\delta)+\frac{2c}{\gamma H}\sin(\alpha+\delta)\right]\cos\alpha\sin\varphi}} \tag{6-63}$$

其中

$$h=\frac{q_0}{\gamma}$$

式中　h——均布荷载转化为填土的等效高度；

q_0——填土表面的均布荷载；

γ——填土的重力密度；

c——填土的凝聚力；

φ——填土的内摩擦角；

α——挡土墙墙面与竖直线的夹角；

δ——填土与挡土墙墙面的摩擦角；

H——挡土墙的高度。

2. 按微分块体极限平衡原理计算

根据本书第五章第一节可知，滑动面与挡土墙墙面之间的夹角为

$$\alpha_0=\frac{1}{2}(\pi-\Delta-\varphi-\delta) \tag{6-64}$$

$$\Delta=\arccos\left(\frac{\sin\delta}{\sin\varphi}\right) \tag{6-65}$$

式中　α_0——滑动面与挡土墙墙面之间的夹角，(°)；

φ——填土的内摩擦角，(°)；

δ——填土与挡土墙墙面之间的摩擦角，(°)；

Δ——角度（其值为 φ 和 δ 的函数），(°)。

【例 6-4】 某挡土墙墙高 $H=10$m，墙面竖直（$\alpha=0$），墙后填土为黏性土，填土的容重（重力密度）$\gamma=18.90\text{kN/m}^3$，内摩擦角 $\varphi=12°$，凝聚力 $c=20$kPa，填土与挡土墙墙面的摩擦角 $\delta=8°$，填土表面水平，其上作用均布荷载 $q_0=10$kPa，填土滑动面与竖直面的夹角 $\theta=33°$。计算土压力及其分布情况。

解：(1) 根据公式（5-260）计算角度 Δ 值。

$$\Delta=\arccos\left(\frac{\sin\delta}{\sin\varphi}\right)=\arccos\left(\frac{\sin8°}{\sin12°}\right)=47.9803°=47°58'49''$$

(2) 根据公式（5-259）计算角度 α_0 值。

$$\alpha_0=\frac{1}{2}(\pi-\Delta-\varphi-\delta)=\frac{1}{2}\times(180°-47.9803°-12°-8°)=56.0099°=56°0'35''$$

(3) 计算角度 θ 值。挡土墙墙面下部为竖直，上部为倾斜，但由于其平均坡度较陡，故近似地按墙面竖直计算，即假定 $\alpha=0°$，故此时角度为

$$\theta=\frac{\pi}{2}-\alpha_0-\alpha=\frac{180°}{2}-56.0099°-0°=33.9901°=33°59'24''$$

由于挡土墙背面土坡的实际开挖面为33°，故设定滑动面为实际开挖面，故取角度$\theta=33°$。

(4) 根据公式（6-44）计算系数m和n值。

由于在本例的情况下，挡土墙墙面按竖直计算，$\alpha=0°$、故公式（6-44）可以简化为

$$m=\frac{-\tan(\theta+\varphi)}{\sin\delta-\cos\delta\tan(\theta+\varphi)}$$

$$n=\frac{1-2\sin\theta}{\cos\theta[\sin\delta+\cos\delta\tan(\theta+\varphi)]}$$

将$\theta=33°$、$\varphi=12°$和$\delta=8°$代入上式，得系数m和n为

$$m=\frac{-\tan(33°+12°)}{\sin8°-\cos8°\tan(33°+12°)}=1.1750$$

$$n=\frac{1-2\sin33°}{\cos33°[\sin8°-\cos8°\tan(33°+12°)]}=0.7630$$

(5) 根据公式（6-47）计算系数M、A和B值。

由于在本例的情况下$\alpha=0°$，故公式（6-47）可简化为

$$M=\cot\theta[\sin\delta+\cos\delta\tan(\theta+\varphi)]$$

$$A=1-nM$$

$$B=mM-\cot\theta\tan(\theta+\varphi)$$

将$\theta=33°$、$\delta=8°$、$\varphi=12°$、$n=0.7630$、$m=1.1750$代入上式，得系数M、A和B为

$$M=\cot33°[\sin8°+\cos8°\tan(33°+12°)]=1.3792$$

$$A=1-0.7630\times1.3792=-0.0523$$

$$B=1.1750\times1.3792-\cot33°\tan(33°+12°)=0.5036$$

(6) 计算填土表面以下深度z处各计算点上的主动土压力强度p值。

1）确定计算点的位置。设定各计算点距填土表面以下的深度为：0m、1.0m、2.0m、3.0m、4.0m、5.0m、6.0m、7.0m、8.0m、9.0m、9.5m。

2）计算各计算点的相对深度b。计算结果见表6-5。

3）计算$1-b$值。计算结果列于表6-5第3行中。

4）计算$\left(\frac{1}{1-b}\right)^A$。计算结果列于表6-5第4行中。

5）根据公式（6-59）计算由填土重力产生的土压力强度：

$$p_\gamma=n\frac{\gamma H}{A+1}\left[\left(\frac{1}{1-b}\right)^A-(1-b)\right]$$

$$=0.7630\times\frac{18.90\times10.0}{-0.0523+1}\times\left[\left(\frac{1}{1-b}\right)^A-(1-b)\right]$$

$$=148.9448\times\left[\left(\frac{1}{1-b}\right)^{-0.0523}-(1-b)\right]$$

根据表 6－5 中所列出的各计算点处的$\left(\frac{1}{1-b}\right)^{-0.0523}$和 $1-b$ 值，即可按公式（6－59）计算得各计算点处由填土重力产生的土压强 p_γ 值，计算结果列于表 6－5 的第 5 行中。

表 6－5　　土压力强度计算表

z/m	9.5	9.0	8.0	7.0	6.0	5.0	4.0	3.0	2.0	1.0	0.0
$b=\frac{z}{H}$	0.95	0.90	0.80	0.70	0.60	0.50	0.40	0.30	0.20	0.10	0.0
$1-b$	0.05	0.10	0.20	0.30	0.40	0.50	0.60	0.70	0.80	0.90	1.0
$\left(\frac{1}{1-b}\right)^A$	0.8550	0.8865	0.9193	0.9442	0.9532	0.9644	0.9736	0.9815	0.9884	0.9945	1.0
p_γ /kPa	119.8999	117.1451	107.1360	95.9502	82.3963	69.1700	55.6458	41.9280	28.0612	14.7528	0.0000
p_q /kPa	6.5236	6.7640	7.0143	7.2042	7.2729	7.3584	7.4286	7.4888	7.5415	7.5880	7.6300
p_c /kPa	−33.1528	−34.3742	−35.6461	−36.6116	−36.9606	−37.3948	−37.7516	−38.0579	−38.3254	−38.5620	−38.7752
p /kPa	93.2707	90.5249	78.5042	66.5428	52.7086	39.1336	25.3228	11.3589	−2.7227	−16.2212	−31.1452

6）根据公式（6－61）计算作用在填土表面的均布荷载产生的主动土压力强度：

$$p_q=nq_0\left(\frac{1}{1-b}\right)^A=0.7630\times10.0\times\left(\frac{1}{1-b}\right)^A$$

$$=7.6300\times\left(\frac{1}{1-b}\right)^A$$

根据表 6－5 中第 4 行内所列的各计算点处的$\left(\frac{1}{1-b}\right)^A$值，按上式即可计算得各计算点处由均布荷载 q_0 产生的土压力强度 p_q，计算结果列于表 6－5 第 6 行中。

7）根据下式计算由填土凝聚力 c 产生的土压力强度 p_c 值：

$$p_c=n\frac{c}{\tan\varphi}\left[\left(1+\frac{B}{A}\right)\left(\frac{1}{1-b}\right)^A-\frac{B}{A}-\frac{m}{n}\right]$$

$$=0.7630\times\frac{20.0}{\tan30^\circ}\left[\left(1+\frac{0.5036}{-0.0523}\right)\left(\frac{1}{1-b}\right)^{-0.0523}-\frac{0.5036}{-0.3270}-\frac{1.1750}{0.7630}\right]$$

$$=71.7927\times\left[-0.5401\times\left(\frac{1}{1-b}\right)^A+1.5401-1.5401\right]$$

$$=71.7927\times\left[-0.5401\times\left(\frac{1}{1-b}\right)^A\right]$$

根据表 6－5 中第 4 行内所列的各计算点处相应的$\left(\frac{1}{1-b}\right)^A$值，按上式即可计算得各计算点处由填土凝聚力产生的主动土压力强度 p_c 值，计算结果列于表 6－5 的第 7 行中。

8）根据下式计算总土压力强度：

$$p = p_\gamma + p_q + p_c$$

根据表 6-5 第 5 行、第 6 行、第 7 行中所列的各计算点处相应的土压力强度 p_γ、p_q 和 p_c 值叠加，即可求得各计算点处的总土压力强度 p 值，计算结果列于表 6-5 的第 8 行中。

(7) 绘制土压力强度沿挡土墙高度的分布图。选择一定的比例尺，根据表 6-5 所列的各计算点处的土压力强度值，即可绘制土压力强度沿挡土墙高度的分布图，如图 6-11 所示。

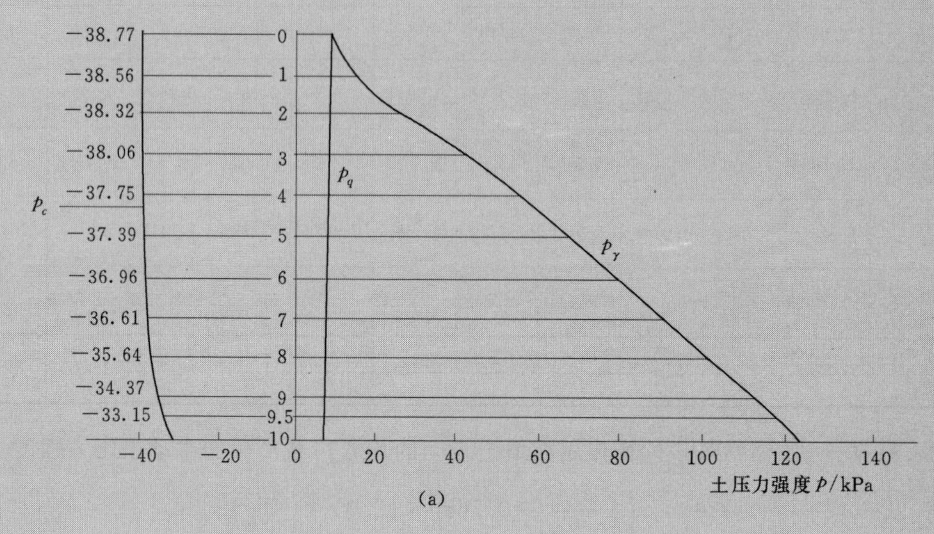

(a)

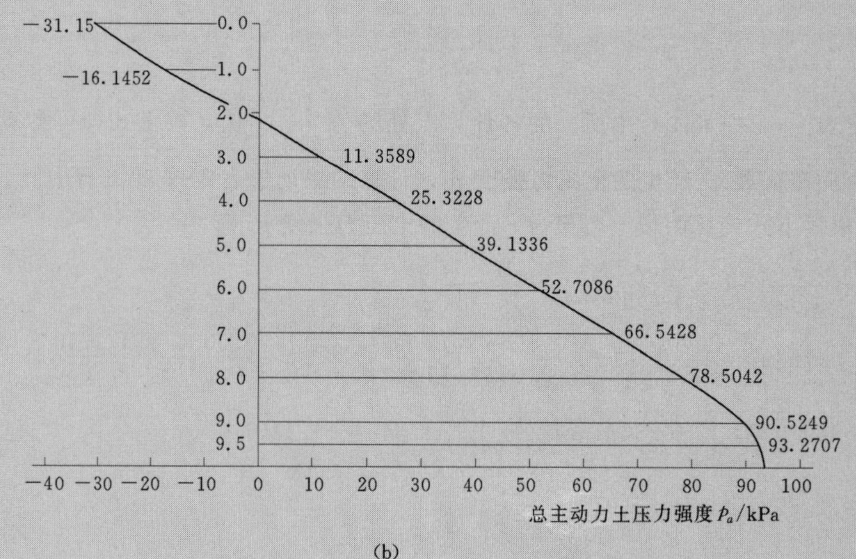

(b)

图 6-11　【例 6-4】主动土压力强度沿挡土墙高度的分布图

第七章　按力多边形图计算土压力

第一节　滑动土体的滑动面由三部分组成

一、填土为无黏性土

（一）主动土压力

1. 滑动面和滑动土体的形状

当填土处于主动极限平衡状态时，填土中将形成滑动面和滑动土体，此时滑动面由 AB、BD 和 DE 三部分组成，AB 和 DE 为平面，BD 为对数螺旋曲面，如图 7-1 所示；滑动土体为 $ABDEC$，也由三部分组成，即由 ABC、BCD 和 CDE 三部分组成，ABC 为被动滑动块，BCD 为中间滑动块（或称过渡滑动块），CDE 为主动滑动块。

2. 各滑动面之间的角度关系

如图 7-1 所示，在滑动土体 $ABDEC$ 中，AB 面与 AC 面的夹角为 α_0，AC 面与 BC 面的夹角为 β_0，AB 面与 BC 面的夹角为 $\frac{\pi}{2}+\varphi$，BC 面与 DC 面的夹角为 θ，DC 面与 EC 面的夹角为 η_0，DE 面与 CE 面的夹角为 γ_0，CD 面与 ED 面的夹角为 $\frac{\pi}{2}-\varphi$。由本书第五章第一节可知，当滑动土体 $ABDEC$ 处于主动极限平衡状态时，角度 α_0、β_0、η_0、γ_0 和 θ 可按下列公式计算：

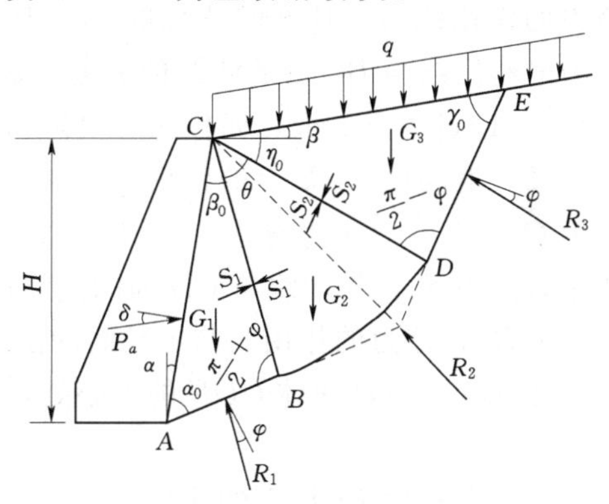

图 7-1　主动极限平衡状态下的滑动土体和滑动面

$$\alpha_0=\frac{1}{2}(\pi-\Delta-\varphi-\delta) \tag{7-1}$$

$$\beta_0=\frac{1}{2}(\Delta-\varphi+\delta) \tag{7-2}$$

$$\eta_0=\frac{1}{2}(\pi-\Delta_1+\varphi+\beta) \tag{7-3}$$

$$\gamma_0=\frac{1}{2}(\Delta_1+\varphi-\beta) \tag{7-4}$$

$$\theta=\frac{\pi}{2}+\beta+\alpha-(\beta_0+\eta_0) \tag{7-5}$$

或

$$\theta=\alpha+\beta-\frac{1}{2}(\Delta-\Delta_1+\delta+\beta) \tag{7-6}$$

$$\Delta=\arccos\left(\frac{\sin\delta}{\sin\varphi}\right) \tag{7-7}$$

$$\Delta_1=\arccos\left(\frac{\sin\beta}{\sin\varphi}\right) \tag{7-8}$$

式中 α_0——滑动块体 ABC 中 AC 边与 AB 边的夹角，(°)；

β_0——滑动块体 ABC 中 AC 边与 BC 边的夹角，(°)；

η_0——滑动块体 CDE 中 DC 边与 EC 边的夹角，(°)；

γ_0——滑动块体 CDE 中 DE 边与 CE 边的夹角，(°)；

θ——滑动块体 BCD 中 BC 边与 DC 边的夹角，(°)；

α——挡土墙墙面 AC 与竖直平面之间的夹角，(°)；

β——填土表面 CE 与水平面之间的夹角，(°)；

φ——填土的内摩擦角，(°)；

δ——填土与挡土墙墙面之间的摩擦角，(°)；

Δ——角度，其值为 φ 和 δ 的函数，(°)；

Δ_1——角度，其值为 φ 和 β 的函数，(°)。

3. 各滑动块上的作用力

(1) 滑动块 ABC 上的作用力。在滑动块 ABC 的 AC 面上作用有主动土压力 P_a 的反力，该力的作用线与 AC 面的法线成 δ 角，作用在法线的下方；AB 面上作用有反力 R_1，该力的作用线与 AB 面的法线的夹角为 φ，作用在法线的左侧；BC 面上作用有反力 S_1，该力的作用线与 BC 面的法线的夹角为 φ，作用在法线的上方，如图 7-1 所示；此外，在滑动块 ABC 的重心处，尚作用有块体 ABC 的重力 G_1，作用方向为竖直向下。

(2) 滑动块 CDE 上的作用力。在滑动块 CDE 上的 CE 面上作用有均布荷载 q，其合力为 $Q=q\overline{CE}$（$\overline{CE}$为滑动块 CDE 的 CE 边长度），其作用方向为竖直向下；在 CD 面上作用有反力 S_2，作用线与 CD 面的法线的夹角为 φ，作用在法线的下方；在 DE 面上作用有反力 R_3，该力的作用线与 DE 面的法线的夹角为 φ，作用在法线的下方，如图 7-1 所示；此外，在滑动块体 CDE 的重心处，还作用有块体 CDE 的重力 G_3，作用方向是竖直向下。

(3) 滑动块 BCD 上的作用力。在滑动块 BCD 的 BC 面上作用有反力 S_1，其作用线与 BC 面的法线的夹角为 φ，作用在法线的下方；在 CD 面上作用有反力 S_2，该力的作用线与 CD 面的法线的夹角为 φ，作用在法线的上方，在 BD 面上作用有反力 R_2，该力的作用线通过 AB 线的延长线与 EC 线的延长线的交点 F 和 BC 线与 DC 线的交点 C，作用方向指向滑动块体 BCD，如图 7-1 所示；此外，在滑动块体 BCD 的重心处，还作用有块体 BCD 的重力 G_2，该力的作用方向为竖直向下。

根据滑动块体 ABC、BCD 和 CDE 的几何关系，可得重力 G_1、G_2、G_3 和荷载 Q 的计算公式如下：

$$G_1=\frac{1}{2}\gamma H^2\,\frac{\sin\alpha_0\sin\beta_0}{\cos^2\alpha\cos\varphi} \tag{7-9}$$

$$G_2=\frac{1}{2}\gamma H^2\,\frac{\sin^2\alpha_0}{2\cos^2\alpha\cos^2\varphi\tan\varphi}(1-e^{-2\theta\tan\varphi}) \tag{7-10}$$

$$G_3=\frac{1}{2}\gamma H^2\,\frac{\sin^2\alpha_0\sin\eta_0}{\cos^2\alpha\cos\varphi\sin\gamma_0}e^{-2\theta\tan\varphi} \tag{7-11}$$

$$Q=qH\frac{\sin\alpha_0}{\cos\alpha\sin\gamma_0}e^{-\theta\tan\varphi} \tag{7-12}$$

式中　G_1——滑动块体 ABC 的重力，kN；

G_2——滑动块体 BCD 的重力，kN；

G_3——滑动块体 CDE 的重力，kN；

Q——作用在填土表面 CE 上的均布荷载 q 的合力，kN；

γ——填土的容重（重力密度），kN/m^3；

q——作用在填土表面的均布荷载，kPa；

H——挡土墙的高度，m；

e——自然对数的底；

α_0——滑动土体 $ABDEC$ 中 AC 面与 AB 面的夹角，(°)；

β_0——滑动土体 $ABDEC$ 中 AC 面与 BC 面的夹角，(°)；

η_0——滑动土体 $ABDEC$ 中 DC 面与 EC 面的夹角，(°)；

γ_0——滑动土体 $ABDEC$ 中 DE 面与 CE 面的夹角，(°)；

θ——滑动土体 $ABDEC$ 中 BC 面与 DC 面的夹角，(°)；

α——挡土墙墙面 AC 与竖直平面之间的夹角，(°)；

φ——填土的内摩擦角，(°)。

4. 滑动土体 $ABDEC$ 上作用力的闭合多边形

当滑动土体 $ABDEC$ 在荷载 Q，重力 G_1、G_2 和 G_3，反力 R_1、R_2 和 R_3，主动土压力 P_a 的反力作用下处于极限平衡状态时，根据作用力的大小，选择一定的比例尺，可绘制成滑动土体 $ABDEC$ 的作用力闭合多边形，如图 7-2 所示。

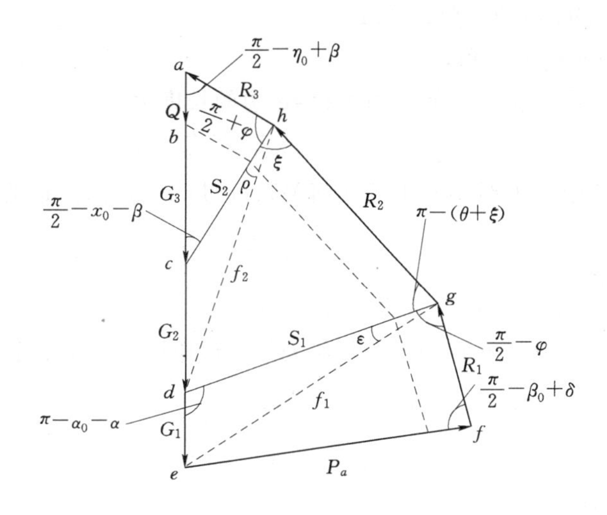

图 7-2　主动极限平衡状态下滑动土体上作用力的闭合多边形

5. 主动土压力 P_a

根据图 7-2 所示的闭合多边形 $abcdefgh$，可以用下列图解解析法计算主动土压

力 P_a。

由图 7-2 中三角形的 ach 的几何关系可得反力为

$$S_2=(Q+G_3)\frac{\cos(\eta_0-\beta)}{\cos\varphi} \tag{7-13}$$

式中　S_2——作用在 CD 面上的反力，kN；

Q——作用在填土表面 CE 上的均布荷载 q 的合力，kN；

G_3——滑动块体 CDE 的重力，kN；

η_0——CD 面与填土表面 CE 的夹角，(°)；

β——填土表面 CE 与水平面的夹角，(°)；

φ——填土的内摩擦角，(°)。

由图 7-2 中三角形的 chd 的几何关系可得

$$f_2=\sqrt{G_2^2+S_2^2+2G_2S_2\sin(\gamma_0+\beta)} \tag{7-14}$$

式中　G_2——滑动块体 BCD 的重力，kN；

γ_0——滑动面 DE 与填土表面 CE 的夹角，(°)。

同时，根据图 7-2 中三角形 cdh 的几何关系可得 ch 边与 dh 边的夹角为

$$\rho=\arcsin\left[\frac{G_2}{f_2}\cos(\gamma_0+\beta)\right] \tag{7-15}$$

根据图 7-2 中三角形的 hdg 的几何关系可得反力 S_1 为

$$S_1=f_2\frac{\sin(\xi-\rho)}{\sin(\theta+\xi)} \tag{7-16}$$

$$\xi=\text{arccot}\left(\frac{e^{\theta\tan\varphi}-\cos\theta}{\sin\theta}\right) \tag{7-17}$$

式中　θ——BC 边与 DC 边的夹角，(°)；

ξ——ch 边与 gh 边的夹角，(°)。

由图 7-2 中三角形 deg 的几何关系可得 eg 边的长度为

$$f_1=\sqrt{G_1^2+S_1^2+2G_1S_1\cos(\alpha_0+\alpha)} \tag{7-18}$$

同时，由图 7-2 中三角形 deg 中的几何关系可得 dg 边与 eg 边的夹角为

$$\varepsilon=\arcsin\left(\frac{G_1}{f_1}\sin(\alpha_0+\alpha)\right) \tag{7-19}$$

式中　ε——图 7-2 中 dg 边与 eg 边的夹角，(°)。

最后，根据图 7-2 中三角形 efg 的几何关系可得作用在挡土墙上的主动土压力为

$$P_a=f_1\frac{\cos(\varphi+\varepsilon)}{\sin(\beta_0-\delta)} \tag{7-20}$$

式中　β_0——BC 边与挡土墙墙面 AC 之间的夹角（图 7-1），(°)；

φ——填土的内摩擦角，(°)；

δ——填土与挡土墙墙面之间的摩擦角，(°)；

f_1——作用力（其值等于图 7-2 中 eg 边的长度），kN。

根据图解解析法计算无黏土主动土压力 P_a 的步骤如下：

(1) 首先根据公式（7-7）和公式（7-8）计算角度 Δ 和 Δ_1。

（2）根据公式（7-1）～公式（7-4）计算角度α_0、β_0、η_0和γ_0。

（3）根据公式（7-5）或公式（7-6）计算角度θ。

（4）根据公式（7-9）～公式（7-12）计算重力G_1、G_2、G_3和荷载Q。

（5）根据公式（7-13）计算S_2。

（6）根据公式（7-14）计算f_2。

（7）根据公式（7-15）计算角度ρ。

（8）根据公式（7-17）计算角度ξ。

（9）根据公式（7-16）计算S_1。

（10）根据公式（7-18）计算f_1。

（11）根据公式（7-19）计算角度ε。

（12）根据公式（7-20）计算主动土压力P_a。

（二）被动土压力

1. 滑动面的和滑动土体的形状

当填土处于被动极限平衡状态时，填土中将形成滑动面和滑动土体，此时滑动面由AB、BD和DE三部分组成，AB和DE为平面，BD为对数螺旋曲面，如图7-3所示；滑动土体为$ABDEC$，也由三部分组成，即由滑动块ABC、BCD和CDE三部分组成，ABC为主动滑动块，BCD为中间滑动块（或称过渡滑动块），CDE为被动滑动块。

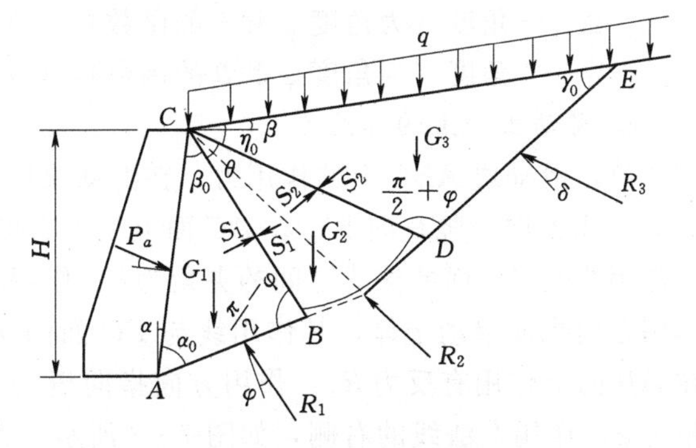

图7-3　被动极限平衡状态下的滑动土体和滑动面无黏性土

2. 各滑动面之间的角度关系

由图7-3可见，在滑动土体$ABDEC$中，AB面与AC面的夹角为α_0，AC面与BC面的夹角为β_0，AB面与BC面的夹角为$\frac{\pi}{2}-\varphi$，BC面与DC面的夹角为θ，DC面与EC面的夹角为η_0，DE面与CE面的夹角为γ_0，CD面与ED面的夹角为$\frac{\pi}{2}+\varphi$。由本书第五章第一节可知，当滑动土体$ABDEC$处于被动极限平衡状态时，角度α_0、β_0、η_0、γ_0和θ可按下列公式计算：

$$\alpha_0=\frac{1}{2}(\pi-\Delta+\varphi+\delta) \tag{7-21}$$

$$\beta_0=\frac{1}{2}(\Delta+\varphi-\delta) \tag{7-22}$$

$$\eta_0=\frac{1}{2}(\Delta_1-\varphi+\beta) \tag{7-23}$$

$$\gamma_0=\frac{1}{2}(\pi-\Delta_1-\varphi-\beta) \tag{7-24}$$

$$\theta=\frac{\pi}{2}-\beta_0-\eta_0+\alpha+\beta \tag{7-25}$$

或
$$\theta=\frac{\pi}{2}+\alpha+\beta-\frac{1}{2}(\Delta+\Delta_1-\delta+\beta) \tag{7-26}$$

其中
$$\Delta=\arccos\left(\frac{\sin\delta}{\sin\varphi}\right) \tag{7-27}$$

$$\Delta_1=\arccos\left(\frac{\sin\beta}{\sin\varphi}\right) \tag{7-28}$$

式中 α_0——滑动土体 $ABDEC$ 中 AC 面与 AB 面的夹角，(°)；

β_0——滑动土体 $ABDEC$ 中 AC 面与 BC 面的夹角，(°)；

η_0——滑动土体 $ABDEC$ 中 DC 面与 EC 面的夹角，(°)；

γ_0——滑动土体 $ABDEC$ 中 DE 面与 CE 面的夹角，(°)；

θ——滑动土体 $ABDEC$ 中 BC 面与 DC 面的夹角，(°)；

φ——填土的内摩擦角，(°)；

δ——填土与挡土墙墙面 AC 之间的夹角，(°)；

α——挡土墙墙面 AC 与竖直平面之间的夹角，(°)；

β——填土表面与水平面之间的夹角，(°)；

Δ——角度（为角度 φ 和 δ 的函数），(°)；

Δ_1——角度（为角度 φ 和 β 的函数），(°)。

3. *滑动土体上的作用力*

（1）滑动块 ABC 上的作用力。在滑动块体 ABC 的重心处，作用有 ABC 土体的重力 G_1，作用方向为竖直向下；在 AC 面上作用有被动土压力的反力 P_p，作用方向指向土体，其作用线与 AC 面的法线之间的夹角为 δ，作用在法线的上方；在 BC 面上作用有反力 S_1，作用方向指向滑动土体，其作用线与 BC 面的法线之间的夹角为 φ，作用在法线的下方；在 AB 面上作用有反力 R_1，作用方向指向滑动土体，其作用线与 AB 面的法线之间的夹角为 φ，作用在法线的右侧，如图 7-3 所示。

（2）滑动块体 CDE 上的作用力。在滑动块体 CDE 的重心处，作用有土体 CDE 的重力 G_3，作用方向为竖直向下；在 CE 面上作用有均布荷载 q 的合力 $Q=q\overline{CE}$（$\overline{CE}$为 CE 面的长度），作用方向为竖直向下；在 DC 面上作用有反力 S_2，其作用线与 DC 面的法线之间的夹角为 φ，作用在法线的上方；在 DE 面上作用有反力 R_3，作用方向指向滑动土体，其作用线与 DE 面的法线之间的夹角为 φ，作用在法线的上方，如图 7-3 所示。

（3）滑动块体 BCD 上的作用力。在滑动块体 BCD 的重力处，作用有土体 BCD 的重力 G_2，作用方向为竖直向下；在 BC 面上作用有反力 S_1，作用方向指向滑动土体，其作用线与 BC 面的法线之间的夹角为 φ，作用在法线的上方；在 CD 面上作用有反力 S_2，作用方向指向滑动土体，其作用线与 CD 面的法线之间的夹角为 φ，作用在法线的下方；在 BD 面上作用有反力 R_2，作用方向指向滑动土体 BCD，其作用线通过 F 点和 C 点，F 点是 AB 线的延长线与 ED 线的延长线的交点，如图 7-3 所示。

根据滑动块体 ABC、BCD 和 CDE 的几何关系，可得重力 G_1、G_2、G_3 和荷载 Q 的计算公式如下：

$$G_1=\frac{1}{2}\gamma H^2\frac{\sin\alpha_0\sin\beta_0}{\cos^2\alpha\cos\varphi} \tag{7-29}$$

$$G_2=\frac{1}{2}\gamma H^2\frac{\sin^2\alpha_0}{2\cos^2\alpha\cos^2\varphi\tan\varphi}(e^{2\theta\tan\varphi}-1) \tag{7-30}$$

$$G_3=\frac{1}{2}\gamma H^2\frac{\sin^2\alpha_0\sin\eta_0}{\cos^2\alpha\cos\varphi\sin\gamma_0}e^{2\theta\tan\varphi} \tag{7-31}$$

$$Q=qH\frac{\sin\alpha_0}{\cos\alpha\sin\gamma_0}e^{\theta\tan\varphi} \tag{7-32}$$

式中　G_1——滑动块体 ABC 的重力，kN；

G_2——滑动块体 BCD 的重力，kN；

G_3——滑动块体 CDE 的重力，kN；

Q——作用在填土表面均布荷载 q 的合力，kN；

γ——填土的容重（重力密度），kN/m^3；

q——作用在填土表面的均布荷载，kPa；

H——挡土墙的高度，m。

4. 滑动土体 $ABDEC$ 上作用力的闭合多边形

当滑动土体 $ABDEC$ 在荷载 Q，重力 G_1、G_2 和 G_3 作用下处于被动极限平衡状态时，根据作用力的大小，选择一定的比例尺，可以绘制成滑动土体 $ABDEC$ 的作用力闭合多边形，如图 7－4 所示。

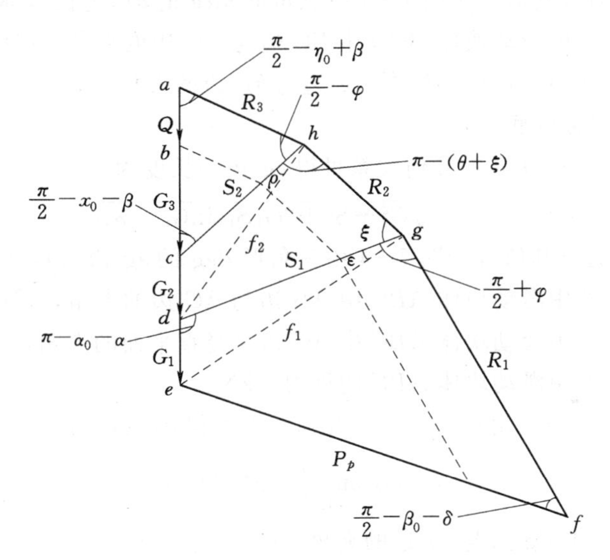

图 7－4　被动极限平衡状态下滑动土体上作用力的闭合多边形

根据图 7－4 中三角形 ach 的几何关系可得

$$S_2=(Q+G_3)\frac{\cos(\eta_0-\beta)}{\cos\varphi} \tag{7-33}$$

式中　S_2——反力（其值等于图 7－4 中三角形 ach 的 ch 边长），kN；

Q——图 7－3 中作用在填土表面 CE 上的均布荷载 q 的合力，kN；

G_3——图 7－3 中滑动块体 CDE 的重力，kN；

η_0——图 7-3 中滑动块体 CDE 中 CD 边与 CE 边的夹角，(°)；

β——图 7-3 中填土表面 CE 与水平面的夹角，(°)；

φ——填土的内摩擦角，(°)。

由图 7-4 中三角形的 cdh 的几何关系可得

$$f_2=\sqrt{G_2^2+S_2^2+2G_2S_2\sin(\gamma_0+\beta)} \tag{7-34}$$

式中 f_2——作用力（其值等于图 7-4 中三角形 cdh 的 dh 边长），kN；

G_2——图 7-3 中滑动块体 BCD 的重力，kN；

γ_0——图 7-3 中滑动块体 CDE 中 CE 边与 DE 边的夹角，(°)。

同时，根据图 7-4 中三角形 cdh 的几何关系可得 ch 边与 dh 边的夹角为

$$\rho=\arcsin\left[\frac{G_2}{f_2}\cos(\gamma_0+\beta)\right] \tag{7-35}$$

根据图 7-4 中三角形的 hdg 的几何关系可得

$$S_1=f_2\,\frac{\sin(\theta+\xi+\rho)}{\sin\xi} \tag{7-36}$$

$$\xi=\mathrm{arccot}\left(\frac{e^{\theta\tan\varphi}-\cos\theta}{\sin\theta}\right) \tag{7-37}$$

式中 S_1——反力（其值等于图 7-4 中三角形 hdg 的 dg 边长），kN；

f_2——作用力（其值等于图 7-4 中三角形 hdg 的 dh 边长），kN；

θ——图 7-3 中滑动块体 BCD 中 BC 边与 DC 边的夹角，(°)；

ξ——图 7-4 中三角形 hdg 的 dg 边与 hg 边的夹角，(°)；

e——自然对数的底。

由图 7-4 中三角形 deg 的几何关系可得 eg 边的长度为

$$f_1=\sqrt{G_1^2+S_1^2+2G_1S_1\sin(\alpha_0+\alpha)} \tag{7-38}$$

式中 f_1——作用力（其值等于图 7-4 中三角形 deg 的 eg 边长），kN；

α_0——图 7-3 中滑动块体 ABC 中 AB 边与 AC 边的夹角，(°)；

α——图 7-3 中滑动块体 ABC 中 AC 边与竖直平面的夹角，(°)；

G_1——图 7-3 中滑动块体 ABC 的重力，kN。

同时，由图 7-4 中三角形 deg 中的几何关系可得 dg 边与 eg 边的夹角为

$$\varepsilon=\arcsin\left[\frac{G_1}{f_1}\sin(\alpha_0+\alpha)\right] \tag{7-39}$$

式中 ε——图 7-4 中 dg 边与 eg 边的夹角，(°)。

最后，根据图 7-4 中三角形 efg 的几何关系可得作用在挡土墙上的被动土压力为

$$P_p=f_1\,\frac{\cos(\varphi-\varepsilon)}{\cos(\beta_0+\delta)} \tag{7-40}$$

根据上述方法计算无黏性土被动土压力 P_p 的步骤如下：

(1) 根据公式 (7-27) 和公式 (7-28) 计算角度 Δ 和 Δ_1 值。

(2) 根据公式 (7-21) ～公式 (7-24) 计算角度 α_0、β_0、η_0 和 γ_0 值。

(3) 根据公式 (7-25) 计算角度 θ 值。

(4) 计算 $e^{\theta\tan\varphi}$、$e^{2\theta\tan\varphi}$、$e^{2\theta\tan\varphi}-1$ 的值。

(5) 根据公式 (7-29) ～公式 (7-32) 计算重力 G_1、G_2、G_3 和荷载 Q 值。

(6) 根据公式 (7-33) 计算 S_2 值。

(7) 根据公式 (7-34) 计算 f_2 值。

(8) 根据公式 (7-35) 计算角度 ρ 值。

(9) 根据公式 (7-37) 计算角度 ξ 值。

(10) 根据公式 (7-36) 计算 S_1 值。

(11) 根据公式 (7-38) 计算 f_1 值。

(12) 根据公式 (7-39) 计算角度 ε 值。

(13) 根据公式 (7-40) 计算作用在挡土墙上的被动土压力 P_p 值。

二、填土为黏性土

(一) 主动土压力

1. *滑动面和滑动土体的形状*

当填土处于主动极限平衡状态时，填土中将形成滑动面和滑动土体，此时滑动面由 AB、BD 和 DE 三部分组成，AB 和 DE 为平面，BD 为对数螺旋曲面，如图 7-5 所示；滑动土体为 $ABDEC$，也由三部分组成，即由滑动块 ABC、BCD 和 DCE 三部分组成，ABC 为被动滑动块，BCD 为中间块（或称过渡滑动块），CDE 为主动滑动块。

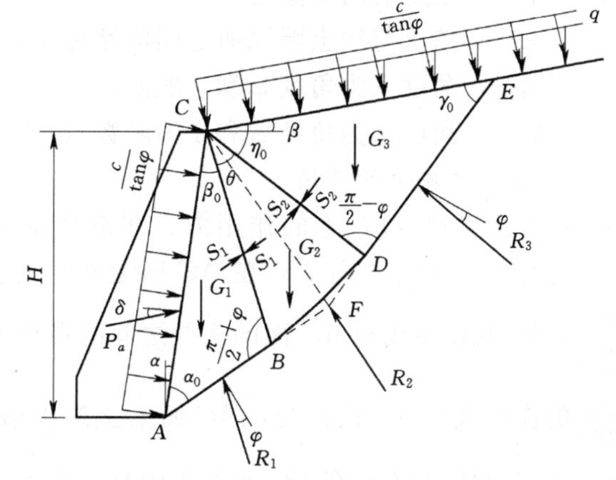

图 7-5　主动极限平衡状态下的滑动土体和滑动面

2. *各滑动面之间的角度关系*

由图 7-5 可见，在滑动土体 $ABDEC$ 中，AB 面与 AC 面的夹角为 α_0，AC 面与 BC 面的夹角为 β_0，AB 面与 BC 面的夹角为 $\frac{\pi}{2}+\varphi$，BC 面与 DC 面的夹角为 θ，DC 面与 EC 面的夹角为 η_0，DE 面与 CE 面的夹角为 γ_0，CD 面与 ED 面的夹角为 $\frac{\pi}{2}-\varphi$。由本书第五章第一节可知，当滑动土体 $ABDEC$ 处于主动极限平衡状态时，角度 α_0、β_0、η_0、γ_0 和 θ 可按下列公式计算：

$$\alpha_0=\frac{1}{2}(\pi-\Delta-\varphi-\delta) \tag{7-41}$$

$$\beta_0=\frac{1}{2}(\Delta-\varphi+\delta) \tag{7-42}$$

$$\eta_0=\frac{1}{2}(\pi-\Delta_1+\varphi+\beta) \tag{7-43}$$

$$\gamma_0=\frac{1}{2}(\Delta_1+\varphi-\beta) \tag{7-44}$$

$$\theta=\frac{\pi}{2}+\alpha+\beta-(\beta_0+\eta_0) \tag{7-45}$$

或

$$\theta=\alpha+\beta+\frac{1}{2}(\Delta-\Delta_1+\delta+\beta) \tag{7-46}$$

$$\Delta=\arccos\left(\frac{\sin\delta}{\sin\varphi}\right) \tag{7-47}$$

$$\Delta_1=\arccos\left(\frac{\sin\beta}{\sin\varphi}\right) \tag{7-48}$$

式中　α_0——滑动块体 ABC 中 AC 边与 AB 边的夹角，(°)；

β_0——滑动块体 ABC 中 AC 边与 BC 边的夹角，(°)；

η_0——滑动块体 CDE 中 DC 边与 EC 边的夹角，(°)；

γ_0——滑动块体 CDE 中 DE 边与 CE 边的夹角，(°)；

θ——滑动块体 BCD 中 BC 边与 DC 边的夹角，(°)；

α——挡土墙墙面 AC 与竖直平面之间的夹角，(°)；

β——填土表面 CE 与水平面之间的夹角，(°)；

φ——填土的内摩擦角，(°)；

δ——填土与挡土墙墙面之间的摩擦角，(°)；

Δ——角度（为角度 φ 和 δ 的函数），(°)；

Δ_1——角度（为角度 φ 和 β 的函数），(°)。

3. 各滑动块上的作用力

(1) 滑动块 ABC 上的作用力。在滑动块 ABC 的重心处，作用有土体 ABC 的重力 G_1，作用方向为竖直向下；在 AC 面上作用有主动土压力 P_a 的反力和土的内结构压力 $\frac{c}{\tan\varphi}$，P_a 的作用线与 AC 面的法线之间的夹角为 δ，作用在法线的下方，土的内结构压力 $\frac{c}{\tan\varphi}$ 的作用线与 AC 面正交，AC 面上土的内结构压力的合力为 $C_1=\frac{c}{\tan\varphi}\overline{AC}$，作用方向指向滑动块体 ABC；在 BC 面上作用有反力 S_1，作用方向指向滑动块体 ABC，其作用线与 BC 面的法线之间的夹角为 φ，作用在法线的下方；在 AB 面上作用有反力 R_1，作用方向指向滑动块体 ABC，其作用线与 AB 面的法线之间的夹角为 φ，作用在法线的左侧，如图 7-5 所示。

(2) 滑动块体 CDE 上的作用力。在滑动块体 CDE 的重心处，作用有滑动块体 CDE 的重力 G_3，作用方向为竖直向下；在 CE 面上作用有均布荷载 q 和土的内结构压力 $\frac{c}{\tan\varphi}$，CE 面上均布荷载的合力为 $Q=q\overline{CE}$（$\overline{CE}$为 CE 边的长度），其作用方向为竖直向下；CE 面上土的内结构压力的合力为 C_3，其作用方向指向滑动块体 CDE，其作用线与 CE 面正交；在 DC 面上作用有反力 S_2，作用方向指向滑动块体 CDE，其作用线与 DC 面的法线之间的夹角为 φ，作用在法线的下方；在 DE 面上作用有反力 R_3，作用方向指向滑动块体 CDE，其作用线与 DE 面的法线之间的夹角为 φ，作用在法线的左侧，如图 7-5 所示。

(3) 滑动块 BCD 上的作用力。在滑动块体 BCD 的重心处，作用有滑动块体 BCD 的重力 G_2，作用方向为竖直向下；在 BC 面上作用有反力 S_1，作用方向指向滑动块体

BCD，其作用线与 BC 面的法线之间的夹角为 φ，作用在法线的下方；在 DC 面上作用有反力 S_2，作用方向指向滑动块体 BCD，其作用线与 DC 面的法线之间的夹角为 φ，作用在法线的上方；在 BD 面上作用有反力 R_2，作用方向指向滑动块体 BCD，其作用线通过 AB 线的延长线与 ED 线的延长线的交点 F 和 C 点，如图 7-5 所示。

根据滑动块体 ABC、BCD 和 CDE 的几何关系，可得重力 G_1、G_2、G_3 和荷载 Q 和土的内结构压力 C_1 和 C_3 的计算公式如下：

$$G_1=\frac{1}{2}\gamma H^2\frac{\sin\alpha_0\sin\beta_0}{\cos^2\alpha\cos\varphi} \tag{7-49}$$

$$G_2=\frac{1}{2}\gamma H^2\frac{\sin^2\alpha_0}{2\cos^2\alpha\cos^2\varphi\tan\varphi}(1-e^{-2\theta\tan\varphi}) \tag{7-50}$$

$$G_3=\frac{1}{2}\gamma H^2\frac{\sin^2\alpha_0\sin\eta_0}{\cos^2\alpha\cos\varphi\sin\gamma_0}e^{-2\theta\tan\varphi} \tag{7-51}$$

$$Q=qH\frac{\sin\alpha_0}{\cos\alpha\sin\gamma_0}e^{-\theta\tan\varphi} \tag{7-52}$$

$$C_1=CH\frac{1}{\cos\alpha\tan\varphi} \tag{7-53}$$

$$C_3=CH\frac{\sin\alpha_0}{\cos\alpha\sin\gamma_0\tan\varphi}e^{-\theta\tan\varphi} \tag{7-54}$$

式中　G_1——滑动块体 ABC 的重力，kN；

G_2——滑动块体 BCD 的重力，kN；

G_3——滑动块体 CDE 的重力，kN；

Q——作用在填土表面 CE 上的均布荷载的合力，kN；

C_1——作用在 AC 面上的土的内结构压力的合力，kN；

C_3——作用在填土表面 CE 上的土的内结构压力的合力，kN；

γ——填土的容重（重力密度），kN/m^3；

q——作用在填土表面上的均布荷载，kPa；

C——填土的凝聚力，kPa；

H——挡土墙的高度，m；

α_0——滑动块 ABC 中 AC 边与 AB 边的夹角，(°)；

β_0——滑动块 ABC 中 AC 边与 BC 边的夹角，(°)；

η_0——滑动块 CDE 中 DC 边与 EC 边的夹角，(°)；

γ_0——滑动块 CDE 中 DE 边与 CE 边的夹角，(°)；

θ——滑动块 BCD 中 BC 边与 DC 边的夹角，(°)；

α——挡土墙墙面 AC 与竖直平面之间的夹角，(°)；

φ——填土的内摩擦角，(°)；

e——自然对数的底。

4. 滑动土体 $ABDEC$ 上作用力的闭合多边形

当滑动土体 $ABDEC$ 在上述各力作用下处于极限平衡状态时，若根据作用力的大小，选择一定的比例尺，按照各作用力的大小和作用方向，循序连接，可绘制出滑动土体

$ABDEC$ 的作用力闭合多形 $abcdefghjk$，如图 7-6 所示。

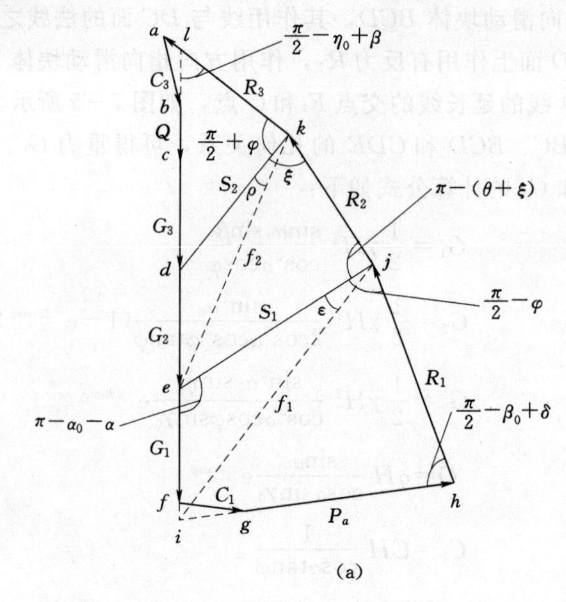

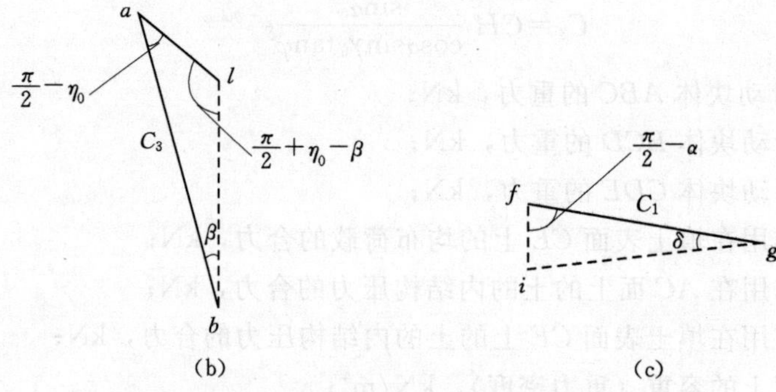

图 7-6　主动极限平衡状态下滑动土体作用力的闭合多边形

5. **主动土压力**

根据图 7-6（a）中所示的闭合多边形，可以用下述解析方法求得主动土压力 P_a。

首先根据图 7-6（b）中三角形 abl 的几何关系可得

$$\overline{bl}=C_3\frac{\cos\eta_0}{\cos(\eta_0-\beta)} \tag{7-55}$$

然后根据图 7-6（a）中三角形 ldk 的几何关系可得

$$S_2=(\overline{bl}+Q+G_3)\frac{\cos(\eta_0-\beta)}{\cos\varphi}$$

将公式（7-55）代入上式得

$$S_2=\left[C_3\frac{\cos\eta_0}{\cos(\eta_0-\beta)}+Q+G_3\right]\frac{\cos(\eta_0-\beta)}{\cos\varphi} \tag{7-56}$$

式中　S_2——反力［其值等于图 7-6（a）中三角形 ldk 的 dk 边长］，kN；

C_3——作用在填土表面 CE 上的内结构压力 $\frac{c}{\tan\varphi}$ 的合力，kN；

Q——图 7-5 中作用在填土表面 CE 上的均布荷载 q 的合力，kN；

G_3——图 7-5 中滑动块体 CDE 的重力，kN；

η_0——图 7-5 中滑动块体 CDE 中 DC 边与 EC 边的夹角，(°)；

β——图 7-5 中填土表面 CE 与水平面的夹角，(°)；

φ——填土的内摩擦角，(°)。

由图 7-6（a）中三角形的 dek 的几何关系可得

$$f_2=\sqrt{G_2^2+S_2^2+2G_2S_2\sin(\gamma_0+\beta)} \tag{7-57}$$

式中　f_2——作用力［其值等于图 7-6（a）中三角形 dek 的 ek 边长］，kN；

G_2——滑动块体 BCD 的重力，kN；

γ_0——滑动块体 CDE 中 DE 边与 CE 边的夹角，(°)。

同时，根据图 7-6（a）中三角形 dek 的几何关系还可得 dk 边与 ek 边的夹角为

$$\rho=\arcsin\left[\frac{G_2}{f_2}\cos(\gamma_0+\beta)\right] \tag{7-58}$$

式中　ρ——图 7-6（a）中三角形 dek 的 dk 边与 ek 边的夹角，(°)。

根据图 7-6（a）中三角形 kej 的几何关系可得

$$S_1=f_2\,\frac{\sin(\xi-\rho)}{\sin(\theta+\xi)} \tag{7-59}$$

$$\xi=\text{arccot}\left(\frac{e^{\theta\tan\varphi}-\cos\theta}{\sin\theta}\right) \tag{7-60}$$

式中　S_1——反力［其值等于图 7-6（a）中三角形 kej 的 ej 边长］，kN；

θ——滑动块体 BCD 中 BC 边与 DC 边的夹角，(°)；

ξ——图 7-6（a）中 dk 边与 jk 边的夹角，(°)；

e——自然对数的底。

由图 7-6（c）中三角形 fig 的几何关系可得

$$\overline{fi}=C_1\,\frac{\sin\delta}{\cos(\delta-\alpha)} \tag{7-61}$$

$$\overline{ig}=C_1\,\frac{\cos\alpha}{\cos(\delta-\alpha)} \tag{7-62}$$

由图 7-6（a）中三角形 eij 的几何关系可得

$$f_1=\sqrt{(G_1+\overline{fi})^2+S_1^2+2(G_1+\overline{fi})S_1\cos(\alpha_0+\alpha)} \tag{7-63}$$

式中　$\overline{fi}$——图 7-6（a）中线段 fi 的长度［按公式（7-61）计算］，kN。

将公式（7-61）代入上式，则得

$$f_1=\sqrt{\left[G_1+C_1\,\frac{\cos\alpha}{\cos(\delta-\alpha)}\right]^2+S_1^2+2\left[G_1+C_1\,\frac{\cos\alpha}{\cos(\delta-\alpha)}\right]+S_1\cos(\alpha_0+\alpha)} \tag{7-64}$$

式中　f_1——作用力［其值等于图 7-6（a）中三角形 eij 的 ij 边长］，kN；

α_0——滑动块体 ABC 中 AB 边与 AC 边的夹角，(°)；

α——挡土墙墙面 AC 与竖直平面的夹角，(°)；

δ——填土与挡土墙墙面之间的摩擦角，(°)。

同时，由图 7-6（a）中三角形 eij 的几何关系可得

$$\varepsilon=\arcsin\left[\frac{G_1+\overline{fi}}{f_1}\sin(\alpha_0+\alpha)\right] \tag{7-65}$$

式中 ε——图 7-6(a)中三角形 eij 的 ej 边与 ij 边的夹角,(°)。

将公式(7-61)代入上式得

$$\varepsilon=\arcsin\left[\frac{G_1+C_1\dfrac{\sin\delta}{\cos(\delta-\alpha)}}{f_1}\sin(\alpha_0+\alpha)\right] \tag{7-66}$$

最后,根据图 7-6(a)中三角形 ihj 的几何关系可得

$$\overline{ih}=f_1\frac{\cos(\varphi+\varepsilon)}{\cos(\beta_0-\delta)} \tag{7-67}$$

由于 $\overline{ih}=\overline{ig}+\overline{gh}=\overline{ig}+P_a$

将公式(7-67)代入上式得主动土压力为

$$P_a=f_1\frac{\cos(\varphi+\varepsilon)}{\cos(\beta_0-\delta)}-\overline{ig} \tag{7-68}$$

将公式(7-62)代入上式,则得主动土压力为

$$P_a=f_1\frac{\cos(\varphi+\varepsilon)}{\cos(\beta_0-\delta)}-C_1\frac{\cos\alpha}{\cos(\delta-\alpha)} \tag{7-69}$$

按照上述公式计算主动土压力可按下述步骤进行:

(1)首先根据公式(7-47)和公式(7-48)计算角度 Δ 和 Δ_1。

(2)根据公式(7-41)~公式(7-44)计算角度 α_0、β_0、η_0 和 γ_0。

(3)根据公式(7-45)或公式(7-46)计算角度 θ。

(4)根据公式(7-49)~公式(7-54)计算重力 G_1、G_2、G_3、Q、C_1 和 C_3。

(5)根据公式(7-56)计算 S_2。

(6)根据公式(7-57)计算 f_2。

(7)根据公式(7-58)计算角度 ρ。

(8)根据公式(7-60)计算角度 ξ。

(9)根据公式(7-59)计算 S_1。

(10)根据公式(7-64)计算 f_1。

(11)根据公式(7-66)计算角度 ε。

(12)根据公式(7-69)计算主动土压力 P_a。

(二)被动土压力

1. 滑动面和滑动土体的形状

当填土处于被动极限平衡状态时,填土中将形成滑动面和滑动土体,此时滑动面由 AB、BD 和 DE 三部分组成,AB 和 DE 为平面,BD 为对数螺旋曲面,如图 7-7 所示。滑动土体为 $ABDEC$,也由三部分组成,即由滑动块 ABC、BCD 和 CDE 三部分组成。ABC 为主动滑动块,BCD 为中间滑动块(或称过渡滑动块),CDE 为被动滑动块。

2. 各滑动面之间的角度关系

由图 7-7 可见,在滑动土体 $ABDEC$ 中,AB 面与 AC 面的夹角为 α_0,AC 面与 BC

面的夹角为β_0，AB面与BC面的夹角为$\frac{\pi}{2}-\varphi$，BC面与DC面的夹角为θ，DC面与EC面的夹角为η_0，DE面CE面的夹角为γ_0，CD面与ED面的夹角为$\frac{\pi}{2}+\varphi$。由本书第五章第一节可知，当滑动土体$ABDEC$处于被动极限平衡状态时，角度α_0、β_0、η_0、γ_0和θ可按下列公式计算：

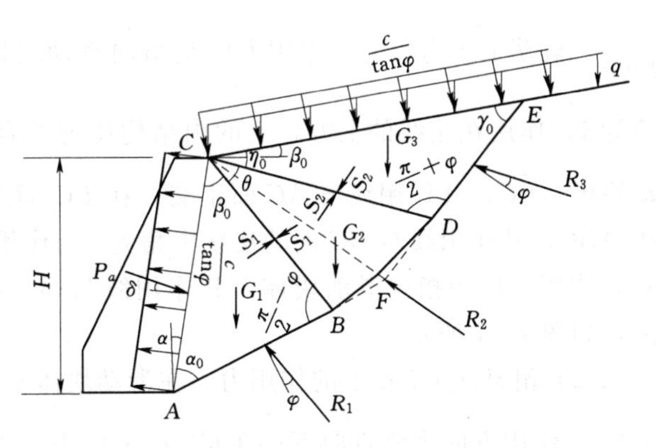

图7-7　被动极限平衡状态下的滑动土体和滑动面（黏性土）

$$\alpha_0=\frac{1}{2}(\pi-\Delta+\varphi+\delta) \tag{7-70}$$

$$\beta_0=\frac{1}{2}(\Delta+\varphi-\delta) \tag{7-71}$$

$$\eta_0=\frac{1}{2}(\Delta_1-\varphi+\beta) \tag{7-72}$$

$$\gamma_0=\frac{1}{2}(\pi-\Delta_1-\varphi-\beta) \tag{7-73}$$

$$\theta=\frac{\pi}{2}-\beta_0-\eta_0+\alpha+\beta \tag{7-74}$$

或

$$\theta=\frac{\pi}{2}+\alpha+\beta-\frac{1}{2}(\Delta+\Delta_1-\delta+\beta) \tag{7-75}$$

其中

$$\Delta=\arccos\left(\frac{\sin\delta}{\sin\varphi}\right) \tag{7-76}$$

$$\Delta_1=\arccos\left(\frac{\sin\beta}{\sin\varphi}\right) \tag{7-77}$$

式中　α_0——滑动土体$ABDEC$中AC面与AB面的夹角，(°)；

β_0——滑动土体$ABDEC$中AC面与BC面的夹角，(°)；

η_0——滑动土体$ABDEC$中DC面与EC面的夹角，(°)；

γ_0——滑动土体$ABDCE$中DE面与CE面的夹角，(°)；

θ——滑动土体$ABDEC$中BC面与DC面的夹角，(°)；

φ——填土的内摩擦角，(°)；

δ——填土与挡土墙墙面AC之间的摩擦角，(°)；

α——挡土墙墙面AC与竖直平面之间的夹角，(°)；

β——填土表面CE与水平面之间的夹角，(°)；

Δ——角度（为φ和δ的函数），(°)；

Δ_1——角度（为φ和β的函数），(°)。

3. 滑动土体上的作用力

(1) 滑动块ABC上的作用力。在滑动块体ABC的重心处，作用有滑动块ABC的重力G_1，作用方向为竖直向下；在AC面上作用有被动土压力P_p的反力和土的内结构压力

$\frac{c}{\tan\varphi}$，被动土压力反力的作用方向是指向滑动块体 ABC，其作用线与 AC 面的法线的夹角为 δ，作用在法线的上方，土的内结构压力的合力为 $C_1=\frac{c}{\tan\varphi}\overline{AC}$，作用方向为背离滑动块体 ABC，其作用线与 AC 面正交；在 BC 面上作用有反力 S_1，作用方向指向滑动块体 ABC，其作用线与 BC 面的法线夹角为 φ，作用在法线的下方；在 AB 面上作用有反力 R_1，作用方向为指向滑动块体，其作用线与 AB 面的法线的夹角为 φ，作用在法线的右侧，如图 7-7 所示。

(2) 滑动块 CDE 上的作用力。在滑动块体 CDE 的重心处，作用有滑动块 CDE 的重力 G_3，作用方向为竖直向下；在 CE 面上作用有均布荷载 q 和土的内结构压力 $\frac{c}{\tan\varphi}$，均布荷载 q 的合力 $Q=q\overline{CE}$，作用方向为竖直向下；土的内结构压力的合力为 $C_3=\frac{c}{\tan\varphi}\overline{CE}$，作用方向是指向滑动块体，其作用线与 CE 面正交；在 DC 面上作用有反力 S_2，作用方向指向滑动块体，其作用线与 DC 面的法线的夹角为 φ，作用在法线的上方；在 DE 面上作用有反力 R_3，作用方向指向滑动块体，其作用线与 DE 面的法线的夹角为 φ，作用在法线的右侧，如图 7-7 所示。

(3) 滑动块 BCD 上的作用力。在滑动块体 BCD 的重心处，作用有滑动块 BCD 的重力 G_2，作用方向为竖直向下；在 BC 面上作用有反力 S_1，作用方向是指向滑动块体，其作用线与 BC 面的法线的夹角为 φ，作用在法线的上方；在 DC 面上作用有反力 S_2，作用方向是指向滑动块体，其作用线与 DC 面的法线的夹角为 φ，作用在法线的左侧；在 BD 面上作用有反力 R_2，作用方向是指向滑动块体，其作用线通过 AB 线的延长线与 ED 线的延长线的交点 F 点和滑动块 BCD 的顶点 C，如图 7-7 所示。

根据滑动块体 ABC、BCD 和 CDE 的几何关系，可得重力 G_1、G_2、G_3 和荷载 Q 和土的内结构压力 C_1、C_3 如下：

$$G_1=\frac{1}{2}\gamma H^2\frac{\sin\alpha_0\sin\beta_0}{\cos^2\alpha\cos\varphi} \tag{7-78}$$

$$G_2=\frac{1}{2}\gamma H^2\frac{\sin^2\alpha_0}{2\cos^2\alpha\cos^2\varphi\tan\varphi}(e^{2\theta\tan\varphi}-1) \tag{7-79}$$

$$G_3=\frac{1}{2}\gamma H^2\frac{\sin\alpha_0}{\cos^2\alpha\cos\varphi\sin\gamma_0}e^{2\theta\tan\varphi} \tag{7-80}$$

$$Q=qH\frac{\sin\alpha_0}{\cos\alpha\sin\gamma_0}e^{\theta\tan\varphi} \tag{7-81}$$

$$C_1=cH\frac{1}{\cos\alpha\tan\varphi} \tag{7-82}$$

$$C_3=cH\frac{\sin\alpha_0}{\cos\alpha\sin\gamma_0\tan\varphi}e^{-\theta\tan\varphi} \tag{7-83}$$

式中　G_1——滑动块体 ABC 的重力，kN；

G_2——滑动块体 BCD 的重力，kN；

G_3——滑动块体 CDE 的重力，kN；

Q——作用在填土表面 CE 上的均布荷载 q 的合力，kN；

C_1——作用在 AC 面上的土的内结构压力 $\frac{c}{\tan\varphi}$ 的合力，kN；

C_3——作用在填土表面 CE 上的土的内结构压力 $\frac{c}{\tan\varphi}$ 的合力，kN；

γ——填土的容重（重力密度），kN/m^3；

q——作用在填土表面上的均布荷载，kPa；

c——填土的凝聚力，kPa；

H——挡土墙的高度，m；

α_0——滑动块体 ABC 中 AC 边与 AB 边的夹角，(°)；

β_0——滑动块体 ABC 中 AC 边与 BC 边的夹角，(°)；

γ_0——滑动块体 CDE 中 CE 边与 DE 边的夹角，(°)；

θ——滑动块体 BCD 中 BC 边与 DC 边的夹角，(°)；

α——挡土墙墙面 AC 与竖直平面之间的夹角，(°)；

φ——填土的内摩擦角，(°)；

e——自然对数的底。

4. *滑动土体 ABDEC 上作用力的闭合多边形*

当滑动土体 $ABDEC$ 在上述作用力的作用下处于被动极限平衡状态下时，根据作用力的大小，选择一定的比例尺，按照作用力的大小和作用方向，可以顺序绘制出滑动土体 $ABDEC$ 的作用力闭合多边形 $abcdefghi$，如图 7－8 所示。

5. *被动土压力*

根据图 7－8（b）中三角形 abj 的几何关系可得

$$\overline{jb}=C_3\frac{\cos\eta_0}{\cos(\eta_0-\beta)} \tag{7-84}$$

由图 7－8（a）中三角形 jci 的几何关系可得反力为

$$S_2=(\overline{jb}+Q+G_3)\frac{\cos(\eta_0-\beta)}{\cos\varphi} \tag{7-85}$$

或

$$S_2=\left[C_3\frac{\cos\eta_0}{\cos(\eta_0-\beta)}+Q+G_3\right]\frac{\cos(\eta_0-\beta)}{\cos\varphi} \tag{7-86}$$

式中　S_2——滑动土体 $ABDEC$ 中 DC 面上的反力，kN。

由图 7－8（a）中三角形 cdi 的几何关系可得

$$f_2=\sqrt{G_2^2+S_2^2+2G_2S_2\sin(\gamma_0+\beta)} \tag{7-87}$$

式中　f_2——作用力［其值等于图 7－8（a）中三角形 cdj 的 dj 边长］，kN。

同时，根据图 7－8（a）中三角形 cdi 的几何关系还可得

$$\rho=\arcsin\left[\frac{G_2}{f_2}\cos(\gamma_0+\beta)\right] \tag{7-88}$$

式中　ρ——图 7－8（a）中三角形 cdi 的 cj 边与 di 边的夹角，(°)。

根据图 7－8（a）中三角形 dhi 的几何关系可得

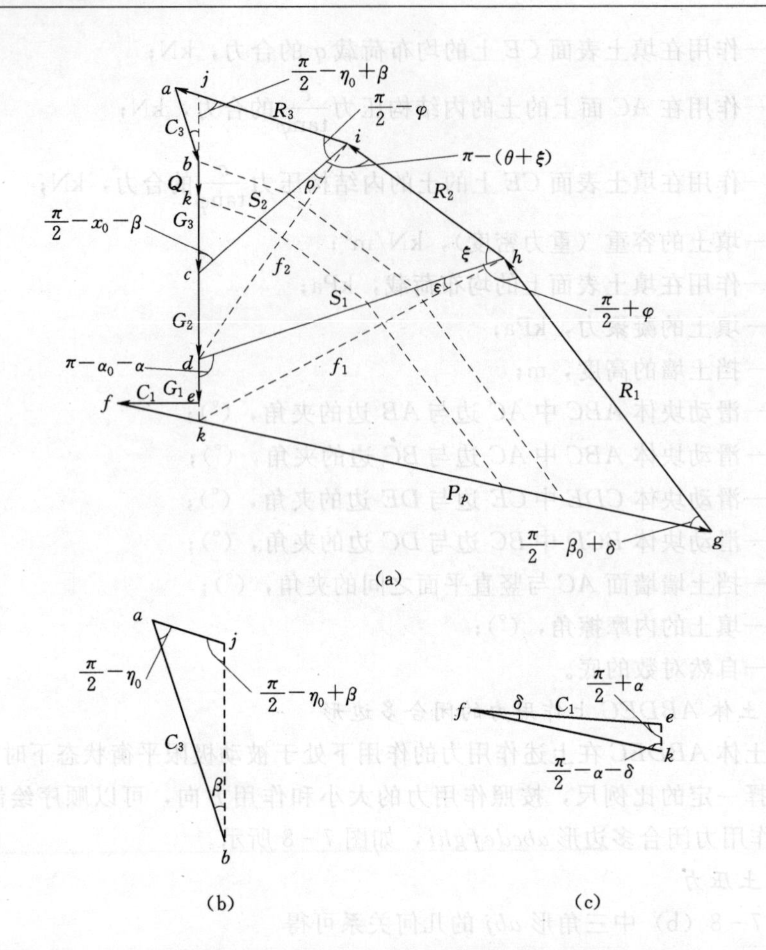

图 7-8　被动极限平衡状态下滑动土体上作用力的闭合多边形（黏性土）

$$S_1=f_2\frac{\sin(\theta+\xi+\rho)}{\sin\xi} \tag{7-89}$$

$$\xi=\operatorname{arccot}\left(\frac{e^{\theta\tan\varphi}-\cos\theta}{\sin\theta}\right) \tag{7-90}$$

式中　S_1——滑动土体 $ABDEC$ 中 BC 面上的反力［其值等于图 7-8（a）中线段 dh 的长度］，kN；

ξ——图 7-8（a）中 dh 边与 ih 边的夹角，(°)；

θ——滑动土体 $ABDEC$ 中 BC 边与 DC 边的夹角（°）；

e——自然对数的底。

由图 7-8（a）中三角形 dkh 的几何关系可得

$$f_1=\sqrt{\overline{dk}^2+S_1^2+2\,\overline{dk}\times S_1\cos(\alpha_a+\alpha)} \tag{7-91}$$

$$\overline{dk}=G_1+\overline{ke} \tag{7-92}$$

式中　f_1——作用力［其值等于图 7-8（a）中线段 kh 的长度］，kN；

$\overline{dk}$——图 7-8（a）中线段 dk 的长度，kN；

$\overline{ke}$——图 7－8（a）中线段 ke 的长度，kN；

G_1——滑动块体 ABC 的重力，kN。

由图 7－8（c）中三角形 kef 的几何关系可得

$$\overline{ke}=C_1\frac{\sin\alpha}{\cos(\alpha+\delta)} \tag{7-93}$$

式中　C_1——作用在 AC 面上土的内结构压力$\frac{c}{\tan\varphi}$的合力，kN；

δ——填土与挡土墙墙面之间的摩擦角，(°)；

α——挡土墙墙面 AC 与竖直平面之间的夹角，(°)。

因此，有

$$\overline{dk}=G_1+C_1\frac{\sin\alpha}{\cos(\alpha+\delta)} \tag{7-94}$$

由图 7－8（a）中三角形 dkh 的几何关系可得

$$\varepsilon=\arcsin\left[\frac{\overline{dk}}{f_1}\sin(\alpha_0+\alpha)\right] \tag{7-95}$$

式中　ε——图 7－8（a）中 dh 线与 kh 线的夹角，(°)。

根据图 7－8（a）中三角形 kgh 的几何关系可得

$$\overline{kg}=P_p+\overline{kf}=f_1\frac{\cos(\varphi-\varepsilon)}{\cos(\beta_0+\delta)}$$

故被动土压力为

$$P_a=f_1\frac{\cos(\varphi-\varepsilon)}{\cos(\beta_0+\delta)}+\overline{kf} \tag{7-96}$$

式中　$\overline{kf}$——图 7－8（a）中线段 kf 的长度，kN。

由图 7－8（a）中三角形 kef 的几何关系可得

$$\overline{kf}=C_1\frac{\cos\alpha}{\cos(\alpha+\delta)} \tag{7-97}$$

所以被动土压力为

$$P_p=f_1\frac{\cos(\varphi-\varepsilon)}{\cos(\beta_0+\delta)}+C_1\frac{\cos\delta}{\cos(\alpha+\delta)} \tag{7-98}$$

根据上述方法计算被动土压力 P_p 可按下列步骤进行：

（1）首先根据公式（7－76）和公式（7－77）计算角度 Δ 和 Δ_1。

（2）根据公式（7－70）～公式（7－73）计算角度 α_0、β_0、η_0 和 γ_0。

（3）根据公式（7－74）或公式（7－75）计算角度 θ。

（4）根据公式（7－78）～公式（7－83）计算 G_1、G_2、G_3、Q、C_1 和 C_3 值。

（5）根据公式（7－86）计算 S_2。

（6）根据公式（7－87）计算 f_2。

（7）根据公式（7－88）计算角度 ρ。

（8）根据公式（7－90）计算角度 ξ。

（9）根据公式（7－89）计算 S_1。

(10) 根据公式（7-94）计算$\overline{dk}$值。

(11) 根据公式（7-91）计算 f_1。

(12) 根据公式（7-95）计算角度 ε。

(13) 根据公式（7-98）计算主动土压力 P_p。

第二节　滑动土体的滑动面由两部分组成

一、填土为无黏性土

(一) 主动土压力

1. 滑动面和滑动土体的形状

当填土处于主动极限平衡状态时，填土中将形成滑动面和滑动土体，此时滑动面由 AB 和 BD 两部分组成，AB 滑动面为对数螺旋曲面，BD 滑动面为平面，如图 7-9 所示；此时滑动土体为 $ABDC$，也由两部分组成，即由 ABC 和 BDC 两部分组成，ABC 为过渡滑动块，BDC 为主动滑动块。

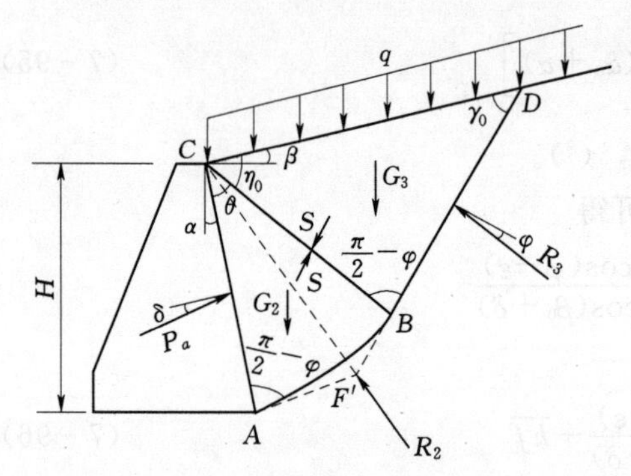

图 7-9　主动极限平衡状态下滑动土体的形状及其上的作用力

2. 各滑动面之间的角度关系

由图 7-9 可见，在滑动土体 $ABDC$ 中，AC 面与 BC 面的夹角为θ，AC 面与 AF 面的夹角为$\frac{\pi}{2}-\varphi$，φ 是填土的内摩擦角，BC 面与 DC 面的夹角为 η_0，BD 面与 CD 面的夹角为 γ_0，而 BC 面与 BD 面的夹角为$\frac{\pi}{2}-\varphi$。由本书第五章第一节可知，当滑动土体 $ABDEC$ 处于主动极限平衡状态时，角度 η_0、γ_0 和 θ 可按下列公式计算：

$$\eta_0=\frac{1}{2}(\pi-\Delta+\varphi+\delta) \tag{7-99}$$

$$\gamma_0=\frac{1}{2}(\Delta_1+\varphi-\beta) \tag{7-100}$$

$$\theta=\frac{\pi}{2}-\alpha+\beta-\eta_0 \tag{7-101}$$

式中　η_0——在滑动块体 BDC 中 BC 边与 DC 边的夹角，(°)；

γ_0——在滑动块体 BDC 中 BD 边与 CD 边的夹角，(°)；

θ——在滑动块体 ABC 中 AC 边与 BC 边的夹角，(°)；

φ——填土的内摩擦角，(°)；

β——填土表面 CD 与水平面之间的夹角，(°)；

α——挡土墙墙面 AC 与竖直平面之间的夹角，(°)；

Δ_1——角度（为 φ 和 β 的函数），(°)。

$$\Delta_1 = \arccos\left(\frac{\sin\beta}{\sin\varphi}\right) \tag{7-102}$$

3. 各滑动块上的作用力

(1) 滑动块 BDC 上的作用力。在滑动块 BCD 的重心处，作用有滑动块 BDC 的重力 G_3，作用方向为竖直向下；在 CD 面上作用有均布荷载 q，其合力为 $Q=q\overline{CD}$（$\overline{CD}$为 CD 面的长度），作用方向为竖直向下；在 BC 面上作用有反力 S_1，作用方向指向滑动块体 BDC，其作用线与 BC 面的法线之间的夹角为 φ，作用在法线的下方；在 BD 面上作用有反力 R_3，作用方向为指向滑动块体 BDC，其作用线与 BD 面法线的夹角为 φ，作用在法线的下方，如图 7-9 所示。

(2) 滑动块 ABC 上的作用力。在滑动块体 ABC 的重心处，作用有滑动块 ABC 的重力 G_2，作用方向为竖直向下；在 AC 面上作用有主动土压力 P_a 的反力，作用方向为指向滑动块体 ABC，其作用线与 AC 面的法线的夹角为 δ，作用在法线的下方；在 BC 面上作用有反力 S，作用方向为指向滑动块体 ABC，其作用线与 BC 面上法线的夹角为 φ，作用在法线的上方；在 AB 面上，作用有反力 R_2，作用方向为指向滑动块体 ABC，其作用线通过 C、F 两点，C 点为滑动块体 ABC 的顶点，F 点为 DB 线的延长线与 AF 线的交点，如图 7-9 所示。

根据滑动块体 ABC 和 BCD 几何关系，可得重力 G_2、G_3 和荷载 Q 的计算公式如下：

$$G_2 = \frac{1}{2}\gamma H^2 \frac{1}{2\cos^2\alpha\tan\varphi}(1-e^{-2\theta\tan\varphi}) \tag{7-103}$$

$$G_3 = \frac{1}{2}\gamma H^2 \frac{\sin\eta_0\cos\varphi}{\cos^2\alpha\sin\gamma_0}e^{-2\theta\tan\varphi} \tag{7-104}$$

$$Q = qH\frac{\cos\varphi}{\cos\alpha\sin\gamma_0}e^{\theta\tan\varphi} \tag{7-105}$$

式中 G_2——滑动块体 ABC 的重力，kN；

G_3——滑动块体 BDC 的重力，kN；

Q——作用在填土表面 CD 上的均布荷载 q 的合力，kN；

γ——填土的容重（重力密度），kN/m^3；

q——作用在填土表面 CD 上的均布荷载，kPa；

H——挡土墙的高度，m；

η_0——滑动块体 BDC 中 BC 边与 DC 边的夹角，(°)；

γ_0——滑动块体 BDC 中 BD 边与 CD 边的夹角，(°)；

θ——滑动块体 ABC 中 AC 边与 BC 边的夹角，(°)；

α——挡土墙墙面 AC 与竖直平面的夹角，(°)；

φ——填土的内摩擦角，(°)；

e——自然对数的底。

4. 滑动土体 $ABDC$ 上作用力的闭合多边形

当滑动土体 $ABDC$ 在上述作用力的作用下处于主动极限平衡状态时，根据作用力的大小，选择一定的比例尺，按照作用力的大小和顺序，可绘制成滑动土体 $ABDC$ 上作用力的闭合多边形$abcdef$，如图7-10所示。

5. 主动土压力 P_a

根据图7-10所示的闭合多边形$abcdef$，可用下列图解解析法计算主动土压力P_a。

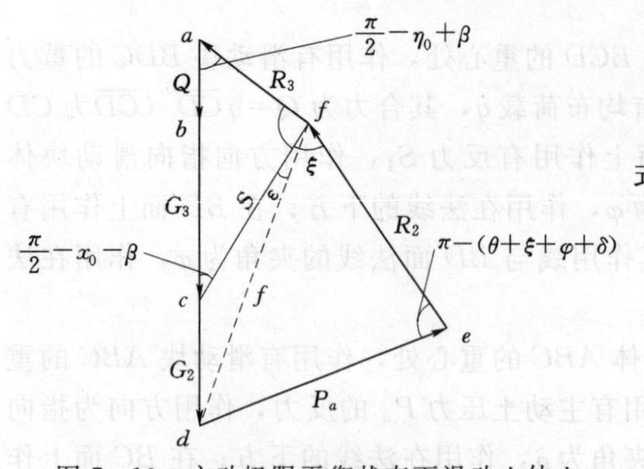

图7-10　主动极限平衡状态下滑动土体上作用力的闭合多边形

由图7-10中三角形acf的几何关系可得

$$S=(Q+G_3)\frac{\cos(\eta_0-\beta)}{\cos\varphi} \tag{7-106}$$

式中　S——反力（其值等于图7-10中三角形acf的cf边长），kN；

G_3——滑动块体BDC的重力，kN；

η_0——滑动土体$ABDC$中BC边与DC边的夹角，(°)；

β——填土表面CD与水平面的夹角，(°)；

φ——填土的内摩擦角，(°)。

由图7-10中三角形cdf的几何关系可得

$$f=\sqrt{G_2^2+S^2+2G_2S\sin(\gamma_0+\beta)} \tag{7-107}$$

式中　G_2——滑动块体ABC的重力，kN；

f——作用力（其值等于图7-10中df的边长），kN；

γ_0——滑动块体BDC中BD边与CD边的夹角，(°)。

同时，根据图7-10中三角形cdf的几何关系还可得

$$\varepsilon=\arcsin\left[\frac{G_2}{f}\cos(\gamma_0+\beta)\right] \tag{7-108}$$

式中　ε——图7-10中的cf边与df边的夹角，(°)。

根据图7-10中三角形def的几何关系，可得主动土压力

$$P_a=f\frac{\sin(\xi-\varepsilon)}{\sin(\theta+\xi+\varphi+\delta)} \tag{7-109}$$

$$\xi=\operatorname{arccot}\left(\frac{e^{\theta\tan\varphi}-\cos\theta}{\sin\theta}\right) \tag{7-110}$$

式中　P_a——作用在挡土墙上的主动土压力，kN；

θ——滑动土体$ABDC$中AC边与BC边的夹角，(°)；

φ——填土的内摩擦角，(°)；

δ——填土与挡土墙墙面AC之间的摩擦角，(°)；

ξ——图7-10中cf边与df边的夹角（为θ和φ的函数），(°)。

按照上述方法计算主动土压力P_a，可按下述步骤进行：

(1) 根据公式（7-102）计算角度Δ_1。

(2) 根据公式（7-99）～公式（7-101）计算角度η_0、γ_0和θ。

(3) 根据公式（7-103）～公式（7-105）计算重力G_2、G_3和荷载Q。

(4) 根据公式（7-106）计算S值。

(5) 根据公式 (7-107) 计算 f 值。

(6) 根据公式 (7-108) 计算角度 ε。

(7) 根据公式 (7-110) 计算角度 ξ。

(8) 根据公式 (7-109) 计算主动土压力 P_a。

(二) 被动土压力

1. 滑动面和滑动土体的形状

当填土处于被动极限平衡状态时，填土中将形成滑动面和滑动土体，此时滑动面由 AB 和 BD 两部分组成，AB 滑动面为对数螺旋曲面，BD 滑动面为平面，如图 7-11 所示；此时滑动土体为 $ABDC$，也是由两部分组成，即由 ABC 滑动块和 BDC 滑动块两部分组成，ABC 为过渡滑动块，BDC 为被动滑动块。

2. 各滑动面之间的角度关系

由图 7-11 可见，在滑动土体 $ABDC$ 中，AC 面与 BC 面的夹角为 θ，AC 面与 AF 面的夹角为 $\frac{\pi}{2}+\varphi$，φ 为填土的内摩擦角，BC 面与 DC 面的夹角为 η_0，BD 面与 CD 面的夹角为 γ_0，而 BC 面与 BD 面的夹角为 $\frac{\pi}{2}+\varphi$。由本书第五章第一节可知，当滑动土体 $ABDC$ 处于被动极限平衡状态时，角度 η_0、γ_0 和 θ 可按下列公式计算：

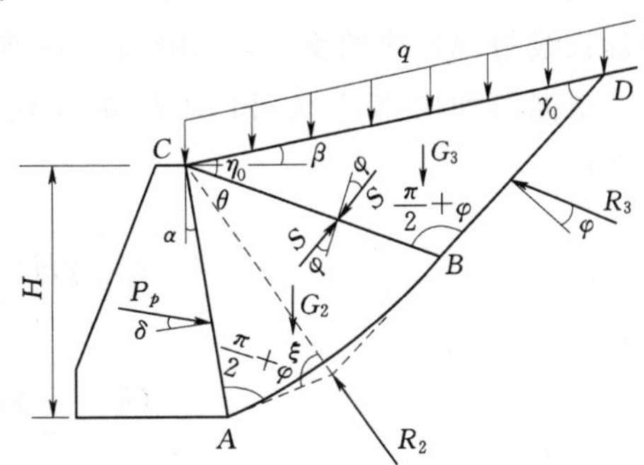

图 7-11　被动极限平衡状态下滑动土体的形状及其上的作用力

$$\eta_0=\frac{1}{2}(\Delta_1-\varphi+\beta) \tag{7-111}$$

$$\gamma_0=\frac{1}{2}(\pi-\Delta_1-\varphi-\beta) \tag{7-112}$$

$$\theta=\frac{\pi}{2}-\alpha-\eta_0+\beta \tag{7-113}$$

$$\Delta_1=\arccos\left(\frac{\sin\beta}{\sin\varphi}\right) \tag{7-114}$$

式中　η_0——滑动块体 BDC 中 BC 边与 DC 边的夹角，(°)；

γ_0——滑动块体 BDC 中 BD 边与 CD 边的夹角，(°)；

θ——滑动块体 ABC 中 AC 边与 BC 边的夹角，(°)；

φ——填土的内摩擦角，(°)；

β——填土表面 CD 与水平面之间的夹角，(°)；

α——挡土墙墙面 AC 与竖直平面之间的夹角，(°)；

Δ_1——角度 (为 φ 和 β 的函数)，(°)。

3. 各滑动块上的作用力

(1) 滑动块 BDC 上的作用力。在滑动块 BDC 的重心处，作用有滑动块 BDC 的重力 G_3，作用方向为竖直向下；在 CD 面上作用有均布荷载 q，其合力为 $Q=q\overline{CD}$ ($\overline{CD}$为 CD

面的长度），作用方向为竖直向下；在 BC 面上作用有反力 S，作用方向为指向滑动块体 BDC，其作用线与 BC 面的法线的夹角为 φ，作用在法线的上方；在 BD 面上作用有反力 R_3，作用方向为指向滑动块体 BDC，其作用线与 BD 面法线的夹角为 φ，作用在法线的上方，如图 7-11 所示。

（2）滑动块 ABC 上的作用力。在滑动块 ABC 的重心处，作用有滑动块 ABC 的重力 G_2，作用方向为竖直向下；在 AC 面上作用有被动土压力 P_p 的反力，作用方向为指向滑动块体 ABC，其作用线与 AC 面法线的夹角为 δ（δ 为填土与挡土墙墙面的摩擦角），作用在法线的上方；在 BC 面上作用有反力 S，作用方向为指向滑动块体 ABC，其作用线与 BC 面法线的夹角为 φ，作用在法线的下方；在 AB 面上作用有反力 R_2，作用方向为指向滑动块体 ABC，其作用线通过 C 点和 F 点，C 点为滑动块体 ABC 的顶点，F 点为 DB 线的延长线与 AF 线的交点，如图 7-11 所示。

根据滑动块体 ABC 和 BCD 的几何关系，可得重力、G_2、G_3 和荷载 Q 的计算公式如下：

$$G_2=\frac{1}{2}\gamma H^2\frac{1}{2\cos^2\alpha\tan\varphi}(e^{2\theta\tan\varphi}-1) \tag{7-115}$$

$$G_3=\frac{1}{2}\gamma H^2\frac{\sin\eta_0\cos\varphi}{\cos^2\alpha\sin\gamma_0}e^{2\theta\tan\varphi} \tag{7-116}$$

$$Q=qH\frac{\cos\varphi}{\cos\alpha\sin\gamma_0}e^{\theta\tan\varphi} \tag{7-117}$$

式中　G_2——滑动块体 ABC 的重力，kN；

G_3——滑动块体 BDC 的重力，kN；

Q——作用在填土表面 CD 上的均布荷载 q 的合力，kN；

γ——填土的容重（重力密度），kN/m³；

q——作用在填土表面上的均布荷载，kPa；

H——挡土墙的高度，m；

η_0——滑动块体 BDC 中 BC 边与 DC 边的夹角，(°)；

γ_0——滑动块体 BDC 中 BD 边与 CD 边的夹角，(°)；

θ——滑动块体 ABC 中 AC 边与 BC 边的夹角，(°)；

α——挡土墙墙面 AC 与竖直平面的夹角，(°)；

φ——填土的内摩擦角，(°)；

e——自然对数的底。

4. 滑动土体 $ABDC$ 上作用力的闭合多边形

当滑动土体 $ABDC$ 在上述作用力的作用下处于被动极限平衡状态下时，根据作用力的大小，选择一定的比例尺，按照作用力的大小和顺序，可以绘制成滑动土体 $ABDC$ 上作用力闭合多边形 $abcdef$，如图 7-12 所示。

5. 被动土压力 P_p

根据图 7-12 所示的作用力闭合多边形 $abcdef$，可用下列图解解析法计算被动土压

力 P_p。

由图 7-12 中三角形 acf 的几何关系可得

$$S=(Q+G_3)\frac{\cos(\eta_0-\beta)}{\cos\varphi} \tag{7-118}$$

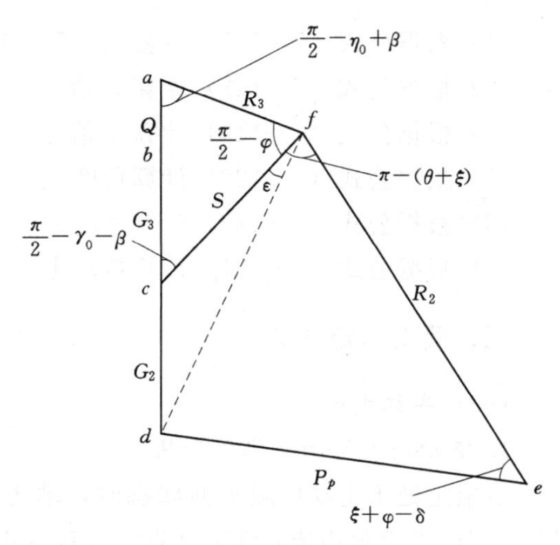

图 7-12　被动极限平衡状态下滑动土体上作用力的闭合多边形

式中　S——图 7-12 中三角形 acf 的 cf 边长，kN；

Q——作用在 CD 面上的均布荷载 q 的合力，kN；

G_3——滑动块体 BDC 的重力，kN；

η_0——滑动块体 BDC 中 BC 边与 DC 边的夹角，(°)；

β——填土表面 CD 与水平面的夹角，(°)；

φ——填土的内摩擦角，(°)。

由图 7-12 中三角形的 cdf 的几何关系可得

$$f=\sqrt{G_2^2+S^2+2G_2S\sin(\gamma_0+\beta)} \tag{7-119}$$

式中　f——作用力（其值等于图 7-12 中 df 的边长），kN；

G_2——滑动块体 ABC 的重力，kN；

γ_0——滑动块体 BDC 中 BD 边与 CD 边的夹角，(°)。

同时，由图 7-12 中三角形 cdf 的几何关系还可得

$$\varepsilon=\arcsin\left[\frac{G_2}{f}\cos(\gamma_0+\beta)\right] \tag{7-120}$$

式中　ε——图 7-12 中 cf 边与 df 边的夹角，(°)。

根据图 7-12 中三角形 def 的几何关系，可得被动土压力为

$$P_p=f\frac{\sin(\theta+\xi-\varepsilon)}{\sin(\xi+\varphi-\delta)} \tag{7-121}$$

$$\xi=\operatorname{arccot}\left(\frac{e^{\theta\tan\varphi}-\cos\theta}{\sin\theta}\right) \tag{7-122}$$

式中　P_p——作用在挡土墙上的被动土压力，kN；

θ——滑动土体 $ABDC$ 中 AC 边与 BC 边的夹角，(°)；

φ——填土的内摩擦角，(°)；

δ——填土与挡土墙墙面 AC 之间的摩擦角，(°)；

ξ——角度（为角度 θ 和 φ 的函数），(°)。

按照上述上方法计算被动土压力 P_p，可按下述步骤进行：

(1) 根据公式（7-114）计算角度 Δ_1。

(2) 根据公式（7-111）和公式（7-112）计算角度 η_0 和 γ_0。

(3) 根据公式（7-113）计算角度 θ。

(4) 根据公式(7-115)~公式(7-117)计算重力 G_2、G_3 和荷载 Q。

(5) 根据公式(7-118)计算 S 值。

(6) 根据公式(7-119)计算 f 值。

(7) 根据公式(7-120)计算角度 ε。

(8) 根据公式(7-122)计算角度 ξ。

(9) 根据公式(7-121)计算被动土压力 P_p。

二、填土为黏性土

(一) 主动土压力

1. 滑动面和滑动土体的形状

当填土处于主动极限平衡状态时,填土中将形成滑动面和滑动土体,此时滑动面由 AB 和 BD 两部分组成,AB 滑动面为对数螺旋曲面,BD 滑动面为平面,如图 7-13 所示,此时滑动土体为 $ABDC$,也由两部分组成,即由 ABC 滑动块和 BDC 滑动块两部分组成,ABC 为过渡滑动块,BDC 为主动滑动块。

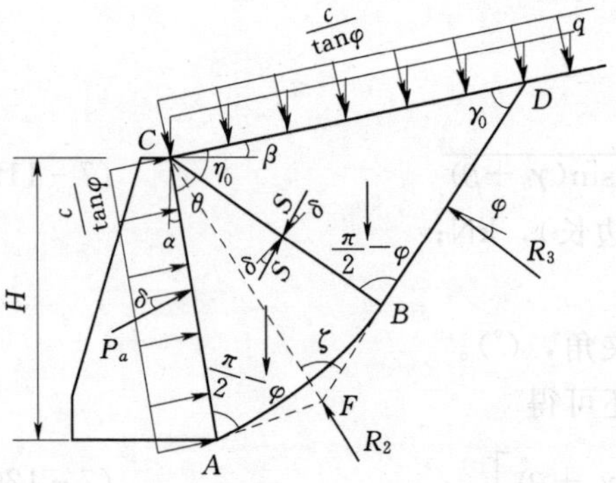

图 7-13 主动极限平衡状态下滑动土体的形状及其土作用力(黏性土)

2. 各滑动面之间的角度关系

由图 7-13 可见,在滑动土体 $ABDC$ 中,AC 面与 BC 面的夹角为 θ,AC 面与 AF 面的夹角为 $\frac{\pi}{2}-\varphi$,φ 为填土的内摩擦角,BC 面与 DC 面的夹角为 η_0,BD 面与 CD 面的夹角为 γ_0,而 BC 面与 BD 面的夹角为 $\frac{\pi}{2}-\varphi$。由本书第五章第一节可知,当滑动土体 $ABDC$ 处于主动极限平衡状态时,角度 η_0、γ_0 和 θ 可按下列公式计算:

$$\eta_0=\frac{1}{2}(\pi-\Delta_1+\varphi+\beta) \tag{7-123}$$

$$\gamma_0=\frac{1}{2}(\Delta_1+\varphi-\beta) \tag{7-124}$$

$$\theta=\frac{\pi}{2}-\alpha+\beta-\eta_0 \tag{7-125}$$

$$\Delta_1=\arccos\left(\frac{\sin\beta}{\sin\varphi}\right) \tag{7-126}$$

式中 η_0——在滑动块体 BDC 中 BC 边与 DC 边的夹角,(°);

γ_0——在滑动块体 BDC 中 BD 边与 CD 边的夹角,(°);

θ——在滑动块体 ABC 中 AC 边与 BC 边的夹角,(°);

φ——填土的内摩擦角,(°);

β——填土表面与水平面的夹角,(°);

α——挡土墙墙面与竖直平面之间的夹角,(°);

Δ_1——角度（为 φ 和 β 的函数），(°)。

3. 各滑动块上的作用力

(1) 滑动块 BDC 上的作用力。在滑动块 BDC 的重心处，作用有滑动块 BDC 的重力 G_3，作用方向为竖直向下；在 CD 面上作用有均布荷载 q 和土的内结构压力 $\frac{c}{\tan\varphi}$，均布荷载 q 的合力为 $Q=q\overline{CD}$（$\overline{CD}$为 CD 面的长度），其作用方向为竖直向下；土的内结构压力 $\frac{c}{\tan\varphi}$的合力为 $C_3=\frac{c}{\tan\varphi}\overline{CD}$，作用方向为指向滑动块 BDC，其作用线与 CD 面正交；在 BC 面上作用有反力 S，作用方向为指向滑动块体 BDC，其作用线与 BC 面的法线的夹角为 φ，作用在法线的下方；在 BD 面上作用有反力 R_3，作用方向为指向滑动块体 BDC，其作用线与 BD 面的法线的夹有为 φ，作用在法线的下方，如图 7-13 所示。

(2) 滑动块 ABC 上的作用力。在滑动块 ABC 的重心处，作用有滑动块 ABC 的重力 G_2，作用方向为竖直向下；在 AC 面上作用有主动土压力 P_a 的反力和土的内结构压力 $\frac{c}{\tan\varphi}$，反力 P_a 的作用方向为指向滑动块体 ABC，其作用线与 AC 面的法线的夹角为 δ，作用在法线的下方，土的内结构压力的合力为 $C_1=\frac{c}{\tan\varphi}\overline{AC}$（$\overline{AC}$为 AC 面的长度），作用方向为指向滑动块体 ABC，其作用线与 AC 面正交；在 BC 面上作用有反力 S，作用方向为指向滑动块体 ABC，其作用线与 BC 面的法线的夹角为 φ，作用在法线的上方；在 BD 面上作用有反力 R_2，作用方向为指向滑动块体 ABC，其作用线通过 C、F 两点，C 点为滑动块体 ABC 的顶点，F 点是 DB 线的延长线与 AF 线的交点，如图 7-13 所示。

根据滑动土体 ABC 和 BDC 的几何关系，可得重力 G_2、G_3，荷载 Q 和土的内结构压力 C_1、C_3 的计算公式如下：

$$G_2=\frac{1}{2}\gamma H^2\frac{1}{2\cos^2\alpha\tan\varphi}(1-e^{-2\theta\tan\varphi}) \tag{7-127}$$

$$G_3=\frac{1}{2}\gamma H^2\frac{\sin\eta_0\cos\varphi}{\cos^2\alpha\sin\gamma_0}e^{-2\theta\tan\varphi} \tag{7-128}$$

$$Q=qH\frac{\cos\varphi}{\cos\alpha\sin\gamma_0}e^{-\theta\tan\varphi} \tag{7-129}$$

$$C_1=cH\frac{1}{\cos\alpha\tan\varphi} \tag{7-130}$$

$$C_3=cH\frac{\cos\varphi}{\cos\alpha\sin\gamma_0\tan\varphi}e^{-\theta\tan\varphi} \tag{7-131}$$

式中　G_2——滑动块体 ABC 的重力，kN；

G_3——滑动块体 BDC 的重力，kN；

Q——作用在填土表面 CD 上的均布荷载 q 的合力，kN；

C_1——作用在 AC 面上的土的内结构压力的合力，kN；

C_3——作用在填土表面 CD 上的土的内结构压力的合力，kN；

γ——填土的容重（重力密度），kN/m^3；

q——作用在填土表面的均布荷载，kPa；

H——挡土墙的高度，m；

c——填土的凝聚力，kPa；

η_0——滑动块体 BDC 中 BC 边与 DC 边的夹角，(°)；

γ_0——滑动块体 BDC 中 BD 边与 CD 边的夹角，(°)；

θ——滑动块体 ABC 中 AC 边与 BC 边的夹角，(°)；

α——挡土墙墙面 AC 与竖直平面的夹角，(°)；

φ——填土的内摩擦角，(°)。

4. 滑动土体 $ABDC$ 上作用力的闭合多边形

当滑动土体 $ABDC$ 在上述作用力的作用下处于主动极限平衡状态时，根据作用力的大小，选择一定的比例尺，按照作用力的大小，作用力的方向和顺序，可绘制成滑动土体 $ABDC$ 上作用力的闭合多边形 $abcdefgh$，如图 7-14 所示。

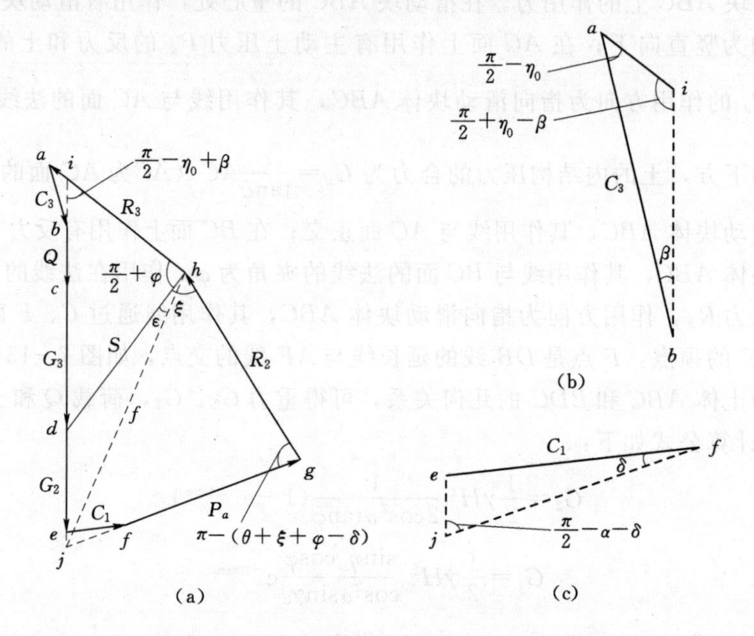

图 7-14　主动极限平衡状态下滑动土体上作用力的闭合多边形（黏性土）

5. 主动土压力 P_a

根据图 7-14 所示的作用力闭合多边形 $abcdefgh$，可用下列图解解析法计算主动土压力。

由图 7-14（a）中三角形 idh 的几何关系可得

$$S=(\overline{ib}+Q+G_3)\frac{\cos(\eta_0-\beta)}{\cos\varphi} \tag{7-132}$$

式中　S——作用力［其值等于图 7-14（a）中 dh 边的长度］，kN；

Q——作用在填土表面 CD 上的均布荷载 q 的合力，kN；

G_3——滑动块体 BDC 的重力，kN；

$\overline{ib}$——图 7-14（a）中线段 ib 的长度，kN；

η_0——滑动块体 BDC 中 BC 边与 DC 边的夹角，(°)；

β——填土表面 CD 与水平面的夹角，(°)；

φ——填土的内摩擦角，(°)。

根据图 7-14（b）中三角形 abi 的几何关系，可得

$$\overline{ib}=C_3\frac{\cos\eta_0}{\cos(\eta_0-\beta)} \tag{7-133}$$

如将公式（7-133）代入公式（7-132）得

$$S=\left[C_3\frac{\cos\eta_0}{\cos(\eta_0-\beta)}+Q+G_3\right]\frac{\cos(\eta_0-\beta)}{\cos\varphi} \tag{7-134}$$

由图 7-14（a）中三角形的 deh 的几何关系可得

$$f=\sqrt{(\overline{ej}+G_2)^2+S^2+2(\overline{ej})S\sin(\gamma_0+\beta)} \tag{7-135}$$

式中　f——作用力［其值等于图 7-14（a）中线段 jh 的长度］，kN；

$\overline{ej}$——图 7-14（a）中线段 ej 的长度，kN；

G_2——滑动块体 ABC 的重力，kN；

γ_0——滑动块体 BDC 中 BD 边与 CD 边的夹角，(°)。

由图 7-14（a）中三角形 deh 的几何关系还可得

$$\varepsilon=\arcsin\left[\frac{(\overline{ej}+G_2)}{f}\cos(\gamma_0+\beta)\right] \tag{7-136}$$

式中　ε——图 7-14（a）中 dh 线与 jh 线的夹角，(°)。

由图 7-14（c）中三角形 ejf 的几何关系，可得

$$\overline{ej}=C_1\frac{\sin\delta}{\cos(\alpha+\delta)} \tag{7-137}$$

$$\overline{jf}=C_1\frac{\cos\alpha}{\cos(\alpha+\delta)} \tag{7-138}$$

式中　$\overline{ej}$——图 7-14（a）中 ej 线的长度，kN；

$\overline{jf}$——图 7-14（a）中 jf 线的长度，kN；

C_1——作用在 AC 面上的土的内结构压力的合力，kN；

α——挡土墙墙面 AC 与竖直平面的夹角，(°)；

δ——填土与挡土墙墙面 AC 之间的摩擦角，(°)。

根据图 7-14（a）中三角形 jgh 的几何关系可得

$$\overline{jf}+P_a=f_1\frac{\sin(\xi-\varepsilon)}{\sin(\theta+\xi+\varphi-\delta)}$$

由此得主动土压力为

$$P_a=f\frac{\sin(\xi-\varepsilon)}{\sin(\theta+\xi+\varphi-\delta)}-\overline{jf} \tag{7-139}$$

将公式（7-138）代入上式，则得主动土压力为

$$P_a=f\frac{\sin(\xi-\varepsilon)}{\sin(\theta+\xi+\varphi-\delta)}-C_1\frac{\cos\alpha}{\cos(\alpha+\delta)} \tag{7-140}$$

$$\xi=\operatorname{arccot}\left(\frac{e^{\theta\tan\varphi}-\cos\theta}{\sin\theta}\right) \tag{7-141}$$

式中 ξ——图7-14(a)中 dh 线与 gh 线的夹角,(°)。

根据上述方法计算主动土压力 P_a 的步骤如下:

(1)根据公式(7-126)计算角度 Δ_1 值。

(2)根据公式(7-123)和公式(7-124)计算角度 η_0 和 γ_0 值。

(3)根据公式(7-125)计算角度 θ 值。

(4)计算 $e^{\theta\tan\varphi}$、$e^{-\theta\tan\varphi}$、$e^{-2\theta\tan\varphi}$、$1-e^{-2\theta\tan\varphi}$ 的值。

(5)根据公式(7-127)~公式(7-131)计算重力 G_2、G_3,荷载 Q,土的内结构压力 C_1、C_3 的值。

(6)根据公式(7-133)计算 $\overline{ib}$ 值。

(7)根据公式(7-132)计算 S 值。

(8)根据公式(7-137)计算 $\overline{ej}$ 值。

(9)根据公式(7-135)计算 f 值。

(10)根据公式(7-136)计算角度 ε 值。

(11)根据公式(7-138)计算 $\overline{jf}$ 值。

(12)根据公式(7-141)计算 ξ 值。

(13)根据公式(7-139)计算主动土压力 P_a 值。

(二)被动土压力

1. 滑动面和滑动土体的形状

当填土处于被动极限平衡状态时,填土中将形成滑动面和滑动土体,此时滑动面由 AB 和 BD 两部分组成,AB 滑动面为对数螺旋曲面,BD 滑动面为平面,如图7-15所示;此时滑动土体为 $ABDC$,也是由两部分组成,即由 ABC 滑动块和 BDC 滑动块两部分组成,ABC 为过渡滑动块,BDC 为被动滑动块。

2. 各滑动面之间的角度关系

由图7-15可见,在滑动土体 $ABDC$ 中,AC 面与 BC 面的夹角为 θ,AC 面与 AF 面的夹角为 $\frac{\pi}{2}+\varphi$,φ 为填土的内摩擦角,BC 面与 DC 面的夹角为 η_0,BD 面与 CD 面的夹角为 γ_0,而 BC 面与 BD 面的夹角为 $\frac{\pi}{2}+\varphi$。由本书第五章第一节可知,当滑动土体 $ABDC$ 处于被动极限平衡状态时,角度 η_0、γ_0 和 θ 可按下列公式计算:

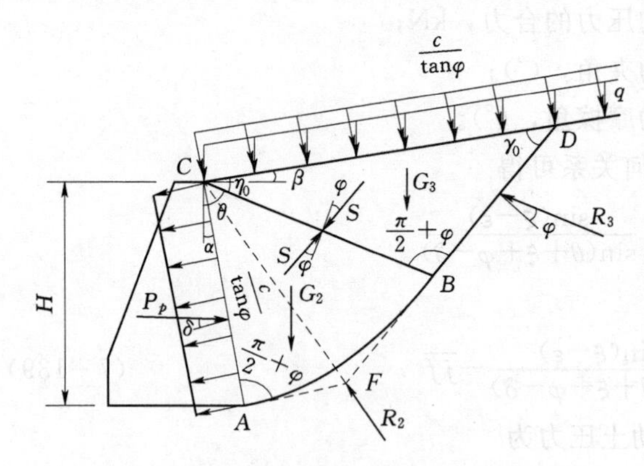

图7-15 被动极限平衡状态下滑动土体的形状及其上作用力(黏性土)

$$\eta_0=\frac{1}{2}(\Delta_1-\varphi+\beta) \tag{7-142}$$

$$\gamma_0=\frac{1}{2}(\pi-\Delta_1-\varphi-\beta) \tag{7-143}$$

$$\theta=\frac{\pi}{2}-\alpha-\eta_0+\beta \tag{7-144}$$

$$\Delta_1=\arccos\left(\frac{\sin\beta}{\sin\varphi}\right) \tag{7-145}$$

式中　η_0——滑动块体 BDC 中 BC 边与 DC 边的夹角，(°)；

γ_0——滑动块体 BDC 中 BD 边与 CD 边的夹角，(°)；

θ——滑动块体 ABC 中 AC 边与 BC 边的夹角，(°)；

φ——填土的内摩擦角，(°)；

β——填土表面 CD 与水平面的夹角，(°)；

α——挡土墙墙面 AC 与竖直平面的夹角，(°)；

Δ_1——角度（为 φ 和 β 的函数），(°)。

3. 各滑动块上的作用力

(1) 滑动块 BDC 上的作用力。在滑动块 BDC 的重心处，作用有滑动块 BDC 的重力 G_3，作用方向为竖直向下；在 CD 面上作用有均布荷载 q 和土的内结构压力 $\frac{c}{\tan\varphi}$（c 为填土的凝聚力，φ 为填土的内摩擦力），CD 面上均布荷载 q 的合力为 $Q=q\overline{CD}$，作用方向为竖直向下；CD 面上土的内结构压力 $\frac{c}{\tan\varphi}$ 的合力为 $C_3=\frac{c}{\tan\varphi}\overline{CD}$（$\overline{CD}$ 为 CD 面的长度），其作用方向为与 CD 面正交；在 BC 面上作用有反力 S，作用方向为指向滑动块体 BDC，其作用线与 BC 面的法线的夹角为 φ，作用在法线的上方；在 BD 面上作用有反力 R_3，作用方向为指向滑动块体 BDC，其作用线与 BD 面的法线的夹有为 φ，作用在法线的上方，如图 7-15 所示。

(2) 滑动块 ABC 上的作用力。在滑动块 ABC 的重心处，作用有滑动块 ABC 的重力 G_2，作用方向为竖直向下；在 AC 面上作用有被动土压力 P_p 的反力和土的内结构压力 $\frac{c}{\tan\varphi}$，被动土压力的反力的作用方向为指向滑动块体 ABC，其作用线与 AC 面的法线的夹角为 δ（δ 为填土与挡土墙墙面的摩擦角），作用在法线的上方，AC 面上土的内结构压力 $\frac{c}{\tan\varphi}$ 的合力为 $C_1=\frac{c}{\tan\varphi}\overline{AC}$（$\overline{AC}$ 为 AC 面的长度），作用方向为指向滑动块体 ABC，其作用线与 AC 面正交；在 BC 面上作用有反力 S，作用方向为指向滑动块体 ABC，其作用线与 BC 面的法线的夹角为 φ，作用在法线的下方；在 AB 面上作用有反力 R_2，作用方向为指向滑动块体 ABC，其作用线通过 C、F 两点，C 点为滑动块体 ABC 的顶点，F 点是 DB 线的延长线与 AF 线的交点，如图 7-15 所示。

根据滑动块体 ABC 和 BCD 的几何关系，可得重力 G_2、G_3 和荷载 Q 和土的内结构压力 C_1、C_3 计算公式如下：

$$G_2=\frac{1}{2}\gamma H^2\frac{1}{2\cos^2\alpha\tan\varphi}(e^{2\theta\tan\varphi}-1) \tag{7-146}$$

$$G_3=\frac{1}{2}\gamma H^2\frac{\sin\eta_0\cos\varphi}{\cos^2\alpha\sin\gamma_0}e^{2\theta\tan\varphi} \tag{7-147}$$

$$Q=qH\frac{\cos\varphi}{\cos\alpha\sin\gamma_0}e^{\theta\tan\varphi} \tag{7-148}$$

$$C_1=cH\frac{1}{\cos\alpha\tan\varphi} \tag{7-149}$$

$$C_3=cH\frac{\cos\varphi}{\cos\alpha\sin\gamma_0\tan\varphi}e^{\theta\tan\varphi} \tag{7-150}$$

式中　G_2——滑动块体 ABC 的重力，kN；

G_3——滑动块体 BDC 的重力，kN；

Q——作用在填土表面 CD 上的均布荷载 q 的合力，kN；

C_1——作用在 AC 面上的土的内结构压力的合力，kN；

C_3——作用在填土表面 CD 上的土的内结构压力的合力，kN；

γ——填土的容重（重力密度），kN/m³；

q——作用在填土表面上的均布荷载，kPa；

c——填土的凝聚力，kPa；

H——挡土墙的高度，m；

η_0——在滑动块体 BDC 中 BC 面与 DC 面的夹角，(°)；

γ_0——在滑动块体 BDC 中 BD 面与 CD 面的夹角，(°)；

θ——在滑动块体 ABC 中 AC 面与 BC 面的夹角，(°)；

α——挡土墙墙面 AC 与竖直平面的夹角，(°)；

φ——填土的内摩擦角，(°)。

4. 滑动土体 $ABDC$ 上作用力的闭合多边形

当滑动土体 $ABDC$ 在上述作用力的作用下处于被动极限平衡状态下时，根据作用力的大小，选择一定的比例尺，按照作用力的大小作用方向和顺序，可绘制成滑动土体 $ABDC$ 上作用力的闭合多边形 $abcdefgh$，如图 7-16 所示。

5. 被动土压力 P_p

根据图 7-16 所示的作用力闭合多边形 $abcdefgh$，可用下列图解解析法计算被动土压力 P_p。

由图 7-16（a）中三角形 idh 的几何关系可得

$$S=(\overline{ib}+Q+G_3)\frac{\cos(\eta_0-\beta)}{\cos\varphi} \tag{7-151}$$

式中　S——反力［其值等于图 7-16（a）中线段 dh 的长度］，kN；

$\overline{ib}$——图 7-16（a）中线段 ib 的长度，kN；

Q——作用在填土表面 CD 上的均布荷载 q 的合力，kN；

G_3——滑动块体 BDC 的重力，kN；

η_0——滑动块体 BDC 中 BC 边与 DC 边的夹角，(°)；

β——填土表面 CD 与水平面的夹角，(°)；

φ——填土的内摩擦角，(°)。

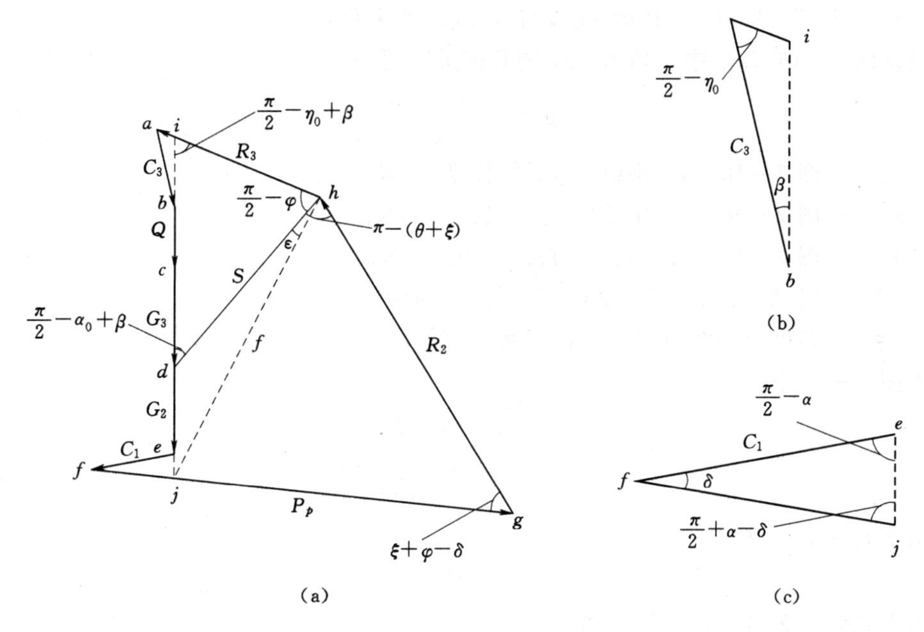

图 7-16　被动极限平衡状态下滑动土体上作用力的闭合多边形（黏性土）

由图 7-16（a）中三角形 abj 的几何关系可得

$$\overline{ib}=C_3\frac{\cos\eta_0}{\cos(\eta_0-\beta)} \tag{7-152}$$

式中　C_3——作用在填土表面 CD 上的土的内结构压力$\frac{c}{\tan\varphi}$的合力，kN。

根据图 7-16（a）中三角形的 djh 的几何关系可得

$$f=\sqrt{(G_2+\overline{ej})^2+S^2+2(G_2+\overline{ej})S\sin(\gamma_0+\beta)} \tag{7-153}$$

式中　f——作用力［其值等于图 7-16（a）中线段 jh 的长度］，kN；

G_2——滑动块体 ABC 的重力，kN；

$\overline{ej}$——图 7-16（a）中线段 ej 的长度，kN；

γ_0——滑动块体 BDC 中 BD 边与 CD 边的夹角，(°)。

由图 7-16（a）中三角形 efj 的几何关系可得

$$\overline{ej}=C_1\frac{\sin\delta}{\cos(\delta-\alpha)} \tag{7-154}$$

式中　C_1——作用在 AC 面上的土的内结构压力$\frac{c}{\tan\varphi}$的合力，kN；

δ——填土与挡土墙墙面 AC 之间的摩擦角，(°)；

α——挡土墙墙面 AC 与竖直平面的夹角，(°)。

同时，由图 7-16（a）中三角形 djh 的几何关系还可得

$$\varepsilon=\arcsin\left[\frac{G_2+\overline{ej}}{f}\cos(\gamma_0+\beta)\right] \tag{7-155}$$

式中　ε——图 7-16（a）中 dh 线段与 jh 线段的夹角，(°)。

根据图 7-16（a）中三角形 jgh 的几何关系可得

$$\overline{jg}=f\frac{\sin(\theta+\xi+\varepsilon)}{\sin(\xi+\varphi-\delta)} \tag{7-156}$$

式中　$\overline{jg}$——图 7-16（a）中线段 fg 的长度，kN；

$\overline{fg}$——图 7-16（a）中线段 fg 的长度，kN；

$\overline{fj}$——图 7-16（a）中线段 fj 的长度，kN；

θ——滑动块体 ABC 中 AC 面与 BC 面的夹角，(°)；

ξ——角度（为角度 θ 和 φ 的函数），(°)。

由图 7-16 中可见

$$\overline{jg}=\overline{fg}-\overline{fj}$$

$$\xi=\text{arccot}\left(\frac{e^{\theta\tan\varphi}-\cos\theta}{\sin\theta}\right) \tag{7-157}$$

由于 $\overline{fg}=P_p$，故

$$\overline{jg}=P_p-\overline{fj}$$

将上式代入公式（7-156）得

$$P_p-\overline{fj}=f\frac{\sin(\theta+\xi+\varepsilon)}{\sin(\xi+\varphi-\delta)}$$

由此得被动土压力为

$$P_p=f\frac{\sin(\theta+\xi+\varepsilon)}{\sin(\xi+\varphi-\delta)}+\overline{fj} \tag{7-158}$$

由图 7-16（a）中三角形 efj 的几何关系可得

$$\overline{fj}=C_1\frac{\cos\alpha}{\cos(\delta-\alpha)} \tag{7-159}$$

将公式（7-159）代入公式（10-158），得被动土压力为

$$P_p=f\frac{\sin(\theta+\xi+\varepsilon)}{\sin(\xi+\varphi-\delta)}+C_1\frac{\cos\alpha}{\cos(\delta-\alpha)} \tag{7-160}$$

根据上述方法计算被动土压力 P_p 的步骤如下：

（1）根据公式（7-145）计算角度 Δ_1 值。

（2）根据公式（7-142）和公式（7-143）计算角度 η_0 和 γ_0 值。

（3）根据公式（7-144）计算角度 θ 值。

（4）计算 $e^{\theta\tan\varphi}$、$e^{2\theta\tan\varphi}$、$e^{2\theta\tan\varphi}-1$ 的值。

（5）根据公式（7-146）～公式（7-150）计算重力 G_2、G_3，荷载 Q 和土的内结构压力 C_1、C_3 的值。

（6）根据公式（7-152）计算 $\overline{ib}$ 值。

（7）根据公式（7-151）计算 S 值。

（8）根据公式（7-154）计算 $\overline{ej}$ 值。

（9）根据公式（7-153）计算 f 值。

（10）根据公式（7-155）计算角度 ε 值。

(11) 根据公式（7-157）计算角度 ξ。

(12) 根据公式（7-159）计算 $\overline{fj}$ 值。

(13) 根据公式（7-158）计算被动土压力 P_p 值。

第三节　滑动土体的滑动面为平面

一、填土为无黏性土

（一）主动土压力

1. 滑动土体及其上的作用力

当填土处于主动极限平衡状态时，填土中将形成滑动面和滑动土体，此时滑动面为 AB 平面，滑动土体为 ABC，如图 7-17 所示。滑动面 AB 与挡土墙墙面 AC 的夹角为 α_0，由本书第五章第一节可知，α_0 可以按下式计算：

$$\alpha_0=\frac{1}{2}(\pi-\Delta-\varphi-\delta) \tag{7-161}$$

$$\Delta=\arccos\left(\frac{\sin\delta}{\sin\varphi}\right) \tag{7-162}$$

式中　α_0——滑动面 AB 与挡土墙墙面 AC 之间的夹角，(°)；

φ——填土的容重（重力密度），kN/m^3；

δ——填土与挡土墙墙面 AC 之间的摩擦角，(°)；

Δ——角度（为角度 φ 和 δ 的函数），(°)。

在滑动块 ABC 的重心处，作用有滑动土体 ABC 的重力 G，作用方向为竖直向下；在滑动土体 ABC 的 CB 面上作用有均布荷载 q，其合力为 $Q=q\overline{CB}$（$\overline{CB}$ 为 CB 面的长度），作用方向为竖直向下；在 AC 面上作用有主动土压力 P_a 的反力，作用方向为指向滑动土体 ABC，其作用线与 AC 面的法线的夹角为 δ，作用在法线的下方；在 AB 面上作用有反力 R，作用方向指向滑动土体 ABC，其作用线与 AB 面的法线的夹角为 φ，作用在法线的下方，如图 7-17 所示。

根据滑动块体 ABC 的几何关系，可得重力 G 和荷载 Q 的计算公式如下：

$$G=\frac{1}{2}\gamma H^2\ \frac{\sin\alpha_0\cos(\alpha-\beta)}{\cos^2\alpha\cos(\alpha_0+\beta-\alpha)} \tag{7-163}$$

$$Q=qH\ \frac{\sin\alpha_0}{\cos\alpha\cos(\alpha_0+\beta-\alpha)} \tag{7-164}$$

式中　G——滑动土体 ABC 的重力，kN；

Q——作用在填土表面 CB 上的均布荷载 q 的合力，kN；

γ——填土的容重（重力密度），kN/m^3；

q——作用在填土表面上的均布荷载，kPa；

H——挡土墙的高度，m；

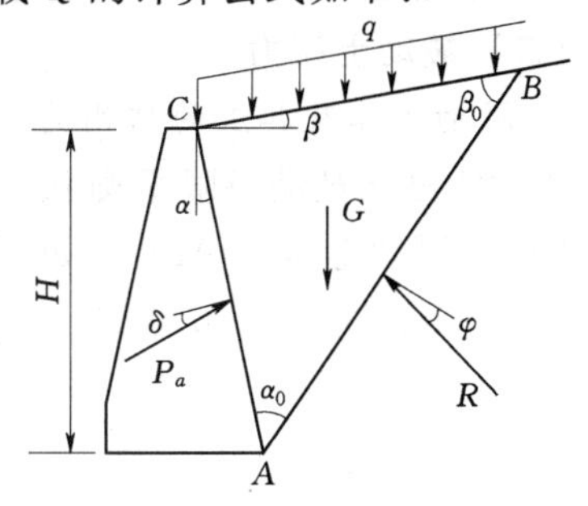

图 7-17　主动极限平衡状态下滑动土体及其上作用力（无黏性土）

α_0——滑动土体 ABC 中 AB 面与 AC 面的夹角，(°)；

α——挡土墙墙面 AC 与竖直平面之间的夹角，(°)；

β——填土表面 CB 与水平面的夹角，(°)。

2. 滑动土体上作用力的闭合三角形

当滑动土体 ABC 在上述作用力作用下处于主动极限平衡状态下时，根据作用力的大小，选择一定的比例尺，按照作用力的大小，作用方向，可顺序绘制成滑动土体 ABC 上作用力的闭合三角形 acd，如图 7-18 所示。

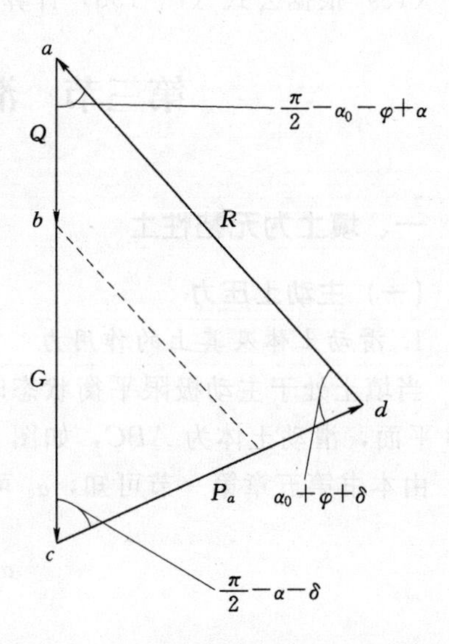

图 7-18　主动极限平衡状态下滑动土体上作用力的闭合三角形（无黏性土）

3. 主动土压力

根据图 7-18 所示的滑动土体 ABC 上作用力闭合三角形 acd，可得主动土压力为

$$P_a=(Q+G)\frac{\cos(\alpha_0+\varphi-\alpha)}{\sin(\alpha_0+\varphi+\delta)}\tag{7-165}$$

式中　P_a——主动土压力，kN；

Q——作用在填土表面 CB 上的均布荷载 q 的合力，kN；

G——滑动土体 ABC 的重力，kN；

φ——填土的内摩擦角，(°)。

将公式（7-163）和公式（7-164）代入公式（7-165），则主动土压力 P_a 也可以写成

$$P_a=\left[\frac{1}{2}\gamma H^2\frac{\cos(\alpha-\beta)}{\cos\alpha}+qH\right]\frac{\sin\alpha_0\cos(\alpha_0+\varphi-\alpha)}{\cos\alpha\cos(\alpha_0+\beta-\alpha)\sin(\alpha_0+\varphi+\delta)}\tag{7-166}$$

根据上述方法计算主动土压力 P_a 的步骤如下：

（1）根据公式（7-162）计算角度 Δ 值。

（2）根据公式（7-161）计算角度 α_0 值。

（3）计算 $\cos(\alpha_0+\varphi-\alpha)$、$\cos(\alpha_0+\beta-\alpha)$、$\sin(\alpha_0+\varphi+\delta)$ 的值。

（4）计算 $\dfrac{\sin\alpha_0\cos(\alpha_0+\varphi-\alpha)}{\cos\alpha\cos(\alpha_0+\beta-\alpha)\sin(\alpha_0+\varphi+\delta)}$ 的值。

（5）根据公式（7-166）计算主动土压力 P_a 值。

（二）被动土压力

1. 滑动土体及其上的作用力

当填土处于被动极限平衡状态时，填土中将形成滑动面和滑动土体，此时滑动面为 AB 平面，滑动土体为 ABC，如图 7-19 所示。滑动面 AB 与挡土墙墙面 AC 的夹角为 α_0，由本书第五章第一节可知，α_0 可按下列公式计算：

$$\alpha_0=\frac{1}{2}(\pi-\Delta+\alpha-\beta+\delta)\tag{7-167}$$

$$\Delta=\arccos\left[\frac{\sin\delta}{\sin\varphi}\cos(\alpha-\beta+\varphi)\right]\tag{7-168}$$

式中　α_0——滑动面 AB 与挡土墙墙面 AC 之间的夹角，(°)；

φ——填土的内摩擦角，(°)；

δ——填土与挡土墙墙面 AC 的摩擦角，(°)；

α——挡土墙墙面与竖直平面之间的夹角，(°)；

β——填土表面与水平面之间的夹角，(°)；

Δ——角度（为 φ 和 δ 的函数），(°)。

在滑动土体 ABC 的重心处，作用有滑动土体 ABC 的重力 G，作用方向为竖直向下；在滑动土体 ABC 的 CB 面上作用有均布荷载 q，其合力为 $Q=q\overline{CB}$（$\overline{CB}$为 CB 面的长度），作用方向为竖直向下；在 AC 面上作用有被动土压力 P_p 的反力，作用方向为指向滑动土体 ABC，其作用线与 AC 面的法线的夹角为 δ，作用在法线的上方；在 AB 面上作用有反力 R，作用方向指向滑动土体 ABC，其作用线与 AB 面的法线的夹角为 φ，作用在法线的上方，如图 7－19 所示。

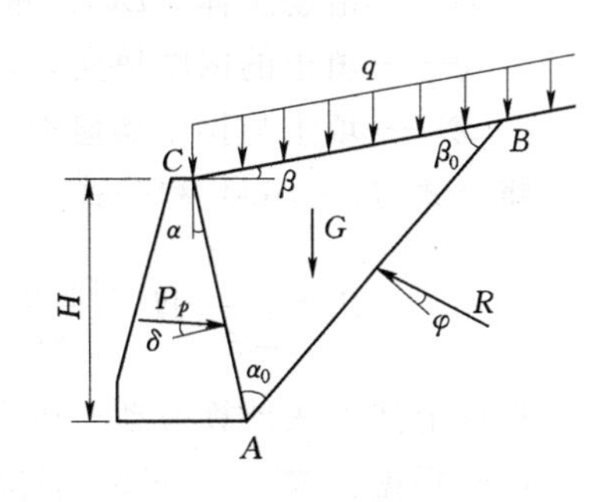

图 7－19 被动极限平衡状态下滑动土体及其上作用力（无黏性土）

根据滑动土体 ABC 的几何关系，可得重力 G 和荷载 Q 的计算公式如下：

$$G=\frac{1}{2}\gamma H^2\frac{\sin\alpha_0\cos(\alpha-\beta)}{\cos^2\alpha\cos(\alpha_0+\beta-\alpha)} \tag{7-169}$$

$$Q=qH\frac{\sin\alpha_0}{\cos\alpha\cos(\alpha_0+\beta-\alpha)} \tag{7-170}$$

式中 G——滑动土体 ABC 的重力，kN；

Q——作用在填土表面 CB 上的均布荷载 q 的合力，kN；

γ——填土的容重（重力密度），kN/m^3；

q——作用在填土表面 CB 上的均布荷载，kN；

H——挡土墙的高度，m；

α_0——滑动土体 ABC 中 AB 滑动面与挡土墙墙面 AC 的夹角，(°)；

α——挡土墙墙面 AC 与竖直平面的夹角，(°)；

β——填土表面 CB 与水平面的夹角，(°)。

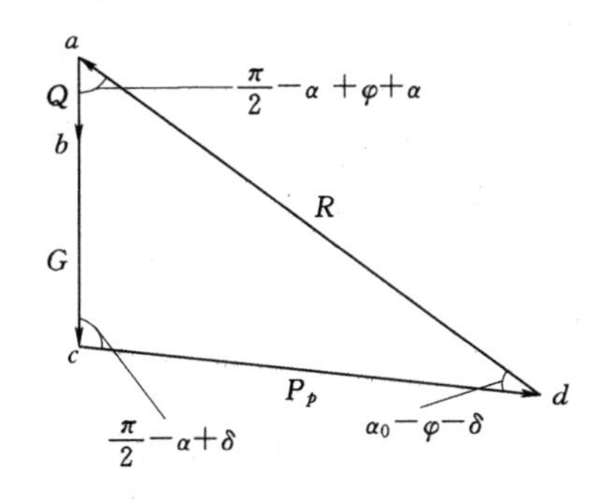

图 7－20 被动极限平衡状态下滑动土体上作用力的闭合三角形（无黏性土）

2. 滑动土体上作用力的闭合三角形

当滑动土体 ABC 在上述作用力的作用下处于被动极限平衡状态时，根据作用力的大小，选择一定的比例尺，按照作用力的大小，作用方向，可顺序绘制成滑动土体 ABC 上作用力的闭合三角形 acd，如图 7－20 所示。

3. 被动土压力

根据图 7－20 所示的滑动土体 ABC 上作用力的闭合三角形 acd，可得被动土压力为

$$P_p=(Q+G)\frac{\cos(\alpha_0-\varphi-\alpha)}{\sin(\alpha_0-\varphi-\delta)} \tag{7-171}$$

式中　P_p——作用在挡土墙的被动土压力，kN；

Q——作用在填土表面 CB 上的均布荷载 q 的合力，kN；

G——滑动土体 ABC 的重力，kN；

φ——填土的内摩擦角，(°)；

δ——填土与挡土墙墙面 AC 的摩擦角，(°)。

将公式（7-163）和公式（7-164）代入公式（7-171），则被动土压力也可以写成

$$P_p=\left[\frac{1}{2}\gamma H^2\frac{\cos(\alpha-\beta)}{\cos\alpha}+qH\right]\frac{\sin\alpha_0\cos(\alpha_0-\varphi-\alpha)}{\cos\alpha\cos(\alpha_0+\beta-\alpha)\sin(\alpha_0-\varphi-\delta)} \tag{7-172}$$

根据上述方法计算被动土压力 P_p 的步骤如下：

(1) 根据公式（7-168）计算角度 Δ 值。

(2) 根据公式（7-167）计算角度 α_0 值。

(3) 根据公式（7-169）和公式（7-170）计算重力 G 和荷载 Q。

(4) 根据公式（7-171）计算作用在挡土墙上的被动土压力。

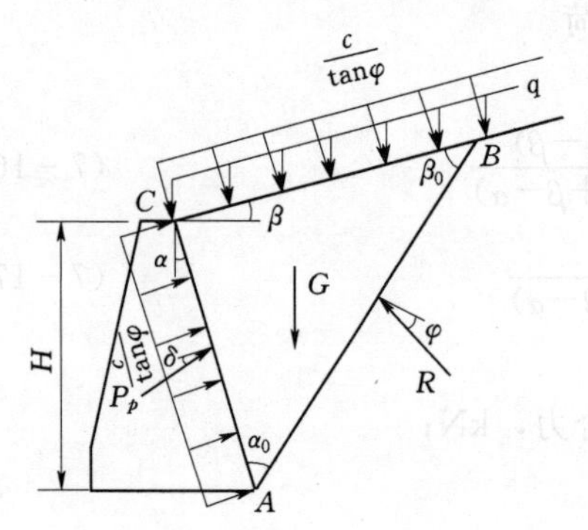

图 7-21　主动极限平衡状态下滑动土体及其上作用力（黏性土）

二、填土为黏性土

（一）主动土压力

1. 滑动土体及其上的作用力

当填土处于主动极限平衡状态时，填土中将形成滑动面和滑动土体，此时滑动面为 AB 平面，滑动土体为 ABC，如图 7-21 所示。滑动面 AB 与挡土墙墙面 AC 的夹角为 α_0，α_0 可以按下式计算：

$$\alpha_0=\frac{1}{2}(\Delta+\alpha-\beta-\delta) \tag{7-173}$$

$$\Delta=\arccos\left[\frac{\sin\delta}{\sin\varphi}\cos(\alpha-\beta+\varphi)\right] \tag{7-174}$$

式中　α_0——滑动面 AB 与挡土墙墙面 AC 之间的夹角，(°)；

φ——填土的容重（重力密度），kN/m³；

δ——填土与挡土墙墙面 AC 之间的摩擦角，(°)；

Δ——角度，(°)，其值为角度 φ 和 δ 的函数。

在滑动块土体 ABC 的重心处，作用有滑动土体 ABC 的重力 G，作用方向为竖直向下；在滑动土体的 CB 面上作用有均布荷载 q 和土的内结构压力 $\frac{c}{\tan\varphi}$，CB 面上均布荷载 q 的合力为 $Q=q\cdot\overline{CB}$（$\overline{CB}$ 为滑动土体 CB 边的长度），作用方向为竖直向下；作用在 CB

面上的土的内结构压力$\frac{c}{\tan\varphi}$的合力为$C_2=\frac{c}{\tan\varphi}\overline{CB}$，作用方向为指向滑动土体$ABC$，其作用线与$CB$面正交；在$AC$面上作用有主动土压力$P_a$的反力和土的内结构压力$\frac{c}{\tan\varphi}$，主动土压力的反力$P_a$的作用方向为指向滑动土体$ABC$，其作用线与$AC$面法线的夹角为$\delta$（$\delta$为填土与挡土墙面的摩擦角），作用在法线的下方；作用在AC面的土的内结构压力$\frac{c}{\tan\varphi}$的合力为$C_1=\frac{c}{\tan\varphi}\overline{AC}$（$\overline{AC}$为滑动土体的$AC$边长度），作用方向为指向滑动土体$ABC$，其作用线与$AC$面正交；在$AB$面上作用有反力$R$，作用方向为指向滑动土体$ABC$，其作用线与$AB$面的法线的夹角为$\varphi$，作用在法线的下方，如图7-21所示。

根据滑动块体ABC的几何关系，可得滑动土体ABC的重力G、CB面上均布荷载的合力Q、土的内结构压力$\frac{c}{\tan\varphi}$的合力C_1和C_2的计算公式如下：

$$G=\frac{1}{2}\gamma H^2\frac{\sin\alpha_0\cos(\alpha-\beta)}{\cos^2\alpha\cos(\alpha_0+\beta-\alpha)} \tag{7-175}$$

$$Q=qH\frac{\sin\alpha_0}{\cos\alpha\cos(\alpha_0+\beta-\alpha)} \tag{7-176}$$

$$C_1=cH\frac{1}{\cos\alpha\tan\varphi} \tag{7-177}$$

$$C_2=cH\frac{\sin\alpha_0}{\cos\alpha\tan\varphi\cos(\alpha_0+\beta-\alpha)} \tag{7-178}$$

式中　G——滑动土体ABC的重力，kN；
Q——作用在CB面上的均布荷载的合力，kN；
C_1——作用在AC面上的土的内结构压力的合力，kN；
C_2——作用在CB面上的土的内结构压力的合力，kN；
γ——填土的容重（重力密度），kN/m^3；
q——作用在填土表面上的均布荷载，kN；
c——填土的凝聚力，kPa；
H——挡土墙的高度，m；
α_0——滑动土体ABC中AB面与AC面的夹角，(°)；
φ——填土的内摩擦角，(°)；
α——挡土墙墙面AC与竖直平面之间的夹角，(°)；
β——填土表面与水平面的夹角，(°)。

2. 滑动土体上作用力的闭合多边形

当滑动土体ABC在上述作用力的作用下处于主动极限平衡状态时，根据图7-21中所示的滑动土体ABC上作用力的大小，选择一定的比例尺，按照作用力的大小，作用方向，可顺序绘制成滑动土体ABC上作用力的闭合多边形$abcdefg$，如图7-22所示。

3. 主动土压力

根据图7-22（a）中所示的滑动土体ABC上作用力闭合多边形，由其中的三角形

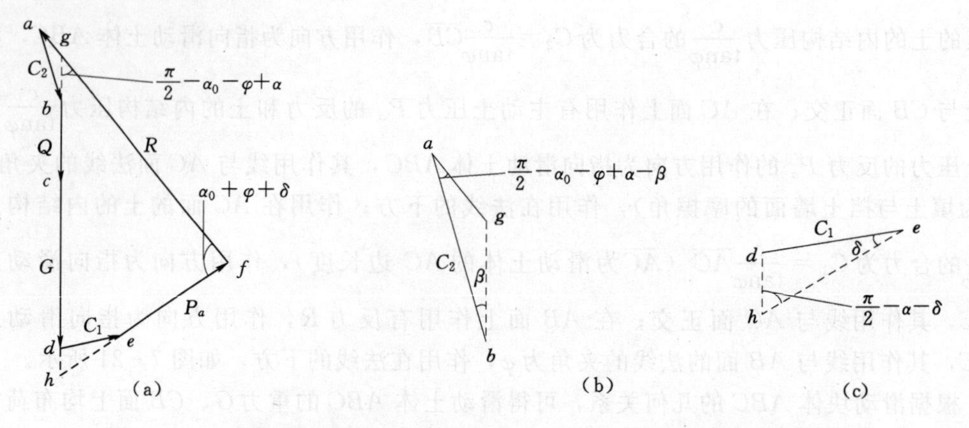

图7-22　主动极限平衡状态下滑动土体上作用力的闭合多边形（黏性土）

ghf 的几何关系可得

$$\overline{hf}=\overline{gh}\frac{\cos(\alpha_0+\varphi-\alpha)}{\sin(\alpha_0+\varphi+\delta)} \tag{7-179}$$

式中　$\overline{hf}$——在图7-22（a）中作用力闭合多边形的 hf 线段的长度，kN；

$\overline{gh}$——在图7-22（a）中作用力闭合多边形的 gh 线段的长度，kN；

δ——填土与挡土墙墙面的摩擦角，（°）。

由图7-22（a）中可知：

$$\overline{hf}=\overline{he}+\overline{ef}=\overline{he}+P_a \tag{7-180}$$

式中　$\overline{he}$——图7-22（a）中线段 he 的长度，kN；

$\overline{ef}$——图7-22（a）中线段 ef 的长度，kN；

P_a——主动土压力，kN。

由图7-22（c）中三角形 dhe 的几何关系可得

$$\overline{he}=C_1\frac{\cos\alpha}{\cos(\alpha+\delta)} \tag{7-181}$$

式中　C_1——作用在 AC 面上的土的内结构压力的合力，kN。

将公式（7-181）代入公式（7-180）得

$$\overline{hf}=C_1\frac{\cos\alpha}{\cos(\alpha+\delta)}+P_a \tag{7-182}$$

由图7-22（a）中可知

$$\overline{gh}=\overline{gb}+Q+G+\overline{dh} \tag{7-183}$$

式中　$\overline{gb}$——图7-22（a）中线段 gb 的长度，kN；

$\overline{dh}$——图7-22（a）中线段 dh 的长度，kN；

Q——作用在填土表面上的均布荷载的合力，kN；

G——滑动土体 ABC 的重力，kN。

由图 7－22（b）中三角形 abg 的几何关系可得

$$\overline{gb}=C_2\frac{\cos(\alpha_0+\varphi-\alpha+\beta)}{\sin(\alpha_0+\varphi-\alpha)} \tag{7-184}$$

由图 7－22（c）中三角形 dhc 的几何关系可得

$$\overline{dh}=C_1\frac{\sin\delta}{\cos(\alpha+\delta)} \tag{7-185}$$

将公式（7－183）代入公式（7－179）得

$$\overline{hf}=(Q+G+\overline{gb}+\overline{dh})\frac{\cos(\alpha_0+\varphi-\alpha)}{\sin(\alpha_0+\varphi+\delta)} \tag{7-186}$$

再将公式（7－180）代入公式（7－186），可得主动土压力为

$$P_a=(Q+G+\overline{gb}+\overline{dh})\frac{\cos(\alpha_0+\varphi-\alpha)}{\sin(\alpha_0+\varphi+\delta)}-\overline{he} \tag{7-187}$$

如将公式（7－181）、公式（7－184）和公式（7－185）代入上式，则主动土压力为

$$P_a=\left[Q+G+C_1\frac{\sin\delta}{\cos(\alpha+\delta)}+C_2\frac{\cos(\alpha_0+\varphi-\alpha+\beta)}{\cos(\alpha_0+\varphi-\alpha)}\right]\frac{\cos(\alpha_0+\varphi-\alpha)}{\sin(\alpha_0+\varphi+\delta)}-C_1\frac{\cos\alpha}{\cos(\alpha+\delta)} \tag{7-188}$$

根据上述方法计算主动土压力 P_a 的步骤如下：

（1）根据公式（7－174）计算角度 Δ 值。

（2）根据公式（7－173）计算角度 α_0 值。

（3）根据公式（7－175）～公式（7－178）计算 Q、G、C_1 和 C_2 值。

（4）根据公式（7－184）计算 $\overline{gb}$ 值。

（5）根据公式（7－185）计算 $\overline{dh}$ 值。

（6）根据公式（7－181）计算 $\overline{he}$ 值。

（7）计算 $\frac{\cos(\alpha_0+\varphi-\alpha)}{\sin(\alpha_0+\varphi+\delta)}$ 值。

（8）根据公式（7－187）计算主动土压力 P_a 值。

（二）被动土压力

1. 滑动土体及其上作用力

当填土处于被动极限平衡状态时，填土中将形成滑动面和滑动土体，此时滑动面为 AB 平面，滑动土体为 ABC，如图 7－23 所示。滑动面 AB 与挡土墙墙面 AC 的夹角为 α_0，α_0 可按下式计算：

$$\alpha_0=\frac{1}{2}(\pi-\Delta+\alpha-\beta+\delta) \tag{7-189}$$

$$\Delta=\arccos\left[\frac{\sin\delta}{\sin\varphi}\cos(\alpha-\beta+\varphi)\right] \tag{7-190}$$

式中　α_0——滑动面 AB 与挡土墙墙面 AC 之间的夹角，（°）；

φ——填土的内摩擦角，(°)；

δ——填土与挡土墙墙面 AC 的摩擦角，(°)；

α——挡土墙墙面与竖直平面的夹角，(°)；

β——填土表面与水平面的夹角，(°)；

Δ——角度（为 φ 和 δ 的函数），(°)。

在滑动土体 ABC 的重心处，作用有滑动土体 ABC 的重力 G，作用方向为竖直向下；在滑动土体 ABC 的 CB 面上，作用有均布荷载 q 和土的内结构压力 $\frac{c}{\tan\varphi}$，CB 面上均布荷载的合力 $Q=q\overline{CB}$（$\overline{CB}$为滑动土体 CB 面的长度），其作用方向为竖直向下；CB 面上土的内结压力 $\frac{c}{\tan\varphi}$ 的合力为 $C_2=\frac{c}{\tan\varphi}\overline{CB}$，作用方向为指向滑动土体 ABC，其作用线与 CB 面正交；在 AC 面上作用有被动土压力 P_p 的反力和土的内结构压力 $\frac{c}{\tan\varphi}$，土压力反力 P_p 的作用方向为指向滑动土体 ABC，其作用线与 AC 面的法线的夹角为 δ，作用在法线的上方；AC 面的土的内结构压力 $\frac{c}{\tan\varphi}$ 的合力为 $C_1=\frac{c}{\tan\varphi}\overline{AC}$（$\overline{AC}$为 AC 面的长度），作用方向为背离滑动土体 ABC 的方向，其作用线与 AC 面正交；在 AB 面上作用有反力 R，作用方向为指向滑动土体 ABC，其作用线与 AB 面的法线的夹角为 φ，作用在法线的上方，如图 7-23 所示。

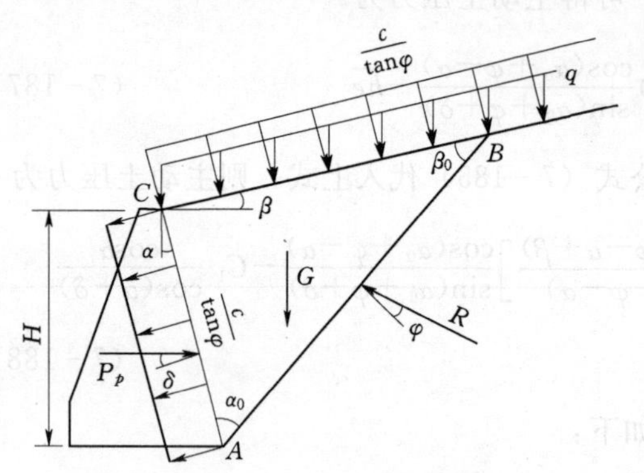

图 7-23　被动极限平衡状态下滑动土体及其上的作用力（黏性土）

根据滑动土体 ABC 的几何关系，可得重力 G、荷载 Q 和土的内结构压力的合力 C_1、C_2 的计算公式如下：

$$G=\frac{1}{2}\gamma H^2\frac{\sin\alpha_0\cos(\alpha-\beta)}{\cos^2\alpha\cos(\alpha_0+\beta-\alpha)} \tag{7-191}$$

$$Q=qH\frac{\sin\alpha_0}{\cos\alpha\cos(\alpha_0+\beta-\alpha)} \tag{7-192}$$

$$C_1=cH\frac{1}{\cos\alpha\tan\varphi} \tag{7-193}$$

$$C_2=cH\frac{\sin\alpha_0}{\cos\alpha\tan\varphi\cos(\alpha_0+\beta-\alpha)} \tag{7-194}$$

式中　G——滑动土体 ABC 的重力，kN；

Q——作用在填土表面 CB 上的均布荷载 q 的合力，kN；

C_1——作用在 AC 面上的土的内结构压力 $\frac{c}{\tan\varphi}$ 的合力，kN；

C_2——作用在填土表面 CB 上的土的内结构压力$\frac{c}{\tan\varphi}$的合力，kN；

γ——填土的容重（重力密度），kN/m³；

q——作用在填土表面的均布荷载，kN；

c——填土的凝聚力，kPa；

H——挡土墙的高度，m；

α_0——滑动土体 ABC 中 AB 面与 AC 面的夹角，(°)；

φ——填土的内摩擦角，(°)；

α——挡土墙墙面 AC 与竖直平面之间的夹角，(°)；

β——填土表面 CB 与水平面的夹角，(°)。

2. *滑动土体上作用力的闭合多边形*

当滑动土体 ABC 在上述作用力的作用下处于被动极限平衡状态时，根据图 7－23 中所示的作用力的大小和作用方向，可顺序绘制滑动土体 ABC 上作用力的闭合多边形 $abcdefg$，如图 7－24 所示。

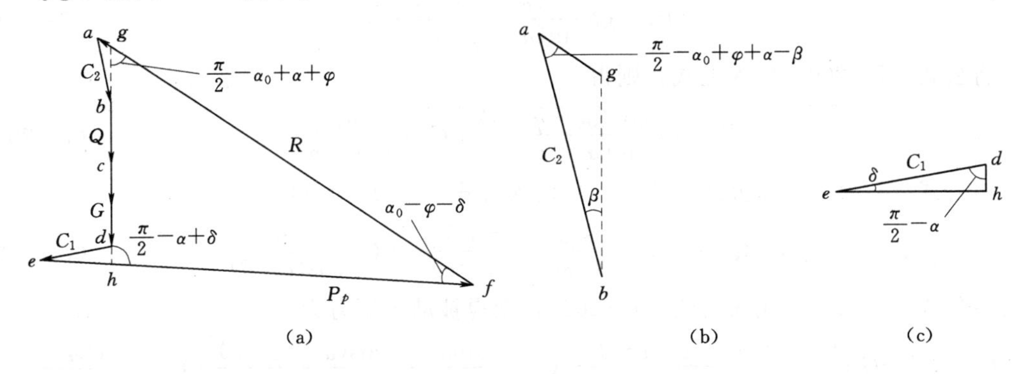

图 7－24 被动极限平衡状态下滑动土体上作用力的闭合多边形（黏性土）

3. *被动土压力*

根据图 7－24（a）中三角形 ghf 的几何关系可得

$$\overline{hf}=\overline{gh}\frac{\cos(\alpha_0-\varphi-\alpha)}{\sin(\alpha_0-\varphi-\delta)} \tag{7-195}$$

式中 $\overline{hf}$——图 7－24（a）中线段 hf 的长度，kN；

$\overline{gh}$——图 7－24（a）中线段 gh 的长度，kN；

δ——填土与挡土墙墙面的摩擦角，(°)。

由图 7－24（a）可知：

$$\overline{hf}=\overline{ef}-\overline{eh} \tag{7-196}$$

$$\overline{gh}=\overline{gb}+Q+G-\overline{hd} \tag{7-197}$$

式中 $\overline{eh}$——图 7－24（a）中线段 ef 的长度，kN；

$\overline{ef}$——图 7－24（a）中线段 ef 的长度，kN；

$\overline{gb}$——图 7－24（a）中线段 gb 的长度，kN；

$\overline{hd}$——图 7－24（a）中线段 hd 的长度，kN。

由图 7-24（b）中三角形 abg 的几何关系可得

$$\overline{gb}=C_2\ \frac{\cos(\alpha_0-\varphi-\alpha+\beta)}{\cos(\alpha_0-\varphi-\alpha)} \tag{7-198}$$

由图 7-24（c）中三角形 deh 的几何关系可得

$$\overline{hd}=C_1\ \frac{\sin\delta}{\cos(\alpha-\delta)} \tag{7-199}$$

$$\overline{eh}=C_1\ \frac{\cos\alpha}{\cos(\alpha-\delta)} \tag{7-200}$$

式中　C_1——作用在 AC 面上的土的内结构压力的合力，kN。

将公式（7-196）代入公式（7-195）得

$$\overline{ef}-\overline{eh}=\overline{gh}\frac{\cos(\alpha_0-\varphi-\alpha)}{\sin(\alpha_0-\varphi-\delta)}$$

由于

$$\overline{ef}=P_p$$

故得被动土压力为

$$P_p=\overline{gh}\frac{\cos(\alpha_0-\varphi-\alpha)}{\sin(\alpha_0-\varphi-\delta)}+\overline{eh} \tag{7-201}$$

将公式（7-200）代入上式，则得

$$P_p=\overline{gh}\frac{\cos(\alpha_0-\varphi-\alpha)}{\sin(\alpha_0-\varphi-\delta)}+C_1\ \frac{\cos\alpha}{\cos(\alpha-\delta)} \tag{7-202}$$

将公式（7-198）和公式（7-199）代入公式（7-197）得

$$\overline{gh}=Q+G+C_2\ \frac{\cos(\alpha_0-\varphi-\alpha+\beta)}{\cos(\alpha_0-\varphi-\alpha)}-C_1\ \frac{\sin\delta}{\cos(\alpha-\delta)} \tag{7-203}$$

将公式（7-203）代入公式（7-202），则得被动土压力为

$$P_p=\left[Q+G+C_2\ \frac{\cos(\alpha_0-\varphi-\alpha+\beta)}{\cos(\alpha_0-\varphi-\alpha)}-C_1\ \frac{\sin\delta}{\cos(\alpha-\delta)}\right]\frac{\cos(\alpha_0-\varphi-\alpha)}{\sin(\alpha_0-\varphi-\delta)}+C_1\ \frac{\cos\alpha}{\cos(\alpha-\delta)} \tag{7-204}$$

根据上述方法计算被动土压力 P_p 的步骤如下：

（1）根据公式（7-190）计算角度 Δ 值。

（2）根据公式（7-189）计算 α_0 值。

（3）根据公式（7-191）～公式（7-194）计算 G、Q、C_1 和 C_2 值。

（4）根据公式（7-198）计算 $\overline{gb}$ 值。

（5）根据公式（7-199）计算 $\overline{hd}$ 值。

（6）根据公式（7-200）计算 $\overline{eh}$ 值。

（7）根据公式（7-197）计算 $\overline{gh}$ 值。

（8）根据公式（7-201）计算作用在挡土墙上的被动土压力 P_p 值。

第八章　按能量理论计算挡土墙的土压力

第一节　概　　述

一、概述

土体（散粒体）在极限平衡状态下，除了存在一个满足应力平衡条件和强度条件的应力场之外，还存在一个相应的运动速度场。所谓运动速度，是指将土体视为完全塑性体而处于塑性流动状态时，各点处的塑性应变速率，即应变相对于时间的增长率。各点处的应变速率反应各点的位移速度或运动速度，而各点的应变速率分量则决定着各点处应变矢量的方向。

当土体中的应力场满足应力平衡条件和边界应力条件，且应力场中各点的应力小于极限应力时，这种应力场称为可静应力场，其相应的外荷载称为可静荷载。当土体中的应力场满足应力平衡条件和边界应力条件，同时还存在一个运动速度场，按这一运动速度场确定的外荷载，称为可动荷载。对于地基承载力问题，通常可静荷载解是问题的下限解，可动荷载解是问题的上限解，而问题的真实解，则处于下限解和上限解之间。在一般情况下，问题的真实解比较难于直接求得，因此，如若已知问题的下限解和上限解，则可据此估计问题的真实解。

二、流动法则

当土体中的应力达到屈服应力时，土体即进入塑性流动状态。所谓流动法则，是反映塑性体屈服应力与塑性应变速率关系的定律。1938 年米塞斯提出，流动法则可用塑性势函数 f 表示，并满足下列方程：

$$\frac{v}{\varepsilon_n}=\frac{\partial f/\partial\tau}{\partial f/\partial\sigma_n} \tag{8-1}$$

式中　v——剪应变速率，为塑性应变速率 ε 的分量；

ε_n——法向应变速率，为塑性应变速率 ε 的法向分量；

τ——剪应力；

σ_n——剪切面上的法向应力。

对于服从库仑强度条件的土体，其屈服条件就是强度条件，因此塑性势函数 f 可表示为

$$f=\tau-c-\sigma_n\tan\varphi \tag{8-2}$$

式中　c——土的凝聚力；

φ——土的摩擦角。

将公式（8-2）分别对剪应力τ和法向应力σ_n求偏导数可得

$$\left.\begin{aligned}\frac{\partial f}{\partial \tau}&=1\\ \frac{\partial f}{\partial \sigma_n}&=-\tan\varphi\end{aligned}\right\} \tag{8-3}$$

将公式（8-3）代入公式（8-1），则得

$$\frac{v}{\varepsilon_n}=\frac{1}{-\tan\varphi}=-\cot\varphi \tag{8-4}$$

公式（8-4）表示，在塑性流动状态的土体中，剪应变速率v与法向应变速率的比值等于土体内摩擦角余切的负值。由于剪应变速率无正负的区别，而法向应变速率的正值表示压缩，负值表示膨胀，故公式（8-4）说明土体在塑性流动过程中将伴随有体积的膨胀。

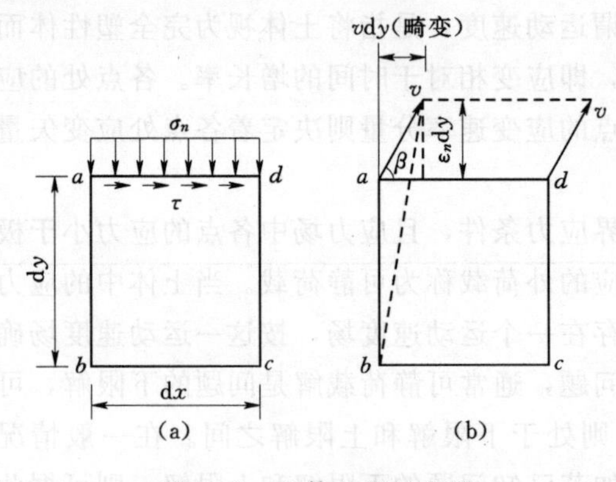

图8-1　土体的塑性变形

若塑性应变速率矢量ε与土体的强度包线或屈服轨迹（塑性势线）相垂直。

若有一个高度为dy，宽度为dx的单元土体，在竖向应力σ_n作用下达到塑性流动状态或屈服状态。此时土体表面上各点在发生剪切速度vdy的同时，也产生竖直方向的变形速度$\varepsilon_n dy=vdy\tan\varphi$，因而伴随着产生体积膨胀公式（8-1）。水平剪切速度和竖向变形速度的矢量之和，为应变速度矢量v，它与受剪面ad的夹角为β。由图8-1可见

$$\tan\beta=\frac{\varepsilon_n}{v} \tag{8-5}$$

将公式（8-4）代入公式（8-5）得

$$\tan\beta=\frac{\varepsilon_n}{v}=-\tan\varphi$$

由此可得

$$\beta=\varphi \tag{8-6}$$

公式（8-6）表示，土体处于塑性流动或剪切滑动状态时，滑动面上任一点处的应变速度矢量v与该点处的滑动线成φ角。而当土体$c>0$、$\varphi=0$时，$\beta=0$，即此时应变速度矢量v的方向与滑动线方向一致。

三、土体在塑性流动中的能量消耗

处于屈服状态的土体，在剪应为τ作用下所作之功为

$$\tau\nu=c\nu+\sigma_n\tan\varphi\cdot v \tag{8-7}$$

土体在剪切作功的同时，产生体积膨胀，将消耗一部分能量，也就是吸收一部分功，这部分功为$\sigma_n\varepsilon_n$，将公式（8-4）代入，则得

$$\sigma_n\varepsilon_n=\sigma_n\tan\varphi\cdot v$$

所以，单位土体总的消耗的能量为

$$N=\tau\nu-\sigma_n\tan\varphi\cdot\nu=c\nu=cv\cos\varphi \tag{8-8}$$

式中　v——剪切面上的应变速率；

ν——应变速率沿剪切面的分量。

第二节　土压力（上限）的计算

一、滑动面为平面时的土压力

若有如图8-2所示的挡土墙，墙高为H，墙面倾斜，与竖直面成α角，墙背面填土表面向上倾斜，与水平线成β角，填土容重（重力密度）为γ，内摩擦角为φ，凝聚力为c。

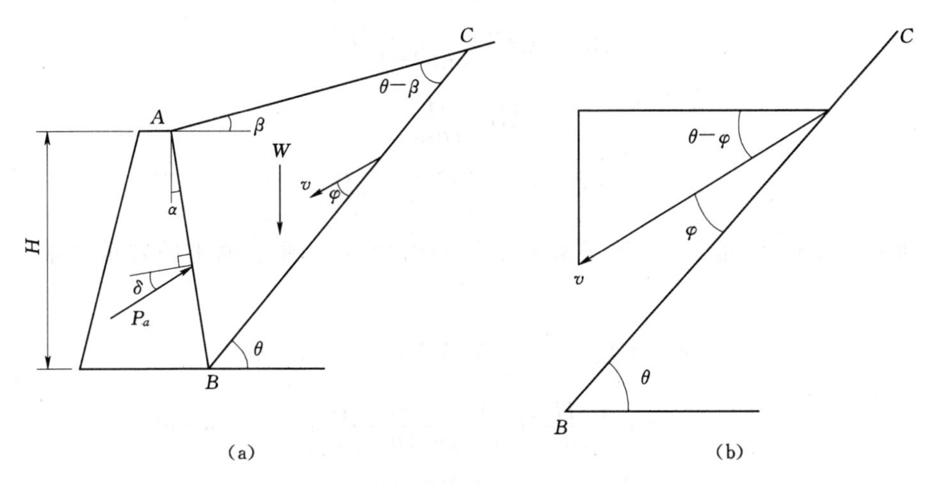

图8-2　滑动面为平面时主动土压力计算图

若滑动土体为ABC，滑动面为BC，与水平面的夹角为θ。根据微分块体极限平衡原理可知，角度θ可按下列公式计算。

（1）对于计算主动土压力有

$$\theta=\frac{1}{2}(\Delta+\varphi+\delta)+\alpha \tag{8-9}$$

$$\Delta=\arccos\left(\frac{\sin\delta}{\sin\varphi}\right) \tag{8-10}$$

式中　θ——滑动面BC与水平面的夹角，(°)；

α——挡土墙墙面与竖直面的夹角，(°)；

φ——填土的内摩擦角，(°)；

δ——填土与挡土墙墙面的摩擦角，(°)；

Δ——角度（为φ和δ的函数），(°)。

（2）对于计算被动土压力有

$$\theta=\frac{1}{2}(\Delta+\alpha+\beta-\delta) \tag{8-11}$$

$$\Delta=\arccos\left[\frac{\sin\delta}{\sin\varphi}\cos(\alpha-\beta-\varphi)\right] \tag{8-12}$$

式中　θ——滑动面 BC 与水平面的夹角，(°)；

α——挡土墙墙面与竖直面的夹角，(°)；

δ——填土与挡土墙墙面的摩擦角，(°)；

Δ——角度（为 φ 和 δ 的函数），(°)。

φ——填土的内摩擦角，(°)；

β——填土表面与水平面的夹角，(°)。

由图 8-2（a）中$\triangle ABC$的几何关系可得

$$\frac{\overline{BC}}{\sin(90^\circ-\alpha+\beta)}=\frac{\overline{AB}}{\sin(\theta-\beta)}$$

则

$$\overline{BC}=\overline{AB}\frac{\sin(90^\circ-\alpha+\beta)}{\sin(\theta-\beta)}$$

因为

$$\overline{AB}=\frac{H}{\cos\alpha}$$

所以

$$\overline{BC}=H\frac{\sin(90^\circ-\alpha+\beta)}{\cos\alpha\sin(\theta-\beta)}$$

滑动土体 ABC 的重量 W 等于滑动土体的面积 A_{ABC} 乘上填土的容重（重力密度）γ，即

$$\begin{aligned}W&=\gamma A_{ABC}=\gamma\frac{1}{2}\overline{AB}\overline{AC}\sin(90^\circ+\alpha-\theta)\\&=\gamma\frac{1}{2}\frac{H}{\cos\alpha}H\frac{\sin(90^\circ-\alpha+\beta)}{\cos\alpha\sin(\theta-\varphi)}\sin(90^\circ+\alpha-\theta)\\&=\frac{1}{2}\gamma H^2\frac{\cos(\alpha-\beta)\cos(\theta-\alpha)}{\cos^2\alpha\sin(\theta-\beta)}\end{aligned} \tag{8-13}$$

（一）主动土压力

作用在滑动土体上的外力有滑动土体的重力 W 和挡土墙对滑动土体的反力 P_a，当土体处于塑性流动状态时，滑动土体 ABC 在 BC 面上的应变速率为 v，其矢量与滑动面 BC 成 φ 角，其方向与土体滑动方向基本相同，如图 8-2（b）所示。此时外力 W 在竖直方向所作的功为

$$N_W=Wv\sin(\theta-\varphi)=\frac{1}{2}v\gamma H^2\frac{\cos(\alpha-\beta)\cos(\theta-\alpha)\sin(\theta-\varphi)}{\cos^2\alpha\sin(\theta-\beta)} \tag{8-14}$$

由于 W 的作用方向与应变速率 v 在竖直方向分量的方向一致，故 W 所作之功为正。

外力 P_a 的作用线与挡土墙墙面的法线成 δ 角，作用方向指向填土，故可分解为两部分，即水平分量 $P_a\cos(\alpha+\delta)$ 和竖直分量 $P_a\sin(\alpha+\delta)$。所以外力 P_a 所作的功也可分为两部分，P_a 的水平分量 $P_a\cos(\alpha+\delta)$ 所作的功为

$$N_{PH}=-P_a\cos(\alpha+\delta)\cdot v\cos(\theta-\varphi) \tag{8-15}$$

由于 P_a 的水平分量 $P_a\cos(\alpha+\delta)$ 的作用方向与应变速率 v 的水平分量相反，故这部分的

功为负值。

反力 P_a 的竖向分量 $P_a\sin(\alpha+\delta)$ 所作的功为

$$N_{PV}=-P_a\sin(\alpha+\delta)v\sin(\theta-\varphi) \tag{8-16}$$

由于 P_a 的竖向分量的作用方向与应变速率 v 的竖直分量的方向相反，故这部分功也为负值。

所以，外力所作的功为上述三部分之和，即

$$\begin{aligned}N&=N_W+N_{PH}+N_{PV}\\&=\frac{1}{2}v\gamma H^2\frac{\cos(\alpha-\beta)\cos(\theta-\alpha)\sin(\theta-\varphi)}{\cos^2\alpha\sin(\theta-\beta)}\\&\quad-P_a\cos(\alpha+\delta)v\cos(\theta-\varphi)-P_a\sin(\alpha+\delta)v\sin(\theta-\varphi)\end{aligned} \tag{8-17}$$

滑动面 BC 上任一点处消耗的能量（吸收的功，也称为内功）为 $cv\cos\varphi$，故沿整个滑动面 BC 上消耗的能量为

$$M=cv\cos\varphi\overline{BC}=cv\cos\varphi\frac{H\cos(\alpha-\beta)}{\cos\alpha\sin(\theta-\beta)} \tag{8-18}$$

根据外力所作的功与内部消耗的能量相等的原则，公式（8-17）应与公式（8-18）相等，即

$$N=M$$

故

$$\frac{1}{2}v\gamma H^2\frac{\cos(\alpha-\beta)\cos(\theta-\alpha)\sin(\theta-\varphi)}{\cos^2\alpha\sin(\theta-\beta)}-P_av\cos(\alpha+\delta)\cos(\theta-\varphi)-P_av\sin(\alpha+\delta)\sin(\theta-\varphi)$$
$$=cv\cos\varphi\frac{H\cos(\alpha-\beta)}{\cos\alpha\sin(\theta-\beta)}$$

将上式中的应变速率 v 消去，经整理后可得主动土压力为

$$\begin{aligned}P_a&=\frac{\frac{1}{2}\gamma H^2\cos(\theta-\alpha)\sin(\theta-\varphi)-cH\cos\varphi\cos\alpha}{\cos(\alpha+\delta)\cos(\theta-\varphi)+\sin(\alpha+\delta)\sin(\theta-\varphi)}\times\frac{\cos(\alpha-\beta)}{\cos^2\alpha\sin(\theta-\beta)}\\&=\frac{\frac{1}{2}\gamma H^2\cos(\theta-\alpha)\sin(\theta-\varphi)-cH\cos\varphi\cos\alpha}{\cos(\theta-\varphi-\alpha-\delta)}\times\frac{\cos(\alpha-\beta)}{\cos^2\alpha\sin(\theta-\beta)}\\&=\frac{1}{2}\lambda H^2K_a\end{aligned} \tag{8-19}$$

$$\begin{aligned}K_a&=\frac{\cos(\theta-\alpha)\sin(\theta-\varphi)-\frac{2c}{\gamma H}\cos\varphi\cos\alpha}{\cos(\alpha+\delta)\cos(\theta-\varphi)+\sin(\alpha+\delta)\sin(\theta-\varphi)}\times\frac{\cos(\alpha-\beta)}{\cos^2\alpha\sin(\theta-\beta)}\\&=\frac{\cos(\theta-\alpha)\sin(\theta-\varphi)-\frac{2c}{\gamma H}\cos\varphi\cos\alpha}{\cos(\theta-\varphi-\alpha-\delta)}\times\frac{\cos(\alpha-\beta)}{\cos^2\alpha\sin(\theta-\beta)}\end{aligned} \tag{8-20}$$

式中　K_a——主动土压力系数；

c——填土的凝聚力，kPa；

H——挡土墙的高度，m；

θ——滑动面 BC 与水平面的夹角，(°)；

α——挡土墙墙面与竖直面的夹角，(°)；

β——填土表面与水平面的夹角，(°)；

φ——填土的内摩擦角，(°)；

δ——填土与挡土墙墙面的摩擦角，(°)。

如若已知滑动面与水平面的夹角 θ，即可按公式（8-19）计算主动土压力 P_a。

1. 黏性土的主动土压力

(1) 当填土表面水平时（$\beta=0°$）。主动主压力 P_a 按下式计算：

$$P_a=\frac{\frac{1}{2}\gamma H^2\cos(\theta-\alpha)\sin(\theta-\varphi)-cH\cos\varphi\cos\alpha}{\cos(\theta-\varphi-\alpha-\delta)}\times\frac{1}{\cos\alpha\sin\theta} \tag{8-21}$$

或

$$P_a=\frac{1}{2}\gamma H^2K_a \tag{8-22}$$

$$K_a=\frac{\cos(\theta-\alpha)\sin(\theta-\varphi)-\frac{2c}{\gamma H}\cos\varphi\cos\alpha}{\cos(\theta-\varphi-\alpha-\delta)}\times\frac{1}{\cos\alpha\sin\theta} \tag{8-23}$$

(2) 当挡土墙墙面竖直时（$\alpha=0°$）。主动土压力 P_a 按下式计算：

$$P_a=\frac{\frac{1}{2}\gamma H^2\cos\theta\sin(\theta-\varphi)-cH\cos\varphi}{\cos(\theta-\varphi-\delta)}\times\frac{\cos\beta}{\sin(\theta-\beta)} \tag{8-24}$$

上式也可以写成下列形式：

$$P_a=\frac{1}{2}\gamma H^2K_a \tag{8-25}$$

$$K_a=\frac{\cos\theta\sin(\theta-\varphi)-\frac{2c}{\gamma H}\cos\varphi}{\cos(\theta-\varphi-\delta)}\times\frac{\cos\beta}{\sin(\theta-\beta)} \tag{8-26}$$

(3) 当挡土墙面光滑时（$\delta=0°$），主动土压力 P_a，按下式计算：

$$P_a=\frac{\frac{1}{2}\gamma H^2\cos(\theta-\alpha)\sin(\theta-\varphi)-cH\cos\varphi\cos\alpha}{\cos(\theta-\varphi-\alpha)\cos^2\alpha}\times\frac{\cos(\alpha-\beta)}{\sin(\theta-\beta)} \tag{8-27}$$

上式也可写成下列形式：

$$P_a=\frac{1}{2}\gamma H^2K_a \tag{8-28}$$

$$K_a=\frac{\cos(\theta-\alpha)\sin(\theta-\varphi)-\frac{2c}{\gamma H}\cos\varphi\cos\alpha}{\cos(\theta-\varphi-\alpha)\cos^2\alpha}\times\frac{\cos(\alpha-\beta)}{\sin(\theta-\beta)} \tag{8-29}$$

(4) 当墙面竖直、填土表面水平时（$\alpha=\beta=0°$）。此时主动土压力 P_a 为

$$P_a=\frac{\frac{1}{2}\gamma H^2\cos\theta\sin(\theta-\varphi)-cH\cos\varphi}{\cos(\theta-\varphi-\delta)\sin\theta} \tag{8-30}$$

上式也可写成下列形式：

$$P_a = \frac{1}{2}\gamma H^2 K_a \tag{8-31}$$

$$K_a = \frac{\cos\theta\sin(\theta-\varphi) - \dfrac{2c}{\gamma H}\cos\varphi}{\cos(\theta-\varphi-\delta)\sin\theta} \tag{8-32}$$

2. 无黏性土的主动土压力

对于无黏性土（$c=0$），此时主动土压力 P_a，按下式计算：

$$P_a = \frac{1}{2}\gamma H^2 \frac{\cos(\theta-\alpha)\sin(\theta-\varphi)\cos(\alpha-\beta)}{\cos(\theta-\varphi-\alpha-\delta)\sin(\theta-\beta)\cos^2\alpha} \tag{8-33}$$

上式也可写成下列形式：

$$P_a = \frac{1}{2}\gamma H^2 K_a \tag{8-34}$$

$$K_a = \frac{\cos(\theta-\alpha)\sin(\theta-\varphi)\cos(\alpha-\beta)}{\cos(\theta-\varphi-\alpha-\delta)\sin(\theta-\beta)\cos^2\alpha} \tag{8-35}$$

（1）当填土表面水平时（$\beta=0$）。此时主动土压力为

$$P_a = \frac{1}{2}\gamma H^2 \frac{\cos(\theta-\alpha)\sin(\theta-\varphi)}{\cos(\theta-\varphi-\alpha-\delta)\sin\theta\cos\alpha} \tag{8-36}$$

上式也可写成下列形式：

$$P_a = \frac{1}{2}\gamma H^2 K_a \tag{8-37}$$

$$K_a = \frac{\cos(\theta-\alpha)\sin(\theta-\varphi)}{\cos(\theta-\varphi-\alpha-\delta)\sin\theta\cos\alpha} \tag{8-38}$$

（2）当挡土墙墙面竖直时（$\alpha=0°$）。此时主动土压力为

$$P_a = \frac{1}{2}\gamma H^2 \frac{\cos\theta\sin(\theta-\varphi)\cos\beta}{\cos(\theta-\varphi-\delta)\sin(\theta-\beta)} \tag{8-39}$$

上式也可以写成下列形式：

$$P_a = \frac{1}{2}\gamma H^2 K_a \tag{8-40}$$

$$K_a = \frac{\cos\theta\sin(\theta-\varphi)\cos\beta}{\cos(\theta-\varphi-\delta)\sin(\theta-\beta)} \tag{8-41}$$

（3）当墙面光滑时（$\delta=0°$）。此时主动土压力为

$$P_a = \frac{1}{2}\gamma H^2 \frac{\cos(\theta-\alpha)\sin(\theta-\varphi)\cos(\alpha-\beta)}{\cos(\theta-\varphi-\alpha)\sin(\theta-\beta)\cos^2\alpha} \tag{8-42}$$

上式也可以写成下列形式：

$$P_a = \frac{1}{2}\gamma H^2 K_a \tag{8-43}$$

$$K_a=\frac{\cos(\theta-\alpha)\sin(\theta-\varphi)\cos(\alpha-\beta)}{\cos(\theta-\varphi-\alpha)\sin(\theta-\beta)\cos^2\alpha} \tag{8-44}$$

(4) 当墙面光滑竖直、填土表面水平时（$\alpha=\beta=\delta=0°$）。此时主动土压力为

$$P_a=\frac{1}{2}\gamma H^2\cos\theta\tan(\theta-\varphi) \tag{8-45}$$

如令 $\theta=45°+\frac{\varphi}{2}$，代入上式，则得

$$P_a=\frac{1}{2}\gamma H^2\cot\left(45°+\frac{\varphi}{2}\right)\tan\left(45°+\frac{\varphi}{2}-\varphi\right)=\frac{1}{2}\gamma H^2\cot\left(45°+\frac{\varphi}{2}\right)\tan\left(45°-\frac{\varphi}{2}\right)$$

上式经变换后，可得

$$P_a=\frac{1}{2}\gamma H^2\tan^2\left(45°-\frac{\varphi}{2}\right)$$

上式与前面所述的朗肯公式和库仑公式完全相同，故知朗肯公式与库仑公式属于问题的上限解。

公式（8-45）也可以写成下列形式：

$$P_a=\frac{1}{2}\gamma H^2K_a \tag{8-46}$$

$$K_a=\cot\theta\tan(\theta-\varphi) \tag{8-47}$$

(二) 被动土压力

在被动土压力的情况，滑动土体沿滑动面向上滑动，故应变速率 v 的矢量方向也向上，并与滑动面 BC 成 φ 角，如图 8-3（a）所示。此时作用在滑动土体上的外力仍为滑动土体 ABC 的重力 W 和被动土压力的反力 P_p，但此时被动土压力 P_p 作用在墙面法线的上方，并与法线成 δ 角，它的水平分量为 $P_p\sin(\alpha-\delta)$，作用方向为朝向填土方向，竖直分量为 $P_p\sin(\alpha-\delta)$，作用方向向下。

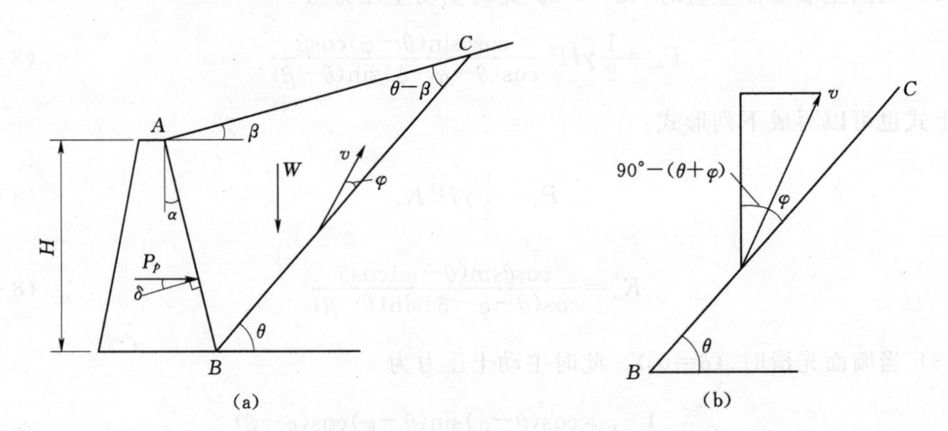

图 8-3 滑动面为平面时被动土压力计算图

此时滑动土体 ABC 的自重 W 仍可按公式（8-9）计算。

外力所作的功仍可分别按前面的公式计算，但因滑动土体自重 W 的作用方向与应变速率 v 的竖直分量方向相反，故 W 所作之功为负值；反力 P_p 的水平分力 $P_p\cos(\alpha-\delta)$

的作用方向与应变速率 v 的水平分量的方向［图 8-3（b）］一致，故其所作之功为正值；反力竖向分力 $P_p\sin(\alpha-\delta)$ 的作用方向向下，与应变速率的竖直分量方向相反，故其所作之功为负值，因此外力所作的功为

$$\begin{aligned} N &= N_W + N_{PH} + N_{PV} \\ &= -\frac{1}{2}v\gamma H^2 \frac{\cos(\alpha-\beta)\cos(\theta-\alpha)\sin(\theta+\varphi)}{\cos^2\alpha\sin(\theta-\beta)} + P_p v\cos(\alpha-\delta)\cos(\theta+\varphi) \\ &\quad - P_p v\sin(\alpha-\delta)\sin(\theta+\varphi) \end{aligned}$$

滑动面上任一点消耗的能量为 $cv\cos\varphi$，沿整个滑动面 BC 上消耗的总能量为

$$M = cv\cos\varphi \frac{H\cos(\alpha-\beta)}{\cos\alpha\sin(\theta-\beta)}$$

根据外力所作的功与土体内部消耗的能量相等的原则，可得

$$-\frac{1}{2}v\gamma H^2 \frac{\cos(\alpha-\beta)\cos(\theta-\alpha)\sin(\theta+\varphi)}{\cos^2\alpha\sin(\theta-\beta)} + P_p v\cos(\alpha-\delta)\cos(\theta+\varphi) - P_p v\sin(\alpha-\delta)\sin(\theta+\varphi)$$

$$= cv\cos\varphi \frac{H\cos(\alpha-\beta)}{\cos\alpha\sin(\theta-\beta)}$$

消去上式中的 v，并经整理后可得被动土压力为

$$\begin{aligned} P_p &= \frac{\frac{1}{2}\gamma H^2\cos(\theta-\alpha)\sin(\theta+\varphi) + cH\cos\varphi\cos\alpha}{\cos(\alpha-\delta)\cos(\theta+\varphi) - \sin(\alpha-\delta)\sin(\theta+\varphi)} \times \frac{\cos(\alpha-\beta)}{\cos^2\alpha\sin(\theta-\beta)} \\ &= \frac{\frac{1}{2}\gamma H^2\cos(\theta-\alpha)\sin(\theta+\varphi) + cH\cos\varphi\cos\alpha}{\cos(\theta+\varphi+\delta-\alpha)} \times \frac{\cos(\alpha-\beta)}{\cos^2\alpha\sin(\theta-\beta)} \\ &= \frac{1}{2}\gamma H^2 K_p \end{aligned} \tag{8-48}$$

$$K_p = \frac{\cos(\theta-\alpha)\sin(\theta+\varphi) + \frac{2c}{\gamma H}\cos\varphi\cos\alpha}{\cos(\theta+\varphi+\delta-\alpha)} \times \frac{\cos(\alpha-\beta)}{\cos^2\alpha\sin(\theta-\beta)} \tag{8-49}$$

式中　K_p——被动土压力系数。

1. 黏性土的被动土压力

（1）当填土表面水平时（$\beta=0°$）。

$$P_p = \frac{\frac{1}{2}\gamma H^2\cos(\theta-\alpha)\sin(\theta+\varphi) + cH\cos\varphi\cos\alpha}{\cos(\theta+\varphi+\delta-\alpha)} \times \frac{1}{\cos\alpha\sin\theta} \tag{8-50}$$

上列公式也可以写成下列形式：

$$P_p = \frac{1}{2}\gamma H^2 K_p \tag{8-51}$$

$$K_p = \frac{\cos(\theta-\alpha)\sin(\theta+\varphi) + \frac{2c}{\gamma H}\cos\varphi\cos\alpha}{\cos(\theta+\varphi+\delta-\alpha)\cos\alpha\sin\theta} \tag{8-52}$$

式中　K_p——被动土压力系数。

(2) 当挡土墙墙面竖直时($\alpha=0°$)。

$$P_p=\frac{\frac{1}{2}\gamma H^2\cos\theta\sin(\theta+\varphi)+cH\cos\varphi}{\cos(\theta+\varphi+\delta)}\times\frac{\cos\beta}{\sin(\theta-\beta)}\tag{8-53}$$

上式也可以写成下列形式:

$$P_p=\frac{1}{2}\gamma H^2K_p\tag{8-54}$$

$$K_p=\frac{\left[\cos\theta\sin(\theta+\varphi)+\frac{2c}{\gamma H}\cos\varphi\right]\cos\beta}{\cos(\theta+\varphi+\delta)\sin(\theta-\beta)}\tag{8-55}$$

式中 K_p——被动土压力系数。

(3) 当挡土墙墙面竖直、填土表面水平时($\alpha=\beta=0°$)。

$$P_p=\frac{\frac{1}{2}\gamma H^2\sin(\theta+\varphi)\cos\theta+cH\cos\varphi}{\cos(\theta+\varphi+\delta)\sin\theta}\tag{8-56}$$

上式也可以写成下列形式:

$$P_p=\frac{1}{2}\gamma H^2K_p\tag{8-57}$$

$$K_p=\frac{\cos\theta\sin(\theta+\varphi)+\frac{2c}{\gamma H}\cos\varphi}{\cos(\theta+\varphi+\delta)\sin\theta}\tag{8-58}$$

2. 无黏性土的被动土压力

对于无黏性土,被动土压力为

$$P_p=\frac{1}{2}\gamma H^2\frac{\cos(\theta-\alpha)\sin(\theta+\varphi)\cos(\alpha-\beta)}{\cos^2\alpha\cos(\theta+\varphi+\delta-\alpha)\sin(\theta-\beta)}\tag{8-59}$$

上式也可以写成下列形式:

$$P_p=\frac{1}{2}\gamma H^2K_p\tag{8-60}$$

$$K_p=\frac{\cos(\theta-\alpha)\sin(\theta+\varphi)\cos(\alpha-\beta)}{\cos^2\alpha\cos(\theta+\varphi+\delta-\alpha)\sin(\theta-\beta)}\tag{8-61}$$

(1) 当填土表面水平、墙面竖直时($\alpha=\beta=0°$)。

$$P_p=\frac{1}{2}\gamma H^2\frac{\sin(\theta+\varphi)}{\cos(\theta+\varphi+\delta)\tan\theta}\tag{8-62}$$

上式也可以写成下列形式:

$$P_p=\frac{1}{2}\gamma H^2K_p\tag{8-63}$$

$$K_p=\frac{\sin(\theta+\varphi)}{\cos(\theta+\varphi+\delta)\tan\theta}\tag{8-64}$$

(2) 当墙面光滑竖直、填土表面水平时($\alpha=\beta=\delta=0°$)。此时被动土压力为

$$P_p=\frac{1}{2}\gamma H^2\tan(\theta+\varphi)\cot\theta \tag{8-65}$$

若取 $\theta=45°-\frac{\varphi}{2}$，代入上式，则得

$$P_p=\frac{1}{2}\gamma H^2\tan\left(45°-\frac{\varphi}{2}+\varphi\right)\cot\left(45°-\frac{\varphi}{2}\right)=\frac{1}{2}\gamma H^2\tan\left(45°+\frac{\varphi}{2}\right)\cot\left(45°-\frac{\varphi}{2}\right)$$

经三角函数变换后，上式可变为

$$P_p=\frac{1}{2}\gamma H^2\tan^2\left(45°+\frac{\varphi}{2}\right)$$

上式与朗肯公式完全相同。

上式也可以写成下列形式：

$$P_p=\frac{1}{2}\gamma H^2 K_p \tag{8-66}$$

$$K_p=\tan(\theta+\varphi)\cot\theta \tag{8-67}$$

二、滑动面为组合面时的土压力

若有如图 8-4（a）所示的挡土墙，墙高为 H，墙面倾斜，与水平面的夹角为 α；墙背面填土为一向上的斜坡面，与水平面的夹角为 β，墙后填土为无黏性土，容重为 γ，内摩擦角为 φ。

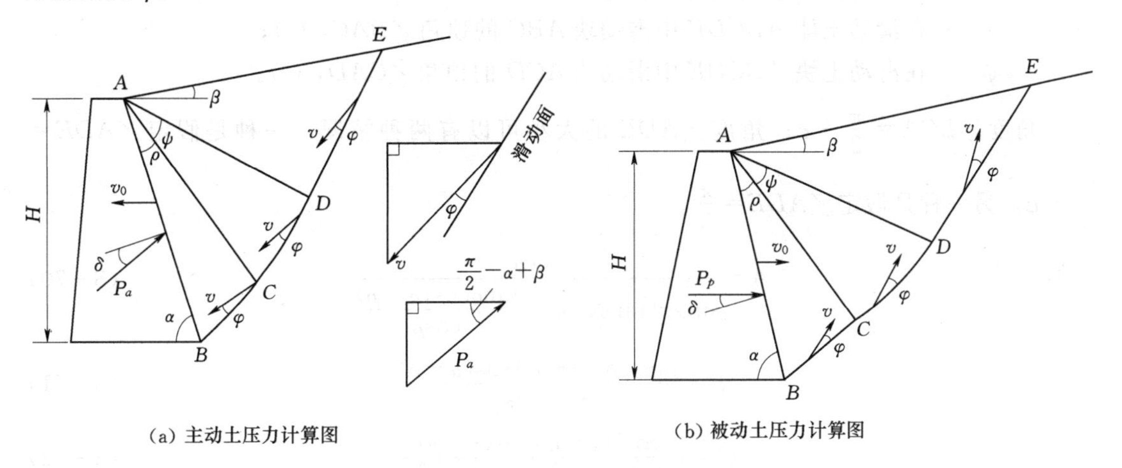

图 8-4　组合滑动面的计算图

假定滑动面为 $BCDE$，由 BC、CD 和 DE 三段组成，BC 为直线段；CD 为对数螺旋线段，螺旋线的起始半径为 AD，终了半径为 AC；DE 也为直线段。计算时可将滑动土体 $ABCDE$ 分为三部分，即 ABC、ACD 和 ADE 分别计算其重量和所作的功。

当填土处于塑性流动状态时，滑动面 BC、CD 和 DE 上的应变速率为 v，与计算点处滑动面成 φ 角。但由于填土为无黏性土（$c=0$），沿滑动面消耗的能量为零，故此时土体内部消耗的能量为填土与墙的接触面上消耗的能量，即反力 P_p 所作之功。

根据前面所讲的方法和按照外力所作之功与内部消耗的能量相等的原则，可得土压力

的计算公式如下。

（一）主动土压力

$$P_a=\frac{1}{2}\gamma H^2K_a \tag{8-68}$$

$$K_a=\frac{\sec\delta}{\sin\alpha-\tan\delta\cos\alpha+\dfrac{\tan\delta\cos(\alpha-\rho)}{\cos\rho}}\left\{\frac{\tan\rho\cos(\rho+\varphi)\cos(\alpha-\rho)}{\sin\alpha\cos\varphi}\right.$$

$$+\frac{\cos^2(\rho+\varphi)\cos(\alpha-\rho)}{\cos\rho\sin\alpha\cos^2\varphi(1+9\tan^2\varphi)}\left[3\tan^2\psi+(\sin\psi-3\tan\varphi\cos\psi)e^{-3\psi\tan\varphi}\right]$$

$$\left.+\sin(\alpha-\rho)\left[1-(3\tan\varphi\sin\psi+\cos\psi)e^{-3\psi\tan\varphi}\right]\right\}$$

$$+\frac{\cos^2(\rho+\varphi)\sin(\alpha-\rho-\psi+\beta)\cos(\alpha-\rho-\psi)e^{-3\psi\tan\varphi}}{\cos\varphi\sin\alpha\cos(\alpha-\rho-\psi+\beta)\cos\rho} \tag{8-69}$$

式中　K_a——主动土压力系数；

α——挡土墙墙面与水平面的夹角，(°)；

β——填土表面与水平面的夹角，(°)；

φ——填土的内摩擦角，(°)；

δ——填土与挡土墙墙面的摩擦角，(°)；

ρ——在滑动土体 $ABCDE$ 中滑动块 ABC 的顶角 $\angle BAC$，(°)；

ψ——在滑动土块 $ABCDE$ 中滑动块 ACD 的顶角 $\angle CAD$，(°)。

角度 $\angle BCA=\frac{\pi}{2}+\varphi$；角度 $\angle ADE$ 的大小可以有两种情况，一种是假定 $\angle ADE=\frac{\pi}{2}-\varphi$，另一种是假定 $\angle ADE=\frac{\pi}{2}$。

如令

$$A=\frac{\sec\delta}{\sin\alpha-\tan\delta\cos\alpha+\dfrac{\tan\delta\cos(\alpha-\rho)}{\cos\rho}} \tag{8-70}$$

$$B=\frac{\tan\rho\cos(\rho+\varphi)\cos(\alpha-\rho)}{\sin\alpha\cos\varphi} \tag{8-71}$$

$$C=\frac{\cos^2(\rho+\varphi)\cos(\alpha-\rho)}{\cos\rho\sin\alpha\cos^2\varphi(1+9\tan^2\varphi)} \tag{8-72}$$

$$D=3\tan\psi+(\sin\psi-3\tan\varphi\cos\psi)e^{-3\psi\tan\varphi} \tag{8-73}$$

$$E=\sin(\alpha-\rho)\left[1-(3\tan\varphi\sin\psi+\cos\psi)e^{-3\psi\tan\varphi}\right] \tag{8-74}$$

$$F=\frac{\cos^2(\rho+\varphi)\sin(\alpha-\rho-\psi+\beta)\cos(\alpha-\rho-\psi)e^{-3\psi\tan\varphi}}{\cos\varphi\sin\alpha\cos(\alpha-\rho-\psi+\beta)\cos\rho} \tag{8-75}$$

则主动土压力系数可以简写为

$$K_a=A(B+CD+E)+F \tag{8-76}$$

（二）被动土压力

$$P_p=\frac{1}{2}\gamma H^2K_p \tag{8-77}$$

$$K_p = \frac{\sec\delta}{\sin\alpha + \tan\delta\cos\alpha - \frac{\tan\delta\cos(\alpha-\rho)}{\cos\rho}}\left\{\frac{\tan\rho\cos(\rho-\varphi)\cos(\alpha-\rho)}{\sin\alpha\cos\varphi}\right.$$
$$+\frac{\cos^2(\rho-\varphi)\cos(\alpha-\rho)}{\cos\rho\sin\alpha\cos^2\varphi(1+9\tan^2\varphi)}\left[-3\tan\psi+(3\tan\varphi\cos\psi+\sin\psi)e^{3\psi\tan\varphi}\right]$$
$$\left.+\sin(\alpha-\rho)\left[1+(3\tan\varphi\sin\psi-\cos\psi)e^{3\psi\tan\varphi}\right]\right\}$$
$$+\frac{\cos^2(\rho-\varphi)\sin(\alpha-\rho-\psi+\beta)\cos(\alpha-\rho-\psi)e^{3\psi\tan\varphi}}{\cos\varphi\sin\alpha\cos(\alpha-\rho-\psi+\beta)\cos\rho} \tag{8-78}$$

式中　K_p——被动土压力系数；

α——挡土墙墙面与水平面的夹角，(°)；

β——填土表面与水平面的夹角，(°)；

φ——填土的内摩擦角，(°)；

δ——填土与挡土墙墙面的摩擦角，(°)；

ρ——在滑动土体 $ABCDE$ 中滑动块 ABC 的顶角$\angle BAC$，(°)；

ψ——在滑动土块 $ABCDE$ 中滑动块 ACD 的顶角$\angle CAD$，(°)。

角度$\angle BCA=\frac{\pi}{2}+\varphi$；角度$\angle ACB$ 的大小则可以有两种情况，一种是假定$\angle ACD=\frac{\pi}{2}-\varphi$，另一种是假定$\angle ACD=\frac{\pi}{2}$。

如令

$$A=\frac{\sec\delta}{\sin\alpha+\tan\delta\cos\alpha-\frac{\tan\delta\cos(\alpha-\rho)}{\cos\rho}} \tag{8-79}$$

$$B=\frac{\tan\rho\cos(\rho-\varphi)\cos(\alpha-\rho)}{\sin\alpha\cos\varphi} \tag{8-80}$$

$$C=\frac{\cos^2(\rho-\varphi)\cos(\alpha-\rho)}{\cos\rho\sin\alpha\cos^2\varphi(1+9\tan^2\varphi)} \tag{8-81}$$

$$D=-3\tan\psi+(3\tan\varphi\cos\psi+\sin\psi)e^{3\psi\tan\varphi} \tag{8-82}$$

$$E=\sin(\alpha-\rho)\left[1+(3\tan\varphi\sin\psi-\cos\psi)e^{3\psi\tan\varphi}\right] \tag{8-83}$$

$$F=\frac{\cos^2(\rho-\varphi)\sin(\alpha-\rho-\psi+\beta)\cos(\alpha-\rho-\psi)e^{3\psi\tan\varphi}}{\cos\varphi\sin\alpha\cos(\alpha-\rho-\psi+\beta)\cos\rho} \tag{8-84}$$

则被被动土压力系数 K_p 可以简写为

$$K_p=A(B+CD+E)+F \tag{8-85}$$

在按公式（8-68）和公式（8-77）进行计算时，必须已知 ρ 和 ψ 值，为此也可以假定几个滑动面，确定出每一滑动面相应的 ρ 和 ψ 角，按上述公式计算出土压力，如果是计算主动土压力，则是所有相应于各滑动面中最大土压力，即为主动土压力；如果是计算被动土压力，则是所有相应于各滑动面中土压力最小者，即为被动土压力。

（三）角度 ρ 和 ψ 的计算

角度 ρ 和 ψ 也可以采用第五章微分滑动块体极限平衡原理计算土压力中的方法来确定。

1. 计算主动土压力 P_a

角度 ρ 按下式计算：

$$\rho=\frac{1}{2}(\Delta-\varphi+\delta) \tag{8-86}$$

$$\Delta=\arccos\left(\frac{\sin\delta}{\sin\varphi}\right) \tag{8-87}$$

式中　ρ——在滑动土体 $ABCDE$ 中滑动块 ABC 的顶角$\angle BAC$，(°)；

φ——填土的内摩擦角，(°)；

δ——填土与挡土墙墙面的摩擦角，(°)；

Δ——角度，(°)。

角度 ψ 的计算可以分为两种情况，即一种情况是假定滑动块 ADE 中角度$\angle ADE=\frac{\pi}{2}-\varphi$；另一种情况是假定滑动块 ADE 中角度$\angle ADE=\frac{\pi}{2}$。

(1) 在假定$\angle ADE=\frac{\pi}{2}-\varphi$ 的情况下，角度 ψ 按下式计算：

$$\psi=\alpha-\rho-\eta_0+\beta \tag{8-88}$$

$$\eta_0=\frac{1}{2}(\pi-\Delta_1+\varphi+\beta) \tag{8-89}$$

$$\Delta_1=\arccos\left(\frac{\sin\beta}{\sin\varphi}\right) \tag{8-90}$$

式中　ψ——滑动块 ACE 的顶角$\angle CAD$，(°)；

ρ——滑动块 ABC 的顶角$\angle BAC$，(°)；

α——挡土墙墙面与水平面的夹角，(°)；

β——填土表面与水平面的夹角，(°)；

η_0——滑动块 ADE 的顶角，(°)；

Δ_1——角度（为 φ 和 β 的函数），(°)。

(2) 在假定$\angle ADE=\frac{\pi}{2}$的情况下，角度 ψ 按公式 (8-88) 计算：

$$\psi=\alpha-\rho-\eta_0+\beta$$

式中 η_0 按下式计算：

$$\eta_0=\frac{1}{2}(\pi-\Delta_1-\beta) \tag{8-91}$$

2. 计算被动土压力 P_p

角度 ρ 的计算可以分为两种情况，即一种情况是假定滑动块 ABC 中角度$\angle ACB=\frac{\pi}{2}-\varphi$；另一种情况是假定滑动块 ABC 中角度$\angle ACB=\frac{\pi}{2}$。

(1) 在假定$\angle ACB=\frac{\pi}{2}-\varphi$ 的情况下，角度 ρ 按下式计算：

$$\rho=\frac{1}{2}(\Delta+\varphi-\delta) \tag{8-92}$$

$$\Delta=\arccos\left(\frac{\sin\delta}{\sin\varphi}\right) \tag{8-93}$$

式中　ρ——滑动土体 $ABCDE$ 中滑动块 ABC 的顶角$\angle ACB$，(°)；

φ——填土的内摩擦角，(°)；

δ——填土与挡土墙墙面的摩擦角，(°)；

Δ——角度（为 φ 和 δ 的函数），(°)。

（2）在假定$\angle ACB=\frac{\pi}{2}$的情况下，角度 ρ 按下式计算：

$$\rho=\frac{1}{2}(\Delta+\delta) \tag{8-94}$$

$$\Delta=\arccos(\sin\delta\cot\varphi) \tag{8-95}$$

式中　Δ——角度（为 φ 和 δ 的函数），(°)。

在上述两种情况下，角度 ψ 均按下式计算：

$$\psi=\alpha-\rho-\eta_0+\beta \tag{8-96}$$

$$\eta_0=\frac{1}{2}(\Delta_1-\varphi-\beta) \tag{8-97}$$

$$\Delta_1=\arccos\left(\frac{\sin\beta}{\sin\varphi}\right) \tag{8-98}$$

式中　ψ——滑动土体 $ABCDE$ 中滑动块 ACD 的顶角$\angle CAD$，(°)；

α——挡土墙墙面与水平面的夹角，(°)；

β——填土表面与水平面的夹角，(°)；

η_0——滑动土体 $ABCDE$ 中滑动块 ADE 的顶角$\angle DAE$，(°)；

Δ_1——角度（为 β 和 φ 的函数），(°)。

第九章　地震土压力的计算

第一节　土中的地震应力

根据平面弹性波传播的理论，可得地震时土的变形方程如下：

$$u=\phi(x-vt) \tag{9-1}$$

式中　u——土粒的位移幅度；

ϕ——满足波动方程的谐函数；

x——地震波传播路径的长度，m；

v——地震波（纵波或横波）的传播速度，m/s；

t——地震波的行进时间。

根据公式（9-1）可得地震时土粒的相对变形如下：

$$\left.\begin{aligned}\varepsilon_t=\frac{\partial u_t}{\partial x}=\phi(x-v_t t)\\ \varepsilon_s=\frac{\partial u_s}{\partial x}=\phi(x-v_s t)\end{aligned}\right\} \tag{9-2}$$

式中　ε_t、ε_s——地震时土的纵向、横向相对变形；

v_t、v_s——纵波、横波的传播速度，m/s；

u_t、u_s——纵向、横向地震位移，m。

此时土的位移速度为

$$\left.\begin{aligned}V_t=\frac{\partial u_t}{\partial t}=-v_t\phi(x-v_t t)\\ V_s=\frac{\partial u_s}{\partial t}=-v_s\phi(x-v_s t)\end{aligned}\right\} \tag{9-3}$$

式中　V_t、V_s——在地震传播过程中土粒的纵向、横向位移速度。

将公式（9-2）代入公式（9-3）可得

$$V_t=-v_t\varepsilon_t$$

$$V_s=-v_s\varepsilon_s$$

故可得土粒的相对位移为

$$\left.\begin{aligned}\varepsilon_t=\frac{V_t}{v_t}\\ \varepsilon_s=\frac{V_s}{v_s}\end{aligned}\right\} \tag{9-4}$$

由材料力学中可知，材料的弹性模量 E 和剪切模量 G 可表示为

$$\left.\begin{array}{l}E=\dfrac{\sigma}{\varepsilon}\\[2ex]G=\dfrac{\tau}{\nu}\end{array}\right\}\tag{9-5}$$

式中 σ——地震时土中的压缩或拉伸应力，kPa；

τ——地震时土中的剪应力，kPa；

ε——土的压缩或拉伸应变；

ν——土的剪切应变。

将公式（9-2）代入公式（9-5）可得

$$\left.\begin{array}{l}\sigma=-E\dfrac{V_t}{v_t}\\[2ex]\tau=-G\dfrac{V_s}{v_s}\end{array}\right\}\tag{9-6}$$

在地震的情况下，土的弹性模量和剪切模量可近似地用下式表示：

$$\left.\begin{array}{l}E\approx v_t^2\dfrac{\gamma}{g}\\[2ex]G\approx v_s^2\dfrac{\gamma}{g}\end{array}\right\}\tag{9-7}$$

式中 γ——土的容重（重力密度），kN/m^3；

g——重力加速度，m/s^2。

将公式（9-7）代入公式（9-6），得

$$\left.\begin{array}{l}\sigma=-v_t^2\dfrac{\gamma}{g}\dfrac{V_t}{v_t}=-v_tV_t\dfrac{\gamma}{g}\\[2ex]\tau=-v_s^2\dfrac{\gamma}{g}\dfrac{V_s}{v_s}=-v_sV_s\dfrac{\gamma}{g}\end{array}\right\}\tag{9-8}$$

在深层波中，土粒的位移速度可以表示为

$$\left.\begin{array}{l}V_t=\dfrac{a}{\omega}\cos\omega t\\[2ex]V_s=\dfrac{a}{\omega}\cos\omega t\end{array}\right\}\tag{9-9}$$

式中 a——地震加速度；

ω——土的化引震动频率。

将公式（9-9）代入公式（9-8），经整理后可得土中的最大地震应力为

$$\sigma=\pm\frac{1}{2\pi}K_c\gamma v_tT\tag{9-10}$$

$$\tau=\pm\frac{1}{2\pi}K_c\gamma v_sT\tag{9-11}$$

其中

$$K_c=\frac{a}{g}$$

$$T=\frac{2\pi\cos\omega t}{\omega}$$

式中　K_c——地震系数；

T——土的振动周期。

若已知土的容重γ，地震波（纵波横波）的传播速度v_t和v_s，土的振动周期T，即可确定地震应力σ和τ。

表9-1中列出了$K_c=0.1$（地震烈度为Ⅸ度）、$T=0.4\mathrm{s}$、$v_s=0.6v_t$时的应力σ和τ值。

表9-1　土的地震应力σ、τ值

土的特征	$\gamma/(\mathrm{kN/m^3})$	$v_t/(\mathrm{m/s})$	σ/kPa	τ/kPa
坚硬岩石（花岗石、石灰石、砂岩）	25	3500～5000	560～800	340～480
白垩沉积、泥灰岩、致密黏土和致密干砂	22	1000～3500	140～500	80～300
中等强度的土（中密砂、塑性黏土和壤土）	20	500～1000	60～130	40～80
软弱土（砂、中密砂壤土、黏土和壤土、淤泥和沼泽土）	18	200～500	20～60	20～40

第二节　刚性挡土墙的地震土压力计算

一、物部冈部计算法

对于地震区的挡土墙，在计算作用在挡土墙上的土压力时，应考虑地震力对土压力的影响，在日本多采用物部冈部所提出的计算方法，这一方法曾经用振动台上的挡土墙试验加以印证。

在我国的一些设计规范中，都要求建筑在地震烈度为Ⅶ度和Ⅷ度地区的挡土墙，应核算在地震压力作用下的稳定性。

若地震时的水平地震系数为K_H，竖直地震系数为K_V，则所产生的相应的水平地震加速度为K_Hg，竖直地震加速度为K_Vg。考虑竖直地震加速度的方向是向上，因此地震时实际的重力加速度增大为$g-K_Vg=(1-K_V)g$，所以在考虑水平向地震加速度影响，又考虑竖直向地震加速度影响时的合成加速度为$(1-K_V)g\sec\rho$，如图9-1（a）所示。

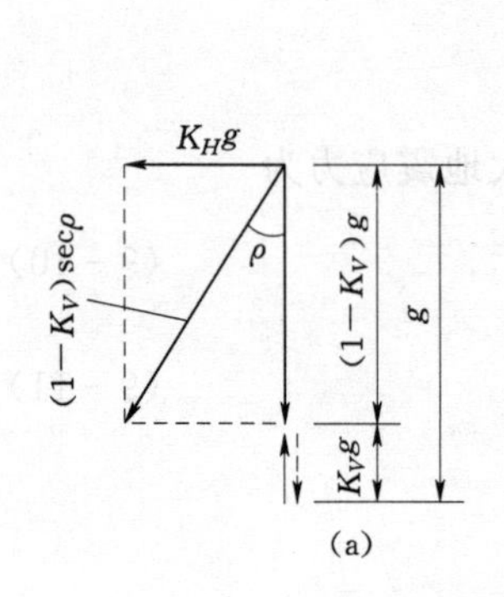

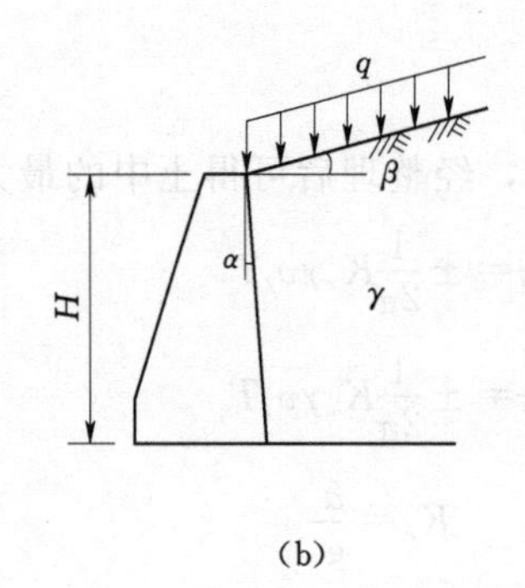

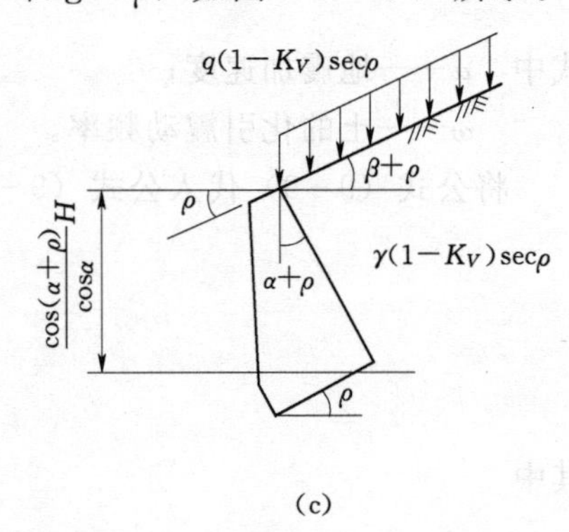

图9-1　地震时挡土墙上土压力的计算

合成加速度与竖直线之间的夹角为 ρ，则由图 9－1（a）可知：

$$\tan\rho=\frac{K_H g}{(1-K_V)g}=\frac{K_H}{1-K_V}$$

故
$$\rho=\arctan\left(\frac{K_H}{1-K_V}\right) \tag{9-12}$$

这也就是说，地震时墙后填土将受到水平地震惯性力和竖直地震惯性力的作用，而这一惯性力与竖直线的夹角为 ρ，这就相当于将地震前的挡土墙［图 9－1（b）］，改变为 9－1（c）所示的挡土墙，即将挡土墙和挡土墙背面填土旋转一个 ρ 角，也就是将原来的墙高 H 用 $\frac{\cos(\alpha+\rho)}{\cos\alpha}H$ 代替，墙面的倾角 α 用（$\alpha+\rho$）代替，墙背面填土的表面坡度角 β 用（$\beta+\rho$）代替，填土的容重 γ 用 $\gamma(1-K_V)\sec\rho$ 代替，填土表面的均布荷载 q 用 $q(1-K_V)\sec\rho$ 代替，然后仍用非地震情况下的土压力公式（3－15）和公式（3－27）计算。

1．主动土压力

根据公式（3－15）可得地震情况下的总主动土压力为

$$P_{a\alpha}=(1-K_V)\left[\frac{1}{2}\gamma H^2+qH\frac{\cos\alpha}{\cos(\alpha-\beta)}\right]K_{a\alpha} \tag{9-13}$$

$$K_{a\alpha}=\frac{\cos^2(\varphi-\alpha-\rho)}{\cos\rho\cos^2(\alpha+\rho)\cos(\alpha+\delta+\rho)\left[1+\sqrt{\frac{\sin(\varphi+\delta)\sin(\varphi-\beta-\rho)}{\cos(\alpha-\beta)\cos(\alpha+\delta+\rho)}}\right]^2} \tag{9-14}$$

其中
$$K_V=\frac{2}{3}K_H$$

式中　$P_{a\alpha}$——考虑地震作用时的总主动土压力，kN；

$K_{a\alpha}$——考虑地震作用时的主动土压力系数，在表 9－2 中列出了物部冈部法地震主动土压力系数值；

α——挡土墙墙面与竖直面的夹角，(°)；

φ——填土的内摩擦角，(°)；

δ——填土与挡土墙墙面的摩擦角，(°)；

β——填土表面的坡角，(°)；

ρ——考虑地震作用时合成加速度与竖直线的夹角，(°)；

γ——填土的容重（重力密度），kN/m^3；

q——填土表面的均布荷载，kPa；

H——挡土墙的高度，m；

K_V——竖直地震系数；

K_H——水平地震系数，可根据挡土墙所在地区的设计地震烈度按表 9－3 选用。

表 9-2　物部冈部地震主动土压力系数 $K_{a\alpha}$

ρ	α/(°)	β/(°)	φ/(°)																	
			0			10			20			30			40			50		
			δ/(°)																	
			0	$\frac{1}{3}\varphi$	$\frac{2}{3}\varphi$	0	$\frac{1}{3}\varphi$	$\frac{2}{3}\varphi$	0	$\frac{1}{3}\varphi$	$\frac{2}{3}\varphi$	0	$\frac{1}{3}\varphi$	$\frac{2}{3}\varphi$	0	$\frac{1}{3}\varphi$	$\frac{2}{3}\varphi$	0	$\frac{1}{3}\varphi$	$\frac{2}{3}\varphi$
0.1	0	0	—	—	—	0.8176	0.7990	0.7868	0.5749	0.5497	0.5377	0.4008	0.3820	0.3799	0.2711	0.2614	0.2699	0.1742	0.1722	0.1888
		10	—	—	—	—	—	—	0.7106	0.6961	0.6950	0.4620	0.4461	0.4486	0.3019	0.2934	0.3050	0.1890	0.1878	0.2068
		20	—	—	—	—	—	—	—	—	—	0.5892	0.5831	0.5991	0.3496	0.3438	0.3611	0.2095	0.2094	0.2319
		30	—	—	—	—	—	—	—	—	—	—	—	—	0.4563	0.4592	0.4928	0.2427	0.2450	0.2738
	10	0	—	—	—	0.8978	0.8857	0.8804	0.6703	0.6515	0.6482	0.4983	0.4856	0.4951	0.3626	0.3595	0.3842	0.2548	0.2606	0.2996
		10	—	—	—	—	—	—	0.8831	0.8316	0.8468	0.5794	0.5735	0.5927	0.4082	0.4089	0.4412	0.2801	0.2884	0.3339
		20	—	—	—	—	—	—	—	—	—	0.7416	0.7550	0.8006	0.4767	0.4845	0.5300	0.3137	0.3260	0.3807
		30	—	—	—	—	—	—	—	—	—	—	—	—	0.6231	0.6514	0.7321	0.3666	0.3859	0.4567
	20	0	—	—	—	1.0169	1.0128	1.0169	0.8001	0.7908	0.8018	0.6283	0.6271	0.6586	0.4857	0.4968	0.5549	0.3662	0.3894	0.4782
		10	—	—	—	—	—	—	1.0056	1.0243	1.0670	0.7398	0.7523	0.8036	0.5544	0.5746	0.6502	0.4085	0.4387	0.5443
		20	—	—	—	—	—	—	—	—	—	0.9557	1.0042	1.1064	0.6547	0.6910	0.7961	0.4635	0.5037	0.6332
		30	—	—	—	—	—	—	—	—	—	—	—	—	0.8619	0.9412	1.1225	0.5473	0.6051	0.7750
	30	0	—	—	—	1.1983	1.2062	1.2252	0.9888	0.9961	1.0338	0.8155	0.8370	0.9142	0.6642	0.7055	0.8405	0.5310	0.5929	0.8116
		10	—	—	—	—	—	—	1.2663	1.3207	1.4152	0.9776	1.0264	1.1458	0.7723	0.8345	1.0121	0.6037	0.6833	0.9501
		20	—	—	—	—	—	—	—	—	—	1.2838	1.4011	1.6254	0.9264	1.0241	1.2724	0.6960	0.8007	1.1346
		30	—	—	—	—	—	—	—	—	—	—	—	—	1.2366	1.4248	1.8521	0.8334	0.9804	1.4271
0.2	0	0	—	—	—	—	—	—	0.7033	0.6900	0.6922	0.4951	0.4865	0.4999	0.3438	0.3444	0.3718	0.2300	0.2384	0.2775
		10	—	—	—	—	—	—	—	—	—	0.5971	0.5966	0.6217	0.3923	0.3965	0.4314	0.2540	0.2646	0.3093
		20	—	—	—	—	—	—	—	—	—	—	—	—	0.4786	0.4910	0.5411	0.2892	0.3034	0.3569
		30	—	—	—	—	—	—	—	—	—	—	—	—	—	—	—	0.3553	0.3772	0.4488
	10	0	—	—	—	—	—	—	0.8400	0.8399	0.8601	0.6299	0.6352	0.6735	0.4684	0.4849	0.5478	0.3395	0.3664	0.4557
		10	—	—	—	—	—	—	—	—	—	0.7644	0.7861	0.8480	0.5395	0.5651	0.6052	0.3792	0.4123	0.5163
		20	—	—	—	—	—	—	—	—	—	—	—	—	0.6616	0.7058	0.8196	0.4356	0.4784	0.6049
		30	—	—	—	—	—	—	—	—	—	—	—	—	—	—	—	0.5376	0.6000	0.7712
	20	0	—	—	—	—	—	—	1.0373	1.0597	1.1129	0.8221	0.8549	0.9444	0.6482	0.6988	0.8423	0.5014	0.5699	0.7860
		10	—	—	—	—	—	—	—	—	—	1.0088	1.0736	1.2113	0.7561	0.8273	1.0114	0.5679	0.6521	0.9090
		20	—	—	—	—	—	—	—	—	—	—	—	—	0.9358	1.0474	1.3090	0.6600	0.7680	1.0854
		30	—	—	—	—	—	—	—	—	—	—	—	—	—	—	—	0.8208	0.9757	1.4106
	30	0	—	—	—	—	—	—	1.3465	1.4130	1.5357	1.1228	1.2419	1.4273	0.9328	1.0621	1.4270	0.7632	0.9328	1.5718
		10	—	—	—	—	—	—	—	—	—	1.4020	1.5596	1.8810	1.1075	1.2851	1.7597	0.8804	1.0912	1.8674
		20	—	—	—	—	—	—	—	—	—	—	—	—	1.3909	1.6598	2.3392	1.0387	1.3104	2.2874
		30	—	—	—	—	—	—	—	—	—	—	—	—	—	—	—	1.3077	1.6958	3.0556

表 9-3　　水平地震系数 K_H 值

设计地震烈度	Ⅶ度	Ⅷ度	Ⅸ度
水平地震系数 K_H	0.1	0.2	0.4

公式（9-13）适用于 $\alpha+\delta+\rho<90°$ 和 $\beta+\rho\leqslant\varphi$ 的情况，若 $\beta+\rho>\varphi$ 时，则按 $\varphi-\beta-\rho=0°$ 计算。

当墙背填土有地下水时，水下填土的重量按浮容重计算。此时，水下部分填土的地震系数应乘以系数 λ（$\lambda=\frac{\gamma_s}{\gamma_s-\gamma_w}$，式中 γ_s 为饱和土的容重，γ_w 为水的容重），故此时水平地震系数为 $K'_H=\lambda K_H$，竖直地震系数为 $K'_V=\lambda K_V$。

2. 被动土压力

被动土压力的计算方法与主动土压力相同，但水平地震加速度的方向与计算主动土压力时相反［图 9-2（a）］，此时合成加速度为 $(1-K_H)g\sec\rho$，合成加速度的作用方向与竖直线的夹角为

$$\rho=\arctan\left(\frac{K_H}{1-K_V}\right)$$

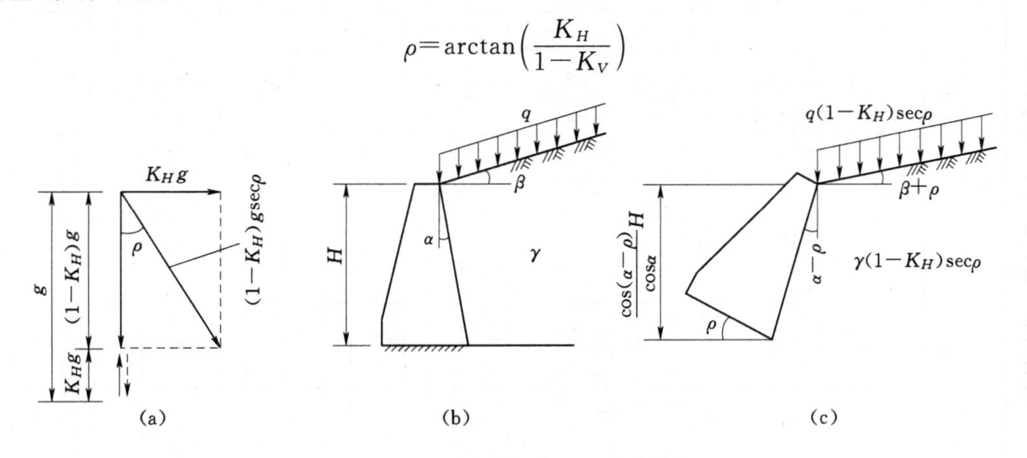

图 9-2　地震时被动土压力计算图

由于此时水平地震加速度的方向与计算主动土压力时相反，因此在考虑地震作用影响时就相当于将挡土墙连同填土按顺时针方向旋转一个 ρ 角，如图 9-2（c）所示。

被动土压力仍用公式（4-27）计算，但式中墙高 H 用 $\frac{\cos(\alpha-\rho)}{\cos\alpha}H$ 代替，挡土墙墙面与竖直面的夹角 α 用（$\alpha-\rho$）代替，填土容重 γ 用 $\gamma(1-K_V)\sec\rho$ 代替，填土表面坡角 β 用（$\beta-\rho$）代替，故此时被动土压力为

$$P_{p\alpha}=(1-K_V)\left[\frac{1}{2}\gamma H^2+gH\frac{\cos\alpha}{\cos(\alpha-\beta)}\right]K_{p\alpha} \tag{9-15}$$

$$K_{p\alpha}=\frac{\cos^2(\varphi+\alpha-\rho)}{\cos\rho\cos^2(\alpha-\rho)\cos(\delta+\rho-\alpha)\left[1+\sqrt{\frac{\sin(\varphi+\delta)\sin(\varphi+\beta-\rho)}{\cos(\alpha-\beta)\cos(\delta+\rho-\alpha)}}\right]^2} \tag{9-16}$$

式中　$K_{p\alpha}$——考虑地震影响的被动系数。

表 9-4 中列出了物部冈部法地震被动土压力系数 $K_{p\alpha}$ 值。

表 9-4 物部冈部地震被动土压力系数 $K_{p\alpha}$

ρ	α/(°)	β/(°)	φ/(°) 0			10			20			30			40			50		
			δ/(°) 0	$\frac{1}{3}\varphi$	$\frac{2}{3}\varphi$	0	$\frac{1}{3}\varphi$	$\frac{2}{3}\varphi$	0	$\frac{1}{3}\varphi$	$\frac{2}{3}\varphi$	0	$\frac{1}{3}\varphi$	$\frac{2}{3}\varphi$	0	$\frac{1}{3}\varphi$	$\frac{2}{3}\varphi$	0	$\frac{1}{3}\varphi$	$\frac{2}{3}\varphi$
0.1	0	0	—	—	—	0.8176	0.7979	0.7845	0.5749	0.5465	0.5308	0.4408	0.3774	0.3698	0.2711	0.2564	0.2584	0.1742	0.1676	0.1772
		10	—	—	—	—	—	—	0.5041	0.4721	0.4528	0.3594	0.3348	0.3251	0.2478	0.2326	0.2328	0.1621	0.1552	0.1632
		20	—	—	—	—	—	—	—	—	—	0.3267	0.3017	0.2907	0.2283	0.2129	0.2117	0.1513	0.1442	0.1509
		30	—	—	—	—	—	—	—	—	—	—	—	—	0.2104	0.1950	0.1928	0.1412	0.1339	0.1395
	10	0	—	—	—	0.7560	0.7408	0.7217	0.5038	0.4714	0.4510	0.3258	0.3005	0.2886	0.2012	0.1856	0.1823	0.1144	0.1070	0.1095
		10	—	—	—	—	—	—	0.4452	0.4113	0.3892	0.2951	0.2699	0.2573	0.1861	0.1708	0.1669	0.1079	0.1005	0.1026
		20	—	—	—	—	—	—	—	—	—	0.2717	0.2467	0.2338	0.1738	0.1587	0.1545	0.1023	0.0950	0.0967
		30	—	—	—	—	—	—	—	—	—	—	—	—	0.1629	0.1481	0.1436	0.0971	0.0899	0.0912
	20	0	—	—	—	0.7326	0.7013	0.6767	0.4433	0.4078	0.3839	0.2602	0.2347	0.2208	0.1416	0.1273	0.1219	0.0667	0.0605	0.0601
		10	—	—	—	—	—	—	0.3938	0.3582	0.3341	0.2377	0.2130	0.1993	0.1325	0.1186	0.1132	0.0637	0.0577	0.0572
		20	—	—	—	—	—	—	—	—	—	0.2211	0.1971	0.1836	0.1253	0.1118	0.1064	0.0612	0.0553	0.0548
		30	—	—	—	—	—	—	—	—	—	—	—	—	0.1190	0.1059	0.1006	0.0589	0.0532	0.0526
	30	0	—	—	—	0.7120	0.6737	0.6430	0.3864	0.3486	0.3226	0.1983	0.1746	0.1608	0.0889	0.0777	0.0726	0.0293	0.0258	0.0249
		10	—	—	—	—	—	—	0.3445	0.3078	0.2826	0.1828	0.1601	0.1468	0.0841	0.0733	0.0684	0.0284	0.0250	0.0241
		20	—	—	—	—	—	—	—	—	—	0.1716	0.1498	0.1369	0.0805	0.0700	0.0652	0.0277	0.0243	0.0234
		30	—	—	—	—	—	—	—	—	—	—	—	—	0.0774	0.0673	0.0625	0.0270	0.0237	0.0229
0.2	0	0	—	—	—	—	—	—	0.7033	0.6833	0.6773	0.4951	0.4757	0.4755	0.3438	0.3318	0.3415	0.2300	0.2261	0.2449
		10	—	—	—	—	—	—	—	—	—	0.4345	0.4116	0.4062	0.3094	0.2956	0.3014	0.2114	0.2063	0.2218
		20	—	—	—	—	—	—	—	—	—	—	—	—	0.2817	0.2669	0.2699	0.1954	0.1895	0.2024
		30	—	—	—	—	—	—	—	—	—	—	—	—	—	—	—	0.1805	0.1740	0.1847
	10	0	—	—	—	—	—	—	0.6096	0.5826	0.5680	0.4011	0.3771	0.3686	0.2573	0.2418	0.2420	0.1556	0.1483	0.1551
		10	—	—	—	—	—	—	—	—	—	0.3556	0.3304	0.3198	0.2343	0.2186	0.2173	0.1449	0.1375	0.1430
		20	—	—	—	—	—	—	—	—	—	—	—	—	0.2163	0.2006	0.1983	0.1360	0.1284	0.1331
		30	—	—	—	—	—	—	—	—	—	—	—	—	—	—	—	0.1279	0.1203	0.1242
	20	0	—	—	—	—	—	—	0.5349	0.5032	0.4816	0.3230	0.2969	0.2840	0.1864	0.1707	0.1663	0.0975	0.0902	0.0913
		10	—	—	—	—	—	—	—	—	—	0.2887	0.2629	0.2495	0.1717	0.1563	0.1516	0.0920	0.0848	0.0856
		20	—	—	—	—	—	—	—	—	—	—	—	—	0.1604	0.1454	0.1405	0.0874	0.0804	0.0810
		30	—	—	—	—	—	—	—	—	—	—	—	—	—	—	—	0.0835	0.0766	0.0770
	30	0	—	—	—	—	—	—	0.4697	0.4328	0.4078	0.2531	0.2271	0.2125	0.1256	0.1118	0.1061	0.0516	0.0462	0.0454
		10	—	—	—	—	—	—	—	—	—	0.2278	0.2029	0.1887	0.1169	0.1036	0.0981	0.0493	0.0441	0.0433
		20	—	—	—	—	—	—	—	—	—	—	—	—	0.1104	0.0977	0.0922	0.0475	0.0425	0.0416
		30	—	—	—	—	—	—	—	—	—	—	—	—	—	—	—	0.0460	0.0410	0.0417

由公式（9－15）可见，在填土表面有均布荷载 q 作用时，被动土压力由两部分组成，即填土自重产生的被动土压力，沿墙面按三角形分布；由均布荷载 q 所产生的被动土压力，沿墙面按矩形分布。

3. 土压力强度

填土表面（墙顶）以下深度 z 处的主动土压力强度和被动土压力强度，分别按下列公式计算：

$$p_{a\alpha}=(1-K_V)\left[\gamma z+q\frac{\cos\alpha}{\cos(\alpha-\beta)}\right]K_{a\alpha} \tag{9-17}$$

$$p_{p\alpha}=(1-K_V)\left[\gamma z+q\frac{\cos\alpha}{\cos(\alpha-\beta)}\right]K_{p\alpha} \tag{9-18}$$

式中　$p_{a\alpha}$——考虑地震影响的主动土压力强度，kPa；

$p_{p\alpha}$——考虑地震影响的被动土压力强度，kPa；

$K_{a\alpha}$——主动土压力系数，按公式（9－14）计算；

$K_{p\alpha}$——被动土压力系数，按公式（9－16）计算。

二、罗米谢计算法

罗米谢（Г. М. Ломизе）于 1931 年发表了《地震情况下挡土墙的计算》，研究了松散土在的地震情况下的土压力问题，认为仅需考虑水平地震加速度的影响，而不考虑竖直地震加速度，在这种情况下，他提出了填土表面水平、挡土墙墙面光滑、倾斜，与竖直面的夹角为 α 的情况下地震主动土压力和被动土压力的计算公式如下：

$$P_{a\alpha}=\frac{1}{2}\gamma H^2\frac{\cos(\rho-\alpha)}{\cos\rho\cos^2(\varphi-\alpha)}\left[1-\sqrt{\frac{\sin(\varphi-\rho)\sin\varphi}{\cos(\alpha-\rho)\cos\alpha}}\right]^2 \tag{9-19}$$

$$P_{p\alpha}=\frac{1}{2}\gamma H^2\frac{\cos(\rho+\alpha)}{\cos\rho\cos^2(\varphi+\alpha)}\left[1+\sqrt{\frac{\sin(\varphi-\rho)\sin\varphi}{\cos(\alpha+\rho)\cos\alpha}}\right]^2 \tag{9-20}$$

式中　$P_{a\alpha}$、$P_{p\alpha}$——考虑地震影响的主动土压力、被动土压力，kN；

γ——填土的容重，kN/m³；

H——挡土墙的高度，m；

α——挡土墙墙面与竖直面的夹角，(°)；

φ——填土的内摩擦角，(°)；

ρ——考虑水平地震加速度影响的合成加速度作用线与竖直线的夹角，(°)。

表 9－5 和表 9－6 中分别列出了罗米谢法地震主动土压力系数和被动土压力系数值。

三、纳彼特瓦里泽计算法

纳彼特瓦里泽（Ш. Г. Напетваридзе）建议，在物部冈部提出的地震压力计算公式的基础上考虑挡土墙在土压力和墙体惯性力作用下将产生一个偏转角 $\Delta\varepsilon$ 的影响（图 9－3），此时主动土压力和被动土压力按下列公式计算：

$$P_{a\alpha}=(1-K_V)\left[\frac{1}{2}\gamma H^2+qH\frac{\cos\alpha}{\cos(\alpha-\beta)}\right]K_{a\alpha} \tag{9-21}$$

表 9-5　　罗米谢法地震主动土压力系数

ρ	α /(°)	β /(°)	φ/(°) 0			10			20			30			40			50		
			δ/(°) 0	$\frac{1}{3}\varphi$	$\frac{2}{3}\varphi$	0	$\frac{1}{3}\varphi$	$\frac{2}{3}\varphi$	0	$\frac{1}{3}\varphi$	$\frac{2}{3}\varphi$	0	$\frac{1}{3}\varphi$	$\frac{2}{3}\varphi$	0	$\frac{1}{3}\varphi$	$\frac{2}{3}\varphi$	0	$\frac{1}{3}\varphi$	$\frac{2}{3}\varphi$
0.1	0	0	1.0000	1.0000	1.0000	1.0311	1.0311	1.0311	1.1325	1.1325	1.1325	1.3333	1.3333	1.3333	1.7041	1.7041	1.7041	2.4203	2.4203	2.4203
		10	—	—	—	1.0311	1.0311	1.0311	1.1325	1.1325	1.1325	1.3333	1.3333	1.3333	1.7041	1.7041	1.7041	2.4203	2.4203	2.4203
		20	—	—	—	—	—	—	1.1325	1.1325	1.1325	1.3333	1.3333	1.3333	1.7041	1.7041	1.7041	2.4203	2.4203	2.4203
		30	—	—	—	—	—	—	—	—	—	1.3333	1.3333	1.3333	1.7041	1.7041	1.7041	2.4203	2.4203	2.4203
	10	0	1.0334	1.0334	1.0334	1.0022	1.0022	1.0022	1.0334	1.0334	1.0334	1.1350	1.1350	1.1350	1.3363	1.3363	1.3363	1.7079	1.7079	1.7079
		10	—	—	—	1.0022	1.0022	1.0022	1.0334	1.0334	1.0334	1.1350	1.1350	1.1350	1.3363	1.3363	1.3363	1.7079	1.7079	1.7079
		20	—	—	—	—	—	—	1.0334	1.0334	1.0334	1.1350	1.1350	1.1350	1.3363	1.3363	1.3363	1.7079	1.7079	1.7079
		30	—	—	—	—	—	—	—	—	—	1.1350	1.1350	1.1350	1.3363	1.3363	1.3363	1.7079	1.7079	1.7079
	20	0	1.1030	1.1030	1.1030	1.0043	1.0043	1.0043	0.9740	0.9740	0.9740	1.0043	1.0043	1.0043	1.1030	1.1030	1.1030	1.2987	1.2987	1.2987
		10	—	—	—	1.0043	1.0043	1.0043	0.9740	0.9740	0.9740	1.0043	1.0043	1.0043	1.1030	1.1030	1.1030	1.2987	1.2987	1.2987
		20	—	—	—	—	—	—	0.9740	0.9740	0.9740	1.0043	1.0043	1.0043	1.1030	1.1030	1.1030	1.2987	1.2987	1.2987
		30	—	—	—	—	—	—	—	—	—	1.0043	1.0043	1.0043	1.1030	1.1030	1.1030	1.2987	1.2987	1.2987
	30	0	1.2216	1.2216	1.2216	1.0376	1.0376	1.0376	0.9447	0.9447	0.9447	0.9162	0.9162	0.9162	0.9447	0.9447	0.9447	1.0376	1.0376	1.0376
		10	—	—	—	1.0376	1.0376	1.0376	0.9447	0.9447	0.9447	0.9162	0.9162	0.9162	0.9447	0.9447	0.9447	1.0376	1.0376	1.0376
		20	—	—	—	—	—	—	0.9447	0.9447	0.9447	0.9162	0.9162	0.9162	0.9447	0.9447	0.9447	1.0376	1.0376	1.0376
		30	—	—	—	—	—	—	—	—	—	0.9162	0.9162	0.9162	0.9447	0.9447	0.9447	1.0376	1.0376	1.0376
0.2	0	0	1.0000	1.0000	1.0000	1.0311	1.0311	1.0311	1.1325	1.1325	1.1325	1.3333	1.3333	1.3333	1.7041	1.7041	1.7041	2.4203	2.4203	2.4203
		10	—	—	—	1.0311	1.0311	1.0311	1.1325	1.1325	1.1325	1.3333	1.3333	1.3333	1.7041	1.7041	1.7041	2.4203	2.4203	2.4203
		20	—	—	—	—	—	—	1.1325	1.1325	1.1325	1.3333	1.3333	1.3333	1.7041	1.7041	1.7041	2.4203	2.4203	2.4203
		30	—	—	—	—	—	—	—	—	—	1.3333	1.3333	1.3333	1.7041	1.7041	1.7041	2.4203	2.4203	2.4203
	10	0	1.0517	1.0517	1.0517	1.0200	1.0200	1.0200	1.0517	1.0517	1.0517	1.1551	1.1551	1.1551	1.3600	1.3600	1.3600	1.7382	1.7382	1.7382
		10	—	—	—	1.0200	1.0200	1.0200	1.0517	1.0517	1.0517	1.1551	1.1551	1.1551	1.3600	1.3600	1.3600	1.7382	1.7382	1.7382
		20	—	—	—	—	—	—	1.0517	1.0517	1.0517	1.1551	1.1551	1.1551	1.3600	1.3600	1.3600	1.7382	1.7382	1.7382
		30	—	—	—	—	—	—	—	—	—	1.1551	1.1551	1.1551	1.3600	1.3600	1.3600	1.7382	1.7382	1.7382
	20	0	1.1427	1.1427	1.1427	1.0404	1.0404	1.0404	1.0090	1.0090	1.0090	1.0404	1.0404	1.0404	1.1427	1.1427	1.1427	1.3454	1.3454	1.3454
		10	—	—	—	1.0404	1.0404	1.0404	1.0090	1.0090	1.0090	1.0404	1.0404	1.0404	1.1427	1.1427	1.1427	1.3454	1.3454	1.3454
		20	—	—	—	—	—	—	1.0090	1.0090	1.0090	1.0404	1.0404	1.0404	1.1427	1.1427	1.1427	1.3454	1.3454	1.3454
		30	—	—	—	—	—	—	—	—	—	1.0404	1.0404	1.0404	1.1427	1.1427	1.1427	1.3454	1.3454	1.3454
	30	0	1.2898	1.2898	1.2898	1.0955	1.0955	1.0955	0.9975	0.9975	0.9975	0.9674	0.9674	0.9674	0.9975	0.9975	0.9975	1.0955	1.0955	1.0955
		10	—	—	—	1.0955	1.0955	1.0955	0.9975	0.9975	0.9975	0.9674	0.9674	0.9674	0.9975	0.9975	0.9975	1.0955	1.0955	1.0955
		20	—	—	—	—	—	—	0.9975	0.9975	0.9975	0.9674	0.9674	0.9674	0.9975	0.9975	0.9975	1.0955	1.0955	1.0955
		30	—	—	—	—	—	—	—	—	—	0.9674	0.9674	0.9674	0.9975	0.9975	0.9975	1.0955	1.0955	1.0955

表 9-6　　罗米谢法地震被动土压力系数

ρ	α /(°)	β /(°)	φ/(°)																	
			0			10			20			30			40			50		
			δ/(°)																	
			0	$\frac{1}{3}\varphi$	$\frac{2}{3}\varphi$	0	$\frac{1}{3}\varphi$	$\frac{2}{3}\varphi$	0	$\frac{1}{3}\varphi$	$\frac{2}{3}\varphi$	0	$\frac{1}{3}\varphi$	$\frac{2}{3}\varphi$	0	$\frac{1}{3}\varphi$	$\frac{2}{3}\varphi$	0	$\frac{1}{3}\varphi$	$\frac{2}{3}\varphi$
0.1	0	0	1.0000	1.0000	1.0000	1.0311	1.0311	1.0311	1.1325	1.1325	1.1325	1.3333	1.3333	1.3333	1.7041	1.7041	1.7041	2.4203	2.4203	2.4203
		10	—	—	—	1.0311	1.0311	1.0311	1.1325	1.1325	1.1325	1.3333	1.3333	1.3333	1.7041	1.7041	1.7041	2.4203	2.4203	2.4203
		20	—	—	—	—	—	—	1.1325	1.1325	1.1325	1.3333	1.3333	1.3333	1.7041	1.7041	1.7041	2.4203	2.4203	2.4203
		30	—	—	—	—	—	—	—	—	—	1.3333	1.3333	1.3333	1.7041	1.7041	1.7041	2.4203	2.4203	2.4203
	10	0	0.9975	0.9975	0.9975	1.0955	1.0955	1.0955	1.2898	1.2898	1.2898	1.6485	1.6485	1.6485	2.3413	2.3413	2.3413	3.8695	3.8695	3.8695
		10	—	—	—	1.0955	1.0955	1.0955	1.2898	1.2898	1.2898	1.6485	1.6485	1.6485	2.3413	2.3413	2.3413	3.8695	3.8695	3.8695
		20	—	—	—	—	—	—	1.2898	1.2898	1.2898	1.6485	1.6485	1.6485	2.3413	2.3413	2.3413	3.8695	3.8695	3.8695
		30	—	—	—	—	—	—	—	—	—	1.6485	1.6485	1.6485	2.3413	2.3413	2.3413	3.8695	3.8695	3.8695
	20	0	1.0253	1.0253	1.0253	1.2072	1.2072	1.2072	1.5428	1.5428	1.5428	2.1913	2.1913	2.1913	3.6215	3.6215	3.6215	7.7397	7.7397	7.7397
		10	—	—	—	1.2072	1.2072	1.2072	1.5428	1.5428	1.5428	2.1913	2.1913	2.1913	3.6215	3.6215	3.6215	7.7397	7.7397	7.7397
		20	—	—	—	—	—	—	1.5428	1.5428	1.5428	2.1913	2.1913	2.1913	3.6215	3.6215	3.6215	7.7397	7.7397	7.7397
		30	—	—	—	—	—	—	—	—	—	2.1913	2.1913	2.1913	3.6215	3.6215	3.6215	7.7397	7.7397	7.7397
	30	0	1.0878	1.0878	1.0878	1.3903	1.3903	1.3903	1.9746	1.9746	1.9746	3.2634	3.2634	3.2634	6.9745	6.9745	6.9745	27.0567	27.0567	27.0567
		10	—	—	—	1.3903	1.3903	1.3903	1.9746	1.9746	1.9746	3.2634	3.2634	3.2634	6.9745	6.9745	6.9745	27.0567	27.0567	27.0567
		20	—	—	—	—	—	—	1.9746	1.9746	1.9746	3.2634	3.2634	3.2634	6.9745	6.9745	6.9745	27.0567	27.0567	27.0567
		30	—	—	—	—	—	—	—	—	—	3.2634	3.2634	3.2634	6.9745	6.9745	6.9745	27.0567	27.0567	27.0567
0.2	0	0	1.0000	1.0000	1.0000	1.0311	1.0311	1.0311	1.1325	1.1325	1.1325	1.3333	1.3333	1.3333	1.7041	1.7041	1.7041	2.4203	2.4203	2.4203
		10	—	—	—	1.0311	1.0311	1.0311	1.1325	1.1325	1.1325	1.3333	1.3333	1.3333	1.7041	1.7041	1.7041	2.4203	2.4203	2.4203
		20	—	—	—	—	—	—	1.1325	1.1325	1.1325	1.3333	1.3333	1.3333	1.7041	1.7041	1.7041	2.4203	2.4203	2.4203
		30	—	—	—	—	—	—	—	—	—	1.3333	1.3333	1.3333	1.7041	1.7041	1.7041	2.4203	2.4203	2.4203
	10	0	0.9791	0.9791	0.9791	1.0754	1.0754	1.0754	1.2661	1.2661	1.2661	1.6182	1.6182	1.6182	2.2983	2.2983	2.2983	3.7984	3.7984	3.7984
		10	—	—	—	1.0754	1.0754	1.0754	1.2661	1.2661	1.2661	1.6182	1.6182	1.6182	2.2983	2.2983	2.2983	3.7984	3.7984	3.7984
		20	—	—	—	—	—	—	1.2661	1.2661	1.2661	1.6182	1.6182	1.6182	2.2983	2.2983	2.2983	3.7984	3.7984	3.7984
		30	—	—	—	—	—	—	—	—	—	1.6182	1.6182	1.6182	2.2983	2.2983	2.2983	3.7984	3.7984	3.7984
	20	0	0.9857	0.9857	0.9857	1.1605	1.1605	1.1605	1.4832	1.4832	1.4832	2.1065	2.1065	2.1065	3.4814	3.4814	3.4814	7.4404	7.4404	7.4404
		10	—	—	—	1.1605	1.1605	1.1605	1.4832	1.4832	1.4832	2.1065	2.1065	2.1065	3.4814	3.4814	3.4814	7.4404	7.4404	7.4404
		20	—	—	—	—	—	—	1.4832	1.4832	1.4832	2.1065	2.1065	2.1065	3.4814	3.4814	3.4814	7.4404	7.4404	7.4404
		30	—	—	—	—	—	—	—	—	—	2.1065	2.1065	2.1065	3.4814	3.4814	3.4814	7.4404	7.4404	7.4404
	30	0	1.0196	1.0196	1.0196	1.3031	1.3031	1.3031	1.8507	1.8507	1.8507	3.0587	3.0587	3.0587	6.5369	6.5369	6.5369	25.3591	25.3591	25.3591
		10	—	—	—	1.3031	1.3031	1.3031	1.8507	1.8507	1.8507	3.0587	3.0587	3.0587	6.5369	6.5369	6.5369	25.3591	25.3591	25.3591
		20	—	—	—	—	—	—	1.8507	1.8507	1.8507	3.0587	3.0587	3.0587	6.5369	6.5369	6.5369	25.3591	25.3591	25.3591
		30	—	—	—	—	—	—	—	—	—	3.0587	3.0587	3.0587	6.5369	6.5369	6.5369	25.3591	25.3591	25.3591

$$K_{a\alpha}=\frac{\cos^2(\varphi-\alpha-\rho-\Delta\varepsilon)}{\cos\rho\cos^2\alpha+\rho\cos^2(\alpha+\rho+\Delta\varepsilon)\cos^2(\alpha+\delta+\rho+\Delta\varepsilon)}\times\frac{1}{\left[1+\sqrt{\dfrac{\sin(\varphi+\delta)\sin(\varphi-\beta-\rho)}{\cos(\alpha-\beta+\Delta\varepsilon)\cos(\alpha+\delta+\rho+\Delta\varepsilon)}}\right]^2} \tag{9-22}$$

$$P_{p\alpha}=(1-K_V)\left[\frac{1}{2}\gamma H^2+qH\frac{\cos\alpha}{\cos(\alpha-\beta)}\right]K_{p\alpha} \tag{9-23}$$

$$K_{p\alpha}=\frac{\cos^2(\varphi+\alpha-\rho-\Delta\varepsilon)}{\cos\rho\cos^2\alpha+\rho\cos^2(\alpha-\rho-\Delta\varepsilon)\cos(\delta+\rho-\alpha+\Delta\varepsilon)}\times\frac{1}{\left[1+\sqrt{\dfrac{\sin(\varphi+\delta)\sin(\varphi+\beta+\rho)}{\cos(\alpha+\rho-\beta-\Delta\varepsilon)\cos(\delta+\rho-\alpha-\Delta\varepsilon)}}\right]^2} \tag{9-24}$$

墙顶以下深度 z 处的主动土压力强度 $p_{a\alpha}$ 和被动土压力强度 $p_{p\alpha}$ 为

$$p_{a\alpha}=(1-K_V)\left[\gamma z+q\frac{\cos\alpha}{\cos(\alpha-\beta)}\right]K_{a\alpha} \tag{9-25}$$

$$p_{p\alpha}=(1-K_V)\left[\gamma z+q\frac{\cos\alpha}{\cos(\alpha-\beta)}\right]K_{p\alpha} \tag{9-26}$$

式中　$K_{a\alpha}$、$K_{p\alpha}$——地震主动土压力系数、地震被动土压力系数，分别按公式（9-22）、公式（9-24）计算。

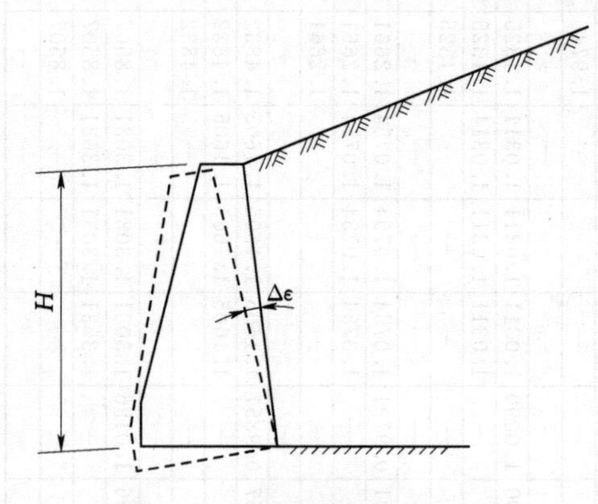

图 9-3　在地震惯性力作用下墙体产生的偏转角

表 9-7 和表 9-8 中分别列出了纳彼特瓦里泽法的地震主动土压力系数和被动土压力系数。

地震时由于惯性力作用墙体产生的偏转角 $\Delta\varepsilon$，与地基土的弹性模量有关，根据日本地震资料指出，在地基中有结构疏松的饱和沉积土或厚的碎石填土层的情况下，1923 年地震时（地震烈度相当于Ⅹ度），挡十墙于竖直线的偏转角约达 10°，因此对于地震烈度为Ⅸ度的地震，$\Delta\varepsilon\approx5°$；对于地震烈度为Ⅷ度的地震，可取 $\Delta\varepsilon=2°\sim3°$。

四、按朗肯土压理论的计算方法

如图 9-4 所示，在按朗肯理论计算土压力的情况下，地震主动土压力的水平分力为 σ_x 可按下式计算：

$$\sigma_x=\overline{\sigma}[1\pm\sin\varphi\cos(\beta\pm\rho\pm\Delta)] \tag{9-27}$$

$$\overline{\sigma}=\frac{\gamma z\cos\beta}{\cos\rho\cos^2\varphi}\left(\cos\beta_0\pm\sqrt{\cos^2\beta_0-\cos^2\varphi}\right) \tag{9-28}$$

表 9-7 纳彼特瓦里泽法地震主动土压力系数

ρ	Δε/(°)	α/(°)	φ/(°)														
			0			10			20			30			40		
			δ/(°)														
			0	$\frac{1}{3}\varphi$	$\frac{2}{3}\varphi$	0	$\frac{1}{3}\varphi$	$\frac{2}{3}\varphi$	0	$\frac{1}{3}\varphi$	$\frac{2}{3}\varphi$	0	$\frac{1}{3}\varphi$	$\frac{2}{3}\varphi$	0	$\frac{1}{3}\varphi$	$\frac{2}{3}\varphi$
0.1	0	0	—	—	—	1.0197	1.0352	1.0583	0.9631	0.9995	1.0673	0.8521	0.9105	1.0395	0.7002	0.7760	0.9724
		10	—	—	—	1.1591	1.2022	1.2563	1.1643	1.2619	1.4119	1.0996	1.2554	1.5461	0.9730	1.1799	1.6529
		20	—	—	—	1.4139	1.5018	1.6094	1.5108	1.7197	2.0337	1.5176	1.8688	2.5275	1.4333	1.9294	3.1239
		30	—	—	—	1.8781	2.0529	2.2694	2.1442	2.5909	3.2912	2.2912	3.0987	4.7618	2.3015	3.5326	7.0641
	5	0	—	—	—	1.0783	1.1063	1.1431	1.0505	1.1136	1.2163	0.9610	1.0606	1.2555	0.8207	0.9502	1.2552
		10	—	—	—	1.2680	1.3303	1.4071	1.3133	1.4574	1.6739	1.2795	1.5146	1.9489	1.1705	1.4918	2.2343
		20	—	—	—	1.6102	1.7336	1.8850	1.7770	2.0803	2.5429	1.8405	2.3682	3.3942	1.7931	2.5658	4.5633
		30	—	—	—	2.2519	2.5044	2.8220	2.6658	3.3408	4.4444	2.9420	4.2166	7.0673	3.0471	5.0801	11.8449
	10	0	—	—	—	1.1591	1.2022	1.2563	1.1643	1.2619	1.4119	1.0996	1.2554	1.5461	0.9730	1.1799	1.6529
		10	—	—	—	1.4139	1.5018	1.6094	1.5108	1.7197	2.0337	1.5176	1.8688	2.5275	1.4333	1.9294	3.1239
		20	—	—	—	1.8781	2.0529	2.2694	2.1442	2.5909	3.2912	2.2912	3.0987	4.7618	2.3015	3.5326	7.0641
		30	—	—	—	2.7895	3.1659	3.6504	3.3435	4.4955	6.3332	3.9218	6.0268	11.3104	4.1907	7.7262	22.3255
0.2	0	0	—	—	—	—	—	—	1.0815	1.1502	1.2605	0.9941	1.1024	1.3123	0.8535	0.9947	1.3247
		10	—	—	—	—	—	—	1.3591	1.5136	1.7456	1.3300	1.5832	2.0512	1.2225	1.5701	2.3766
		20	—	—	—	—	—	—	1.8511	2.1766	2.6745	1.9259	2.4951	3.0697	1.8847	2.7230	4.9180
		30	—	—	—	—	—	—	2.8017	3.5317	4.7340	3.1070	4.4949	7.6442	3.2325	5.4619	13.0794
	5	0	—	—	—	—	—	—	1.2016	1.3067	1.4674	1.1401	1.3083	1.6210	1.0138	1.2381	1.7504
		10	—	—	—	—	—	—	1.5683	1.7922	2.1290	1.5823	1.9606	2.6725	1.5013	2.0381	3.3418
		20	—	—	—	—	—	—	2.2427	2.7234	3.4811	2.4076	3.2819	5.1013	2.4291	3.7705	7.6901
		30	—	—	—	—	—	—	3.6315	4.7860	6.8076	4.1672	6.4776	12.3966	4.4736	8.3863	25.1959
	10	0	—	—	—	—	—	—	1.3591	1.5136	1.7456	1.3300	1.5832	2.0512	1.2225	1.5701	2.3766
		10	—	—	—	—	—	—	1.8511	2.1766	2.6745	1.9259	2.4951	3.6097	1.8847	2.7230	4.9180
		20	—	—	—	—	—	—	2.8017	3.5317	4.7340	3.1070	4.4949	7.6442	3.2325	5.4619	13.0794
		30	—	—	—	—	—	—	4.9261	6.8583	10.5431	5.8639	9.9724	22.5147	6.5028	13.9177	59.6270

表 9-8　纳彼特瓦里泽法地震被动土压力系数

ρ	Δε/(°)	α/(°)	φ/(°)											
			10			20			30			40		
			δ/(°)											
			0	$\frac{1}{3}\varphi$	$\frac{2}{3}\varphi$	0	$\frac{1}{3}\varphi$	$\frac{2}{3}\varphi$	0	$\frac{1}{3}\varphi$	$\frac{2}{3}\varphi$	0	$\frac{1}{3}\varphi$	$\frac{2}{3}\varphi$
0.1	0	0	1.0197	1.0352	1.0583	0.9631	0.9995	1.0673	0.8521	0.9105	1.0395	0.7002	0.7760	0.9724
		10	0.9545	0.9495	0.9509	0.8446	0.8413	0.8612	0.6940	0.6971	0.7449	0.5211	0.5314	0.6062
		20	0.9468	0.9225	0.9051	0.7780	0.7438	0.7394	0.5841	0.5517	0.5542	0.3885	0.3650	0.3825
		30	0.9938	0.9468	0.9090	0.7461	0.6825	0.6432	0.4962	0.4391	0.4147	0.2743	0.2364	0.2283
	5	0	1.0411	1.0462	1.0585	1.0143	1.0312	1.0777	0.9289	0.9610	1.0606	0.7924	0.8419	1.0050
		10	1.0052	0.9897	0.9811	0.9196	0.8976	0.9002	0.7852	0.7650	0.7924	0.6185	0.6055	0.6616
		20	1.0318	0.9944	0.9654	0.8811	0.8244	0.7936	0.6940	0.6349	0.6185	0.4930	0.4440	0.4467
		30	1.1279	1.0613	1.0070	0.8883	0.7931	0.7311	0.6310	0.5389	0.4930	0.3870	0.3185	0.2951
	10	0	1.0799	1.0742	1.0758	1.0847	1.0806	1.1062	1.0245	1.0291	1.0996	0.9065	0.9244	1.0546
		10	1.0748	1.0472	1.0275	1.0151	0.9704	0.9537	0.8982	0.8483	0.8521	0.7381	0.6934	0.7267
		20	1.1422	1.0882	1.0448	1.0106	0.9244	0.8712	0.8305	0.7348	0.6940	0.6235	0.5375	0.5191
		30	1.3021	1.2087	1.1324	1.0700	0.9305	0.8377	0.8034	0.6602	0.5841	0.5343	0.4183	0.3714
0.2	0	0	—	—	—	1.0815	1.1502	1.2605	0.9941	1.1024	1.3122	0.8535	0.9947	1.3247
		10	—	—	—	0.9184	0.9365	0.9818	0.7884	0.8203	0.9097	0.6250	0.6682	0.8031
		20	—	—	—	0.8233	0.8060	0.8108	0.6527	0.6387	0.6645	0.4677	0.4606	0.5064
		30	—	—	—	0.7726	0.7251	0.7002	0.5536	0.5088	0.4979	0.3493	0.3117	0.3155
	5	0	—	—	—	1.1193	1.1653	1.2483	1.0620	1.1401	1.3083	0.9444	1.0532	1.3295
		10	—	—	—	0.9805	0.9797	1.0059	0.8719	0.8797	0.9444	0.7207	0.7393	0.8489
		20	—	—	—	0.9108	0.8734	0.8609	0.7528	0.7143	0.7207	0.5694	0.5382	0.5675
		30	—	—	—	0.8923	0.8190	0.7743	0.6749	0.6001	0.5694	0.4536	0.3936	0.3824
	10	0	—	—	—	1.1780	1.2012	1.2593	1.1528	1.1994	1.3300	1.0596	1.1327	1.3614
		10	—	—	—	1.0623	1.0399	1.0461	0.9764	0.9556	0.9941	0.8383	0.8255	0.9076
		20	—	—	—	1.0210	0.9583	0.9254	0.8766	0.8057	0.7884	0.6949	0.6298	0.6374
		30	—	—	—	1.0434	0.9350	0.8647	0.8271	0.7101	0.6527	0.5927	0.4912	0.4579

$$\rho=\arctan K_H$$

$$\beta_0=\rho\mp\beta$$

$$\Delta=\arcsin\left(\frac{\sin\beta_0}{\sin\varphi}\right)\quad\left(-\frac{\pi}{2}\leqslant\Delta\leqslant\frac{\pi}{2}\right)$$

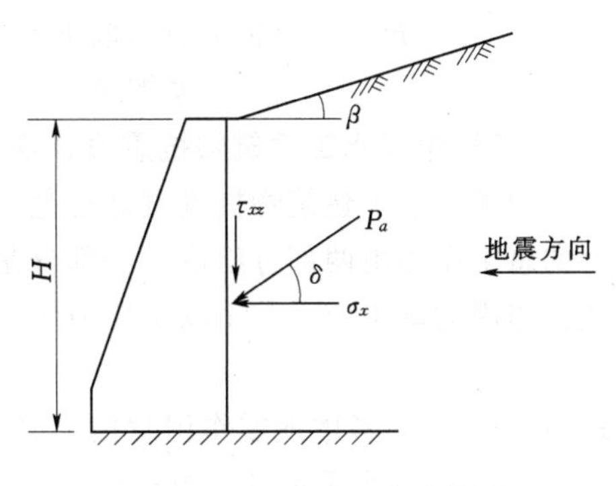

图 9-4　地震土压力计算图

式中　σ_x——土压力强度的水平分量，kPa；

β——填土表面与水平面的夹角，(°)；

φ——填土的内摩擦角，(°)；

γ——填土的容重（重力密度），kN/m³；

z——计算点距墙顶以下的深度，m；

ρ——合成加速度与竖直线的夹角，(°)。

挡土墙墙面上的剪应力为

$$\tau_{xz}=\pm\bar{\sigma}\sin\varphi\sin(\beta\pm\rho\pm\Delta) \tag{9-29}$$

公式（9-27）～公式（9-29）中的±或∓的采用方法是：当地震方向背离填土时取上面的符号，当地震方向指向填土方向时取下面的符号。

作用在挡土墙上的主动土压力强度为

$$p_{za}=\sqrt{\sigma_x^2+\tau_{xz}^2} \tag{9-30}$$

土压力 p_{za} 与水平线夹角为δ，δ 角按下式计算：

$$\delta=\arctan\left(\frac{\tau_{xz}}{\sigma_x}\right) \tag{9-31}$$

五、地震规范方法

（一）俄罗斯、保加利亚抗震规范方法

在俄罗斯和保加利亚抗震规范中提出按下列公式计算地震土压力：

$$P_{a\alpha}=(1+2K_C\tan\varphi)P_a \tag{9-32}$$

$$P_{p\alpha}=(1-2K_C\tan\varphi)P_p \tag{9-33}$$

式中　$P_{a\alpha}$、$P_{p\alpha}$——考虑地震影响的主动土压力、被动土压力；

P_a、P_p——未考虑地震情况下的主动土压力、被动土压力；

K_C——地震系数，通常取 $K_C=K_H$；

φ——填土的内摩擦角。

（二）中国京津地区道路建筑物抗震设计暂行规定中建议方法

在中国京津地区道路建筑物抗震设计暂行规定中，建议对铁路桥台计算地震主动土压力时按下式进行：

$$P_{a\alpha}=(1+4CK\tan\varphi)P_a \tag{9-34}$$

式中　$P_{a\alpha}$、P_a——考虑、未考虑地震影响时的主动土压力；

C——系数，通常取 $C=\frac{1}{3}\sim\frac{1}{2}$；

K——地震系数，取 $K=3K_C$；

φ——土的内摩擦角。

（三）中国水工建筑物抗震设计规范方法

中国《水工建筑物抗震设计规范》（SDJ 10—78）中提出在水平地震作用下，挡土墙上的总土压力由两部分组成，一部分是未考虑地震作用时的静止土压力，另一部分是考虑地震作用的动土压力。主动土压力为

$$P_{a\alpha}=(1+K_H C_z C_\alpha \tan\varphi)P_a \tag{9-35}$$

式中　$P_{a\alpha}$——考虑地震作用时挡土墙上的总主动土压力；

K_H——水平地震系数；

C_z——综合影响系数，取 $C_z=\dfrac{1}{4}$；

C_α——地震动土压力系数，按表 9-9 采用；

φ——填土的内摩擦角；

P_a——未考虑地震作用时的总主动土压力。

表 9-9　　地震动土压力系数 C_α 值

填土内摩擦角 φ/(°)		21～25	26～30	31～35	36～40	41～45
土压力种类	填土表面坡度 β/(°)	地震动土压力系数 C_α				
主动土压力	0	4.0	3.5	3.0	2.5	2.0
	10	5.0	4.5	3.5	3.0	2.5
	20	—	5.0	4.0	3.5	3.0
	30	—	—	—	4.0	3.5
被动土压力	0～20	3.0	2.5	2.0	1.5	1.0

注　当填土坡角 β 在表列角度之间时，地震动土压力系数 C_α 值采用内插法求得。

对于被动土压力：

$$P_{p\alpha}=(1-K_H C_z C_\alpha \tan\varphi)P_p \tag{9-36}$$

式中　$P_{p\alpha}$——考虑地震作用时的总被动土压力；

P_p——未考虑地震作用时的总被动土压力。

（四）减小内摩擦法

将填土在静力条件下通过试验测定的内摩擦角 φ 根据地震烈度的大小适当减小一个角度 ψ 后，仍按一般方法计算土压力。例如，地震主动土压力为

$$P_{a\alpha}=\frac{1}{2}\gamma H^2\tan\left(\frac{\pi}{4}-\frac{\varphi'}{2}\right) \tag{9-37}$$

$$\varphi'=\varphi-\psi \tag{9-38}$$

或

$$\psi=\arctan K_c \tag{9-39}$$

式中　$P_{a\alpha}$——考虑地震作用时的主动土压力，kN；

γ——填土的容重（重力密度），kN/m^3；

H——挡土墙的高度，m；

φ'——考虑地震影响减小后的填土内摩擦角，(°)；

φ——未考虑地震影响时填土的内摩擦角，(°)；

ψ——考虑地震影响减小的内摩擦角，(°)；

K_c——地震系数。

六、按谐振定律的计算方法

对于一个土坡，地震时的最大位移发生在边坡的顶部，往下则逐渐减小，到坡脚处为零。当土坡被墙挡住，不能产生位移时，则原来位移大的部位，动土压力就大，原来位移小的部位，动土压力就较小。所以地震时作用在挡土墙上的压力，在墙顶处最大，向下逐渐减小。

地震时填土对挡土墙的地震土压力沿墙高的分布，根据一些人的研究，例如查古里（Т. И. Заголи）、罗米施（Г. М. Ломицы）等人认为是呈抛物线分布，如图 9－5（a）所示；也有一些人通过对砂土的试验观测，认为是呈倒三角形分布，如图 9－5（b）所示。因此，可以这样认为：对于砂土，地震土压力的分布图形是一个倒三角形；对于黏土，则地震土压力的分布图形是一个抛物线。

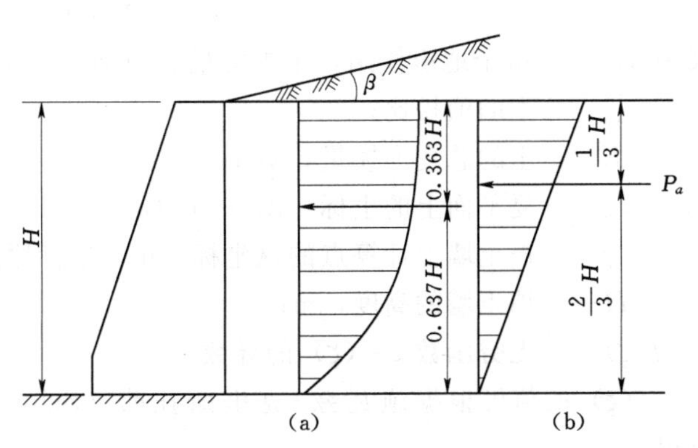

图 9－5　挡土墙上地震土压力的分布

对于土体中的一个土颗粒，地震时所产生的位移，可根据谐振定律来确定：

$$u_t = u_0 \sin\omega t \tag{9-40}$$

$$\omega = \frac{2\pi}{T}$$

式中　u_t——土颗粒在 t 时刻的振幅；

u_0——土颗粒的最大振幅；

ω——振动频率；

T——地震振动的卓越周期；

t——计算时间，s。

此时土颗粒的地震加速度为

$$a_t = -u_0\omega^2 \sin\omega t \tag{9-41}$$

因此，土对挡土墙所产生的地震土压力强度为

$$p_{at} = -m_c u_0 \omega^2 \sin\omega t \tag{9-42}$$

$$m_c = n_c \gamma_c \tag{9-43}$$

$$\gamma_c = \frac{1-K_c\sin\varepsilon}{\cos\psi}\gamma \tag{9-44}$$

$$\psi = \arctan\left(\frac{K_c\sin\varepsilon}{1-K_c\sin\varepsilon}\right) \tag{9-45}$$

式中　m_c——地震时土的附加质量；

n_c——地震时土的附加质量系数，可通过试验求得，对松散土 n_c＝0.11～0.13；

γ_c——土的容重 γ 与地震荷载的合力；

K_c——地震系数；

ε——地震加速度向量与水平线的夹角，(°)；

ψ——系数。

土的最大位移可通过复变函数方法求得如下：

$$u_0=\sigma_c\frac{1-\mu}{E}f(\zeta)\xi \tag{9-46}$$

$$\xi=\frac{y}{H}$$

式中　σ_c——由于地震作用，土中的最大应力，kPa；

μ——土的泊松比；

E——土的总变形模量，kPa；

ξ——复平面上的坐标［图 9-6 (a)］；

y——挡土墙上计算点的纵坐标，m，坐标原点位于墙踵处；

H——挡土墙的高度，m；

$f(\zeta)$——无穷函数 $z=(\zeta)$ 的导数。

$f(\zeta)$ 的值可根据施瓦兹-克里斯托弗（Schwarz - Christoffel）变换公式（9 - 47）求得

$$z=C\int_0^{\zeta}x^{\left(\frac{1}{2}+a\right)}(x-1)^{\left(b-a-\frac{1}{2}\right)}(x-2)^{-b}\mathrm{d}x \tag{9-47}$$

式中　C——积分常数，根据初始条件 $\alpha=a\pi$ 和 $\beta=b\pi$ 来确定。

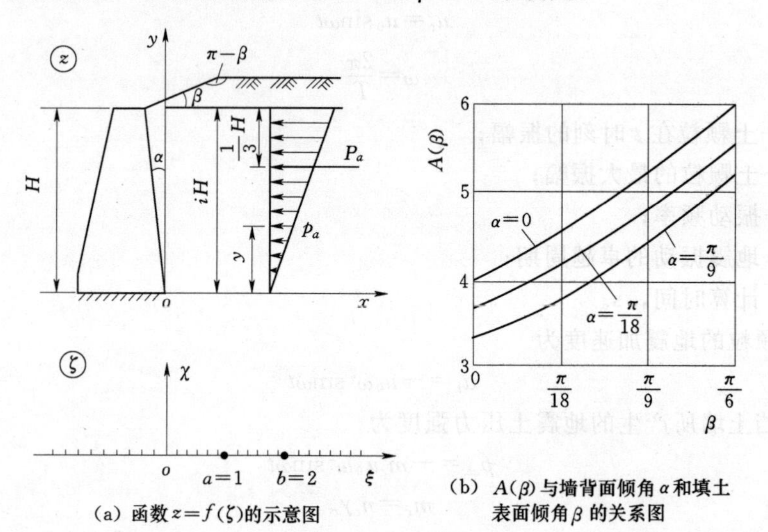

(a) 函数 $z=f(\zeta)$ 的示意图

(b) $A(\beta)$ 与墙背面倾角 α 和填土表面倾角 β 的关系图

图 9-6　计算复函数 $A(\beta)$ 的图

根据公式（9-43）～公式（9-46）可以求得地震时挡土墙上的土压力强度为

$$p_a=\frac{n_cK_cC_p(1-\mu)(1-K_c\sin\varepsilon)A(\beta)}{TE\cos\psi}y \tag{9-48}$$

$$A(\beta)=2\pi f(\zeta)/H \tag{9-49}$$

式中　C_p——地震纵波在土中的传播速度；

$A(\beta)$——函数。

$A(\beta)$ 值也可根据墙面与竖直面之间的夹角 α 和填土表面与水平线之间的夹角 β 由图 9-7（b）求得。

因此地震时作用在挡土墙上的总土压力为

$$P_c=\frac{n_c K_c \gamma C_p (1-\mu)(1-K_c \sin\varepsilon) A(\beta)}{2TE\cos\psi}H^2 \tag{9-50}$$

第十章　考虑挡土墙墙体变形影响时的土压力计算

第一节　挡土墙上的作用力与墙体变形的关系

一、挡土墙墙底面倾斜（与水平面成 ρ 角）

（一）挡土墙墙面倾斜

若有如图 10-1 所示的挡土墙，墙面倾斜，与竖直面之间的夹角为 α；墙底面向上倾斜，与水平面之间的夹角为 ρ。挡土墙上作用有土压力 P，土压力 P 的作用线与墙面法线之间的夹角为 δ；墙体重心处作用有重力 G，其作用方向为竖直向下；墙体面中心点 o 处作用有反力 x、y 和力矩 M，反力 X 的作用方向向左，作用线水平；反力 y 的作用方向为竖直向下；力矩 M 的作用方向为逆时针旋转，如图 10-1 所示。

在荷载作用下墙底面中点 o 处产生水平变位 u、竖直变位 v 和角变位 ξ，如图 10-2 (a)所示。如果变位 u、v 分别以 x、y 正轴方向为正，ξ 以绕墙底端点 a 的顺时针方向为正；而作用力 x、y、M 均以与变形 u、v、ξ 的相反方向为正。

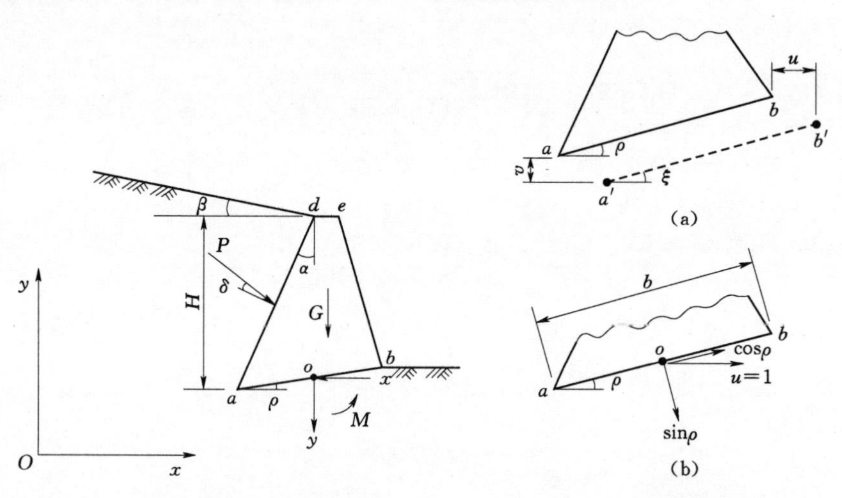

图 10-1　墙底倾斜和墙面倾斜的挡土墙　　　图 10-2　挡土墙墙底面的变位

设在单位变位 $u=1$ 的作用下，墙底面 o 点沿 x 坐标、y 坐标和转角 ξ 方向产生的反力分别为 x_u、y_u、m_u；在单位变位 $v=1$ 作用下，墙底 o 点沿 x 坐标、y 坐标和力矩中心 a 点产生的反力分别为 x_v、y_v、m_v；在单位变位 $\xi=1$ 的作用线，墙底面 o 点处沿 x 坐标、y 坐标和力矩中心 a 点产生的反力分别为 x_ξ、y_ξ、m_ξ。那么根据挡土墙墙底面 o 点处作用力的平衡条件，可得下列平衡方程：

$$\left.\begin{aligned} u\sum x_u+v\sum x_v+\xi\sum x_\xi=X \\ u\sum y_u+v\sum y_v+\xi\sum y_\xi=Y \\ u\sum m_u+v\sum m_v+\xi\sum m_\xi=M \end{aligned}\right\} \tag{10-1}$$

式中　u——墙底面 o 点处 x 坐标方向的变位，m；

v——墙底面 o 点处 y 坐标方向的变位，m；

ξ——墙底面 ab 绕 a 点［图 10-2（a）］的角变位，m；

x_u——墙底面 o 点处产生单位变位 $u=1$ 时 o 点处产生的沿 x 坐标方向的反力，kN；

x_v——墙底面 o 点处产生单位变位 $v=1$ 时 o 点处产生的沿 x 坐标方向的反力，kN；

x_ξ——挡土墙底面 ab 绕 a 点产生单位角变位 $\xi=1$ 时墙底面 o 点处产生的沿 x 坐标方向的反力，kN；

y_u——挡土墙底面 o 点处产生单位变位 $u=1$ 时 o 点处相应产生的沿 y 坐标方向的反力，kN；

y_v——挡土墙底面 o 点处产生单位变位 $v=1$ 时 o 点处相应产生的沿 y 坐标方向的反力，kN；

y_ξ——挡土墙底面 ab 绕 a 点产生单位角变位 $\xi=1$ 时墙底面 o 点处产生的沿 y 坐标方向的反力，kN；

m_u——挡土墙底面 o 点处产生单位变位 $u=1$ 时 o 点处相应产生的力矩，kN·m；

m_v——挡土墙底面 o 点处产生单位变位 $v=1$ 时 o 点处相应产生的力矩，kN·m；

m_ξ——挡土墙底面 ab 绕 a 点产生单位角变位 $\xi=1$ 时墙底面 o 点处相应产生的力矩，kN·m；

X——挡土墙底面 o 点处产生沿 x 坐标方向的变位 u 时 o 点处相应产生的沿 x 坐标方向的反力，kN；

Y——挡土墙底面 o 点处产生沿 y 坐标方向的变位 v 时 o 点处相应产生的沿 y 坐标方向的反力，kN；

M——挡土墙底面 ab 绕 a 点产生角变位 $\xi=1$ 时 o 点处相应产生的力矩，kN·m。

如若在墙底面 ab 的中点 o 处产生单位变位 $u=1$，该变位可分解为法向变位 $\sin\rho$ 和切向变位 $\cos\rho$，相应地在 o 点处产生法向反力 $A_nb\sin\rho$ 和切向反力 $A_tb\cos\rho$，其中 A_n 为地基的法向反力系数，A_t 为地基的切向反力系数，b 为挡土墙底面 ab 的长度。这一法向反力和切向反力又可分解为沿 x 坐标方向的反力和沿 y 坐标方向的反力，并组合为沿 x 坐标方向的总反力 $X=A_nb\sin^2\rho+A_tb\cos^2\rho$，沿 y 坐标方向的总反力 $Y=A_tb\cos\rho\sin\rho-A_nb\sin\rho\cos\rho$ 和绕挡土墙底面 a 点的力矩 $M=Xa_x-Ya_y=ba_y(A_n\sin^2\rho+A_t\cos^2\rho)-ba_x(A_t-A_n)\cos\rho\sin\rho$，也即

$$x_u=b(A_n\sin^2\rho+A_t\cos^2\rho) \tag{10-2}$$

$$y_u=b\cos\rho\sin\rho(A_t-A_n) \tag{10-3}$$

$$m_u=b[a_y(A_n\sin^2\rho+A_t\cos^2\rho)-ax(A_t-A_n)\cos\rho\sin\rho] \tag{10-4}$$

其中

$$a_x=\frac{1}{2}b\cos\rho$$

$$a_y=\frac{1}{2}b\sin\rho$$

式中 b——挡土墙墙底面 ab 的长度，m；

a_x——反力 y 对挡土墙底面 a 点的力臂，m；

a_y——反力 x 对挡土墙底面 a 点的力臂，m。

根据广义虎克定律，A_n 可得

$$A_n=\frac{E}{(1-\nu^2)t} \tag{10-5}$$

式中 A_n——地基的法向反力系数；

E——地基土的变形模量，kPa；

ν——地基土的泊松比；

t——地基的计算深度，对于有限深度的地基，t 即为地基的深度，对于较深的地基，可取 $t=b$。

根据广义虎克定律，A_t 可得

$$A_t=\frac{E}{2(1+\nu)t} \tag{10-6}$$

式中 A_t——地基的切向反力系数。

同理可得

$$x_v=b\cos\rho\sin\rho(A_t-A_n) \tag{10-7}$$

$$y_v=b(A_n\cos^2\rho+A_t\sin^2\rho) \tag{10-8}$$

$$m_v=b[a_y(A_t-A_n)\cos\rho\sin\rho-a_x(A_n\cos^2\rho+A_t\sin^2\rho)] \tag{10-9}$$

$$x_\xi=\frac{1}{2}b^2[\sin\rho(A_t\cos^2\rho+A_n\sin^2\rho)-\cos^2\rho\sin\rho(A_t-A_n)] \tag{10-10}$$

$$y_\xi=\frac{1}{2}b^2[\sin^2\rho\cos\rho(A_t-A_n)-\cos\rho(A_n\cos^2\rho+A_n\sin^2\rho)] \tag{10-11}$$

$$m_\xi=\frac{1}{2}b^2\sin\rho[a_y(A_t\cos^2\rho+A_n\sin^2\rho)-a_x\sin\rho\cos\rho(A_t-A_n)]$$
$$-\frac{1}{2}b^2\cos\rho[a_y(A_t-A_n)\cos\rho\sin\rho-a_x(A_n\cos^2\rho+A_t\sin^2\rho)]+\frac{1}{12}A_nb^3 \tag{10-12}$$

根据公式（10-2）～公式（10-12）求得单位变位 $u=1$、$v=1$ 和 $\xi=1$ 所产生的反力 x_u、x_v、x_ξ、y_u、y_v、y_ξ、m_u、m_v、m_ξ 后，代入公式（10-1），则可建立变位 u、v、ξ 与外荷（反力）的关系式，并可通过计算下列行列式，求得墙底面 c 点处作用反力 X、Y、M 时挡土墙底面所产生的变位 u、v、ξ。

$$\Delta=\begin{vmatrix}\sum x_u & \sum x_v & \sum x_\xi\\ \sum y_u & \sum y_u & \sum y_\xi\\ \sum m_u & \sum m_u & \sum m_\xi\end{vmatrix} \tag{10-13}$$

$$\Delta_u=\begin{vmatrix}X & \sum x_u & \sum x_\xi\\ Y & \sum y_v & \sum y_\xi\\ M & \sum m_v & \sum m_\xi\end{vmatrix} \tag{10-14}$$

$$\Delta_v=\begin{vmatrix}\sum x_u & X & \sum x_\xi\\ \sum y_u & Y & \sum y_\xi\\ \sum m_u & M & \sum m_\xi\end{vmatrix} \tag{10-15}$$

$$\Delta_\xi=\begin{vmatrix}\sum x_u & \sum x_v & X\\ \sum y_u & \sum y_v & Y\\ \sum m_u & \sum m_v & M\end{vmatrix} \tag{10-16}$$

因而变位为

$$u=\frac{\Delta_u}{\Delta} \tag{10-17}$$

$$v=\frac{\Delta_v}{\Delta} \tag{10-18}$$

$$\xi=\frac{\Delta_\xi}{\Delta} \tag{10-19}$$

通常，挡土墙的变形主要是两种形式，即水平位移和角变位，故在挡土墙土压力计算时可以仅考虑墙体产生沿 x 坐标方向的水平变位 u 或角变位 ξ，因此在求得单位变位所产生的反力之后，根据公式（10－1）中的第一式建立水平变位与反力的关系，即

$$\left.\begin{aligned}u\sum x_u&=X\\ u\sum y_u&=Y\\ u\sum m_u&=M\end{aligned}\right\} \tag{10-20}$$

或

$$u=\frac{1}{3}\left(\frac{X}{\sum x_u}+\frac{Y}{\sum y_u}+\frac{M}{\sum m_u}\right) \tag{10-21}$$

或者根据公式（10－1）中的第三式建立角变位与反力的关系，即

$$\left.\begin{aligned}\xi\sum x_\xi&=X\\ \xi\sum y_\xi&=Y\\ \xi\sum m_\xi&=M\end{aligned}\right\} \tag{10-22}$$

如果挡土墙上仅作用有重力 G 和土压力 P，重力 G 作用在墙体重心处，距墙底面 a 点的力臂（水平距离）为 l_G；土压力 p 可分解为水平土压力 $P\cos\delta_0$ 和竖直土压力 $P\sin\delta_0$，其中 δ_0 为土压力 P 的作用线与水平线之间的夹角，可按下式计算：

$$\delta_0=(\alpha+\beta) \tag{10-23}$$

水平土压力 $P\cos\delta_0$ 距 a 点的力臂（竖直距离）为 l_m，竖直土压力 $P\sin\delta_0$ 距 a 点的力臂（水平距离）为 l_n，则根据静力平衡条件可得反力与外荷的关系为

$$\left.\begin{aligned}X&=-P\cos\delta_0\\ Y&=-P\sin\delta_0-G\\ M&=P\sin\delta_0 l_n+Gl_G-P\cos\delta_0 l_m\end{aligned}\right\} \tag{10-24}$$

或

$$\left.\begin{aligned}X&=-P\cos(\alpha+\beta)\\ Y&=-P\sin(\alpha+\beta)-G\\ M&=P\sin(\alpha+\beta)l_n+Gl_G-P\cos(\alpha+\beta)l_m\end{aligned}\right\} \tag{10-25}$$

式中 P——作用在挡土墙上的土压力，kN；

G——挡土墙的重力，kN；

l_G——挡土墙的重力作用线对墙底面 o 点的力臂，m；

l_m——水平土压力 $P\cos(\alpha+\beta)$ 的作用线对墙底面 o 点力臂，m；

l_n——竖直土压力 $P\sin(\alpha+\beta)$ 的作用线对墙底面 o 点的力臂，m；

α——挡土墙墙面与竖直面之间的夹角，(°)；

β——挡土墙背面填土与墙面之间的摩擦角，(°)；

X——挡土墙底面中心点 C 处产生的沿 x 坐标方向的反力，kN；

Y——挡土墙底面中心点 C 处产生的沿 y 坐标方向的反力，kN；

M——挡土墙底面绕 a 点的力矩（逆时针），kN·m。

将公式（10-24）或公式（10-25）代入公式（10-20）或公式（10-21），则可建立水平变位 u 与外荷载 P 和 G 的关系式：

$$\left.\begin{aligned}u\sum x_u&=-P\cos(\alpha+\delta)\\u\sum y_u&=-P\sin(\alpha+\delta)-G\\u\sum m_u&=P\sin(\alpha+\delta)l_n+Gl_G-P\cos(\alpha+\delta)l_m\end{aligned}\right\}\tag{10-26}$$

将公式（10-24）或公式（10-25）代入公式（10-22），则可建立角变位 ξ 与外荷载 P 和 G 的关系式：

$$\left.\begin{aligned}\xi\sum x_\xi&=-P\cos(\alpha+\delta)\\\xi\sum y_\xi&=-P\sin(\alpha+\delta)-G\\\xi\sum m_\xi&=P\sin(\alpha+\delta)l_n+Gl_G-P\cos(\alpha+\delta)l_m\end{aligned}\right\}\tag{10-27}$$

（二）挡土墙墙面竖直

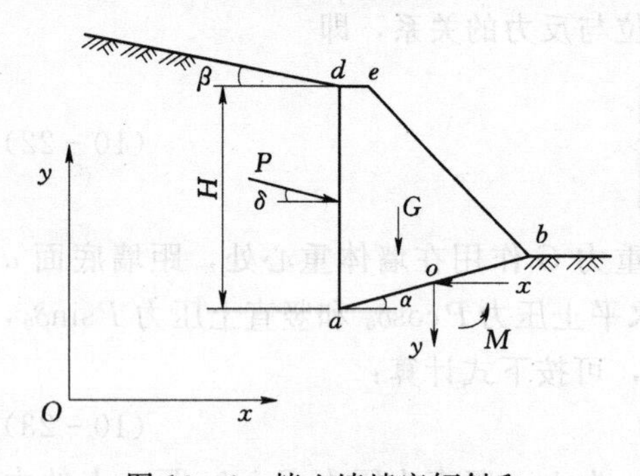

图10-3 挡土墙墙底倾斜和墙面竖直的情况

当挡土墙墙面竖直时（图10-3），$\alpha=0°$，故角度 $\delta_0=\delta$，因此可得反力与外荷的关系为

$$\left.\begin{aligned}X&=-P\cos\delta\\Y&=-p\sin\delta-G\\M&=P\sin\delta l_n+Gl_G-P\cos\delta l_n\end{aligned}\right\}\tag{10-28}$$

将公式（10-28）代入公式（10-20），则得水平变位 u 与外荷 P 和 G 的关系式为

$$\left.\begin{aligned}u\sum x_u&=-P\cos\delta\\u\sum y_u&=P\sin\delta-G\\u\sum m_u&=P\sin\delta l_n+Gl_G-P\cos\delta l_m\end{aligned}\right\}\tag{10-29}$$

将公式（10-28）代入公式（10-22），则得角变位与外荷 P 和 G 的关系式为

$$\left.\begin{aligned}\xi\sum x_\xi&=-P\cos\delta\\\xi\sum y_\xi&=-P\sin\delta-G\\\xi\sum m_\xi&=P\sin\delta l_n+Gl_G-P\cos\delta l_m\end{aligned}\right\}\tag{10-30}$$

二、挡土墙墙底面水平

（一）挡土墙墙面倾斜

当挡土墙墙底面水平时（图 10－4），角度 $\rho=0°$，故此时

$$x_u=bA_t \tag{10-31}$$

$$y_u=0 \tag{10-32}$$

$$m_u=ba_yA_t \tag{10-33}$$

$$x_v=0 \tag{10-34}$$

$$v=bA_n \tag{10-35}$$

$$m_v=-ba_xA_t \tag{10-36}$$

$$x_\xi=0 \tag{10-37}$$

$$y_\xi=-\frac{1}{2}b^2A_n \tag{10-38}$$

$$m_\xi=\frac{1}{2}b^2a_xA_n+\frac{1}{12}A_nb^3 \tag{10-39}$$

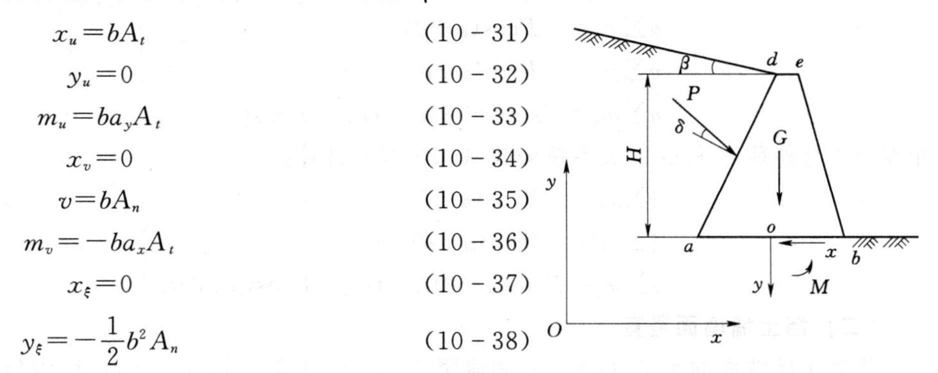

图 10－4　墙底水平和墙面倾斜的挡土墙

墙底面 o 点反力 X、Y、M 对墙底面所产生的变位 u、v、ξ 仍按公式（10－13）～公式（10－19）计算：

$$\Delta=\begin{vmatrix}\sum x_u & \sum x_v & \sum x_\xi \\ \sum y_u & \sum y_v & \sum y_\xi \\ \sum m_u & \sum m_v & \sum m_\xi\end{vmatrix}$$

$$\Delta_u=\begin{vmatrix}X & \sum x_u & \sum x_\xi \\ Y & \sum y_v & \sum y_\xi \\ M & \sum m_v & \sum m_\xi\end{vmatrix}$$

$$\Delta_v=\begin{vmatrix}\sum x_u & X & \sum x_\xi \\ \sum y_u & Y & \sum y_\xi \\ \sum m_u & M & \sum m_\xi\end{vmatrix}$$

$$\Delta_\xi=\begin{vmatrix}\sum x_u & \sum x_v & X \\ \sum y_u & \sum y_v & Y \\ \sum m_u & \sum m_v & M\end{vmatrix}$$

变位为

$$u=\frac{\Delta_u}{\Delta}$$

$$v=\frac{\Delta_v}{\Delta}$$

$$\xi=\frac{\Delta_\xi}{\Delta}$$

此时反力与外荷的关系按公式（10－25）计算

$$\left.\begin{aligned}X&=-P\cos(\alpha+\delta)\\Y&=-P\sin(\alpha+\delta)-G\\M&=P\sin(\alpha+\beta)l_n+Gl_G-P\cos(\alpha+\delta)l_m\end{aligned}\right\}$$

水平变位 u 与外荷 P 和 G 的关系按公式（10－26）计算：

$$\left.\begin{aligned}u\sum x_u&=-P\cos(\alpha+\delta)\\u\sum y_u&=-P\sin(\alpha+\delta)-G\\u\sum m_u&=P\sin(\alpha+\delta)l_n+Gl_G-P\cos(\alpha+\delta)l_m\end{aligned}\right\}$$

角变位 ξ 与外荷 P 和 G 的关系按公式（10－27）计算：

$$\left.\begin{aligned}\xi\sum x_\xi&=-P\cos(\alpha+\delta)\\\xi\sum y_\xi&=-P\sin(\alpha+\delta)-G\\\xi\sum m_\xi&=P\sin(\alpha+\delta)l_n+Gl_G-P\cos(\alpha+\delta)l_m\end{aligned}\right\}$$

（二）挡土墙墙面竖直

当挡土墙墙底面水平（$\rho=0°$）和墙竖直（$\alpha=0°$）时（图 10－5），反力与外荷的关系可用下式表示：

$$\left.\begin{aligned}X&=-P\cos\delta\\Y&=-P\sin\delta-G\\M&=P\sin\delta l_n+Gl_G-P\cos\delta l_m\end{aligned}\right\}\tag{10-40}$$

此时水平变位与外荷的关系为

$$\left.\begin{aligned}u\sum x_u&=-P\cos\delta\\u\sum y_u&=-P\sin\delta-G\\\xi\sum m_\xi&=P\sin\delta l_n+Gl_G-P\cos\delta l_m\end{aligned}\right\}\tag{10-41}$$

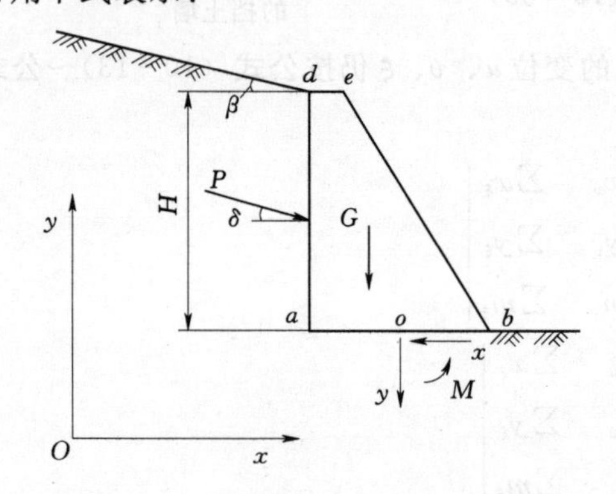

图 10－5　挡土墙墙底水平和墙面竖直的情况

第二节　考虑挡土墙墙体产生水平变位 u 时主动土压力的计算

一、填土表面倾斜的情况

（一）挡土墙墙面倾斜

若挡土墙墙底面水平（$\rho=0°$），墙面倾斜，与竖直面之间的夹角为 α；墙背面的填土表面倾斜，与水平面的夹角为 β；挡土墙上作用有墙体重力 G 和土压力 P，重力 G 的作用方向为竖直向下；土压力 P 的作用线与墙面法线成 δ，作用在法线的上方；在挡土墙的底面尚作用有水平向反力 X 和竖直反力 y。此时墙背面填土的滑动面为 AC，滑动土体为 ABC，如图 10－6 所示，滑动面 AC 与水平面的夹角为 θ。

当滑动土体处于主动极限平衡状态时，滑动面 AC 与水平面之间的夹角 θ 可按下式计算：

$$\theta=45°+\frac{\varphi}{2}$$

式中　θ——滑动面 AC 与水平面之间的夹角，(°)；

φ——填土的内摩擦角，(°)。

根据图 10-6 可知，滑动面 AC 与挡土墙墙面的夹角 α_0 则按下式计算：

$$\alpha_0=\frac{\pi}{2}-\theta+\alpha \tag{10-42}$$

式中　α——挡土墙墙面与竖直面之间的夹角，(°)。

π——水平角，其值为 180°。

由于挡土墙墙面是倾斜的，与竖直面的夹角为 α，故作用在挡土墙面上的土压力 P 可以分解为竖直分力 $P_v=P\sin(\alpha+\delta)$ 和水平分为 $P_h=P\cos(\alpha+\delta)$。

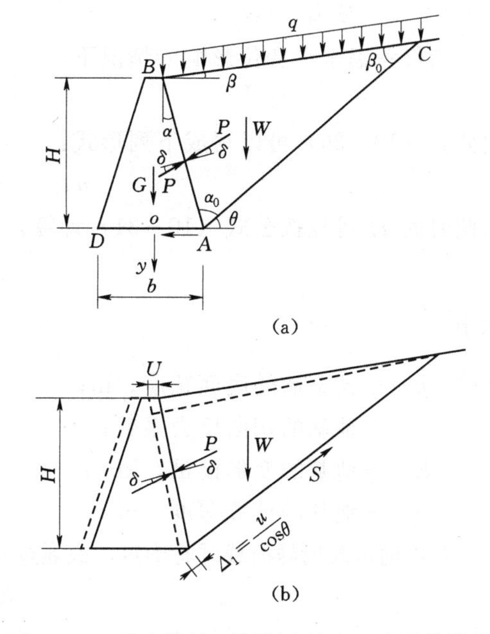

图 10-6　挡土墙墙面倾斜和墙底面水平的情况

在 P_h 的作用下，挡土墙的墙底面将产生剪力 F（水平反力）和水平变位 u。

在墙底面为水平的情况下，墙底面的水平反力 X 与外荷 P 的关系可根据公式（10-25）计算，即

$$-X=F=P\cos(\alpha+\delta)$$

式中　F——挡土墙在外荷作用下墙底面产生的剪力，kN；

P——作用在挡土墙上的土压力，kN；

α——挡土墙墙面与竖直面之间的夹角，(°)；

δ——挡墙背面填土与墙面之间的摩擦角，(°)。

式中负号（—）表示该力作用方向与设定的正 x 坐标的方向相反。

在水平反力 $X=P\cos(\alpha+\delta)$ 的作用下，挡土墙将产生水平变位 u，而此时水平变位 u 与外荷的关系可按公式（10-26）中的第一式来表示，即

$$u\sum x_u=-P\cos(\alpha+\delta)$$

$$\sum x_u=x_u+x_v+x_\xi \tag{10-43}$$

式中　u——挡土墙（底面）的水平变位，m；

$\sum x_u$——挡土墙底面中心点处产生单位变位（$u=1$、$v=1$ 和 $\xi=1$）时，中心点处沿 x 方向产生的反力之和；

x_u——挡土墙底面中心点处产生单位变位 $u=1$ 时，该点处产生的沿 x 坐标方向的反力，kN；

x_v——挡土墙底面中心点处产生单位变位 $v=1$ 时，该点处产生的沿 x 坐标方向的反力，kN；

x_ξ——挡土墙底面中心点处产生单位角变位 $\xi=1$ 时，该点处产生的沿 x 坐标方向的

反力，kN。

当仅考虑水平变位影响的情况下：

$$\sum x_u = x_u$$

故公式（10－26）可以写成下列形式：

$$u x_u = -P\cos(\alpha+\delta) \tag{10-44}$$

而此时的 x_u 可以按公式（10－31）计算，即

$$x_u = bA_t$$

其中

$$A_t = \frac{E}{2(1+\mu)t}$$

式中　b——挡土墙的底面宽度，m；

A_t——地基的切向反力系数；

E——地基的变形模量，kPa；

t——地基的计算深度，m。

E 可通过现场静荷载试验确定，或通过室内压缩试验测定的压缩模量 E_s 按下式换算求得

$$E = \beta E_s \tag{10-45}$$

$$\beta = 1 - \frac{2\mu^2}{1-\mu} \tag{10-46}$$

式中　E_s——地基的压缩模量（通过室内压缩试验测定，在无试验资料时也可根据土的种类按表 10－1 确定），kPa；

β——变形模量 E 与压缩模量 E_s 之间的换算系数；

μ——土的泊松比，可根据土的种类，按表 10－2 确定。

对于相对不深的地基（相对于挡土墙的底面宽度 b），t 即为地基的实际深度。对于相对较深的地基，可取 $t=b$，则此时地基的反力系数 A_t 和 A_n 可写成：

$$A_t = \frac{E}{2(1+\mu)b} \tag{10-47}$$

$$A_n = \frac{E}{(1-\mu^2)b} \tag{10-48}$$

表 10－1　　　　土的压缩模量 E_s

土的种类		压缩模量 E_s/kPa	
		紧密的	中等紧密的
砾石		65000	54000
粗砂		48000	36000
中砂		42000	31000
细砂	稍湿的	36000	25000
	很湿的、饱和的	31000	19000
砂质泥沙	稍湿的	21000	17500
	很湿的	17500	14000
	饱和的	14000	9000

续表

土的种类		压缩模量 E_s/kPa	
		紧密的	中等紧密的
砂壤土	稍湿的	16500～12500	
	很湿的	12500～9000	
	饱和的	9000～5000	
壤土	坚硬状态	59000～16000	
	塑性状态	16000～4000	
黏土	坚硬状态	59000～16000	
	塑性状态	16000～4000	

表 10-2　　土的泊松比 μ 和系数 β 值

土的种类		μ	β
碎石土		0.15～0.20	0.95～0.90
砂土		0.20～0.25	0.90～0.83
粉土		0.25	0.83
粉质黏土	坚硬状态	0.25	0.83
	可塑状态	0.30	0.74
	软塑及流塑状态	0.35	0.62
黏土	坚硬状态	0.25	0.83
	可塑状态	0.35	0.62
	软塑及流塑状态	0.42	0.39

将公式（10-31）代入公式（10-44），则得

$$ubA_t = -P\cos(\alpha+\delta)$$

式中负号（—）表示反力 X 的作用方向（图 10-1）与设定的正 x 坐标方向相反。

由上式可得

$$P = -\frac{bA_t}{\cos(\alpha+\delta)}u \tag{10-49}$$

由图 10-6 可知，在挡土墙背面滑裂土体的重心处，作用有土体 ABC 的重力 W，作用方向竖直向下；在 AB 面上作用有土压力 P 的反力，作用方向指向土体 ABC，其作用线与 AB 面的法线成 δ 角，作用在法线的下方；在填土表面 BC 上作用有均布荷载 q 的合力 $Q=q\overline{BC}$，作用方向竖直向下；在 AC 面上作用有反力（剪力）S，作用方向为沿 AC 面向上。

根据土体 ABC 上作用力沿 AC 面投影之和为零的平衡条件，可得

$$P\cos(\theta-\alpha-\delta)+S-(W+Q)\sin\theta=0 \tag{10-50}$$

由图 10-6 中滑裂土体 ABC 的几何关系可得

$$\overline{AB}=\frac{H}{\cos\alpha}$$

$$\overline{AC}=\frac{H\cos(\alpha-\beta)}{\cos\alpha\sin\beta_0}$$

$$\overline{BC}=\frac{H\sin\alpha_0}{\cos\alpha\sin\beta_0}$$

故
$$W=\frac{1}{2}\gamma H^2\frac{\sin\alpha_0\cos(\alpha-\beta)}{\cos^2\alpha\sin\beta_0} \tag{10-51}$$

$$Q=qH\frac{\sin\alpha_0}{\cos\alpha\sin\beta_0} \tag{10-52}$$

式中 W——滑裂土体 ABC 的重力，kN；

Q——作用在 BC 面上的均布荷载的合力，kN；

γ——填土的容重（重力密度），kN/m^3；

q——作用在填土表面上的均布荷载，kPa；

H——挡土墙的高度，m。

沿 AC 面的反力 S 可按公式（10-31）计算，即

$$S=u_1x_u=bA_tu_1$$

但此时上式中的 b 应以 AC 面的长度 $\frac{H\cos(\alpha-\beta)}{\cos\alpha\sin\beta_0}$ 代替，所以上式应写成下列形式：

$$S=A_tu_1\frac{H\cos(\alpha-\beta)}{\cos\alpha\sin\beta_0} \tag{10-53}$$

式中 u_1——沿 AC 面的变位。

由于滑动土体 ABC 各点处的变位是不相同的，即 A、B 两点处的变位和 A、C 两点处的变位均不相同，故沿 AC 面的平均变位取其为

$$u_1=\frac{1}{4}u_0$$

u_0 是 A 点处沿 AC 面方向的变位，这一变位在水平方向（x 坐标方向）的投影为

$$u_1=\frac{1}{4}\times\frac{u_0}{\cos\theta} \tag{10-54}$$

将公式（10-54）代入公式（10-52）得

$$S=\frac{1}{4}A_t'u\frac{\cos(\alpha-\beta)}{\cos\alpha\sin\beta_0\cos\theta} \tag{10-55}$$

将公式（10-55）代入公式（10-50）得

$$P\cos(\theta-\alpha-\delta)+\frac{1}{4}\times\frac{\cos(\alpha-\beta)}{\cos\alpha\sin\beta_0\cos\theta}A_t'u-(W+Q)\sin\theta=0$$

由此可得

$$u=\frac{(W+Q)\sin\theta-P\cos(\theta-\alpha-\delta)}{\dfrac{A_t'\cos(\alpha-\beta)}{4\sin\beta_0\cos\alpha\cos\theta}} \tag{10-56}$$

$$A_t'=\frac{E}{2(1+\mu)} \tag{10-57}$$

式中　A_t'——似切向反力系数。

由公式（10-49）可得

$$u=-\frac{P\cos(\alpha+\delta)}{A_t'}$$

式中负号（一）表示 u 的方向与图 10-1 所设定的正 x 坐标的方向相反，与挡土墙实际所产生的变位值无关，故上式也可写为

$$u=\frac{P\cos(\alpha+\delta)}{A_t'} \tag{10-58}$$

由于公式（10-56）与公式（11-58）相等，故得

$$\frac{(W+Q)\sin\theta-P\cos(\theta-\alpha-\delta)}{\dfrac{A_t'\cos(\alpha-\beta)}{4\sin\beta_0\cos\alpha\cos\theta}}=\frac{P\cos(\alpha+\delta)}{A_t'}$$

由此可得

$$(W+Q)\sin\theta-P\cos(\theta-\alpha-\delta)=P\,\frac{\cos(\alpha+\delta)\cos(\alpha-\beta)}{4\sin\beta_0\cos\alpha\cos\theta}$$

故得土压力为

$$P=\frac{(W+Q)\sin\theta}{\cos(\theta-\alpha-\delta)+\dfrac{\cos(\alpha+\delta)\cos(\alpha-\beta)}{4\sin\beta_0\cos\alpha\cos\theta}} \tag{10-59}$$

将公式（10-51）和公式（10-52）代入上式得

$$P=\left[\frac{1}{2}\gamma H^2\,\frac{\sin\alpha_0\cos(\alpha-\beta)}{\cos^2\alpha\sin\beta_0}+qH\,\frac{\sin\alpha_0}{\cos\alpha\sin\beta_0}\right]\times\frac{\sin\theta}{\cos(\theta-\alpha-\delta)+\dfrac{\cos(\alpha+\delta)\cos(\alpha-\beta)}{4\sin\beta_0\cos\alpha\cos\theta}} \tag{10-60}$$

如令

$$A_a=\frac{\sin\alpha_0\sin\theta}{\cos\alpha\sin\beta_0\left[\cos(\theta-\alpha-\delta)+\dfrac{\cos(\alpha+\delta)\cos(\alpha-\beta)}{4\sin\beta_0\cos\alpha\cos\theta}\right]} \tag{10-61}$$

则公式（10-60）可简写为

$$P=\left[\frac{1}{2}\gamma H^2\,\frac{\cos(\alpha-\beta)}{\cos\alpha}+qH\right]A_a \tag{10-62}$$

再令

$$N_\gamma=\frac{\cos(\alpha-\beta)}{\cos\alpha}A_a \tag{10-63}$$

$$N_q=A_a \tag{10-64}$$

式中　N_γ——由填土重力产生的土压力的压力系数；

N_q——由填土表面均布荷载 q 产生的土压力的压力系数。

土压力可以进一步简写为

$$P=\frac{1}{2}\gamma H^2 N_\gamma+qHN_q \tag{10-65}$$

或

$$P=P_\gamma+P_q \tag{10-66}$$

$$P_\gamma=\frac{1}{2}\gamma H^2 N_\gamma \tag{10-67}$$

$$P_q=qHN_q \tag{10-68}$$

式中 P_γ——由挡土墙背面填土的重力产生的土压力，kN；

P_q——由挡土墙背面填土表面作用的均布荷载 q 产生的土压力。

土压力 P 的作用点距挡土墙墙踵的高度为

$$y_a=\frac{P_\gamma \frac{1}{3}H+P_q \frac{1}{2}H}{P} \tag{10-69}$$

或

$$y_a=\frac{\frac{1}{2}\gamma H^2 N_\gamma \frac{1}{3}H+qHN_q \frac{1}{2}H}{P} \tag{10-70}$$

将公式（10-62）代入公式（10-58），可得由于墙背填土及其上荷载作用，挡土墙产生的水平方向（沿 x 负轴方向）的变位为

$$u=\frac{\cos(\alpha+\delta)}{bA_t}\left[\frac{1}{2}\gamma H^2 \frac{\cos(\alpha-\beta)}{\cos\alpha}+qH\right]A_a \tag{10-71}$$

或

$$u=\frac{\cos(\alpha+\delta)}{A_t'}\left[\frac{1}{2}\gamma H^2 \frac{\cos(\alpha-\beta)}{\cos\alpha}+q\right]A_a \tag{10-72}$$

由公式（10-25）中第二式可得挡土墙底面中心点 c 处沿 y 坐标方向（竖直方向）的反力为

$$Y=-P\sin(\alpha+\delta)-G$$

式中 Y——挡土墙底面 c 处沿 y 轴方向（竖直方向）的反力，kN；

P——作用在挡土墙上的土压力，kN；

G——挡土墙的重力，kN。

式中等号右侧的负号（一）表示该力的作用方向与设定的正 y 坐标方向相反。

由公式（10-25）中的第一式可得挡土墙底面中心点 c 处沿 x 坐标方向（水平方向）的反力（即剪力）为

$$X=-P\cos(\alpha+\delta)$$

式中等号右侧的负号（一）表示该力的作用方向与设定的正 x 坐标方向相反。

当挡土墙背面填土在重力和荷载作用下处于主动极限平衡状态，并使挡土墙处于极限平衡状态时，挡土墙底面的抗剪力 F 应该等于墙底的剪力 X，即

$$F=X \tag{10-73}$$

此时抗剪力

$$F=fY \tag{10-74}$$

式中 f——挡土墙底面与地基面之间的摩擦系数，通过试验确定，在无试验资料时可按表 10-3 采用。

表 10-3　　挡土墙与地基的摩擦系数 f 值

土 的 种 类	土 的 状 态	摩擦系数 f
黏土	坚硬	0.30～0.40
	硬塑	0.25～0.30
	半硬塑	0.25～0.30
	可塑	0.20～0.25
	软塑	0.20～0.25
轻亚黏土		0.30～0.40
粉土		0.25～0.35
砂土	松散	0.35～0.45
	稍密	
	中密	
	密实	
碎石土	稍密	0.40～0.50
	中密	
	密实	
石质土		0.50
岩石	极软	0.40～0.60
	软	
	较软	
	软硬	0.65～0.75
	坚硬	

将公式（10-72）代入公式（10-71）得

$$fY=X$$

然后再将公式 $X=-P\cos(\alpha+\delta)$ 和公式 $Y=-P\sin(\alpha+\delta)-G$ 代入上式得

$$f[-P\sin(\alpha+\delta)-G]=-P\cos(\alpha+\delta)$$

由此可得处于极限平衡状态下的挡土墙重量为

$$G_a=P[\cos(\alpha+\delta)-f\sin(\alpha+\delta)]\frac{1}{f} \tag{10-75}$$

如果将挡土墙的断面概化为三角形（图 10-7），则挡土墙的体积为

$$V=\frac{1}{2}bH$$

因此，挡土墙的重力 G_0 可以写成下列形式：

$$G_a=\frac{1}{2}\gamma_b bH \tag{10-76}$$

式中　G_a——处于极限平衡状态下的挡土墙重力，kN；

γ_b——挡土墙材料的容重（重力密度），kN/m³；

b——挡土墙的底面宽度，m；

H——挡土墙的高度，m。

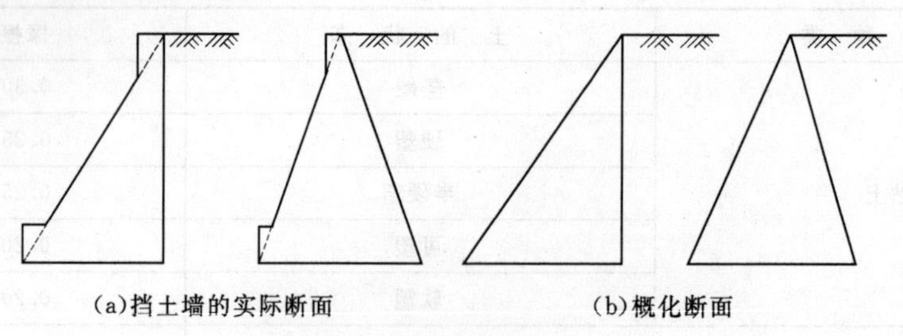

图 10-7　挡土墙的概化断面

将公式（10-60）代入公式（10-75）得

$$\frac{1}{2}\gamma_b bH=\left[\frac{1}{2}\gamma H^2\frac{\sin\alpha_0\cos(\alpha-\beta)}{\cos^2\alpha\sin\beta_0}+qH\frac{\sin\alpha_0}{\cos\alpha\sin\beta_0}\right]$$

$$\times\frac{\sin\theta}{\cos(\theta-\alpha-\delta)+\dfrac{\cos(\alpha+\delta)\cos(\alpha-\beta)}{4\sin\beta_0\cos\alpha\cos\theta}}[\cos(\alpha+\delta)-f\sin(\alpha+\delta)]\frac{1}{f}$$

由此得处于主动极限平衡状态下的挡土墙高宽比为

$$a_a=\left[\frac{\gamma}{\gamma_b}\frac{\sin\alpha_0\cos(\alpha-\beta)}{\cos^2\alpha\sin\beta_0}+\frac{2q}{\gamma_b H}\frac{\sin\alpha_0}{\cos\alpha\sin\beta_0}\right]\times\frac{\sin\theta}{\cos(\theta-\alpha-\delta)+\dfrac{\cos(\alpha+\delta)\cos(\alpha-\beta)}{4\sin\beta_0\cos\alpha\cos\theta}}$$

$$\times[\cos(\alpha+\delta)-f\sin(\alpha+\delta)]\frac{1}{f}\tag{10-77}$$

其中 $$a_a=\frac{b}{H}$$

式中　a_a——挡土墙处于主动极限平衡状态时挡土墙的宽高比；

γ——填土的容重（重力密度），kN/m^3；

γ_b——挡土墙材料的容重（重力密度），kN/m^3；

q——作用在填表面的均布荷载，kPa；

f——挡土墙底面与地基的摩擦系数；

α——挡土墙墙面与竖直面之间的夹角，(°)；

β——填土表面与水平面之间的夹角，(°)；

δ——填土与挡土墙墙面之间的摩擦角，(°)；

α_0——挡土墙背面填土中滑裂面（AC）与挡土墙墙面之间的夹角，(°)；

β_0——挡土墙背面填土中滑裂面（AC）与填土表面（BC）之间的夹角，(°)；

θ——挡土墙背面填土中滑裂面（AC）与水平面之间的夹角，(°)。

因此由公式（10-62）可得填土处于主动极限平衡状态下的土压力，即主动土压力为

$$P=\left[\frac{1}{2}\gamma H^2\frac{\cos(\alpha-\beta)}{\cos\alpha}+qH\right]A_a\tag{10-78}$$

$$A_a=\frac{\sin\alpha_0\sin\theta}{\cos\alpha\sin\beta_0\left[\cos(\theta-\alpha-\delta)+\dfrac{\cos(\alpha+\delta)\cos(\alpha-\beta)}{4\sin\beta_0\cos\alpha\cos\theta}\right]}\tag{10-79}$$

此时沿挡土墙高度方向任意一点处的主动土压力强度 p_a 可按下式计算：

$$p_a=\left[\gamma z\frac{\cos(\alpha-\beta)}{\cos\alpha}+q\right]A_a \tag{10-80}$$

式中　z——土压强 p_a 的计算点距填土表面的深度，m；

γ——填土的容重（重力密度），kN/m^3；

A_a——系数。

【例 10-1】 挡土墙墙高 $H=6.0$m，墙面倾斜，与竖直面的夹角 $\alpha=10°$，墙背面填土为无黏性土，填土表面倾斜，与水平面的夹角 $\beta=10°$，填土的容重（重力密度）$\gamma=18.0$kN/m^3，内摩擦角 $\varphi=30°$，填土表面作用均布荷载 $q=10$kPa，挡土墙用混凝土材料建筑，墙体的容重（重力密度）$\gamma_b=23$kN/m^3，地基也为无黏性土，土的性质与墙背填土相同，其泊松比 $\mu=0.25$，变形模量 $E=12500$kPa，墙底面与地基的摩擦角系数 $f=0.4$，填土与挡土墙墙面之间的摩擦角 $\delta=15°$。计算作用在挡土墙上的主动土压力 P_a、土压力 P_a 的作用点距墙踵的高度 y_a、挡土墙在土压力 P_a 作用下产生的水平位移 U_a（沿 x 坐标方向的位移）和挡土墙在极限平衡状态下的重力（即临界重力）G_a 值。

解：（1）根据公式（5-41）计算角度 θ 值：

$$\theta=45°-\frac{\varphi}{2}=45°-\frac{30°}{2}=60°$$

（2）根据公式（10-42）计算角度 α_0 值：

$$\alpha_0=\frac{\pi}{2}-\theta+\alpha=\frac{180°}{2}-60°+10°=40°$$

（3）角度 β_0 值按下式计算：

$$\beta_0=\theta-\beta=60°-10°=50°$$

（4）根据公式（10-79）计算 A_a 值：

$$A_a=\frac{\sin\alpha_0\sin\theta}{\cos\alpha\sin\beta_0\left[\cos(\theta-\alpha-\delta)+\dfrac{\cos(\alpha+\delta)\cos(\alpha-\beta)}{4\sin\beta_0\cos\alpha\cos\theta}\right]}$$

$$=\frac{\sin40°\sin60°}{\cos10°\sin50°\times\left[\cos(60°-10°-15°)+\dfrac{\cos(10°+15°)}{4\sin50°}\times\dfrac{\cos(10°-10°)}{\cos10°\cos60°}\right]}=0.5197$$

（5）根据公式（10-78）计算主动土压力 P_a：

$$P_a=\left[\frac{1}{2}\gamma H^2\frac{\cos(\alpha-\beta)}{\cos\alpha}+qH\right]A_a$$

$$=\left[\frac{1}{2}\times18.0\times6.0^2\times\frac{\cos(10°-10°)}{\cos10°}+10\times6.0\right]\times0.5197=202.1624(\text{kN})$$

（6）计算主动土压力 P_a 的作点距挡土墙墙踵的高度 y_a。先计算下列值：

$$P_\gamma=\frac{1}{2}\gamma H^2\frac{\cos(\alpha-\beta)}{\cos\alpha}A_a=\frac{1}{2}\times18.0\times6.0^2\times\frac{\cos(10°-10°)}{\cos10°}\times0.5197=170.9804(\text{kN})$$

$$P_q=qHA_a=10\times6.0\times0.5197=31.1820(\text{kN})$$

主动土压力 P_a 的作用点距挡土墙墙踵的高度为

$$y_a=\frac{P_\gamma\times\frac{1}{3}H+P_q\times\frac{1}{2}H}{P_a}=\frac{170.9804\times\frac{1}{3}\times6.0+31.1820\times\frac{1}{2}\times6.0}{202.1624}=2.1542(\text{m})$$

（7）根据公式（10－75）计算挡土墙的主动临界重力 G_a：

$$G_a=P_a[\cos(\alpha+\delta)-f\sin(\alpha+\delta)]\frac{1}{f}$$

$$=202.1624\times[\cos(10°+15°)-0.4\times\sin(10°+15°)]\times\frac{1}{0.4}=372.6159(\text{kN})$$

（8）根据公式（10－57）计算挡土墙在主动土压力作用下产生的水平变位：

$$u=\frac{P_a\cos(\alpha+\delta)}{bA_t}=\frac{P_a\cos(\alpha+\delta)}{A_t'}=\frac{P_a\cos(\alpha+\delta)}{\frac{E}{2(1+\mu)}}$$

由此可得

$$u=\frac{202.1624\times\cos(10°+15°)}{\frac{12500}{2\times(1+0.25)}}=0.0366(\text{m})$$

挡土墙的水平变位与墙高的比值为

$$\frac{u}{H}=\frac{0.0366}{6.0}=0.0061=0.61\%$$

（二）挡土墙墙面竖直

若挡土墙墙底面水平（$\rho=0°$），墙面竖直($\alpha=0$)，墙背面填土表面倾斜，与水平面的夹角为 β；挡土墙上作用有墙体重力 G 和土压力 P，重力 G 的作用方向为竖直向下；土压力 P 的作用线与墙面法线成 δ 角，作用在法线的上方；在挡土墙的底面尚作用有水平反力 X 和竖直反力 Y。此时墙背面填土的滑动面为 AC，滑动土体为 ABC，如图 10－8 所示，滑动面 AC 与挡土墙墙面 AB 的夹角为 α_0，与填土表面 BC 的夹角为 β_0，与水平面的夹角为 θ。

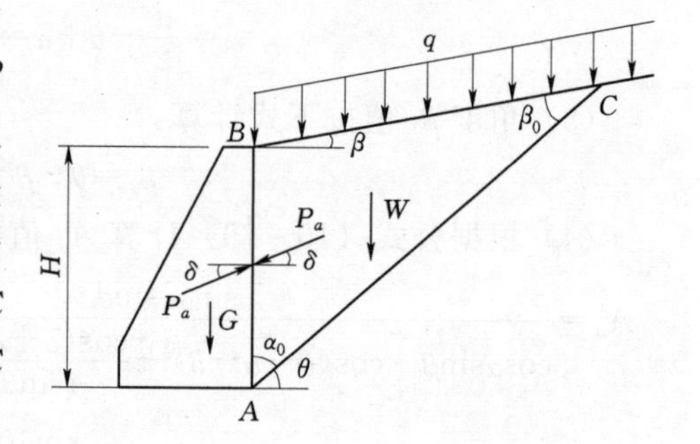

图 10－8　挡土墙与滑裂土体形状

当滑裂土体 ABC 处于主动极限平衡状态时，滑动面 AC 与水平面之间的夹角 θ 可按下式确定：

$$\theta=45°+\frac{\varphi}{2}\tag{10-81}$$

式中　θ——滑动面 AC 与水平面之间的夹角，(°)；

φ——填土的内摩擦角，(°)。

滑动面 AC 与挡土墙墙面之间的夹角 α_0 按下式计算：

$$\alpha_0=\frac{\pi}{2}-\theta\tag{10-82}$$

或

$$\alpha_0=45°-\frac{\varphi}{2}\tag{10-83}$$

由图 10-9 中的几何关系可知，滑动面 AC 与填土表面 BC 之间的夹角 β_0 可按下式计算：

$$\beta_0=\theta-\beta \tag{10-84}$$

式中　β_0——滑动面 AC 与填土表面 BC 之间的夹角，(°)；

β——填土表面 BC 与水平面之间的夹角，(°)。

此时填土作用在挡土墙上的主动土压力为

$$P_a=\left(\frac{1}{2}\gamma H^2\cos\beta+qH\right)A_a \tag{10-85}$$

$$A_a=\frac{\sin\alpha_0\sin\theta}{\sin\beta_0\left[\cos(\theta-\delta)+\dfrac{\cos\delta}{4\sin\beta_0}\times\dfrac{\cos\beta}{\cos\theta}\right]} \tag{10-86}$$

式中　P_a——填土作用在挡土墙上的土压力（其作用线与墙面法线成 δ 角，作用在法线的上方），kN；

γ——填土的容重（重力密度），kN/m^3；

q——作用在填土表面的均布荷载，kPa；

H——挡土墙的高度，m；

A_a——系数；

δ——填土与墙面之间的摩擦角，(°)。

此时挡土墙处于主动极限平衡状态时的临界宽高比按下式计算：

$$\alpha_a=\left(\frac{\gamma}{\gamma_b}\times\frac{\sin\alpha_0\cos\beta}{\sin\beta_0}+\frac{2q}{\gamma_b H}\times\frac{\sin\alpha_0}{\sin\beta_0}\right)\frac{\sin\theta}{\cos(\theta-\delta)+\dfrac{\cos\delta\cos\beta}{2\sin\beta_0\cos\theta}}(\cos\delta-f\sin\delta)\frac{1}{f} \tag{10-87}$$

式中　γ——填土的容重（重力密度），kN/m^3；

γ_b——挡土墙（材料）的容重（重力密度），kN/m^3；

q——作用在填土表面的均布荷载，kPa；

f——挡土墙底面与地基面之间的摩擦系数。

主动土压力 P_a 也可写成下列形式：

$$P_a=P_{a\gamma}+P_{aq} \tag{10-88}$$

$$P_{a\gamma}=\frac{1}{2}\gamma H^2A_a\cos\beta \tag{10-89}$$

$$P_{aq}=qHA_a \tag{10-90}$$

式中　$P_{a\gamma}$——由填土重力产生的主动土压力，kN；

P_{aq}——由填土表面均布荷载 q 产生的主动土压力，kN。

主动土压力 P_a 的作用点距挡土墙墙踵的高度为

$$y_a=\frac{P_{a\gamma}\dfrac{1}{3}H+P_{aq}\dfrac{1}{2}H}{P_a} \tag{10-91}$$

此时沿挡土墙高度方向任意点处的土压力强度 p_a 按下式计算：

$$p_a=\gamma z A_a\cos\beta+qA_a \tag{10-92}$$

式中　p_a——沿挡土墙高度方向任意点处的主动土压力强度，kPa；

z——土压力强度 p_a 的计算点距填土表面的深度，m。

当挡土墙处于极限平衡状态时，挡土墙的主动临界重力 G_a 可按下式计算：

$$G_a=P_a(\cos\delta-f\sin\delta)\frac{1}{f} \tag{10-93}$$

式中　G_a——挡土墙的临界重力，kN；

f——挡土墙底面与地基面之间的摩擦系数。

在挡土墙处于极限平衡状态时，由于主动土压 P_a 的作用，挡土墙产生的水平变位，即临界水平变位 u_a 按下式计算：

$$u_a=\frac{P_a\cos\delta}{\dfrac{E}{2(1+\mu)}} \tag{10-94}$$

式中　u_a——挡土墙的（临界）水平变位，m；

P_a——主动土压力，kN；

δ——填土与挡土墙之间的摩擦角，(°)；

E——土的变形模量，kPa；

μ——土的泊松比。

【例 10-2】　挡土墙墙高 $H=6.0$m，墙面竖直，墙背面填土为无黏性土，填表面倾斜，与水平面的夹角 $\beta=10°$，填土表面作用均布荷载 $q=10$kPa，填土的容重（重力密度）$\gamma=18.0\text{kN/m}^3$，内摩擦角 $\varphi=30°$，填土与挡土墙墙面之间的摩擦角 $\delta=15°$，挡土墙用混凝土材料建筑，墙体的容重（重力密度）$\gamma_b=23.0\text{kN/m}^3$，挡土墙墙背面填土与地基土性质相同，其泊松比 $\mu=0.25$，变形模量 $E=12500$kPa，挡土墙与地基面的摩擦角系数 $f=0.4$，计算作用在挡土墙上的主动土压力 P_a，挡土墙的临界水平变位 u_a 和挡土墙的临界重力 G_a。

解：（1）根据公式（10-81）计算角度 θ 值：

$$\theta=45°+\frac{\varphi}{2}=45°+\frac{30°}{2}=60°$$

（2）根据公式（10-82）和公式（10-84）计算角度 α_0 和 β_0 的值：

$$\alpha_0=\frac{\pi}{2}-\theta=\frac{180°}{2}-60°=30°$$

$$\beta_0=\theta-\beta=60°-10°=50°$$

（3）根据公式（10-86）计算 A_a 值：

$$A_a=\frac{\sin\alpha_0\sin\theta}{\sin\beta_0\left[\cos(\theta-\delta)+\dfrac{\cos\delta}{4\sin\beta_0}\times\dfrac{\cos\beta}{\cos\theta}\right]}$$

$$=\frac{\sin30°\sin60°}{\sin50°\times\left[\cos(60°-15°)+\dfrac{\cos15°}{4\sin50°}\times\dfrac{\cos10°}{\cos60°}\right]}=0.4256$$

(4) 根据公式（10－88）～公式（10－90）计算主动土压力：

$$P_{a\gamma}=\frac{1}{2}\gamma H^2 A_a\cos\beta=\frac{1}{2}\times 18.0\times 6.0^2\times 0.4256\times\cos 10°=135.7995(\text{kN})$$

$$P_{aq}=qHA_a=10.0\times 6.0\times 0.4256=25.5360(\text{kN})$$

$$P_a=P_{a\gamma}+P_{aq}=135.7995+25.5360=161.3355(\text{kN})$$

(5) 根据公式（10－91）计算主动土压力P_a的作用点距挡土墙墙踵的高度y_a：

$$y_a=\frac{P_{a\gamma}\frac{1}{3}H+P_{aq}\frac{1}{2}H}{P_a}$$

$$=\frac{135.7995\times\frac{1}{3}\times 6.0+25.5360\times\frac{1}{2}\times 6.0}{161.3355}=2(\text{m})$$

(6) 根据公式（10－93）计算挡土墙的临界重力：

$$G_a=P_a(\cos\delta-f\sin\delta)\frac{1}{f}$$

$$=161.3355\times(\cos 15°-0.4\times\sin 15°)\times\frac{1}{0.4}=347.8386(\text{kN})$$

(7) 根据公式（10－94）计算临界水平变位u_a：

$$u_a=\frac{P_a\cos\delta}{\frac{E}{2(1+\mu)}}$$

$$=\frac{161.3355\times\cos 15°}{\frac{12500}{2\times(1+0.25)}}=0.0312(\text{m})$$

挡土墙的极限水平变位与墙高的比值为

$$\frac{u_a}{H}=\frac{0.0312}{6.0}=0.0052=0.52\%$$

二、填土表面水平的情况

(一) 挡土墙墙面倾斜

如若挡土墙墙底面水平，墙面倾斜，与竖直面之间的夹角为α；墙背面的填土为无黏性土，填土表面水平（$\beta=0°$），其上作用均布荷载q；填土在自身重力和荷载作用下处于主动极限平衡状态，并形成滑裂体ABC，如图10－9所示。滑裂面AC与挡土墙墙面AB的夹角α。滑裂面AC与水平面的夹角为θ，滑裂面与填土表面的夹角是$\beta_0=\theta$。

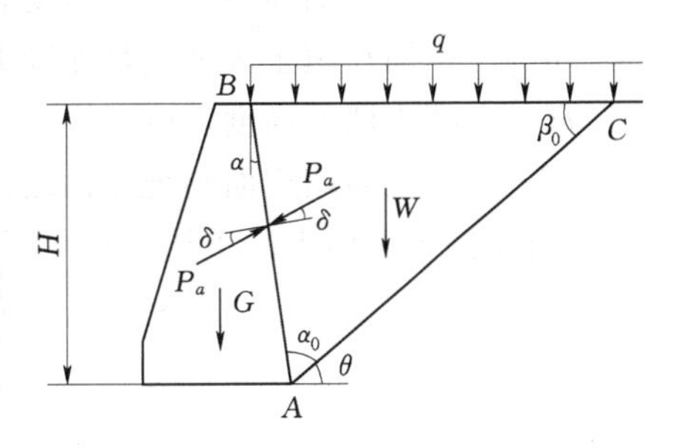

图10－9　挡土墙墙面倾斜和填土表面水平的情况

当滑裂土体ABC处于主动极限平衡状态时，角度α_0、θ可按下列公式计算：

$$\theta=45°+\frac{\varphi}{2} \tag{10-95}$$

$$\alpha_0=\frac{\pi}{2}-\theta+\alpha \tag{10-96}$$

或

$$\alpha_0=45°-\frac{\varphi}{2}+\alpha \tag{10-97}$$

式中　α_0——滑裂面 AC 与挡土墙墙面 AB 之间的夹角，(°)；

θ——滑裂面 AC 与水平面之间的夹角，(°)；

φ——土的内摩擦角，(°)；

α——挡土墙墙面 AB 与竖直面之间的夹角，(°)。

此时作用在挡土墙上的主动土压力 P_a 可按下式计算：

$$P_a=\left(\frac{1}{2}\gamma H^2+qH\right)A_a \tag{10-98}$$

$$A_a=\frac{\sin\alpha_0}{\cos\alpha\left[\cos(\theta-\alpha-\delta)+\dfrac{\cos(\alpha+\delta)}{2\sin2\theta}\right]} \tag{10-99}$$

式中　γ——填土的容重（重力密度），kN/m^3；

q——作用在填土表面的均布荷载，kPa；

H——挡土墙的高度，m；

A_a——系数。

挡土墙的临界宽高比，按下列计算：

$$a_a=\left(\frac{\gamma}{\gamma_b}\frac{\sin\alpha_0}{\cos\alpha\sin\beta_0}+\frac{2q}{\gamma_b H}\frac{\sin\alpha_0}{\cos\alpha\sin\beta_0}\right)\frac{\sin\theta}{\cos(\theta-\alpha-\delta)+\dfrac{\cos(\alpha+\delta)}{4\sin\beta_0\cos\theta}}$$
$$\times\left[\cos(\alpha+\delta)-f\sin(\alpha+\delta)\right]\frac{1}{f} \tag{10-100}$$

式中　γ——挡土墙背面填土的容重（重力密度），kN/m^3；

γ_b——挡土墙墙体的容重（重力密度），kN/m^3；

q——作用在填土表面的均布荷载，kPa；

H——挡土墙的高度，m；

f——挡土墙墙底面与地基面之间的摩擦系数。

作用在挡土墙墙上的土压力也可以写成下列形式：

$$P_a=P_{a\gamma}+P_{aq} \tag{10-101}$$

$$P_{a\gamma}=\frac{1}{2}\gamma H^2 A_a \tag{10-102}$$

$$P_{aq}=qHA_0 \tag{10-103}$$

式中　P_a——作用在挡土墙上的主动土压力，kN；

$P_{a\gamma}$——由填土重力产生的主动土压力，kN；

A_a——系数；

P_{aq}——由作用在填土表面的均布荷载 q 产生的主动土压力，kN。

此时主动土压力 P_a 的作用点距挡土墙墙踵的高度 y_a 按下式计算：

$$y_a=\frac{P_{a\gamma}\frac{1}{3}H+P_{aq}\frac{1}{2}H}{P_a} \tag{10-104}$$

当挡土墙处于极限平衡状态下的重力为

$$G_a=P_a\left[\frac{1}{f}\cos(\alpha+\delta)-\sin(\alpha+\delta)\right] \tag{10-105}$$

式中 G_a——挡土墙的临界重力，kN；

P_a——挡土墙的主动土压力，kN；

f——挡土墙底面与地基面之间的摩擦系数。

挡土墙处于极限平衡状态时所产生的水平变位为

$$u_a=\frac{P_a\cos(\alpha+\delta)}{\dfrac{E}{2(1+\mu)}} \tag{10-106}$$

式中 u_a——挡土墙的临界水平变位，m；

P_a——作用在挡土墙上的主动土压力，kN；

E——地基土的变形模量，kPa；

μ——地基土的泊松比；

α——挡土墙墙面 AB 与水平面的夹角，(°)；

δ——挡土墙背面填土与墙面的摩擦角，(°)。

【例 10-3】 挡土墙墙高 $H=6.0$m，墙面倾斜，与竖直面的夹角 $\alpha=10°$，墙体用混凝土建筑，其容重（重力密度）$\gamma_b=23\text{kN/m}^3$，挡土墙底面与地基土的摩擦角系数 $f=0.4$，墙背面填土为无黏性土，填土表面水平填土的容重（重力密度）$\gamma=18.0\text{kN/m}^3$，内摩擦角 $\varphi=30°$，填土与挡土墙墙面的摩擦角 $\delta=15°$，填土表面作用均布荷载 $q=10.0$kPa，地基土的泊松比 $\mu=0.25$，变形模量 $E=12500$kPa，计算作用在挡土墙上的主动土压力 P_a、挡土墙的极限重力 G_a 和挡土墙的极限水平变位 u_a。

解：(1) 根据公式 (10-95) 计算角度 θ 值：

$$\theta=45°+\frac{\varphi}{2}=45°+\frac{30°}{2}=60°$$

(2) 根据公式 (10-96) 计算角度 α_0 值：

$$\alpha_0=\frac{\pi}{2}-\theta+\alpha=\frac{180°}{2}-60°+10°=40°$$

(3) 根据公式 (10-99) 计算 A_a 值：

$$A_a=\frac{\sin\alpha_0}{\cos\alpha\left[\cos(\theta-\alpha-\delta)+\dfrac{\cos(\alpha+\delta)}{2\sin2\theta}\right]}$$

$$=\frac{\sin 40^\circ}{\cos 10^\circ\times\left[\cos(60^\circ-10^\circ-15^\circ)+\dfrac{\cos(10^\circ+15^\circ)}{2\times\sin(2\times 60^\circ)}\right]}=0.4862$$

(4) 根据公式 (10-102) 和公式 (10-103) 计算 $P_{a\gamma}$ 和 P_{aq} 的值：

$$P_{a\gamma}=\frac{1}{2}\gamma H^2 A_a=\frac{1}{2}\times 18.0\times 6.0^2\times 0.4862=157.5288(\text{kN})$$

$$P_{aq}=qHA_a=10.0\times 6.0^2\times 0.4862=29.1720(\text{kN})$$

(5) 根据公式 (10-101) 计算主动土压力：

$$P_a=P_{a\gamma}+P_{aq}=157.5288+29.1720=186.7008(\text{kN})$$

(6) 根据公式 (10-104) 计算主动土压力的作用点距挡土墙墙踵的高度：

$$y_a=\frac{P_{a\gamma}\frac{1}{3}H+P_{aq}\frac{1}{2}H}{P_a}$$

$$=\frac{157.5288\times\frac{1}{3}\times 6.0+29.1720\times\frac{1}{2}\times 6.0}{186.7008}=2.1563(\text{m})$$

(7) 根据公式 (10-105) 计算挡土墙的极限重力：

$$G_a=P_a\left[\frac{1}{f}\cos(\alpha+\delta)-\sin(\alpha+\delta)\right]$$

$$=186.7008\times\left[\frac{1}{0.4}\cos(10^\circ+15^\circ)-\sin(10^\circ+15^\circ)\right]=344.1178(\text{kN})$$

(8) 根据公式 (10-106) 计算临界水平变位：

$$u_a=\frac{P_a\cos(\alpha+\delta)}{\dfrac{E}{2(1+\mu)}}$$

$$=\frac{186.7008\times\cos(10^\circ+15^\circ)}{\dfrac{12500}{2\times(1+0.25)}}=0.0338(\text{m})$$

挡土墙的水平变位与墙高的比值为

$$\frac{u_a}{H}=\frac{0.0338}{6.0}=0.0056=0.56\%$$

(二) 挡土墙墙面竖直

如若挡土墙墙底面水平，墙面竖直，填土表面水平，其上作用均布荷载 q，填土为无黏性土，在自身重力和荷载的作用下处于主动极限平衡状态，并形成滑裂体 ABC，如图 10-10 所示，滑裂面 AC 与挡土墙墙面 AB 之间的夹角为 α_0，滑动面 AC 与水平面的夹角为 θ。

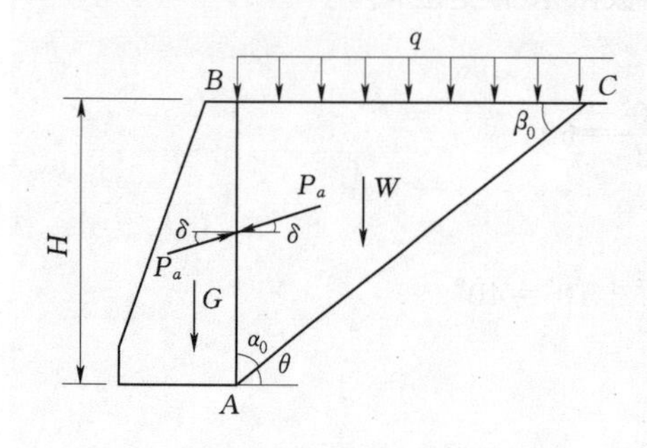

图 10-10 挡土墙墙面竖直和填土表面水平的情况

当滑裂土体处于主动极限平衡状态时，角度 θ 和 α_0 可按下列公式计算：

$$\theta=45°+\frac{\varphi}{2} \tag{10-107}$$

$$\alpha_0=\frac{\pi}{2}-\theta \tag{10-108}$$

或

$$\alpha_0=45°-\frac{\varphi}{2} \tag{10-109}$$

式中　α_0——滑裂面与挡土墙墙面 AB 之间的夹角，(°)；

θ——滑裂面 AC 与水平面之间的夹角，(°)；

φ——填土的内摩擦角，(°)。

此时作用在挡土墙上的主动土压力 P_a 可按下式计算：

$$P_a=\left(\frac{1}{2}\gamma H^2+qH\right)A_a \tag{10-110}$$

$$A_a=\frac{\sin\alpha_0}{\cos(\theta-\delta)+\dfrac{\cos\delta}{2\sin2\theta}} \tag{10-111}$$

式中　γ——填土的容重（重力密度），kN/m³；

q——作用在填土表面的均布荷载，kPa；

H——挡土墙的高度，m；

A_a——系数。

此时挡土墙的临界宽高比，按下列计算：

$$a_a=\left(\frac{\gamma}{\gamma_b}\frac{\sin\alpha_0}{\sin\beta_0}+\frac{2q}{\gamma_b H}\frac{\sin\alpha_0}{\sin\beta_0}\right)\frac{\sin\theta}{\cos(\theta-\delta)+\dfrac{\cos\delta}{4\sin\beta_0\cos\theta}}(\cos\delta-f\sin\delta)\frac{1}{f} \tag{10-112}$$

式中　γ_b——挡土墙墙体的容重（重力密度），kN/m³；

q——作用在填土表面的均布荷载，kPa；

H——挡土墙的高度，m；

f——挡土墙墙底面与地基面之间的摩擦系数。

作用在挡土墙上的主动土压力也可以写成下列形式：

$$P_a=P_{a\gamma}+P_{aq} \tag{10-113}$$

式中　P_a——作用在挡土墙上的主动土压力，kN；

$P_{a\gamma}$——由填土重力产生的主动土压力，kN；

P_{aq}——由作用在填土表面均布荷载 q 产生的主动土压力，kN。

$P_{a\gamma}$ 和 P_{aq} 按下列公式计算：

$$P_{a\gamma}=\frac{1}{2}\gamma H^2 A_a \tag{10-114}$$

$$P_{aq}=qHA_a \tag{10-115}$$

此时主动土压力 P_a 的作用点距挡土墙墙踵的高度 y_a 按下式计算：

$$y_a=\frac{P_{a\gamma}\dfrac{1}{3}H+P_{aq}\dfrac{1}{2}H}{P_a} \tag{10-116}$$

沿挡土墙高度方向任意点处主动土压力的强度 p_a 按下式计算：

$$p_a=(\gamma z+q)A_a \tag{10-117}$$

式中 γ——填土的容重，kN/m³；

q——填土表面的均布荷载，kPa；

z——主动土压力强度 p_a 的计算点距填土表面的深度，m；

p_a——计算点的主动土压强，kPa。

挡土墙处于极限平衡状态时的重力为

$$G_a=P_a\left(\frac{1}{f}\cos\delta-\sin\delta\right) \tag{10-118}$$

式中 G_a——挡土墙的临界重力，kN；

P_a——作用在挡土墙上的主动土压力，kN；

f——挡土墙底面与地基面之间的摩擦系数；

δ——填土与挡土墙墙面之间的摩擦角，(°)。

挡土墙处于极限平衡状态时所产生的水平变位为

$$u_a=\frac{P_a\cos\delta}{\dfrac{E}{2(1+\mu)}} \tag{10-119}$$

式中 u_a——挡土墙的临界水平变位，m；

P_a——作用在挡土墙上的主动土压力，kPa；

E——地基土的变形模量，kPa；

μ——地基土的泊松比；

δ——填土与挡土墙墙面的摩擦角，(°)。

【例 10-4】 挡土墙墙高 $H=6.0$m，墙面竖直，墙体用混凝土建筑，其容重（重力密度）$\gamma_b=23.0$kN/m³，挡土墙与地基土的摩擦角系数 $f=0.4$，墙背面填土为无黏性土，填土表面水平，填土的容重（重力密度）$\gamma=18.0$kN/m³，内摩擦角 $\varphi=30°$，填土与挡土墙墙面的摩擦角 $\delta=15°$，填土表面作用均布荷载 $q=10.0$kPa；地基土的泊松比 $\mu=0.25$，变形模量 $E=12500$kPa。计算作用在挡土墙上的主动土压力 P_a、挡土墙的临界重力 G_a 和挡土墙的临界水平变位 u_a。

解：(1) 根据公式（10-10）计算角度 θ 值：

$$\theta=45°+\frac{\varphi}{2}=45°+\frac{30°}{2}=60°$$

(2) 根据公式（10-108）计算角度 α_0 值：

$$\alpha_0=\frac{\pi}{2}-\theta=\frac{180°}{2}-60°=30°$$

(3) 根据公式（10-111）计算系数 A_a 值：

$$A_a=\frac{\sin\alpha_0}{\cos(\theta-\delta)+\dfrac{\cos\delta}{2\sin2\theta}}$$

$$=\frac{\sin30°}{\cos(60°-15°)+\dfrac{\cos15°}{2\sin(2\times60°)}}=0.3953$$

(4) 根据公式（10-114）和公式（10-115）计算 $P_{a\gamma}$ 和 P_{aq} 的值：

$$P_{a\gamma}=\frac{1}{2}\gamma H^2 A_a=\frac{1}{2}\times 18.0\times 6.0^2\times 0.3953=128.2716(\text{kN})$$

$$P_{aq}=qHA_a=10.0\times 6.0^2\times 0.3953=23.7180(\text{kN})$$

(5) 根据公式（10-113）计算主动土压力：

$$P_a=P_{a\gamma}+P_{aq}=128.2716+23.7180=151.9896(\text{kN})$$

(6) 根据公式（10-116）计算主动土压力 P_a 的作用点距挡土墙墙踵的高度：

$$y_a=\frac{P_{a\gamma}\frac{1}{3}H+P_{aq}\frac{1}{2}H}{P_a}$$

$$=\frac{128.2716\times\frac{1}{3}\times 6.0+23.7180\times\frac{1}{2}\times 6.0}{151.9896}=2.1561(\text{m})$$

(7) 根据公式（10-118）计算挡土墙的临界重力：

$$G_a=P_a\left(\frac{1}{f}\cos\delta-\sin\delta\right)$$

$$=151.9896\times\left(\frac{1}{0.4}\cos 15°-\sin 15°\right)=327.6889(\text{kN})$$

(8) 根据公式（10-119）计算挡土墙的临界水平变位：

$$u_a=\frac{P_a\cos\delta}{\frac{E}{2(1+\mu)}}$$

$$=\frac{151.9896\times\cos 15°}{\frac{12500}{2\times(1+0.25)}}=0.0294(\text{m})$$

挡土墙的临界水平变位与墙高的比值为

$$\frac{u_a}{H}=\frac{0.0294}{6.0}=0.00483=0.483\%$$

第三节　考虑挡土墙墙体产生角变位时主动土压力的计算

一、填土表面倾斜的情况

（一）挡土墙墙面竖直

1. 挡土墙和滑裂土体的形状

若挡土墙墙底面水平（$\rho=0°$），墙面竖直，墙背面填土表面倾斜，与水平面的夹角为 β；挡土墙上作用有墙体的重力 G 和土压力 P，重力 G 的作用方向为竖直向下；土压力 P 的作用方向为指向墙体，其作用线与挡土墙墙面法线成 δ，作用在法线的上方；在挡土墙的底面尚作用有水平反力 X、竖直反力 Y 和力矩 M，水平反力 X 的作用方向为向左，竖直反力 y 的作用方向向下，而力矩 M 的作用方向为逆时针，如图 10-11（a）所示。此时挡土墙墙背面填土的滑动面为 AC，滑动土体为 ABC，滑动面 AC 与挡土墙墙面的夹角为 α。滑动面与水平面的夹角为 θ，滑动面 AC 与填土表面的夹角为 β。如图 10－11 所示。

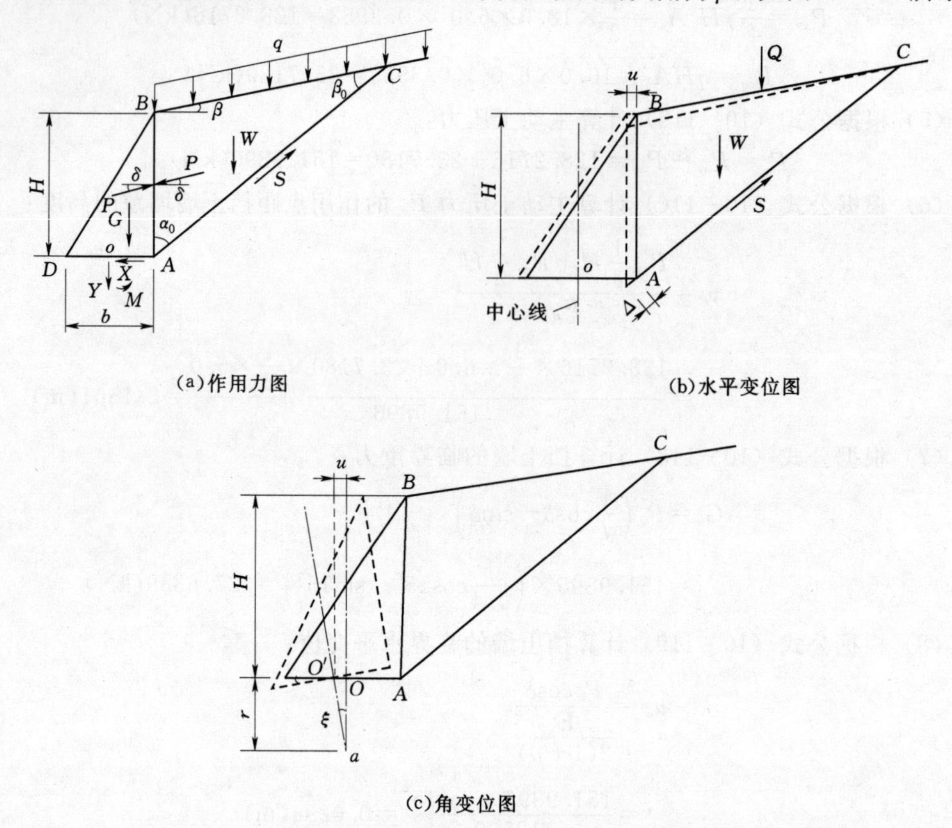

图 10－11　挡土墙墙面竖直和填土表面倾斜的情况

当滑动土体 ACB 处于主动极限平衡状态时，滑动面 AC 与挡土墙墙面 AB 之间的夹角 α。按下列公式计算：

$$\alpha_0=\frac{\pi}{2}-\theta \tag{10-120}$$

或

$$\alpha_0=45°-\frac{\varphi}{2} \tag{10-121}$$

式中　α_0——滑动面 AC 与挡土墙墙面 AB 之间的夹角，(°)；

φ——填土的内摩擦角，(°)；

θ——滑动面与水平面之间的夹角，(°)。

由图 10－11 可知，滑动面 AC 与水平面之间的夹角 θ 可按下式计算：

$$\theta=\frac{\pi}{4}+\frac{\varphi}{2} \tag{10-122}$$

式中　θ——滑动面 AC 与水平面之间的夹角，(°)。

滑动面 AC 与填土表面 BC 之间的夹角 β_0 按下式计算：

$$\beta_0=\frac{\pi}{2}-\alpha_0-\beta \tag{10-123}$$

或
$$\beta_0=\theta-\beta \tag{10-124}$$

式中　β_0——滑动面 AC 与填土表面 BC 之间的夹角，(°)；

α_0——滑动面 AC 与挡土墙墙面 AB 之间的夹角，(°)；

β——填土表面 BC 与水平面之间的夹角，(°)。

2. 挡土墙上的作用力及墙底面的角变位

由图 10-11 可知，根据挡土墙上作用力的平衡条件 $\sum x=0$ 可得

$$X=-P\cos\delta \tag{10-125}$$

式中　X——挡土墙底面的水平向反力，kN；

P——作用在挡土墙 AB 面上的土压力，kN；

δ——填土与挡土墙面之间的摩擦角，(°)。

根据挡土墙上作用力的平衡条件 $\sum y=0$ 可得

$$Y=-P\sin\delta-G \tag{10-126}$$

式中　Y——挡土墙底面的竖直向反力，kN；

G——挡土墙墙体的重力，kN。

如若以挡土墙底面中心点 o（图 10-11）为力矩中心，则根据挡土墙上作用力绕 o 点的力矩平衡条件 $\sum M=0$ 可得

$$M=-Gl_G+P\cos\delta l_m-P\sin\delta\frac{1}{2}b \tag{10-127}$$

式中　M——挡土墙底面的反力（力矩），kN·m；

G——挡土墙墙体的重力，kN；

P——作用在挡土墙上的土压力，kN；

δ——填土与挡土墙墙面之间的摩擦角，(°)；

l_G——挡土墙墙体重心到挡土墙底面 o 点的水平距离，m；

l_m——土压力 P 的水平分力 $P\cos\delta$ 的作用线到挡土墙底面 o 点的竖直距离，m。

公式（10-122）～公式（10-124）表示挡土墙墙体底面反力 X、Y 和 M 与作用在墙体上的荷载 P、G 的关系。

挡土墙底面地基面在反力作用下将产生变位，如果仅考虑产生角变位 ξ，则根据公式（10-22）中的第三式可得角变位 ξ 与反力 M 的关系如下：

$$\xi\sum m_\xi=M \tag{10-128}$$

其中
$$\sum m_\xi=m_u+m_v+m_\xi \tag{10-129}$$

式中　ξ——挡土墙底面的角变位（绕墙底面 o 点）；

M——挡土墙墙底面的反力（力矩），kN·m；

$\sum m_\xi$——挡土墙底面 C 点处产生单位变位 $u=1$、$v=1$ 和 $\xi=1$ 时 o 点处产生的反力（力矩 m）之和；

m_u——挡土墙底面 o 点处产生单位变位 $u=1$（x 坐标方向）时，o 点处相应产生的力矩，kN·m；

m_v——挡土墙底面 o 点处产生单位变位 $v=1$（y 坐标方向）时，o 点处相应产生的力矩，kN·m；

m_ξ——挡土墙底面 o 点处产生单位变位 $\xi=1$（逆时针方向）时，o 点处相应产生的力矩，kN·m。

如果忽略变位 u 和 v 的影响，则

$$\sum m_\xi = m_\xi \tag{10-130}$$

此时公式（10-128）变为

$$\xi m_\xi = M \tag{10-131}$$

$$m_\xi = \frac{1}{12} A_n b^3 \tag{10-132}$$

式中 b——挡土墙的底宽，m；

A_n——地基的法向反力系数。

根据广义虎克定律可得

$$A_n = \frac{E}{(1-\mu^2)t} \tag{10-133}$$

式中 E——地基土的变形模量，kPa；

μ——地基土的泊松比；

t——地基的计算深度（对有限深度的地基 t 为地基的实际深度，对较深的地基则取 $t=b$），m。

在一般挡土墙计算中可取 $t=b$，故公式（10-130）可以写成下列形式：

$$A_n = \frac{E}{(1-\mu^2)b} \tag{10-134}$$

由公式（10-131）可得挡土墙在荷载作用下产生的角变位为

$$\xi = \frac{M}{m_\xi}$$

将公式（10-132）代入上式，则得

$$\xi = \frac{M}{\frac{1}{12} A_n b^3}$$

如果再将公式（10-126）代入上式，则得挡土墙的角变位为

$$\xi = \frac{-Gl_G + P\cos\delta l_m - P\sin\delta \frac{1}{2} b}{\frac{1}{12} A_n b^3} \tag{10-135}$$

3. 滑裂土体的和挡土墙的水平变位

当滑动面为 AC，滑动土体为 ABC 的情况下，由图 10-11 的几何关系可得滑动土体的重力为

$$W = \frac{1}{2} \gamma H^2 \frac{\sin\alpha_0 \cos\beta}{\sin\beta_0} \tag{10-136}$$

式中 W——滑动土体 ABC 的重力，kN；

γ——填土的容重（重力密度），kN/m³；

H——挡土墙的高度，m；

α_0——填土的滑动面 AC 与挡土墙墙面的 AB 之间的夹角，(°)；

β_0——滑动面 AC 与填土表面 BC 之间的夹角，(°)；

β——填土表面与水平面的夹角，(°)。

作用在填土表面 BC 上的均布荷载 q 的合力为

$$Q=qH\frac{\sin\alpha_0}{\sin\beta_0} \tag{10-137}$$

式中　Q——作用在填土表面 BC 上的均布荷载 q 的合力，kN；

q——作用在填土表面的均布荷载，kPa；

H——挡土墙的高度，m。

在 W 和 Q 的作用下滑动土体 ABC 将沿 AC 面产生变位：

$$\Delta=-\frac{S}{\overline{AC}A_t} \tag{10-138}$$

$$A_t=\frac{E}{2(1+\mu)t}$$

式中　Δ——沿 AC 面的变位，m；

$\overline{AC}$——AC 面的长度，m；

S——沿 AC 面的剪力，kN；

A_t——地基的切向反力系数；

E——地基的变形模量，kPa；

μ——地基土的泊松比；

t——地基的计算深度。

若取 $t=H$，则

$$A_t=\frac{E}{2(1+\mu)H} \tag{10-139}$$

由图 10-11 可知：

$$\overline{AC}=\frac{H\cos\beta}{\sin\beta_0} \tag{10-140}$$

在滑动土体 ABC 上作用有 ABC 土体的重力 W，BC 面上均布荷载 q 的合力 Q，AB 面上挡土墙的反力 P 和 AC 面上的剪力 S。根据土体 ABC 上的作用力在 AC 面上投影之和为零的平衡条件可得

$$S+P\cos(\theta-\delta)-(W+Q)\sin\theta=0$$

故得 AC 面上的剪力为

$$S=(W+Q)\sin\theta-P\cos(\theta-\delta) \tag{10-141}$$

将公式（10-140）和公式（10-141）代入公式（10-138）得

$$\Delta=-\frac{1}{\frac{H\cos\beta}{\sin\beta_0}}\frac{1}{A_t}[(W+Q)\sin\theta-P\cos(\theta-\delta)]$$

$$=-\frac{\sin\beta_0}{HA_t\cos\beta}[(W+Q)\sin\theta-P\cos(\theta-\delta)] \tag{10-142}$$

滑动土体 ABC 沿水平方向的变位为

$$\Delta_0=\Delta\cos\theta$$

由图 10-11 可和，滑动土体各点处的水平变位是不相同的，在 C 点处，变位为零，而 B 点处变位最大，故取其平均水平变位为

$$\Delta_0=\frac{u}{4}$$

式中 u——水平变位计算值。

将公式（10-39）代入上式得

$$u=-\frac{4\sin\beta_0\cos\theta}{HA_t\cos\beta}[(W+Q)\sin\theta-P\cos(\theta-\delta)] \tag{10-143}$$

公式（10-142）中的地基切向反力系数 A_t 为

$$A_t=\frac{E}{2(1+\mu)t}$$

其中，可取 $t=H$。

由公式（10-49）可知，挡土墙在土压力的作用下所产生的水平变位为

$$u=-\frac{P\cos(\alpha+\delta)}{bAt} \tag{10-144}$$

此时，地基计算深度 $t=b$。

公式（10-143）中的挡土墙地基反力系数 A_t 为

$$A_t=\frac{E}{2(1+\mu)t}$$

其中，地基计算深度 t 可取其等于挡土墙的底宽 b，即取 $t=b$。

4. 作用在挡土墙上的土压力 P

滑动土体所产生的水平变位 u 应该等于挡土墙所产生的水平变位 u，所以根据公式（10-144）与公式（10-143）相等的条件可得

$$-\frac{P\cos(\alpha+\delta)}{bAt}=-\frac{4\sin\beta_0\cos\theta}{HAt\cos\beta}[(W+Q)\sin\theta-P\cos(\theta-\delta)]$$

上式经整理后，可得作用在挡土墙上的土压力为

$$P=\frac{\dfrac{2\sin\beta_0\sin2\theta}{\cos\beta}(W+Q)}{\cos\delta+4\dfrac{\sin\beta_0\cos\theta\cos(\theta-\delta)}{\cos\beta}} \tag{10-145}$$

或

$$P=\frac{2\sin\beta_0\sin2\theta(W+Q)}{\cos\beta\cos\delta+4\sin\beta_0\cos\theta\cos(\theta-\delta)} \tag{10-146}$$

式中 P——作用在挡土墙上的土压力，kN；

W——滑动土体 ABC 的重力，kN；按公式（10-136）计算；

Q——作用在填土表面 BC 上的均布荷载的合力，kN，按公式（10-137）计算；

H——挡土墙的高度，m；

b——挡土墙（概化断面）的底宽，m；

β——填土表面与水平面的夹角，(°)；

δ——填土与挡土墙墙面的摩擦角，(°)；

β_0——填土的滑动面 AC 与挡土墙墙面 AB 之间的夹角，(°)；

θ——填土的滑动面与水平面之间的夹角，(°)。

如令

$$\lambda=\frac{2\sin\beta_0\sin2\theta}{\cos\beta\cos\delta+4\sin\beta_0\cos\theta\cos(\theta-\delta)} \tag{10-147}$$

则土压力 P 可以写成下列形式：

$$P=\lambda(W+Q) \tag{10-148}$$

上式还可以写成下列形式：

$$P=P_\gamma+P_q \tag{10-149}$$

其中

$$P_\gamma=\lambda W \tag{10-150}$$

$$P_q=\lambda Q \tag{10-151}$$

式中　P_γ——由滑动土体重力产生的土压力，kN；

P_q——由填土表面均布荷载 q 产生的土压力，kN。

此时土压力作用点距挡土墙墙踵的高度 Y 可按下式计算：

$$Y=\frac{P_\gamma\frac{1}{3}H+P_q\frac{1}{2}H}{P} \tag{10-152}$$

5. 挡土墙的角变位 ξ

挡土墙在土压力 P 和墙体重力 G 作用下，墙体将沿地基表面产生水平变位 u，墙底面将围绕底面中心点产生角变位 ξ，而挡土墙的底面中心线也将围绕底面以下中心线上的 a 点产生相应的角变位 ξ，此时旋转中心 a 点距地基面的高度为 r，而这一角变位在地基平面上所产生的相应水平变位即为 u，如图 10-11（c）所示，根据这两个角变位相等的原则，即可求得 r 值。

6. 挡土墙的临界宽高比和临界重力

挡土墙的抗滑稳定性通常用下式表示：

$$\frac{F_f}{F_c}\geqslant S_c \tag{10-153}$$

式中　F_c——作用在挡土墙底面的剪力，kN；

F_f——挡土墙底面的抗剪力，kN；

S_c——挡土墙的抗滑安全系数。

作用在挡土墙底面的剪力为

$$F_c=P\cos\delta \tag{10-154}$$

式中　P——作用在挡土墙上的土压力，kN；

δ——填土与挡土墙墙面的摩擦角，(°)。

挡土墙底面的抗剪力为

$$F_f=f(G+P\sin\delta) \tag{10-155}$$

式中　f——挡土墙底面与地基面的摩擦系数。

将公式（10-154）和公式（10-155）代入公式（10-153）得

$$\frac{f(G+P\sin\delta)}{P\cos\delta}=S_c$$

由此可得

$$P=\frac{fG}{S_c\cos\delta-f\sin\delta} \tag{10-156}$$

挡土墙（概化断面）的重力 G 可表示为

$$G=\frac{1}{2}\gamma_b bH \tag{10-157}$$

式中 γ_b——挡土墙墙体材料的容重（重力密度），kN/m^3。

上式可以写成下列形式：

$$G=\frac{1}{2}\gamma_b\frac{b}{H}H^2=\frac{1}{2}\gamma_b H^2 a \tag{10-158}$$

当挡土墙处于极限平衡状态时，式中的 a 应用 a_a 代替，故此时得挡土墙的临界重力为

$$G_a=\frac{1}{2}\gamma_b H^2 a_a \tag{10-159}$$

式中 G_a——挡土墙的临界重力，kN；

a_a——挡土墙（概化断面）的临界宽高比；

γ_b——挡土墙墙体的容重（重力密度），kN/m^3。

将公式（10-158）代入公式（10-156）得

$$P=\frac{f\frac{1}{2}\gamma_b H^2 a}{S_c\cos\delta-f\sin\delta} \tag{10-160}$$

令公式（10-160）与公式（11-146）相等，得

$$\frac{f\frac{1}{2}\gamma_b H^2 a}{S_c\cos\delta-f\sin\delta}=\frac{2\sin\beta_0\sin2\theta(W+Q)}{\cos\beta\cos\delta+4\sin\beta_0\cos\theta(\theta-\delta)}$$

上式经整理后可得

$$\alpha=\frac{2\sin\beta_0\sin2\theta(W'+Q')}{\cos\beta\cos\delta+4\sin\beta_0\cos\theta\cos(\theta-\delta)}(S_c\cos\delta-f\sin\delta)\frac{1}{f} \tag{10-161}$$

$$\alpha=\frac{b}{H}$$

$$W'=\frac{W}{\frac{1}{2}\gamma_b H^2} \tag{10-162}$$

或

$$W'=\frac{\frac{1}{2}\gamma H^2\frac{\sin\alpha_0\cos\beta}{\sin\beta_0}}{\frac{1}{2}\gamma_b H^2}=\frac{\gamma}{\gamma_b}\frac{\sin\alpha_0\cos\beta}{\sin\beta_0} \tag{10-163}$$

$$Q'=\frac{Q}{\frac{1}{2}\gamma_b H^2} \tag{10-164}$$

或
$$Q'=\frac{qH\dfrac{\sin\alpha_0}{\sin\beta_0}}{\dfrac{1}{2}a_bH^2}=\frac{2q}{\gamma_bH}\frac{\sin\alpha_0}{\sin\beta_0} \tag{10-165}$$

式中　a——挡土墙概化断面的宽高比；

b——挡土墙断面的底宽；

H——挡土墙的高度；

W'——滑动土体的折算重力；

Q'——作用在填土表面 BC 上的均布荷载的合力的折算值。

当挡土墙处于极限平衡状态时，$S_c=1$，$a=a_a$，故得临界高宽比为

$$a_a=\frac{2\sin\beta_0\sin2\theta(W'+Q')}{\cos\beta\cos\delta+4\sin\beta_0\cos\theta\cos(\theta-\delta)}(\cos\delta-f\sin\delta)\frac{1}{f} \tag{10-166}$$

相应的挡土墙重力为（主动）临界重力，可按下式计算：

$$G_a=P_a\left(\frac{1}{f}\cos\delta-\sin\delta\right) \tag{10-167}$$

式中　G_a——挡土墙的临界重力，kN；

P_a——主动土压力，kN；

f——挡土墙与地基的摩擦系数。

7. 当填土和挡土墙处于主动极限平衡状态时土压力 P_a，挡土墙的临界重力 G_0、水平变位和角变位

当填土处于主动极限平衡状态时，作用在挡土墙上的土压力为主动土压力 P_a，可按下式计算：

$$P_a=\lambda_0(W+Q) \tag{10-168}$$

$$\lambda_0=\frac{2\sin\beta_0\sin2\theta}{\cos\beta\cos\delta+4\sin\beta_0\cos\theta\cos(\theta-\delta)} \tag{10-169}$$

式中　P_a——主动主压力，kN；

λ_0——系数。

挡土墙的临界重力 G_0 按公式（10-159）计算，即

$$G_0=\frac{1}{2}\gamma_bH^2a_a \tag{10-170}$$

挡土墙的水平变位 u 按公式（10-57）计算，即

$$u=\frac{P_a\cos\delta}{bA_t}$$

将公式（10-6）代入上式得

$$u=\frac{P_a\cos\delta}{b\dfrac{E}{2(1+\mu)b}}=\frac{2P_a(1+\mu)\cos\delta}{E} \tag{10-171}$$

挡土墙产生的角度位 ξ 按公式（10-135）计算：

$$\xi=\frac{-G_a l_G+P_a\cos\delta\times\frac{1}{3}H-P_a\sin\delta\times\frac{1}{2}b}{\frac{1}{12}A_n b^3} \tag{10-172}$$

将 $l_G=\frac{1}{6}b$ 和 $An=\frac{E}{(1-\mu^2)b}$ 代入上式，则得

$$\xi=\frac{P_a\cos\delta\times\frac{1}{3}H-P_a\sin\delta\times\frac{1}{2}b-G_a\frac{1}{6}b}{\frac{1}{12}\frac{E}{(1-\mu^2)b}b^3}$$

$$=\frac{(1-\mu^2)[2P_a(2\cos\delta-3a_a\sin\delta)-2a_aG_a]}{HEa_a^2} \tag{10-173}$$

或
$$\xi=\frac{2(1-\mu^2)}{HEa_a{}^2}[P_a(2\cos\delta-3a_a\sin\delta)-a_aG_a] \tag{10-174}$$

当考虑挡土墙的实际断面影响时，公式（10-171）中的 a_a 可用 ma_a 代替（m 为修正系数，一般可取 $m=0.85\sim0.95$），故此时挡土墙的角变位为

$$\xi=\frac{2(1-\mu^2)}{m^2HEa_a{}^2}[P_a(2\cos\delta-3ma_a\sin\delta)-ma_aG_a] \tag{10-175}$$

【例 10-5】 挡土墙墙高 $H=6.0\text{m}$，墙面竖直，填土表面倾斜与水平面的夹角 $\beta=10°$，填土表面作用均布荷载 $q=10.0\text{kPa}$，土的容重（重力密度）$\gamma=18.0\text{kN/m}^3$，内摩擦角 $\varphi=30°$，填土与墙面的摩擦角 $\delta=15°$，挡土墙墙体容重（重力密度）$\gamma_b=23.0\text{kN/m}^3$，地基土的泊松比 $\mu=0.25$，变形模量 $E=12500\text{kPa}$，计算作用在挡土墙上的主动土压力 P_a、挡土墙的极限重力 G_a、水平变位 u 和角度位 ξ 值。

解：（1）根据公式（10-122）计算角度 θ 值：

$$\theta=\frac{\pi}{4}+\frac{\varphi}{2}=\frac{180°}{4}+\frac{30°}{2}=60°$$

（2）根据公式（10-120）计算角度 α_0 值：

$$\alpha_0=\frac{\pi}{2}-\theta=\frac{180°}{2}-60°=30°$$

（3）根据公式（10-123）计算角度 β_0 值：

$$\beta_0=\frac{\pi}{2}-\alpha_0-\beta=\frac{180°}{2}-30°-10°=50°$$

（4）根据公式（10-163）和公式（10-165）计算 W' 和 Q' 的值：

$$W'=\frac{\gamma}{\gamma_b}\times\frac{\sin\alpha_0\cos\beta}{\sin\beta_0}=\frac{18.0}{23.0}\times\frac{\sin30°\cos10°}{\sin50°}=0.5031$$

$$Q'=\frac{2q}{\gamma_bH}\times\frac{\sin\alpha_0}{\sin\beta_0}=\frac{2\times10.0}{23.0\times6.0}\times\frac{\sin30°\cos10°}{\sin50°}=0.0946$$

（5）根据公式（10-166）计算临界高宽比 a_a 值：

$$a_a=\frac{2\sin\beta_0\sin2\theta(W'+Q')\left(\dfrac{1}{f}\cos\delta-\sin\delta\right)}{\cos\beta\cos\delta+2\sin\beta_0\cos\theta\cos(\theta-\delta)}$$

$$=\frac{2\times\sin50^\circ\sin(2\times60^\circ)(0.5031+0.0946)\left(\dfrac{1}{0.4}\times\cos15^\circ-\sin15^\circ\right)}{\cos10^\circ\cos15^\circ+2\times\sin50^\circ\cos60^\circ\cos(60^\circ-15^\circ)}=1.1453$$

（6）根据公式（10－162）和公式（10－164）计算 W 和 Q 的值：

$$W=\frac{1}{2}\gamma_b H^2 W'=\frac{1}{2}\times23.0\times6.0^2\times0.5031=208.2834(\text{kN})$$

$$Q=\frac{1}{2}\gamma_b H^2 Q'=\frac{1}{2}\times23.0\times6.0^2\times0.0946=39.1644(\text{kN})$$

（7）根据公式（10－169）计算 λ_a 值：

$$\lambda_a=\frac{2\sin\beta_0\sin2\theta}{\cos\beta\cos\delta+4\sin\beta_0\cos\theta\cos(\theta-\delta)}$$

$$=\frac{2\times\sin50^\circ\sin(2\times60^\circ)}{\cos10^\circ\cos15^\circ+4\times\sin50^\circ\cos60^\circ\cos(60^\circ-15^\circ)}=0.6521$$

（8）根据公式（10－168）计算主动土压力：

$$P_a=\lambda_0(W+Q)=0.6521\times(208.2834+39.1644)=161.3607(\text{kN})$$

（9）根据公式（10－171）计算挡土墙的水平变位：

$$u=\frac{2P_a(1+\mu)\cos\delta}{E}$$

$$=\frac{2\times161.3607\times(1+0.25)\times\cos15^\circ}{12500}=0.0312(\text{m})$$

挡土墙的水平变位与墙高的比值为

$$\frac{u}{H}=\frac{0.0312}{6.0}=0.0052=0.52\%$$

（10）根据公式（10－167）计算挡土墙的临界重力：

$$G_a=P_a\left(\frac{1}{f}\cos\delta-\sin\delta\right)$$

$$=161.3607\times\left(\frac{1}{0.4}\times\cos15^\circ-\sin15^\circ\right)=347.8929(\text{kN})$$

（11）根据公式（10－173）计算挡土墙的角变位：

$$\xi=\frac{(1-\mu^2)[2P_a(2\cos\delta-3a_a\sin\delta)-2a_aG_a]}{a_a^2HE}$$

$$=\frac{(1-0.25^2)[2\times161.3607(2\times\cos15^\circ-3\times1.1453\times\sin15^\circ)-2\times1.1453\times347.8929]}{6.0\times12500\times1.1453^2}$$

$$=-0.004586(\text{rad})$$

式中负号（一）表示此角变位为顺时针方向。

（二）挡土墙墙面倾斜

1. 挡土墙和滑裂土体的形状

若挡土墙墙底面水平（$\rho=0°$），墙面倾斜，与竖直平面的夹角为 α；墙背面填土表面倾斜，与水平面的夹角为 β；挡土墙上作用有墙体重力 G 和土压力 P，重力 G 的作用方向为竖直向下，土压力 P 的作用方向为指向墙体，其作用线与挡土墙墙面法线的夹角为 δ，作用在法线的上方；在挡土的底面尚作用有水平反力 X、竖直反力 Y 和力矩 M，水平反力 X 的作用方向为向左，竖直反力 Y 的作用方向为向下，而力矩 M 的作用方向为逆时针，如图 10-12（a）所示。此时，挡土墙墙背面填土的滑动面为 AC，滑动土体为 ABC，滑动面 AC 与挡土墙墙面的夹角为 α_0，滑动面与水平面的夹角为 θ，滑动面 AC 与填土表面的夹角为 β_0，如图 10-12（a）所示。

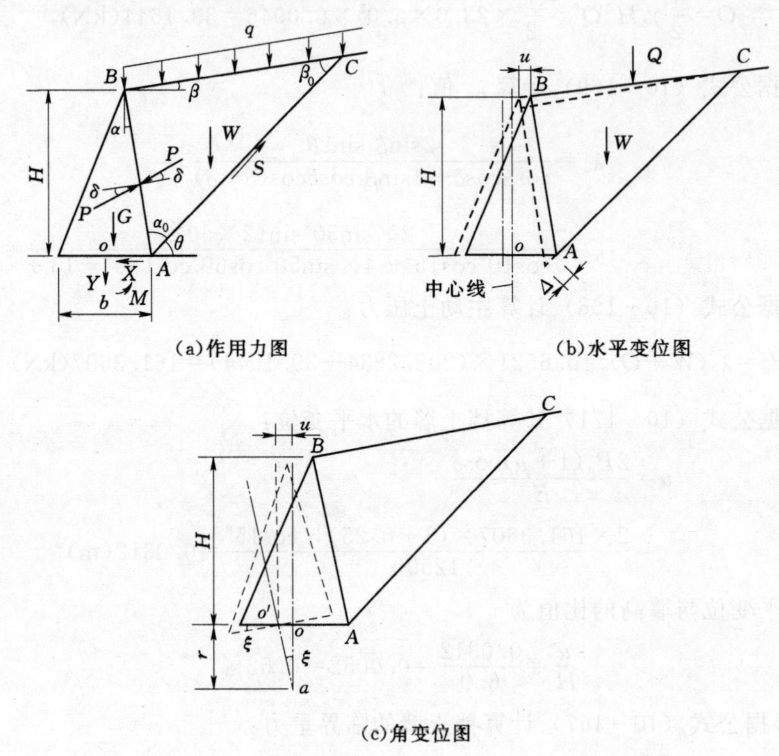

(a)作用力图　　(b)水平变位图

(c)角变位图

图 10-12　挡土墙墙面倾斜和填土表面倾斜的情况

当滑动土体 ABC 处于主动极限平衡状态时，滑动面 AC 与水平面 AC 之间的夹角 θ，可按下列公式计算：

$$\theta=\frac{\pi}{4}+\frac{\varphi}{2} \tag{10-176}$$

式中　φ——填土的内摩擦角，（°）。

由图 10-12 可知，滑动面 AC 与挡土墙墙面之间的夹角 α_0 可按下式计算：

$$\alpha_0=\frac{\pi}{2}-\theta+\alpha \tag{10-177}$$

或
$$\alpha_0=\frac{\pi}{4}-\frac{\varphi}{2}+\alpha \tag{10-178}$$

式中　θ——滑动面 AC 与水平面之间的夹角，(°)；

α_0——滑动面 AC 与挡土墙墙面之间的夹角，(°)；

α——挡土墙墙面与竖直平面之间的夹角，(°)。

滑动面 AC 与填土表面 BC 之间的夹角 β_0 按下式计算：

$$\beta_0=\theta-\beta \tag{10-179}$$

$$\beta_0=\frac{\pi}{2}-\alpha_0+\alpha-\beta \tag{10-180}$$

式中　β_0——滑动面 AC 与填土表面 BC 之间的夹角，(°)；

β——填土表面 BC 与水平面的夹角，(°)。

2. 挡土墙上的作用力及墙底面的角变位

由图 10-12 可知，根据挡土墙上作用力的平衡条件 $\sum x=0$ 可得

$$X=-P\cos(\alpha+\delta) \tag{10-181}$$

式中　X——挡土墙底面的水平向反力，kN；

P——作用在挡土墙墙面 AB 上的土压力，kN；

δ——填土与挡土墙墙面的摩擦角，(°)；

α——挡土墙墙面与竖直平面之间的夹角，(°)。

根据挡土墙上作用力的平衡条件 $\sum y=0$ 可得

$$Y=-P\sin(\alpha+\delta)-G \tag{10-182}$$

式中　Y——挡土墙底面的反力（竖直反力），kN；

G——挡土墙墙体的重力，kN；

P——作用在挡土墙上的土压力，kN。

如若以挡土墙底面的中心点 o（见图 10-12）为中心，则根据挡土墙上作用力绕 o 点的力矩平衡条件 $\sum M=0$，可得

$$M=-Gl_G+P\cos(\alpha+\delta)l_m-P\sin(\alpha+\delta)\left(\frac{1}{2}b-\frac{1}{3}H\tan\alpha\right) \tag{10-183}$$

式中　M——挡土墙底面的反力（力矩），kN·m；

G——挡土墙墙体的重力，kN；

P——作用在挡土墙上的土压力，kN；

l_G——挡土墙墙体重心到挡土墙底面中心 o 点的水平距离，m；

l_m——土压力的水平分力 $P\cos(\alpha+\delta)$ 的作用线到挡土墙底面 o 点的竖直距离，m。

公式（10-181）～公式（10-183）表示挡土墙墙体底面反力 X、Y 和 M 与作用在墙体上的荷载 P、G 的关系。

挡土墙底面地基在反力作用下将产生变位，如果仅考虑产生角变位 ξ，则根据公式（10-22）中的第三式可得角变位 ξ 与反力 M 的关系如下：

$$\xi\sum m_\xi=M \tag{10-184}$$

其中
$$\sum m_\xi=m_u+m_v+m_\xi \tag{10-185}$$

式中　ξ——挡土墙底面的角变位（绕墙底面 o 点）；

M——挡土墙底面的反力（力矩），kN·m；

$\sum m_\xi$——挡土墙底面C点处产生单位变位$u=1$、$\xi=1$时，o点处产生的反力（力矩m）之和；

m_u——挡土墙底面o点处产生单位变位$u=1$（x坐标方向）时，o点处相应产生的力矩，kN·m；

m_v——挡土墙底面o点处产生单位变位$v=1$（y坐标方向）时，o点处相应产生的力矩，kN·m；

m_ξ——挡土墙底面o点处产生单位变位$\xi=1$（逆时针方向）时，o点处相应产生的力矩，kN·m。

如果忽略变位u和v的影响，则

$$\sum m_\xi = m_\xi \tag{10-186}$$

此时可得

$$\xi m_\xi = M \tag{10-187}$$

$$m_\xi = \frac{1}{12}A_n b^3 \tag{10-188}$$

式中 b——挡土墙的底宽，m；

A_n——地基的法向反力系数。

根据广义虎克定律A_n可得

$$A_n = \frac{E}{(1-\mu^2)t} \tag{10-189}$$

式中 E——地基土的变形模量，kPa；

μ——地基土的泊松比；

t——地基计算深度（对于有限深度的地基t为地基的实际深度，对于较深的地基则取$t=b$），m。

在一般挡土墙计算中，可取$t=b$，故上式可以写成下列形式：

$$A_n = \frac{E}{(1-\mu^2)b} \tag{10-190}$$

由公式（10-187）可得挡土墙在荷载作用下产生的角变位为

$$\xi = \frac{M}{m_\xi}$$

将公式（10-188）代入上式，则得

$$\xi = \frac{M}{\frac{1}{12}A_n b^3}$$

如果将公式（10-183）代入上式，则得挡土墙产生的角变位为

$$\xi = \frac{-Gl_G + P\cos(\alpha+\beta)l_m - P\sin(\alpha+\delta)\left(\frac{1}{2}b - \frac{1}{3}H\tan\alpha\right)}{\frac{1}{12}A_n b^3} \tag{10-191}$$

$$l_G = \frac{H}{6}(-a + 2\tan\alpha) \tag{10-192}$$

$$a=\frac{b}{H} \tag{10-193}$$

$$l_m=\frac{1}{3}H \tag{10-194}$$

$$A_n=\frac{E}{(1-\mu^2)b} \tag{10-195}$$

将上述 l_G、l_m 和 A_n 值代入公式（10-191），则得

$$\xi=\frac{G\frac{H}{6}(2\tan\alpha-a)+P\cos(\alpha+\delta)\frac{H}{3}-P\sin(\alpha+\delta)\left(\frac{1}{2}b-\frac{1}{3}H\tan\alpha\right)}{\frac{1}{12}\frac{E}{(1-\mu^2)b}b^3}$$

上式经整理后可以写成下列形式：

$$\xi=\frac{2(1-\mu^2)}{a^2EH}\{G(2\tan\alpha-a)+P[2\cos(\alpha+\delta)-(3a-2\tan\alpha)\sin(\alpha+\delta)]\} \tag{10-196}$$

式中　ξ——挡土墙的角变位；

μ——地基土的泊松比；

E——地基土的变形模量，kPa；

a——挡土墙（概化断面）的高宽比；

G——挡土墙的重力，kN；

P——作用在挡土墙上的土压力，kN；

δ——填土与挡土墙墙面的摩擦角，(°)。

当挡土墙处于主动极限平衡状态时，挡土墙的角变位称为（主动）临界角变位 ξ_a，其值为

$$\xi_a=\frac{2(1-\mu^2)}{a_a^2EH}\{G_a(2\tan\alpha-a_a)+P_a[2\cos(\alpha+\delta)-(3a_a-2\tan\alpha)\sin(\alpha+\delta)]\} \tag{10-197}$$

式中　ξ_a——挡土墙的临界角变位；

G_a——挡土墙的临界重力，kN；

a_a——挡土墙的临界宽高比；

P_a——作用在挡土墙上的主动土压力，kN；

H——挡土墙的高度，m。

3. 滑裂土体和挡土墙的水平变位

当滑动面为 AC，滑动土体为 ABC 的情况下，由图 10-16 的几何关系可得滑动土体的重力为

$$W=\frac{1}{2}\gamma H^2\frac{\sin\alpha_0\cos(\alpha-\beta)}{\cos^2\alpha\sin\beta_0} \tag{10-198}$$

式中　W——滑裂土体 ABC 的重力，kN；

γ——填土的容重（重力密度），kN/m^3；

H——挡土墙的高度，m；

α_0——滑动面 AC 与挡土墙墙面 AB 之间的夹角，(°)；

α——挡土墙墙面与竖直平面之间的夹角；

β_0——滑动面 AC 与填土表面 BC 之间的夹角，(°)；

β——填土表面与水平面之间的夹角，(°)。

作用在填土表面 BC 上的均布荷载 q 的合力为

$$Q=qH\frac{\sin\alpha_0}{\cos\alpha\sin\beta_0} \tag{10-199}$$

式中　Q——作用在填土表面 BC 上的均布荷载 q 的合力，kN；

q——作用在填土表面的均布荷载，kPa；

H——挡土墙的高度，m。

滑动土体 ABC 在 W 和 Q 的作用下沿 AC 面产生的最大变位为

$$\Delta=-\frac{S}{\overline{AC}\cdot A_{t_1}} \tag{10-200}$$

式中　Δ——滑动土体在 A 点处产生的沿 AC 面的变位，m；

S——沿 AC 面的剪力，kN；

$\overline{AC}$——AC 面的长度；

A_{t_1}——地基反力系数。

由图 10-12（a）中的几何关系可知：

$$\overline{AC}=\frac{H\cos(\alpha-\beta)}{\sin\beta_0\cos\alpha} \tag{10-201}$$

地基的反力系数 A_{t_1}，按公式（10-6）计算（以 H 代替 t），即

$$A_{t_1}=\frac{E}{2(1+\mu)H}$$

式中　H——挡土墙的高度。

根据滑动土体上的作用力在 AC 面上投影之和为零的平衡条件可得

$$S+P\cos(\theta-\alpha-\delta)-(W+Q)\sin\theta=0$$

由此可得剪力

$$S=(W+Q)\sin\theta-P\cos(\theta-\alpha-\delta) \tag{10-202}$$

将 $\overline{AC}$ 和 S 代入公式（10-200）得

$$\Delta=\frac{-(W+Q)\sin\theta-P\cos(\theta-\alpha-\delta)}{\dfrac{H\cos(\alpha-\beta)}{\sin\beta_0\cos\alpha}A_{t_1}} \tag{10-203}$$

滑动土体在 A 点处产生的水平变位为

$$\Delta_0=\Delta\cos\theta$$

故

$$\Delta_0=\frac{-[(W+Q)\sin\theta-P\cos(\theta-\alpha-\delta)]\cos\theta}{\dfrac{H\cos(\alpha-\beta)}{\sin\beta_0\cos\alpha}A_{t_1}} \tag{10-204}$$

由于滑动土体的水平变位在水平方向和竖直方向都是不均匀的，故取计算的平均水平变位 Δ_0 为

$$\Delta_0=\frac{1}{4}u$$

因此，滑动土体的水平变位为

$$u=\frac{-4\sin\beta_0\cos\alpha\cos\theta[(W+Q)\sin\theta-P\cos(\theta-\alpha-\delta)]}{A_{t_1}H\cos(\alpha-\beta)} \tag{10-205}$$

其中
$$A_{t_1}=\frac{E}{2(1+\mu)H}$$

由公式（10-49）可知，挡土墙在土压力作用下所产生的水平变位为

$$u=-\frac{P\cos(\alpha+\delta)}{bA_{t_2}} \tag{10-206}$$

$$A_{t_2}=\frac{E}{2(1+\mu)b}$$

式中　P——作用在挡土墙上的土压力，kN；

b——挡土墙（概化断面）的宽度；

A_{t_2}——挡土墙的地基的切向反力系数。

4. 作用在挡土墙上的土压力

由于滑动土体所产生的水平变位应等于挡土墙所产生的水平变位，故

$$-\frac{P\cos(\alpha+\delta)}{bA_{t_2}}=-\frac{4\sin\beta_0\cos\alpha\cos\theta[(W+Q)\sin\theta-P\cos(\theta-\alpha-\delta)]}{A_{t_1}H\cos(\alpha-\beta)}$$

上式经移项整理后可得作用在挡土墙上土压力为

$$P=\frac{2\sin\beta_0\cos\alpha\sin2\theta(W+Q)}{\cos(\alpha-\beta)\cos(\alpha+\delta)+4\sin\beta_0\cos\alpha\cos\theta\cos(\theta-\alpha-\delta)} \tag{10-207}$$

式中　P——作用在挡土墙上的土压力，kN；

W——滑动土体 ABC 的重力，kN；

Q——作用在填土表面 BC 上的均布荷载的合力，kN。

当填土和挡土墙处于主动极限平衡状态时，上式即变为

$$P_a=\frac{2\sin\beta_0\cos\alpha\sin2\theta(W+Q)}{\cos(\alpha-\beta)\cos(\alpha+\delta)+4\sin\beta_0\cos\alpha\cos\theta\cos(\theta-\alpha-\delta)} \tag{10-208}$$

式中　P_a——作用在挡土墙上的主动压力，kN。

如令
$$\lambda_a=\frac{2\sin\beta_0\cos\alpha\sin2\theta}{\cos(\alpha-\beta)\cos(\alpha+\delta)+4\sin\beta_0\cos\alpha\cos\theta\cos(\theta-\alpha-\delta)} \tag{10-209}$$

则主动土压力可以写成下列形式：

$$P_a=\lambda_a(W+Q) \tag{10-210}$$

式中　λ_a——主动土压力系数。

公式（10-208）也可以写成

$$P_a=P_\gamma+P_q \tag{10-211}$$

$$P_\gamma=\lambda_a W \tag{10-212}$$

$$P_q=\lambda_a Q \tag{10-213}$$

式中　P_γ——由滑动土体的重力所产生的土压力，kN；

P_q——由填土表面均布荷载 q 所产生的土压力，kN。

此时，土压力作用点距挡土墙墙踵的高度 Y_a 可按下式计算：

$$Y_a=\frac{P_\gamma \frac{1}{3}H+P_q \frac{1}{2}H}{P_a} \tag{10-214}$$

5. 挡土墙的极限高宽比和极限重力

挡土墙的抗滑稳定性通常用下式表示：

$$\frac{F_f}{F_c}\geqslant S_c \tag{10-215}$$

式中　F_c——作用在挡土墙底面的剪力，kN；

F_f——挡土墙底面的抗剪力，kN；

S_c——挡土墙的抗滑安全系数。

作用在挡土墙底面的剪力为

$$F_c=P\cos(\alpha+\delta) \tag{10-216}$$

式中　P——作用在挡土墙上的土压力，kN；

δ——填土与挡土墙墙面的摩擦角，(°)。

挡土墙底面的抗剪力为

$$F_f=f[G+P\sin(\alpha+\delta)] \tag{10-217}$$

式中　f——挡土墙底面与地基面的摩擦系数；

G——挡土墙的重力，kN。

将公式（10-216）和公式（10-217）代入公式（10-215）可得

$$\frac{f[G+P\sin(\alpha+\delta)]}{P\cos(\alpha+\delta)}=S_c$$

由此可得

$$P=\frac{fG}{S_C\cos(\alpha+\delta)-f\sin(\alpha+\delta)} \tag{10-218}$$

或

$$P=\frac{G}{\frac{S_C}{f}\cos(\alpha+\delta)-\sin(\alpha+\delta)} \tag{10-219}$$

对于概化断面的挡土墙的重力可写为

$$G=\frac{1}{2}\gamma_b bH$$

式中　γ_b——挡土墙墙体的容重（重力密度），kN/m^3。

上式可以写成下列形式：

$$G=\frac{1}{2}\gamma_b H^2 a \tag{10-220}$$

$$a=\frac{b}{H} \tag{10-221}$$

式中　a——挡土墙的宽高比。

将公式（10-220）代入公式（10-219）得

$$P=\frac{\frac{1}{2}\gamma_b H^2 a}{\frac{S_c}{f}\cos(\alpha+\delta)-\sin(\alpha+\delta)} \tag{10-222}$$

令公式（10-222）和公式（10-207）相等，得

$$\frac{\frac{1}{2}\gamma_b H^2 a}{\frac{S_c}{f}\cos(\alpha+\delta)-\sin(\alpha+\delta)}=\frac{2\sin2\theta\sin\beta_0\cos\alpha(W+Q)}{\cos(\alpha-\beta)\cos(\alpha+\delta)+4\sin\beta_0\cos\alpha\cos\theta\cos(\theta-\alpha-\delta)} \tag{10-223}$$

上式经整理后可得

$$a=\frac{2\sin2\theta\sin\beta_0\cos\alpha(W'+Q')\left[\frac{S_c}{f}\cos(\alpha+\delta)-\sin(\alpha+\delta)\right]}{\cos(\alpha-\beta)\cos(\alpha+\delta)+4\sin\beta_0\cos\alpha\cos\theta\cos(\theta-\alpha-\delta)} \tag{10-224}$$

$$W'=\frac{W}{\frac{1}{2}\gamma_b H^2} \tag{10-225}$$

或

$$W'=\frac{\frac{1}{2}\gamma H^2\ \frac{\sin\alpha_0\cos(\alpha-\beta)}{\cos^2\alpha\sin\beta_0}}{\frac{1}{2}\gamma_b H^2}=\frac{\gamma}{\gamma_b}\times\frac{\sin\alpha_0\cos(\alpha-\beta)}{\cos^2\alpha\sin\beta_0} \tag{10-226}$$

$$Q'=\frac{Q}{\frac{1}{2}\gamma_b H^2} \tag{10-227}$$

或

$$Q'=\frac{qH\ \frac{\sin\alpha_0}{\cos\alpha\sin\beta_0}}{\frac{1}{2}\gamma_b H^2}=\frac{2q}{\gamma_b H}\times\frac{\sin\alpha_0}{\cos\alpha\sin\beta_0} \tag{10-228}$$

当挡土墙处于极限平衡状态时，$S_c=1$，$a=a_a$，故得

$$a_a=\frac{2\sin2\theta\sin\beta_0\cos\alpha(W'+Q')\left[\frac{1}{f}\cos(\alpha+\delta)-\sin(\alpha+\delta)\right]}{\cos(\alpha-\beta)\cos(\alpha+\delta)+4\sin\beta_0\cos\alpha\cos\theta\cos(\theta-\alpha-\delta)} \tag{10-229}$$

式中 a_a——挡土墙的临界宽高比。

根据公式（10-217）令 $S_c=1$，则得挡土墙的临界重力为

$$G_a=P_a\left[\frac{1}{f}\cos(\alpha+\delta)-\sin(\alpha+\delta)\right] \tag{10-230}$$

式中 G_a——挡土墙的极临界重力，kN；

f——挡土墙与地基的摩擦系数。

6. **挡土墙底面中心轴线的角变位**

挡土墙在土压力 P 和墙体重力共同作用下，墙体将沿地基表面产生水平变位 u，墙底面将围绕底面中心点产生角变位 ξ，而挡土墙的底面中心线也将围绕底面以下中心轴线上的 a 点产生相应的角变位 ξ，此时旋转中心 a 点距地基表面的高度为 r，而这一角变位在地基平面上所产生的相应水平变位即为 u，如图 10-12 所示。因此墙底面中心轴线的角变位为

$$\xi=\frac{u}{r} \tag{10-231}$$

式中 ξ——挡土墙底面中心轴线的角变位；

u——挡土墙的水变位，m；

r——挡土墙中心轴线产生角变位 ξ 时从旋转中心 a 点到地基表面的高度，m。

由于挡土墙底面产生的角变位 ξ 与挡土墙底面中心轴线所产生的角变位 ξ 应该相等，故令公式（10-239）和公式（10-193）相等可得

$$\frac{u}{r}=\frac{2(1-\mu^2)}{a^2EH}\{G(2\tan\alpha-a)+P[2\cos(\alpha+\delta)-(3a-2\tan\alpha)\sin(\alpha+\delta)]\}$$

由此可得从挡土墙底面中心轴线的旋转中心 a 点到地基表面的高度为

$$r=\frac{u}{\dfrac{2(1-\mu^2)}{a^2EH}\{G(2\tan\alpha-a)+P[2\cos(\alpha+\delta)-(3a-2\tan\alpha)\sin(\alpha+\delta)]\}} \tag{10-232}$$

当挡土墙处于主动极限平衡状态时，$G=G_0$，$P=P_a$，$a=a_0$，故此时有

$$r=\frac{u}{\dfrac{2(1-\mu^2)}{a_a^2EH}\{G_a(2\tan\alpha-a_a)+P_a[2\cos(\alpha+\delta)-(3a_a-2\tan\alpha)\sin(\alpha+\delta)]\}} \tag{10-233}$$

【例 10-6】 挡土墙墙高 $H=6.0$m，墙面倾斜，与竖直面的夹角为 $\alpha=10°$；填土表面倾斜，与水平面的夹角为 $\beta=10°$；填土表面作用均布荷载 $q=10.0$kPa，土的容重（重力密度）$\gamma=18.0$kN/m³，内摩擦角 $\varphi=30°$，填土与挡土墙墙面的摩擦角 $\delta=15°$；挡土墙墙体容重（重力密度）$\gamma_b=23.0$kN/m³，地基土的泊松比 $\mu=0.25$；变形模量 $E=12500$kPa。计算作用在挡土墙上的主动土压力 P_a，挡土墙的临界重力 G_a、水平变位 u 和角变位 ξ。

解：（1）根据公式（10-176）计算角度 θ 值：

$$\theta=\frac{\pi}{4}+\frac{\varphi}{2}=\frac{180°}{4}+\frac{30°}{2}=60°$$

（2）根据公式（10-177）计算角度 α_0 值：

$$\alpha_0=\frac{\pi}{2}-\theta+\alpha=\frac{180°}{2}-60°+10°=40°$$

（3）根据公式（10-179）计算角度 β_0 值：

$$\beta_0=\theta-\beta=60°-10°=50°$$

（4）根据公式（10-226）和公式（10-228）计算 W' 和 Q' 的值：

$$W'=\frac{\gamma}{\gamma_b}\times\frac{\sin\alpha_0\cos(\alpha-\beta)}{\cos^2\alpha\sin\beta_0}=\frac{18.0}{23.0}\times\frac{\sin40°\cos(10°-10°)}{\cos^2 10°\sin50°}=0.6771$$

$$Q'=\frac{2q}{\gamma_bH}\times\frac{\sin\alpha_0}{\cos\alpha\sin\beta_0}=\frac{2\times10.0}{23.0\times6.0}\times\frac{\sin40°}{\cos10°\sin50°}=0.1235$$

（5）根据公式（10-229）计算 a_a 值：

$$a_a=\frac{2\sin2\theta\sin\beta_0\cos\alpha(W'+Q')\left[\dfrac{1}{f}\cos(\alpha+\delta)-\sin(\alpha+\delta)\right]}{\cos(\alpha-\beta)\cos(\alpha+\delta)+4\sin\beta_0\cos\alpha\cos\theta\cos(\theta-\alpha-\delta)}$$

$$=\frac{2\times\sin(2\times60°)\sin60°\cos10°\times(0.6771+0.1235)\left[\dfrac{1}{0.4}\times\cos(10°+15°)-\sin(10°+15°)\right]}{\cos(10°-10°)\cos(10°+15°)+4\times\sin50°\cos10°\cos60°\cos(60°-10°-15°)}$$

$=1.0175$

(6) 根据公式 (10-225) 和公式 (10-227) 计算 W 和 Q 的值：

$$W=\frac{1}{2}\gamma_b H^2 W'=\frac{1}{2}\times 23.0\times 6.0^2\times 0.6771=280.3149(\text{kN})$$

$$Q=\frac{1}{2}\gamma_b H^2 Q'=\frac{1}{2}\times 23.0\times 6.0^2\times 0.1235=51.1290(\text{kN})$$

(7) 根据公式 (10-209) 计算系数 λ_a 的值：

$$\lambda_a=\frac{2\sin\beta_0\cos\alpha\sin2\theta}{\cos(\alpha-\beta)\cos(\alpha+\delta)+4\sin\beta_0\cos\alpha\cos\theta\cos(\theta-\alpha-\delta)}$$

$$=\frac{2\times\sin50^\circ\cos10^\circ\sin(2\times60^\circ)}{\cos(10^\circ-10^\circ)\cos(10^\circ+15^\circ)+4\sin50^\circ\cos10^\circ\cos60^\circ\cos(60^\circ-10^\circ-15^\circ)}$$

$$=0.6100$$

(8) 根据公式 (10-211) 计算主动土压力：

$$P_\gamma=\lambda_a W=0.6100\times 280.3149=170.99260(\text{kN})$$

$$P_q=\lambda_a Q=0.6100\times 51.1290=31.1887(\text{kN})$$

$$P_a=P_\gamma+P_q=170.9920+31.1887=202.1807(\text{kN})$$

(9) 根据公式 (10-214) 计算主动土压力 P_a 的作用点距墙踵的距离：

$$y_a=\frac{P_\gamma\frac{1}{3}H+P_q\frac{1}{2}H}{P_a}$$

$$=\frac{170.9920\times\frac{1}{3}\times 6.0+31.1887\times\frac{1}{2}\times 6.0}{202.1807}=2.1543(\text{m})$$

(10) 根据公式 (10-230) 计算挡土墙的临界重力：

$$G_a=P_a\left[\frac{1}{f}\cos(\alpha+\delta)-\sin(\alpha+\delta)\right]$$

$$=202.1807\left[\frac{1}{0.4}\times\cos(10^\circ+15^\circ)-\sin(10^\circ+15^\circ)\right]=372.6496(\text{kN})$$

(11) 根据公式 (10-206) 计算挡土墙的水平变位：

$$u=\frac{P_a\cos(\alpha+\delta)}{bA_t}$$

$$A_t=\frac{E}{2(1+\mu)b}$$

故挡土墙的水平变位为

$$u=\frac{2(1+\mu)P_a\cos(\alpha+\delta)}{E}$$

$$=\frac{2\times(1+0.25)\times 202.1807\times\cos(10^\circ+15^\circ)}{12500}=0.0366(\text{m})$$

挡土墙的水平变位与墙高的比值为

$$\frac{u}{H}=\frac{0.0366}{6.0}=0.00611=0.611\%$$

(12) 根据公式 (10-197) 计算挡土墙的角变位：

$$\xi_a=\frac{2(1-\mu^2)}{a_a^2EH}\{P_a[2\cos(\alpha+\delta)-(3a_a-2\tan\alpha)\sin(\alpha+\delta)]-G_a(a_a-2\tan\alpha)\}$$

$$=\frac{2\times(1-0.25^2)}{1.0175^2\times12500\times6.0}\times\{202.1807\times[2\times\cos(10°+15°)$$

$$-(3\times1.0175-2\times\tan10°)\sin(10°+15°)]-372.6496$$

$$\times(1.0175-2\times\tan10°)\}=0.000024147\times(135.7868-247.7546)$$

$$=-0.002704(\text{rad})$$

式中负号（一）表示此角变位为顺时针方向。

二、填土表面水平的情况

（一）挡土墙墙面倾斜

1. 挡土墙和滑裂土体的形状

挡土墙底面水平（$\rho=0°$），墙面倾斜，与竖直平面的夹角为 α，墙背面填土表面水平（$\beta=0°$），挡土墙上作用有墙体的重力 G 和土压力 P，重力 G 的作用方向为竖直向下，土压力 P 的作用方向为指向墙体，其作用线与挡土墙墙面法线之间的夹角为 δ，作用在法线的上方；在挡土墙的底面尚作用有水平反力 X、竖直反力 Y 和力矩 M，如图 10-13（a）所示。此时挡土墙墙背面填土的滑动面为 AC，滑动土体为 ABC，滑动面 AC 与挡土墙墙面的夹角为 α_0，滑动面与水平面的夹角为 θ，滑动面 AC 与填土表面的夹角为 β_0，如图10-13（a）所示。

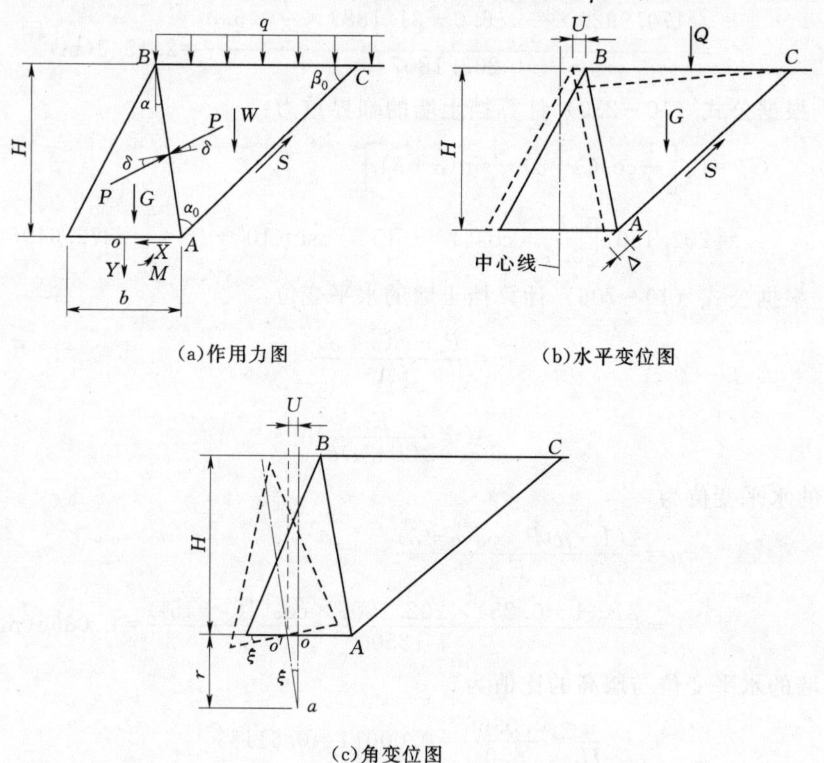

图 10-13　挡土墙墙面倾斜和填土表面水平的情况

当滑动土体 ABC 处于主动极限平衡状态时，滑动面 AC 与水平面之间的夹角 θ 按下式计算：

$$\theta=\frac{\pi}{4}+\frac{\varphi}{2} \tag{10-234}$$

式中　θ——滑动面 AC 与水平面之间的夹角，(°)；

φ——填土的内摩擦角，(°)。

由图 10-13（a）可知，滑动面 AC 与挡土墙墙面之间的夹角 α_0 可按下式计算：

$$\alpha_0=\frac{\pi}{2}-\theta+\alpha \tag{10-235}$$

或

$$\alpha_0=\frac{\pi}{4}-\frac{\varphi}{2}+\alpha \tag{10-236}$$

式中　α——挡土墙墙面与竖直平面之间的夹角，(°)；

θ——滑动面 AC 与水平面之间的夹角，(°)。

滑动面 AC 与填土表面 BC 之间的夹角 β_0 可按下式计算：

$$\beta_0=\theta \tag{10-237}$$

即

$$\beta_0=\frac{\pi}{2}-\alpha_0+\alpha \tag{10-238}$$

式中　β_0——滑动面 AC 与填土表面之间的夹角，(°)。

2. 挡土墙上的作用力

由图 10-13 可知，作用在挡土墙上的荷载有土压力 P 和墙体重力 G，在挡土墙的底面还作用有水平向反力 X、竖直向反力 Y 和力矩 M。

根据挡土墙上作用力的平衡条件，可得反力 X、Y 和 M 为

$$X=-P\cos(\alpha+\delta) \tag{10-239}$$

$$Y=-P\sin(\alpha+\delta)-G \tag{10-240}$$

$$M=-Gl_G+P\cos(\alpha+\delta)l_m-P\sin(\alpha+\delta)\frac{1}{3}b \tag{10-241}$$

式中　X——作用在挡土墙底面的水平向反力，kN；

Y——作用在挡土墙底面的竖直向反力，kN；

M——作用在挡土墙底面中心点 o 处的力矩，kN·m；

P——作用在挡土墙上的土压力，kN；

G——挡土墙墙体的重力，kN；

b——挡土墙（概化断面）的底宽，m；

l_G——挡土墙墙体重心到挡土墙底面中心点 o 的水平距离，m；

l_m——土压力水平分力的作用线到挡土墙底面中心点 o 的竖直距离，m；

α——挡土墙墙面 AB 与竖直平面的夹角，(°)；

δ——填土与挡土墙墙面的摩擦角，(°)。

由图 10-13（a）中的几何关系可知：

$$l_m=\frac{1}{3}H \tag{10-242}$$

$$l_G=\frac{H}{6}(2\tan\alpha-a) \tag{10-243}$$

式中 H——挡土墙的高度，m；

a——挡土墙（概化断面）的宽高比。

将公式（10-240）和公式（10-241）代入公式（10-239）得

$$M=-\frac{1}{6}GH(2\tan\alpha-a)+\frac{1}{3}PH\cos(\alpha+\delta)-\frac{1}{3}PH\tan\alpha\sin(\alpha+\delta) \tag{10-244}$$

3. 滑裂土体和挡土墙的水平变位

当滑动面为AC，滑动土体为ABC的情况下，由图10-13的几何条件可得滑动土体的重力为

$$W=\frac{1}{2}\gamma H^2\frac{\sin\alpha_0\cos\alpha}{\cos^2\alpha\sin\beta_0} \tag{10-245}$$

式中 W——滑裂土体ABC的重力，kN；

γ——填土的容重（重力密度），kN/m^3；

H——挡土墙的高度，m；

α_0——滑动面AC与挡土墙墙面AB的夹角，(°)；

β_0——滑动面AC与填土表面BC的夹角，(°)。

作用在填土表面BC上的均布荷载q的合力为

$$Q=qH\frac{\sin\alpha_0}{\cos\alpha\sin\beta_0} \tag{10-246}$$

式中 Q——作用在填土表面BC上的均布荷载q的合力，kN；

q——作用在填土表面BC上的均布荷载，kPa。

滑动土体ABC在W和Q的作用下所产生的水平变位为

$$u=-\frac{4\sin\beta_0\cos\alpha\cos\theta[(W+Q)\sin\theta-P\cos(\theta-\alpha-\delta)]}{A_tH\cos\alpha} \tag{10-247}$$

$$A_t=\frac{E}{2(1+\mu)b} \tag{10-248}$$

式中 u——滑动土体产生的水平变位，m；

θ——滑动面AC与水平面的夹角，(°)；

A_t——地基的水平向反力系数；

E——地基的变形模量，kPa；

μ——地基的泊松比；

H——挡土墙的高度，m。

由公式（10-49）可知，挡土墙在土压力作用下所产生的水平变位为

$$u=-\frac{P\cos(\alpha+\delta)}{bA_t} \tag{10-249}$$

式中　u——挡土墙所产生的水平变位，m；

P——作用在挡土墙上的土压力，kN；

A_t——地基的水平向反力系数；

b——挡土墙的底宽，m。

4. 作用在挡土墙上的土压力

滑动土体所产生的水平变位 u 和挡土墙产生的水平变位 u 应该相等，故根据公式(10－247)和公式（10－249）相等的条件可得

$$-\frac{P\cos(\alpha+\delta)}{bA_t}=-\frac{4\sin\beta_0\cos\alpha\cos\theta[(W+Q)\sin\theta-P\cos(\theta-\alpha-\delta)]}{A_tH\cos\alpha}$$

上式经整理后可得作用在挡土墙上的土压力为

$$P=\frac{2\sin\beta_0\cos\alpha\sin2\theta(W+Q)}{\cos\alpha\cos(\alpha+\delta)+4\sin\beta_0\cos\alpha\cos\theta\cos(\theta-\alpha-\delta)} \tag{10-250}$$

式中　W——滑动土体 ABC 的重力，kN；

Q——作用在填土表面 BC 上的均布荷载 q 的合力，kN。

当挡土墙和填土处于主动极限平衡状态时，上式变为

$$P_a=\frac{2\sin\beta_0\cos\alpha\sin2\theta(W+Q)}{\cos\alpha\cos(\alpha+\delta)+4\sin\beta_0\cos\alpha\cos\theta\cos(\theta-\alpha-\delta)} \tag{10-251}$$

式中　P_a——作用在挡土墙上的主动土压力，kN。

如令

$$\lambda=\frac{2\sin\beta_0\cos\alpha\sin2\theta}{\cos\alpha\cos(\alpha+\delta)+4\sin\beta_0\cos\alpha\cos\theta\cos(\theta-\alpha-\delta)} \tag{10-252}$$

此时主动土压力可以写成以下形式：

$$P_a=\lambda(W+Q) \tag{10-253}$$

或

$$P_a=P_\gamma+P_q \tag{10-254}$$

$$P_\gamma=\lambda W \tag{10-255}$$

$$P_q=\lambda Q \tag{10-256}$$

式中　P_a——主动土压力，kN；

P_γ——由滑动土体重力产生的土压力，kN；

P_q——由填土表面均布荷载 q 产生的土压力。

此时土压力 P_a 的作用点距挡土墙墙踵的高度 y_a 可按下式计算：

$$y_a=\frac{P_\gamma\frac{1}{3}H+P_q\frac{1}{2}H}{P_a} \tag{10-257}$$

5. 挡土墙的极限高宽比和极限重力

挡土墙的抗滑稳定性通常用下式表示：

$$\frac{F_f}{F_c}\geqslant S_c \tag{10-258}$$

$$F_c=P\cos(\alpha+\delta) \tag{10-259}$$

$$F_f=f[G+P\sin(\alpha+\delta)] \tag{10-260}$$

$$G=\frac{1}{2}\gamma_bbH \tag{10-261}$$

式中　F_c——作用在挡土墙底面的剪力，kN；

F_f——挡土墙底面的抗剪力，kN；

f——挡土墙底面与地基面的摩擦系数；

G——挡土墙的重力，kN；

γ_b——挡土墙墙体的容重（重力密度），kN/m^3；

b——挡土墙的底宽，m；

H——挡土墙的高度，m；

S_c——抗滑安全系数。

挡土墙的重力 G 也可以写成下列形式：

$$G=\frac{1}{2}\gamma_b a H^2 \tag{10-262}$$

$$a=\frac{H}{b} \tag{10-263}$$

式中　a——挡土墙的宽高比。

将公式（10-259）、公式（10-260）和公式（10-262）代入公式（10-258）得

$$\frac{f\left[\frac{1}{2}\gamma_b a H^2+P\sin(\alpha+\delta)\right]}{P\cos(\alpha+\delta)}=S_c$$

由此可得

$$P=\frac{\frac{1}{2}\gamma_b a H^2}{\frac{S_c}{f}\cos(\alpha+\delta)-\sin(\alpha+\delta)} \tag{10-264}$$

令公式（10-264）与公式（10-250）相等，得

$$\frac{\frac{1}{2}\gamma_b H^2 a}{\frac{S_c}{f}\alpha\cos(\alpha+\delta)-\sin(\alpha+\delta)}=\frac{2\sin2\theta\sin\beta_0\cos\alpha(W+Q)}{\cos\alpha\cos(\alpha+\delta)+4\sin\beta_0\cos\alpha\cos\theta\cos(\theta-\alpha-\delta)}$$

上式经整理后可得

$$a=\frac{2\sin2\theta\sin\beta_0\cos\alpha(W'+Q')\left[\frac{Sc}{f}\cos(\alpha+\delta)-\sin(\alpha+\delta)\right]}{\cos\alpha\cos(\alpha+\delta)+4\sin\beta_0\cos\alpha\cos\theta\cos(\theta-\alpha-\delta)} \tag{10-265}$$

$$W'=\frac{W}{\frac{1}{2}\gamma_b H^2} \tag{10-266}$$

或

$$W'=\frac{\gamma}{\gamma_b}\times\frac{\sin\alpha_0\cos\alpha}{\cos^2\alpha\sin\beta_0} \tag{10-267}$$

$$Q'=\frac{Q}{\frac{1}{2}\gamma_b H^2} \tag{10-268}$$

$$Q'=\frac{2q}{\gamma_b H}\times\frac{\sin\alpha_0}{\cos\alpha\sin\beta_0} \tag{10-269}$$

式中　W'——滑动土体的折算重力；

γ——填土的容重（重力密度），kN/m^3；

γ_b——挡土墙墙体的容重（重力密度），kN/m^3；

Q'——填土表面均布荷载合力的折算值。

当挡土墙处于极限平衡状态时，$S_c=1$，$a=a_a$，故得

$$a_a=\frac{2\sin 2\theta\sin\beta_0\cos\alpha(W'+Q')\left[\frac{1}{f}\cos(\alpha+\delta)-\sin(\alpha+\delta)\right]}{\cos\alpha\cos(\alpha+\delta)+4\sin\beta_0\cos\alpha\cos\theta\cos(\theta-\alpha-\delta)} \tag{10-270}$$

式中　a_a——挡土墙的临界宽高比。

将 $a=a_a$ 代入公式（10－262），则得挡土墙的临界重力为

$$G_a=P\left[\frac{1}{f}\cos(\alpha+\delta)-\sin(\alpha+\delta)\right] \tag{10-271}$$

式中　G_a——挡土墙的临界重力，kN。

6. 挡土墙的角变位

挡土墙在土压力 P 和墙体重力 G 的共同作用下，墙体将沿地基平面产生水平变位 u，墙底面将围绕底面中心点产生角变位 ξ，而挡土墙的底面中心线（轴）也将围绕底面以下中心线上的 a 点产生相应的角变位 ξ，此时旋转中心点 a 距地基表面的高度为 r，而这一角变位在地基平面上所产生的相应水平变位即为 u，如图 10－13（c）所示。因此墙底面中心轴线的角度变位可表示为

$$\xi=\frac{u}{r} \tag{10-272}$$

式中　ξ——挡土墙底面中心线的角变位；

u——挡土墙的水平变位，m；

r——挡土墙底面中心线上旋转中心 a 点距地表面的高度，m。

在土压力和墙体重力 G 的作用下，墙体底面绕中心点 C 所产生的角变位为

$$\xi=\frac{M}{m_\xi} \tag{10-273}$$

或

$$\xi=\frac{M}{\frac{1}{12}A_n b^3} \tag{10-274}$$

$$A_n=\frac{E}{(1-\mu^2)b} \tag{10-275}$$

式中　A_n——地基的竖向反力系数；

E——地基的变形模量，kPa；

μ——地基的泊松比。

将公式（10－244）和公式（10－275）代入公式（10－274），并经整理后，得挡土墙底面的角变位为

$$\xi_a=\frac{2(1-\mu^2)}{a_a^2 EH}\{G_a(2\tan\alpha-a_a)+P_a[2\cos(\alpha+\delta)-(3a_a-2\tan\alpha)\sin(\alpha+\delta)]\} \tag{10-276}$$

如果令公式（10－272）与公式（10－276）相等，则可得

$$r=\frac{u}{\frac{2(1-\mu^2)}{a_a^2EH}\{G_a(2\tan\alpha-a_a)+P_a[2\cos(\alpha+\delta)-(3a_a-2\tan\alpha)\sin(\alpha+\delta)]\}}$$

（10－277）

【例 10－7】 挡土墙高 $H=6.0$m，墙面倾斜，与竖直面的夹角为 $\alpha=10°$，填土表面水平，填土表面上作用均布荷载 $q=10.0$kPa，土的容重（重力密度）$\gamma=18.0$kN/m³，内摩擦角 $\varphi=30°$，填土与挡土墙墙面的摩擦角 $\delta=15°$，挡土墙墙体容重（重力密度）$\gamma_b=23.0$kN/m³，地基土的泊松系数 $\mu=0.25$，变形模量 $E=12500$kPa，计算作用在挡土墙上的主动土压力 P_a、挡土墙的极限重力 G_a、水平变位 u 和角变位 ξ。

解：（1）根据公式（10－234）计算角度 θ 值：

$$\theta=\frac{\pi}{4}+\frac{\varphi}{2}=\frac{180°}{4}+\frac{30°}{2}=60°$$

（2）根据公式（10－235）计算角度 α_0 值：

$$\alpha_0=\frac{\pi}{2}-\theta+\alpha=\frac{180°}{2}-60+10°=40°$$

（3）根据公式（10－237）计算角度 β_0 值：

$$\beta_0=\theta$$

将 $\theta=60°$代入上列公式得

$$\beta_0=\theta=60°$$

（4）根据公式（10－245）和公式（10－246）计算 W 和 Q 的值：

$$W=\frac{1}{2}\gamma H^2\frac{\sin\alpha_0}{\cos\alpha\sin\beta_0}=\frac{1}{2}\times18.0\times6.0^2\times\frac{\sin40°}{\cos10°\sin60°}=244.1914(\text{kN})$$

$$Q=qH\frac{\sin\alpha_0}{\cos\alpha\sin\beta_0}=10.0\times6.0\times\frac{\sin40°}{\cos10°\sin60°}=45.2206(\text{kN})$$

（5）根据公式（10－266）和公式（10－268）计算 W'和 Q'的值：

$$W'=\frac{W}{\frac{1}{2}\gamma_bH^2}=\frac{244.1914}{\frac{1}{2}\times23.0\times6.0^2}=0.5898$$

$$Q'=\frac{Q}{\frac{1}{2}\gamma_bH^2}=\frac{45.2206}{\frac{1}{2}\times23.0\times6.0^2}=0.1092$$

（6）根据公式（10－270）计算 a_a 值：

$$a_a=\frac{2\sin2\theta\sin\beta_0\cos\alpha(W'+Q')\left[\frac{1}{f}\cos(\alpha+\delta)-\sin(\alpha+\delta)\right]}{\cos\alpha\cos(\alpha+\delta)+4\sin\beta_0\cos\alpha\cos\theta\cos(\theta-\alpha-\delta)}$$

$$=\frac{2\times\sin(2\times60°)\sin60°\cos10°\times(0.5898+0.1092)\left[\frac{1}{0.4}\times\cos(10°+15°)-\sin(10°+15°)\right]}{\cos10°\cos(10°+15°)+4\times\sin60°\cos10°\cos60°\cos(60°-10°-15°)}$$

$$=0.8312$$

（7）根据公式（10-252）计算 λ 值：

$$\lambda=\frac{2\sin\beta_0\cos\alpha\sin2\theta}{\cos\alpha\cos(\alpha+\delta)+4\sin\beta_0\cos\alpha\cos\theta\cos(\theta-\alpha-\delta)}$$

$$=\frac{2\times\sin60^\circ\cos10^\circ\sin(2\times60^\circ)}{\cos10^\circ\cos(10^\circ+15^\circ)+4\times\sin60^\circ\cos10^\circ\cos60^\circ\cos(60^\circ-10^\circ-15^\circ)}=0.6451$$

（8）根据公式（10-254）～公式（10-256）计算主动土压力：

$$P_\gamma=\lambda W=0.6451\times244.1914=157.5278(\text{kN})$$

$$P_q=\lambda Q=0.6451\times45.2206=29.1718(\text{kN})$$

$$P_a=P_\gamma+P_q=157.5278+29.1718=186.6997(\text{kN})$$

（9）根据公式（10-257）计算主动土压力 P_a 的作用点距墙踵的高度：

$$y_a=\frac{P_\gamma\frac{1}{3}H+P_q\frac{1}{2}H}{P_a}$$

$$=\frac{157.5278\times\frac{1}{3}\times6.0+29.1718\times\frac{1}{2}\times6.0}{186.6997}=2.1562(\text{m})$$

（10）根据公式（10-249）计算挡土墙的水平变位：

$$u=-\frac{P\cos(\alpha+\delta)}{bA_t}=-\frac{2(1+\mu)P_a\cos(\alpha+\delta)}{E}$$

$$=-\frac{2\times(1+0.25)\times186.6997\times\cos(10^\circ+15^\circ)}{12500}=-0.0338(\text{m})$$

挡土墙的水平变位绝对值与墙高的比值为

$$\frac{|u|}{H}=\frac{0.0338}{6.0}=0.00564=0.564\%$$

（11）根据公式（10-271）计算挡土墙的极限重力：

$$G_a=P\left[\frac{1}{f}\cos(\alpha+\delta)-\sin(\alpha+\delta)\right]$$

$$=186.6997\times\left[\frac{1}{0.4}\cos(10^\circ+15^\circ)-\sin(10^\circ+15^\circ)\right]=344.1158(\text{kN})$$

（12）根据公式（10-276）计算挡土墙的角变位：

$$\xi_a=\frac{2(1-\mu^2)}{a_a^2EH}\{G_a(2\tan\alpha-a_a)+P_a[2\cos(\alpha+\delta)-(3a_a-2\tan\alpha)\sin(\alpha+\delta)]\}$$

$$=\frac{2\times(1-0.25^2)}{0.8312^2\times12500\times6.0}\{344.1158\times(2\tan10^\circ-0.8312)+186.6997$$

$$\times[2\times\cos(10^\circ+15^\circ)-(3\times0.8312-2\tan10^\circ)\sin(10^\circ+15^\circ)]\}$$

$$=0.00009869(\text{rad})$$

（二）挡土墙墙面竖直

1. 挡土墙和滑裂体的形状

若挡土墙墙底水平（$\rho=0^\circ$），墙面竖直，填土表面水平，挡土墙上作用有墙体重力 G 和土压力 P，重力 G 的作用方向为竖直向下，土压力 P 的作用方向为指向墙体，其作用线与挡土墙墙面法线的夹角为δ，作用在法线的上方；在挡土墙的底面尚作用有水平反力X，竖直反力Y和力矩M，水平反力的作用方向为向左，竖直反力Y的作用方向为向下，而力矩M的作用方向为逆时针，如图10-14（a）所示。此时挡土墙背面填土的滑动面为AC，滑动土体为ABC，滑动面AC与挡土墙墙面的夹角为α_0，滑动面与水平面的夹角为θ，滑动面AC与填土表面的夹角为β_0，如图10-14所示。

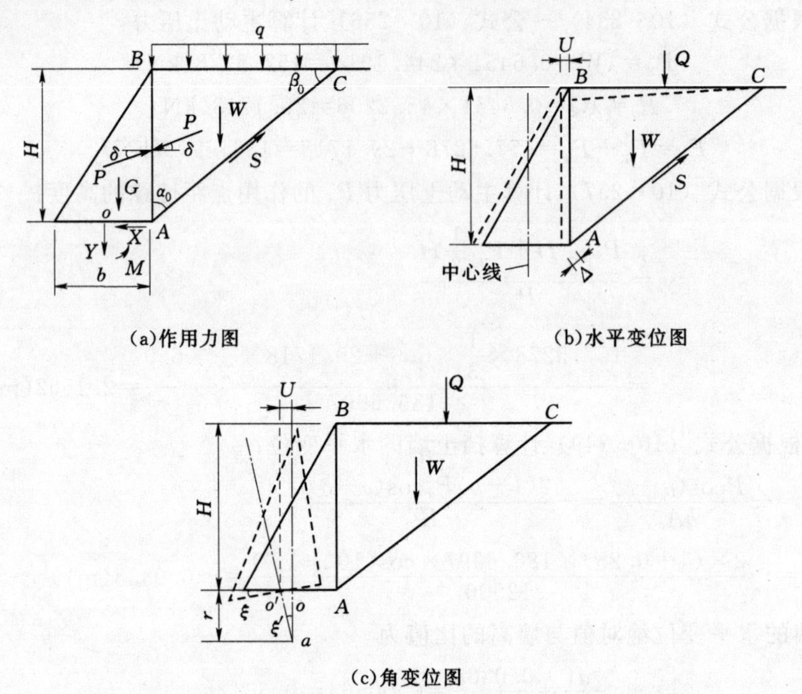

图10-14 挡土墙墙面竖直和填土表面水平的情况

当滑动土体ABC处于主动极限平衡状态时，滑动面AC与水平面之间的夹角θ，可按下式计算：

$$\theta=\frac{\pi}{4}+\frac{\varphi}{2} \tag{10-278}$$

式中 θ——滑动面AC与水平面之间的夹角，(°)；

φ——填土的内摩擦角，(°)。

由图10-14（a）可知，滑动面AC与水平面之间的夹角为

$$\alpha_0=\frac{\pi}{2}-\theta \tag{10-279}$$

或

$$\alpha_0=\frac{\pi}{4}-\frac{\varphi}{2} \tag{10-280}$$

式中 α_0——滑动面AC与挡土墙墙面之间的夹角，(°)。

滑动面AC与填土表面BC之间的夹角β_0为

$$\beta_0=\theta=\frac{\pi}{2}-\alpha_0 \tag{10-281}$$

式中 β_0——滑动面AC与填土表面之间的夹角，(°)。

2. 挡土墙上的作用力

挡土墙上作用有土压力 P 和墙体重力 G，此外在墙底面还作用有水平向反力 X、竖直向反力 Y 和绕墙面中心点的力矩 M。

根据作用力的平衡条件 $\sum x=0$、$\sum y=0$ 和 $\sum M=0$，可得

$$X=-P\cos\delta \tag{10-282}$$

$$Y=-P\sin\delta-G \tag{10-283}$$

$$M=-Gl_G+Pl_m\cos\delta-\frac{1}{3}bP\sin\delta \tag{10-284}$$

$$l_G=\frac{1}{6}b \tag{10-285}$$

$$l_m=\frac{1}{3}H \tag{10-286}$$

式中　X——挡土墙底面的水平向反力，kN；

Y——挡土墙底面的竖直向反力，kN；

M——挡土墙底面中心点 C 处的力矩，kN·m；

P——挡土墙上的土压力，kN；

G——挡土墙的重力，kN；

l_G——挡土墙墙体重心到挡土墙底面中心点 o 的水平距离，m；

b——挡土墙的底宽，m；

l_m——土压力的水平分力（$P\cos\delta$）的作用线到挡土墙底面 o 点的高度。

将公式（10-285）和公式（10-286）代入公式（11-284）得

$$M=-\frac{1}{6}G_b+\frac{1}{3}PH\cos\delta-\frac{1}{2}Pb\sin\delta \tag{10-287}$$

3. 滑裂土体和挡土墙的水平变位

当滑动面为 AC，滑动土体为 ABC 的情况下，由图 10-18（a）中的几何条件可得滑动土体的重力为

$$W=\frac{1}{2}\gamma H^2\frac{\sin\alpha_0}{\sin\beta_0} \tag{10-288}$$

式中　W——滑动土体 ABC 的重力，kN；

γ——填土的容重（重力密度），kN/m^3；

H——挡土墙的高度，m。

作用在填土表面 BC 上的均布荷载 q 的合力为

$$Q=qH\frac{\sin\alpha_0}{\sin\beta_0} \tag{10-289}$$

式中　Q——填土表面 BC 上的均布荷载的合力，kN；

q——作用在填土表面的均布荷载，kPa。

滑动土体 ABC 产生的水平变位为

$$u=-\frac{4\sin\beta_0\cos\theta}{HA_{t1}}[(W+Q)\sin\theta-P\cos(\theta-\delta)] \tag{10-290}$$

由公式（10-49）可知，挡土墙在土压力 P 的作用下产生的水平变位为

$$u=-\frac{P\cos\delta}{bA_t} \tag{10-291}$$

式中　A_t——地基的水平向反力系数；

H——挡土墙的高度，m；

b——挡土墙的底宽，m。

4. 作用在挡土墙上的土压力

滑动土体产生的水平变位与挡土墙产生的水平变位应该相等，故令公式（10-291）等于公式（10-290），则得

$$-\frac{P\cos\delta}{bA_{t2}}=-\frac{4\sin\beta_0\cos\alpha\cos\theta}{HA_t}[(W+Q)\sin\theta-P\cos(\theta-\beta)]$$

上式经整理以后，可得作用在挡土墙上的土压力为

$$P=\frac{2\sin\beta_0\sin2\theta(W+Q)}{\cos\delta+4\sin\beta_0\cos\theta\cos(\theta-\delta)} \tag{10-292}$$

式中　P——作用在挡土墙上的土压力，kN。

挡土墙的宽高比为

$$a=\frac{b}{H} \tag{10-293}$$

当填土和挡土墙处于主动极限平衡状态时，作用在挡土墙上的土压力即为主动土压力P_a，此时$a=a_a$，故主动土压力为

$$P_a=\frac{2\sin\beta_0\sin2\theta(W+Q)}{\cos\delta+4\sin\beta_0\cos\theta\cos(\theta-\delta)} \tag{10-294}$$

式中　P_a——主动土压力，kN。

5. 挡土墙的临界宽高比和临界重力

挡土墙的抗滑稳定性通常用下式表示：

$$\frac{F_f}{F_c}\geqslant S_c \tag{10-295}$$

式中　F_c——作用在挡土墙底面的剪力，kN；

F_f——挡土墙底面的抗剪力，kN；

S_c——挡土墙的抗滑安全系数。

作用在挡土墙底面的剪力为

$$F_c=X=P\cos\delta \tag{10-296}$$

挡土墙底面的抗剪力为

$$F_f=fy=f(G+P\sin\delta) \tag{10-297}$$

将公式（10-294）和公式（10-295）代入公式（10-293）得

$$\frac{f(G+P\sin\delta)}{P\cos\delta}=S_c$$

由此可得

$$P=\frac{fG}{S_c\cos\delta-f\sin\delta} \tag{10-298}$$

挡土墙的重力G可以表示为

$$G=\frac{1}{2}\gamma_b bH \tag{10-299}$$

或

$$G=\frac{1}{2}\gamma_b H^2 a \tag{10-300}$$

式中　G——挡土墙的重力，kN；

γ_b——挡土墙墙体的容重（重力密度），kN/m^3；

a——挡土墙的宽高比。

令公式（10-298）与公式（10-292）相等，并将公式（10-300）代入，经整理后可得

$$a=\frac{2\sin 2\theta\sin\beta_0(W'+Q')\left(\frac{S_c}{f}\cos\delta-\sin\delta\right)}{\cos\delta+4\sin\beta_0\cos\theta\cos(\theta-\delta)} \tag{10-301}$$

$$W'=\frac{W}{\frac{1}{2}\gamma_b H^2} \tag{10-302}$$

或

$$W'=\frac{\gamma}{\gamma_b}\frac{\sin\alpha_0}{\sin\beta_0} \tag{10-303}$$

$$Q'=\frac{Q}{\frac{1}{2}\gamma_b H^2} \tag{10-304}$$

或

$$Q'=\frac{2q}{\gamma_b H}\frac{\sin\alpha_0}{\sin\beta_0} \tag{10-305}$$

式中　a——挡土墙概化断面的宽高比；

W'——滑动土体的折算重力；

Q'——填土表面均布荷载合力的折算值。

当挡土墙处于极限平衡状态时，$S_c=1$，$a=a_a$，代入公式（10-301）则得

$$a_a=\frac{2\sin 2\theta\sin\beta_0(W'+Q')\left(\frac{1}{f}\cos\delta-\sin\delta\right)}{\cos\delta+4\sin\beta_0\cos\theta\cos(\theta-\delta)} \tag{10-306}$$

式中　a_a——挡土墙的临界宽高比。

相应于临界宽高比 a_a 的挡土墙重力 G_a 称为临界重力，即

$$G_a=P_a\left(\frac{1}{f}\cos\delta-\sin\delta\right) \tag{10-307}$$

式中　G_a——挡土墙的临界重力，kN。

6. 挡土墙的角变位

挡土墙在土压力 P 和墙体重力 G 的共同作用下，墙体将沿地基平面产生水平变位 u，墙底面将围绕底面中心点产生角变位 ξ，而挡土墙的底面中心线（轴）也将围绕底面中心线上的 a 点产生相应的角变位 ξ，此时旋转中心点 a 距地基表面的高度为 r，而这一角变位在地基平面上所产生的相应水平变位即为 u，如图 10-14（c）所示。因此墙底面中心轴线的角度变位可表示为

$$\xi=\frac{u}{r} \tag{10-308}$$

式中 ξ——挡土墙底面中心线产生的角变位；

u——挡土墙产生的水平变位，m；

r——挡土墙底面中心线上旋转中心 a 点距地表面的高度，m。

在土压力和墙体重力 G 的作用下，墙体底面绕中心点 C 产生的角变位为

$$\xi=\frac{M}{m_{\xi}} \tag{10-309}$$

或

$$\xi=\frac{M}{\frac{1}{12}A_n b^3} \tag{10-310}$$

$$A_n=\frac{E}{(1-\mu^2)b} \tag{10-311}$$

式中 A_n——地基的竖直向反力系数；

E——地基的变形模量，kPa；

μ——地基的泊松比。

将公式（10-287）和公式（10-311）代入公式（10-310），并经整理后，可得挡土墙底面的角变位为

$$\xi_a=\frac{2(1-\mu^2)}{a_a^2 EH}\{G_a(2\tan\alpha-a_a)+P_a[2\cos\delta-(3a_a-2\tan\alpha)\sin\delta]\} \tag{10-312}$$

将公式（10-312）代入公式（10-308），则可求得 r 值，即

$$r=\frac{u}{\xi}=\frac{u}{\frac{2(1-\mu^2)}{a_a^2 EH}\{G_a(2\tan\alpha-a_a)+P_a[2\cos\delta-(3a_a-2\tan\alpha)\sin\delta]\}} \tag{10-313}$$

【例 10-8】 挡土墙高 $H=6.0$m，墙面竖直，填土表面水平，填土表面上作用有均布荷载 $q=10.0$kPa，土的容重（重力密度）$\gamma=18.0\text{kN/m}^3$，内摩擦角 $\varphi=30°$，填土与挡土墙墙面的摩擦角 $\delta=15°$，挡土墙墙体的容重（重力密度）$\gamma_b=23.0\text{kN/m}^3$，地基土的泊松比 $\mu=0.25$，变形模量 $E=12500$kPa，计算作用在挡土墙上的主动土压力 P_a、挡土墙的临界重力 G_a、水平变位 u 和角变位 ξ。

解：（1）根据公式（10-278）计算角度 θ 值：

$$\theta=\frac{\pi}{4}+\frac{\varphi}{2}=\frac{180°}{4}+\frac{30°}{2}=60°$$

（2）根据公式（10-279）计算角度 α_0 值：

$$\alpha_0=\frac{\pi}{2}-\theta=\frac{180°}{2}-60=30°$$

（3）根据公式（10-281）计算角度 β_0 的值：

$$\beta_0=\frac{\pi}{2}-\alpha_0=\frac{180°}{2}-30°=60°$$

（4）根据公式（10-288）和公式（10-289）计算 W 和 Q 的值：

$$W=\frac{1}{2}\gamma H^2\frac{\sin\alpha_0}{\sin\beta_0}=\frac{1}{2}\times18.0\times6.0^2\times\frac{\sin30°}{\sin60°}=187.0615(\text{kN})$$

$$Q=qH\frac{\sin\alpha_0}{\sin\beta_0}=10.0\times6.0\times\frac{\sin30^\circ}{\sin60^\circ}=34.6410(\mathrm{kN})$$

（5）根据公式（10-303）和公式（10-304）计算 W' 和 Q' 的值：

$$W'=\frac{W}{\frac{1}{2}\gamma_b H^2}=\frac{187.0615}{\frac{1}{2}\times23.0\times6.0^2}=0.4518$$

$$Q'=\frac{Q}{\frac{1}{2}\gamma_b H^2}=\frac{34.6410}{\frac{1}{2}\times23.0\times6.0^2}=0.0837$$

（6）根据公式（10-306）计算 a_a 值：

$$a_a=\frac{2\sin2\theta\sin\beta_0(W'+Q')\left(\frac{1}{f}\cos\delta-\sin\delta\right)}{\cos\delta+4\sin\beta_0\cos\theta\cos(\theta-\delta)}$$

$$=\frac{2\times\sin(2\times60^\circ)\sin60^\circ\times(0.4518+0.0837)\left(\frac{1}{0.4}\times\cos15^\circ-\sin15^\circ\right)}{\cos15^\circ+4\times\sin60^\circ\cos60^\circ\cos(60^\circ-15^\circ)}=0.7905$$

（7）根据公式（10-294）计算主动土压力：

$$P_a=\frac{2\sin\beta_0\sin2\theta(W+Q)}{\cos\delta+4\sin\beta_0\cos\theta\cos(\theta-\delta)}$$

$$=\frac{2\times\sin60^\circ\sin(2\times60^\circ)\times(187.0615+34.6410)}{\cos15^\circ+4\times\sin60^\circ\cos60^\circ\cos(60^\circ-15^\circ)}=151.8045(\mathrm{kN})$$

（8）根据公式（10-307）计算挡土墙的临界重力：

$$G_a=P\left(\frac{1}{f}\cos\delta-\sin\delta\right)$$

$$=151.8045\times\left(\frac{1}{0.4}\times\cos15^\circ-\sin15^\circ\right)=327.2898(\mathrm{kN})$$

（9）根据公式（10-249）计算挡土墙的水平变位：

$$u=-\frac{2(1+\mu)P_a\cos\delta}{E}$$

$$=-\frac{2\times151.8045\times(1+0.25)\times\cos15^\circ}{12500}=-0.0293(\mathrm{m})$$

挡土墙的水平变位绝对值与墙高的比值为 $\frac{|u|}{H}=\frac{0.0293}{6.0}=0.00489=0.489\%$

（10）根据公式（10-312）计算角变位：

$$\xi_a=\frac{2(1-\mu^2)}{a_a^2EH}\{G_a(2\tan\alpha-a_a)+P_a[2\cos\delta-(3a_a-2\tan\alpha)\sin\delta]\}$$

$$=\frac{2\times(1-0.25^2)}{0.7905^2\times12500\times6.0}\{327.2898\times(2\times\tan0^\circ-0.7905)$$

$$+151.8045\times[2\times\cos15^\circ-(3\times0.7905-2\times\tan0^\circ)\times\sin15^\circ]\}$$

$$=0.00235(\text{rad})$$

第四节　被动土压力及其相应的位移和变形的计算

一、填土表面倾斜的情况（$\beta\neq0^\circ$）

（一）挡土墙墙面倾斜（$\alpha\neq0^\circ$）

若挡土墙墙底面水平（$\rho=0^\circ$），墙面倾斜，与竖直平面之间的夹角为α；墙背面填土的表面倾斜，与水平面的夹角为β；挡土墙上作用有墙体重力G和土压力P_p，重力G的作用方向为竖直向下，土压力P_p的作用线与墙面法线之间的夹角为δ，作用在法线的下方；在挡土墙的底面作用有水平向反力X和竖直反力Y。挡土墙背面填土的滑动面为AC，滑动土体为ABC，如图10-15所示，滑动面AC与水平面的夹角为θ。

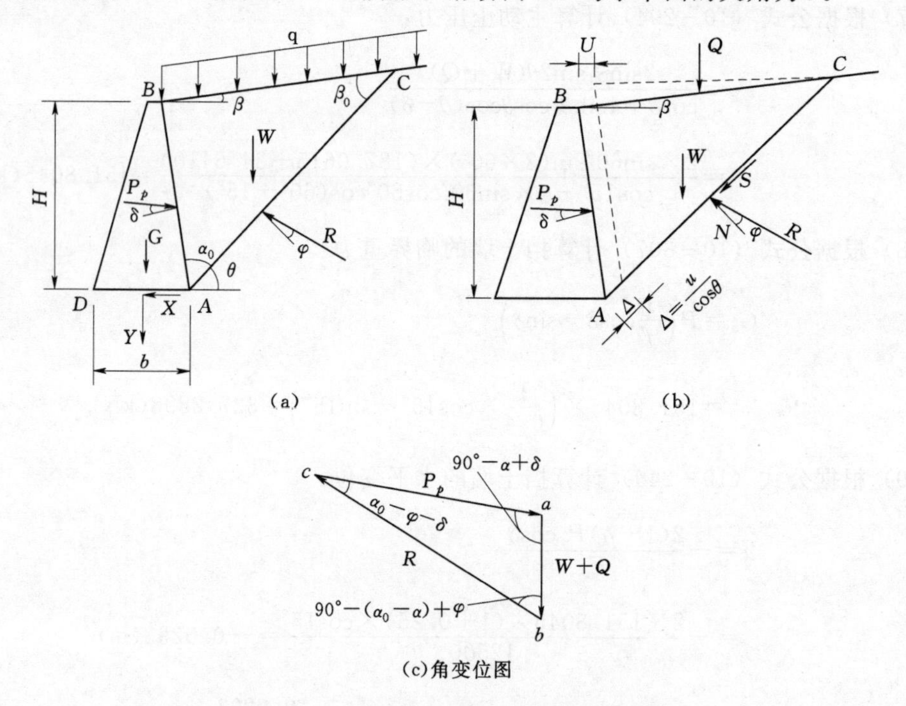

图10-15　填土表面和挡土墙墙面倾斜的情况

当滑动土体处于被动极限平衡状态时，滑动面AC与挡土墙墙面之间的夹角α_0，可按第五章第一节中所述方法计算，即

$$\alpha_0=\frac{\pi}{4}+\frac{\varphi}{2}+\alpha \tag{10-314}$$

式中　α_0——滑动面 AC 与挡土墙墙面之间的夹角，(°)；

φ——填土的内摩擦角，(°)。

根据图 10－15 可知，滑动面 AC 与水平面的夹角 θ 可按下式计算：

$$\theta=\frac{\pi}{4}-\frac{\varphi}{2} \tag{10-315}$$

$$\beta_0=\frac{\pi}{2}-\alpha_0-\beta+\alpha \tag{10-316}$$

式中　α——挡土墙墙面与竖直面之间的夹角，(°)。

此时滑动土体 ABC 上作用有滑动土体 ABC 的重力 W，作用在滑动土体的重心，在填土表面 BC 面上作用有均布荷载 q，其合力为 $Q=q\,\overline{BC}$，作用方向为竖直向下，在 AB 面上作用有土压力 P_p 的反力，作用方向指向土体 ABC，其作用线与 AB 面的法线成夹角 δ，作用在法线的上方，在滑动面 AC 上作用有法向反力 N 和切向反力 S，如图 10－15 所示。

由图 10－15 中滑动土体 ABC 的几何关系可得

$$\overline{AB}=\frac{H}{\cos\alpha} \tag{10-317}$$

$$\overline{BC}=\frac{H\sin\alpha_0}{\cos\alpha\sin\beta_0} \tag{10-318}$$

$$\overline{AC}=\frac{H\cos(\alpha-\beta)}{\cos\alpha\sin\beta_0} \tag{10-319}$$

因此可得

$$W=\frac{1}{2}\gamma H^2\ \frac{\sin\alpha_0\cos(\alpha-\beta)}{\cos^2\alpha\sin\beta_0} \tag{10-320}$$

$$Q=qH\ \frac{\sin\alpha_0}{\cos\alpha\sin\beta_0} \tag{10-321}$$

式中　W——滑动土体 ABC 的重力，kN；

Q——作用在 BC 面上的均布荷载 q 的合力，kN；

γ——填土的容重（重力密度），kN/m^3；

q——作用在填土表面的均布荷载，kPa；

H——挡土墙的高度，m；

α——挡土墙墙面 AB 与竖直面之间的夹角，(°)；

β——填土表面与水平面之间的夹角，(°)；

α_0——滑动面 AC 与挡土墙墙面之间的夹角，(°)；

β_0——滑动面 AC 与填土表面 BC 之间的夹角，(°)。

1. 被动土压力 P_p

当滑动土体 ABC 处于被动极限平衡状态时，作用在滑动土体 BC 面上的荷载 Q，AB 面上的土压力反力 P_p，滑动面 AC 上的反力 R 和滑动土体 ABC 的重力 W 形成一个闭合三角形 abc，如图 10－15（c）所示。

根据图 10-15（c）中的几何关系可得

$$\frac{P_p}{\sin(90°-\alpha_0+\varphi+\alpha)}=\frac{W+Q}{\sin(\alpha_0-\varphi-\delta)} \tag{10-322}$$

由此可得被动土压力为

$$P_p=(W+Q)\frac{\cos(\alpha_0-\varphi-\delta)}{\sin(\alpha_0-\varphi-\delta)} \tag{10-323}$$

将公式（10-320）和公式（10-321）代入公式（10-323），得被动土压力 P_p 的计算公式为

$$\begin{aligned}P_p&=\left[\frac{1}{2}\gamma H^2\frac{\sin\alpha_0\cos(\alpha-\beta)}{\cos^2\alpha\sin\beta_0}+qH\frac{\sin\alpha_0}{\cos\alpha\sin\beta_0}\right]\frac{\cos(\alpha_0-\varphi-\alpha)}{\sin(\alpha_0-\varphi-\delta)}\\&=\frac{1}{2}\gamma H^2\left[1+\frac{2q}{\gamma H}\times\frac{1}{\cos(\alpha-\beta)}\right]\frac{\cos(\alpha-\beta)\sin\alpha_0\cos(\alpha_0-\varphi-\alpha)}{\cos^2\alpha\sin\beta_0\sin(\alpha_0-\varphi-\delta)}\end{aligned} \tag{10-324}$$

令

$$K_p=\frac{\cos(\alpha-\beta)\sin\alpha_0\cos(\alpha_0-\varphi-\alpha)}{\cos^2\alpha\sin\beta_0\sin(\alpha_0-\varphi-\delta)} \tag{10-325}$$

式中　β_0——滑动面 AC 与填土表面 BC 之间的夹角，(°)。

$$\beta_0=\theta-\beta \tag{10-326}$$

则被动土压力的计算公式可以简写为

$$P_p=\frac{1}{2}\gamma H^2\left[1+\frac{2q}{\gamma H}\times\frac{1}{\cos(\alpha-\beta)}\right]K_p \tag{10-327}$$

2. 被动临界位移 u_p

根据滑动土体 ABC 上作用力沿滑动面 AC 的投影之和为零的平衡条件，可得

$$P_p\cos(\theta+\alpha-\delta)-S-(W+Q)\sin\theta=0 \tag{10-328}$$

式中　S——滑动面 AC 上的剪力，kN，即滑动面 AC 上的反力 R 沿 AC 面的分力。

沿 AC 面的反力，S 可按下式计算，即

$$S=u_1X_u=b'A_tu_1 \tag{10-329}$$

$$b'=\overline{AC}=\frac{H\cos(\alpha-\beta)}{\cos\alpha\sin\beta_0} \tag{10-330}$$

$$A_t=\frac{E}{2(1+\mu)t}$$

式中　u_1——沿 AC 面的平均位移，m；

X_u——AC 面中心点处产生单位变位（位移）$u=1$ 时，该点处产生的沿 AC 方向的反力；

b'——AC 面的长度，m；

A_t——切向反力系数；

E——土的变形模量，kPa；

μ——土的泊松比；

t——地基的计算深度，可近似地取 $t=H$（挡土墙的高度），m。

考虑到滑动块体 ABC 上各点处所产生的水平位移是不相同的，所以取其平均位移

$$u_1=\frac{1}{4}\times\frac{u}{\cos\theta} \tag{10-331}$$

将公式（10－330）和公式（10－331）代入公式（10－329），得

$$S=\frac{1}{4}\times\frac{H\cos(\alpha-\beta)}{\cos\alpha\sin\beta_0}A_t\ \frac{u}{\cos\theta} \tag{10-332}$$

将公式（10－332）代入公式（10－328），得

$$P_p\cos(\theta+\alpha-\delta)-\frac{1}{4}\times\frac{H\cos(\alpha-\beta)}{\cos\alpha\sin\beta_0\cos\theta}A_t u-(W+Q)\sin\theta=0$$

由此可得

$$u_p=\frac{4\cos\alpha\sin\beta_0\cos\theta}{HA_t\cos(\alpha-\beta)}[P_p\cos(\theta+\alpha-\delta)-(W+Q)\sin\theta] \tag{10-333}$$

式中　u_p——当填土处于被动极限平衡状态时挡土墙和填土所产生的水平位移（简称为被动临界位移），m。

如将公式（10－320）和公式（10－321）代入公式（10－333），则可得被动临界位移 u_p 的计算公式为

$$\begin{aligned}u_p&=\frac{4\cos\alpha\sin\beta_0\cos\theta}{HA_t\cos(\alpha-\beta)}\left\{P_p\cos(\theta+\alpha-\delta)-\left[\frac{1}{2}\gamma H^2\ \frac{\sin\alpha_0\cos(\alpha-\beta)}{\cos^2\alpha\sin\beta_0}+qH\ \frac{\sin\alpha_0}{\cos^2\alpha\sin\beta_0}\right]\sin\theta\right\}\\&=\frac{4\cos\alpha\sin\beta_0\cos\theta}{HA_t\cos(\alpha-\beta)}\left\{P_p\cos(\theta+\alpha-\delta)-\left[\frac{1}{2}\gamma H^2\cos(\alpha-\beta)+qH\right]\frac{\sin\alpha_0\sin\theta}{\cos^2\alpha\sin\beta_0}\right\}\end{aligned} \tag{10-334}$$

3. 使挡土墙连同墙背填土处于被动极限平衡状态时的推力 P

若有如图 10－16 所示的挡土墙，墙高为 H，底宽为 b，墙体的重力为 G，墙面倾斜，与竖直面的夹角为 α，墙背面的填土高度为 h。

此时如果在挡土墙上作用外力 P，使挡土墙连同墙背面填土一起处于被动极限平衡状态，则填土将对挡土墙产生被动土压力 P_p（图 10－16），被动土压 P_p 可按公式（10－324）计算。

此时作用在挡土墙底面的水平反力为

$$P_1=P\cos\eta-P_p\cos(\alpha-\delta) \tag{10-335}$$

式中　P——作用在挡土墙的外力，kN；

η——外力 P 的作用线与水平线的夹角，(°)。

挡土墙墙底面的反力可表示为

$$P\cos\eta-P_p\cos(\alpha-\delta)=ubA_t$$

$$A_t=\frac{E}{2(1+\mu)b} \tag{10-336}$$

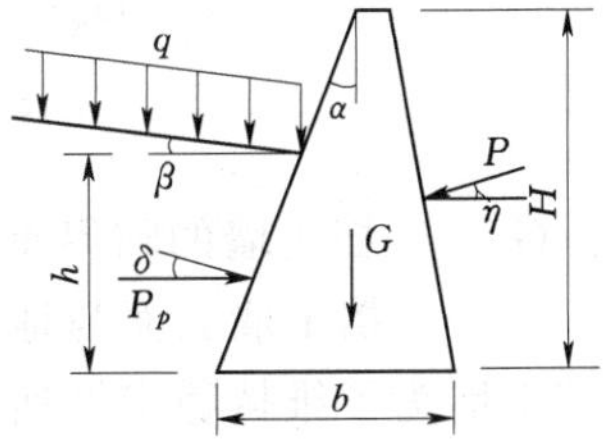

图 10－16　挡土墙在推力 P 作用下处于被动极限平衡状态

式中　u——在被动极限平衡状态下，挡土墙产生的水平变位（位移），m；

b——挡土墙的底宽，m；

A_t——地基的切向反力系数；

E——地基土的变形模量，kPa；

μ——地基土的泊松比。

因此，当挡土墙连同墙背面填土处于被动极限平衡状态时，挡土墙上所需施加的外加力 P 为

$$P=\frac{ubA_t-P_p\cos(\alpha-\beta)}{\cos\eta} \tag{10-337}$$

4. 挡土墙的临界重力 G_0

若有如图 10－17 所示的挡土墙，挡土墙的一侧（图中右侧）的填土高度为 H，另一侧（图中左侧）的填土高度为 h。当右侧填土处于主动极限平衡状态时，作用在挡土墙上的土压力为主动土压力 P_a；当左侧填土处于被动极限平衡状态时，作用在挡土墙上的土压力为被动土压力 P_p。

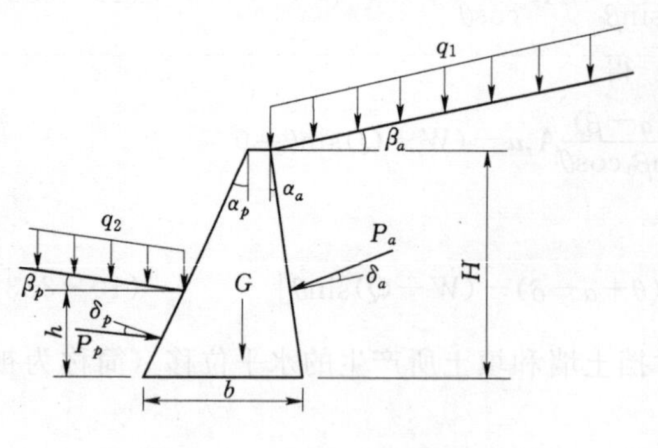

图 10－17　挡土墙计算图

如果挡土墙及其左右两侧填土均处于极限平衡状态，而且作用在挡土墙上的水平压力 $P_a\cos(\alpha_a+\delta_a)>P_p\cos(\alpha_p-\delta_p)$，则此时挡土墙为了维持级限平衡状态，所应承担的水平力为

$$P_1=P_a\cos(\alpha_a+\delta_a)-P_p\cos(\alpha_p-\delta_p) \tag{10-338}$$

式中　P_1——挡土墙承担的水平力，kN；

P_a——作用在挡土墙右侧的主动土压力，kN；

P_p——作用在挡土墙左侧的被动土压力，kN；

α_a——挡土墙右侧墙面与竖直面的夹角，(°)；

α_p——挡土墙左侧墙面与竖直面的夹角，(°)；

δ_a——挡土墙左侧填土与挡土墙墙面的摩擦角，(°)；

δ_p——挡土墙右侧填土与挡土墙墙面的摩擦角，(°)。

此时挡土墙为了维持极限平衡所应具有重力 G_0 为

$$G_0=\frac{1}{f}[P_a\cos(\alpha_a+\delta_a)-P_p\cos(\alpha_p-\delta_p)]-P_a\sin(\alpha_a+\delta_a)-P_p\sin(\alpha_p-\delta_p) \tag{10-339}$$

式中　G_0——挡土墙的临界重力，kN；

f——挡土墙底面与地基的摩擦系数。

挡土墙为了维持稳定性所应具有的重力 G 为

$$G>G_0 \tag{10-340}$$

式中　G——挡土墙为了保证抗滑稳定性所应具有的重力，kN。

【例 10－9】 挡土墙高 $H=6.0$m，墙面倾斜，与竖直面的夹角为 $\alpha=10°$，墙背面填土表面倾斜，与水平面的夹角为 $\beta=10°$，填土的内摩擦角 $\varphi=30°$，容重（重力密度）$\gamma=18.0\text{kN/m}^3$，土与挡土墙墙面的摩擦角 $\delta=15°$，土的泊松系数 $\mu=0.25$，变形模量 $E=12500$kPa，填土表面作用均布荷载 $q=10.0$kPa，当挡土墙向填土方向产生变位并使填土处于被动极限平衡状态时，计算作用在挡土墙上的被动土压力 P_p 和挡土墙的被动临界水平变位 u_p。

解：（1）根据公式（10－314）计算填土的滑动面与挡土墙墙面之间的夹角 α_0 值：

$$\alpha_0=\frac{\pi}{4}+\frac{\varphi}{2}+\alpha=\frac{180°}{4}+\frac{30°}{2}+10°=70°$$

（2）根据公式（10－315）计算填土的滑动面与水平面的夹角 θ 值：

$$\theta=\frac{\pi}{4}-\frac{\varphi}{2}=\frac{180^\circ}{4}-\frac{30^\circ}{2}=30^\circ$$

（3）根据公式（10－316）计算填土的滑动面与填土表面的夹角 β_0 值：

$$\beta_0=\frac{\pi}{2}-\alpha_0-\beta+\alpha=\frac{180^\circ}{2}-70^\circ-10^\circ+10^\circ=20^\circ$$

（4）根据公式（10－325）计算被动土压力系数：

$$K_p=\frac{\cos(\alpha-\beta)\sin\alpha_0\cos(\alpha_0-\varphi-\alpha)}{\cos^2\alpha\sin\beta_0\sin(\alpha_0-\varphi-\delta)}$$

$$=\frac{\cos(10^\circ-10^\circ)\sin70^\circ\cos(70^\circ-30^\circ-10^\circ)}{\cos^2 10^\circ\sin20^\circ\sin(70^\circ-30^\circ-15^\circ)}=5.8052$$

（5）根据公式（10－327）计算被动土压力：

$$P_p=\frac{1}{2}\gamma h^2\left[1+\frac{2q}{\gamma h}\frac{1}{\cos(\alpha-\beta)}\right]K_p$$

$$=\frac{1}{2}\times18\times6.0^2\left[1+\frac{2\times10.0}{18.0\times6.0}\times\frac{1}{\cos(10^\circ-10^\circ)}\right]\times5.8052=2229.1968(\text{kN})$$

（6）根据公式（10－334）计算挡土墙的被动临界变位：

$$u_p=\frac{4\cos\alpha\sin\beta_0\cos\theta}{HA_t\cos(\alpha-\beta)}\left\{P_p\cos(\theta+\alpha-\delta)-\left[\frac{1}{2}\gamma H^2\cos(\alpha-\beta)+qH\right]\frac{\sin\alpha_0\sin\theta}{\cos^2\alpha\sin\beta_0}\right\}$$

$$=\frac{4\times\cos10^\circ\sin20^\circ\cos30^\circ}{6.0\times\frac{12500}{2\times(1+0.25)\times6.0}\times\cos(10^\circ-10^\circ)}\left\{2229.1968\times\cos(30^\circ+10^\circ-15^\circ)\right.$$

$$\left.-\left[\frac{1}{2}\times18.0\times6.0^2\times\cos(10^\circ-10^\circ)+10.0\times6.0\right]\times\frac{\sin70^\circ\sin30^\circ}{\cos^2 10^\circ\sin20^\circ}\right\}$$

$$=0.5409(\text{m})$$

（二）挡土墙墙面竖直（$\alpha=0^\circ$）

当填土表面倾斜（$\beta\neq0^\circ$），挡土墙墙面竖直（$\alpha=0^\circ$）时（图 10－18），作用在挡土墙上的被动土压力 P_p，被动临界位移 U、使挡土墙和墙土处于被动极限平衡状态的推力 P 和挡土墙的临界重力 G 可按下列公式计算。

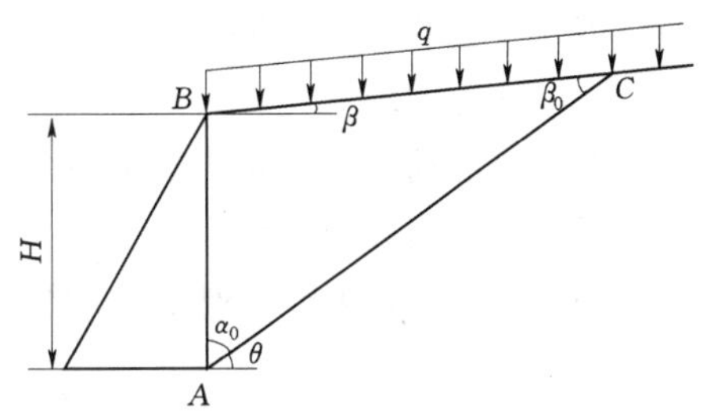

图 10－18　填土表面倾斜和挡土墙墙面竖直的情况

1. 被动土压力 P_p

此时被动土压力 P_p 可按下式计算：

$$P_p=\frac{1}{2}\gamma H^2\left(1+\frac{2q}{\gamma H}\frac{1}{\cos\beta}\right)K_p \qquad (10-341)$$

$$K_p=\frac{\cos\beta\sin\alpha_0\cos(\alpha_0-\varphi)}{\sin\beta_0\sin(\alpha_0-\varphi-\delta)} \qquad (10-342)$$

式中　P_p——被动土压力，kN；

γ——填土的容重（重力密度），kN/m^3；

H——挡土墙的高度（或填土的高度），m；

q——作用在填土表面的均布荷载，kPa；

K_p——被动土压力系数；

β——填土表面与水平面之间的夹角，(°)；

φ——填土的内摩擦角，(°)；

δ——填土与挡土墙墙面的摩擦角，(°)；

α_0——滑动面与挡土墙墙壁面之间的夹角，(°)；

β_0——滑动面与填土表面之间的夹角，(°)。

角度 α_0 和 β_0 按下列公式计算：

$$\alpha_0=\frac{\pi}{4}+\frac{\varphi}{2}+\alpha \tag{10-343}$$

$$\beta_0=\frac{\pi}{2}-\alpha_0-\beta \tag{10-344}$$

$$\theta=\frac{\pi}{4}-\frac{\varphi}{2} \tag{10-345}$$

2. 被动临界变位 u_p

当填土处于被动极限平衡状态时，挡土墙和填土所产生的水平变位（水平位移），即被动临界变位 u 按下列计算：

$$u_p=\frac{4\sin\beta_0\cos\theta}{HA_t\cos\beta}[P_p\cos(\theta-\delta)-(W+Q)\sin\theta] \tag{10-346}$$

$$\theta=\frac{\pi}{2}-\alpha_0 \tag{10-347}$$

$$A_t=\frac{E}{2(1+\mu)H} \tag{10-348}$$

式中　u_p——被动临界变位，m；

H——挡土墙的高度，m；

θ——填土的滑动面与水平面之间的夹角，(°)；

A_t——切向反力系数；

E——土的变形模量，kPa；

μ——土的泊松比；

W——滑动土体的重力，kN；

Q——作用在 BC 面（图 10-15）上的均布荷载的合力，kN。

重力 W 和荷载 Q 按下列公式计算：

$$W=\frac{1}{2}\gamma H^2\frac{\sin\alpha_0\cos\beta}{\sin\beta_0} \tag{10-349}$$

$$Q=qH\frac{\sin\alpha_0}{\sin\beta_0} \tag{10-350}$$

3. 使挡土墙和填土处于被动极限平衡状态时所应在挡土墙上施加的推力 P

推力 P 按下式计算：

$$P=\frac{ubA_t-P_p\cos\delta}{\cos\eta} \tag{10-351}$$

式中　η——推力 P 的作用线与水平线的夹角，(°)；

b——挡土墙的底宽，m。

4. 挡土墙的临界重力 G_0

挡土墙在一侧填土的主动土压力 P_a 和另一侧填土的被动土压力 P_p 作用下（图10-17），处于被动极限平衡状态时，挡土墙的重力（即挡土墙的临界重力 G_0 按下式计算：

$$\begin{aligned}G_0&=\frac{1}{f}[P_a\cos(\alpha_a+\delta_a)-P_p\cos(\alpha_p-\delta_p)]\\&\quad-[P_a\sin(\alpha_a+\delta_a)+P_p\sin(\alpha_p-\delta_p)]\end{aligned} \tag{10-352}$$

式中　G_0——挡土墙的临界重力，kN；

f——挡土墙底面与地基的摩擦系数；

P_a——作用在挡土墙右侧（图10-17）的主动土压力，kN；

P_p——作用在挡土墙左侧（图10-17）的被动土压力，kN；

α_a——挡土墙右侧墙面与竖直面的夹角，(°)；

α_p——挡土墙左侧墙面与竖直面的夹角，(°)；

δ_a——挡土墙右侧填土与挡土墙墙面的摩擦角，(°)；

δ_p——挡土墙左侧填土与挡土墙墙面的摩擦角，(°)。

【例10-10】 挡土墙高 $H=6.0$m，墙面竖直，墙背面填土表面倾斜，与水平面的夹角为 $\beta=10°$，填土的容重（重力密度）$\gamma=18.0\text{kN/m}^3$，内摩擦角 $\varphi=30°$，填土与挡土墙墙面的摩擦角 $\delta=15°$，土的泊松系数 $\mu=0.25$，变形模量 $E=12500$kPa，填土表面作用均布荷载 $q=10.0$kPa，当挡土墙向填土方向产生水平变位并使填土处于被动极限平衡状态时，计算作用在挡土墙上的被动土压力 P_p 和挡土墙的被动临界水平变位 u_p。

解：(1) 根据公式（10-343）计算角度 α_0 值：

$$\alpha_0=\frac{\pi}{4}+\frac{\varphi}{2}+\alpha=\frac{180°}{4}+\frac{30°}{2}+0°=60°$$

(2) 根据公式（10-344）计算角度 β_0 值：

$$\beta_0=\frac{\pi}{2}-\alpha_0-\beta=\frac{180°}{2}-60°-10°=20°$$

(3) 根据公式（10-345）计算角度 θ 值：

$$\theta=\frac{\pi}{4}-\frac{\varphi}{2}=\frac{180°}{4}-\frac{30°}{2}=30°$$

(4) 根据公式（10-349）和公式（10-350）计算重力 W 和荷载 Q 的值：

$$\begin{aligned}W&=\frac{1}{2}\gamma H^2\ \frac{\sin\alpha_0\cos\beta}{\sin\beta_0}\\&=\frac{1}{2}\times18.0\times6.0^2\times\frac{\sin60°\cos10°}{\sin20°}=807.9331(\text{kN})\end{aligned}$$

$$Q=qH\frac{\sin\alpha_0}{\sin\beta_0}=10.0\times6.0\times\frac{\sin60°}{\sin20°}=151.9253(\text{kN})$$

（5）根据公式（10－342）计算被动土压力系数：

$$K_p=\frac{\cos\beta\sin\alpha_0\cos(\alpha_0-\varphi)}{\sin\beta_0\sin(\alpha_0-\varphi-\delta)}$$

$$=\frac{\cos10°\sin60°\cos(60°-30°)}{\sin20°\sin(60°-30°-15°)}=8.3438$$

（6）根据公式（10－341）计算被动土压力：

$$P_p=\frac{1}{2}\gamma H^2\left(1+\frac{2q}{\gamma H}\times\frac{1}{\cos\beta}\right)K_p$$

$$=\frac{1}{2}\times18\times6.0^2\times\left(1+\frac{2\times10.0}{18.0\times6.0}\times\frac{1}{\cos10°}\right)\times8.3438=3211.7422(\text{kN})$$

（7）根据公式（10－346）计算挡土墙的被动临界变位：

$$u_p=\frac{4\sin\beta_0\cos\theta}{HA_t\cos\beta}[P_p\cos(\theta-\delta)-(W+Q)\sin\theta]$$

$$=\frac{4\sin20°\cos30°}{6.0\times\frac{12500}{2\times(1+0.25)\times6.0}\times\cos10°}[3211.7422\times\cos(30°-15°)-(807.9331+151.9253)\sin30°]$$

$$=0.6310(\text{m})$$

挡土墙的被动临界变位与墙高的比值为

$$\frac{u_p}{H}=\frac{0.6310}{6.0}=0.1052=10.52\%$$

二、填土表面水平的情况（$\beta=0°$）

（一）挡土墙墙面倾斜（$\alpha\neq0°$）

当挡土墙墙底面水平（$\rho=0°$），墙面倾斜，与竖直平面之间的夹角为 α；墙背面填土表面水平，其上作用均布荷载 q 时（图 10－19），作用在挡土墙上的被动土压力 P_p 和被动临界位移 u_p 可按下列公式计算。

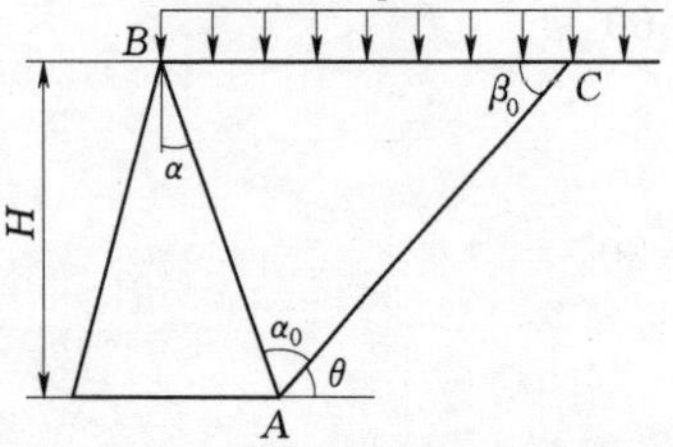

图 10－19　填土表面水平和挡土墙墙面倾斜的情况

1. 被动土压力 P_p

此时被动土压力 P_p 可按下式计算：

$$P_p=\frac{1}{2}\gamma H^2\left(1+\frac{2q}{\gamma H}\frac{1}{\cos\alpha}\right)K_p \tag{10-353}$$

其中

$$K_p=\frac{\sin\alpha_0\cos(\alpha_0-\varphi-\alpha)}{\cos\alpha\sin\beta_0\sin(\alpha_0-\varphi-\delta)} \tag{10-354}$$

$$\alpha_0=\frac{\pi}{4}+\frac{\varphi}{2}+\alpha \tag{10-355}$$

$$\beta_0=\frac{\pi}{2}-\alpha_0+\alpha \tag{10-356}$$

式中　P_p——被动土压力，kN；

γ——填土的容重（重力密度），kN/m³；

H——挡土墙的高度，m；

q——作用在填土表面的均布荷载，kPa；

K_p——被动土压力系数；

α——挡土墙墙面与竖直平面之间的夹角，(°)；

φ——填土的内摩擦角，(°)；

δ——填土与挡土墙墙面的摩擦角，(°)；

α_0——填土的滑动面与挡土墙墙面之间的夹角，(°)；

β_0——填土的滑动面与填土表面之间的夹角，(°)。

角度 θ 按下式计算：

$$\theta=\frac{\pi}{4}-\frac{\varphi}{2} \tag{10-357}$$

2. 被动临界变位 u_p

当填土处于被动极限平衡状态时，挡土墙和填土所产生的水平变位（水平位移）称为被动临界变位 u_p，可按下式计算：

$$u_p=\frac{4\cos\alpha\sin\beta_0\cos\theta}{HA_t}[P_p\cos(\beta_0+\alpha-\delta)-(W+Q)\sin\theta] \tag{10-358}$$

$$W=\frac{1}{2}\gamma H^2\frac{\sin\alpha_0}{\cos\alpha\sin\beta_0} \tag{10-359}$$

$$Q=qH\frac{\sin\alpha_0}{\cos\alpha\sin\beta_0} \tag{10-360}$$

$$A_t=\frac{E}{2(1+\mu)H} \tag{10-361}$$

式中　u_p——被动临界位移，m；

W——挡土墙背面填土中所产生的滑动土体的重力，kN；

Q——作用在滑动土体表面的均布荷载的合力，kN；

E——土的变形模量，kPa；

μ——土的泊松比。

（二）挡土墙墙面竖直（α=0°）（图 10-20）

1. 被动土压力 P_p

此时被动土压力 P_p 按下式计算：

$$P_p=\frac{1}{2}\gamma H^2\left(1+\frac{2q}{\gamma H}\right)K_p \tag{10-362}$$

其中

$$K_p=\frac{\sin\alpha_0\cos(\alpha_0-\varphi)}{\sin\beta_0\sin(\alpha_0-\varphi-\delta)} \tag{10-363}$$

$$\alpha_0=\frac{\pi}{4}+\frac{\varphi}{2} \tag{10-364}$$

$$\beta_0=\frac{\pi}{2}-\alpha_0 \tag{10-365}$$

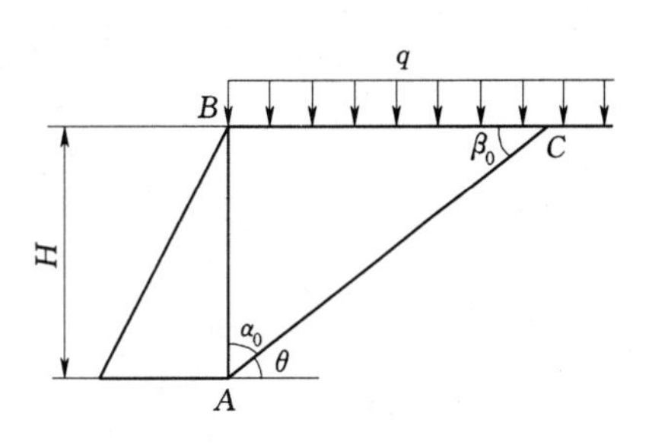

图 10-20　填土表面水平和挡土墙墙面竖直的情况

或
$$\beta_0=\frac{\pi}{4}-\frac{\varphi}{2} \tag{10-366}$$

2. 被动临界位移 u_p

此时被动临界位移 u_p 可按下式计算：

$$u_p=\frac{4\sin\beta_0\cos\theta}{HA_t}\left[P_p\cos(\beta_0-\delta)-\left(\frac{1}{2}\gamma H^2+qH\right)\sin\alpha_0\right] \tag{10-367}$$

其中
$$A_t=\frac{E}{2(1+\mu)H} \tag{10-368}$$

故被动临界位移 u_p 也可以写成下列形式：

$$u_p=\frac{8(1+\mu)\sin\beta_0\cos\theta}{E}\left[P_p\cos(\beta_0-\delta)-\left(\frac{1}{2}\gamma H^2+qH\right)\sin\alpha_0\right] \tag{10-369}$$

【例 10-11】 挡土墙墙高 $H=6.0$m，墙面倾斜，与竖直面的夹角 $\alpha=10°$，填土表面水平，其上作用均布荷载 $q=10.0$kPa，填土的内摩擦角 $\varphi=30°$，容重（重力密度）$\gamma=18.0\text{kN/m}^3$，填土的泊松比 $\mu=0.25$，变形模量 $E=12500$kPa，填土与挡土墙墙面的摩擦角 $\delta=15°$，当挡土墙向填土方向产生水平变位使填土处于被动极限平衡状态时，计算填土作用在挡土墙上的被动土压力 P_p 和挡土墙的被动临界变位 u_p。

解：（1）根据公式（10-355）～公式（10-357）计算角度 α_0、β_0 和 θ 的值：

$$\alpha_0=\frac{\pi}{4}+\frac{\varphi}{2}+\varphi=\frac{180°}{4}+\frac{30°}{2}+10°=70°$$

$$\beta_0=\frac{\pi}{2}-\alpha_0+\alpha=\frac{180°}{2}-70°+10°=30°$$

$$\theta=\frac{\pi}{4}-\frac{\varphi}{2}=\frac{180°}{4}-\frac{30°}{2}=30°$$

（2）根据公式（10-354）计算被动土压力系数：

$$K_p=\frac{\sin\alpha_0\cos(\alpha_0-\varphi-\alpha)}{\cos\alpha\sin\beta_0\sin(\alpha_0-\varphi-\delta)}=\frac{\sin70°\cos(70°-30°-10°)}{\cos10°\sin30°\sin(70°-30°-15°)}=2.8814$$

（3）根据公式（10-353）计算被动土压力：

$$\begin{aligned}P_p&=\frac{1}{2}\gamma H^2\left(1+\frac{2q}{\gamma H}\frac{1}{\cos\alpha}\right)K_p\\&=\frac{1}{2}\times18.0\times6.0^2\times\left(1+\frac{2\times10.0}{18.0\times6.0}\times\frac{1}{\cos10°}\right)\times2.8814\\&=1109.1246(\text{kN})\end{aligned}$$

（4）根据公式（10-359）和公式（10-360）计算 W 和 Q 的值：

$$W=\frac{1}{2}\gamma H^2\frac{\sin\alpha_0}{\cos\alpha\sin\beta_0}=\frac{1}{2}\times18.0\times6.0^2\times\frac{\sin70°}{\cos10°\sin30°}=618.3144(\text{kN})$$

$$Q=qH\frac{\sin\alpha_0}{\cos\alpha\sin\beta_0}=10.0\times6.0\times\frac{\sin70°}{\cos10°\sin30°}=114.5027(\text{kN})$$

（5）根据公式（10-358）计算挡土墙的被动临界变位：

$$u_p=\frac{4\sin\beta_0\cos\beta_0}{HA_t}[P_p\cos(\beta_0+\alpha-\delta)-(W+Q)\sin\beta_0]$$

$$=\frac{4\sin30^\circ\cos30^\circ}{6.0\times\frac{12500}{2\times(1+0.25)\times6.0}}[1109.1246\times\cos(30^\circ+10^\circ-15^\circ)-(618.3144+114.5027)\times\sin30^\circ]$$

$$=0.2213(\text{m})$$

挡土墙的被动临界变位与墙高的比值为

$$\frac{u_p}{H}=\frac{0.2213}{6.0}=0.0369=3.69\%$$

【例 10－12】 挡土墙高 $H=6.0\text{m}$，墙面竖直，填土表面水平，其上作用均布荷载 $q=10.0\text{kPa}$，填土的容重（重力密度）$\gamma=18.0\text{kN/m}^3$，内摩擦角 $\varphi=30^\circ$，填土与挡土墙墙面的摩擦角 $\delta=15^\circ$，填土的泊松系数 $\mu=0.25$，变形模量 $E=12500\text{kPa}$，计算被动土压力 P_p 和挡土墙的被动临界变位 u_p。

解：(1) 根据公式（10－364）和公式（10－365）计算角度 α_0 和 β_0 的值：

$$\alpha_0=\frac{\pi}{4}+\frac{\varphi}{2}=\frac{180^\circ}{4}+\frac{30^\circ}{2}=60^\circ$$

$$\beta_0=\frac{\pi}{2}-\alpha_0=\frac{180^\circ}{2}-60^\circ=30^\circ$$

(2) 根据公式（10－363）计算被动土压力系数：

$$K_p=\frac{\sin\alpha_0\cos(\alpha_0-\varphi)}{\sin\beta_0\sin(\alpha_0-\varphi-\delta)}$$

$$=\frac{\sin60^\circ\cos(60^\circ-30^\circ)}{\sin30^\circ\sin(60^\circ-30^\circ-15^\circ)}=5.7956$$

(3) 根据公式（10－362）计算被动土压力：

$$P_p=\frac{1}{2}\gamma H^2\left(1+\frac{2q}{\gamma H}\right)K_p$$

$$=\frac{1}{2}\times18.0\times6.0^2\times\left(1+\frac{2\times10.0}{18.0\times6.0}\right)\times5.7956=2225.5104(\text{kN})$$

(4) 根据公式（10－369）计算被动临界变位：

$$u_p=\frac{8(1+\mu)\sin\beta_0\cos\beta_0}{E}\left[P_p\cos(\beta_0-\delta)-\left(\frac{1}{2}\gamma H^2+qH\right)\sin\alpha_0\right]$$

$$=\frac{8\times(1+0.25)\sin30^\circ\cos30^\circ}{12500}\times\left[2225.5104\times\cos(30^\circ-15^\circ)-\left(\frac{1}{2}\times18.0\times6.0^2+10.0\times6.0\right)\sin60^\circ\right]$$

$$=0.6295(\text{m})$$

挡土墙的被动临界变位与墙高的比值为

$$\frac{u_p}{H}=\frac{0.6295}{6.0}=0.1049=10.49\%$$

第十一章　静止土压力和弹性阶段土压力的计算

第一节　静止土压力的计算

一、作用在竖直墙面上的静止土压力

（一）填土表面水平

对于修建在岩石地基或坚硬土质地基上的刚性挡土墙，或者修建在地下的刚度较大的结构物、墙体或挡土结构，在压力作用下产生的位移或变形很小，可以忽略，而视为不产生位移和变形，此时作用在挡土墙和挡土结构上的土压力，可以按静止土压力计算。

若挡土墙墙面竖直，而且光滑，墙背面填土面水平，当墙体静止不动，墙背面填土处于弹性平衡状态时，填土表面以下 z 深度处一点（图 11－1）处的竖直向的土压力 p_z 等于该点处土的自重压力（即土柱的重力），即

$$p_z = \gamma z \tag{11-1}$$

式中　p_z——填土表面以下 z 深度处的竖直土压力强度，kPa；

z——填土面以下计算点的深度，m；

γ——填土的容重（重力密度），kN/m³。

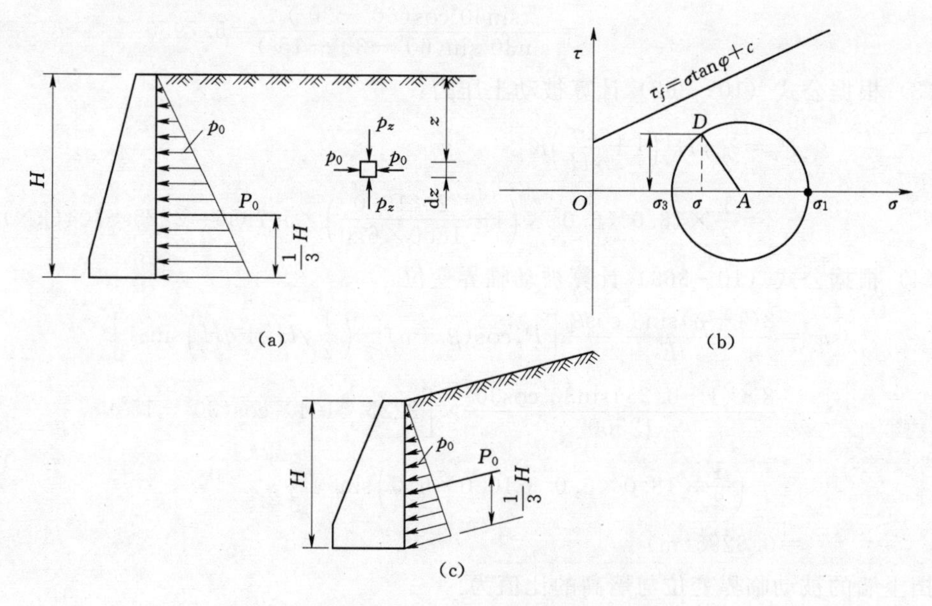

图 11－1　墙面竖直、填土面水平时的静止土压力

该点处的静止土压力（侧向土压力）p_0 与竖向土压力 p_z 成正比，即

$$p_0=K_0p_z=K_0\gamma z \tag{11-2}$$

式中　p_0——填土面以下 z 深度处的静止土压力强度，kPa；

K_0——比例系数，即侧向土压力与竖向土压力的比值，称为静止土压力系数。

由于沿挡土墙高度上各点处侧向土压力与竖向土压力成比例关系，而竖向土压力又与计算点的深度 z 成比例关系，故静止土压力沿深度方向的分布是线性分布，即土压力的分布图形为一个三角形，在填土表面处为零，向下逐渐增大。当墙面竖直而光滑时，静止土压力的作用方向与墙面法线方向一致，如图 11－1 所示。

此时作用在单位长度挡土墙上的总静止土压力为

$$P_0=\int_0^H p_0\mathrm{d}z=\int_0^H K_0\gamma_z\mathrm{d}z=\frac{1}{2}K_0\gamma H^2 \tag{11-3}$$

式中　H——当填土与挡土墙顶齐平时为挡土墙的高度，m。

由于静止土压力沿墙高的分布图形为三角形，故总静止土压力 P_0 的作用点距墙踵高程处的高度为

$$y_0=\frac{1}{3}H \tag{11-4}$$

当填土表面作用均布荷载为 q 时，填土表面以下 z 深度处的竖直土压力为

$$p_z=\gamma z+q \tag{11-5}$$

故此时作用在挡土墙上的侧向静止土压力强度为

$$p_0=K_0(\gamma z+q) \tag{11-6}$$

作用在单位墙长上的总静止土压力为

$$P_0=\frac{1}{2}K_0\gamma H^2+K_0qH \tag{11-7}$$

即此时的总静止土压力 P_0 由两部分组成，第一部分是由填土自重所产生的，它沿墙高的压力分布图形为三角形；第二部分是由填土面上的均布荷载 q 所产生，它沿墙高是均匀分布的，因此当填土表面作用均布荷载 q 时，总静止土压力 P_0 的作用点距墙踵高程的高度按下式计算：

$$y_0=\frac{\frac{1}{2}K_0\gamma H^2\ \frac{1}{3}H+K_0qH\ \frac{1}{2}H}{\frac{1}{2}K_0\gamma H^2+K_0qH}=\frac{\frac{1}{3}\gamma H^2+qH}{\gamma H+2q} \tag{11-8}$$

（二）填土表面倾斜

1. 填土表面无荷载作用

当挡土墙墙面竖直，墙背面填土面倾斜，填土表面无荷载作用，且墙体静止不动时，（图 11－2），通常假定填土中大主应力的作用方向与填土表面的法线方向一致，小主应力作用方向则与填土表面平行。

此时如若从填土表面以下深度 z 处平行填土表面取出一个高度为 dz 的微分土体，如图 11－2 所示，微分土体的顶面和底面分别作用正应力 p_z'，微分土体的两侧面，在平行填土表面方向，则作用侧向应力 p_0，由公式（11－2）可知，土的侧压力系数为

$$K_0=\frac{p_0}{p_z'} \tag{11-9}$$

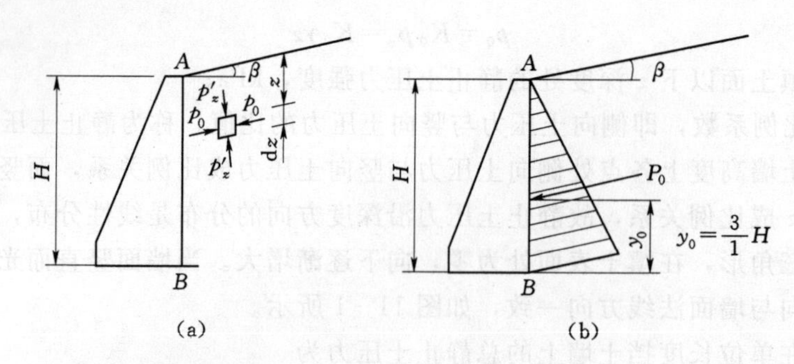

图 11-2　挡土墙墙面竖直、填土表面倾斜时的静止土压力计算图

式中　K_0——土的静止侧压力系数；

p_0——填土表面以下深度 z 处的静止土压力强度，kPa；

p_z'——填土表面以下深度 z 处沿填土表面法线方向的应力，kPa。

填土表面以下深度 z 处的竖直土压力强度为

$$p_z=\gamma z \tag{11-10}$$

式中　p_z——填土表面以下深度 z 处的竖直土压力强度，kPa；

γ——填土的容重（重力密度），kN/m^3；

z——计算点距填土表面以下的深度，m。

由于微分土体的顶面与填土表面平行，即与水平面的夹角为 β，故应力 p_z'与应力 p_z 的作用线之间的夹角为 β。所以

$$p_z'=p_z\cos\beta \tag{11-11}$$

将公式（11-10）代入上式，则得

$$p_z'=\gamma z\cos\beta \tag{11-12}$$

将公式（11-12）代入公式（11-9），则得当填土表面倾斜，与水平面的夹角为 β 时，填土表面以下深度 z 处一点上的静止土压力强度为

$$p_0=K_0\gamma z\cos\beta \tag{11-13}$$

静止土压力强度 p_0 的作用线与填土表面平行，即与水平线的夹角为 β。

由公式（11-13）可知，静止土压力在填土表面以下沿深度为线性变化，因此静止土压力沿挡土墙高度的分布为一个三角形，如图 11-2（b）所示。

所以作用在挡土墙上的总静止土压力为

$$P_0=\int_0^H p_0\,\mathrm{d}z$$

将公式（11-13）代入上式得

$$P_0=\int_0^H K_0\gamma z\cos\beta\,\mathrm{d}z=\frac{1}{2}\gamma K_0\cos\beta H^2 \tag{11-14}$$

式中　H——挡土墙的高度，m；

P_0——作用在挡土墙上的总静止土压力，kN。

总静止土压力 P_0 的作用线的方向与填土表面平行，即与水平线的夹角为 β，作用点距挡土墙墙踵的高度为

$$y_0=\frac{1}{3}H \tag{11-15}$$

式中　y_0——静止土压力 p_0 的作用点距挡土墙墙踵的高度，m。

2. 填土表面作用均布荷载 q

当挡土墙墙面竖直，填土表面倾斜，与水平面的夹角为 β [图 11-3 (a)]，而且填土表面作用均布荷载 q 时，填土表面以下任意点处，填土表面法线方向的应力仍然按公式 (11-10) 计算：

$$p'_z=p_z\cos\beta \tag{11-16}$$

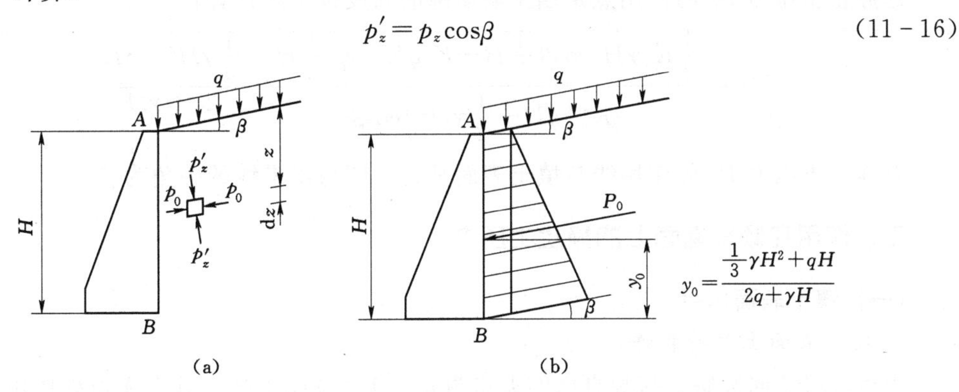

图 11-3　挡土墙墙面竖直、填土表面倾斜、其上作用均布荷载 q 时静止土压力计算图

此时该计算点处的竖直土压力强度为

$$p_z=q+\gamma z \tag{11-17}$$

式中　p_z——填土表面以下深度 z 处的竖直土压力强度，kPa；

q——作用在填土表面的均布荷载，kPa；

γ——填土的容重（重力密度），kPa；

z——计算点距填土表面以下的深度，m。

将公式 (11-17) 代入公式 (11-16) 得

$$p'_z=(q+\gamma z)\cos\beta \tag{11-18}$$

再将公式 (11-18) 代入公式 (11-9)，则得计算点处的静止土压力强度为

$$p_0=K_0(q+\gamma z)\cos\beta \tag{11-19}$$

由公式 (11-19) 可知，此时静止土压力强度 p_0 由两部分组成：一部分由填土表面均布荷载 q 产生，它沿填土表面以深度为均匀分布；另一部分则是由填土自重（重力）产生，它沿填土表面以下深为线性分布（即三角形分布）。

此时作用在挡土墙上的总静止土压力为

$$P_0=\int_0^H p_0\,\mathrm{d}z$$

将公式 (11-19) 代入上式得

$$P_0=\int_0^H K_0(q+\gamma z)\cos\beta\,\mathrm{d}z=K_0\left(qH+\frac{1}{2}\gamma H^2\right)\cos\beta \tag{11-20}$$

式中　P_0——作用在挡土墙上的总静止土压力，kN；

K_0——静止土压力系数；

q——作用在填土表面上的均布荷载，kPa；

γ——填土的容重（重力密度），kN/m^3；

H——挡土墙的高度，m；

β——填土表面与水平面的夹角，(°)。

总静止土压力 P_0 的作用点距挡土墙墙踵的高度按下式计算：

$$y_0=\frac{\frac{1}{2}K_0\gamma H^2\cos\beta\frac{1}{3}H+K_0qH\cos\beta\frac{1}{2}H}{\eta K_0\left(qH+\frac{1}{2}\gamma H^2\right)\cos\beta}=\frac{\frac{1}{3}\gamma H^2+qH}{2q+\gamma H} \tag{11-21}$$

总静止土压力 P_0 的作用线与填土表面平行，即与水平线的夹角为 β。

二、作用在倾斜墙面上的静止土压力

（一）填土表面水平

1. 填土表面上无荷载作用

当挡土墙墙面倾斜，与竖直面的夹角为 α，填土表面水平，其上无荷载作用［图 11-4 (a)］，且墙体静止不动时，作用在挡土墙上的静止土压力强度 p_0 可按图 11-4 (b) 所示的应力图来进行计算。

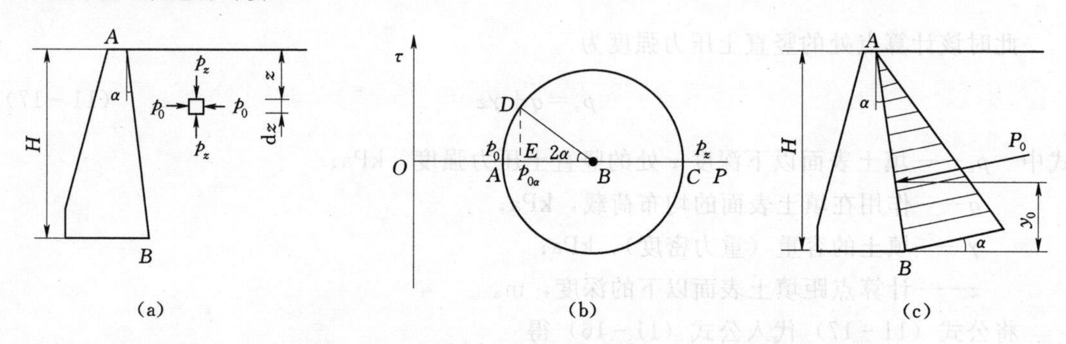

图 11-4　挡土墙墙面倾斜、填土表面水平时静止土压力的计算图

图 11-4 (b) 所示为一个圆，$\overline{AC}$为该圆的水平直径线，B 点为其圆心。现在以 A 点表示挡土墙墙面竖直时作用在填土表面以下深度 z 处墙面上的静止土压力 p_0，C 点表示填土表面以下深度 z 处的竖直应力 p_z，即

$$p_0=K_0\gamma z \tag{11-22}$$

$$p_z=\gamma z \tag{11-23}$$

若从圆心 B 点作直线 BD 与圆弧相交于 D 点，并与 AC 线的夹角等于挡土墙墙面与竖直线的夹角的两倍，即 2α。从 D 点向下作竖直线 DE 与水平半径线 AC 相交于 E 点，则 E 点即代表挡土墙墙面倾斜时作用在填土表面以下深度 z 处墙面上的静止土压力强度 $p_{0\alpha}$。

由图 11-4 (b) 可知，直径 AC 的长度为

$$\overline{AC}=p_z-p_0 \tag{11-24}$$

BD 为半径线，故

$$\overline{BD}=\frac{1}{2}\overline{AC}=\frac{1}{2}(p_z-p_0) \tag{11-25}$$

$\overline{AE}=\overline{AB}-\overline{EB}=\overline{BD}-\overline{EB}$，由图 11-4（b）中可知：

$$\overline{EB}=\overline{BD}\cos2\alpha$$

$$\begin{aligned}\overline{AE}&=\overline{AB}-\overline{EB}\\&=\overline{BD}-\overline{BD}\cos2\alpha\\&=\overline{BD}(1-\cos2\alpha)\end{aligned} \tag{11-26}$$

当挡土墙墙面倾斜，与竖直面的夹角为 α 时，作用在填土表面以下深度 z 处墙面上的静止土压力强度为

$$p_{0\alpha}=p_0+\overline{AE}$$

将公式（11-26）代入上式得

$$p_{0\alpha}=p_0+\overline{BD}(1-\cos2\alpha)$$

再将公式（11-25）代入上式得

$$\begin{aligned}p_{0\alpha}&=p_0+\frac{1}{2}(p_z-p_0)(1-\cos2\alpha)\\&=\frac{1}{2}[(p_z+p_0)-(p_z-p_0)\cos2\alpha]\end{aligned} \tag{11-27}$$

将公式（11-22）和公式（11-23）代入公式（11-27），则得挡土墙墙面倾斜，与竖直面的夹角为 α 时，作用在填土表面以下深度为 z 处墙面上的静止土压力强度为

$$\begin{aligned}p_{0\alpha}&=\frac{1}{2}[(\gamma z+K_0\gamma z)-(\gamma z-K_0\gamma z)\cos2\alpha]\\&=\frac{1}{2}\gamma z[(1+K_0)-(1-K_0)\cos2\alpha]\end{aligned} \tag{11-28}$$

式中　$p_{0\alpha}$——挡土墙墙面倾斜，与竖直面的夹角为 α 时作用在填土表面以下深度 z 处墙面上的静止土压力强度，kPa；

γ——填土的容重（重力密度），kN/m^3；

z——土压强计算点距填土表面以下的深度，m；

K_0——静止土压力系数；

α——挡土墙墙面与竖直面之间的夹角，(°)。

静止土压力强度 $p_{0\alpha}$ 的作用线的方向与墙面法线方向一致。

此时，作用在挡土墙上的总静止土压力为

$$P_{0\alpha}=\int_0^H p_{0\alpha}\mathrm{d}z$$

将公式（11-28）代入上式得

$$\begin{aligned}P_{0\alpha}&=\int_0^H\frac{1}{2}\gamma[(1+K_0)-(1-K_0)\cos2\alpha]z\mathrm{d}z\\&=\frac{1}{4}\gamma H^2[(1+K_0)-(1-K_0)\cos2\alpha]\end{aligned} \tag{11-29}$$

总静止土压力 P_0 的作用方向与挡土墙墙面法线方向一致，总静止土压力 P_0 的作用点距挡土墙墙踵的高度：

$$y_0=\frac{1}{3}H \tag{11-30}$$

2. 填土表面作用均布荷载 q

当挡土墙墙面倾斜，与竖直面的夹角为 α，填土表面水平，其上作用均布荷载 q 时，作用在填土表面以下深度 z 处的静止土压力强度 $p_{0\alpha}$ 仍可按公式（11-27）计算，但此时式中的 p_z 和 p_0 应分别按下列公式计算：

$$p_z=q+\gamma z \tag{11-31}$$

$$p_0=K_0(q+\gamma z) \tag{11-32}$$

将公式（11-31）和公式（11-32）代入公式（11-27），得

$$\begin{aligned}p_{0\alpha}&=\frac{1}{2}\{(q+\gamma z)+K_0(q+\gamma z)-[(q+\gamma z)-K_0(q+\gamma z)]\cos 2\alpha\}\\&=\frac{1}{2}(q+\gamma z)[(1+K_0)-(1-K_0)\cos 2\alpha]\end{aligned} \tag{11-33}$$

静止土压力强度 $p_{0\alpha}$ 的作用线与挡土墙墙面法线一致。

此时作用在挡土墙上的总静止土压力为

$$P_{0\alpha}=\int_0^H p_{0\alpha}\mathrm{d}z$$

将公式（11-33）代入上式，则得

$$\begin{aligned}P_{0\alpha}&=\int_0^H \frac{1}{2}(q+\gamma z)[(1+K_0)-(1-K_0)\cos 2\alpha]\mathrm{d}z\\&=\frac{1}{2}\left(q+\frac{1}{2}\gamma H^2\right)[(1+K_0)-(1-K_0)\cos 2\alpha]\end{aligned} \tag{11-34}$$

总静止土压力 $P_{0\alpha}$ 的作用线与挡土墙墙面法线一致，作用点的位置距墙踵的高度为

$$y_0=\frac{\frac{1}{3}\gamma H^2+qH}{\gamma H+2q} \tag{11-35}$$

（二）填土表面倾斜

1. 填土表面无荷载作用

当挡土墙墙面倾斜，与竖直面的夹角为 α，填土表面倾斜，与水平面的夹角为 β，其上无荷载作用［图 11-5（a）］，且墙体静止不动时，作用在挡土墙上的静止土压力强度 $p_{0\beta}$ 与挡土墙墙面竖直。填土表面倾斜时作用在挡土墙上的静止土压力 $p_{0\beta}$ 和填土竖直应力的分力 p'_z 的关系，可用图 11-5（b）表示。

图 11-5（b）中的水平轴表示正应力 P，竖直轴表示剪应力 τ，A 和 C 两点为应力圆水平轴上的两个端点，B 点为圆心。此时 A' 点的正应力为 $p_{0\beta}$，C 点的正应力为 p'_z，而 p'_z 为填土表面以下深度 z 处沿填土表面法线方向的应力；$p_{0\beta}$ 为挡土墙墙面竖直的情况下，填土表面以下深度 z 处的静止土压力强度。因此由公式（11-12）和公式（11-13）可知：

$$p'_z=\gamma z\cos\beta \tag{11-36}$$

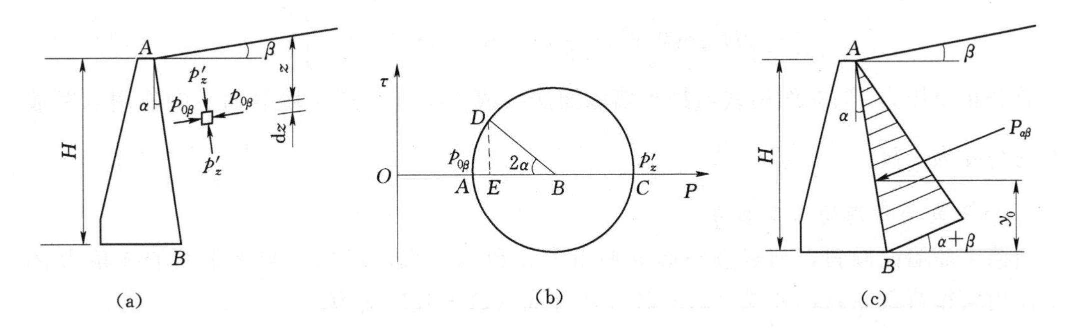

图 11-5 挡土墙墙面倾斜和填土表面倾斜时静止土压力计算图

$$p_{0\beta}=K_0\gamma z\cos\beta \tag{11-37}$$

式中 p'_z——填土表面以下深度 z 处沿填土表面法线方向的应力，kPa；

$p_{0\beta}$——在挡土墙面竖直的情况下，填土表面以下深度 z 处的静止土压力强度，kPa；

γ——填土的容重（重力密度），kN/m^3；

z——计算点距填土表面以下的深度，m；

β——填土表面与水平面的夹角，(°)。

在图 11-5（b）中，从 B 点作直线 BD 与 BD 线成 2α 角，并与圆弧相交于 D 点，再从 D 向下作竖直线 DE，与水平轴相交于 E 点，则 E 点的应力 $p_{0\beta}$ 即为挡土墙墙面和填土表面均为倾斜面时，填土表面以下深度 z 处作用在挡土墙墙面上的静止土压力强度。

由图 11-5（b）中的几何关系可知：

$$p_{\alpha\beta}=p_{0\beta}+\overline{AE} \tag{11-38}$$

而

$$\overline{AE}=\overline{AB}-\overline{BD}\cos2\alpha$$

其中

$$\overline{AB}=\overline{BD}=\frac{1}{2}(p'_z-p_{0\beta})$$

故

$$\overline{AE}=\overline{AB}(1-\cos2\alpha)=\frac{1}{2}(p'_z-p_{0\beta})(1-\cos2\alpha) \tag{11-39}$$

将公式（11-39）代入公式（11-38），则得

$$p_{\alpha\beta}=p_{0\beta}+\frac{1}{2}(p'_z-p_{0\beta})(1-\cos2\alpha)$$

将公式（11-36）和公式（11-37）代入上式，最后得静止土压力强度为

$$\begin{aligned}p_{\alpha\beta}&=K_{0A}\gamma z\cos\beta+\frac{1}{2}(\gamma z\cos\beta-K_{0A}\gamma z\cos\beta)(1-\cos2\alpha)\\&=\gamma z\cos\beta\left[K_0+\frac{1}{2}(1-K_0)(1-\cos2\alpha)\right]\end{aligned} \tag{11-40}$$

静止土压力 $p_{\alpha\beta}$ 的作用线与挡土墙墙面法线的夹角为 β。

此时作用在挡土墙全部高度上的总静止土压力为

$$P_{\alpha\beta}=\int_0^H p_{\alpha\beta}\mathrm{d}z$$

将公式（11-40）代入上式得

$$P_{\alpha\beta}=\int_0^H \gamma z\cos\beta\left[K_0+\frac{1}{2}(1-K_0)(1-\cos2\alpha)\right]\mathrm{d}z$$

$$=\frac{1}{2}\gamma H^2\cos\beta\left[K_0+\frac{1}{2}(1-K_0)(1-\cos2\alpha)\right] \tag{11-41}$$

总静止土压力 $P_{\alpha\beta}$ 的作用线与挡土墙墙面法线成 β 角，在挡土墙墙面上的作用点距墙踵点的高度为 $\frac{1}{3}H$。

2. 填土表面作用均布荷载 q

当挡土墙墙面倾斜，与竖直平面的夹角为 α 和填土表面倾斜，与水平面的夹角为 β，其上作用均布荷载 q 时，公式（11-36）和公式（11-37）变为

$$p_z'=(q+\gamma z)\cos\beta \tag{11-42}$$

$$p_{0\alpha}=K_0(q+\gamma z)\cos\beta \tag{11-43}$$

此时静止压力强度 $p_{\alpha\beta}$ 变为

$$p_{\alpha\beta}=(q+\gamma z)\cos\beta\left[K_0+\frac{1}{2}(1-K_0)(1-\cos2\alpha)\right] \tag{11-44}$$

式中　$p_{\alpha\beta}$——挡土墙墙面倾斜和填土表面倾斜，同时填土表面上作用均布荷载 q 时，作用在填土表面以下深度 z 处挡土墙墙面上的静止土压力强度，kPa；

q——作用在填土表面上的静止土压力强度，kPa；

γ——填土的容重（重力密度），kN/m^3；

z——土压强计算点距填土表面以下的深度，m；

K_0——静止土压力系数；

α——挡土墙墙面与竖直面之间的夹角，(°)；

β——填土表面与水平面的夹角，(°)。

静止土压力强度 $p_{\alpha\beta}$ 的作用线与挡土墙墙面法线成 β 角，作用在法线的上方。

此时作用在挡土墙全部高度上的总静止土压力为

$$P_{\alpha\beta}=\left(qH+\frac{1}{2}\gamma H^2\right)\cos\beta\left[K_0+\frac{1}{2}(1-K_0)\cos2\alpha\right] \tag{11-45}$$

式中　$P_{\alpha\beta}$——挡土墙墙面倾斜和填土表面倾斜，同时填土表面上作用均布荷载 q 时，作用在挡土墙墙面全部高度上的总静止土压力，kPa；

H——挡土墙的高度，m。

总静止土压力 $P_{\alpha\beta}$ 的作用线与挡土墙墙面法线成 β 角，作用在法线的上方。

总静止土压力 $P_{\alpha\beta}$ 在挡土墙墙面上的作用点距墙踵的高度为

$$y_0=\frac{qH+\frac{1}{3}\gamma H^2}{2q+\gamma H} \tag{11-46}$$

式中　y_0——总静止土压力 $P_{\alpha\beta}$ 在挡土墙墙面上的作用点距墙踵的高度，m。

三、作用在挡土墙墙面任意方向上的静止土压力

（一）挡土墙墙面竖直

1. 填土表面水平

对于挡土墙墙面竖直，填土表面水平，其上作用均布荷载 q 的情况［图 11-6（a）］，

填土表面以下深度 z 处，与墙面法线（即水平线）夹角为 ρ 的方向上的静止土压力强度 $p_{0\rho}$ 可按图 11-6（b）中所示的应力圆求得。

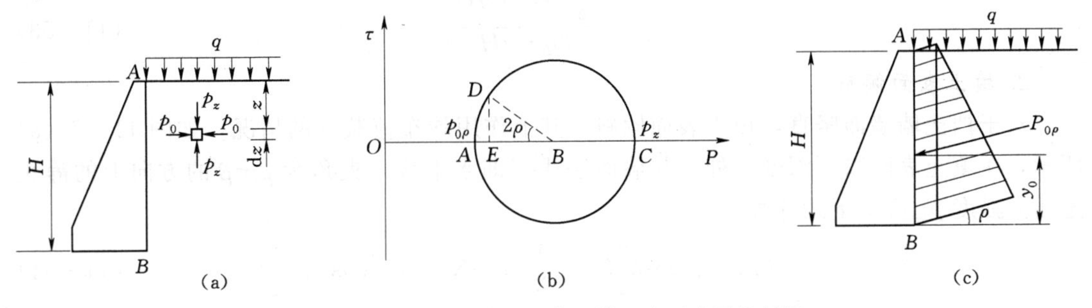

图 11-6　挡土墙墙面竖直和填土表面水平的情况

在图 11-6（b）中，水平坐标表示正应力，竖直坐标表示剪应力，此时 A 点处的正应力为

$$p_0 = K_0(\gamma z + q) \tag{11-47}$$

C 点处的正应力为

$$p_z = (\gamma z + q) \tag{11-48}$$

而 E 点应力表示与挡土墙墙面法线夹角为 ρ 的方向上的静止土压力强度 $p_{0\rho}$。

由图 11-6（b）中的几何关系可知：

$$p_{0\rho} = p_0 + \overline{AE} \tag{11-49}$$

而

$$\overline{AE} = \overline{AB} - \overline{BD}\cos 2\rho$$

其中

$$\overline{AB} = \overline{BD} = \frac{1}{2}(p_z - p_0) = \frac{1}{2}(\gamma z + q)(1 - K_0)$$

故

$$\overline{AE} = \overline{AB}(1 - \cos 2\rho) = \frac{1}{2}(\gamma z + q)(1 - K_0)(1 - \cos 2\rho) \tag{11-50}$$

将公式（11-47）和公式（11-50）代入公式（11-49），则得与挡土墙墙面法线（水平线）夹角为 ρ 的方向上的静止土压力强度为

$$p_{0\rho} = (\gamma z + q)\left[K_0 + \frac{1}{2}(1 - K_0)(1 - \cos 2\rho)\right] \tag{11-51}$$

式中　$p_{0\rho}$——挡土墙墙面竖直、填土表面水平时与挡土墙墙面法线的夹角为 ρ 的方向上的静止土压力强度，kPa；

γ——填土的容重（重力密度），kN/m^3；

q——作用在填土表面的均布荷载，kPa；

z——计算点在填土表面以下的深度，m；

K_0——静止土压力系数；

ρ——静止土压力作用线与挡土墙墙面法线（即水平线）的夹角，(°)。

此时作用在挡土墙上的总静止土压力为

$$P_{0\rho} = \left(qH + \frac{1}{2}\gamma H^2\right)\left[K_0 + \frac{1}{2}(1 - K_0)(1 - \cos 2\rho)\right] \tag{11-52}$$

总静止土压力 $P_{0\rho}$ 的作用线与挡土墙墙面法线（即水平线）的夹角为 ρ，如图 11-6

(c) 所示，此压力在挡土墙上的作用点距墙踵的高度为

$$y_0=\frac{\frac{1}{3}\gamma H^2+qH}{2q+\gamma H} \tag{11-53}$$

2. 填土表面倾斜

对于挡土墙墙面竖直，填土表面倾斜，其上作用均布荷载 q 的情况，如图 11-7 (a) 所示，在填土表面以下深度 z 处，与墙面法线（即水平线）夹角为 $\rho+\beta$ 的方向上的静止土压力强度 $p_{0\rho}$ 可按下式计算：

$$p_{0\rho}=(\gamma z+q)\cos\beta\left[K_0+\frac{1}{2}(1-K_0)(1-\cos2\rho')\right] \tag{11-54}$$

式中　$p_{0\rho}$——挡土墙墙面竖直，填土表面倾斜时，在填土表面以下深度 z 处，与墙面法线夹角为 $\rho'+\beta$ 的方向上的静止土压力强度，kPa；

ρ'——静止土压力 $p_{0\rho}$ 与填土表面线的夹角，(°)。

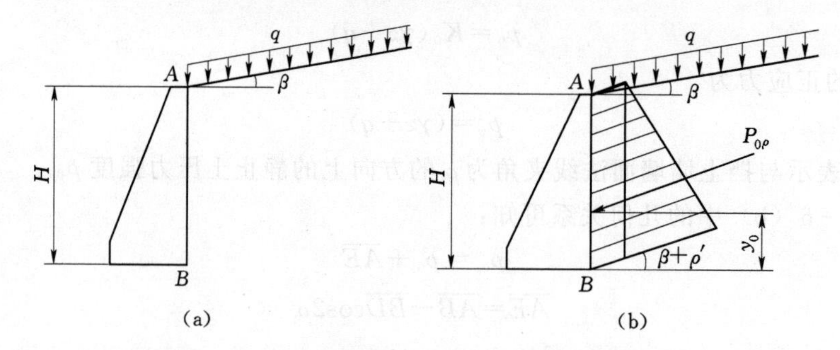

图 11-7　挡土墙墙面竖直和填土表面倾斜的情况

静止土压力 $P_{0\rho}$ 的作用线与挡土墙墙面法线的夹角为 $\rho'+\beta$。

此时作用在挡土墙上的总静止土压力为

$$P_{0\rho}=\left(qH+\frac{1}{2}\gamma H^2\right)\cos\beta\left[K_0+\frac{1}{2}(1-K_0)(1-\cos2\rho')\right] \tag{11-55}$$

式中　$P_{0\rho}$——挡土墙墙面竖直，填土表面倾斜时，作用在挡土墙全部高度上的总静止土压力强度，kN。

总静止土压力 $P_{0\rho}$ 的作用线与挡土墙墙面法线（即水平线）的夹角为 $\rho'+\beta$，如图11-7 (b) 所示，总静止土压力在挡土墙上的作用点距墙踵的高度为

$$y_0=\frac{\frac{1}{3}\gamma H^2+qH}{2q+\gamma H} \tag{11-56}$$

(二) 挡土墙墙面倾斜

1. 填土表面水平

对于挡土墙墙面倾斜，填土表面水平，其上作用均布荷载 q 的情况（图 11-8），在填上表面以下深度 z 处，与水平线夹角为 ρ 的方向上的静止土压力强度 $p_{0\rho}$ 可按下式计算：

$$p_{0\rho}=(\gamma z+q)\left[K_0+\frac{1}{2}(1-K_0)(1-\cos2\rho)\right] \tag{11-57}$$

式中　$p_{0\rho}$——挡土墙墙面倾斜，填土表面水平时，在填土表面以下深度 z 处，与水平线夹角为 ρ 的方向上的静止土压力强度，kPa；

γ——填土的容重（重力密度），kN/m^3；

q——作用在填土表面的均布荷载，kPa；

z——计算点距填土表面以下的深度，m；

K_0——静止土压力系数；

ρ——静止土压力 $P_{0\rho}$ 的作用线与水平线的夹角，(°)。

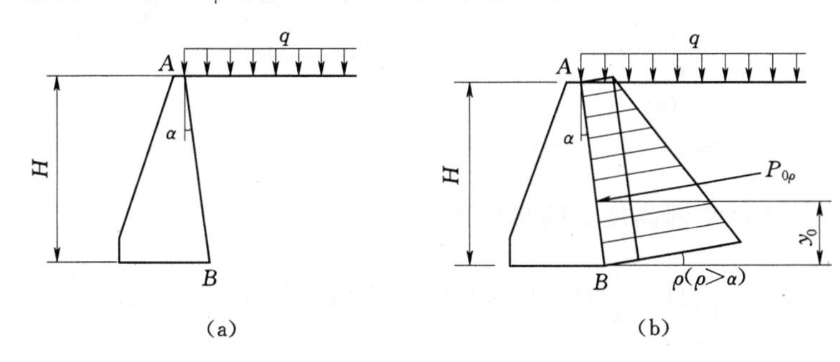

图 11－8　挡土墙墙面倾斜和填土表面水平的情况

此时作用在挡土墙全部高度上的总静止土压力为

$$P_{0\rho}=\left(qH+\frac{1}{2}\gamma H^2\right)\left[K_0+\frac{1}{2}(1-K_0)(1-\cos 2\rho)\right] \tag{11-58}$$

式中　$P_{0\rho}$——挡土墙墙面倾斜，填土表面水平时作用在挡土墙全部高度上的总静止土压力，kN；

ρ——静止土压力作用线与水平的夹角，(°)。

总静止土压力 $P_{0\rho}$ 的作用线与水平线的夹角为 ρ，如图 11－8（b）所示，它在挡土墙面上的作用点距墙踵的高度为

$$y_0=\frac{\frac{1}{3}\gamma H^2+qH}{2q+\gamma H} \tag{11-59}$$

2. 填土表面倾斜

对于挡土墙墙面倾斜，填土表面倾斜，其上作用均布荷载 q 的情况（图 11－9），在填土表面以下深度 z 处，与填土表面线的平行线的夹角为 ρ' 方向上的静止土压力强度 $p_{0\rho}$ 可按下式计算：

$$p_{0\rho}=(\gamma z+q)\cos\beta\left[K_0+\frac{1}{2}(1-K_0)(1-\cos 2\rho')\right] \tag{11-60}$$

式中　$p_{0\rho}$——挡土墙墙面倾斜，填土表面倾斜时，在填土表面以下深度 z 处，与填土表面线的平行线的夹角为 ρ' 的方向上（$\rho'>\alpha-\beta$）的静止土压力强度，kPa；

γ——填土的容重（重力密度），kN/m^3；

q——作用在填土表面的均布荷载，kPa；

z——计算点距填土表面以下的深度，m；

K_0——静止土压力系数；

ρ'——静止土压力强度 $p_{0\rho}$ 的作用线与填土表面线的平行线的夹角（应满足条件 $\rho' > \alpha - \beta$），(°)。

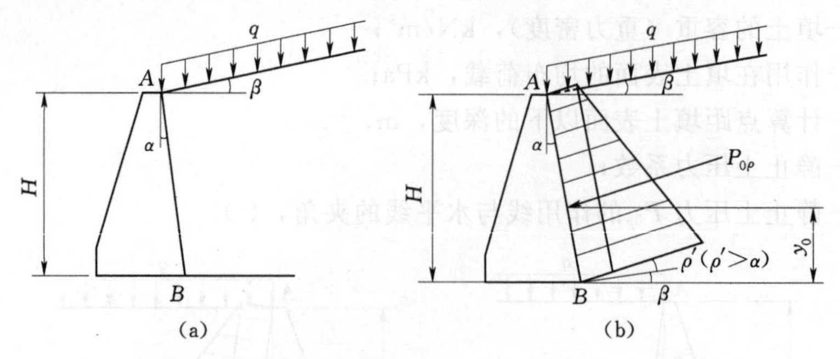

图 11-9　挡土墙墙面倾斜和填土表面倾斜的情况

此时作用在挡土墙全部高度上的总静止土压力为

$$P_{0\rho}=\left(qH+\frac{1}{2}\gamma H^2\right)\cos\beta\left[K_0+\frac{1}{2}(1-K_0)(1-\cos2\rho')\right] \tag{11-61}$$

式中　$P_{0\rho}$——挡土墙墙面倾斜、填土表面倾斜时作用在挡土墙全部高度上的总静止土压力，kN；

H——挡土墙的高度，m。

总静止土压力 $P_{0\rho}$ 的作用线与填土表面线的平行线的夹角为 ρ'，即与水平线的夹角为 $\rho'+\beta$，如图 1-19 (b)，此土压力在挡土墙面上的作用点距墙踵的高度为

$$y_0=\frac{\frac{1}{3}\gamma H^2+qH}{2q+\gamma H} \tag{11-62}$$

式中　y_0——总静止土压力 $P_{0\rho}$ 在挡土墙墙面上的作用点距挡土墙墙踵的高度，m。

【例 11-1】　挡土墙墙高 $H=6.0\text{m}$，墙面竖直（$\alpha=0°$），填土表面倾斜，与水平面的夹角 $\beta=10°$，填土的容重（重力密度）$\gamma=18.0\text{kN/m}^3$，内摩擦角 $\varphi=30°$，填土表面作用均布荷载 $q=10.0\text{kPa}$，计算作用在挡土墙上的静止土压力 P_0。

解：(1) 根据公式（11-66）计算静止土压力系数：

$$K_0=\frac{1-\sin\varphi}{\cos\varphi}=\frac{1-\sin30°}{\cos30°}=0.5774$$

(2) 根据公式（11-20）计算静止土压力：

$$P_0=K_0\left(qH+\frac{1}{2}\gamma H^2\right)\cos\beta$$

$$=0.5774\times\left(10.0\times6.0+\frac{1}{2}\times18.0\times6.0^2\right)\times\cos10°=218.3532(\text{kN})$$

(3) 根据公式（11-21）计算静止土压力 P_0 的作用点距挡土墙墙踵的高度：

$$y_0=\frac{\frac{1}{3}\gamma H^2+qH}{2q+\gamma H}=\frac{\frac{1}{3}\times18.0\times6.0^2+10.0\times6.0}{2\times10.0+18.0\times6.0}=2.1563(\text{m})$$

【例 11-2】　挡土墙墙高 $H=6.0\text{m}$，墙面倾斜，与竖直面的夹角 $\alpha=10°$，填土表面倾斜，与水平面的夹角 $\beta=10°$，其上作用均布荷载 $q=10.0\text{kPa}$，填土的容重（重力密度）$\gamma=18.0\text{kN/m}^3$，内摩擦角 $\varphi=30°$，计算作用在挡土墙墙面法线方向的静止土压力 $P_{\alpha\beta}$。

解：（1）根据公式（11-66）计算静止土压力系数：

$$K_0=\frac{1-\sin\varphi}{\cos\varphi}=\frac{1-\sin30°}{\cos30°}=0.5774$$

（2）根据公式（11-45）计算作用在挡土墙墙面法线方向的静止土压力：

$$P_{\alpha\beta}=\left(qH+\frac{1}{2}\gamma H^2\right)\cos\beta\left[K_0+\frac{1}{2}(1-K_0)\cos2\alpha\right]$$

$$=\left(10.0\times6.0+\frac{1}{2}\times18.0\times6.0^2\right)\times\cos10°\times\left[0.5774+\frac{1}{2}(1-0.5774)\cos(2\times10°)\right]$$

$$=293.4407(\text{kN})$$

（3）根据公式（11-46）计算静止土压力 $P_{\alpha\beta}$ 的作用点距挡土墙墙踵的高度：

$$y_0=\frac{qH+\frac{1}{3}\gamma H^2}{2q+\gamma H}$$

将 $\gamma=18.0\text{kN/m}^3$、$q=10.0\text{kPa}$、$H=6.0\text{m}$ 代入上式得

$$y_0=\frac{18.0\times6.0+\frac{1}{3}\times18.0\times6.0^2}{2\times10.0+18.0\times6.0}=2.1563(\text{m})$$

【例 11-3】　挡土墙墙高 $H=6.0\text{m}$，墙面倾斜，与竖直面的夹角 $\alpha=10°$，填土表面倾斜，与水平面的夹角 $\beta=10°$，其上作用均布荷载 $q=10.0\text{kPa}$，填土的容重（重力密度）$\gamma=18.0\text{kN/m}^3$，内摩擦角 $\varphi=30°$，计算作用在挡土墙上与填土表面线的夹角 $\rho'=30°$ 方向上的静止土压力 $P_{0\rho}$。

解：（1）根据公式（11-66）计算静止土压力系数：

$$K_0=\frac{1-\sin\varphi}{\cos\varphi}=\frac{1-\sin30°}{\cos30°}=0.5774$$

（2）根据公式（11-61）计算与填土表面线的夹角为 30°方向上的静止土压力：

$$P_{0\rho}=\left(qH+\frac{1}{2}\gamma H^2\right)\cos\beta\left[K_0+\frac{1}{2}(1-K_0)(1-\cos2\rho')\right]$$

$$=\left(10.0\times6.0+\frac{1}{2}\times18.0\times6.0^2\right)\times\cos10°$$

$$\times\left\{0.5774+\frac{1}{2}\times(1-0.5774)\times[1-\cos(2\times30°)]\right\}$$

$$=258.3064(\text{kN})$$

（3）根据公式（11-62）计算静止土压力 $P_{0\rho}$ 的作用点距挡土墙墙踵的高度：

$$y_0=\frac{\frac{1}{3}\gamma H^2+qH}{2q+\gamma H}=\frac{\frac{1}{3}\times18.0\times6.0^2+10.0\times6.0}{2\times10.0+18.0\times6.0}=2.1563\ (\text{m})$$

第二节　静止土压力系数

一、理论计算公式

如若从半无限土体中取出一个单元土体，如图 11-10 所示，在该单元土体上，沿 x 坐标方向作用有正应力 σ_x，沿 y 坐标方向作用有正应力 σ_y，沿 z 坐标方向作用有正应力 σ_z，在上述三个应力作用下，单元土体沿 x 坐标方向的应变为

$$\varepsilon_x=\frac{\sigma_x}{E_0}-\frac{\mu(\sigma_x+\sigma_y)}{E_0} \tag{11-63}$$

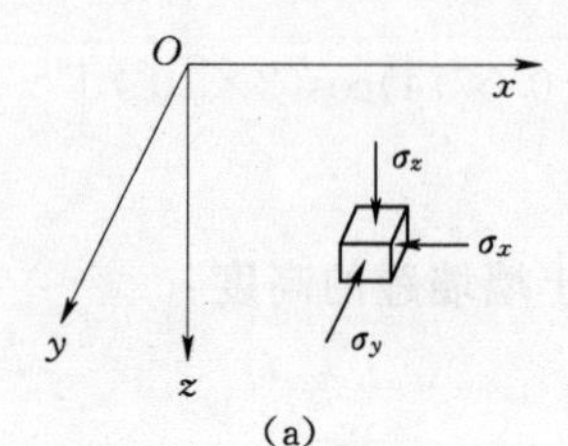

(b)

图 11-10　半无限土体中的一个单元土体

式中　ε_x——单元土体沿 x 坐标方向的应变；

μ——土的侧向膨胀系数，即土的泊松比；

E_0——土的变形模量。

当单元土体的变形在侧向受到限制时，则侧向应变 $\varepsilon_x=\varepsilon_y=0$，故此时公式（11-62）变为

$$\sigma_x-\mu(\sigma_x+\sigma_y)=0$$

由于在半无限土体中 $\sigma_x=\sigma_y$，故上式又变为

$$\sigma_x-\mu(\sigma_z+\sigma_x)=0$$

即

$$(1-\mu)\sigma_x-\mu\sigma_z=0$$

由此可得

$$\frac{\sigma_x}{\sigma_z}=\frac{\mu}{1-\mu}$$

式中　$\frac{\sigma_x}{\sigma_z}$——侧向应力与竖向应力之比，称为土的侧压力系数，即土的静止土压力系数，可用 K_0 表示为

$$K_0=\frac{\sigma_x}{\sigma_z}=\frac{\mu}{1-\mu} \tag{11-64}$$

静止状态土压力这个概念是董那塔（Donatha）于 1891 年首次引用的，所谓静止土压力，是指土的变形为零时的土中的侧向应力。静止土压力可用主动土压力的计算公式来计算，但此时式中的主动土压力系数应用静止土压力系数来代替。

表中 11-1 列出了以泊松比 μ 为函数的静止土压力系数 K_0 值。

表 11-1　　静止土压力系数 K_0 值

μ	K_0	μ	K_0	μ	K_0
0.50	1.00	0.40	0.67	0.30	0.43
0.45	0.82	0.35	0.54	0.25	0.33

静止土压力系数常常较土在塑性状态时的侧压力系数值要大，所以在确定土的侧压力系数时，首先要正确判定土的应力状态，否则就会造成较大的误差。

太沙基（K. Terzaghi）在1920年到1925年首先对静止土压力系数进行了研究，其后许多学者也都进行了试验研究，并致力于静止土压力的试验量测。

二、经验计算公式

一些学者根据其试验分析的结果，提出了确定静止土压力系数 K_0 值的计算公式，其中较著名的有下列公式。

罗威（P. W. Rowe）根据其研究，认为静止土压力系数可按下列公式确定：

$$K_0=\tan^2\left(45°-\frac{\varphi'}{2}\right) \tag{11-65}$$

式中　φ'——土的有效应力内摩擦角，(°)。

实际上罗威建议确定的静止土压力的计算公式与主动土压力的计算公式是一致的。

一些学者提出了确定砂和黏土的静止土压力系数的计算公式：

$$K_0=\frac{1-\sin\varphi}{\cos\varphi} \tag{11-66}$$

式中　φ——土的总应力内摩擦角，(°)。

1944年雅克（J. Jaky）通过试验研究，得到侧压力系数的下列经验公式：

$$K_0=1-\sin\varphi' \tag{11-67}$$

式中　φ'——土的有效应力内摩擦角，(°)。

根据某些试验资料表明，对于砂土，按公式（12-64）计算得的静止土压力系数一般较实际值略为偏小。

作为 K_0 的近似估计值，也有人建议采用主动土压力系数 K_a 和被动土压力系数 K_p 的平均值，即

$$K_0=\frac{1}{2}(K_a+K_p) \tag{11-68}$$

其中

$$\left.\begin{aligned}K_a&=\mathrm{tg}^2\left(45°-\frac{\varphi}{2}\right)\\K_p&=\mathrm{tg}^2\left(45°+\frac{\varphi}{2}\right)\end{aligned}\right\} \tag{11-69}$$

式中　φ——土的内摩擦角，(°)。

三、实验数据

国外许多学者都曾对静止土压力系数 K_0 进行过试验研究，但由于试验条件的不同，所得结果也各不相同，举例如下。

(1) 太沙基（K. Terzaghi）的试验结果：

密　砂　$K_0=0.4\sim0.5$

松　砂　$K_0=0.45\sim0.5$

黏性土　$K_0=0.60\sim0.75$

(2) 契波塔廖夫（Tschebotarioff）的试验结果：

泥炭土　K_0=0.24～0.37（有机质含量高时 K_0 值小）

(3) 戴维威尔许（Daivid Welch）的试验结果：

泥炭土　K_0=0.4～0.65

(4) 雅罗波尔斯基（И. В. Яропольский）的试验结果：

疏松粗砂　K_0=0.35

砂　　土　K_0=0.40

壤　　土　K_0=0.50～0.70

黏　　土　K_0=0.70～0.75

(5) 马斯洛夫（Н. Н. Маслов）的试验结果：

硬 黏 土　K_0=0.11～0.25

紧密黏土　K_0=0.33～0.45

砂质黏土　K_0=0.49～0.59

塑性黏土　K_0=0.61～0.82

(6) 华西里也夫（Б. Д. Васильев）的试验结果：

砾 石 土　K_0=0.17

砂　　土　K_0=0.25

砂 壤 土　K_0=0.33

壤　　土　K_0=0.43～0.54

黏土类土　K_0=0.54

黏　　土　K_0=0.66

(7) 贝纳茨克（Bernatzik）的试验结果：

砂土　孔隙比 e	侧压力系数 K_0
0.6	0.49
0.7	0.52
0.88	0.64

(8) 弗莱舍（Frieser）的试验结果：

砂　　　K_0=0.42～0.50

(9) 费都罗（Fedorow）和马里赛希（Malysehew）的试验结果：

砂　　　K_0=0.18～0.52

(10) 姜克（Jänke），马丁（Martin）和勃莱姆（Plehm）的试验结果：

砂土　孔隙比 e	侧压力系数 K_0
0.49	0.23
0.59	0.29
0.71	0.34

土的侧压力系数（即静止土压力系数）K_0 不仅与土的种类有关，而且与土的孔隙比、相对密度（砂）、含水量的不同，而在很大范围内变化，在初步计算时可采用表 11－2 的值。

表 11-2　　静止土压力系数 K_0 值

土的名称和性质	K_0	土的名称和性质	K_0
砾石土	0.17	壤土：含水量 ω=25%～30%	0.60～0.75
砂：孔隙比 e=0.5	0.23	砂质黏土	0.49～0.59
e=0.6	0.34	黏土：硬黏土	0.11～0.25
e=0.7	0.52	紧密黏土	0.33～0.45
e=0.8	0.60	塑性黏土	0.61～0.82
砂壤土	0.33	泥炭土：有机质含量高	0.24～0.37
壤土：含水量 ω=15%～20%	0.43～0.54	有机质含量低	0.40～0.65

如前所述，作用在挡土墙上的土压力与墙的位移有密切关系，当挡土墙的位移很小，不足以使填土产生主动土压力，也就是说墙的位移不足以使墙背面填土进入塑性状态，即处于主动极限平衡状态，此时填土仍处于弹性阶段，这时的土压力接近于静止土压力，但与静止土压力并不完全相同，称为弹性阶段土压力，相应的土压力系数 K 称为弹性阶段土压力系数。

弹性阶段土压力系数与填土的内摩擦角 φ、填土表面与水平面的夹角 β 和挡土墙墙面与竖直面的夹角 α 有关，并与挡土墙的变位 u 有关，也就是 K 是 φ、β、α 和 u 的函数，即

$$K=f(\varphi,\alpha,\beta,u)$$

此时的土压力可根据弹性力学方法来求解，但计算复杂，为此，本书第十一章提出了一个近似的计算方法，可方便地求得计算结果，可供工程中使用。

第三节　主动弹性（阶段）土压力的计算

一、根据挡土墙的水平变位计算主动弹性（阶段）土压力

在本书的第一章中就已经指出，作用在挡土墙上的土压力与墙体的变位有密切关系，当墙体静止不动，即其变位为零时，作用在挡土墙上的土压力为静止土压力 P_0，当墙体产生背离（远离）填土方向的变位时，填土中产生应力松弛，作用在挡土墙上的土压力就随着挡土墙的变位而逐渐减小，当挡土墙的变位使填土处于主动极限平衡状态时，此时作用在挡土墙上的土压力为主动土压力 P_a，挡土墙相应产生的变位为 u_a 或 ξ_a，u_a 或 ξ_a 称为填土处于主动极限平衡状态时挡土墙的极限平衡（临界）变位，简称为挡土墙的主动临界变位。也就是说，当挡土墙处于静止状态，其变位 $u_0=0$ 时，挡土墙上的土压力为静止压力 P_0；当挡土墙产生背离（远离）填土方向的变位 u 或 ξ，挡土墙上的土压力则逐渐减小；当挡土墙的变位达到 u_a 或 ξ_a 时，挡土墙上的土压力减小到主动土压力 P_a；而在挡土墙的变位由 u_0 或 ξ_0 增大到 u_a 或 ξ_a 的过程中，作用在挡土墙上的土压力则由 P_0 减小到 P_a，这一阶段中，作用在挡土墙上的土压力将小于或等于 P_0 而大于或等于 P_a，这一阶段的土压力 P_e 称为主动弹性阶段土压力（简称主动弹性土压力）。

到现在为止，弹性阶段土压力的研究还很少，特别是在目前情况下，要完全从理论上来计算弹性阶段土压力，还存在许多困难。

如上所述，在挡土墙墙体的变位由 u_0（或 ξ_0）增大到 u_a（或 ξ_a）时，土压力由 P_0 变化到 P_a，这一阶段的土压力均称为弹性阶段土压力，由此可知，弹性阶段的土压力 P_e 有一个变化范围，是由 P_0 变化到 P_a（或由 P_a 变化到 P_0），这一土压力的变化是与挡土墙的变位相应的。

在土体处于弹性应力状态下时，其应力与应变的关系为线性关系，因此可以近似地认为，在这一阶段，作用力与变位的关系也为线性关系，或者说是呈比例关系。

如果填土是处于弹性应力状态，此时作用在挡土墙上的土压力为 P_e，相应的挡土墙产生的变位为 u_e，而挡土墙在静止状态下的变位为 u_0，相应地作用在挡土墙上的土压力为 P_0；而挡土墙在主动极限平衡下的变位为 u_a，相应地作用在挡土墙上的土压力为 P_a，则根据作用力与变位的线性关系可得

$$\frac{P_e-P_a}{-(u_e-u_a)}=\frac{P_0-P_a}{-(u_0-u_a)} \tag{11-70}$$

式中 P_e——填土处于主动弹性应力变形阶段时作用在挡土墙上的土压力，即主动弹性阶段土压力（简称主动弹性土压力），kN；

P_a——主动土压力，kN；

P_0——静止土压力，kN（与主动土压力作用的方向一致）；

u_0——相应于挡土墙上作用静止土压力 P_0 时，挡土墙产生的水平变位，m；

u_e——相应于挡土墙上作用主动弹性土压力 P_e时，挡土墙产生的水平变位，m；

u_a——相应于挡土墙上作用主动土压力 P_a 时，挡土墙产生的水平变位，m。

由于 $u_0=0$，故上式可写成下列形式：

$$\frac{P_e-P_a}{-(u_e-u_a)}=\frac{P_0-P_a}{u_a} \tag{11-71}$$

由此可得相应于弹性阶段土压力 P_e 时挡土墙的水平变位为

$$u_e=\frac{P_0-P_e}{P_0-P_a}u_a \tag{11-72}$$

或者弹性阶段的土压力为

$$P_e=P_0-(P_0-P_a)\frac{u_e}{u_a} \tag{11-73}$$

实际上挡土墙的变位与挡土墙墙体的重力 G 有密切关系。

当填土处于主动极限平衡状态时，作用在挡土墙上的土压力为主动土压力 P_a。如果挡土墙在主动土压力 P_a 作用下处于极限平衡状态，此时挡土墙的相应重力为 G_a，称为挡土墙的极限（临界）重力。也就是挡土墙在这一重力 G_a 和主动土压力 P_a 作用下，墙体产生变位 u_a 并保持稳定，也就是这时挡土墙底面的抗剪强度 G_af（f 为挡土墙与地基面之间的摩擦系数）恰好使挡土墙能够产生变位 u_a 并处于主动极限平衡状态。

目前挡土墙的设计方法是先拟定挡土墙的尺寸，也就是先确定一个挡土墙的重力 G_e，然后通过计算来复核挡土墙在土压力作用下是否能保持稳定性，并具有一定的安全系数。因此在这种情况下挡土墙的设计重力 G 一般不可能小于或等于 G_a，通常挡土墙的设计重力 G_e 均大于 G_a。

当挡土墙的设计重力 $G_e>G_a$ 时，挡土墙底面的抗剪能力 G_ef 将大于挡土墙处于极限

平衡状态时所具有的抗剪能力$G_a f$，也就是$G_e f > G_a f$，此时挡土墙要比墙体处于主动极限平衡状态时增加阻滑力$G_e f - G_a f = (G_e - G_a) f$，也就是增加了阻止墙体产生水平变位的阻力$(G_e - G_a) f$，而阻力增加将使墙体变位$u$减小，如果设想此时阻力与变位的关系仍保持线性关系，则可得

$$\frac{(G_e - G_a) f}{G_a f} = \frac{-(u_a - u_e)}{u_a} \tag{11-74}$$

式中 G_e——挡土墙的设计重力，kN；

G_a——挡土墙处于极限平衡状态时的重力（简称主动临界重力），kN；

u_a——挡土墙处于极限平衡状态时所产生的水平变位（简称主动临界变位），m；

u_e——实际挡土墙所产生的水平变位，m；

f——挡土墙与地基之间的摩擦系数。

式中等号右侧分子前的负号（—），表示阻力$(G_e - G_a) f$增大，变位$(u_a - u_e)$减小。

公式（11-74）可以写成下列形式：

$$u_a - u_e = -(G_e - G_a)\frac{u_a}{G_a} \tag{11-75}$$

或

$$\Delta u = -(G_e - G_a)\frac{u_a}{G_a} \tag{11-76}$$

其中

$$\Delta u = u_a - u_e$$

式中 Δu——变位的增量。

所以挡土墙的实际变位为

$$u_e = \Delta U + u_a = -(G_e - G_a)\frac{u_a}{G_a} + u_a$$

$$= (2G_a - G_e)\frac{u_a}{G_a} \tag{11-77}$$

上式的边界条件是：当$G_e = G_a$时，$u_e = u_a$；当$G_e \geqslant 2G_a$时，$u_e = 0$，挡土墙处于静止状态。

上式也可以写成下列形式：

$$\frac{u_e}{u_a} = \frac{2G_a - G_e}{G_a} \tag{11-78}$$

若将公式（11-78）代入公式（11-73），则得作用在挡土墙上的实际土压力（主动弹性土压力）为

$$P_e = P_0 (P_0 - P_a)\frac{2G_a - G_e}{G_a} \tag{11-79}$$

上式的边界条件是：当$G_e = G_a$时，$P_e = P_a$；当$G_e \geqslant 2G_a$时，$P_e = P_0$。

二、挡土墙产生角变位时主动弹性（阶段）土压力的计算

根据本章第三节中所述可知，挡土墙在产生角变位ξ的同时，必然产生相应的水平变位u，两者是相辅相成的，因此在挡土墙产生角变位的情况下，作用在设计挡土墙上的土

压力（即主动弹性土压力），可按仅产生水平变位情况下的计算方法来进行计算，即按公式（11-73）和公式（11-77）计算，或按公式（11-79）计算：

$$\begin{cases} P_e = P_0 - (P_0 - P_a)\dfrac{u_e}{u_a} \\ u_e = (2G_a - G_e)\dfrac{u_a}{G_a} \end{cases}$$

或

$$P_e = P_0 - (P_0 - P_a)\frac{(2G_a - G_e)}{G_a}$$

【例 11-4】 某挡土墙墙高 $H=6.0\text{m}$，墙面竖直，墙背面填土为无黏性土，填土表面倾斜，与水平面的夹角 $\beta=10°$，填土表面作用均布荷载 $q=10.0\text{kPa}$，填土的容重（重力密度）$\gamma=16.80\text{kN/m}^3$，内摩擦角 $\varphi=30°$，填土与挡土墙墙面之间的摩擦角 $\delta=15°$，挡土墙用混凝土建筑，墙体容重（重力密度）$\gamma_b=23.0\text{kN/m}^3$，挡土墙背面填土与地基土性质相同，其泊松比 $\mu=0.25$，变形模量 $E=11400\text{kPa}$，挡土墙底面粗糙，与地基面之间的摩擦系数 $f=0.55$，挡土墙的设计重力 $G_e=1.3G_a$，计算作用在挡土墙上的土压力 P_e。

解：（1）根据公式（5-17）计算角度 Δ 值：

$$\Delta = \arccos\left(\frac{\sin\delta}{\sin\varphi}\right) = \arccos\left(\frac{\sin 15°}{\sin 30°}\right) = 58.8260° = 58°49'34''$$

（2）根据公式（5-16）、公式（10-82）和公式（10-84）计算角度 α_0、θ 和 β_0 的值：

$$\alpha_0 = \frac{1}{2}(\pi - \Delta - \varphi - \delta) = \frac{1}{2}(180° - 58.8260° - 30° - 15°) = 38.0870° = 38°51'13''$$

$$\theta = \frac{\pi}{2} - \alpha_0 = \frac{180°}{2} - 38.0870° = 51.9130° = 51°54'47''$$

$$\beta_0 = \theta - \beta = 51.9130° - 10° = 41.9130° = 41°54'47''$$

（3）根据公式（10-86）计算 A_a 值：

$$A_a = \frac{\sin\alpha_0 \sin\theta}{\sin\beta_0\left[\cos(\theta-\delta) + \dfrac{\cos\delta}{4\sin 2\beta_0} \times \dfrac{\cos\beta}{\cos\theta}\right]}$$

$$= \frac{\sin 38.0870° \sin 51.9130°}{\sin 41.9130° \times \left[\cos(51.9130° - 15°) + \dfrac{\cos 15°}{4\sin(2\times 41.9130°)} \times \dfrac{\cos 15°}{\cos 51.9130°}\right]} = 0.3869$$

（4）根据公式（10-88）～公式（10-90）计算主动土压力：

$$P_{a\gamma} = \frac{1}{2}\gamma H^2 A_a \cos\beta = \frac{1}{2} \times 16.8 \times 6.0^2 \times 0.3869 \times \cos 10° = 123.4517(\text{kN})$$

$$P_{aq} = qHA_a = 10.0 \times 6.0 \times 0.3869 = 23.2140(\text{kN})$$

$$P_a = P_{a\gamma} + P_{aq} = 123.4517 + 23.2140 = 146.6657(\text{kN})$$

这一主动土压力 P_a 的作用线与水平线的夹角为 $\delta=15°$。

（5）根据公式（10-93）计算挡土墙的极限重力 G_a 值：

$$G_a=P_a\left(\frac{1}{f}\cos\delta-\sin\delta\right)$$

$$=146.6657\times\left(\frac{1}{0.55}\times\cos15°-\sin15°\right)=219.6186(\text{kN})$$

（6）根据公式（10-94）计算主动临界水平变位：

$$u_a=\frac{P_a\cos\delta}{\dfrac{E}{2(1+\mu)}}=\frac{146.6657\times\cos15°}{\dfrac{11400}{2\times(1+0.25)}}=0.02641(\text{m})$$

（7）挡土墙的设计重力（实际重力）：

$$G_e=1.3G_a=1.3\times219.6186=285.5042(\text{kN})$$

（8）根据公式（11-77）计算挡土墙在设计重力 G_e 的情况下的实际水平变位：

$$u_e=(2G_a-G_e)\frac{u_a}{G_a}$$

$$=(2\times219.6186-285.5042)\times\frac{0.02641}{219.6186}$$

$$=0.018487(\text{m})$$

（9）根据公式（11-66）计算静止土压力系数：

$$K_0=\frac{1-\sin\varphi}{\cos\varphi}=\frac{1-\sin30°}{\cos30°}=0.5774$$

根据公式（11-55）计算静止土压力：

$$P_0=\left(qH+\frac{1}{2}\gamma H^2\right)\cos\beta\left[K_0+\frac{1}{2}(1-K_0)(1-\cos2\rho')\right]$$

静止土压力 P_0 的作用线与填土表面线的夹角 ρ' 可按下式确定

$$\rho'+\beta=\delta$$

故

$$\rho'=\delta-\beta=15°-10°=5°$$

则

$$P_0=\left(10.0\times6.0+\frac{1}{2}\times16.8\times6.0^2\right)\times\cos10°$$

$$\times\left\{0.5774+\frac{1}{2}(1-0.5774)[1-\cos(2\times5°)]\right\}=212.0333(\text{kN})$$

（10）根据公式（11-79）计算设计状态下作用在挡土墙上的实际土压力（主动弹性土压力）：

$$P_e = P_0 - (P_0 - P_a)\left(2 - \frac{G_e}{G_a}\right)$$

$$= 212.0333 \times (212.0333 - 146.6657) \times \left(2 - \frac{285.5042}{219.6186}\right)$$

$$= 166.2760(\text{kN})$$

【例 11-5】 挡土墙墙高 $H=6.0\text{m}$，墙面倾斜，与竖直面的夹角 $\alpha=10°$，墙背面填土的表面倾斜，与水平面的夹角 $\beta=10°$，填土的容重（重力密度）$\gamma=18.0\text{kN/m}^3$，内摩擦角 $\varphi=30°$，填土与挡土墙墙面之间的摩擦角 $\delta=15°$，地基土的泊松比 $\mu=0.25$，变形模量 $E=12500\text{kPa}$，挡土墙墙体的容重（重力密度）$\gamma_b=23.0\text{kN/m}^3$，挡土墙墙底面与地基的摩擦系数 $f=0.45$，挡土墙的设计重力 $G_e=1.3G_a$，填土表面作用均布荷载 $q=10.0\text{kPa}$，计算作用在挡土墙上的土压力 P_e。

解：(1) 根据公式（5-17）计算角度 Δ 值：

$$\Delta = \arccos\left(\frac{\sin\delta}{\sin\varphi}\right)$$

$$= \arccos\left(\frac{\sin 15°}{\sin 30°}\right) = 58.8260° = 58°49'34''$$

(2) 根据公式（5-16）计算角度 α_0 值：

$$\alpha_0 = \frac{1}{2}(\pi - \Delta - \varphi - \delta)$$

$$= \frac{1}{2}(180° - 58.8260° - 30° - 15°) = 38.0870° = 38°5'13''$$

(3) 根据公式（10-177）和公式（10-178）计算角度 θ 和 β_0 的值：

$$\theta = \frac{\pi}{2} - \alpha_0 + \alpha = \frac{180°}{2} - 38.0870° + 10° = 61.9130° = 61°54'46''$$

$$\beta_0 = \theta - \beta = 61.9130° - 10° = 51.9130° = 51°54'46''$$

(4) 根据公式（10-226）和公式（10-228）计算 W' 和 Q' 的值：

$$W' = \frac{\gamma}{\gamma_b} \times \frac{\sin\alpha_0 \cos(\alpha - \beta)}{\cos^2\alpha \sin\beta_0} = \frac{18.0}{23.0} \times \frac{\sin 38.0870° \cos(10° - 10°)}{\cos^2 10° \sin 51.9130°} = 0.6324$$

$$Q' = \frac{2q}{\gamma_b H} \times \frac{\sin\alpha_0}{\cos^2\alpha \sin\beta_0} = \frac{2 \times 10.0}{23.0 \times 6.0} \times \frac{\sin 38.0870°}{\cos^2 10° \sin 51.9130°} = 0.1153$$

(5) 根据公式（10-225）和公式（10-227）计算 W 和 Q 的值：

$$W = \frac{1}{2}\gamma_b H^2 W' = \frac{1}{2} \times 23.0 \times 6.0^2 \times 0.6324 = 261.8136(\text{kN})$$

$$Q = \frac{1}{2}\gamma_b H^2 Q' = \frac{1}{2} \times 23.0 \times 6.0^2 \times 0.1153 = 47.7342(\text{kN})$$

（6）根据公式（10-77）计算 a_a 值：

$$a_a=(W'+Q')\frac{\sin\theta}{\cos(\theta-\alpha-\delta)+\dfrac{\cos(\alpha-\beta)\cos(\alpha+\delta)}{4\sin\beta_0\cos\alpha\cos\theta}}\left[\frac{1}{f}\cos(\alpha+\delta)-\sin(\alpha+\delta)\right]$$

$$=(0.6324+0.1153)\times\frac{\sin61.9130°}{\cos(61.9130°-10°-15°)+\dfrac{\cos(10°-10°)\cos(10°+15°)}{4\sin51.9130°\cos10°\cos61.9130°}}$$

$$\times\left[\frac{1}{0.4}\times\cos(10°+15°)-\sin(10°+15°)\right]=0.9702$$

（7）根据公式（10-209）计算 λ_a 值：

$$\lambda_a=\frac{2\sin\beta_0\cos\alpha\sin2\theta}{\cos(\alpha-\beta)\cos(\alpha+\delta)+4\sin\beta_0\cos\alpha\cos\theta\cos(\theta-\alpha-\delta)}$$

$$=\frac{2\times\sin51.9130°\cos10°\sin(2\times61.9130°)}{1.3439\times\cos(10°-10°)\cos(10°+15°)+4\times\sin51.9130°\cos10°\cos61.9130°\cos(61.9130°-10°-15°)}$$

$$=0.53994$$

（8）根据公式（10-211）计算主动土压力：

$$P_\gamma=\lambda_a W=0.53994\times261.8136=141.3636(\text{kN})$$

$$P_q=\lambda_a Q=0.53994\times47.7342=25.7736(\text{kN})$$

$$P_a=P_\gamma+P_q=141.3636+25.7736=167.1372(\text{kN})$$

这一主动土压力 P_a 的作用线与水平线的夹角为 $\alpha+\delta=10°+15°=25°$。

（9）根据公式（10-271）计算挡土墙的极限重力：

$$G_a=P_a\left[\frac{1}{f}\cos(\alpha+\delta)-\sin(\alpha+\delta)\right]$$

$$=167.1372\times\left[\frac{1}{0.4}\times\cos(10°+15°)-\sin(10°+15°)\right]=308.0591(\text{kN})$$

（10）根据公式（10-276）计算挡土墙的极限角变位：

$$\xi_a=\frac{2(1-\mu^2)}{a_a^2EH}\{P_a[2\cos(\alpha+\delta)-(3a_a-2\tan\alpha)\sin(\alpha+\delta)]+G_a(2\tan\alpha-a_a)\}$$

$$=\frac{2\times(1-0.25^2)}{(0.9702)^2\times12500\times6.0}\{167.1372\times[2\times\cos(10°+15°)$$

$$-(3\times0.9702-2\times\tan10°)\times\sin(10°+15°)]-308.0591$$

$$\times(2\times\tan10°-0.9702)\}=0.008300(\text{rad})$$

（11）计算挡土墙的设计重力：

$$G_e=1.3G_a=1.3\times308.0591=400.4768(\text{kN})$$

（12）根据公式（10-249）计算挡土墙的极限水平变位：

$$u_a=\frac{2(1+\mu)P_a\cos(\alpha+\delta)}{E}$$

$$=\frac{2\times(1+0.25)\times167.1372\times\cos(10°+15°)}{12500}=0.030296(\text{m})$$

（13）根据公式（11-66）计算静止土压力系数：

$$K_0=\frac{1-\sin\varphi}{\cos\varphi}=\frac{1-\sin30°}{\cos30°}=0.5774$$

根据公式（11-55）计算静止土压力：

$$P_0=\left(qH+\frac{1}{2}\gamma H^2\right)\cos\beta\left[K_0+\frac{1}{2}(1-K_0)(1-\cos2\rho')\right]$$

由于主动土压力的作用线与水平线的夹角为 $\alpha+\delta$，而静止土压力的作用线与主动土压力作用线一致，故

$$\rho'+\beta=\alpha+\delta$$

故
$$\rho'=\alpha+\delta-\beta=10°+15°-10°=15°$$

则 $P_0=\left(10.0\times6.0+\frac{1}{2}\times18.0\times6.0^2\right)\times\cos10°\times\left\{0.5774+\frac{1}{2}\times(1-0.5774)\times[1-\cos(2\times15°)]\right\}$

$=234.3832(\text{kN})$

（14）根据公式（11-79）计算作用在设计挡土墙上的土压力（即弹性阶段土压力）P_e 值：

$P_e=P_0(P_0-P_a)\frac{2G_a-G_e}{G_a}$

$=234.3832\times（234.3832-167.1372）\times\left(\frac{2\times308.0591-400.4768}{308.0591}\right)$

$=187.3110（\text{kN}）$

第四节　被动弹性（阶段）土压力的计算

一、根据挡土墙（填土）的水平变位计算被动弹性土压力 P_p

若有如图 11-11 所示的挡土墙，当墙体静止不动，即其变位为零时，墙背面填土对挡土墙所产生的土压力为静止土压力 P_0。当挡土墙墙体在力的作用下向填土方向产生变位，挤压填土时，填土作用在挡土墙上的土压力将随着挡土墙变位的增大而逐渐增大。当挡土墙的变位使填土处于被动极限平衡状态时，填土作用在挡土墙上的土压力即为被动土压力 P_p，此时挡土墙相应产生的水平变位为 u_p，u_p 为填土处于被动极限平衡状态时挡土墙和填土所产生的水平变位，简称为挡土墙（填土）的被动临界变位。

这就是说，当挡土墙处于静止状态，其变位 $u_0=0$ 时，填土对挡土墙产生的土压力为静止土压力 P_0；当挡土墙产生向填土方向的水平变位 u 时，填土对挡土墙所产生的土压力将从静止土压力逐渐增大；当挡土墙向填土方向所产生的水平变位达到 u_p 时，填土对挡土墙的土压力则增大到被动土压力 P_p；而在挡土墙的水平变位由 u_0 增大到 u_p 的过程中，填土作用在挡土墙上的土压力 P 则由 P_0 逐渐增大到 P_p，而在这一阶段中，填土作用在挡土墙上的土压力将等于或大于 P_a 而小于 P_p，这一阶段填土作用在挡土墙上的土压

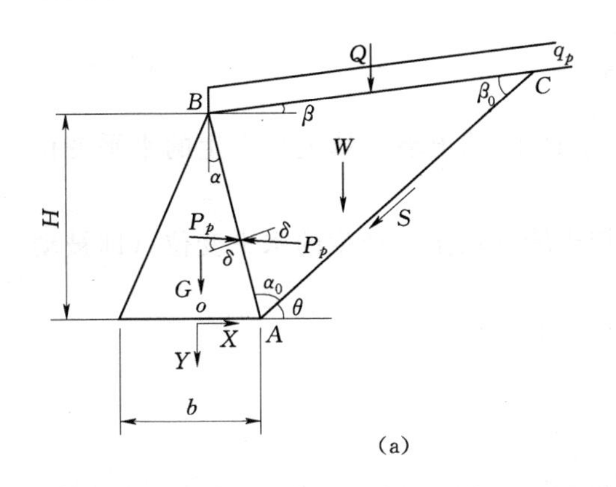

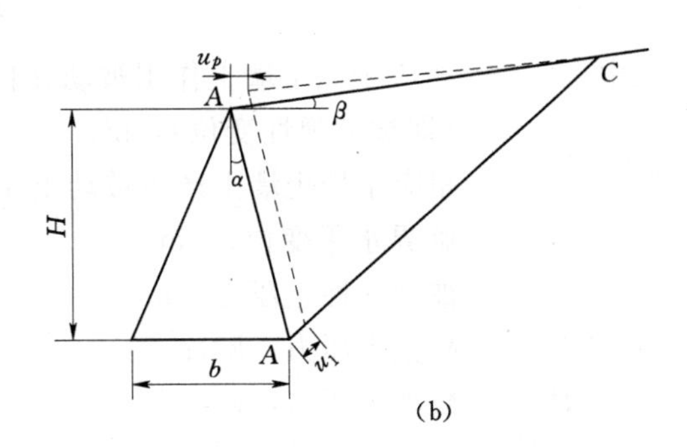

图 11－11　被动弹性土压力计算图

力 P_e 称为被动弹性土压力。

土体处于弹性应力状态时，其应力应变的关系为线性关系，因此可以近似地认为，在一阶段，作用力与变位的关系也为线性关系，或者说是比例关系。

根据这一假定，如果在静止状态时挡土墙上的土压力为 P_0，其水平变位 $u_0=0$；当挡土墙（填土）处于被动极限平衡状态时，挡土墙上的土压力为 P_p，其相应的水平变位为 u_p；当填土处于被动弹性阶段时，作用在挡土墙上的土压力为 P_e，其相应的水平变位为 u_e，因此，可得下列关系式：

$$\frac{P_e-P_0}{u_e-u_0}=\frac{P_p-P_0}{u_p-u_0} \tag{11-80}$$

式中　P_e——填土处于被动弹性应力变形阶段时作用在挡土墙上的土压力，即被动弹性土压力，kN；

P_0——静止土压力（与被动土压力作用方向一致），kN；

P_p——被动土压力，kN；

u_e——相应于挡土墙上作用被动弹性土压力 P_e 时挡土墙产生的水平变位，m；

u_0——相应于挡土墙上作用静止土压力时挡土墙产生的水平变位，m；

u_p——相应于挡土墙上作用被动土压力时挡土墙产生的水平变位，m。

由于上式中的 $u_0=0$，因此上式又可以写成下列形式：

$$\frac{P_e-P_0}{u_e}=\frac{P_p-P_0}{u_p} \tag{11-81}$$

根据上式可得被动弹性土压力为

$$P_e=P_0+(P_p-P_0)\frac{u_e}{u_p} \tag{11-82}$$

二、根据被动弹性土压力计算相应的水平变位 u_e

当填土对挡土墙产生被动弹性土压力 P_e 时，挡土墙（填土）所产生的相应水平变位 u_e 可按公式（11－80）计算。

根据公式（11－80），得

$$u_e=\frac{P_e-P_0}{P_p-P_0}u_p \tag{11-83}$$

式中　u_e——相应于挡土墙上作用被动弹性土压力 P_e 时挡土墙（填土）产生的水平变位（即被动弹性变位），m；

u_p——相应于挡土墙上产生被动土压力时挡土墙（填土）产生的水平变位（即被动临界水平变位），m；

P_e——被动弹性土压力，kN；

P_0——静止土压力，kN；

P_p——被动土压力，kN。

【例 11-6】 挡土墙墙高 $H=6.0$m，墙面倾斜，与竖直面的夹角 $\alpha=15°$，墙背面填土的表面倾斜，与水平面的夹角 $\beta=10°$，填土的容重（重力密度）$\gamma=18.0\text{kN/m}^3$，内摩擦角 $\varphi=30°$，填土与挡土墙墙面的摩擦角 $\delta=15°$，土的泊松比 $\mu=0.25$，变形模量 $E=11400$kPa，当挡土墙在外力作用下向填土一侧产生水平变位 $u=0.15$m 时，填土作用在挡土墙上的土压力是多少？

解：（1）按公式（3-28）计算被动土压力系数 K_p 值：

$$K_p=\frac{\cos^2(\varphi+\alpha)}{\cos\alpha\cos(\alpha-\delta)\left[1-\sqrt{\dfrac{\sin(\varphi+\alpha)\sin(\varphi+\beta)}{\cos(\alpha-\delta)\cos(\alpha-\beta)}}\right]^2}$$

$$=\frac{\cos^2(30°+15°)}{\cos15°\cos(15°-15°)\left[1-\sqrt{\dfrac{\sin(30°+15°)\sin(30°+10°)}{\cos(15°-15°)\cos(15°-10°)}}\right]^2}$$

$$=\frac{0.5000}{0.0983}=5.0865$$

（2）按公式（3-27）计算被动土压力：

$$P_p=\frac{1}{2}\gamma H^2K_p=\frac{1}{2}\times18.0\times6.0^2\times5.0865=1661.7595(\text{kN/m})$$

（3）计算被动临界位移 u_p。首先按公式（5-293）、公式（5-292）和公式（5-294）计算角度 Δ、α_0、β_0 及 θ 的值：

$$\Delta=\arccos\left[\frac{\sin\delta}{\sin\varphi}\cos(\alpha-\beta+\varphi)\right]=\arccos\left[\frac{\sin15°}{\sin30°}\cos(15°-10°-30°)\right]=62.0216°$$

$$\alpha_0=\frac{1}{2}(\pi-\Delta+\alpha-\beta+\delta)=\frac{1}{2}\times(180°-62.0216°+15°-10°+15°)=68.9892°$$

$$\beta_0=\frac{\pi}{2}+\alpha-\alpha_0-\beta=90°+15°-68.0892°-10°=26.0108°$$

$$\theta=\frac{\pi}{2}+\alpha_0-\alpha=90°+15°-68.0892°=36.0108°$$

再根据公式（10-320）计算滑动土体的重力 W，即

$$W=\frac{1}{2}\gamma H^2\frac{\sin\alpha_0\cos(\alpha-\beta)}{\cos^2\alpha\sin\beta_0}$$

$$=\frac{1}{2}\times18.0\times6.0^2\times\frac{\sin68.0892^\circ\cos(15^\circ-10^\circ)}{\cos^2 15^\circ\sin26.0108^\circ}=736.3974(\text{kN})$$

然后根据公式（10－333）计算被动临界位移 u_p，即

$$u_P=\frac{4\cos\alpha\sin\beta_0\cos\theta}{\frac{E\cos(\alpha-\beta)}{2(1+\mu)}}[P_p\cos(\theta+\alpha-\delta)-W\sin\theta]$$

$$=\frac{4\times\cos15^\circ\sin26.0108^\circ\cos36.0108^\circ}{\frac{11400\times\cos(15^\circ-10^\circ)}{2\times(1+0.25)}}\times[1661.7595$$

$$\times\cos(36.0108^\circ+15^\circ-15^\circ)-664.5845\times\sin38.5108^\circ]$$

$$=0.2749(\text{m})$$

（4）按公式（11－66）计算静止土压力系数 K_0，即

$$K_0=\frac{1-\sin\varphi}{\cos\varphi}=\frac{1-\sin30^\circ}{\cos30^\circ}=0.5774$$

静止土压力作用线的方向应与被动土压力作用线的方向一致。由于本例墙面倾斜（$\alpha=15^\circ$），填土表面倾斜（$\beta=10^\circ$），故此时静止土压力作用线与填土表面线的夹角为

$$\rho'=\delta-\alpha+\beta=15^\circ-15^\circ+10^\circ=10^\circ$$

按公式（11－61）计算静止土压力 P_{0p}，即

$$P_{0p}=\frac{1}{2}\gamma H^2\left[K_0+\frac{1}{2}(1-K_0)(1-\cos2\rho')\right]\cos\beta$$

$$=\frac{1}{2}\times18.0\times6.0^2\times\left\{0.5774+\frac{1}{2}\times(1-0.5774)\times[1-\cos(2\times10^\circ)]\right\}\cos10^\circ$$

$$=188.3015(\text{kN})$$

（5）按公式（11－82）计算挡土墙墙体向填土方向产生水平变位 $u_e=0.15\text{m}$ 时填土对挡土墙产生的被动弹性压力 P_e，即

$$P_e=P_{0p}+(P_p-P_{0p})\frac{u_e}{u_p}$$

$$=188.3015+(1661.7595-188.3015)\times\frac{0.15}{0.2816}=973.1690(\text{kN})$$

三、挡土墙在一侧土压力作用下向另一侧产生水平变位时，该侧填土产生的土抗力（被动弹性土压力）

若有如图 11－12 所示的挡土墙，挡土墙墙高为 H，墙体重力为 G_e，右侧墙面与竖直面的夹角为 α_a，左侧墙面与竖直面的夹角为 α_p。挡土墙右侧的填土高度为 H，填土表面倾斜，与水平面的夹角为 β_a，填土的容重（重力密度）为 γ_a，内摩擦角为 φ_a，填土与墙

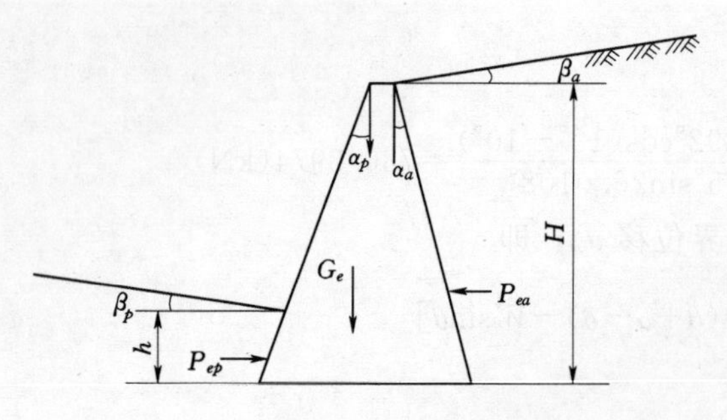

图 11-12 挡土墙左右两侧均有填土的情况

面的摩擦角为 δ_a，挡土墙左侧的填土高度为 h，填土表面倾斜，与水平面的夹角为 β_p，填土的容重（重力密度）为 γ_p，内摩擦角为 φ_p，填土与墙面的摩擦角为 δ_p。

（一）不考虑挡土墙的重力影响

对于如图 11-12 所示的挡土墙，墙体在右侧填土的土压力 P_{ea} 的作用下，将向左侧产生水平变位 u_e，而此时墙体左侧的填土也将同时产生向左侧方向的水平变位 u_e。

在挡土墙墙体向左侧方向产生水平变位时，左侧填土将产生抗力 P_{ep} 阻止挡土墙向左侧方向产生变位。如果左侧填土具有足够的抗力，则挡土墙在产生水平变位 u_e 以后，由于受到抗力 P_{ep} 的作用而停止继续增大变位，并处于平衡状态。

此时根据公式（11-72）可知，挡土墙向左侧产生的水平变位 u_e 为

$$u_e=\frac{P_{oa}-P_{ea}}{P_{oa}-P_{aa}}u_a \tag{11-84}$$

式中 u_e——挡土墙实际产生的水平变位，m；

u_a——右侧填土处于主动极限平衡状态时挡土墙产生的水平变位，m；

P_{oa}——右侧填土产生的水平方向的静止土压力，kN；

P_{aa}——右侧填土产生的水平方向的主动土压力，kN；

P_{ea}——右侧填土产生的水平方向的主动弹性土压力，kN。

根据公式（11-83）可知，此时挡土墙左侧填土产生的水平变位 u_e 为

$$u_e=\frac{P_{ep}-P_{op}}{P_{pp}-P_{op}}u_p \tag{11-85}$$

式中 u_e——挡土墙左侧填土产生的水平变位，m；

u_p——左侧填土处于被动极限平衡状态时产生的水平变位，m；

P_{ep}——左侧填土产生的水平方向的被动弹性土压力，kN；

P_{op}——左侧填土产生的水平方向的静止土压力，kN；

P_{pp}——左侧填土产生的水平方向的被动土压力，kN。

由于挡土墙产生的左侧方向的水平变位 u_e 与左侧填土产生的向左侧方向的水平变位 u_e 相等，故公式（11-84）和公式（11-85）相等，因此得

$$\frac{P_{oa}-P_{ea}}{P_{oa}-P_{aa}}u_a=\frac{P_{ep}-P_{op}}{P_{pp}-P_{op}}u_p \tag{11-86}$$

当不考虑挡土墙的重力 G_e 的影响时，根据挡土墙上水平作用力的平衡条件可知：

$$P_{ea}=P_{ep} \tag{11-87}$$

将公式（11-87）代入公式（11-86），可得挡土墙在右侧填土压力作用下向左侧产生水平变位 u_e 时，左侧填土产生的抗力（即被动弹性土压力）为

$$P_{ep}=\frac{1}{1+\dfrac{(P_{pp}-P_{op})u_a}{(P_{oa}-P_{aa})u_p}}\left[P_{oa}\frac{(P_{pp}-P_{op})u_a}{(P_{oa}-P_{aa})u_p}+P_{op}\right] \tag{11-88}$$

式中　P_{ea}——右侧填土产生的水平方向的主动弹性土压力，kN；
P_{ep}——左侧填土产生的水平方向的被动弹性土压力，kN；
P_{oa}——右侧填土产生的水平方向的静止土压力，kN；
P_{op}——左侧填土产生的水平方向的静止土压力，kN；
P_{pp}——右侧填土产生的水平方向的被动弹性土压力，kN；
P_{aa}——右侧填土产生的水平方向的主动土压力，kN；
u_a——右侧填土处于主动极限平衡条件下产生的水平变位，m；
u_p——左侧填土处于被动极限平衡条件下产生的水平变位，m。

这就是说在忽略挡土墙重力影响的情况下，需要左侧填土产生抗力（被动弹性土压力）P_{ep}才能保持挡土墙的平衡。

（二）考虑挡土墙的重力及其上竖直土压力的影响

当挡土墙在右侧填土的土压力 P_{ea} 的作用下向左侧产生水平变位 u_e 时，挡土墙的墙底面将会产生水平方向的抗剪力 R，此力的作用方向是从左向右，也就是指右侧填土。因此，此时根据挡土墙上水平作用力的平衡条件可得

$$P_{ep}+R-P_{ea}=0 \tag{11-89}$$

式中　P_{ep}——左侧填土产生的水平方向的被动弹性土压力，kN；
R——作用在挡土墙底面的水平抗剪力；
P_{ea}——右侧填土产生的水平方向的主动弹性土压力，kN。

水平抗剪力可近似地按下式计算：

$$R=G_ef \tag{11-90}$$

式中　R——挡土墙底面的水平抗剪力，kN；
G_e——挡土墙墙体的重力及作用在其上的竖直土压力，kN；
f——挡土墙底面与地基的摩擦系数。

由公式（11－89）可得右侧填土产生的弹性土压力为

$$P_{ea}=P_{ep}+G_ef \tag{11-91}$$

将公式（11－91）代入公式（11－86）可得

$$\frac{P_{oe}-P_{ep}-G_ef}{P_{oa}-P_{aa}}u_a=\frac{P_{ep}-P_{op}}{P_{pp}-P_{op}}u_p \tag{11-92}$$

解上式可得左侧填土产生的水平被动弹性土压力为

$$P_{ep}=\frac{1}{1+\dfrac{(P_{pp}-P_{op})u_a}{(P_{oa}-P_{aa})u_p}}\left[(P_{oa}-G_ef)\frac{(P_{pp}-P_{op})u_a}{(P_{oa}-P_{aa})u_p}+P_{op}\right] \tag{11-93}$$

式中　P_{ep}——左侧填土产生的水平方向的被动弹性土压力，kN；
P_{oa}——右侧填土产生的水平方向的静止土压力，kN；
P_{pp}——右侧填土产生的水平方向的被动弹性土压力，kN；
P_{op}——左侧填土产生的水平方向的静止土压力，kN；
P_{aa}——右侧填土产生的水平方向的主动弹性土压力，kN；
u_a——右侧填土处于被动极限平衡状态时产生的水平变位（即右侧填土的主动临界水平变位），m；

u_p——左侧填土处于被动极限平衡状态时产生的水平变位（即左侧填土的被动临界水平变位），m；

G_e——挡土墙的重力及作用在其上的所有竖直填土压力之和，kN；

f——挡土墙墙体底面与地基的摩擦系数。

公式（11－93）表示，在考虑挡土墙墙体重力影响的情况下，左侧填土必须产生水平抗力（即被动弹性抗力）P_{ep}才能保持挡土墙处于平衡状态，这一抗力应小于左侧填土的被动土压力，即

$$P_{ep} < P_{pp}$$

【例11－7】 某挡土墙墙高 $H=9.0$m，墙体重力 $G_e=381.0$kN，墙的左右两侧均有填土；左侧填土高 $h=2.0$m，填土表面向挡土墙方向倾斜，倾斜角度 $\beta_p=10°$，右侧填土高 $H=9.0$m，填土表面向挡土墙方向倾斜，倾斜角度 $\beta_a=10°$，左右两侧填土均为无黏性土，土的性质相同，土的容重（重力密度）$\gamma=18.0\text{kN/m}^3$，土的内摩擦角 $\varphi=30°$，挡土墙墙底面与地基的摩擦系数 $f=0.70$，地基土的泊松比 $\mu=0.25$，变形模量 $E=12500$kPa，计算作用在挡土墙左右两侧的水平弹性土压力 P_{ep}和 P_{ea}。

解：（1）计算挡土墙右侧填土的主动土压力 P'_{aa}。

1）根据公式（2－244）计算主动土压力系数 K_a：

$$K_a=\frac{\cos\beta-\sqrt{\cos^2\beta-\cos^2\varphi}}{\cos\beta+\sqrt{\cos^2\beta-\cos^2\varphi}}$$

$$=\frac{\cos10°-\sqrt{\cos^2 10°-\cos^2 30°}}{\cos10°+\sqrt{\cos^2 10°-\cos^2 30°}}=0.3549$$

2）根据公式（2－246）计算主动土压力 P'_{aa}：

$$P'_{aa}=\frac{1}{2}\gamma H^2 K_a\cos\beta$$

$$=\frac{1}{2}\times18.0\times9.0^2\times0.3549\times\cos10°=254.7915(\text{kN})$$

P'_{aa}的作用方向平行于填土表面，故水平主动土压力为

$$P_{aa}=P'_{aa}\cos\beta=254.7915\times\cos10°=250.9206(\text{kN})$$

（2）计算挡土墙左侧填土的被动土压力 P_{pp}。

1）根据公式（2－252）计算被动土压力系数 K_p：

$$K_p=\frac{\cos\beta+\sqrt{\sin^2\varphi-\sin^2\beta}}{\cos\beta-\sqrt{\sin^2\varphi-\sin^2\beta}}$$

$$=\frac{\cos10°+\sqrt{\sin^2 30°-\sin^2 10°}}{\cos10°-\sqrt{\sin^2 30°-\sin^2 10°}}=2.8176$$

2）根据公式（2－254）计算被动土压力 P'_{pp}：

$$P'_{pp}=\frac{1}{2}\gamma h^2 K_a\cos\beta$$

$$=\frac{1}{2}\times18.0\times2.0^2\times2.8176\times\cos10°=99.8926(\text{kN})$$

P'_{pp}的作用方向平行于填土表面，故水平被动土压力为

$$P_{pp}=P'_{pp}\cos\beta=99.8713\times\cos10°=98.3541(\text{kN})$$

（3）计算右侧填土的水平静止土压力 P_{oa}。

1）根据公式（11－66）计算静止土压力系数 K_0：

$$K_0=\frac{1-\sin\varphi}{\cos\varphi}=\frac{1-\sin30°}{\cos30°}=0.5774$$

2）根据公式（11－14）计算静止土压力 P'_{oa}：

$$P'_{oa}=\frac{1}{2}\gamma H^2K_0\cos\beta=\frac{1}{2}\times18.0\times9.0^2\times0.5774\times\cos10°=414.5298(\text{kN})$$

故
$$P_{oa}=P'_{oa}\cos\beta=414.5298\times\cos10°=408.2322(\text{kN})$$

（4）计算左侧填土的水平静止土压力 P_{op}。

1）根据公式（11－66）计算静止土压力系数 K_0：

$$K_0=\frac{1-\sin\varphi}{\cos\varphi}=\frac{1-\sin30°}{\cos30°}=0.5774$$

2）根据公式（11－20）计算静止土压力 P'_{op}：

$$P'_{op}=\frac{1}{2}\gamma H^2K_0\cos\beta=\frac{1}{2}\times18.0\times2.0^2\times0.5774\times\cos10°=20.4706(\text{kN})$$

故
$$P_{op}=P'_{op}\cos\beta=20.4706\times\cos10°=20.1596(\text{kN})$$

（5）由公式（10－49）可知，右侧填土的主动临界水平变位为

$$u_a=\frac{2(1+\mu)P_{aa}}{E}=\frac{2\times(1+0.25)\times250.9206}{12500}=0.0502(\text{m})$$

（6）由公式（10－334）可知，左侧填土的被动临界水平变位为

$$u_p=\frac{4\cos\alpha\sin\beta_0\cos\theta}{\frac{E\cos(\alpha-\beta)}{2(1+\mu)}}\left\{P_{pp}\cos(\theta+\alpha-\delta)-\frac{1}{2}\gamma h^2\cos(\alpha-\beta)\times\frac{\sin\alpha_0\sin\theta}{\cos^2\alpha\sin\beta_0}\right\}$$

1）根据公式（10－315）计算角度 θ 值，即

$$\theta=\frac{\pi}{4}-\frac{\varphi}{2}=\frac{180°}{4}-\frac{30°}{2}=30°$$

2）根据公式（10－314）计算角度 α_0 值：

$$\alpha_0=\frac{\pi}{4}+\frac{\varphi}{2}+\alpha=\frac{180°}{4}+\frac{30°}{2}+10°=70°$$

3）根据公式（10－316）计算角度 β_0 值：

$$\beta_0=\frac{\pi}{2}-\alpha_0-\beta+\alpha=\frac{180^\circ}{2}-70^\circ-10^\circ+10^\circ=20^\circ$$

4）计算下列值：

$$\frac{4\cos\alpha\sin\beta_0\cos\theta}{\frac{E\cos(\alpha-\beta)}{2(1+\mu)}}=\frac{4\cos10^\circ\sin10^\circ\cos30^\circ}{\frac{12500\times\cos(10^\circ-10^\circ)}{2\times(1+0.25)}}=0.000233358$$

$$P_{pp}\cos(\theta+\alpha-\delta)=99.8926\times\cos(30^\circ+10^\circ-0^\circ)=76.5222$$

$$\frac{1}{2}\gamma H^2\cos(\alpha-\beta)=\frac{1}{2}\times18.0\times2.0^2\times\cos(10^\circ-10^\circ)=36$$

$$\frac{\sin\alpha_0\sin\theta}{\cos^2\alpha\sin\beta_0}=\frac{\sin70^\circ\sin30^\circ}{\cos^2 10^\circ\sin20^\circ}=1.4164499$$

5）将第4）步中计算得的各值代入公式（10-334）得

$$u_p=0.000233358\times(76.5222-36\times1.4164499)=0.005958(\mathrm{m})$$

（7）根据公式（11-93）计算左侧填土产生的水平被动弹性土压力 P_{ep}：

$$P_{ep}=\frac{1}{1+\frac{(P_{pp}-P_{op})u_a}{(P_{oa}-P_{aa})u_p}}\left[(P_{oa}-G_e f)\frac{(P_{pp}-P_{op})u_a}{(P_{oa}-P_{aa})u_p}+P_{op}\right]$$

$$=\frac{1}{1+\frac{(98.3541-20.1596)\times0.0502}{(408.2322-250.9206)\times0.005958}}$$

$$\times\left[(408.2322-381.0\times0.7)\times\frac{(98.3541-20.1596)\times0.0502}{(408.2322-250.9206)\times0.005958}+20.1596\right]$$

$$=31.1658(\mathrm{kN})$$

（8）根据公式（11-91）计算右侧填土产生的水平主动弹性土压力 P_{ea}：

$$P_{ea}=P_{ep}+G_e f=31.1658+381.0\times0.7=297.8658(\mathrm{kN})$$

（9）根据公式（11-84）计算挡土墙向左侧方向实际产生的水平变位：

$$u_e=\frac{P_{oa}-P_{ea}}{P_{oa}-P_{aa}}U_a$$

$$=\frac{408.2322-297.8658}{408.2322-250.9206}\times0.0502=0.0352(\mathrm{m})$$

通过计算结果可知，在本例所说的情况，即挡土墙左右两侧均有填土，左侧填土高度 $h=2.0\mathrm{m}$，右侧填土高度 $H=9.0\mathrm{m}$，挡土墙墙体重力 $G_e=381.0\mathrm{kN}$ 时，挡土墙实际产生的水平变位 $U_e=0.0352\mathrm{m}$，右侧填土作用在挡土墙上的土压力为主动弹性土压力 $P_{ea}=297.8658\mathrm{kN}$，左侧填土作用在挡土墙上的土压力为被动弹性土压力 $P_{ep}=31.1658\mathrm{kN}$。

这种情况说明，在右侧填土高度为 $H=9.0\mathrm{m}$ 的情况下，虽然采用了重力 $G_e=381.0\mathrm{kN}$ 的挡土墙来支护填土，仍不能保证填土处于稳定状态，还必须利用左侧填土的支撑力 $P_{ep}=31.1658\mathrm{kN}$，才能保持填土和挡土墙处于稳定平衡状态。

第十二章　根据弹性阶段土压力设计计算挡土墙

第一节　概　　述

重力式挡土墙是依靠本身重力来维持稳定的，多采用砖、石、混凝土等材料来建造，墙体刚度较大，故又称为刚性挡土墙。

重力式挡土墙的型式很多，但采用最多的是如图 12－1 所示的内倾式挡土墙［图 12－1（a）］和外倾式挡土墙［图 12－1（b）］两种。内倾式挡土墙的墙面在填土面是倾斜的，背土面是竖直的；而外倾式挡土墙的墙面在填土面是竖直的，而背土面是倾斜的。

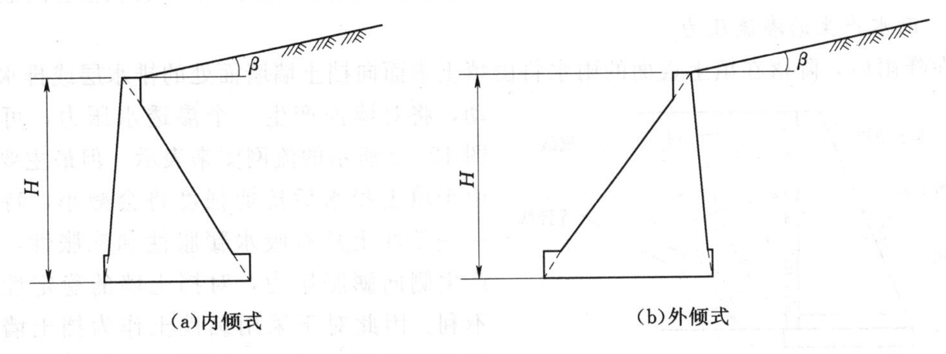

图 12－1　挡土墙的类型

重力式挡土墙的设计主要是确定挡土墙的尺寸，一般是首先根据经验初步确定挡土墙的尺寸，然后通过计算校核是否满足地基的承载力，并验算沿墙体底部平面滑动的可能性和围绕墙脚点倾覆的可能性。

一、重力式挡土墙的基本尺寸

重力式挡土墙的基本尺寸，主要决定于挡土墙的高度，通常挡土墙的墙顶宽度可采用 $H/12$（H 为挡土墙的高度），挡土墙的底部宽度可采用$\frac{H}{3}\sim\frac{H}{2}$，挡土墙的底座高度一般可采用 0.3m。

二、作用在挡土墙上的荷载

作用在挡土墙上的荷载有墙体的自重 W，作用在挡土墙墙面上的土压力 P，作用在墙体底面的反力 p 和地下水压力。

（一）墙体自重

在挡土墙计算时，通常取墙长 $L=1\text{m}$ 来进行计算，因此墙体的自重就等于挡土墙的横截面面积与墙体材料容重（重力密度）的乘积，为了计算方便起见，通常将挡土墙的截面积划分为几个简单的几何图形（即矩形和三角形）来进行计算，各部分墙体的自重（重力）均作用在该部分墙体的重心处（也就是墙体面积的形心处）。

（二）土压力

土压力是作用在挡土墙上的主要荷载，墙体在土压力作用下将会产生背离填土方向的位移或变形，而使墙后填土处于主动弹性平衡状态下，并使墙前（墙基前）填土处于被动弹性平衡状态下。因此，在挡土墙填土方向的墙面上将作用主动弹性土压力 P_{ea}，而在背离填土方向的墙基面上（当墙基埋设在地基面以下时）将作用被动弹性土压力 P_{ep}。但由于从安全性出发，作用在墙基面上的被动弹性土压力 P_{ep} 一般都略去不计。为了计算方便起见，常将土压力 P_{ea} 分解为两个力，即水平分力 P_{ax} 和竖直分力 P_{ay}。

（三）水压力

1. 地下水压力

当地下水位较高，超过挡土墙的底面时，挡土墙的墙面上除作用土压力外，还将作用由地下水产生的静水压力，在挡土墙的底面还将作用地下水产生的浮托力，作用方向竖直向上。

2. 雨水产生的渗流压力

在降雨后，降落在填土表面的雨水将由填土表面向挡土墙墙面处的排水层或排水孔流动，将对墙面产生一个渗透水压力，可用如图 12-2 所示的流网图来表示。但最主要的是由于填土浸水后抗剪强度将会减小，特别是一些黏性土具有吸水膨胀性和冻胀性，因而产生侧向膨胀压力，对挡土墙的稳定性极为不利。因此对于采用黏性土作为挡土墙背面填土料的挡土墙，必须做好排水措施，排水的形式如图 12-3 所示。

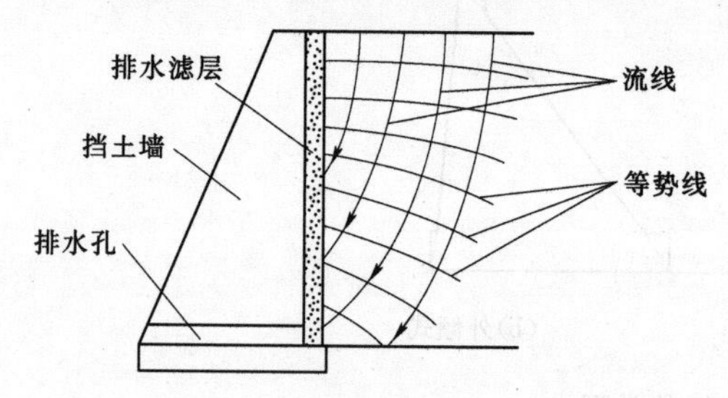

图 12-2　填土中渗流的流网图

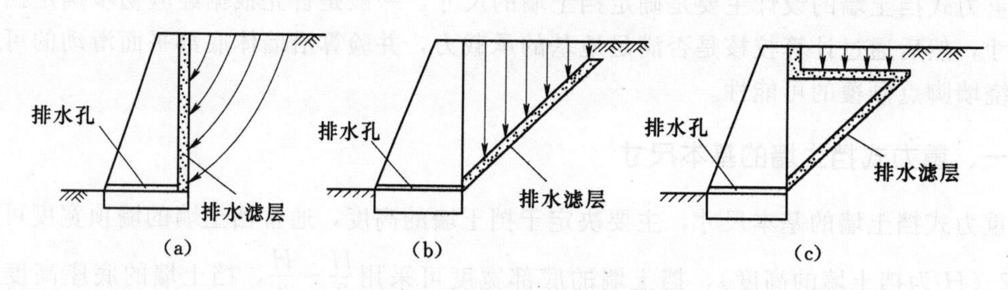

图 12-3　挡土墙的排水措施

（四）墙体底面的反力

在墙体自重和土压力的作用下，挡土墙的底面将产生相应的反力。

三、挡土墙应满足的稳定性条件

（一）地基的承载力

挡土墙作用在地基面上的应力应满足地基承载力的要求，即

$$p_{max} \leqslant 1.2f \tag{12-1}$$

$$p \leqslant f \tag{12-2}$$

式中　p_{max}——挡土墙底面的最大应力，kPa；

p——挡土墙底面的平均应力，kPa；

f——地基土承载力的设计值，kPa。

（二）抗滑稳定性

作用在挡土墙上的土压力水平分力 P_{ax} 和其他水平力（地下水静水压力等）的合力 $\sum P_x$，将使挡土墙沿墙底地基面产生滑动，而作用在挡土墙上的竖直力的合力 $\sum W$（如墙体自重，土压力的竖直分量，地下水的浮托压力等）将在墙底地基面上产生抗滑摩阻力，而挡土墙在上述两组力作用下应满足下列抗滑稳定条件：

$$K_c = \frac{\sum Wf}{\sum P_x} \geqslant 1.3 \tag{12-3}$$

式中　K_c——抗滑安全系数；

$\sum W$——作用在挡土墙上的竖直力合力，kN；

$\sum P_x$——作用在挡土墙上的水平力合力，kN；

f——挡土墙底面与地基之间的摩擦系数，可参考表 12－1 采用。

表 12－1　挡土墙底面与地基的摩擦系数 f 值

地基土的类别	摩擦系数 f 值	地基土的类别	摩擦系数 f 值
黏性土 可塑	0.25～0.30	中砂、粗砂、砾砂	0.40～0.50
黏性土 硬塑	0.30～0.35	碎石土	0.40～0.60
黏性土 坚硬	0.35～0.45	软质岩土	0.40～0.60
粉土（饱和度 $S_r \leqslant 50$）	0.30～0.40	表面粗糙的坚质岩土	0.65～0.75

（三）抗覆稳定性

挡土墙在荷载作用下应不致绕墙底脚 o 点产生倾覆，即应满足下列抗倾覆条件：

$$K_y = \frac{\sum Wx_1 + P_{ay}x_2}{\sum P_x y} \geqslant 1.5 \tag{12-4}$$

式中　K_y——抗覆稳定安全系数；

$\sum W$——挡土墙自重及其他竖向力的合力，kN；

P_{ay}——土压力的竖向分力（图 12－4），kN；

$\sum P_x$——水平力的合力，kN；

x_1——合力 $\sum W$ 对 o 点的力臂（图 12－4），m；

x_2——土压力的竖直分力对 o 点的力臂，m；

y——水平力合力 $\sum P_x$ 对 o 点的力臂，m。

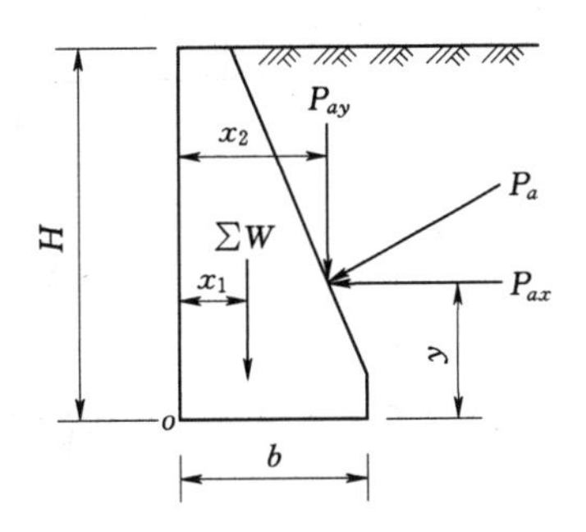

图 12－4　挡土墙稳定性计算图

四、墙背面填土土料的选择

挡土墙背面的填土料应选择透水性较好的无黏性土，

如中砂、粗砂、砾石、卵石等，因为这些材料的排水能力好，抗剪强度高，主动土压力较小。一般黏性土在掺入适量砂、石后也可用作填料，软黏土由于抗剪强度低，一般不宜采用。此外，成块的硬黏土和膨胀土也不宜用作填料。

五、增加挡土墙抗滑稳定性的措施

对于一般重力式挡土墙，挡土墙的尺寸常常决定于挡土墙的抗滑稳定性，特别是位于软弱地基上的挡土墙或墙与地基之间的摩擦系数 f 值较小的情况。为了增加挡土墙的阻滑能力，以减小挡土墙的尺寸，通常可以采用如图 12-5 所示的增强挡土墙抗滑稳定性的措施。

(1) 挡土墙墙底前设齿墙。在挡土墙背土一侧的底面设置一定浓度的齿墙，如图 12-5 (a) 所示，利用齿墙前地基土的抗力来增加挡土墙的抗滑稳定性。

(2) 挡土墙墙底前后设齿墙。在挡土墙背土一侧和向土一侧的底面均设齿墙，如图 12-5 (b) 所示，利用前后齿墙之间地基土的抗剪强度来增加挡土墙的抗滑稳定性。

(3) 挡土墙墙后设阻滑板。在挡土墙向土一侧的地基面上加设拖板（阻滑板），并用钢筋将拖板（阻滑板）和挡土墙连接起来，如图 12-5 (c) 所示，利用作用在拖板（阻滑板）上填土的重力来增加挡土墙的抗滑稳定性。

(4) 挡土墙底面设置垫层。在挡土墙底面的地基面上设置一层用粗颗粒材料做成的垫层，如图 12-5 (d) 所示，以便增大摩擦系数 f 值，从而增加挡土墙的抗滑稳定性。

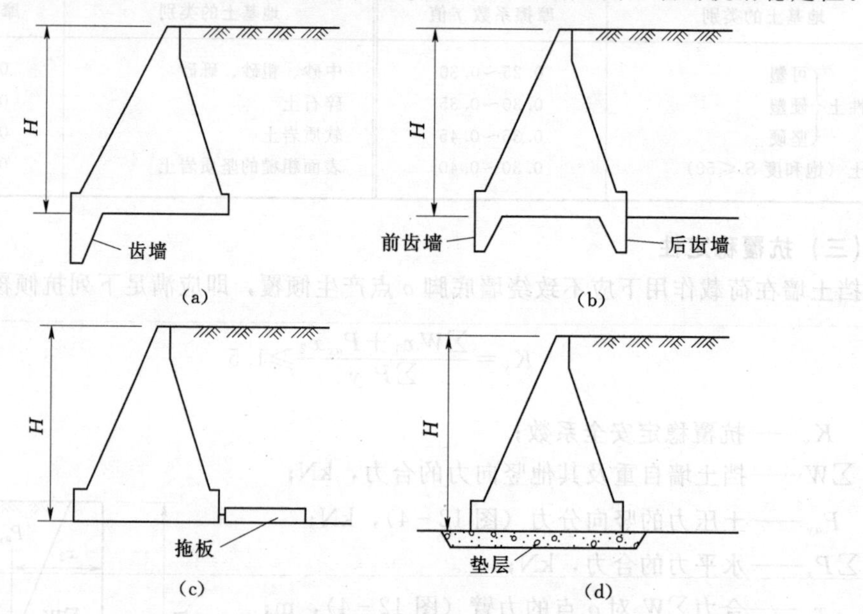

图 12-5 增加挡土墙抗滑稳定性的措施

第二节 内倾式挡土墙的计算

若有如图 12-6 (a) 所示的内倾式挡土墙，墙的高度为 H，墙的填土一侧的边坡坡

率为 m，背土一侧的边坡坡率为 n，但 $m>n$，墙的顶宽为 a，墙基的高度为 t，墙底的宽度为 B，墙基背土一侧顶面的水平宽度为 c，向土一侧顶面的水平宽度为 d。

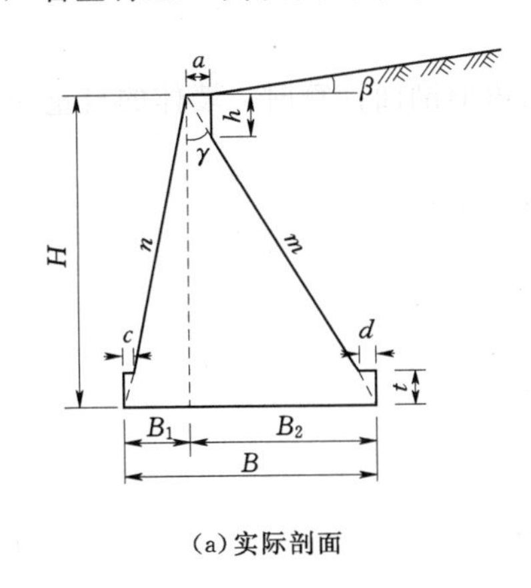

(a)实际剖面

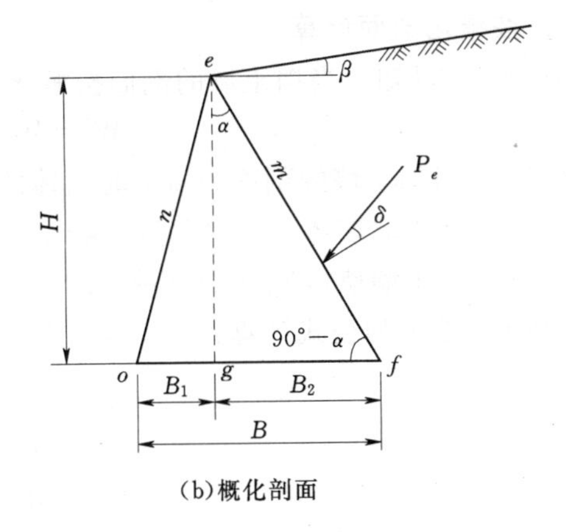

(b)概化剖面

图 12－6　内倾式挡土墙

对于如图 12－5（a）所示剖面形式的挡土墙，在计算时，可将挡土墙的剖面概化为简单的三角形剖面 eof，如图 12－6（b）所示。

此时作用在挡土墙上的作用力有挡土墙墙体的重力 W_1 和 W_2，以及作用在向土一侧墙面 ef 上的土压力 P_e，如图 12－7 所示。

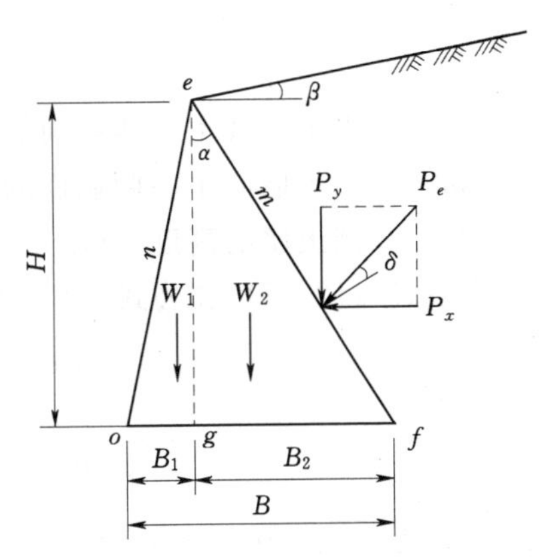

图 12－7　内倾式挡土墙的计算图（按概化剖面）

对于内倾式挡土墙，墙体向土一侧的边坡坡率，m 比较大（即向土一侧的边坡线与竖直线的夹角 α 较大），往往大于填土的内摩擦角 φ，所以此时墙体向土一侧的墙面不能再被看作是滑动面，因此按通常的库仑方法来计算主动土压力。此时作用在挡土墙上的土压力可近似地按水平主动土压力 P_{ah} 计算，这一土压力作用在墙踵 f 点向上的竖直平面上，并通过填土水平向地传递到挡土墙上，作用方向指向挡土墙，作用线距墙踵 f 点的高度等于 $y=\frac{1}{3}H$（对于无黏性土），H 为挡土墙的高度。除此之外，此时挡土墙上还作用有一个竖直土压力 P_y，这一竖直土压力就等于挡土墙向土一侧边坡线 ef 以上土体的重量（重力）（当填土表面无荷载作用时），这一土压力由于其作用方向向下，所以也可将它看作是挡土墙墙体重量（重力）的附加部分。

重力 W_1 和 W_2 的作用点分别位于墙体 ego 和 egf 的重心（形心）上，作用方向竖直向下，如图 12－7 所示。土压力 P_e 可分解为两个分力，即水平分力 P_x 和竖直分力 P_y，P_x 的作用线距离墙底面的高度 $y=\frac{1}{3}H$，P_y 的作用线距离挡土墙底面端点 f 的水平距离为 $x=\frac{1}{3}mH$。

一、挡土墙墙体重力的计算

（一）按概化剖面计算

由图 12-7 可知，当挡土墙的剖面按概化的三角形剖面计算时，墙体的自重为

$$W_0=W_1+W_2 \tag{12-5}$$

式中　W_0——当挡土墙的剖面为 eof 时墙体的自重，kN；

W_1——挡土墙墙体 eog 的重量，kN；

W_2——挡土墙墙体 efg 的重量，kN。

W_1 和 W_2 按下列公式计算：

$$W_1=\frac{1}{2}\gamma_C HB_1 \tag{12-6}$$

$$W_2=\frac{1}{2}\gamma_C HB_2 \tag{12-7}$$

式中　γ_C——墙体的容重（重力密度），kN/m^3；

H——挡土墙的墙高，m；

B_1——挡土墙墙体 eog 的底宽，m；

B_2——挡土墙墙体 efg 的底宽，m。

由图 12-7 可知：

$$B_1=nH \tag{12-8}$$

$$B_2=mH \tag{12-9}$$

式中　n——挡土墙背土一侧墙面的边坡坡率；

m——挡土墙向土一侧墙面的边坡坡率；

H——挡土墙的高度，m。

将公式（12-8）和公式（12-9）代入公式（12-6）和公式（12-7）得

$$W_1=\frac{1}{2}\gamma_C H\times nH=\frac{1}{2}\gamma_C nH^2 \tag{12-10}$$

$$W_2=\frac{1}{2}\gamma_C H\times mH=\frac{1}{2}\gamma_C mH^2 \tag{12-11}$$

将公式（12-10）和公式（12-11）代入公式（12-5），则得挡土墙的剖面为概化的三角形剖面 eof 时墙体的重量为

$$W_0=\frac{1}{2}\gamma_C nH^2+\frac{1}{2}\gamma_C mH^2=\frac{1}{2}\gamma_C(n+m)H^2 \tag{12-12}$$

由公式（12-12）可知，当已知挡土墙墙体重量 W_0 和挡土墙一侧墙面边坡坡率 n 时，可按下式计算挡土墙墙体向土一侧的墙面边坡坡率 m，即

$$m=\frac{2W_0}{\gamma_C H^2}-n \tag{12-13}$$

或者当已知挡土墙墙体重量 W_0 和向土一侧墙面的边坡坡率 m 时，按下式计算挡土墙墙体背土一侧的墙面边坡坡率 n，即

$$n=\frac{2W_0}{\gamma_C H^2}-m \tag{12-14}$$

（二）按实际剖面计算

当按实际的挡土墙剖面计算挡土墙的重量 W 时，由图 12-8 可知，挡土墙的重量 W 等于墙体三角形 eof 部分的重量 W_0 和墙顶部分的重量 W_3、墙基两端三角形部分重量 W_4 及 W_5 之和，即

$$W = W_0 + W_3 + W_4 + W_5 \tag{12-15}$$

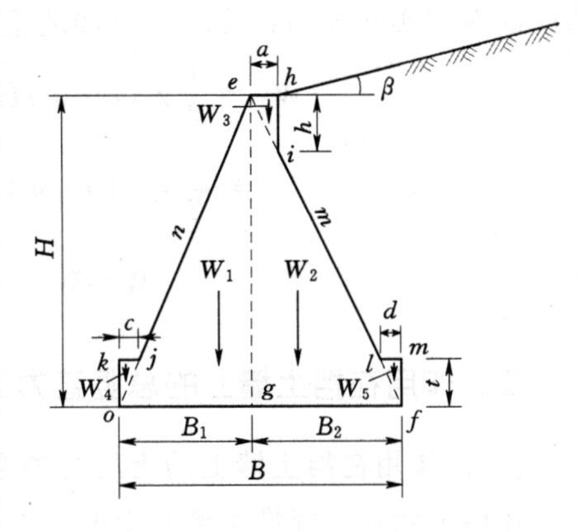

图 12-8　内倾式挡土墙计算图（按实际剖面）

式中　W——挡土墙按实际剖面计算时的重量，kN；

W_0——挡土墙按概化的三角形剖面计算时的重量，kN；

W_3——挡土墙墙顶三角形 eih 部分的重量，kN；

W_4——挡土墙墙基背土一侧三角形 okj 部分的重量，kN；

W_5——挡土墙墙基向土一侧三角形 fml 部分的重量，kN。

W_0 可按公式（12-12）计算，W_3、W_4、W_5 可根据图 12-7 计算，即

$$W_3 = \frac{1}{2}\gamma_C ah \tag{12-16}$$

$$W_4 = \frac{1}{2}\gamma_C ct \tag{12-17}$$

$$W_5 = \frac{1}{2}\gamma_C dt \tag{12-18}$$

式中　a——挡土墙墙顶宽度，m；

h——挡土墙墙顶三角形 ehi 的高度，m；

t——挡土墙墙基的高度，m；

c——挡土墙墙基背土一侧三角形 okj 的底宽（通常 c 值应大一些，以增加挡土墙的抗倾覆力臂），m；

d——挡土墙墙基向土一侧三角形 fml 的底宽，m。

由图 12-7 可知：

$$h = \frac{a}{m} \tag{12-19}$$

$$c = nb \tag{12-20}$$

$$d = mb \tag{12-21}$$

将 h、c、d 分别代入公式（12-16）～公式（12-18）则得

$$W_3 = \frac{1}{2}\gamma_C a \times \frac{a}{m} = \frac{1}{2}\gamma_C \frac{a^2}{m} \tag{12-22}$$

$$W_4 = \frac{1}{2}\gamma_C nb \times b = \frac{1}{2}\gamma_C nt^2 \tag{12-23}$$

$$W_5 = \frac{1}{2}\gamma_C mb \times b = \frac{1}{2}\gamma_C mt^2 \tag{12-24}$$

将公式（12-12）、公式（12-22）～公式（12-24）代入公式（12-15），则得挡土墙的剖面按实际剖面计算时挡土墙的重量为

$$W_0=\frac{1}{2}\gamma_C(n+m)H^2+\frac{1}{2}\gamma_C\frac{a^2}{m}+\frac{1}{2}\gamma_C nt^2+\frac{1}{2}\gamma_C mt^2$$

$$=\frac{1}{2}\gamma_C\left[(n+m)(H^2+t^2)+\frac{a^2}{m}\right] \tag{12-25}$$

或

$$W=W_0+\frac{1}{2}\gamma_C\left[(n+m)t^2+\frac{a^2}{m}\right] \tag{12-26}$$

二、作用在挡土墙上的总竖直力$\sum y$和总水平力$\sum x$

（一）作用在挡土墙上的土压力的竖直分力和水平分力

在挡土墙处于弹性平衡状态时，作用在挡土墙上的土压力为弹性状态时的土压力 P_e，可按第十一章第三节中所述方法来计算，即

$$P_e=P_0-(P_0-P_a)\frac{2G_a-W}{G_a} \tag{12-27}$$

式中　P_e——挡土墙处于弹性平衡状态下的时候，作用在挡土墙上的土压力（简称主动弹性土压力），kN；

P_0——静止土压力，kN；

P_a——主动土压力，kN；

G_a——当挡土墙处于主动极限平衡状态时，挡土墙及其上填土的重量，kN，按第十二章第三节中所述方法计算；

W——挡土墙的实际重量，即挡土墙的设计重量，kN。

P_e 的作用方向指向挡土墙，其作用线水平，距墙踵点 f 以上的高度为

$$y=\frac{1}{3}H \tag{12-28}$$

式中　y——土压力作用线距挡土墙墙踵点的高度，m；

H——挡土墙的高度，m。

作用在挡土墙上的土压力包括水平力 $P_x=P_e$ 和竖直力 P_y，如图 12-9 所示。

（二）作用在挡土墙上的总竖直力$\sum y$和总水平力$\sum x$

1. 按概化剖面计算

作用在挡土墙上的总竖直力为墙体的重力 W_0 与竖直土压力 P_y 的之和，即

$$\sum y=W_0+P_y \tag{12-29}$$

而竖直土压力为

$$P_y=\frac{1}{2}\gamma mH^2(1+m\tan\beta) \tag{12-30}$$

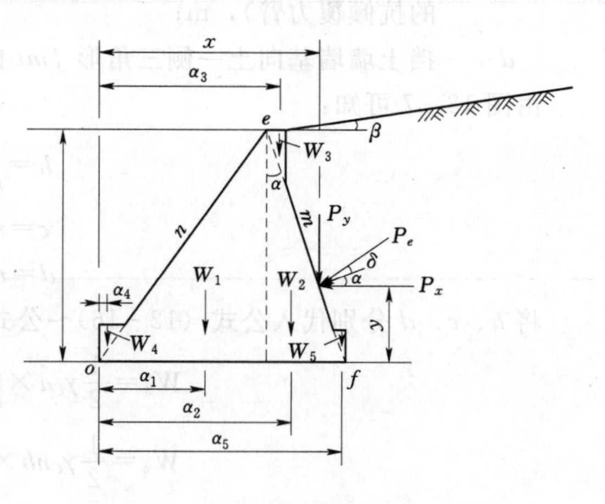

图 12-9　作用在挡土墙上的土压力的水平力 P_x 和竖直力 P_y

式中　P_y——作用在挡土墙上的竖直土压

力，kN；

m——挡土墙向土一侧墙体的边坡坡率；

γ——填土的容重（重力密度），kN/m^3；

H——挡土墙的墙高，m；

β——填土表面与水平面的夹角，(°)。

将公式（12-30）代入公式（12-29），得总竖直力为

$$\sum y = W_0 + \frac{1}{2}\gamma m H^2 (1 + m\tan\beta) \tag{12-31}$$

作用在挡土墙上的总水平力，在没有其他水平力（荷载）作用的情况下，将等于作用在挡土墙上的土压力水平分力 P_x，即

$$\sum x = P_x$$

将公式（12-29）代入上式，得

$$\sum x = P_e \tag{12-32}$$

再将公式（12-27）代入公式（12-32），则得作用在挡土墙上的总水平力为

$$\begin{aligned}\sum x &= P_0 - (P_0 - P_a)\frac{2G_a - W_0}{G_a} \\ &= P_0 - (P_0 - P_a)\left(2 - \frac{W_0}{G_a}\right)\end{aligned} \tag{12-33}$$

2. 按实际剖面计算

作用在挡土墙上的总竖直力为墙体的重力 W 与土压力 P_e 的竖直分力之和，即

$$\sum y = W + P_y \tag{12-34}$$

将公式（12-30）代入上式，得总竖直力为

$$\sum y = W + \frac{1}{2}\gamma m H^2 (1 + m\tan\beta) \tag{12-35}$$

作用在挡土墙上的总水平力，在没有其他水平力（荷载）作用的情况下，将等于作用在挡土墙上的土压力的水平分力 P_x，即

$$\sum x = P_x$$

将公式（12-29）代入上式，得

$$\sum x = P_e \tag{12-36}$$

将公式（12-27）代入公式（12-36），则得作用在挡土墙上的总水平力为

$$\begin{aligned}\sum x &= P_0 - (P_0 - P_a)\frac{2G_a - W}{G_a} \\ &= P_0 - (P_0 - P_a)\left(2 - \frac{W}{G_a}\right)\end{aligned} \tag{12-37}$$

三、挡土墙上作用力对墙底面背土一侧端点 o 的力矩

（一）按概化剖面计算

挡土墙上的作用力对墙底面背土一侧端点 o 的力矩，可分为两类，一类是绕 o 点逆时针旋转的，它的作用是使挡土墙绕 o 点倾倒（倾覆），故称为倾覆力矩，用 M_c 表示；另

一类是绕 o 点顺时针旋转，它的作用是阻止挡土墙绕 o 点倾倒，使挡土墙保持稳定，故称为稳定力矩（或抗覆力矩），用 M_y 表示。

1. 倾覆力矩 M_c

作用在挡土墙上的总水平力 $\sum x$ 对 o 点的力矩是逆时针方向的力矩，因此是倾覆力矩，其值为

$$M_c=\sum xy \tag{12-38}$$

式中　y——总水平力对 o 点的力臂，m，当总水平力仅为土压力的水平分力 P_x 时，$y=\frac{1}{3}H$，H 为挡土墙高度。

将公式（12-33）代入公式（12-38），并取 $y=\frac{1}{3}H$，则倾覆力矩为

$$\begin{aligned}M_c&=\left[P_0-(P_0-P_a)\left(2-\frac{W_0}{G_a}\right)\right]\times\frac{1}{3}H\\&=\frac{1}{3}H\left[P_0-(P_0-P_a)\left(2-\frac{W_0}{G_a}\right)\right]\end{aligned} \tag{12-39}$$

2. 抗覆力矩 M_y

抗覆力矩包括两部分，一部分是挡土墙三角形 eog 墙体的重力对 o 点所产生的力矩 M_{y1}，另一部分是土压力 P_e 的竖直分力 P_y 对 o 点所产生的力矩 M_{y2}。

由图 12-8 可知，挡土墙三角形墙体 eog 的重力对 o 点的力矩为

$$M_{y1}=W_1l_1+W_2l_2$$

式中　W_1——墙体 eog 的重力，kN；

l_1——墙体 eog 的重力 W_1 对 o 点的力臂，m；

W_2——墙体 efg 的重力，kN；

l_2——墙体 efg 的重力 W_2 对 o 点的力臂，m。

将公式（12-10）和公式（12-11），以及 $l_1=\frac{2}{3}nH$ 和 $l_2=nH+\frac{1}{3}mH$ 代入上式，得

$$\begin{aligned}M_{y1}&=\frac{1}{2}\gamma_C nH^2\times\frac{2}{3}nH+\frac{1}{2}\gamma_C mH^2\left(nH+\frac{1}{3}mH\right)\\&=\frac{1}{2}\gamma_C H^3\left[mn+\frac{1}{3}(2n^2+m^2)\right]\end{aligned} \tag{12-40}$$

土压力 P_e 的竖直分力 P_y 对 o 点的力矩为

$$M_{y2}=P_yx \tag{12-41}$$

式中　x——土压力 P_e 的竖直分力 P_y 对 o 点的力臂，m。

由图 12-9 可知：

$$x=B-\frac{1}{3}mH=(n+m)H-\frac{1}{3}mH=\left(n+\frac{2}{3}m\right)H \tag{12-42}$$

将公式（12-30）代入公式（12-41）得

$$M_{y2}=\frac{1}{2}\gamma mH^2(1+m\tan\beta)x \tag{12-43}$$

再将公式（12-42）代入公式（12-43），则得

$$M_{y2}=\frac{1}{2}\gamma mH^2(1+m\tan\beta)\left(n+\frac{2}{3}m\right)H$$

$$=\frac{1}{2}\gamma H^3m\left(n+\frac{2}{3}m\right)(1+m\tan\beta) \tag{12-44}$$

因此抗倾覆力矩

$$M_y=M_{y1}+M_{y2}$$

将公式（12-40）和公式（12-44）代入上式，得抗倾覆力矩为

$$M_y=\frac{1}{2}\gamma_C H^3\left[mn+\frac{1}{3}(2n^2+m^2)\right]+\frac{1}{2}\gamma H^3m\left(n+\frac{2}{3}m\right)(1+m\tan\beta)$$

$$=\frac{1}{2}H^3\left\{\gamma_C\left[mn+\frac{1}{3}(2n^2+m^2)\right]+\gamma m\left(n+\frac{2}{3}m\right)(1+m\tan\beta)\right\} \tag{12-45}$$

（二）按实际剖面计算

1. 倾覆力矩 M_c

此时倾覆力矩 M_c 仍然按公式（12-38）计算，即

$$M_c=\sum xy$$

$$\sum x=P_0-(P_0-P_a)\left(2-\frac{W}{G_a}\right) \tag{12-46}$$

$$y=\frac{1}{3}H \tag{12-47}$$

公式（12-46）中的 G_a 为挡土墙（填土）处于主动极限平衡状态时，挡土墙及作用在其上的填土的重力。

故在按实际剖面计算时，作用在挡土墙上的倾覆力矩为

$$M_c=\frac{1}{3}H\left[P_0-(P_0-P_a)\left(2-\frac{W}{G_a}\right)\right] \tag{12-48}$$

2. 抗覆力矩 M_y

按实际剖面计算时的抗覆力矩 M_y，等于按概化剖面计算时的抗覆力矩 M'_y 加上由于墙顶三角形块体 ehi 的重力 W_3 和墙基两端三角形块体 okj 的重力 W_4 及 fml 的重力 W_5 对墙底面端点 o 所产生的力矩 ΔM，即

$$M_y=M'_y+\Delta M \tag{12-49}$$

式中　M_y——按实际剖面计算时挡土墙上的抗覆力矩，kN·m；

M'_y——按概化剖面计算时挡土墙上的抗覆力矩，kN·m；

ΔM——墙顶三角形块体 ehi 的重力 W_3 和墙基两端三角形块体 okj 的重力 W_4 及 fml 的重力 W_5 对墙底面端点 o 所产生的力矩，kN·m。

由图 12-9 可知：

$$\Delta M=\frac{1}{2}\gamma_C\frac{a^2}{m}\left(nH+\frac{2}{3}a\right)+\frac{1}{2}\gamma_C nt^2\times\frac{1}{3}nt+\frac{1}{2}\gamma_C mt^2\left(nH+mH-\frac{1}{3}mt\right)$$

$$=\frac{1}{2}\gamma_C\left[\frac{a^2}{m}\left(nH+\frac{2}{3}a\right)+\frac{1}{3}t^2(n^2-m^2)+mt^2H(n+m)\right] \tag{12-50}$$

按概化剖面计算时挡土墙上的抗覆力矩 M'_y 可根据公式（12-45）计算，即

$$M'_y=\frac{1}{2}\gamma_C H^3\left[mn+\frac{1}{3}(2n^2+m^2)\right]+\frac{1}{2}\gamma H^3 m\left(n+\frac{2}{3}m\right)(1+m\tan\beta) \quad (12-51)$$

将公式（12-50）和公式（12-51）代入公式（12-49），则得按实际剖面计算时挡土墙的抗覆力矩为

$$M_y=\frac{1}{2}\gamma_C H^3\left[mn+\frac{1}{3}(2n^2+m^2)\right]+\frac{1}{2}\gamma H^3 m\left(n+\frac{2}{3}m\right)(1+m\tan\beta)$$
$$+\frac{1}{2}\gamma_C\left[\frac{a^2}{m}\left(nH+\frac{2}{3}a\right)+\frac{1}{3}t^2(n^2-m^2)+mt^2H(n+m)\right] \quad (12-52)$$

3. 挡土墙作用力对墙底面端点 o 的力矩 $\sum M$

挡土墙上所有作用力对墙底面端点 o 的力矩等于作用在挡土墙上的抗覆力矩 M_y 和倾覆力矩 M_c 之和，若以逆时针方向的力矩为正，则挡土墙上作用力对墙底面端点 o 的力矩为

$$\sum M=M_y-M_c \quad (12-53)$$

将公式（12-52）和公式（12-48）代入公式（12-53）得

$$\sum M=\frac{1}{2}\gamma_C H^3\left[mn+\frac{1}{3}(2n^2+m^2)\right]+\frac{1}{2}\gamma H^3 m\left(n+\frac{2}{3}m\right)(1+m\tan\beta)$$
$$+\frac{1}{2}\gamma_C\left[\frac{a^2}{m}\left(nH+\frac{2}{3}a\right)+\frac{1}{3}t^2(n^2-m^2)+mt^2H(n+m)\right]$$
$$-\frac{1}{3}H\left[P_0-(P_0-P_a)\left(2-\frac{W}{G_a}\right)\right]$$
$$=\frac{1}{2}H^3\left\{\gamma_C\left[mn+\frac{1}{3}(2n^2+m^2)\right]+\gamma m\left(n+\frac{2}{3}m\right)(1+m\tan\beta)\right\}$$
$$+\frac{1}{2}\gamma_C\left[\frac{a^2}{m}\left(nH+\frac{2}{3}a\right)+\frac{1}{3}t^2(n^2-m^2)+mt^2H(n+m)\right]$$
$$-\frac{1}{3}H\left[P_0-(P_0-P_a)\left(2-\frac{W}{G_a}\right)\right] \quad (12-54)$$

4. 挡土墙作用力的合力的作用点距墙底面中心点 o' 的偏心距 e

挡土墙上作用力的合力距墙底面中心点 o' 的偏心距按下式计算：

$$e=\frac{B}{2}-\frac{\sum M}{\sum y} \quad (12-55)$$

$$B=(n+m)H \quad (12-56)$$

式中　e——挡土墙上作用力的合力的作用点距墙底面中心点 o' 的偏心距，m；

B——挡土墙墙底面的宽度，m；

$\sum M$——挡土墙上作用力对墙底面端点 o 的力矩，kN·m，按公式（12-54）计算；

$\sum y$——挡土墙上竖直方向作用力的合力，kN，按公式（12－34）计算。

四、挡土墙的抗滑稳定性

（一）按概化剖面计算

挡土墙沿地基面的抗滑稳定安全系数为

$$K_c=\frac{f\sum y}{\sum x}\geqslant[K_c] \tag{12-57}$$

式中　K_c——挡土墙沿地基面的抗滑稳定安全系数；

f——挡土墙底面与地基上的摩擦系数；

$\sum y$——作用在挡土墙上的竖直力的合力，kN，按公式（12－30）计算；

$\sum x$——作用挡土墙上的水平力的合力，kN，按公式（12－33）计算；

$[K_c]$——挡土墙满足抗滑稳定要求的最小安全系数值。

将公式（12－31）和公式（12－33）代入公式（12－57）得

$$K_c=\frac{f\left[W_0+\frac{1}{2}\gamma H^2 m(1+m\tan\beta)\right]}{P_0-(P_0-P_a)\left(2-\frac{W_0}{G_a}\right)} \tag{12-58}$$

上式经移项整理后，可以写成下列形式：

$$K_c\left[P_0-(P_0-P_a)\left(2-\frac{W_0}{G_a}\right)\right]=f\left[W_0+\frac{1}{2}\gamma H^2 m(1+m\tan\beta)\right]$$

由此可得满足抗滑稳定安全系数 K_c 要求的，三角形概化剖面的挡土墙重量（重力）为

$$W_0=\frac{K_c(2P_a-P_0)-\frac{1}{2}fm\gamma(1+m\tan\beta)H^2}{f-\frac{K_c(P_0-P_a)}{G_a}} \tag{12-59}$$

式中　W_0——剖面形状为概化的三角形时挡土墙的重力，kN；

P_0——静止土压力，kN；

P_a——主动土压力，kN；

G_a——挡土墙处于主动极限平衡状态时墙体及其上填土的重力，kN；

K_c——采用的挡土墙抗滑稳定安全系数；

f——挡土墙底面与地基的摩擦系数。

将公式（12－12）代入公式（12－59）得

$$\frac{1}{2}\gamma_C(n+m)H^2=\frac{K_c(2P_a-P_0)-\frac{1}{2}f\gamma m(1+m\tan\beta)H^2}{f-\frac{K_c(P_0-P_a)}{G_a}} \tag{12-60}$$

上式经移项整理后可以写成下列形式：

$$m\left\{\frac{\gamma_C}{\gamma}\left[f-\frac{K_c(P_0-P_a)}{G_a}\right]+f(1+m\tan\beta)\right\}=\frac{2(2P_a-P_0)K_c}{\gamma H^2}-n\frac{\gamma_C}{\gamma}\left(f-\frac{P_0-P_a}{G_a}\right) \tag{12-61}$$

或
$$m^2\tan\beta+m\left\{\frac{\gamma_C}{\gamma}\left[f-\frac{K_c(P_0-P_a)}{G_a}\right]+f\right\}-\frac{2(2P_a-P_0)}{\gamma H^2}$$
$$+n\frac{\gamma_C}{\gamma}\left[f-\frac{K_c(P_0-P_a)}{G_a}\right]=0$$

令
$$A=\cot\beta\left\{\frac{\gamma_C}{\gamma}\left[f-\frac{K_c(P_0-P_a)}{G_a}\right]+f\right\}$$
$$B=\cot\beta\left\{\frac{2(2P_a-P_0)}{\gamma H^2}-n\frac{\gamma_C}{\gamma}\left[f-\frac{K_c(P_0-P_a)}{G_a}\right]\right\}$$

则上式可简写为
$$m^2+Am-B=0$$

解上式可得
$$m=\frac{1}{2}\left[-A+\sqrt{A^2+4B}\right]$$

如果略去 β 角的影响，则边坡坡率 m 也可近似地按下式计算：
$$m=\frac{\dfrac{2(2P_a-P_0)K_c}{\gamma H^2}-n\dfrac{\gamma_C}{\gamma}\left[f-\dfrac{K_c(P_0-P_a)}{G_a}\right]}{\left[f-\dfrac{K_c(P_0-P_a)}{G_a}\right]\left(\dfrac{\gamma_C}{\gamma}+f\right)} \tag{12-62}$$

式中　m——挡土墙向土一侧墙体的边坡坡率；

n——挡土墙背土一侧墙体的边坡坡率；

β——填土表面与水平面的夹角，(°)；

γ——填土的容重（重力密度），kN/m^3；

γ_C——挡土墙墙体的容重（重力密度），kN/m^3。

令
$$A=\frac{2(2P_a-P_0)K_c}{\gamma H^2} \tag{12-63}$$
$$B=\frac{\gamma_C}{\gamma}\left[f-\frac{K_c(P_0-P_a)}{G_a}\right] \tag{12-64}$$
$$C=B+f \tag{12-65}$$

将公式（12-63）～公式（12-65）代入公式（12-62）得
$$m=\frac{A-nB}{C} \tag{12-66}$$

（二）按实际剖面计算

将公式（12-35）和公式（12-37）代入公式（12-57），得挡土墙沿地基面的抗滑稳定安全系数为
$$K_c=\frac{f\left[W+\dfrac{1}{2}\gamma mH^2(1+m\tan\beta)\right]}{P_0-(P_0-P_a)\left(2-\dfrac{W}{G_a}\right)} \tag{12-67}$$

令
$$N_1=P_0-(P_0-P_a)\left(2-\frac{W}{G_a}\right) \tag{12-68}$$

则公式（12-67）可简写为

$$K_c=\frac{f(W+P_y)}{N_1} \tag{12-69}$$

五、挡土墙的抗倾覆稳定性

挡土墙的抗倾覆稳定安全系数为

$$K_y=\frac{M_y}{M_c}\geqslant[K_y] \tag{12-70}$$

式中　K_y——挡土墙的抗倾覆安全系数；

M_y——作用在挡土墙上的抗倾覆力矩，kN·m；

M_c——作用在挡土墙上的倾覆力矩，kN·m；

$[K_y]$——满足挡土墙抗倾覆稳定安全要求的最小安全系数。

（一）按概化剖面计算

将公式（12-39）和公式（12-45）代入公式（12-70），得

$$K_y=\frac{\frac{1}{2}\gamma_C H^3\left[mn+\frac{1}{3}(2n^2+m^2)\right]+\frac{1}{2}\gamma H^3 m\left(n+\frac{2}{3}m\right)(1+m\tan\beta)}{\frac{1}{3}H\left[P_0-(P_0-P_a)\left(2-\frac{W_0}{G_a}\right)\right]} \tag{12-71}$$

将公式（12-12）代入公式（12-71）得

$$K_y=\frac{\frac{1}{2}\gamma_C H^3\left[mn+\frac{1}{3}(2n^2+m^2)\right]+\frac{1}{2}\gamma H^3 m\left(n+\frac{2}{3}m\right)(1+m\tan\beta)}{\frac{1}{3}H\left\{P_0-(P_0-P_a)\left[2-\frac{\frac{1}{2}\gamma_C H^2(m+n)}{G_a}\right]\right\}}$$

$$=\frac{\left[mn+\frac{1}{3}(2n^2+m^2)\right]+m\left(n+\frac{2}{3}m\right)(1+m\tan\beta)\frac{\gamma}{\gamma_C}}{\frac{1}{3}\left[\frac{2(2P_a-P_0)}{\gamma_C H^2}+\frac{(P_0-P_a)}{G_a}(m+n)\right]} \tag{12-72}$$

上式经移项整理后可得

$$m^2\left[1+2(1+m\tan\beta)\frac{\gamma}{\gamma_C}\right]+m\left[3n+3n(1+m\tan\beta)\frac{\gamma}{\gamma_C}-\frac{K_y(P_0-P_a)}{G_a}\right]$$
$$+\left[2n^2-\frac{K_y n(P_0-P_a)}{G_a}-\frac{2K_y(2P_a-P_0)}{\gamma_C H^2}\right]=0 \tag{12-73}$$

上式可以写成下列形式：

$$2m^3\frac{\gamma}{\gamma_C}\tan\beta+m^2\left[1+3n\frac{\gamma}{\gamma_C}\tan\beta+2\frac{\gamma}{\gamma_C}\right]+m\left[3n+3n\frac{\gamma}{\gamma_C}-\frac{K_y(P_0-P_a)}{G_a}\right]$$
$$+\left[2n^2-\frac{2K_y(2P_a-P_0)}{\gamma_C H^2}-n\frac{K_y(P_0-P_a)}{G_a}\right]=0$$

令

$$\left.\begin{aligned}N_1&=2\frac{\gamma}{\gamma_C}\tan\beta\\N_2&=1+3n\frac{\gamma}{\gamma_C}\tan\beta+2\frac{\gamma}{\gamma_C}\\N_3&=3n+3n\frac{\gamma}{\gamma_C}-\frac{P_0-P_a}{G_a}K_y\\N_4&=2n^2-\frac{2K_y(2P_a-P_0)}{\gamma_C H^2}-n\frac{K_y(P_0-P_a)}{G_a}\end{aligned}\right\}$$

则上式可简写为

$$N_1m^3+N_2m^2+N_3m+N_4=0$$

解上式则可求得挡土墙向土一侧的边坡坡率 m 值。

如果略去 β 角的影响，则公式（12－73）变成下列形式：

$$m^2\left(1+2\frac{\gamma}{\gamma_C}\right)+m\left[3n\left(1+\frac{\gamma}{\gamma_C}\right)-\frac{K_y(P_0-P_a)}{G_a}\right]+\left[2n^2-\frac{K_yn(P_0-P_a)}{G_a}-\frac{2K_y(2P_a-P_0)}{\gamma_CH^2}\right]=0$$

令

$$\left.\begin{aligned}S&=\frac{\gamma}{\gamma_C}\\Q&=\frac{2K_y(2P_a-P_0)}{\gamma_CH^2}\\R&=\frac{K_y(P_0-P_a)}{G_a}\end{aligned}\right\}\tag{12-74}$$

上式可简化为

$$m^2(1+2S)+m[3n(1+S)-R]+(2n^2-nR-Q)=0\tag{12-75}$$

再令

$$\left.\begin{aligned}D&=1+2S\\E&=3n(1+S)-R\\F&=2n^2-nR-Q\end{aligned}\right\}\tag{12-76}$$

$$A=\frac{E}{D}\tag{12-77}$$

$$B=\frac{F}{D}\tag{12-78}$$

则公式（12－75）可以进一步简写为

$$m^2+Am+B=0\tag{12-79}$$

解上式可得挡土墙向土一侧的边坡坡率为

$$m=\frac{1}{2}(-A+\sqrt{A^2-4B})\tag{12-80}$$

（二）按实际剖面计算

此时挡土墙的抗覆稳定安全系数仍按公式（12－70）计算，即

$$K_y=\frac{M_y}{M_c}$$

式中作用在挡土墙上的抗覆力矩 M_y 按公式（12－52）计算：

$$M_y=\frac{1}{2}\gamma_CH^3\left[mn+\frac{1}{3}(2n^2+m^2)\right]+\left(n+\frac{2}{3}m\right)H\left[\frac{1}{2}\gamma mH^2(1+\tan\beta)\right]+\frac{1}{2}\gamma_C\left[\frac{a^2}{m}\left(nH+\frac{2}{3}a\right)+\frac{1}{3}t^2(n^2-m^2)+mt^2H(n+m)\right]$$

令

$$S_1=\frac{1}{2}\gamma_CH^3\left[mn+\frac{1}{3}(2n^2+m^2)\right]\tag{12-81}$$

$$S_2=\frac{1}{2}m\left(n+\frac{2}{3}m\right)\times\gamma H^3(1+\tan\beta)\tag{12-82}$$

$$S_3=\frac{1}{2}\gamma_C\left[\frac{a^2}{m}\left(nH+\frac{2}{3}a\right)+\frac{1}{3}t^2(n^2-m^2)+mt^2H(n+m)\right] \tag{12-83}$$

则
$$M_y=S_1+S_2+S_3 \tag{12-84}$$

作用在挡土墙上的倾覆力矩 M_c 按公式（12－48）计算，即

$$M_c=\frac{1}{3}H\left[P_0-(P_0-P_a)\left(2-\frac{W}{G_a}\right)\right]$$

六、挡土墙墙底面的应力

挡土墙墙底面的最大应力按下式计算：

$$p_{\max}=\frac{\sum y}{B}\left(1+\frac{6e}{B^2}\right)\leqslant 1.2[p] \tag{12-85}$$

$$\sum y=W+\frac{1}{2}\gamma H^2m(1+m\tan\beta)$$

式中　$p_{\max}$——挡土墙墙底面的最大应力，kPa；

$\sum y$——作用在挡土墙上所有竖直力之和，kN，按公式（12－34）计算；

W——挡土墙在实际剖面情况下的重力，按公式（12－26）计算，kN；

B——挡土墙墙底面的宽度按公式（12－56）计算，m；

e——作用在挡土上的作用力的合力距墙底面中心点的偏心距按公式（12－55）计算，m；

$[p]$——地基承载力设计值，kPa。

挡土墙墙底面的平均应力按下式计算：

$$p_c=\frac{\sum y}{B}\leqslant[p] \tag{12-86}$$

七、内倾式挡土墙的设计计算步骤

对于内倾式挡土墙，决定挡土墙尺寸的关键性影响因素往往是挡土墙的抗倾覆稳定安全性。

内倾式挡土墙的设计计算的目标是确定挡土墙的尺寸，通常挡土墙的顶宽 a、墙基高度 b、墙的背土一侧的边坡坡率 n 是根据工程经验和设计条件确定的，因而挡土墙的尺寸确定就是确定挡土墙向土一侧的边坡坡率 m，从而确定挡土墙的底面宽度 B。

内倾式挡土墙的设计计算步骤如下。

（1）确定挡土墙设计计算的基本数据：

1）挡土墙的基本数据。挡土墙的高度 H、挡土墙背土一侧的边坡坡率 n、墙顶宽度 a、墙基高度 b。

2）土的力学性指标。填土的容重（重力密度）γ、凝聚力 c、摩擦角 φ、墙与地基的摩擦系数 f；地基承载力设计值 $[p]$。

3）挡土墙墙体容重（重力密度）γ_C。

4）挡土墙设计的基本数据。挡土墙抗滑稳定安全系数最小值 $[K_c]$，挡土墙抗倾覆

稳定安全系数最小值 $[K_y]$。

(2) 计算作用在挡土墙上的水平主动土压力 P_a。

(3) 确定相应的静止土压力 P_0。该静止土压力的作用线的方向应与主动土压力 P_a 的作用线方向相同，也为水平方向。

(4) 计算挡土墙处于主动极限平衡状态时墙体及其上填土的重量（重力）G_a。

(5) 设挡土墙的抗滑稳定安全系数 $K_c=[K_c]$，然后按公式（12－66）计算满足 K_c 值要求的挡土墙向土一侧的边坡坡率 m 值，令计算得的值为 m_1。

(6) 设挡土墙的抗倾覆稳定安全系数 $K_y=[K_y]$，然后按公式（12－80）计算满足 K_y 值要求的挡土墙向土一侧的边坡坡率 m 值，令计算得的值为 m_2。

(7) 将前两步计算得的挡土墙向土一侧的边坡坡率 m_1 和 m_2 进行比较，取其中的大值作为挡土墙向土一侧的边坡坡率设计值 m。

(8) 根据公式（12－25）计算挡土墙在实际剖面的情况下墙体的重量（重力）W。

(9) 根据公式（12－30）计算由于挡土墙上的填土作用在挡土墙上的竖直土压力 P_y。

(10) 根据公式（12－34）计算作用在挡土墙上的总竖直力 $\sum y$。

(11) 根据公式（12－37）计算作用在挡土墙上的总水平力 $\sum x$。

(12) 根据公式（12－57）计算挡土墙实际的抗滑稳定安全系数 K_c。

(13) 根据公式（12－45）计算作用在挡土墙上的抗倾覆力矩 M'_y，根据公式（12－50）计算抗倾覆力矩 ΔM，再根据公式（12－49）计算挡土墙实际剖面时的抗倾覆力矩 $M_y=M'_y+\Delta M$。

(14) 根据公式（12－48）计算作用在挡土墙上的倾覆力矩 M_c。

(15) 根据公式（12－70）计算挡土墙实际的抗倾覆安全系数 K_y。

(16) 根据公式（12－53）计算合力矩 $\sum M$。

(17) 根据公式（12－56）计算挡土墙的底面宽度 B。

(18) 根据 $\sum M$、$\sum y$ 和 B 值，按公式（12－55）计算挡土墙上作用力的合力 $\sum y$ 的作用点距墙底面中心点的偏心距 e。

(19) 根据 $\sum y$、e 和 B 值，按公式（12－85）计算挡土墙底面的最大应力 P_{max}，并核算是否满足条件：

$$p_{max}\leqslant 1.2[p]$$

如果不满足上述条件，则应重新计算确定挡土墙的尺寸。

(20) 根据 $\sum y$ 和 B 值，按公式（12－86）计算挡土墙底面的应力 p_c，并核算是否满足条件

$$p_c\leqslant[p]$$

如果不能满足上述条件，也应重新计算确定挡土墙的尺寸。

【例 12－1】 某挡土墙为一内倾式挡土墙，墙高 $H=8.0$m，墙体为混凝土，容重（重力密度）$\gamma_C=23.5\text{kN/m}^3$，填土为砂质土，表面倾斜，与水平面的夹角 $\beta=10°$，土的容重 $\gamma=17.5\text{kN/m}^3$，内摩擦角 $\varphi=30°$，凝聚力 $c=0$，填土与挡土墙墙面的摩擦角 $\delta=10°$；挡土墙与地基的摩擦系数 $f=0.55$，地基承载力的设计值 $[p]=250.00$kPa。设计该挡土墙的尺寸。

解：首先根据挡土墙的使用条件确定挡土墙背土一侧的边坡坡率 $n=0.15$，挡土墙的顶部宽度 $a=0.4\text{m}$，墙基高度 $b=0.6\text{m}$，然后进行下列计算。

（1）计算水平方向的主动土压力 P_a。根据公式（2-244）计算主动土压力系数：

$$K_a=\frac{\cos\beta-\sqrt{\cos^2\beta-\cos^2\varphi}}{\cos\beta+\sqrt{\cos^2\beta-\cos^2\varphi}}$$

$$=\frac{\cos10°-\sqrt{\cos^2 10°-\cos^2 30°}}{\cos10°+\sqrt{\cos^2 10°-\cos^2 30°}}=0.4197$$

$$P'_a=\frac{1}{2}\gamma H^2 K_a=\frac{1}{2}\times 17.5\times 8.0^2\times 0.4197$$

$$=235.0320(\text{kN})$$

这一主动土压力的作用线平行于填土表面线，故作用在挡土墙上的水平向主动土压力为

$$P_a=P'_a\cos\beta=235.0320\times\cos10°=231.4595(\text{kN})$$

（2）计算水平方向的静止土压力 P_0。根据公式（11-66）计算静止土压力系数：

$$K_0=\frac{1-\sin\varphi}{\cos\varphi}=\frac{1-\sin30°}{\cos30°}=0.5774$$

故 $$P'_0=\frac{1}{2}\gamma H^2\cos\beta K_0=\frac{1}{2}\times 17.5\times 8.0^2\times 0.5774\times\cos10°=318.4292(\text{kN})$$

这一静止土压力的作用方向平行于填土表面，故水平方向的静止土压力为

$$P_0=P'_0\cos\beta=318.4292\times\cos10°=313.5891(\text{kN})$$

（3）根据公式（10-74）计算主动极限平衡状态时墙体及其上填土的重力：

$$G_a=\frac{1}{f}P_a=\frac{231.4595}{0.55}=420.8355(\text{kN})$$

（4）根据 $K_c=[K_c]$ 计算满足 K_c 值要求的挡一墙向土一侧的边坡坡率 m 值。取 $K_c=[K_c]=1.5$，按公式（12-63）～公式（12-65）计算 A、B、C 值：

$$A=\frac{2(2P_a-P_0)K_c}{\gamma H^2}=\frac{2\times(2\times 231.4595-313.5891)\times 1.5}{17.5\times 8.0^2}=0.4000$$

$$B=f-\frac{K_c(P_0-P_a)}{G_a}=0.55-\frac{1.5\times(313.5891-231.4595)}{420.8355}=0.2573$$

$$C=B+f=0.2573+0.55=0.8073$$

根据公式（12-66）计算满足 $K_c=1.5$ 要求的挡土墙向土一侧的边坡坡率：

$$m=\frac{A-nB}{C}=\frac{0.4000-0.15\times 0.2573}{0.8073}=0.4540$$

（5）根据 $K_y=[K_y]$ 计算满足 K_y 值要求的挡土墙向土一侧的边坡坡率 m 值。取 $K_y=[K_y]=1.3$，按公式（12-74）、公式（12-76）～公式（12-78）计算 Q、R、D、E、F、A 和 B 值：

$$S=\frac{\gamma}{\gamma_C}=\frac{17.5}{23.5}=0.7447$$

$$Q=\frac{2K_y(2P_a-P_0)}{\gamma_C H^2}=\frac{2\times1.3\times(2\times231.4595-313.5891)}{23.50\times8.0^2}=0.2582$$

$$R=\frac{K_y(P_0-P_a)}{G_a}=\frac{2\times1.3\times(313.5891-231.4595)}{420.8355}=0.5074$$

$$D=(1+2S)=(1+2\times0.7447)=2.4894$$

$$E=3n(1+S)-R=3\times0.15\times(1+0.7447)-0.5074=-0.2777$$

$$F=2n^2-nR-Q=2\times0.15^2-0.15\times0.5074-0.2582=-0.2893$$

$$A=\frac{E}{D}=\frac{0.2777}{2.4894}=-0.1116$$

$$B=\frac{F}{D}=\frac{-0.2893}{2.4894}=-0.1162$$

根据公式（12-86）计算满足 $K_y=1.3$ 要求的挡土墙向土一侧的边坡坡率 m 值：

$$m=\frac{1}{2}\times(-A+\sqrt{A^2-4B})=\frac{1}{2}\times\left[-(-0.1116)+\sqrt{(-0.1116)^2-4\times(-0.1162)}\right]$$
$$=0.2896$$

（6）将上面计算得到的两个 m 值进行比较后，最后确定挡土墙向土一侧的边坡坡率 $m=0.35$。

（7）根据公式（12-12）计算概化的三角形剖面时的重力：

$$W_0=\frac{1}{2}\gamma_C(n+m)H^2$$
$$=\frac{1}{2}\times23.5\times(0.15+0.35)\times8.0^2=376.0000(\text{kN})$$

（8）根据公式（12-26）计算挡土墙在实际剖面时的重力：

$$W=W_0+\frac{1}{2}\gamma_C\left[(n+m)t^2+\frac{a^2}{m}\right]$$
$$=376.0000+\frac{1}{2}\times23.5\times\left[(0.15+0.35)\times0.6^2+\frac{0.4^2}{0.35}\right]$$
$$=383.4864(\text{kN})$$

（9）根据公式（12-30）计算竖直土压力：

$$P_y=\frac{1}{2}\gamma mH^2(1+m\tan\beta)$$
$$=\frac{1}{2}\times17.50\times0.70\times8.0^2\times(1+0.35\times\tan10°)=416.1921(\text{kN})$$

（10）根据公式（12-34）计算挡土墙上的总竖直力：

$$\sum y=W+P_y=383.4864+416.1921=799.6785(\text{kN})$$

（11）根据公式（12-27）计算主动弹性土压力：

$$P_e = P_0 - (P_0 - P_a)\frac{2G_a - W}{G_a}$$

$$= 313.5891 - (313.5891 - 231.4595) \times \frac{2 \times 420.8355 - 383.4864}{420.8355}$$

$$= 224.1705(\text{kN})$$

(12) 根据公式（12-37）计算总水平力：

$$\sum x = P_e = 224.1705\text{kN}$$

(13) 根据公式（12-38）计算倾覆力矩：

$$M_c = \sum xy = \sum x \frac{1}{3}H = 224.1705 \times \frac{1}{3} \times 8.0 = 597.7880(\text{kN}\cdot\text{m})$$

(14) 根据公式（12-51）和公式（12-50）分别计算力矩：

$$M'_y = \frac{1}{2}\gamma_C H^3\left[mn + \frac{1}{3}(2n^2 + m^2)\right] + \frac{1}{2}\gamma H^3 m\left(n + \frac{2}{3}m\right)(1 + m\tan\beta)$$

$$= \frac{1}{2} \times 23.5 \times 8.0^3 \times \left[0.35 \times 0.15 + \frac{1}{3}(2 \times 0.15^2 + 0.35^2)\right]$$

$$+ \frac{1}{2} \times 17.5 \times 8.0^3 \times 0.35 \times \left(0.15 + \frac{2}{3} \times 0.35\right)(1 + 0.35 \times \tan 10^\circ)$$

$$= 651.7333 + 601.0667 = 1252.8000(\text{kN}\cdot\text{m})$$

$$\Delta M = \frac{1}{2}\gamma_C\left[\frac{a^2}{m}\left(nH + \frac{2}{3}a\right) + \frac{1}{3}t^3(n^2 - m^2) + mt^2H(n + m)\right]$$

$$= \frac{1}{2} \times 23.5 \times \left[\frac{0.4^2}{0.35} \times \left(0.15 \times 8.0 + \frac{2}{3} \times 0.4\right) + \frac{1}{3} \times 0.6^3 \times (0.15^2 - 0.35^2)\right.$$

$$\left. + 0.35 \times 0.6^2 \times 8.0 \times (0.15 + 0.35)\right]$$

$$= 13.7155(\text{kN}\cdot\text{m})$$

根据公式（12-49）计算作用在挡土墙上的抗倾覆力矩

$$M_y = M'_y + \Delta M = 1252.8000 + 13.7155 = 1265.1550(\text{kN}\cdot\text{m})$$

(15) 根据公式（12-53）计算力矩：

$$\sum M = M_y - M_c = 1265.1550 - 597.7880 = 667.3670(\text{kN}\cdot\text{m})$$

(16) 根据公式（12-56）计算挡土墙底宽：

$$B = (n + m)H = (0.15 + 0.35) \times 8.0 = 4.0(\text{m})$$

(17) 根据公式（12-55）计算偏心距：

$$e = \frac{B}{2} - \frac{\sum M}{\sum y} = \frac{4.0}{2} - \frac{667.3670}{799.6785} = 1.1655(\text{m})$$

(18) 按公式（12-57）计算挡土墙的抗滑稳定安全系数：

$$K_c = \frac{f\sum y}{\sum x} = \frac{0.55 \times 799.6785}{224.1705} = 1.9620 > [K_c] = 1.5$$

(19) 按公式（12-70）计算挡土墙的抗倾覆稳定安全系数：

$$K_y = \frac{M_y}{M_c} = \frac{1265.1550}{597.7880} = 2.1164 > [K_y] = 1.30$$

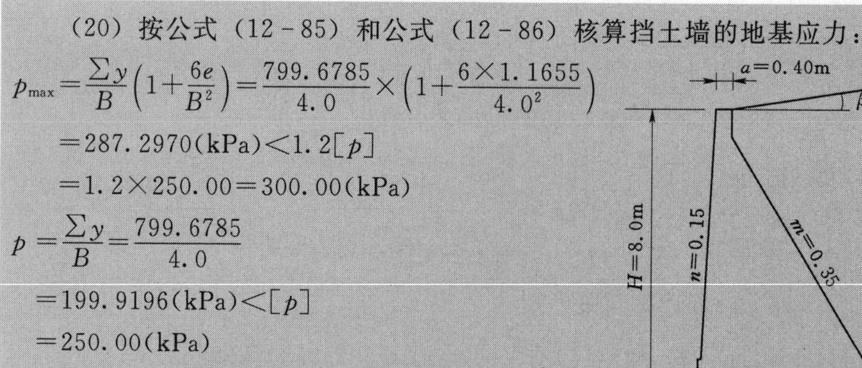

（20）按公式（12-85）和公式（12-86）核算挡土墙的地基应力：

$$p_{\max}=\frac{\sum y}{B}\left(1+\frac{6e}{B^2}\right)=\frac{799.6785}{4.0}\times\left(1+\frac{6\times 1.1655}{4.0^2}\right)$$

$$=287.2970(\text{kPa})<1.2[p]$$

$$=1.2\times 250.00=300.00(\text{kPa})$$

$$p=\frac{\sum y}{B}=\frac{799.6785}{4.0}$$

$$=199.9196(\text{kPa})<[p]$$

$$=250.00(\text{kPa})$$

（21）挡土墙的最终设计尺寸为：挡高 $H=8.0\text{m}$，背土一侧的边坡坡率 $n=0.15$，向土一侧的边坡坡率 $m=0.35$，墙顶宽 $a=0.40\text{m}$，墙基高 $b=0.60\text{m}$，如图 12-10 所示。

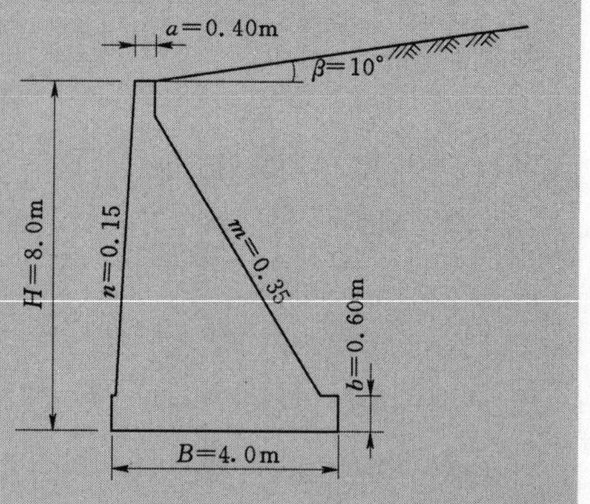

图 12-10　【例 12-1】设计的挡土墙

第三节　外倾式挡土墙的计算

如图 12-11（a）所示的外倾式挡土墙，墙的高度为 H，墙的向土一侧的边坡坡率为 m，背土一侧的边坡坡率为 n，但 $n>m$，墙的顶宽为 a，墙基的高度为 b，墙底面的宽度为 B，墙基背土一侧顶面的水平宽度为 c，向土一侧顶面的水平宽度为 d。在计算时，可将挡土墙的剖面概化为简单的三角形剖面 eof，如图 12-11（b）所示。

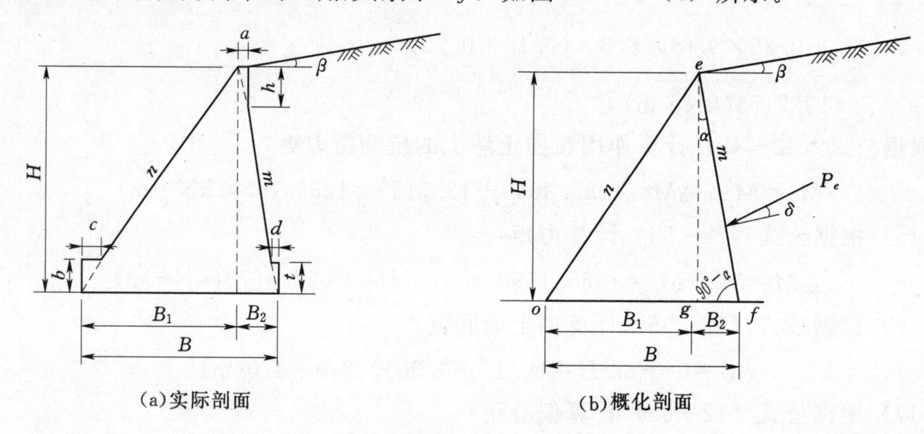

(a)实际剖面　　(b)概化剖面

图 12-11　外倾式挡土墙

此时作用在挡土墙上的力有挡土墙墙体的重力 W_1 和 W_2，以及作用在向土一侧墙面 ef 上的土压力 P_e，该土压力的作用方向指向挡土墙墙面，其作用线与墙面法线的夹角为 δ，如图 12-12 所示。

重力 W_1 和 W_2 的作用点分别位于墙体 ego 和 egf 的重心（形心）上，作用方向竖直向下，如图 12-12 所示。土压力 P_e 可分解为两个分力，即水平分力 P_x 和竖直分力 P_y，P_x 的作用线距离墙底面的高度 $y=H/3$，P_y 的作用线距离挡土墙底面端点 f 的水平距离

为 $x=mH/3$。

一、挡土墙墙体重力的计算

（一）按概化剖面计算

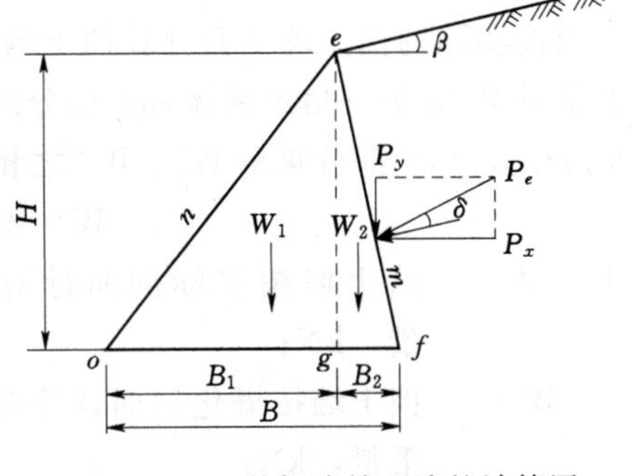

图 12-12　外倾式挡土墙的计算图（按概化剖面）

由图 12-10 可知，当挡土墙的剖面按概化的三角形剖面计算时，墙体的自重为

$$W_0=W_1+W_2 \tag{12-87}$$

式中　W_0——当挡土墙的剖面为 eof 时墙体的自重（重力），kN；

W_1——挡土墙墙体 eog 的重量（重力），kN；

W_2——挡土墙墙体 efg 的重量（重力），kN。

W_1 和 W_2 按下列公式计算：

$$W_1=\frac{1}{2}\gamma_C HB_1 \tag{12-88}$$

$$W_2=\frac{1}{2}\gamma_C HB_2 \tag{12-89}$$

式中　γ_C——挡土墙墙体的容重（重力密度），kN/m^3；

H——挡土墙的墙高，m；

B_1——挡土墙墙体 eog 的底宽，m；

B_2——挡土墙墙体 efg 的底宽，m。

由图 12-10 可知：

$$B_1=nH \tag{12-90}$$

$$B_2=mH \tag{12-91}$$

式中　n——挡土墙背土一侧墙面的边坡坡率；

m——挡土墙向土一侧墙面的边坡坡率；

H——挡土墙的高度，m。

将公式（12-90）和公式（12-91）分别代入公式（12-88）和公式（12-89）得

$$W_1=\frac{1}{2}\gamma_C H\times nH=\frac{1}{2}\gamma_C nH^2 \tag{12-92}$$

$$W_2=\frac{1}{2}\gamma_C H\times mH=\frac{1}{2}\gamma_C mH^2 \tag{12-93}$$

将公式（12-92）和公式（12-93）代入公式（12-87），则得挡土墙的剖面为概化的三角形剖面 eof 时墙体的重量（重力）为

$$W_0=\frac{1}{2}\gamma_C nH^2+\frac{1}{2}\gamma_C mH^2=\frac{1}{2}\gamma_C(n+m)H^2 \tag{12-94}$$

由公式（12-94）可知，当已知挡土墙墙体重量 W_0 和向土一侧墙面边坡坡率 m 时，可按下式计算挡土墙墙体向土一侧的墙面边坡坡率 n，即

$$n=\frac{2W_0}{\gamma_C H^2}-m \tag{12-95}$$

（二）按实际剖面计算

当按实际的挡土墙剖面计算挡土墙墙体重量（重力）W 时，由图 12－13 可知，挡土墙的重量 W 等于三角形墙体 eof 部分的重量 W_0 和墙顶 ehi 部分的重量 W_3、墙基两端三角形 okj 及 fml 部分重量 W_4、W_5 之和，即

$$W=W_0+W_3+W_4+W_5 \tag{12-96}$$

式中　W——挡土墙按实际剖面计算时的重量，kN；

W_0——挡土墙按概化剖面计算时墙体的重量，kN；

W_3——挡土墙墙顶三角形 ehi 部分的重量，kN；

W_4——挡土墙墙基背土一侧三角形 okj 部分的重量，kN；

W_5——挡土墙墙基向土一侧三角形 fml 部分的重量，kN。

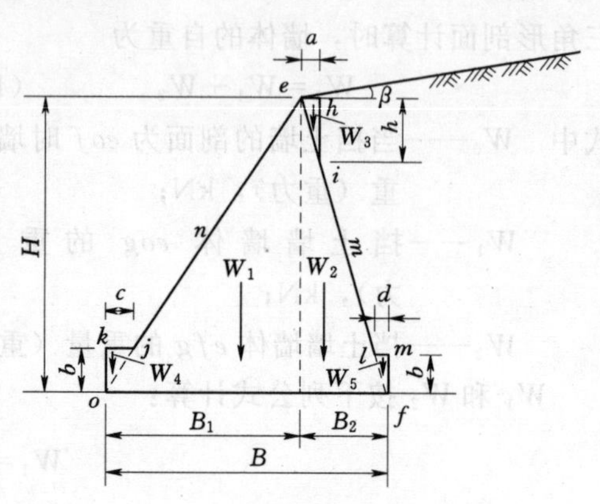

图 12－13　外倾式挡土墙计算图（按实际剖面）

在公式（12－96）中，W_0 可按公式（12－94）计算，W_3、W_4、W_5 可根据图 12－13进行计算，即

$$W_3=\frac{1}{2}\gamma_C ah \tag{12-97}$$

$$W_4=\frac{1}{2}\gamma_C cb \tag{12-98}$$

$$W_5=\frac{1}{2}\gamma_C db \tag{12-99}$$

式中　a——挡土墙的墙顶宽度，m；

h——挡土墙墙顶三角形 ehi 的高度，m；

b——挡土墙墙基的高度，m；

c——挡土墙墙基背土一侧三角形 oki 的底宽，m；

d——挡土墙墙基向土一侧三角形 fml 的底宽，m。

由图 12－12 可知：

$$h=\frac{a}{m} \tag{12-100}$$

$$c=nb \tag{12-101}$$

$$d=mb \tag{12-102}$$

将上述的 h、c、d 值分别代入公式（12－97）～公式（12－99）中，则得

$$W_3=\frac{1}{2}\gamma_C a\times\frac{a}{m}=\frac{1}{2}\gamma_C\frac{a^2}{m} \tag{12-103}$$

$$W_4=\frac{1}{2}\gamma_C nb\times b=\frac{1}{2}\gamma_C nt^2 \quad (12-104)$$

$$W_5=\frac{1}{2}\gamma_C mb\times b=\frac{1}{2}\gamma_C mt^2 \quad (12-105)$$

将公式（12-103）～公式（12-105）代入公式（12-96）得挡土墙的剖面按实际剖面计算时挡土墙的重量为

$$\begin{aligned}W&=W_0+\frac{1}{2}\gamma_C\frac{a^2}{m}+\frac{1}{2}\gamma_C nt^2+\frac{1}{2}\gamma_C mt^2\\&=W_0\ \frac{1}{2}\gamma_C\left[(n+m)t^2+\frac{a^2}{m}\right]\end{aligned} \quad (12-106)$$

如将公式（12-94）代入公式（12-106），则得

$$\begin{aligned}W&=\frac{1}{2}\gamma_C(n+m)H^2+\frac{1}{2}\gamma_C\left[(n+m)t^2+\frac{a^2}{m}\right]\\&=\frac{1}{2}\gamma_C\left[(n+m)(H^2+t^2)+\frac{a^2}{m}\right]\end{aligned} \quad (12-107)$$

二、作用在挡土墙上的总竖直力Σy和总水平力Σx

（一）作用在挡土墙上的土压力的竖直分力和水平分力

在挡土墙处于弹性平衡状态时，作用在挡土墙上的土压力为弹性状态时的土压力P_e，可按公式（12-27）来计算，即

$$P_e=P_0-(P_0-P_a)\frac{(2G_a-W)}{G_a}$$

或

$$P_e=P_0-(P_0-P_a)\left(2-\frac{W}{G_a}\right) \quad (12-108)$$

式中 P_e——挡土墙处于主动弹性平衡状态时作用在挡土墙上的土压力，简称主动弹性土压力，kN；

P_0——挡土墙（或填土）处于静止状态时作用在挡土墙上的土压力，简称静止土压力，kN，按第一章第四节中所述方法来计算；

P_a——挡土墙（填土）处于主动极限平衡状态时作用在挡土墙上的土压力，简称主动土压力，kN，按本书有关各章中所述方法计算；

G_a——当挡土墙处于主动极限平衡状态时，挡土墙墙体及其上填土的重量，kN，按第十二章第三节中所述方法计算；

W——挡土墙的重量，kN，即挡土墙的计算重量。

土压力P_e的作用方向指向挡土墙，其作用线与挡土墙墙面法线的夹角为δ_0，δ_0的值介于0和δ之间，δ为填土与挡土墙墙面之间的摩擦角。因此可近似地按以下公式取值：

$$\delta_0=\frac{1}{2}\delta \quad (12-109)$$

式中　δ_0——弹性状态土压力 P_e 与挡土墙墙面法线之间的夹角，(°)；

δ——填土与挡土墙墙面之间的摩擦角，(°)。

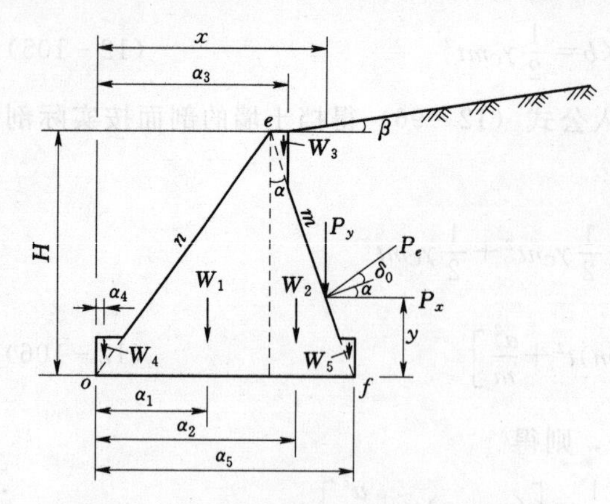

图 12-14　作用在挡土墙上的土压力的水平分力 P_x 和竖直分力 P_y

此时土压力 P_e 与竖直线之间的夹角为 $90°-(\alpha+\delta_0)$（图 12-14），其中 α 为挡土墙墙面 ef 与竖直线之间的夹角。因此，土压力 P_e 的竖直分力、水平分力分别为

$$P_y=P_e\cos[90°-(\alpha+\delta_0)]=P_e\sin(\alpha+\delta_0) \tag{12-110}$$

$$P_x=P_e\sin[90°-(\alpha+\delta_0)]=P_e\cos(\alpha+\delta_0) \tag{12-111}$$

（二）作用在挡土墙上的总竖直力 $\sum y$ 和总水平力 $\sum x$

1. 按概化剖面计算

作用在挡土墙上的总竖直力为墙体的重力 W_0 与土压力 P_e 的竖直分力之和，即

$$\sum y=W_0+P_e\sin(\alpha+\delta_0)$$

将公式（12-108）代入上式，得总竖直力为

$$\sum y=W_0+\left[P_0-(P_0-P_a)\left(2-\frac{W_0}{G_a}\right)\right]\sin(\alpha+\delta_0) \tag{12-112}$$

$$\alpha=\arctan m \tag{12-113}$$

式中　α——挡土墙向土一侧墙体边坡与竖直线之间的夹角，(°)。

作用在挡土墙上的总的水平力，在没有其他水平力（水平荷载）作用的情况下，即等于作用在挡土墙上的土压力水平分力 P_x，即

$$\sum x=P_x$$

将公式（12-111）代入上式，得

$$\sum x=P_e\cos(\alpha+\delta_0) \tag{12-114}$$

将公式（12-108）代入公式（12-114），则得作用在挡土墙上的总水平力为

$$\sum x=\left[P_0-(P_0-P_a)\left(2-\frac{W_0}{G_a}\right)\right]\cos(\alpha+\delta_0) \tag{12-115}$$

2. 按实际剖面计算

作用在挡土墙上的总竖直力等于墙体的重力 W 与土压力 P_e 的竖直分力 P_y 之和，即

$$\sum y=W+P_e\sin(\alpha+\delta_0)$$

将公式（12-108）代入上式，得总竖直力为

$$\sum y=W+\left[P_0-(P_0-P_a)\left(2-\frac{W}{G_a}\right)\right]\sin(\alpha+\delta_0) \tag{12-116}$$

式中　W——挡土墙在实际剖面时的重量，即挡土墙的设计重量，kN。

作用在挡土墙上的总水平力，在没有其他水平力（水平荷载）作用的情况下，等于作用在挡土墙上的土压力的水平分力 P_x，即

$$\sum x=P_x$$

将公式（12-111）代入上式得

$$\sum x=P_e\cos(\alpha+\delta_0)$$

将公式（12-108）代入上式，则得作用在挡土墙上的总水平力为

$$\sum x=\left[P_0-(P_0-P_a)\left(2-\frac{W}{G_a}\right)\right]\cos(\alpha+\delta_0) \tag{12-117}$$

三、挡土墙上作用力对墙底面背土一侧端点 o 的力矩

（一）按概化剖面计算

挡土墙上的作用力对墙底面背土一侧端点 o 的力矩可分为两类，一类是绕 o 点逆时针旋转的，它的作用是使挡土墙绕 o 点倾倒（倾覆），故称为倾覆力矩，用 M_c 表示；另一类是绕 o 点顺时针旋转，它的作用是阻止挡土墙绕 o 点倾倒（倾覆），使挡土墙保持稳定，故称为抗覆力矩（或稳定力矩），用 M_y 表示。

1. 倾覆力矩 M_c

倾覆力矩为

$$M_c=\sum xy$$

当总水平力仅为土压力的水平分力 P_x 时，y 为

$$y=\frac{1}{3}H$$

式中 y——总水平力 $\sum x$ 对 o 点的力臂，m；

H——挡土墙的高度，m。

因此有

$$M_c=\sum x\,\frac{1}{3}H$$

将公式（12-115）代入上式，则得倾覆力矩为

$$M_c=\frac{1}{3}H\left[P_0-(P_0-P_a)\left(2-\frac{W_0}{G_a}\right)\right]\cos(\alpha+\delta_0) \tag{12-118}$$

2. 抗覆力矩 M_y

抗覆力矩包括两部分组成，一部分是挡土墙的重力 W_0 对 o 点所产生的力矩 M_{y1}，另一部分是土压力 P_e 的竖直分力 P_y 对 o 点所产生的力矩 M_{y2}，即

$$M_y=M_{y1}+M_{y2} \tag{12-119}$$

由图 12-14 可知：

$$M_{y1}=W_1l_1+W_2l_2 \tag{12-120}$$

式中 W_1——挡土墙墙体 eog 的重力，kN；

l_1——重力 W_1 对 o 点的力臂，m；

W_2——挡土墙墙体 efg 的重力，kN；

l_2——重力 W_2 对 o 点的力臂，m。

由图 12-12 可知：

$$\left.\begin{aligned} l_1 &= \frac{2}{3}nH \\ l_2 &= nH + \frac{1}{3}mH \end{aligned}\right\} \tag{12-121}$$

将公式（12－92）、公式（12－93）和公式（12－121）代入公式（12－120），得

$$\begin{aligned} M_{y1} &= \frac{1}{2}\gamma_C nH^2 \times \frac{2}{3}nH + \frac{1}{2}\gamma_C mH^2 \times \left(nH + \frac{1}{3}mH\right) \\ &= \frac{1}{2}\gamma_C H^3\left[mn + \frac{1}{3}(2n^2 + m^2)\right] \end{aligned} \tag{12-122}$$

土压力 P_e 的竖直分力 P_y 对 o 点的力矩为

$$M_{y2} = P_y x$$

式中 x——土压力 P_e 的竖直分力 P_y 对 o 点的力臂，m。

由图 12－12 可知：

$$x = B - \frac{1}{3}mH = (n+m)H - \frac{1}{3}mH = \left(n + \frac{2}{3}m\right)H \tag{12-123}$$

将公式（12－110）和公式（12－123）代入前一公式，得

$$M_{y2} = P_e\sin(\alpha + \delta_0) \times \left(n + \frac{2}{3}m\right)H$$

再将公式（12－108）代入上式，得

$$\begin{aligned} M_{y2} &= \left[P_0 - (P_0 - P_a)\left(2 - \frac{W_0}{G_a}\right)\right]\sin(\alpha + \delta_0) \times \left(n + \frac{2}{3}m\right)H \\ &= \left(n + \frac{2}{3}m\right)H\left[P_0 - (P_0 - P_a)\left(2 - \frac{W_0}{G_a}\right)\right]\sin(\alpha + \delta_0) \end{aligned} \tag{12-124}$$

因此抗倾覆力矩为

$$\begin{aligned} M_y &= M_{y1} + M_{y2} \\ &= \frac{1}{2}\gamma_C H^3\left[mn + \frac{1}{3}(2n^2 + m^2)\right] + \left(n + \frac{2}{3}m\right)H \\ &\quad \times \left[P_0 - (P_0 - P_a)\left(2 - \frac{W_0}{G_a}\right)\right]\sin(\alpha + \delta_0) \end{aligned} \tag{12-125}$$

（二）按实际剖面计算

1. 倾覆力矩 M_c

此时倾覆力矩 M_c 仍然按公式（12－118）计算，但其中的 W_0 应用 W 替代，即

$$M_c = \frac{1}{3}H\left[P_0 - (P_0 - P_a)\left(2 - \frac{W}{G_a}\right)\right]\cos(\alpha + \delta_0) \tag{12-126}$$

2. 抗覆力矩 M_y

此时的抗覆力矩 M_y 按下式计算：

$$M_y = M'_y + \Delta M \tag{12-127}$$

式中 M_y——按实际剖面计算时挡土墙上的抗覆力矩，kN·m；

M'_y——按概化剖面计算时挡土墙上的抗覆力矩，kN·m；

ΔM——墙顶三角形块体 ehi 的重力 W_3、墙基两端三角形块体 okj 的重力 W_4 及 fml 的重力 W_5 对墙底面背土一侧端点 o 所产生的力矩，kN·m。

由图 12-14 可知：

$$\begin{aligned}\Delta M &= \frac{1}{2}\gamma_C\frac{a^2}{m}\left(nH+\frac{2}{3}a\right)+\frac{1}{2}\gamma_C nt^2\times\frac{1}{3}nt+\frac{1}{2}\gamma_C mt^2\left(nH+mH-\frac{1}{3}mt\right)\\ &=\frac{1}{2}\gamma_C\left[\frac{a^2}{m}\left(nH+\frac{2}{3}a\right)+\frac{1}{3}t^3(n^2-m^2)+mt^2H(n+m)\right]\end{aligned} \tag{12-128}$$

此时 M'_y 按公式（12-125）计算，即

$$M'_y=\frac{1}{2}\gamma_C H^3\left[mn+\frac{1}{3}(2n^2+m^2)\right]+\left(n+\frac{2}{3}m\right)H\left[P_0-(P_0-P_a)\left(2-\frac{W}{G_a}\right)\right]\sin(\alpha+\delta_0) \tag{12-129}$$

将公式（12-129）和公式（12-128）代入公式（12-127），则得抗覆力矩为

$$\begin{aligned}M_y &=\frac{1}{2}\gamma_C H^3\left[mn+\frac{1}{3}(2n^2+m^2)\right]\\ &\quad+\frac{1}{2}\gamma_C\left[\frac{a^2}{m}\left(nH+\frac{2}{3}a\right)+\frac{1}{3}t^3(n^2-m^2)+mt^2H(n+m)\right]\\ &\quad+\left(n+\frac{2}{3}m\right)H\left[P_0-(P_0-P_a)\left(2-\frac{W}{G_a}\right)\right]\sin(\alpha+\delta_0)\end{aligned} \tag{12-130}$$

3. 挡土墙作用力对墙底面端点 o 的力矩形 $\sum M$

挡土墙上全部作用力对墙底面端点 o 的力矩 $\sum M$，等于抗覆力矩 M_y 和倾覆力矩 M_c 的代数和，即

$$\sum M=M_y-M_c$$

将公式（12-130）和公式（12-126）代入上式得

$$\begin{aligned}\sum M &=\frac{1}{2}\gamma_C\left\{H^3\left[mn+\frac{1}{3}(2n^2+m^2)\right]+\left[\frac{a^2}{m}\left(nH+\frac{2}{3}a\right)\right.\right.\\ &\quad\left.\left.+\frac{1}{3}b^3(n^2-m^2)+mb^2H(n+m)\right]\right\}\\ &\quad+\left(n+\frac{2}{3}m\right)H\left[P_0-(P_0-P_a)\left(2-\frac{W}{W_a}\right)\right]\sin(\alpha+\delta_0)\\ &\quad-\frac{1}{3}H\left[P_0-(P_0-P_a)\left(2-\frac{W}{W_a}\right)\right]\cos(\alpha+\delta_0)\\ &=\frac{1}{2}\gamma_C\left\{H^3\left[mn+\frac{1}{3}(2n^2+m^2)\right]+\left[\frac{a^2}{m}\left(nH+\frac{2}{3}a\right)\right.\right.\\ &\quad\left.\left.+\frac{1}{3}t^3(n^2-m^2)+mt^2H(n+m)\right]\right\}\\ &\quad+\left[P_0-(P_0-P_a)\left(2-\frac{W}{G_a}\right)\right]\left[\left(n+\frac{2}{3}m\right)H\sin(\alpha+\delta_0)-\frac{1}{3}H\cos(\alpha+\delta_0)\right]\end{aligned} \tag{12-131}$$

4. 挡土墙作用力的合力的作用点距墙底面中心点 o' 的偏心距 e

挡土墙上作用力的合力作用点距墙底面中心点 o' 的偏心距按下式计算：

$$e=\frac{B}{2}-\frac{\sum M}{\sum y} \tag{12-132}$$

$$B=(n+m)H \tag{12-133}$$

式中 e——挡土墙上作用力的合力的作用点距墙底面中心点 o' 的偏心距，m；

B——挡土墙墙底面的宽度，m；

$\sum M$——挡土墙上作用力对墙底面端点 o 的力矩按公式（12-131）计算，kN·m；

$\sum y$——挡土墙上竖直方向作用力的合力按公式（12-116）计算，kN。

四、挡土墙的抗滑稳定性

挡土墙沿地基面的抗滑稳定安全系数为

$$K_c=\frac{f\sum y}{\sum x}\geqslant[K_c] \tag{12-134}$$

式中 K_c——挡土墙沿地基面的抗滑稳定安全系数；

f——挡土墙底面与地基土的摩擦系数；

$\sum y$——挡土墙上竖直作用力的合力，kN；

$\sum x$——挡土墙上水平作用力的合力，kN；

$[K_c]$——挡土墙满足抗滑稳定要求的最小安全系数值。

（一）按概化剖面计算

在概化剖面的情况下，$\sum y$ 按公式（12-112）计算，$\sum x$ 按公式（12-115）计算，故将公式（12-112）和公式（12-115）代入公式（12-134），得挡土墙沿地基面的抗滑稳定安全系数为

$$K_c=\frac{f\left\{W_0+\left[P_0-(P_0-P_a)\left(2-\dfrac{W_0}{G_a}\right)\right]\sin(\alpha+\delta_0)\right\}}{\left[P_0-(P_0-P_a)\left(2-\dfrac{W_0}{G_a}\right)\right]\cos(\alpha+\delta_0)} \tag{12-135}$$

上式经整理后，可得满足抗滑稳定安全系数 K_c 要求的三角形概化剖面的挡土墙重力为

$$W_0=\frac{(2P_a-P_0)[K_c\cos(\alpha+\delta_0)-f\sin(\alpha+\delta_0)]}{f-\dfrac{P_0-P_a}{G_a}[K_c\cos(\alpha+\delta_0)-f\sin(\alpha+\delta_0)]} \tag{12-136}$$

式中 W_0——三角形概化剖面的情况下挡土墙的重力，kN；

P_0——静止土压力，kN；

P_a——主动土压力，kN；

G_a——挡土墙处于主动极限平衡状态时墙体及其上填土的重力，kN；

K_c——采用的挡土墙抗滑稳定安全系数；

f——挡土墙底面与地基的摩擦系数；

α——挡土墙向土一侧的边坡线与竖直线的夹角，(°)；

δ_0——作用在挡土墙上的土压力作用线与墙面法线的夹角，(°)。

采用 $\delta_0=\frac{1}{2}\delta$，$\delta$ 为填土与挡土墙墙面的摩擦角，(°)。

将公式（12－94）代入公式（12－136）得

$$\frac{1}{2}\gamma_C(n+m)H^2=\frac{(2P_a-P_0)[K_c\cos(\alpha+\delta_0)-f\sin(\alpha+\delta_0)]}{f-\dfrac{P_0-P_a}{G_a}[K_c\cos(\alpha+\delta_0)-f\sin(\alpha+\delta_0)]}$$

上式经整理后可以写成下列形式：

$$n+m=\frac{A}{B} \tag{12-137}$$

$$A=\frac{2(2P_a-P_0)}{\gamma_C H^2}N \tag{12-138}$$

$$B=f-\frac{P_0-P_a}{G_a}N \tag{12-139}$$

$$N=K_c\cos(\alpha+\delta_0)-f\sin(\alpha+\delta_0) \tag{12-140}$$

由此可得满足挡土墙抗滑稳定安全系数 K_c 要求的情况下，挡土墙背土一侧的边坡坡率为

$$n=\frac{A}{B}-m \tag{12-141}$$

（二）按实际剖面计算

将公式（12－116）和公式（12－117）代入公式（12－134），得挡土墙沿地基面的抗滑稳定安全系数为

$$K_c=\frac{f\left\{W+\left[P_0-(P_0-P_a)\left(2-\dfrac{W}{G_a}\right)\right]\sin(\alpha+\delta_0)\right\}}{\left[P_0-(P_0-P_a)\left(2-\dfrac{W}{G_a}\right)\right]\cos(\alpha+\delta_0)} \tag{12-142}$$

令

$$N_1=P_0-(P_0-P_a)\left(2-\frac{W}{G_a}\right) \tag{12-143}$$

则公式（12－142）可简写为

$$K_c=\frac{f[W+N_1\sin(\alpha+\delta_0)]}{N_1\cos(\alpha+\delta_0)}=\frac{fW}{N_1\cos(\alpha+\delta)}+f\tan(\alpha+\delta) \tag{12-144}$$

五、挡土墙的抗倾覆稳定性

挡土墙的抗倾覆稳定安全系数为

$$K_y=\frac{M_y}{M_c}\geqslant[K_y] \tag{12-145}$$

式中　K_y——挡土墙的抗倾覆稳定安全系数；

M_y——作用在挡土墙上的抗倾覆力矩，kN·m；

M_c——作用在挡土墙上的倾覆力矩，kN·m；

$[K_y]$——满足挡土墙抗倾覆稳定安全要求的最小安全系数。

（一）按概化剖面计算

将公式（12－118）和公式（12－125）代入公式（12－145），得

$$K_y=\frac{\frac{1}{2}\gamma_C H^3\left[mn+\frac{1}{3}(2n^2+m^2)\right]+\left(n+\frac{2}{3}m\right)H\left[P_0-(P_0-P_a)\left(2-\frac{W_0}{G_a}\right)\right]\sin(\alpha+\delta_0)}{\frac{1}{3}H\left[P_0-(P_0-P_a)\left(2-\frac{W_0}{G_a}\right)\right]\cos(\alpha+\delta_0)} \tag{12-146}$$

将公式（12-94）代入公式（12-146）得

$$K_y=\frac{\frac{1}{2}\gamma_C H^3\left[mn+\frac{1}{3}(2n^2+m^2)\right]+\left(n+\frac{2}{3}m\right)H\left[P_0-(P_0-P_a)\left(2-\frac{\gamma_C(n+m)H^2}{2G_a}\right)\right]\sin(\alpha+\delta_0)}{\frac{1}{3}H\left[P_0-(P_0-P_a)\left(2-\frac{\gamma_C(n+m)H^2}{2G_a}\right)\right]\cos(\alpha+\delta_0)} \tag{12-147}$$

公式（12-147）经整理后可以写成下列形式：

$$n^2+An+B=0 \tag{12-148}$$

$$D=2+\frac{3(P_0-P_a)}{G_a}\sin(\alpha+\delta_0) \tag{12-149}$$

$$E=3m+\frac{P_0-P_a}{G_a}[5m\sin(\alpha+\delta_0)-K_y\cos(\alpha+\delta_0)]+\frac{6(2P_a-P_0)}{\gamma_C H^2}\sin(\alpha+\delta_0) \tag{12-150}$$

$$F=m^2+\frac{2(2P_a-P_0)}{\gamma_C H^2}[2m\sin(\alpha+\delta_0)-K_y\cos(\alpha+\delta_0)]+\frac{(P_0-P_a)}{G_a}[2m^2\sin(\alpha+\delta_0)-mK_y\cos(\alpha+\delta_0)] \tag{12-151}$$

$$A=\frac{E}{D} \tag{12-152}$$

$$B=\frac{F}{D} \tag{12-153}$$

解公式（12-148）可得挡土墙背土一侧墙面的边坡坡率为

$$n=\frac{1}{2}\left(-A+\sqrt{A^2-4B}\right) \tag{12-154}$$

（二）按实际剖面计算

此时抗倾覆稳定安全系数 K_y 仍然公式（12-145）计算，式中的抗倾覆力矩 M_y 按公式（12-130）计算，倾覆力矩 M_c 按公式（12-126）计算：

$$M_y=\frac{1}{2}\gamma_C H^3\left[mn+\frac{1}{3}(2n^2+m^2)\right]+\frac{1}{2}\gamma_C\left[\frac{a^2}{m}\left(nH+\frac{2}{3}a\right)+\frac{1}{3}b^3(n^2-m^2)+mb^2H(n+m)\right]+\left(n+\frac{2}{3}m\right)\left[P_0-(P_0-P_a)\left(2-\frac{W}{G_a}\right)\right]\sin(\alpha+\delta_0)$$

令

$$S_1=\frac{1}{2}\gamma_C H^3\left[mn+\frac{1}{3}(2n^2+m^2)\right] \tag{12-155}$$

$$S_2=\frac{1}{2}\gamma_C\left[\frac{a^2}{m}\left(nH+\frac{2}{3}a\right)+\frac{1}{3}t^3(n^2-m^2)+mt^2H(n+m)\right] \tag{12-156}$$

$$S_3=\left(n+\frac{2}{3}m\right)\left[P_0-(P_0-P_a)\left(2-\frac{W}{G_a}\right)\right]\sin(\alpha+\delta_0) \tag{12-157}$$

则

$$M_y=S_1+S_2+S_3 \tag{12-158}$$

作用在挡土墙上的倾覆力矩 M_c 按公式（12-48）计算，即

$$M_c=\frac{1}{3}H\left[P_0-(P_0-P_a)\left(2-\frac{W}{G_a}\right)\right]\cos(\alpha+\delta_0)$$

六、挡土墙墙底面的应力

挡土墙墙底面的最大应力按下式计算：

$$P_{\max}=\frac{\sum y}{B}\left(1+\frac{6e}{B^2}\right)\leqslant 1.2[P] \tag{12-159}$$

$$\sum y=W+\left[P_0-(P_0-P_a)\left(2-\frac{W}{G_a}\right)\right]\sin(\alpha+\delta_0)$$

$$W=\frac{1}{2}\gamma_C\left[(n+m)(H^2+t^2)+\frac{a^2}{m}\right]$$

$$B=(n+m)H \tag{12-160}$$

$$e=\frac{B}{2}-\frac{\sum M}{\sum y}$$

$$\sum M=M_y-M_c$$

式中 $P_{\max}$——挡土墙墙底面（地基面上）的最大应力，kPa；

$\sum y$——作用在挡土墙上所有竖直力之和，kN，按公式（12-116）计算；

W——挡土墙在实际剖面情况下的重力，kN，按公式（12-107）计算；

G_a——挡土墙处于主动极限平衡状态时墙体和墙上填土的重力，kN；

P_0——静止土压力，kN；

P_a——主动土压力，kN；

B——挡土墙墙底面的宽度，m；

H——挡土墙的高度，m；

e——挡土墙上作用力的合力的作用点距墙底面中心点 o' 的偏心距按公式（12-132）计算，m；

$\sum M$——挡土墙上作用力对墙底面背土一侧端点 o 的力矩按公式（12-131）计算；

$[P]$——地基承载力设计值，kPa。

挡土墙墙底面的平均应力按下式计算：

$$P_c=\frac{\sum y}{B}\leqslant[P] \tag{12-161}$$

式中 P_c——挡土墙墙底面的平均应力，kPa。

七、外倾式挡土墙的设计计算步骤

外倾式挡土墙设计计算的目标是要确定挡土墙尺寸，但是挡土墙的顶宽 a、墙基的高度 b 和墙体向土一侧的边坡的坡率 m 是根据挡土墙的运用条件和结构要求按经验预先确定的，所以实际上外倾式挡土墙计算的目标是确定墙体背土一侧的边坡坡率 n，因而确定

挡土墙的底面宽度 B。

外倾式挡土墙的设计计算步骤如下。

(1) 确定挡土墙设计计算的基本数据：

1) 挡土墙的基本数据。挡土墙的高度 H，挡土墙墙顶宽度 a，挡土墙墙基高度 b，挡土墙向土一侧墙体的边坡坡率 m。

2) 土的力学性指标。填土的容重（重力密度）γ、凝聚力 c、摩擦角 φ、土与墙面的摩擦角 δ（或 δ_0），墙与地基的摩擦系数 f；地基承载力设计值 $[p]$。

3) 挡土墙墙体的容重（重力密度）γ_C。

4) 挡土墙设计的基本数据。

挡土墙抗滑稳定安全系数最小值 $[K_c]$，挡土墙抗倾覆稳定安全系数最小值 $[K_y]$。

(2) 确定下列值：

$$\delta_0=\frac{1}{2}\delta$$

$$\alpha=\arctan m$$

(3) 计算静止土压力 P_0。

(4) 计算主动土压力 P_a。

(5) 计算挡土墙处于主动极限平衡状态时墙体及其上填土的重力 G_a。

(6) 确定挡土墙背土一侧墙体的边坡坡率 n：

1) 初步取挡土墙的抗滑稳定安全系数 $K_c=[K_c]$，然后根据公式（12-141）计算满足 $K_c=[K_c]$ 要求的挡土墙背土一侧墙体的边坡坡率 n，令该边坡坡率 n 用 $f(K_c)$ 表示。

2) 初步取挡土墙的抗倾覆稳定安全系数 $K_y=[K_y]$，然后根据公式（12-154）计算满足 $K_y=[K_y]$ 要求的挡土墙背土一侧墙体的边坡坡率 n，令该边坡坡率 n 用 $f(K_y)$ 表示。

3) 比较 $f(K_c)$ 和 $f(K_y)$ 的大小，取两者中的大值用作挡土墙背土一侧墙体边坡坡率的设计值。即：若 $f(K_c)>f(K_y)$，取按 K_c 计算得的 n 值作为背土侧边坡坡率；若 $f(K_c)<f(K_y)$，取按 K_y 计算得的 n 值作为背土侧边坡坡率。

(7) 按公式（12-94）计算 W_0 值。

(8) 按公式（12-106）计算 W 值。

(9) 按公式（12-116）计算 $\sum y$ 值。

(10) 按公式（12-117）计算 $\sum x$ 值。

(11) 按公式（12-126）计算 M_c 值。

(12) 按公式（12-130）计算 M_y 值。

(13) 按公式（12-131）计算 $\sum M$ 值。

(14) 按公式（12-132）计算 e 值。

(15) 按公式（12-134）计算挡土墙实际具有的抗滑稳定安全系数 K_c 值。

(16) 按公式（12-145）计算挡土墙实际具有的抗倾覆稳定安全系数 K_y 值。

(17) 按公式（12-159）计算挡土墙底面的最大应力 $P_{\max}$。

(18) 按公式（12-161）计算挡土墙底面的平均应力 P_c。

【例 12-2】 某挡土墙为一个外倾式挡土墙，墙高 $H=8.0$m，墙体为混凝土，容重（重力密度）$\gamma_C=23.5\text{kN/m}^3$，填土为砂质土，表面倾斜，与水平面的夹角 $\beta=10°$，土的容重 $\gamma=17.5\text{kN/m}^3$，内摩擦角 $\varphi=30°$，填土与挡土墙墙面的摩擦角 $\delta=10°$，挡土墙与地基的摩擦系数 $f=0.60$，地基承载力的设计值 $[p]=210.00$kPa，设计计算该挡土墙的尺寸。

解： 首先根据挡土墙的使用条件确定挡土墙向土一侧的边坡坡率 $m=0.1$，挡土墙的顶部宽度 $a=0.4$m，墙基高度 $b=0.6$m，然后进行下列计算。

（1）计算主动土压力 P_a。先根据公式（3-14）计算主动土压力系数：

$$K_a=\frac{\cos^2(\varphi-\alpha)}{\cos^2\alpha\cos(\alpha+\delta)\left[1+\sqrt{\frac{\sin(\varphi+\delta)\sin(\varphi-\beta)}{\cos(\alpha+\delta)\cos(\alpha-\beta)}}\right]^2}$$

$$\alpha=\arctan m=\arctan 0.1=5.7106°\approx 5.7°$$

将上述值代入公式（3-14）得

$$K_a=\frac{\cos^2(30°-5.7°)}{\cos^2 5.7°\cos(5.7°+10°)\times\left[1+\sqrt{\frac{\sin(30°+10°)\sin(30°-10°)}{\cos(5.7°+10°)\cos(5.7°-10°)}}\right]^2}=0.3694$$

再根据公式（3-15）计算主动土压力：

$$P_a=\frac{1}{2}\gamma H^2K_a$$

$$=\frac{1}{2}\times 17.5\times 8.0^2\times 0.3694=206.8640(\text{kN})$$

这一主动土压力的作用线与水平线的夹角为 $\alpha+\delta=5.7°+10°=15.7°$。

（2）根据公式（11-61）计算作用线的方向与主动土压力作用线方向相同的静止土压力：

$$P_0=\frac{1}{2}\gamma H^2\cos\beta\left[K_0+\frac{1}{2}(1-K_0)(1-\cos 2\rho')\right]$$

由于静止土压力 P_0 的作用线方向与主动土压力作用线的方向相同，故

$$\beta+\rho'=\alpha+\delta$$

由此可得

$$\rho'=\alpha+\delta-\beta=5.7°+10°-10°=5.7°$$

根据公式（11-66）计算静止土压力系数：

$$K_0=\frac{1-\sin\varphi}{\cos\varphi}=\frac{1-\sin 30°}{\cos 30°}=0.5774$$

再根据公式(11-61)，得静止土压力为

$$P_0=\frac{1}{2}\times 17.5\times 8.0^2\times\cos 10°\times\left\{0.5774+\frac{1}{2}\times(1-0.5774)\times[1-\cos(2\times 5.7°)]\right\}$$

$$=328.1862(\text{kN})$$

（3）计算挡土墙处于主动极限平衡状态下挡土墙墙体重力及其上竖直土压力的总竖直力（或总重力）：

$$G_a = P_a\left[\frac{1}{f}\cos(\alpha+\delta) - \sin(\alpha+\delta)\right]$$

$$= 206.8640\times\left[\frac{1}{0.45}\times\cos(5.7°+10°) - \sin(5.7°+10°)\right] = 386.5875(\text{kN})$$

(4) 计算满足抗滑稳定安全系数 K_c 要求的 n 值。取挡土墙要求的抗滑稳定安全系数 $K_c=[K_c]=1.5$，按公式（12-138）～公式（12-141）初步确定 n 值。

根据公式（12-140）得

$$N = K_c\cos(\alpha+\delta) - f\sin(\alpha+\delta)$$

$$= 1.5\times\cos(5.7°+10°) - 0.60\times\sin(5.7°+10°) = 1.2817$$

根据公式（12-138）得

$$A = \frac{2\times(2P_a - P_0)}{\gamma_C H^2}N = \frac{2\times(2\times206.8640 - 328.1862)}{23.5\times8.0^2}\times1.2817 = 0.1458$$

根据公式（12-139）得

$$B = f - \frac{P_0 - P_a}{W_a}N = 0.60 - \frac{328.1862 - 206.8640}{385.5875}\times1.2817 = 0.1978$$

最后根据公式（12-141）得挡土墙背土一侧的边坡坡率为

$$n = \frac{A}{B} - m = \frac{0.1458}{0.1978} - 0.10 = 0.6371$$

(5) 计算满足抗倾覆稳定安全系数 K_y 要求的 n 值。取挡土墙要求的抗倾覆稳定安全系数 $K_y=[K_y]=1.3$，按公式（12-149）～公式（12-154）计算满足 $K_y=1.3$ 要求的挡土墙背土一侧的边坡坡率 n 值。

按公式（12-149）得

$$D = 2 + \frac{3(P_0 - P_a)}{G_a}\sin(\alpha+\delta)$$

$$= 2 + \frac{3\times(328.1862 - 206.8460)}{386.5875}\sin(5.7°+10°)$$

$$= 2.2548$$

按公式（12-150）得

$$E = 3m + \frac{P_0 - P_a}{G_a}[5m\sin(\alpha+\delta) - K_y\cos(\alpha+\delta)] + \frac{6(2P_a - P_0)}{\gamma_C H^2}\sin(\alpha+\delta)$$

$$= 3\times0.1 + \frac{328.1862 - 206.8640}{386.5875}\times$$

$$[5\times0.1\times\sin(5.7°+10°) - 1.3\times\cos(5.7°+10°)]$$

$$+ \frac{6\times(2\times206.864 - 328.1862)}{23.5\times8.0^2}\times\sin(5.7°+10°)$$

$$= -0.0503 + 0.09234 = 0.04204$$

按公式（12-151）得

$$F = m^2 + \frac{2(2P_a - P_0)}{\gamma_C H^2}[2m\sin(\alpha+\delta_0) - K_y\cos(\alpha+\delta)]$$

$$+\frac{P_0 - P_a}{G_a}[2m^2\sin(\alpha+\delta) - mK_y\cos(\alpha+\delta)]$$

$$=0.1^2 + \frac{2\times(2\times206.8640 - 328.1862)}{23.5\times8.0^2}\times[2\times0.1\times\sin(5.7°+10°) - 1.3\times\cos(5.7°+10°)]$$

$$+\frac{328.1862 - 206.8640}{386.5875}\times[2\times0.1^2\times\sin(5.7°+10°) - 0.1\times1.3\times\cos(5.7°+10°)]$$

$$= -0.1262 - 0.0376 = -0.1638$$

按公式（12-152）得

$$A = \frac{E}{D} = \frac{0.04204}{2.2548} = 0.0186$$

按公式（12-153）得

$$B = \frac{F}{D} = \frac{-0.1638}{2.2548} = -0.0726$$

解公式（12-154）计算满足 $K_y = 1.3$ 要求的挡土墙背土一侧的边坡坡率

$$n = \frac{1}{2}(-A + \sqrt{A^2 - 4B}) = \frac{1}{2}\times[-0.0186 + \sqrt{(0.0186)^2 + 4\times0.0726}] = 0.2486$$

（6）比较按 $K_c = 1.5$ 和按 $K_y = 1.3$ 计算得到的 n 值，确定采用的 n 值。令按 $K_c = 1.5$ 计算得的 $n = n_1 = 0.6371$ 和按 $K_y = 1.3$ 计算得的 $n = n_2 = 0.2486$，由于

$$n_1 = 0.6371 > n_2 = 0.2486$$

所以可知，挡土墙背土一侧的边坡坡率 n 受挡土墙抗滑稳定安全性控制，即 n 值的大小决定于挡土墙的抗滑稳定性。

参照 $n_1 = 0.6371$，决定采用 $n = 0.60$。

（7）计算挡土墙实际的抗滑稳定安全系数 K_c 值。根据公式（12-94）计算挡土墙概化剖面的重力：

$$W_0 = \frac{1}{2}\gamma_C H^2(n+m)$$

$$= \frac{1}{2}\times23.5\times8.0^2\times(0.60+0.10) = 526.4000(\text{kN})$$

根据公式（12-107）计算挡土墙实际剖面的重力：

$$W = W_0 + \frac{1}{2}\gamma_C\left[(n+m)t^2 + \frac{a^2}{m}\right]$$

$$= 526.4000 + \frac{1}{2}\times23.5\times\left[(0.60+0.10)\times0.6^2 + \frac{0.4^2}{0.1}\right]$$

$$= 548.1610(\text{kN})$$

根据公式（12－143）计算 N_1 值：

$$N_1 = P_0 - (P_0 - P_a)\left(2 - \frac{W}{G_a}\right)$$
$$= 328.1862 - (328.1862 - 206.8640)\left(2 - \frac{548.1610}{386.5875}\right)$$
$$= 257.5704$$

根据公式（12－144）计算挡土墙实际具有的抗滑稳定安全系数值：

$$K_c = \frac{fW}{N_1\cos(\alpha+\delta)} + f\tan(\alpha+\delta)$$
$$= \frac{0.60\times 548.1610}{257.5704\times\cos(5.7^\circ+10^\circ)} + 0.60\times\tan(5.7^\circ+10^\circ)$$
$$= 1.4951 \approx 1.5 = [K_c]$$

（8）根据公式（12－126）计算倾覆力矩：

$$M_c = \frac{1}{3}H\left[P_0 - (P_0 - P_a)\left(2 - \frac{W}{G_a}\right)\right]\cos(\alpha+\delta)$$
$$= \frac{1}{3}\times 8.0\times\left[328.1862 - (328.1862 - 206.8640)\left(2 - \frac{548.1610}{386.5875}\right)\right]$$
$$\times\cos(5.7^\circ+10^\circ) = 661.2290(\text{kN}\cdot\text{m})$$

（9）根据公式（12－128）计算力矩：

$$\Delta M = \frac{1}{2}\gamma_C\left[\frac{a^2}{m}\left(nH + \frac{2}{3}a\right) + \frac{1}{3}t^3(n^2 - m^2) + mt^2H(n+m)\right]$$
$$= \frac{1}{2}\times 23.5\times\left[\frac{0.4^2}{0.10}\times\left(0.6\times 8.0 + \frac{2}{3}\times 0.4\right) + \frac{1}{3}\times 0.6^3\times(0.60^2 - 0.10^2)\right.$$
$$\left. + 0.10\times 0.6^2\times 8.0\times(0.60 + 0.10)\right]$$
$$= 97.9182(\text{kN}\cdot\text{m})$$

根据公式（12－129）计算 M_y' 值：

$$M_y' = \frac{1}{2}\gamma_C H^3\left[mn + \frac{1}{3}(2n^2 + m^2)\right]$$
$$+ \left(n + \frac{2}{3}m\right)H\left[P_0 - (P_0 - P_a)\left(2 - \frac{W}{G_a}\right)\right]\sin(\alpha+\delta)$$
$$= \frac{1}{2}\times 23.5\times 8.0^3\times\left[0.10\times 0.60 + \frac{1}{3}\times(2\times 0.60^2 + 0.10^2)\right]$$
$$+ \left(0.60 + \frac{2}{3}\times 0.10\right)\times 8.0\times\left[328.1862 - (328.1862 - 206.8640)\right.$$
$$\left.\times\left(2 - \frac{548.1610}{386.5875}\right)\right]\times\sin(5.7^\circ+10^\circ)$$
$$= 1824.8533 + 371.7262 = 2196.5795(\text{kN}\cdot\text{m})$$

根据公式（12－127）计算抗倾覆力矩：

$$M_y = \Delta M + M_y' = 97.9182 + 581.7849 = 2294.4977(\text{kN}\cdot\text{m})$$

（10）根据公式（12-145）计算挡土墙的抗倾覆安全系数：

$$K_y=\frac{M_y}{M_c}\geqslant[K_y]=1.3$$

即

$$K_y=\frac{2294.4977}{661.2290}=3.4701>1.3$$

（11）根据公式（12-131）计算挡土墙上作用力对墙底面端点 o 的力矩 $\sum M$：

$$\sum M=M_y-M_c$$

$$=2294.4977-661.2290=1633.2687(\text{kN}\cdot\text{m})$$

（12）根据公式（12-116）计算作用在挡土墙上的总竖直力 $\sum y$：

$$\sum y=W+\left[P_0-(P_0-P_a)\left(2-\frac{W}{G_a}\right)\right]\sin(\alpha+\delta)$$

$$=548.1610+\left[328.1862-(328.1862-206.8640)\times\left(2-\frac{548.1610}{386.5875}\right)\right]\times\sin(5.7°+10°)$$

$$=617.8597(\text{kN})$$

（13）计算挡土墙底面宽度 B：

$$B=(n+m)H=(0.60+0.10)\times8.0=5.60(\text{m})$$

（14）根据公式（12-132）计算挡土墙上作用力的合力作用点距墙底面中心点 o' 的偏心距 e

$$e=\frac{B}{2}-\frac{\sum M}{\sum y}$$

$$=\frac{5.6}{2}-\frac{1633.2687}{617.8598}=0.1566(\text{m})$$

（15）核算挡土墙底面的应力 p_{max} 和 p_c。根据公式（12-159）计算挡土墙底面的最大应力：

$$p_{max}=\frac{\sum y}{B}\left(1+\frac{6e}{B^2}\right)$$

$$=\frac{617.8597}{5.60}\left(1+\frac{6\times0.1566}{5.60^2}\right)=113.6378\text{kPa}<1.2[p]=1.2\times210=252.00(\text{kPa})$$

根据公式（12-161）计算挡土墙底面的平均应力：

$$p_c=\frac{\sum y}{B}=\frac{617.8597}{5.60}=110.3321\text{kPa}<[p]=210.00(\text{kPa})$$

（16）确定挡土墙的设计计算尺寸。通过上述计算，最后确定挡土墙的尺寸为挡土墙高度 $H=8.0$m、墙顶宽度 $a=0.4$m、墙基高度 $b=0.6$m、墙体向土一侧的边坡坡率 $m=0.1$、背土一侧的边坡坡率 $n=0.60$，如图 12-15 所示。

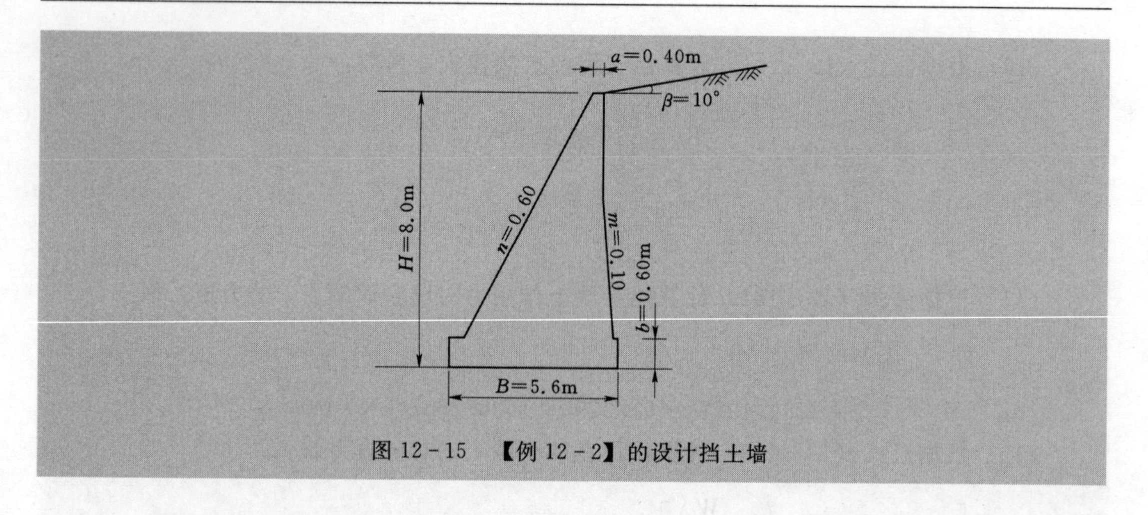

图 12-15　【例 12-2】的设计挡土墙

附录　地基的容许承载力

当基础的宽度（对于矩形基础取短边宽度）小于或等于 3.0m，埋置深度为 0.5～1.5m 时，地基土的容许承载力可根据按土的物理、力学指标或触探试验结果所列各表来确定。

附表 1　　**岩石允许承载力［f］**　　单位：kPa

岩　石　类　别	强　风　化	中　等　风　化	微　风　化
硬质岩石	500～1000	1500～2500	＞4000
软质岩石	200～500	700～1200	1500～2000

附表 2　　**碎石土容许承载力［f］**　　单位：kPa

碎石土类别	稍　　密	中　　密	密　　实
卵石	300～400	500～800	800～1000
碎石	200～300	400～700	700～900
圆砾	200～300	300～500	500～700
角砾	150～200	200～400	400～600

附表 3　　**砂土容许承载力［f］**　　单位：kPa

<table>
<tr><th colspan="2">砂土类别</th><th>稍　密</th><th>中　　密</th><th>密　　实</th></tr>
<tr><td colspan="2">砾砂、粗砂、中砂（与饱和度无关）</td><td>160～200</td><td>240～340</td><td>400</td></tr>
<tr><td rowspan="2">细砂、粉砂</td><td>稍湿</td><td rowspan="2">120～160</td><td>160～220</td><td>300</td></tr>
<tr><td>很湿</td><td>120～160</td><td>200</td></tr>
</table>

附表 4　　**老黏性土容许承载力［f］**

含水比 u	0.4	0.5	0.6	0.7	0.8
容许承载力［f］/kPa	700	580	500	430	380

注　1. 含水比 u 为天然含水率 ω 与液限含水率 ω_L 的比值。

2. 本表仅适用于压缩模量 E_s＞150kPa 的老黏性土。

附表 5　　**沿海地区淤泥和淤泥质土的容许承载力**

天然含水率 ω/%	36	40	45	50	65	65	75
容许承载力/kPa	100	90	80	70	60	50	40

注　1. 对于内陆淤泥和淤泥质土，可参照使用。

2. ω 为原状土的天然含水率。

附表 6　　一般黏性土容许承载力 [f]　　单位：kPa

孔隙比 e	塑性指数 I_P								
	≤10			>10					
	液性指数 I_L								
	0	0.5	1.0	0	0.25	0.50	0.75	1.00	1.20
0.5	350	310	280	450	410	370	(340)		
0.6	300	260	230	380	340	310	280	(250)	
0.7	250	210	190	310	280	250	230	200	160
0.8	200	170	150	260	230	210	190	160	130
0.9	160	140	120	220	200	180	160	130	100
1.0		120	100	190	170	150	130	110	
1.1					150	130	110	100	

注　有括号者仅供内插用。

附表 7　　红黏土容许承载力 [f]

含水比 u	0.50	0.55	0.60	0.65	0.70	0.75	0.80	0.85	0.90	0.95	1.00
容许承载力 [f]/kPa	350	300	260	230	210	190	170	150	130	120	110

注　本表适用于广西、贵州、云南地区的红黏土。对于母岩、成因类型、物理力学性质相似的其他地区的红黏土，可参照使用。

附表 8　　黏性素填土容许承载力 [f]　　单位：kPa

压缩模量 E_s	7000	5000	4000	3000	2000
容许承载力 [f]	150	130	110	80	60

注　本表适用于堆填时间超过10年的黏土和亚黏土，以及堆填时间超过5年的轻亚黏土。

附表 9　　砂土容许承载力 [f]

标准贯入试验锤击数 $N_{63.5}$	10～15	15～30	30～50
容许承载力 [f]/kPa	140～180	180～340	340～500

附表 10　　老黏性土和一般黏性土容许承载力 [f]

标准贯入试验锤击数 $N_{63.5}$	3	5	7	9	11	13	15	17	19	21	23
容许承载力 [f]/kPa	120	160	200	240	280	320	360	420	500	580	660

附表 11　　一般黏性土容许承载力 [f]

轻便触探试验锤击数 N_{10}	15	20	25	30
容许承载力 [f]/kPa	100	140	180	220

附表 12　　黏性素填土容许承载力 [f]

轻便触探试验锤击数 N_{10}	10	20	30	40
容许承载力 [f]/kPa	80	110	130	150

参 考 文 献

[1] С С Голушкевич. Статика Предельныых Состояний Грунтовых Масс [M]. МоскВа: Гостехиздат, 1957.

[2] В Г Березанцев. Расчет Прочность Оснований Сооружений [M]. МоскВа: Госстройиздат, 1960.

[3] J Lysmer. Limit Analysis of Plane Problems in Soil Mechanics [M] //Journal of Sail Mechanics and Foundations Division. ASCE, 1970.

[4] W F Chen, J L Rosenfarb. Limit Analysis Solutions of Earth Pressure Problems [M] //Journal of Soil Mechanics and Founations Division. ASCE, 1970.

[5] G G Meyerhof. The Ultimate Bearing Capacity of Foundations [J]. Geotechnique, 1950 (2).

[6] В В Синельников. Давление сыпучик тел и расчет подпорные стен [M]. Строительная Механика, 1962.

[7] 顾慰慈. 挡土墙的土压力 [J]. 工程建设, 1958 (1).

[8] N R Morgenstern. Method of Estimating Lateral Loads and Deformations [M] //Proceeding of the Special Conference on Lateral Pressures. ASCE, 1970.

[9] C R Scott. Developments in Soil Mechanics - I [M]. London: Applied Science Publishers, 1978.

[10] H F Winterkorn, Fang Hsai - Yang. Foundation Engineering Handbook [M]. Van Nostrand Reinhold Company, 1975.

[11] W G 亨延顿. 土压力和挡土墙 [M]. 张式深, 等译. 北京: 人民铁道出版社, 1965.

[12] M E Каган. О давлении на подпорную стенку при нелинейном его распределении [J]. Строительная Механика и Расчет Сооружений, 1960.

[13] 蒋莼秋. 挡土墙土压力非线性分布解 [J]. 土木工程学报, 1964, 10 (1).

[14] 范宝华. 挡土墙土压力非线性分布问题的讨论 [M] //中国土木工程学会第三届土力学及基础工程学术会议论文选集. 北京: 中国建筑工业出版社, 1981.

[15] Г К Клейн. Строителъная Механика Сыпуцих Тел [M]. Москва: Стройиздат, 1977.

[16] З В Цагарели. Экспериментальное исследование давления сыпучей срелы на подпорные стены с вертикальной задней гранью и Горизонтальной поверхностью засыпки [J]. Фундаменты и Механика Грутов, 1965 (4).

[17] А А Ильин. Исследование давления грунта на стенки камер шлюзов [J]. Рачной Транспорт, 1961 (6).

[18] Р М Фильрозе. Экспериментальные исследования давления грунта на подпорную стенку [J]. Гидротехническое Строительство, 1967 (3).

[19] C R 斯科特. 土力学及地基工程 [M]. 钱家欢, 译. 北京: 水利电力出版社, 1983.

[20] K Terzaghi, R B Peck. Soil Mechanics in Engineering Practice [M]. New Jersey: Wiley, 1967.

[21] 麦远俭. 扶壁结构土压力的计算 [J]. 岩土工程学报, 1982 (1).

[22] J 卡斯底特. 在松散土的空间条件下主动土压系数的确定 [J]. 地下工程, 1980 (5).

[23] 顾慰慈. 黏土主动土压力的计算 [J]. 水利学报, 1991 (2).

[24] 顾慰慈, 武全社. 作用在挡土结构上的土压力的研究 [J]. 华北水利水电学院学报, 1992 (2).

[25] 华东水利学院土力学教研室. 土工原理与计算 [M]. 北京: 水利电力出版社, 1979.

[26] 汪胡桢, 顾慰慈. 水工隧洞的设计理论与计算 [M]. 北京: 水利电力出版社, 1990.

[27] Б Н Жемочкин，А П Синцын. Практические методы расчет Фундаментных балок и плит на упругом основании [M]. МоскВа：Госстройиздат，1962.

[28] Г Е Лазебник，Е И Чернышева. Исследование распределения давления грунта на Додели глубоких одноакерных подпорных стенок [J]. Фундаменты н Механика Грунтов，1966 (2).

[29] 华东水利学院．弹性力学问题的有限单元法［M］．北京：水利电力出版社，1978.

[30] В Г Березанцев. Осесимметричная задача теории предельного равновесия сыпучей среды [M] // Государственное издателвство технико－теоретической литературы. МоскВа：[s. n] 1952.